AF567325

Wolf Bienhaus

Das Fachraumsystem des allgemeinbildenden Technikunterrichts
Hinweise zur Planung – Anlage – Einrichtung – Ausrüstung

Wolf Bienhaus

Das Fachraumsystem des allgemeinbildenden Technikunterrichts

Hinweise zur Planung – Anlage – Einrichtung – Ausrüstung

1. Auflage 2018

Dr.-Ing. Paul Christiani GmbH & Co. KG

Wolf Bienhaus

Bildbearbeitung: Daniela Schreuer, Limburg/Lahn

Umschlaggestaltung: Daniela Schreuer, Limburg/Lahn
Umschlagfoto: WEBA Schulausstattung GmbH, Beerfelden

Best.-Nr. **54770**
ISBN 978-3-95863-265-3

1. Auflage 2018

Layout & Satz: Daniela Schreuer, Limburg/Lahn
Druck: Druckerei Uhl GmbH & Co. KG, Radolfzell

Vorwort

Die Frage, die sich am Anfang dieses Buches stellen mag, könnte lauten: „Wozu ein solches Buch?“ Dafür gibt es mehrere Antworten. Vorrangig möchte ich auf ein erkanntes Defizit, was die Techniklehrerausbildung[1] an allgemeinbildenden Schulen betrifft, reagieren, in deren Verlauf die Thematik der Anlage und Ausgestaltung von Technikfachräumen bzw. des Fachraumsystems eher randständig behandelt wird. Dies ist umso erstaunlicher, weil es hierbei um den Arbeitsplatz von Techniklehrkräften geht, einen Lehrort, den diese dreißig und mehr Jahre innehaben und einen Lernort für Schüler mehrerer Schülergenerationen. Dieser Lehr-Lernort wird über die Jahre einem zwangsläufigen Wandel unterworfen werden, auch wenn die Mühlen der Schule, wie wir wissen, in aller Regel recht langsam mahlen. Zwar ist dieser Wandel, der von den Lehrkräften gestaltet werden sollte, heute noch nicht detailliert voraussehbar. Er wird aber nur dann erfolgreich durchgeführt werden können, wenn die betroffenen Techniklehrkräfte in der Lage sind, kompetent zu agieren und nicht nur zu reagieren. Damit dieser Gestaltungsprozess erfolgreich stattfinden kann, ist dieses Buch als eine Art Handreichung für die Planung und Ausstattung von Technikfachräumen konzipiert.

Weiterhin muss davon ausgegangen werden, dass ein Technikfachraum weit mehr als ein gewöhnlicher Klassenraum ist, weniger anonym und idealerweise von den in ihm unterrichtenden Personen geprägt. Sein Gesicht erhält er letztlich dadurch, dass in ihm fachdidaktische, pädagogische, arbeitsökonomische und letztlich auch sicherheitstechnische Anforderungen stimmig und ablesbar zusammengeführt werden. Dieses umzusetzen, ist der Techniklehrer gefordert, denn von ihm wird entsprechende Fachkompetenz erwartet, er ist der eigentliche Fachmann. Doch was ist, wenn dieser nicht oder nur mangelhaft vorgebildet ist? Da gibt es selbstverständlich den Weg, sich das fehlende Wissen autodidaktisch anzueignen, indem man die Fachliteratur und das Internet nach zutreffenden Informationen durchforstet, sich an kommerzielle Fachraumausstatter wendet und das Gespräch mit Kollegen sucht. Eine weitere Möglichkeit wäre, auf eine Art Kompendium relevanter Probleme und fachlicher Informationen zu den Fachräumen zugreifen zu können, das nicht als eine Art Ausstattungskatalog daherkommt, sondern den gesamten Problemkreis von der Warte grundlegender fachdidaktischer Positionen entwickelt und somit auch schlüssige Begründungen für die Anlage und Ausstattung des Fachraumsystems für den Technikunterricht liefert. Ein solches Kompendium liefert dann auch die Maßstäbe, nach denen ein Fachraumsystem gestaltet werden müsste.

Das vorliegende Buch ist in diesem Bemühen entstanden, ein solches Kompendium zu schaffen. Zahlreiche Gespräche mit Lehrern und Hochschullehrern haben mich in diesem Vorhaben bestärkt. Zudem wollte ich die in meiner Dienstzeit gesammelten Erfahrungen bündeln und in eine zusammenhängende Darstellung bringen, in der Hoffnung, dass sie die erwartete Hilfestellung leisten können.

Schon die Autoren ERWIN ROTH und AUGUST STEIDLE[2], die 1968 eine erste umfassende Publikation zur Fachraumplanung und -einrichtung vorlegten, verwiesen zwar darauf, dass auch in unzureichenden Fachräumen guter, also erfolgreicher Unterricht (seinerzeit noch als Werkunterricht) stattfinden könne, jedoch müsse man dadurch gegebene Reibungsverluste in Kauf nehmen, die

[1] Aus Gründen besserer Lesbarkeit und unkomplizierterer Bezeichnungen wird im Folgenden nur das männliche grammatikalische Geschlecht verwendet.

[2] Roth/Steidle 1968, S. 9

letztendlich zu Lasten der Schüler und auch zu Lasten der Zeit und der Nerven der Unterrichtenden gehe. Eine Erfahrung, die jeder Techniklehrer bestätigen wird, der unter nicht optimalen Raum- und Ausstattungsverhältnissen arbeiten muss und deren Zustand sich auf Dauer nicht gerade motivierend auf alle Betroffenen, Schüler wie Lehrer auswirkt.

Es ist zu wünschen, dass das vorliegende Buch die Erwartungen erfüllen wird, die letztlich zu seinem Entstehen geführt haben. Dass dieses Buch nunmehr vorliegt, verdanke ich auch der Ermunterung und Unterstützung der Kollegen der Abteilung Technische Bildung an der Pädagogischen Hochschule Karlsruhe. Dank schulde ich auch den Fachraumausstattern der Firmen Famos, P.A.U.L, Weba und WPO, die großzügig aktuelles Bildmaterial zur Verfügung stellten, sowie den Kollegen aus der Fachpraxis, die wichtige Anregungen gaben.

Ohne die professionelle Hilfe von Frau Daniela Schreuer (Layout) und Herrn Karsten Petersen (Korrektur) wäre das Projekt nicht im vorgegebenen Zeitrahmen zu stemmen gewesen – auch an sie ein herzliches Dankeschön.

Besonderer Dank gilt dem Christiani Verlag, vertreten durch Herrn Bernd Janowski, der sich spontan entschloss, dieses Buch zu publizieren und alles dafür Notwendige unkompliziert und in vertrauensvoller Zusammenarbeit veranlasste.

W. Bienhaus
Februar 2018

Inhaltsverzeichnis

1 Einleitung

„Mit aller Bestimmtheit muss gesagt werden, daß Spezialwerkstätten für allgemeinbildende Schulen überholt sind. Je vollständiger Schulwerkstätten auf eine bestimmte Handwerksform ausgerichtet sind, um so mehr wirken sie einengend und sind eine Belastung.
Die Werkstatt des modernen Werkunterrichts ist eine Allzweck-Werkstatt, ...“[1]

Diese vor nunmehr 60 Jahren getroffene Feststellung von KARL KLÖCKNER, einem frühen Vertreter eines Werkunterrichts, der es als „spezifische Aufgabe“ ansah, „... mitzuwirken bei der Erschließung der Welt der Technik für den Heranwachsenden in allen grund- und allgemeinbildenden Schulen“[2], spiegelt den damals sich abzeichnenden Paradigmenwechsel, welcher sich in der Hinwendung zur Technik als neues Inhaltsfeld des (damals noch) sogenannten Werkunterrichts widerspiegelte. Diese Neuausrichtung erhielt ihre wesentlichen Impulse durch den 1. Werkpädagogischen Kongress 1966 in Heidelberg und folgende.

Damals erkannte man, dass sich in einer durch Technik stark geprägten Welt das neue und zugleich anspruchsvolle pädagogische Problem stellt, Kinder und Jugendliche auf eben diese Welt in adäquater Weise vorzubereiten, die weder auf naive, gegenstandsverhaftete Technikbegeisterung und affirmative Angepasstheit, noch auf eine im deutschen pädagogischen Denken tief verwurzelte Technikskepsis bis hin zur Technikfeindlichkeit hinauslaufen sollte.
Vielmehr sollte es darum gehen, auf der Grundlage solidem technischem Wissens und technologischem Könnens zu technikspezifischen Einsichten zu gelangen, die die Technik nicht als etwas „Naturgegebenes“, in ihrem Verlauf zwangsläufig, eigenen Gesetzmäßigkeiten in ihrer fortschreitenden Entwicklung folgend begreift, sondern immer als Anlass der Befriedigung menschlicher Bedürfnisse und daraus resultierendem gesellschaftlichen Handelns mit insgesamt weltverändernden Folgen.

Die inzwischen vergangene Zeit hat diesen Wandel tatsächlich gebracht, vom Werkunterricht über das Technische Werken zum Technikunterricht heutiger Zeit. Inwieweit die hochgesteckten Bildungsziele erreicht werden konnten, sei einmal dahingestellt, auch deswegen, weil derartige Entwicklungen meist weder geradlinig noch kontinuierlich verlaufen.

Ein nach außen sichtbares Zeichen der Neuorientierung ist die mit dieser einhergehende Neugestaltung der Fachräume zu einem Fachraumsystem, dessen Zentrum der universell nutzbare Technikfachraum darstellt. Für den neuen Unterrichtsgegenstand Technik erschienen die traditionellen Schulwerkräume für Holz, Papier/Pappe, Keramik und Metall nicht mehr geeignet, denn weder lässt sich die Gegenstandstechnik in ihrer multimaterialen Erscheinung auf einen nur dieser Werkstoffe festlegen, noch hätten die am traditionellen Handwerk orientierten Werkstätten eine adäquate Lernumgebung für die Erschließung der technischen Inhalte bieten können. Beibehalten wurde aber das Prinzip der praktischen Erschließung der technischen Sachverhalte, denn Technik hat nun einmal ganz zentral etwas mit Praxis zu tun. Ohne praktische Gestaltung keine Technik. Die bloße Theorie macht noch keine Technik.

1 Klöckner, K. 1957, S. 458 f.
2 ebendort, Vorwort, S. 13

So war es nur folgerichtig, dass sich ab den späten 60er-Jahren die sich neu konstituierende Fachdidaktik für den allgemeinbildenden Technikunterricht des Themas der Fachraumgestaltung und Ausstattung annahm und wichtige Weichen für ein neues Fachraumkonzept stellte (u. a. ROTH/ STEIDLE 1968; B. SACHS 1979, 1980, 1984, 1985; W. SCHMAYL 1983, 1984,1985, 2010). Neben diesen grundsätzlichen Darstellungen treffen wir bis heute zudem auf eine Vielzahl von Einzelbeiträgen in den einschlägigen fachdidaktischen Zeitschriften, die sich Teilbereichen der Fachraumthematik angenommen haben. Alle diese verdienstvollen Publikationen haben aber offensichtlich nicht ausgereicht, ein über die Fläche verteiltes, durchgängig befriedigendes Niveau von Technikfachräumen herzustellen.

Die Gründe hierfür sind vielfältig und betreffen den Technikunterricht in seiner Gesamtheit. Sie liegen vorrangig in bildungspolitischen Entscheidungen mit der Folge, dass das Fach bis heute in nur wenigen Bundesländern vertreten ist und dort auch noch nicht als ein allgemeinbildendes, im Sinn von einem Fach für alle Schüler aller Schularten eingeführt wurde. Die daneben existierenden integrativen Fächerkonstruktionen bzw. Lernbereiche, für den Primarbereich der Sachunterricht[3] und für die Sekundarstufe die Arbeitslehre, haben aufgrund ihres spezifischen Inhaltszuschnitts einen jeweils eigenen, begrenzten Blick auf die Technik.

Ein weiterer Grund mag in der Außen- und Selbstwahrnehmung des Faches liegen. Noch immer geistert die Vorstellung herum, dass es sich beim Technikunterricht um ein nur ein wenig gewendetes ‚Werken' handelt, das in ‚Werkräumen' stattfindet und vor allem kompensatorische Aufgaben in der sonst so verkopften Schule habe. An dieser Wahrnehmung sind nicht nur Sprachkonventionen Schuld (übrigens nicht nur von Außenstehenden), sondern vielfach auch das eigene Selbstverständnis, ein auf handwerkliche Praxis verkürztes Lehrangebot und last, not least der oft beklagenswerte Zustand der Fachräume.

Der Technikunterricht ist im Vergleich beispielsweise zu den Naturwissenschaften ein noch recht junges Schulfach, das sich mit seinen Ansprüchen im Kanon der etablierten Fächer immer noch erst behaupten muss. Das hat zur Folge, dass der Technikunterricht bei den Schulträgern nur zu oft am Katzentisch sitzt und mit dem Vorlieb nehmen muss, was noch übrig ist, nachdem die „klassischen" Fächer versorgt worden sind.

Ein weiterer wesentlicher Grund liegt u. E. in der Aus- und Weiterbildung der Techniklehrer. So reicht innerhalb der Techniklehrerausbildung die Zeit oft nicht aus, das Thema Technikfachraum und zugehörige Räume in der erforderlichen Gründlichkeit, Systematik und Praxisnähe zu entfalten. Die vielfältigen inhaltlichen Anforderungen rücken das Thema oft an den Rand oder verbannen es vollkommen aus dem Studium. Das ist in gewisser Hinsicht fatal, denn das Thema der Fachraumanlage und -ausstattung ist keineswegs als ein alleiniges sächliches Ausstattungsproblem zu verstehen – hierfür würden die Kataloge der Fachraumausstatter allemal reichen – vielmehr müssen die fachdidaktischen und pädagogischen Positionen des Faches die Entscheidungsgrundlage für die Anlage und Ausstattung der Fachräume bilden, um auf dieser Grundlage eine möglichst leistungsfähige Lernumgebung gestalten zu können, die, was nicht vergessen werden darf, eine unersetzbare Voraussetzung für einen erfolgreichen Technikunterricht darstellt.

[3] Unter der Bezeichnung Sachunterricht werden hier auch andere integrative Lernbereiche der Grundschule subsumiert, die Inhalte technischer Bildung ausweisen.

Was nun die fehlende oder verbesserungsbedürftige Fachraumkompetenz der angehenden Techniklehrkräfte betrifft, findet sich dafür ein weiterer Grund, nämlich aus der vorgegebenen Lernumgebung während ihres Technikstudiums. Die Ausstattung der Werkstätten an den Hochschulen und Universitäten deckt sich nicht immer mit dem, was dann später an den Schulen vorgefunden wird. Die dortigen Werkstätten für Holz-, Metall- und Kunststoffbearbeitung neben Labors für Elektro- und Maschinentechnik sowie Elektronik unterscheiden sich meist erheblich von den Fachräumen des Technikunterrichts an Schulen. Sie ähneln mehr Lehrwerkstätten als universell nutzbaren Mehrzweckwerkstätten. Nun mag man nicht ganz zu Unrecht einwenden, dass die praktische Ausbildung der Lehramtsstudenten anderen Erfordernissen zu folgen habe, als ihre spätere Berufstätigkeit, denn es gehe in erster Linie um fachpraktische Qualifikation. Dem ist entgegenzuhalten, dass die fachpraktische Ausbildung genauso gut – und wir behaupten sogar besser – in Universal-Technikfach- und Maschinenräumen erfolgen kann, sofern diese eine möglichst umfassende, auf die pädagogischen, fachdidaktischen und fachpraktischen Belange des späteren Arbeitsplatzes abgestimmte Ausstattung aufweisen und diese Belange im Lehr- und Lernprozess miteinander verschränkt werden. Warum, ist zu fragen, muss die Ausbildung in Werkstätten erfolgen, die weder hinsichtlich ihrer einengenden Ausrichtung auf die Bearbeitung bestimmter Materialen noch in ihrer Ausstattung so an allgemeinbildenden Schulen anzutreffen sind? Es besteht die Gefahr, dass das, was man in der Ausbildung unpassenderweise erlernt und praktiziert hat, in der Folgezeit für die angehenden Lehrer falschen Vorbildcharakter erlangt und, was nicht auszuschließen ist, dass der angetroffene Technikfachraum als eine große Enttäuschung empfunden wird, in dem man sich nicht vorstellen kann, sinnvoll und effizient Unterricht abhalten zu können. Und was noch gravierender ist, es fehlt dann an Kompetenz, den vorgefundenen Raumzustand im Sinn eines zeitgemäßen Technikunterrichts zu verändern.

Andererseits wäre eine an der schulischen Praxis orientierte Lern- und Übungsumgebung Trainingsfeld und exemplarischer Ort, an dem sich das Thema des zutreffenden Lernortes für den Technikunterricht in allen relevanten Fassetten praxisnah entfalten ließe. Dies hätte vor allem den positiven Effekt, dass Lehrer von Anfang an über eine Gestaltungskompetenz für die Fachräume ihres Faches verfügen würden und sich diese, wenn überhaupt, nicht mühevoll und autodidaktisch später neben ihrer Tätigkeit aneignen müssten. Es wäre daher durchaus wünschenswert für die Techniklehrerausbildung Fachräume bereitzustellen, die die spätere Schulsituation in idealer Weise wiedergeben. Hinzu käme ein weiterer positiver Effekt, dass die angehenden Techniklehrer sich mit den Fachraumeinrichtungen im praktischen Umgang vertraut machen könnten, wobei es durchaus wünschenswert wäre, wenn in einem solchen Musterfachraum auch alternative Produkte von unterschiedlichen Herstellern (z. B. Werkbänke, Werkzeugordnungssysteme) zur Verfügung ständen.

Auch dem Argument, dass es heutzutage ja Fachraumausstatter gibt, die über die erforderliche Ausstattungskompetenz verfügen und die zu den vorhandenen Räumlichkeiten wohl angepasste und das vorhandene Ausstattungsbudget berücksichtigen Vorschläge erarbeiten können, sollte widersprochen werden. Zutreffend ist, dass den am Markt agierenden Fachraumausstattern inzwischen ein hohes Niveau bei entsprechender Erfahrung bescheinigt werden kann. Dennoch darf man ihnen nicht allein das Feld überlassen und nicht vergessen, dass diese aus einem berechtigten kommerziellen Interesse handeln. Letztendlich liefert der Fachraumausstatter das, was gewünscht wird. Daher sollte der Techniklehrer die Verantwortung für die Ausgestaltung seines Arbeitsplatzes mittragen und sehr genaue Vorstellungen darüber haben, was vor Ort erforderlich ist und dieses auch begründen und vertreten können. Diese Verantwortung ist auch gegenüber

Schulträgern, Planern, Architekten, Schulleitung und Kollegen wahrzunehmen, die leider heutzutage noch zu oft isoliert agieren.

Damit sind wir beim Hauptanliegen dieses Buches angelangt. Es soll einerseits ein Kompendium dessen sein, was bis heute zum Thema gesagt wurde und oft sehr verstreut vorliegt, es soll anderseits das Vorliegende zusammenfassen und perspektivisch ergänzen, sodass eine Art Handreichung für den Lehrer entsteht, welche die fachdidaktische Basis für das Warum, Wie und Was der Anlage und Ausstattung für ein zeitgemäßes Fachraumsystem legt und somit mehr als ein Ausstattungskatalog ist.

Die Aufgabe des Techniklehrers ist unter den gegebenen Umständen anspruchsvoll und zeitaufwendig. Sein Arbeitsfeld erschöpft sich nicht allein in der Stoffvermittlung. Seine beruflichen Tätigkeiten umfassen nicht nur pädagogische und fachliche Aufgabenstellungen, sondern umfassen auch planerisches, organisatorisches und operatives Handeln, das sich als Manageraufgaben im Kleinen beschreiben lässt und ohne das kein Technikunterricht erfolgreich stattfinden kann. Die Gestaltung des Lernortes, die Organisation und Bereitstellung der Unterrichtsmedien und Arbeitsmittel, die Sicherstellung der Einsatzbereitschaft von Werkzeugen und Maschinen, die Fortschreibung der Ausstattung und Ausrüstung und deren Beschaffung, das Vorbereiten der Unterrichtsmaterialien sind neben Aufgaben, die in allen Fächern anfallen, Zusatzaufgaben, die der Techniklehrer zu leisten hat und auf die er sich einlassen muss. Wenn auch dergestalt von der Techniklehrkraft viel Engagement gefordert wird, kann in den meisten Fällen von einer positiven Rückmeldung seitens der Schüler gerechnet werden. In der Beliebtheitsskala der Fächer nimmt der Technikunterricht einen der oberen Plätze ein, sind die oben erwähnten Bedingungen erfüllt. Dieses Engagement zu fördern und entsprechende Hilfestellungen zu geben, ist ein weiteres Anliegen dieses Buches.

Zum Aufbau des Buches

Das erste Kapitel befasst sich in einem Gesamtüberblick mit der fachdidaktischen Grundlegung des Themas. Fachdidaktisches Bezugsfeld ist ein mehrdimensionaler Technikbegriff, vom dem sich ein multiperspektivisches Verständnis von allgemeinbildendem Technikunterricht ableitet. Mit in den Blick genommen sind zwar auch andere Ausprägungen von Unterricht mit Anteilen allgemeinschulischer technischer Bildung (z. B.: Sachunterricht, Arbeit-Wirtschaft-Technik, Arbeitslehre, Naturwissenschaften und Technik), das Hauptaugenmerk liegt jedoch auf dem eigenständigen Fach Technik. So erhält das Fachraumsystem seinen spezifischen Stellenwert innerhalb des Unterrichtsgeschehens als strukturierter Lernort und unverzichtbare Voraussetzung für einen gelingenden Unterricht.

Im daran anschließenden zweiten Kapitel werden die zum Teil leider für unser Thema nur bedingt aussagekräftigen amtlichen Verlautbarungen wie Schulbaurichtlinien, Förderrichtlinien und Musterraumprogramme thematisiert und analysiert. Zurzeit ist wieder einmal ein Umbruch bei der Konzipierung, Planung und Neubau von Schulen zu beobachten. Die strenge und starre Struktur aus Klassen- und Fachräumen weicht aufgrund veränderter Lehr- und Lernanforderungen zunehmend flexibler zu nutzenden Raumkonzepten. Alles in allem sind hiervon die Fachräume und somit auch die Technikfachräume aber eher weniger betroffen, da sie spezifischen Sondernutzungen unterworfen sind.

Von besonderem Interesse haben sich die Raum- und Flächenvorgaben von offizieller Seite erwiesen. Betrachtet wurden neuere und aktuelle Verlautbarungen, die alle Schulfächer betreffen, die sich ganz oder teilweise im Verbund mit anderen Fächern der technischen Bildung verschrieben haben. Sie stellen, soweit überhaupt vorhanden, eine eher lückenhafte Listung auf, sowohl was die Art und Anzahl der das Fachraumsystem bildenden Räume, als auch die Nennung der zugehörigen Quadratmeteranzahl betrifft. Im Zug der Neugestaltung der Schulbaurichtlinien und Musterraumprogramme geht Hamburg einen eigenen Weg, indem es Fachbereiche (Natur und Technik) auswirft und denen Gesamtflächen zuordnet, sodass die Planung über mehr Spielräume verfügt. Hinsichtlich der Flächenzuweisung (einschließlich der Verkehrsflächen) und bezogen auf 16 Schüler kommen pro Schüler für den Technikfachraum zwischen 4,7 und 4,9 m^2 heraus, wobei nicht einmal der Maximalwert aus unserer Sicht einmal ausreichend ist.

Zieht man zum Vergleich die Angaben zum gleichen Thema von Seiten der Fachdidaktik heran, so bietet sich über einen Zeitraum von annähernd 60 Jahren ein differenziertes und zugleich ziemlich einheitlicheres Bild. Die pro Schüler anzunehmenden Quadratmeterzahlen, ebenfalls bezogen auf 16 Schüler, bewegen sich zwischen 5,0 und 6,3 m^2, was Technikfachräume zwischen 100 und 80 m^2 zur Folge hätte.

Die folgenden Kapitel vier und fünf behandeln in einer grundsätzlichen Betrachtungsweise die räumliche Struktur des Fachraumsystems mit allen seinen Räumen, Bedarfsflächen und seiner Lage im Schulgebäude. In diesem Zusammenhang werden ebenso auch die notwendigen bauseitigen Ausstattungen wie Fußböden, Wände, Decken, Türen, Belichtungen, Belüftung und die Installationen für Beleuchtung, Energieversorgung, Wasser und Abwasser erörtert.

Nach diesen mehr großstrukturellen Betrachtungen geht es anschließend im Kapitel fünf erst einmal um die Beschreibung der für das Fachraumsystem wünschenswerten Raumtypen und ihre funktionale Zuordnung zu Fachraumsystemen für die Sekundarschule unterschiedlicher Größenordnung. Im Folgenden geht es dann um die strukturelle Binnengliederung der Raumtypen bzw. fachunterrichtlichen Bereiche in Funktions- und Aktionszonen, die ihre Begründung sowohl in der fachdidaktischen Grundlegung, als auch in den technikunterrichtsspezifischen Unterrichtsabläufen und fachlichen Bedarfen finden.

Kapitel sechs stellt die Einrichtungsgegenstände für das Fachraumsystem mit Schwerpunkt auf den universellen Technikfachraum vor. Hier werden die zentralen und aktuellen Möblierungen wie Schülerwerkbank und ihre Ausrüstung, Reihenwerkbank, Lehrerarbeitstisch, Sitz- und Schrankmöbel präsentiert. Knapp gefasste Anforderungskataloge erleichtern die Übersicht und Auswahl.

Kapitel sieben besteht, nach einigen grundsätzlichen Überlegungen zur Werkzeugausstattung, in der Hauptsache aus einer differenzierten Liste zu den Grundwerkzeugen und Zusatzwerkzeugen. Die hier praktizierte Ordnung der Werkzeuge folgt einerseits der üblichen Einteilung nach Holz-, Metall-, Elektro-/Elektronikwerkzeugen usw. und dann jeweils weiter ausdifferenziert nach technologischen Gesichtspunkten, also Werkzeuge zum Trennen, Fügen, Verbinden usw. Dieser Ordnung sollte dann auch das Ordnungs- und Aufbewahrungssystem der Werkzeuge und Vorrichtungen folgen, das im folgenden Kapitel acht zur Darstellung kommt.

Dieses „Werkzeug-Ordnungssysteme“ überschriebene Kapitel widmet sich einem wichtigen Teilthema der Fachraumausstattung, dem Problem einer funktionalen, für die Schüler übersichtlichen Ordnung in das vielfältige Angebot der Werkzeuge und Vorrichtungen, Kleinmaschinen und sonstiger Hilfsmittel zu bringen, um zugleich und infolgedessen die Unterrichtsabläufe zeitökonomischer zu gestalten. Darüberhinaus bieten Ordnungssysteme speziell für Werkzeuge Möglichkeiten der übersichtlichen Aufbewahrung, des Schutzes des Werkzeugs und nicht zuletzt auch der Sicherheit der Schüler vor Verletzungsgefahren. Im entsprechenden Kapitel werden alle diese Sachverhalte erörtert, verschiedene Werkzeugordnungs- und Aufbewahrungssysteme vorgestellt und ihre Vor- und Nachteile beschrieben.

In den Kapiteln neun und zehn werden die Unterrichtsmedien, Materialien, Bauteile usw. unter dem Aspekt ihrer Systematik (Unterrichtsmedien) und der jeweils zutreffenden Unterbringungs- und Ordnungsmöglichkeiten beschrieben. Auch Fragen des Transports innerhalb des Fachraumsystems und der Präsentation werden angesprochen.

Die Vorstellung der Elektrowerkzeuge, soweit sie für den Technikunterricht von Relevanz sind, insbesondere der technischen Anforderungen, sowie Überlegungen zu ihrer Funktionalität und Ergonomie sind Inhalt des elften Kapitels.

Das 12. Kapitel, das den stationären und mobilen Maschinen gewidmet ist, greift als erstes die Diskussion über den Einsatz von Maschinen im Technikunterricht auf, wobei unterschiedliche Standpunkte zur Vorstellung kommen. Europäische und nationale Maschinenrichtlinien und Normen, die heute als unumgänglicher Standard gelten, werden angesprochen, denen auch die nachfolgende „Generellen“ und „Speziellen Anforderungen an einzelne Maschinen“ (Liste in alphabethischer Reihenfolge) mit detaillierten technischen Daten und Sicherheitshinweisen folgen.

Sicherheit im Technikfachraum, sowohl was die passive als auch die aktive Sicherheit betrifft, ist ein nicht hoch genug einzuschätzendes Problem, das sich im Technikunterricht täglich stellt. Es verlangt von den Techniklehrkräften entsprechende Vorsorge und Voraussicht, als auch von den Schülern angepasste Verhaltensweisen, was spezielle sicherheitserzieherische Maßnahmen erforderlich macht. Die Kapitel 13 und 14 sind dieser Thematik gewidmet.

Die bis an diese Stelle vorstellten Überlegungen zur Anlage und Ausstattung von Technikfachräumen bezogen sich in der Hauptsache auf den Technikunterricht in der Sekundarstufe I und II. Kapitel 15 nimmt nun die Primarstufe in den Blick, für die zwar bis dato so gut wie kein eigenständiges Fach Technik existiert (Ausnahme Schleswig-Holstein), wohl aber sogenanntes „Technisches Werken“ in den Ländern Mecklenburg-Vorpommern, Sachsen und Thüringen und „Gestaltendes Werken“ in Niedersachsen. Alle anderen Bundesländer haben die schulische technische Bildung in Integrationsbereichen, die bildungstheoretisch auf dem früheren Sachunterricht oder Heimat- und Sachunterricht fußen, untergebracht, wobei bei der Namensgebung ein geradezu inflationäres „Bäumchen-wechsle-dich-Spiel“ herrscht, was es verbietet, hier alle Namensvarianten aufzuzählen, die im Moment ihrer Erwähnung bereits durch neue ersetzt sein könnten. Für eine breite Etablierung eines Technikunterrichts in der Grundschule bedarf es offensichtlich noch einiger engagierter Arbeit an der Bildungsfront, nichtsdestotrotz ist es erforderlich, die Bedingungen und die Möglichkeiten einer Anlage und Ausstattung für einen oder mehrere Fachräume für den Technikunterricht in der Grundschule in den Blick zu nehmen und zu beschreiben.

Den Abschluss des eigentlichen Textteils bildet das Kapitel 16, das anhand von fachgeschichtlichen Beispielen aufzeigt, dass der Technikunterricht nicht erst eine Bildungsidee der zweiten

Hälfte des 20. Jahrhunderts ist, sondern seine Wurzeln weit zurückreichen, wobei es mehrere verschiedene Traditionslinien zum modernen Technikunterricht und somit auch zu seinem Fachraumsystem gibt. In diesem Kapitel wird die Geschichte der werktätigen Erziehung mit ihren unterschiedlichen pädagogischen Implikationen und, soweit in entsprechenden Abbildungen belegbar, als eine Geschichte der Raum-/Werkstattkonzepte bis hin zum Technikunterricht seiner Fachräume dargestellt. Es hat sich gezeigt, dass das Thema der schulischen Werkstätten und Fachräume wenig belegt ist, oft nur an marginaler Stelle in der historischen Literatur auftaucht, und Bilddokumente rar sind. Soweit diese greifbar waren, zeigte sich die enge Verflochtenheit zwischen pädagogischen respektive sozialpädagogischen und didaktischen Vorstellungen bei der Gestaltung der Fachräume. Dieser Linie ist auch der Autor dieses Buches bei der Vorstellung des Fachraumsystems des Technikunterrichts heutiger Zeit gefolgt.

Die nachfolgenden Anhänge geben einen Überblick (1) über die für das Fach Technik relevanten Druckschriften des DGUV und der Unfallkassen, (2) über die wichtigsten Sicherheitszeichen und (3) ein Lieferantenverzeichnis für die Ausstattung von Technikfachräumen.

2 Allgemeinbildender Technikunterricht und sein Fachraumsystem

2.1 Vom Unterschied zwischen Werk- und Technikunterricht

„Zum Stand des Fachraumthemas bleibt festzuhalten. Es ist ein verhältnismäßig zufriedenstellend bearbeitetes Feld mit durchdachten Raumkonzepten und Ausstattungsprogrammen. Das Fachwissen für die Neueinrichtung bzw. Renovierung von Techniräumen ist vorhanden. Dass es noch viel zu wenig zur Verbesserung der Fachraumverhältnisse an den Schulen genutzt wird, steht auf einem anderen Blatt" (Schmayl 2010, S. 247)[1]. Bei Schulbesuchen begegnet einem daher immer noch der ‚Werkraum' als Fachraum für den Technikunterricht. Aber nicht nur dort, auch umgangssprachlich wird häufig vom ‚Werkraum' als Bezeichnung für einen Technikfachraum bei Lehrern, Fachraumausstattern, Schulträgern und Architekten gesprochen, obwohl das Fach inzwischen längst Technikunterricht oder schlicht Technik heißt. So findet sich in den „Empfehlungen für einen zeitgemäßen Schulhausbau in Baden-Württemberg", die im Auftrag des dortigen Ministeriums für Kultus, Jugend und Sport entstanden und 2013 veröffentlicht wurden der Hinweis, dass für den ‚Technikunterricht' und das gymnasiale Fach ‚Naturwissenschaft und Technik' „multifunktionale Werkstätten" vorzusehen seien, die nach Arbeitstechniken wie Holzbearbeitung, Metallbearbeitung und Elektrotechnik zu untergliedern seien. Weiter heißt es dann wörtlich: „Die Werkräume sind so anzuordnen, dass die übrigen Funktionsbereiche der Schule nicht durch Lärm, Erschütterungen und Staub beeinträchtigt werden." (Empfehlungen BW, 2013, S. 29)[2]. Dem Einwand, dass es sich hier lediglich um einen Namensstreit von marginaler Bedeutung handelt, muss widersprochen werden. Bezeichnungen und Begrifflichkeiten sind die Grundlage jedweder Verständigung, die allerdings nur dann zustande kommt, wenn die Kommunikationspartner das gleiche Grundverständnis bezüglich der Inhaltlichkeit der verwendeten Bezeichnungen und Begrifflichkeiten haben. So besteht zumindest der Verdacht, dass hier von einem falschen Fachverständnis ausgegangen wird und die Gefahr besteht, dass die Belange technischer Bildung so nicht optimal vertreten werden. Es ist folglich nicht dadurch getan, Vorschläge für Raumkonzepte und deren Ausstattung zu entwickeln, sondern als Voraussetzung für deren Umsetzung muss der Werkraum aus den Köpfen der Lehrer, Planer, Bauherren und kommunaler Entscheidungsträger verbannt werden.

Der ‚Werkraum' war der Fachraum des ehemaligen ‚Werkunterrichts'. Dessen Hauptmerkmale waren Praxisdominanz, handwerkliche Fertigkeitsschulung, verbunden mit formaler wie personaler Erziehung. Durch mehr oder weniger streng gebundenes ‚Werkschaffen' sollten die schöpferischen Kräfte des Kindes entfaltet werden. Der Fachraum war im Wesentlichen eine ‚Hand-Werk-Statt'.

Dominierendes Mobiliar stellte die Hobelbank dar, dominierende Materialien waren sogenannte „Werkmaterialien", aus denen „Werkstücke" hergestellt wurden. Die theoretische Grundlegung erfolgte eher beiläufig und blieb auf den Gestaltungs- und Werkprozess beschränkt. Je nach konzeptioneller Ausrichtung und Schulform war der Werkunterricht entweder mehr funktional-technisch

1 Von fachdidaktischer Seite haben sich zu diesem Thema bisher ausführlich geäußert: Roth/Steidle, 1968; Lippmann, 1973; Weiß 1974; B. Sachs 1979 und 1985; Schmayl 1983, 1984, 1995, 2010; Biester 1982; Bienhaus 1983, 1984, 1985, 1999.

2 Dieses Zitat ist eine nahezu wörtliche Übernahme aus ‚Leitlinien für leistungsfähige Schulbauten in Deutschland', der MONTAG-Stiftung zusammen mit BDA und VBE, 2013, S. 31.

oder mehr formal-ästhetisch ausgerichtet. Blick auf eine spätere Berufstätigkeit übernahm der funktional-technisch orientierte Werkunterricht die Herausbildung von insbesondere handwerklichen Arbeitstugenden wie Genauigkeit, Sauberkeit, Ordnung, Ausdauer, Geduld, Sachlichkeit usw. und schulte die motorische Geschicklichkeit. Der formal-ästhetisch orientierte Werkunterricht verfolgte dagegen mehr die Stärkung und Förderung der (so die allgemeine Auffassung) im Schüler angelegten und zu weckenden Kreativkräfte.

Abweichend davon und mit erweiterten Zielsetzungen entwickelte sich der Werkunterricht in der DDR für die Klassenstufen 1–6, der die Grundstufe der „Polytechnischen Bildung" darstellte. Auch er war im Wesentlichen handwerklich ausgerichtet, materialgebunden und sollte bereits in frühen Jahren eine Hinführung an gesellschaftlich nützliches Arbeiten im Rahmen des Unterrichts leisten. Hierbei ging es auch um die Herausbildung formaler, auf die sozialistische Arbeitswelt bezogene „Arbeitskultur" und Arbeitstugenden. Im Verlauf der Klassenstufen wurde der Werkunterricht zunehmend stärker theoretisiert und durch sogenannte „polytechnische Kenntnisse" auf dem Gebiet der Produktionstechnik und mechanischen Technologie angereichert.

Die allen diesen Ausprägungen des Werkunterrichts zentrale Intention des pragmatischen, produktbezogenen Schaffens findet sich zwar auch im Technikunterricht wieder, nun aber nicht mehr in dieser Ausschließlichkeit, sondern wird nun mehr als medialer Prozess neben anderen Erschließungsformen der Technik verstanden und verliert damit auch die einst gegebene dominierende Stellung im Unterrichtsgeschehen. Von entscheidender Bedeutung für diesen Wandel ist der dem Technikunterricht unterlegte mehrperspektivische Technikbegriff, der mit dem einstig gepflegten Werkpragmatismus nicht in Einklang zu bringen ist. Dieser fußte auf einer ausschließlich handwerklich geprägten Technik.

2.2 Zum Technikbegriff

Unsere Lebenswelt ist eine von Technik geprägte, künstliche Welt. Die Technik begegnet uns dort in vielfältigen konkreten, zweckvollen Manifestationen, aber auch in Form zweckgerichteter Handlungen und Prozessen. Aber der Blick allein auf die technischen Gebilde gibt nur ein oberflächliches Bild dessen ab, was die Technik in ihrem Wesen eigentlich kennzeichnet.

Es stellt sich also die Frage nach den Bestimmungsstücken, die die Technik in ihrem Kern ausmachen. Die Produktionstechnik dient grundsätzlich der Stoffgewinnung und Stoffformung[3] in einem sehr umfassenden Sinn, wobei auf naturgegebene, der Natur direkt entnommene und veredelte/synthetisierte Stoffe mittels bestimmter, technischer Verfahren eingewirkt wird. Die Stoffumformung kann aber nur unter gleichzeitigem Einsatz von Energie (mit Energietechnik) und Informationen (mit Informations- und Datenverarbeitung) erfolgen. Energie- und Informationstechnik sind, genau wie die Stofftechnik, Prozessen der Wandlung, der Umformung, des Transports und der Speicherung unterworfen. Dabei tritt mit der Kategorie der Information der Mensch in das Geschehen der Technikproduktion ein. Die Technik ist unzweifelhaft nicht nur ein stoffliches oder energetisches, sondern in erster Linie ein dem menschlichen Geist entsprungenes Produkt, sie ist die Objektivierung eines geistigen Plans.

An einem beliebigen technischen Artefakt lassen sich die verschiedenen Betrachtungsperspektiven aufzeigen, die in ihrer Gesamtheit Einflussfaktoren beziehungsweise weitere Bestimmungsstücke

3 Vergl. hierzu Paulinyi 1989, S. 17 ff.

der Technik respektive des Technikbegriffs ausmachen. Wir sprechen dann von einer mehrperspektivischen Betrachtungsweise, von einer Mehrperspektivität, die für die Technik charakteristisch ist. Wählen wir als Beispiel einen Stuhl: Er besteht aus aus der Natur gewonnenen Materialien/Stoffen, die bestimmten Wandlungs- und Formungsprozessen unterworfen wurden (naturale Perspektive)[4], seine stoffliche Festigkeit und Statik folgt naturgesetzlichen Gegebenheiten (naturwissenschaftliche Perspektive), seine funktionserfüllende Konstruktion geht auf ingenieurwissenschaftliches Schaffen zurück (ingenieurwissenschaftliche und funktionale Perspektive)[5]. In zunehmendem Maße fließen heute bei der Produktentwicklung und Herstellung Überlegungen zum Umweltschutz ein, werden Überlegungen zum sparsamen und verständigen Umgang mit stofflichen und energetischen Ressourcen berücksichtigt. Ökologische Argumente sind inzwischen wichtige Verkaufsargumente und bedienen Wertvorstellungen des Konsumenten (ökologische und ethische Perspektive). Aus der Sicht des Produzenten bestimmen in starkem Maße betriebswirtschaftliche Überlegungen das technische Produkt – nicht immer zum Nutzen des Verbrauchers und der Umwelt (ökonomische Perspektive).

Der Stuhl erfüllt seine primäre Aufgabe, das Sitzen, abgehoben vom Boden, in einer bestimmten, dem Körper angepassten Haltung zu gewährleisten, nur dann, wenn seine Konstruktion wie diverse ihm zugehörige Gestaltungselemente sich an den anatomischen Gegebenheiten des Menschen ausrichten (physiologische Perspektive), wodurch an diesem Beispiel die enge Bezogenheit der künstlichen technischen Dingwelt auf den Menschen offensichtlich wird. Handelt es sich um einen Arbeitsstuhl, fallen noch ergonomische Aspekte (ergonomische Perspektive) ins Gewicht. Beide zuletzt aufgeführten Perspektiven lassen sich nicht wirklich von der psychologischen Perspektive trennen.

Technik wird gern als etwas dem Menschen Innewohnendes, als ein „Urhumanun" beschrieben. Das heißt nicht anderes, als dass der Mensch gar nicht anders kann, als seine Umwelt in einem technischen Sinn nach seinen Vorstellungen umzugestalten, sich ihrer zu bemächtigen und sich Artefakte zu schaffen, wie einen Stuhl, die seinen Bedürfnissen dienen. Diese Bedürfnisse wären aber zu kurz gefasst, wenn es sich lediglich um solche handeln würde, die auf seine physische Existenz, auf das reine Überleben ausgerichtet wären. Genaugenommen bräuchten wir gar keine Stühle, um überleben zu können. Wir könnten auch auf dem Boden sitzen oder im Stehen arbeiten. Beides wäre weder ungewöhnlich noch unmöglich. Aber wir legen Wert auf ein vom Boden abgehobenes Sitzen, wir legen Wert auf Formgebung, Materialwahl, Proportion und Dimension, legen zusätzliche ästhetische Maßstäbe an, die sehr individuell sein können, insgesamt jedoch als unverzichtbar angesehen werden müssen (ästhetische Perspektive). Überall dort, wo wir uns als Menschen im unmittelbaren Kontakt mit der technischen Gegenstandswelt befinden, im privaten, öffentlichen und auch im beruflichen Bereich, legen wir auf eine ästhetisch befriedigende Gestaltung Wert. Das betrifft das häusliche Ambiente und ebenso unsere Kleidung, den von öffentlichen Institutionen gestalteten Stadtraum genauso wie das Eigenheim in der Vorstadt, den häuslichen Arbeitsplatz wie den in einem Büro. Es wäre aber verfehlt anzunehmen, das Ästhetische als etwas Zusätzliches, der Technik Fremdes und eigentlich auch Entbehrliches anzusehen, sondern sie ist ebenso wie die vorher genannten eine integrale Betrachtungsperspektive allen Künstlichens, somit auch allen Technischens. Wohl kaum jemand käme auf die Idee, eine Kaufentscheidung

4 Die Perspektiven in Anlehnung an Ropohl (Ropohl 2009, S. 32) (dort Erkenntnisperspektiven).

5 Ein nach wie vor weit verbreitetes Verständnis von Technik geht davon aus, dass das sogenannte Technisch-Funktionale das zentrale und alleinige Merkmal allen Technischen sei. Andere „Technikauslöser" werden nicht oder als wenig bedeutsam gesehen. Das hat auch gravierende Auswirkungen auf die inhaltliche Gestaltung von Technikunterricht, die die Technik auf eben diese Perspektive verkürzt.

für ein Möbel- oder Kleidungsstück den Aspekt der Ästhetik außer Acht zu lassen. Dabei sind die ästhetischen Kriterien, die letztlich zur Entscheidung für oder gegen einen bestimmten technischen Gegenstand führen, sehr individuell und durchaus nicht immer technikaffin und rational begründet. Bei stark technisch-funktional ausgerichteten Objekten vermag die Funktionalität als solche sogar zur tragenden ästhetisch empfundenen Entscheidungskategorie werden.

Während also die ästhetische Perspektive sich auf die individuell empfundene Anmutung bezieht, die ein solcher Stuhl ausstrahlt, kann er auch zum Ausdruck gesellschaftlicher Zugehörigkeit, von Statuts beziehungsweise Statuserwartungen und anderer gesellschaftlich wirksamer Signale dienen (soziologische Perspektive), die wiederum eng verbunden mit der bereits erwähnten ökonomischen wie auch mit einer weiteren, der politologischen Perspektive ist.

Jedwede Technik hat immer auch eine historische Perspektive, indem sie auf „Vorläufertechniken" aufbaut. Dennoch können wir generell keine historisch kontinuierliche Entwicklung annehmen, denn jede Technik ist endlich, bestimmte Techniklinien laufen aus, werden durch andere ersetzt und verschwinden völlig. Andere derartige Techniklinien weisen zwar einen sich bis heute fortsetzenden Entwicklungsweg auf, können aber ebenso gut schon morgen verschwinden, wenn andere technische Mittel, die die Bedürfnisse und Interessen der Menschen in besserem Maße befriedigen, sich anbieten.

Dass sich in der Technik auch gesellschaftspolitisches Wollen manifestiert, dass sie also auch eine politische Perspektive aufweist und somit in der Regel auch eine juristische, lässt sich leicht an den unzähligen Gesetzen, Verordnungen, Vorschriften, Normierungen und Standards ablesen, die staatlicher- und andererseits erlassen wurden und in Zukunft weiterhin erlassen werden müssen, um ein gedeihliches Zusammengehen von Technik, Mensch und Umwelt zu gewährleisten. An dieser Stelle wird klar, dass die vom Menschen verursachte und betriebene Technik bestimmter gesellschaftlich legitimierter Regularien bedarf, um ihre positive Wirkkraft zu entfalten. Denn hinter allen technischen Hervorbringungen stehen individuelle und gesellschaftliche Interessen und Wertvorstellungen, die dem einen Nutzen bringen, dem anderen aber zum Nachteil geraten können. So entlarvt sich schnell die verbreitete Auffassung als Fehleinschätzung, die Technik sei wertneutral und per se zweckfrei. Eine solche „autonome" Technik, wenn es sie gäbe, wäre losgelöst vom Menschen, ihrem Initiator, und somit ohne jeden Sinn. Ganz bestimmte, benennbare Werte und Zwecke sind in der Technik vom Moment ihrer Konzeption enthalten, sie mögen im Verlauf des Gebrauchs umgewertet und zweckentfremdet werden, was an ihrer grundsätzlichen Zweckhaftigkeit und Wertigkeit nichts ändert.

Der Blick auf die verschiedenen Perspektiven der Technik zeigt bereits einen facettenreich, mehrperspektivischen Technikbegriff auf, dieser bedarf allerdings noch einiger Erweiterung. Ein zentrales Charakteristikum der Technik ist ihre Finalität, das heißt ihr Zustandekommen aufgrund von definierten Zwecken und Absichten, was wir auch mit Zweckbestimmtheit beschreiben können. Diesbezüglich unterscheidet sie sich auch fundamental von den klassischen Naturwissenschaften, denen das Prinzip der Kausalität, der Ursachenbestimmtheit, zu eigen ist.

In gewisser Verbundenheit mit der Zweckbestimmtheit befindet sich die Problemorientiertheit, die ebenfalls der Technik eigen ist. Sie resultiert aus einem vorliegenden, definierten Bedürfnis/Interesse, welches als Problem erkannt und beschrieben, einer Lösung (hier technischen Lösung) zugeführt werden soll. Jedes technische Artefakt ist die Lösungsgestalt für ein vorher definiertes Problem.

Ein weiteres wichtiges Merkmal ergibt sich aus der Mittelbezogenheit der Technik, indem zu ihrer Hervorbringung Mittel aller Art (stoffliche, energetische und informationelle) erforderlich sind. Je nach Mittelauswahl haben wir es mit materiellen (Objekten, Handlungen) oder immateriellen (Konzepten, Plänen) technischen Gebilden zu tun.

Unbestritten ist zudem, dass die wirkmächtige, unsere heutige Welt in erheblichem Maße prägende Technik ein Bereich eigener Wirklichkeit mit einer spezifischen Theorie und Praxis darstellt. Die Technik ist ohne ihre Praxis gar nicht vorstellbar, eine Praxis die einerseits sehr wohl theoriefundiert ist, andererseits aber selbst wieder ihre Theorie aus der Praxis gewinnt. Dies gilt aber nicht erst seit die Technik auf eine ingenieurwissenschaftliche Grundlage gestellt wurde, sondern betrifft auch die vorwissenschaftliche Zeit[6]. Die Tatsache, dass es eine ausgewiesene Technik vor ihrer wissenschaftlichen Durchdringung gab, belegt die Fehleinschätzung, dass es sich bei der Technik lediglich um einen Anwendungsbereich der Naturwissenschaften handelt[7]. Sie als Anwendungsbereich der Naturwissenschaften zu beschreiben, verkürzt nicht nur den Begriff von der Technik unzutreffend und kurzschlüssig, sondern verkennt auch den fundamentalen Unterschied zwischen der Technik, hinter der das Ziel der Gestaltung der Welt steht, während die Naturwissenschaften ein gänzlich anders geartetes Ziel verfolgen: Erkenntnisgewinnung über die vorgefundene Natur.

Die Technik als menschgemachtes, machtvolles Gestaltungsinstrument hilft dem Menschen sich die Natur „untertan" zu machen. Das bringt Nutzen und Schaden, hat positive und negative Folgen, löst Probleme des Menschen und schafft ihm meist auch Folgeprobleme. Hierin zeigt sich die grundsätzliche Ambivalenz allen Technischens, wie auch letztlich in allem Menschenwerk: Die Technik verschafft dem Menschen Freiheit und grenzt diese zugleich ein, sie baut ein sicheres (technisches) Refugium und zerstört es auch zugleich. Technik zu erschaffen, bedeutet für den Menschen ein ständiges Handeln in Zielkonflikten, ein permanentes Abwägen zwischen erzeugtem Nutzen und in dessen Schlepptau befindlichen Schadwirkungen.

Als ein letztes Merkmal wollen wir noch die Ergebnisoffenheit hinsichtlich technischer Problemlösungen ansprechen. Dabei ist vorauszuschicken, dass es die perfekte, ultimative, letztinstanzliche technische Lösung nicht gibt. Auch die Konstruktionswissenschaften zeigen keinen Weg auf, der zur einzig richtigen Lösung führt. Für ein und dasselbe Problem gibt es in aller Regel verschiedene Lösungsvarianten, die mehr oder weder angemessen die Problemlösung repräsentieren, aber allein aufgrund der vielfältigen zu berücksichtigenden Perspektiven und Merkmale unterschiedliche Schwerpunkte setzen und somit zu unterschiedlichen Lösungsgestalten kommen. Selbst wenn man die Kardinalkategorie allen Technischens zugrunde legt, die Funktion, gibt es auch für sie unterschiedliche technische Ausformungen, die allesamt, wieder mehr oder weniger, den implizierten Zweck erfüllen.

Nimmt man alle die aufgeführten Perspektiven und Bestimmungsstücke des Technikbegriffs in den Blick, so wird deutlich, dass die Technik ein wesentlicher Bestandteil der menschlichen

6 Der Zeitpunkt des Übergangs von der nichtwissenschaftlichen zur wissenschaftlich fundierten Technik ist fließend und nicht genau zu definieren. Ansätze zur wissenschaftlichen Grundlegung reichen bis in die Antike. Mit der Entwicklung der modernen Natur- und Ingenieurwissenschaften im 18. Jahrhundert setzen allerdings eine bisher noch nicht gekannte Verwissenschaftlichung und eine geradezu sprunghafte Entwicklung der Technik ein.

7 Was infolge eines verbreiteten falschen Technikverständnisses immer wieder zur Delegation genuin technischer Unterrichtsinhalte an die Naturwissenschaften führt.

Kultur[8] ist. Mit ihr kultiviert er Bereiche seiner Lebenswelt, gestaltet sie in seinem Sinne um, macht aus dem natürlichen, anonymen Biotop ein selbstgestaltetes Technotop. So erscheint die Technik als Kultur im Sinn des Selbstgestaltungswillens des Menschen und nicht nur als bloße Zivilisation[9] und so ist es folgerichtig, dass die Technik auch als Bildungsgut Legitimation erfährt und zwar als Bildungsgut in einem allgemeinbildenden Sinn. Denn was anderes ist die Aufgabe der Schule, als jungen Menschen den Weg in ihre Kultur zu eröffnen.

2.3 Zu den Zielen

2.3.1 Notwendigkeit technischer Bildung

In unserer Welt, die den prägenden Stempel der Technik trägt, sollte die Vermittlung einer allgemeinen technischen Bildung selbstverständlicher Bestandteil der allgemeinen Bildung sein. Dem ist aber leider nicht so. Daher die Forderung: Wo die technische Bildung nicht oder nur unzureichend im Bildungskanon der allgemeinbildenden Schule verankert ist, sollte ihre Einführung mittelfristig für aller Schüler aller Schularten durchgeführt werden, um auf diese Weise das Bildungsangebot der allgemeinbildenden Schule um dieses wichtige und unverzichtbare Bildungselement zu ergänzen.

Technische Bildung stattet Schüler mit technischer Sach-, Handlungs- und Entscheidungskompetenz aus. Der schulische Ort, an dem die technische Bildung vermittelt werden soll, ist der Technikunterricht und das Fach Technik. Das schließt nicht aus, dass auch andere Fächer zur der Vermittlung technischer Bildung, jeweils im Rahmen ihres spezifischen Fachauftrags, einen Beitrag leisten können und zwar immer dort, wo fachliche Überschneidungen zur Technik gegeben sind. Eine umfassende und systematische Vermittlung technischer Bildung ist allerdings nur im Technikunterricht möglich.

Ziel des Technikunterrichts ist es, Schüler dazu zu befähigen, in technisch bestimmten Lebenssituationen verständig und angemessen urteilen, handeln und verantwortungsvoll entscheiden zu können.

Damit sind bereits zentrale Ziele des Technikunterrichts beschrieben, zu deren Erreichen spezielle fachliche Ziele, Inhalte, Methoden- und Mediensysteme erforderlich sind.

2.3.2 Kardinale fachliche Ziele technischer Bildung

Aus fachdidaktischer Perspektive lassen sich sechs zentrale Ziele einer allgemeinen technischen Bildung ausmachen, die in ihrer Gesamtheit die Richtung und Aufgabe eines allgemeinbildenden Technikunterrichts abbilden. Sie lauten:

- Technik kennen: Es sollen grundlegende und allgemeingültige Kenntnisse über die Technik vermittelt werden.
- Technik handhaben: Es sollen praktische Umgangserfahrungen mit der Technik gemacht werden.

[8] Technik als Bestandteil der Kultur zu sehen, ist nicht unumstritten. Geht man von einem umfassenden Kulturbegriff aus, bedeutet Kultur „die Gesamtheit der Lebensbekundungen, der Leistungen und Werke eines Volkes oder einer Gruppe von Völkern." (Schischoff (Hrsg.) 1960: Philosophisches Wörterbuch)

[9] Als eine Gesamtheit aller objekthaften technischen Hervorbringungen und die an ihnen erfolgenden Handlungen.

- Technik gestalten: Es sollen technische Entwurfs-, Konstruktions-, Planungs- und Fertigungsprozesse eingeübt und praktisch ausgeführt werden.
- Technik bewerten: Es sollen Voraussetzung der Hervorbringung, der Nutzung und der Folgen der Nutzung sowie der Außerdienststellung von Technik analysiert und beurteilt werden.
- Technik verantworten: Es soll aus der Position eigener Betroffenheit technisches Handeln analysiert und bewertet werden.
- Berufliche Orientierung: Es sollen technische Berufe kennengelernt und exemplarische Einblicke in die Berufswirklichkeit gewonnen werden.

2.3.3 Erläuterungen

Die hier vorgestellten fachlichen Ziele haben ihre Auswirkungen auf alle Faktoren, die das Unterrichtsgeschehen im allgemeinbildenden Technikunterricht bestimmen, so nachgewiesenerweise auch auf die Gesamtheit der Technikfachräume (im Folgenden Fachraumsystem), das der eigentliche Gegenstand dieses Buches ist.

2.3.4 Technik kennen

Das Fachraumsystem muss so beschaffen sein, dass es alle Formen theoretischer Vermittlung von Technikwissen ermöglicht. Dies erfolgt im schulischen Lehr- und Lerngeschehen auf recht unterschiedlicher Weise. Es bewegt sich zwischen den Polen traditioneller, lehrerzentrierter Wissensvermittlung und eigenständiger Wissensaneignung bzw. Wissenskonstruktion durch die Schüler, wobei der Lehrer mehr assistierend mitwirkt. Die Aneignung von Technikwissen im praktischen, problemlösenden Konstruktionsprozess kann an diesem selbst, durch technisches Experimentieren, durch die Analyse von vorgegebener Sachtechnik, Beobachtung technischer Prozesse und das Studium von Lebenssituationen, in denen Technik eine Rolle spielt, geschehen.

Die Aneigungsprozesse werden durch erkenntnisfördernde, veranschaulichende Medien, durch Informationen verbaler, schriftlicher, visueller oder auditiver Art, wie auch zunehmend durch sogenannte ‚Expertensysteme', die inzwischen in Form elektronischer Informationswerkzeuge Schülern und Lehrern zur Verfügung stehen, unterstützt.

Schließlich ist noch auf planvoll angebahntes, situatives Lernen an außerschulischen Lernorten hinzuweisen, das sowohl theoretisches wie Erfahrungswissen vermittelt und auf die Lernprozesse im Technikfachraum positiv rückwirkt.

Die hier nur andeutungsweise wiedergegebene Vielfalt der Lehrformen und Lernprozesse zur Aneignung von Technikwissen bedarf eines adäquaten schulischen Lernorts, eines Fachraumsystems , das für das den Technikunterricht grundlegende Prinzip des Praxis-Theorie-Verbundes eine sichere Entfaltungsbasis darstellt.

2.3.5 Technik handhaben

Durch den konkreten, praktischen Umgang mit der Technik werden grundlegende und gezielte Lernerfahrungen ermöglicht, die anhand exemplarischer Real- und Modelltechnik sowie durch Teilhabe und Durchführung entsprechender technischer Handlungen erfolgen. Technik handhaben bezieht sich unmittelbar auf die Technikpraxis. Technikpraxis erlangt der Lernende in der

Regel durch zielgerichteten, angeleiteten Umgang mit realer Technik. Der individuell sehr unterschiedlich ausgeprägte und meist noch ungeordnete Erfahrungsschatz, den sich Schüler durch Alltagserfahrungen mit der Technik aneignen, wird in der Schule aufgegriffen und versucht, zu ordnen, zu strukturieren und durch den Umgang mit exemplarischer Technik so zu vervollständigen, dass sich die oben beschriebene Technikkompetenz einstellt. Aus beliebiger Technikerfahrung wird so transferierbares Handlungswissen und Handlungskönnen.

Technik handzuhaben, bezieht sich auf vielfältigen Umgang mit der Technik. Es schließt das Warten, Reparieren und schließlich auch das praktische Wiederverwerten von Wertstoffen und das umweltgerechte Entsorgen technischer Werkstoffe und Artefakte mit ein.

Sollen beiläufige wie angeleitete Praxiserfahrungen im Sinn einer technischen Bildung bildungswirksam werden, dann ist notwendigerweise die Bedingung zu erfüllen, dass sie in einem lernfördernden, fachdidaktisch basiertem Ambiente stattfinden. Ein solches fachdidaktisches Ambiente stellt das Fachraumsystem dar.

2.3.6 Technik gestalten

Im Fachraumsystem müssen Voraussetzungen vorhanden sein, die gesamte Breite technischer Gestaltungsprozesse in allen Phasen des Konzipierens, Konstruierens, Planens und Fertigens praktisch zu erfahren. Technikgestaltung zielt auf die konkrete Lösung eines definierten technischen Problems. Sie umfasst somit alle Phasen eines technischen Problemslösungsprozesses, von der Problemanalyse zur Ideenentwicklung, zur Konstruktion, zum Entwurf, zur Planung und zur Fertigung sowie auch noch zur Brauchbarkeitsüberprüfung und, soweit es die zur Verfügung stehende Zeit zulässt, anschließender Optimierungsphase.

Technikgestaltung im Technikunterricht bezieht sich gleichermaßen auf die Erfindung/Entwicklung neuer wie auf die Verbesserung vorgegebener technischer Artefakte und Prozesse. Befähigung zur Technikgestaltung ist ein zentrales Anliegen technischer Bildung. Technikgestaltung in der Schule macht Grundprobleme und Grundprozesse der Hervorbringung und Optimierung von Technik im exemplarischen Prozess erfahrbar. Im Prozess der Technikgestaltung erfährt der Schüler die der Technik eigenen Prinzipien der Finalität, Prozesshaftigkeit, Problemorientierung, Zweck-Mittelhaftigkeit und das Handeln im Zielkonflikt.

Die schulische Technikwerkstatt, die im symbolischen wie im konkreten Sinn Zentrum des Fachraumsystems darstellt, schafft die notwendigen Voraussetzungen, Technikgestaltungsprozesse als Lern- und Lehrprozesse zu initiieren und zum Erfolg zu führen.

2.3.7 Technik bewerten

Technikbewertung befasst sich mit der Abschätzung der Voraussetzungen der Herstellung, der Nutzung und der Außerdienststellung der Technik und den daraus resultierenden Folgen für das Individuum, die Gesellschaft und die Umwelt. Da Technik immer auch im gesellschaftlichen Kontext gesehen werden muss, sind bei der Technikbewertung auch Interessen und Absichten, Wünsche und Bedürfnisse, die zu ihrer Entstehung und Verwendung geführt haben, aufzudecken und zu beurteilen.

Als wichtige Ausstattung für eine Technikbewertungskompetenz sind Mündigkeit und Sachlichkeit gegenüber der Technik zu nennen. Es genügt nämlich nicht nur das Wissen um die Technik und das Erkennen von technischen Sachstrukturen, sondern es geht auch darum, in „sozio-technischen“ und „sozio-ökonomischen“ Zusammenhängen denken zu lernen, um die eigentlichen Beweggründe für das Vorhandensein einer ganz bestimmten Technik verstehen zu können.

Technikbewertung ist neben Technikwissen und -praxis auf die Beherrschung grundlegender analytischer Denkweisen, Verfahren und Methoden angewiesen, die im Technikunterricht entfaltet werden. Technikbewertung ist eine sehr komplexe und anspruchsvolle Angelegenheit, die nicht für sich, sondern fast immer im Verbund mit den anderen kardinalen Zielen technischer Bildung steht. So, wie sie in den Gesamtzusammenhang technischer Bildung eingestellt ist, so kann sie ebenfalls nicht auf ein entsprechend zugeschnittenes Fachraumsystem verzichten.

2.3.8 Technik verantworten

Die Fähigkeit zu sachlicher, distanzierender Technikbewertung ist eine wesentliche Voraussetzung, um verantwortlich in technikbestimmten Kontexten entscheiden und handeln zu können. Sich für eine Sache (mit-)verantwortlich zu fühlen, setzt nicht nur Wissen um die Sache, sondern auch persönliche Betroffenheit voraus.

Handlungsleitlinien entwickeln sich aus Überzeugungen, Werten, Normen und Regeln. Daraus erwachsen schließlich Handlungsentscheidungen für eine mensch-, gesellschafts- und umweltdienliche Technik. Die Bereitschaft und Fähigkeit zur Verantwortungsübernahme in technisch geprägten Problemsituationen und somit an ihrer Lösung teilzuhaben, ist das hohe Ziel jeder technischen Bildung.

Handlungsleitlinien lassen sich in und aus komplexen Lernsituationen und an komplexen Technikinhalten gewinnen. Adäquate Unterrichtverfahren für solche komplexen, aus der Lebenswirklichkeit entnommenen, technischen Inhalte sind u. a. das Projekt, die Fallstudie, das Rollenspiel, die Technikstudie als sozio-technische Recherche.

Auch für diese Zielsetzungen muss das Fachraumsystem das geeignete ‚Gehäuse‘ und die passende Ausstattung bereitstellen.

2.3.9 Berufsorientierung

Technische Bildung leistet auch einen Beitrag zur Berufsorientierung mit Schwerpunkt auf den technisch-gewerblichen Bereich. Das Fachraumsystem bietet hierfür eine nicht ersetzbare, sächliche Basis. Indem sich Anlage und Ausstattung nicht nur an schulischen Lern- und Lehrerfordernissen, sondern zusätzlich auch an konkreten Arbeitsplatzsituationen und Arbeitsprozessen, die exemplarischen Charakter für die technisch-gewerbliche Realität haben, orientieren. Ohne zusätzliche außerschulische Arbeitswelterfahrungen in konkreten Berufssituationen (Betriebserkundungen, Betriebspraktika) lassen sich die Intentionen einer Berufsorientierung der allgemeinbildenden Schule allerdings nicht erreichen.

Das Fachraumsystem eignet sich in besonderem Maße, Modellwerkstatt für die technische Arbeitswelt zu sein. Wenn man die Berufsorientierung in der allgemeinbildenden Schule ernst nimmt, dann muss das entsprechende Konsequenzen für die Anlage und Ausstattung des Fachraumsystems haben. Es hat sich weitgehendst an einem zeitgemäßen Bild der Arbeitswelt zu orientieren.

2.3.10 Interdependenztheorem der fachlichen Ziele

Die aufgeführten Ziele technischer Bildung bestimmen in der Regel die allgemeintechnischen Bildungsprozesse nicht in einem Neben- oder Hintereinander, sondern miteinander verknüpft und in qualitativer Abhängigkeit zum gewählten inhaltlichen Zusammenhang. In der schulischen Realität stehen sie nicht für sich isoliert, sondern, wie die nebenstehende Grafik 02/1 zeigt, in einem Interdependenzverhältnis.

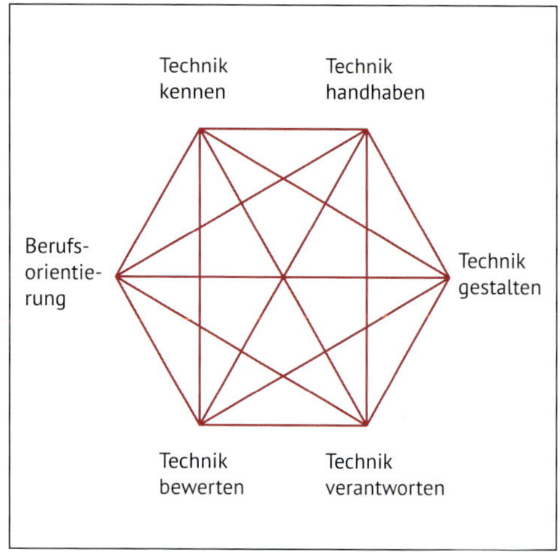

02/1 Interdependenzverhältnis der kardinalen Ziele technischer Bildung

2.3.11 Nachbemerkung

Ebenso wie aufgrund der Ausführungen zum Technikbegriff lassen sich aus der Listung der Zielkategorien noch keine inhaltlichen Aussagen für den Technikunterricht machen. Beide setzen aber Rahmen. Der Technikbegriff gibt Auskunft über den Kern der Technik, der im Unterricht an geeigneten Inhalten und Themen erarbeitet werden muss. Die Ziele verweisen auf Kenntnisse, Fähigkeiten und Fertigkeiten, die ebenfalls nur an exemplarischen Inhalten gebunden, erreicht werden können. Im folgenden Abschnitt wird auf die Inhaltlichkeit in der gebotenen Kürze, die das eigentliche Thema dieses Buches zulässt und das wir nachfolgend in Ausführlichkeit behandeln wollen, eingegangen.

2.4 Zu den Inhalten

Die Vielzahl der Betrachtungsperspektiven und die Vielgestaltigkeit der Technik erfordern für den allgemeinbildenden Technikunterricht eine auf Wesentliches, das ‚Ganze der Technik' bezogene Inhaltlichkeit. Was unter dem ‚Ganzen der Technik' zu verstehen ist, „ergibt sich aus dem Verständnis von Technik, wie es die jüngere Technikphilosophie, unterstützt durch die Technikdidaktik, erarbeitet hat" (SCHMAYL 2010, S. 183). Demnach wird die künstliche Gegenstandswelt (die Gesamtheit technischer Artefakte), die die Technik nach außen hin repräsentiert, zu Unrecht als die Technik schlechthin angesehen. Selbstverständlich wird niemand behaupten wollen, dass die technischen Gegenstände nicht zur Technik gehören, aber der Begriff der Technik ist weiterzufassen. Die technischen Artefakte erscheinen wie die Früchte an einem Baum. Um ihr Vorhandensein jedoch zu verstehen, muss man den Baum, einschließlich seiner Wurzeln, seines Standorts und weiterer „fruchtbringender" Faktoren in den Blick nehmen. Beim alleinigen Blick auf die technischen Artefakte wird der Ausgangspunkt und der Zweck der Technik gern übersehen, nämlich der Mensch als Verursacher, Nutzer und somit immer auch Folgebetroffener. Technik ist ohne den Menschen nicht denkbar und wäre ohne die Ausgerichtetheit auf ihn ohne jeden Sinn. Die Menschbezogenheit der Technik äußert sich sowohl in ihrer Herstellung, als auch in ihrem Gebrauch.

Herstellung und Gebrauch technischer Artefakte sind grundlegende Handlungsformen des Technischen, in ihnen manifestiert sich die Technik. Ausgangspunkt jedweder Technik sind vorrangig menschliche Bedürfnisse und Interessen. Ihre Überführung in konkrete technische Artefakte geschieht durch technisches Handeln. Die Grenzen des technisch Machbaren liegen ebenfalls, sofern nicht naturale Gegebenheiten Grenzen setzen, im Willen des Menschen begründet. Das technische Handeln ist somit der eigentliche Quellgrund für die technische Gegenstandswelt und dort muss angesetzt werden, wenn es um die Inhaltsbestimmung dessen geht, was das ‚Ganze der Technik' ausmacht.

Technisches Handeln erfolgt immer als ein sehr besonderer Problemlösungsprozess, es ist ein bedürfnis- aber auch interessengeleitetes Handeln, und zwar innerhalb eines sozial bestimmten, ‚sozio-technischen' Umfelds. Für den allgemeinbildenden[10] Technikunterricht hat erstmals Burkhard Sachs sogenannte „Problem- und Handlungsfelder" formuliert (B. SACHS 1981, S. 64)[11], bei denen es sich, wie aus der Bezeichnung hervorgeht, um komplexe Wirklichkeitsbereiche handelt, „die über die Förderung technikbezogener Kenntnisse und Fähigkeiten erschlossen werden sollen, und sie repräsentieren Mensch-Technik-Bezüge, welche zusammen mit den technischen Kenntnissen und Fähigkeiten erhellt und gefördert werden müssen". (B. SACHS 2001, S. 11). SACHS versteht die Problem- und Handlungsfelder als „Suchfelder für die Gewinnung konkreter Themen für den Unterricht" (a.a.O., S. 11).

Diese „Problem- und Handlungsfelder" beziehen sich im Wesentlichen auf den zwingend gegebenen Zusammenhang von Mensch und Technik, verweisen also auf eine human-soziale Dimension und eröffnen einen sozio-technischen Blickwinkel. Eine sachstrukturelle Gliederung Technik[12] lässt sich im Kontext der sozial-humanen Dimension ebenfalls entfalten, gewissermaßen als eine die Problem- und Handlungsfelder übergreifende Struktur, da man in den betreffenden Feldern sozio-technischer Wirklichkeit vielfach auf sachstrukturell gleiche Technik trifft.[13] Weitgehend einig ist sich die Fachdidaktik jedoch darin, dass eine lediglich sachstrukturell orientierte Sicht auf die Technik diese unzulässig verkürzt und ihr nicht gerecht werden kann. Es geht also darum, und hierin manifestiert sich eine der zentralsten, wenn nicht gar die zentralste Aufgabe der Fachdidaktik, die Sachdimension der Technik mit ihren Human- und Sozialdimensionen zu einer stimmigen Inhaltsstruktur zu verknüpfen und exemplarische Themenstellungen zu formulieren.

2.5 Technisches Erschließungshandeln

Im Gegensatz zum ‚Produktionshandeln' im Werkunterricht geht es im Technikunterricht primär um ein ‚Erschließungshandeln'. Es schafft die Grundlage für technisches Verständnis und die Voraussetzung für eine Handlungsfähigkeit, die maßgeblich auf Technik ausgerichtet ist.

10 Sachs spricht von einem „mehrperspektivischen" Technikunterricht, was der Autor durch „allgemeinbildend" ersetzt hat.

11 Ursprünglich benannte Sachs die Problem- und Handlungsfelder folgendermaßen: Arbeit und Produktion, Bau und Wohnen, Versorgung und Entsorgung, Transport und Verkehr und Information und Kommunikation. Inzwischen erfuhren sie einige Modifikationen und inhaltliche Weiterungen, so ‚Produktion und Produkte' und ‚Bauen und gebaute Umwelt'. In neuerer Zeit hat Wilfried Schlagenhauf mit Hinweis auf die Alltagstechnik ein weiteres Feld vorgeschlagen: „Alltag und Gebrauch" (Schlagenhauf, 2016, S. 82). Eine kritische Analyse des Sachsschen Ansatzes findet sich bei Schmayl 2010, S. 194 ff.)

12 Dabei ist es sowohl möglich, die Sachtechnik nach allgemeintechnologischen Kategorien (nach Stoff, Energie und Informationsumsatz) oder nach ingenieurwissenschaftlichen Disziplinen (z. B. Bautechnik, Maschinentechnik, Elektrotechnik, Informationstechnik etc.) zu gliedern. Beide kategoriale Systeme finden sich in allen Problem- und Handlungsfeldern wieder.

13 Z. B. finden wir technische Artefakte der Bautechnik in allen „Problem- und Handlungsfeldern", ebenso, wie die Einwirkungskategorien Stoff, Energie und Information in allen besagten Feldern eine Rolle spielen.

Technisches Erschließungshandeln ist charakterisiert durch eine enge Verzahnung von Theorie und Praxis, indem theoretische Überlegungen/Erkenntnisse nicht für sich stehen, sondern – wenn immer möglich – in Praxis übergeführt werden und aus dieser Praxiserfahrung neue theoretische Erkenntnisse gewonnen werden, die ihrerseits wieder in eine (veränderte) technische Praxis einmünden. Anderseits werden aus der Analyse technischer Realität Einsichten gewonnen, die zu neuer Praxis führen. Praxis umfasst hier begrifflich sowohl technisches Handeln in Bezug auf die Hervorbringung von Technik, als auch in Bezug auf den Gebrauch und die Verwendung von Technik.

Technisches Erschließungshandeln gründet sich auf ein breites Spektrum möglicher exemplarischer Inhalte und Unterrichtsmethoden, die die Sach- und sozial-humane Dimensionen der Technik erschließen helfen. Eigenaktivität, Primärerfahrungen, aber auch das Eigeninteresse des Schülers leiten das Erschließungshandeln. Technikunterricht sucht die Anbindung an realtechnische Wirklichkeitsbereiche, an technische Lebenspraxis. Diese Anbindung ist vom Selbstverständnis des Faches her auch zwingend. Auf diese Weise gewinnt technisches Erschließungshandeln im Unterricht den Charakter von Primärerfahrungen.

2.6 Repertoire der Methoden und Unterrichtsprinzipien

Unterrichtsmethoden lassen sich als planmäßige, in Teilschritte zerlegte und zielgerichtete Strategien zur Initialisierung und Steuerung von Lernprozessen beschreiben. Sie zeichnen sich durch Prozesshaftigkeit und Effizienz aus. Da Unterrichtsziele und somit auch die ihnen zugeordneten Unterrichtsinhalte aus den unterschiedlichsten Sach- und Lebensbereichen entnommen werden können und ihre Sach- wie Handlungsdimensionen unterschiedliche Erschließungsmaßnahmen erfordern, gibt es bekanntlich nicht nur die Methode als didaktisches Universalinstrument, sondern es bedarf ein an den Zielen und Inhalten, aber auch an den Fähigkeiten der am Unterricht teilnehmenden Schülern orientiertes Methodensystem, das mit möglichst hoher Effizienz zum unterrichtlichen Erfolg beiträgt.

Mit dem Nachdenken über und der Neugestaltung des Methodenrepertoires des allgemeinbildenden Technikunterrichts wurde praktisch parallel zur Neubestimmung dieses Schulfaches in den 1960er-Jahren begonnen. Der komplexe Gegenstand Technik mit seinen vielfältigen Zugangsperspektiven erfordert ein darauf neu zugeschnittenes System von Unterrichtsmethoden. Ein solches liegt inzwischen auf einem fortgeschrittenen Entfaltungsniveau vor[14], sodass festzuhalten ist, die Methodik des vorauslaufenden (technischen) Werkunterrichts wurde in den zurückliegenden Jahren nicht nur umfänglich in Richtung des Technikunterrichts weiterentwickelt sondern teilweise sind auch gänzlich neue Methoden vorgestellt worden. Heute verfügt das Fach über ein relativ gut ausdifferenziertes System von Methoden, das auf das sich momentan abzeichnende inhaltliche Spektrum des allgemeinbildenden Technikunterrichts passend zugeschnitten ist. Was aber nicht bedeuten kann, dass dieser Entwicklungsprozess zu einem Ende gekommen ist, vielmehr bleiben noch Fragen offen, und einige der neu hinzugekommenen Methoden (‚Recyclingaufgabe', ‚Reparaturaufgabe', ‚Instandhaltungsaufgabe' und ‚Technikstudie') bedürfen noch der vertiefenden Analyse und praktischen Erprobung im Unterricht.

14 Was bis heute seinen Niederschlag in mehreren Monografien: Wilkening 1977; Schmayl 1981; Kaiser/Kaminski 1986; Henseler/Höpken 1996; Hüttner 2005, und zahlreichen Aufsätzen zu den Einzelmethoden geführt hat. Siehe hierzu auch Bienhaus/Schlagenhauf (Hrsg.): Methoden des Technikunterrichts. 14. Tagung der DGTB. Offenburg 2013.

Besonderes Augenmerk verdient der Vorschlag von W. SCHMAYL in seinem erfolgreichen Bemühen, den Unterrichtsmethoden des Technikunterrichts einen Ordnungsrahmen in Form einer „Ordnung der methodischen Grundformen des Technikunterrichts“[15], zu geben. Eine Grundordnung, die nicht wie z. B. bei F. WILKENING die Gesamtheit der Fachmethoden lediglich nach fachspezifischen und fachübergreifenden Methoden[16] auflistet, sondern diese in ein schlüssiges Konzept von „Lernrichtungen“ und „Gegenstandsdimensionen“, von lernender Person und den Gegenstandsdimensionen der Technik überführt.[17] Die Schmayl'sche Ordnung (Abb.: 02/2) besteht aus einer zweidimensionalen Matrix in der die „Gegenstandsdimensionen“ der Technik (bei Schmayl sind das die Human- und die Sachdimension) mit den sogenannten „Lernrichtungen“ (hier „genetisch-produktives“ und „instruierend-analytisches Lernen“) miteinander schneidet. Damit erfasst besagte Matrix die im Bildungsprozess aufeinandertreffenden Komponenten, das Subjekt und das Objekt, den Schüler und den Unterrichtsgegenstand, die Technik. In den vier Schnittfeldern der Matrix finden sich nun die Methoden, auf die die jeweilige Sachdimension und Lernrichtung zutreffen.

		Lernrichtungen	
		genetisch-produktives Lernen	instruierend-analytisches Lernen
Gegenstandsdimensionen	Sachdimension erschließend	Experiment Konstruktionsaufgabe Fertigungsaufgabe Instandhaltungsaufgabe Recyclingaufgabe	Lehrgang Produktanalyse
	Humandimension erschließend	Projekt Fallaufgabe Planspiel	Erkundung Technikstudie

02/2 W. Schmayl: Ordnung methodischer Grundformen des Technikunterrichts. Aus: Schmayl 2000, S. 214

Das traditionelle Unterrichts- und Methodenverständnis erfährt heute seine Erweiterung und Ergänzung durch offenere, den Lernenden stärker aktivierende Unterrichtsmethoden, fachbezogenen Lehr-Lern-Arrangements und neuer Unterrichtsprinzipien. In diesem Zusammenhang ist aber auch festzustellen, dass in der Fachliteratur und auch in der Praxis selbst nicht immer trennscharf zwischen Unterrichtsmethode, Lehr-Lern-Arrangement und Unterrichtsprinzipien unterschieden wird. Das mag daran liegen, dass sie im Prozess des Unterrichts meist eng zusammenwirken, was aber eine Vermengung dieser sehr unterschiedlichen unterrichtlichen Strukturfaktoren keineswegs rechtfertigt.

2.7 Repertoire der Unterrichtsmedien und unterrichtlichen Arbeits-/Hilfsmittel

Die Unterrichtsmedien und unterrichtliche Hilfsmittel sind wichtige Elemente der sächlichen Basis des Technikunterrichts. Als Unterrichtsmedien wollen wir hier vorrangig alle objekthaften Repräsentationen von Unterrichtsinhalten bezeichnen, die eine besondere Funktion in Bezug auf das Lehr- und Lerngeschehen und die damit verbundenen, angestrebten Unterrichtsziele

15 Vergl. hierzu Schmayl 2010, S. 212 ff.

16 Vergl. hierzu Wilkening 1977, S. 14 ff.

17 Der besondere Verdienst Wilkenings mit Bezug auf das Methodenrepertoire darf hier jedoch nicht unerwähnt bleiben, indem er erstmals eine didaktisch begründete und unterrichtlich auch erprobte ausführliche Methodik des seinerzeit noch jungen mehrperspektivischen Technikunterrichts vorstellte (siehe Wilkening 1977).

kennzeichnen. Danach sind Unterrichtsmedien Träger eines definierten immateriellen Inhalts, der im Unterrichtsprozess erschlossen werden soll.[18] Zusätzlich zu den stofflichen haben wir die Klasse der Medien nicht stofflicher, virtueller Art. Diese sogenannte virtuelle Realität (virtual reality), generiert mithilfe digitaler Medien (Computern), ermöglicht z. B. die Simulationen technischer Prozesse oder die Modellierung dreidimensionaler Räume und Architekturen. Derlei virtuelle Medien erweitern das Spektrum der traditionellen, analogen Medien erheblich, machen sie doch Einblicke in technische Gegebenheiten möglich, die bisher für den Unterricht in der Schule so nicht zugänglich waren.

Neben den Medien finden sich noch in großer Zahl die unterrichtlichen Hilfsmittel. Sie sind ebenfalls durch ihre Stofflichkeit gekennzeichnet. Sie unterscheiden sich jedoch grundsätzlich von den Medien hinsichtlich ihrer Funktion im Unterricht. An ihnen wird nicht unmittelbar gelernt. Ihre Aufgabe ist vielmehr, die Erarbeitung der Inhaltlichkeit des Unterrichts zu unterstützen. Nach diesem Verständnis sind Werkzeuge ebenso Hilfsmittel wie die Bohrmaschine oder der technische Konstruktionsbaukasten. Soweit die ‚Neuen Medien', also alle digitalen technischen Systeme vom Computer über den Beamer bis hin zum CNC-gesteuerten Koordinatentisch in der Funktion als „Denkzeug", „Schreibzeug", Mess-, Steuer-, Regelinstrument oder Werkzeugmaschine zum Einsatz kommen, fungieren sie in der oben beschriebenen Definition ebenfalls als Hilfsmittel. Ein Übergang vom Hilfsmittel bzw. Werkzeug zum Unterrichtsmedium ist möglich. So kann ein Hammer Hilfsmittel sein, um Nägel in ein Brett zu schlagen, aber auch Unterrichtsmedium, wenn er dazu dient, z. B. unterschiedliche funktionsbedingte Ausformungen und Verwendungszwecke mit daraus resultierenden unterschiedlichen Hammerkonstruktionen mit den Schülern zu erarbeiten.

2.8 Zur fachdidaktischen und pädagogischen Gewichtung des Fachraumsystems

Wenn man die Forderung nach einer allgemeinen technischen Bildung für alle ernst nimmt, so ist ein auf die fachdidaktischen Belange des Technikunterrichts abgestimmtes, funktionsfähiges Fachraumsystem eine zentrale und auch berechtigte Forderung. Angesichts dessen Bedeutung für den Unterrichtserfolg können wir von seiner hohen fachdidaktischen Gewichtung ausgehen. Die fachdidaktische Literatur spiegelt, wie weiter oben schon angemerkt, diese Gewichtung einigermaßen zufriedenstellend wider, ein Äquivalent dessen sucht man – aufs Ganze gesehen – in der Schulwirklichkeit leider noch viel zu häufig vergebens.

Selbstverständlich kommt dem Fachraumsystem auch eine pädagogische Bedeutung zu, indem es aufgrund seiner Anlage und Ausstattung eine wegleitende Funktion für individuelle Verhaltensdispositionen übernehmen kann. Aufenthalt und Arbeit im Technikfachraum fordern geradezu zu das Befolgen von bestimmten Nutzungs- und Verhaltensregeln heraus. So gibt es z. B. Anlässe für die Einführung von Werkstattdiensten mit einer starken sozialen Komponente, für vielerlei sicherheitserzieherische Maßnahmen, für das Erarbeiten von Werkstatt-Benutzungsordnungen, für gemeinsame Sicherheitsprüfungen und vieles mehr. Hinzu tritt die Anbahnung ein von der

[18] Es wird nicht übersehen, dass es auch von der hier vorgeschlagen Definition der Unterrichtsmedien abweichende Medienbegriffe gibt. Die am häufigsten anzutreffenden Medientaxonomien liefern eine Klassifizierung aller jener Gegenstände, Lehr-, Lernmittel, Apparate und Maschinen des Unterrichts nach gegenstandsfunktionalen Kriterien (vom Schulbuch über die Tafel bis hin zum biologischen Präparat). Auch im Zusammenhang mit visuellen, auditiven, audiovisuellen Apparaten (analog oder digital) wird ein Medienbegriff benutzt, wobei ‚Neuen Medien' die elektronischen, digitalen Apparate umfassen. Im Sinne der hier gebrauchten Definition sind sie nur dann Unterrichtsmedien, wenn sie selbst Inhalt des Unterrichts sind. Anderenfalls fungieren sie als ‚Hilfsmittel'. Die Trennung von Unterrichtsmedium und Hilfsmittel ist heute jedoch teilweise aufgelöst durch die Mediengruppe der sogenannten ‚smarten' Endgeräte wie Computer, Smartphone und Tablets.

Sache der Technik her begründbares sozial-kooperatives Verhalten, dass nicht nur in den schon erwähnten spezifischen Ordnungsdiensten mit individuellen und gemeinschaftlichen Aufgaben und Verantwortlichkeiten zum Tragen kommt, sondern sich auch aus der Notwendigkeit kooperativen Handelns in zahlreichen Unterrichtssituationen des Technikunterrichts herleitet. Die hier angestrebten, technikbezogenen Verhaltensdispositionen werden in Situationen eingeübt, die, da sie einen starken Praxisbezug haben, für den Schüler leicht hinsichtlich ihrer Notwendigkeit nachzuvollziehen sind und daher nicht theoretisches, angelerntes Wissen sind, sondern aus konkretem technischen Handeln abgeleitet werden können. Solches praxisfundiertes Handeln erleichtert die Einsicht in die Erfordernis von Diensten, Ordnungen und Ordnungssystemen, sicherheitsbewusstem Verhalten und fördert kooperatives Handeln. Die Anbahnung und Förderung nachhaltiger technikspezifischer Verhaltensweisen und Handlungsformen ist auf ohne eine strukturierte, technikbezogenen Lernumgebung unbedingt angewiesen. Ohne sie ist das Projekt einer allgemeinen technischen Bildung zum Scheitern verurteilt.

2.9 Zusammenfassung

Der traditionelle „Werkraum" in seiner ausschließlichen Ausrichtung auf handwerkliche Werkprozesse ist als Fachraum für den allgemeinbildenden Technikunterricht ungeeignet.

Bezogen auf die Intentionen des allgemeinbildenden Technikunterrichts bedarf es einer konsequenten fachdidaktischen Reflexion und kritischen Analyse der vorfindlichen institutionellen wie sächlichen Gegebenheiten dahingehend, ob sie die Voraussetzungen für einen erfolgversprechenden Unterricht erfüllen. Die unterrichtliche Entfaltung der „Technik als Ganzes" erfordert neben einer Vielzahl spezieller Ausstattungen spezifische Fachräumlichkeiten, dessen Zentrum der Technikfachraum ist.

Bezogen auf die Inhalte und Themen der Technik ist festzuhalten, dass der Technikfachraum multifunktional ausgelegt sein muss, um der Mehrperspektivität der Technik gerecht werden zu können. Darüber hinaus heißt das auch, dass die Gesamtheit aller fachbezogenen Räume (das Fachraumsystem, wie später noch detailliert zu erläutern ist) den inhaltlichen Ansprüchen, als da sind die Vermittlung von Kenntnissen und Sachstrukturen, das Handeln in technischen Kontexten, das Bewerten, Beurteilen von Technik, das Erschließen der Bedeutung und des Sinns von Technik und schließlich auch der Ausblick auf die technische Berufswelt in möglichst allen erforderlichen Facetten, in Theorie und Praxis, entsprechen müssen.[19]

Das heißt weiterhin, dass das Fachraumsystem von seiner räumlichen Anlage und Gestaltung, wie auch seiner sächlichen Ausstattung so flexibel und variabel angelegt sein muss, dass es die Entfaltung des fachspezifischen Methodenspektrums und die Durchführung fachspezifischer Lehr-Lern-Arrangements und Unterrichtsprinzipien möglich macht.

Der allgemeinbildende Technikunterricht ist typischerweise ein medien- und hilfsmittelintensives Fach. Reichhaltigkeit und Verschiedenartigkeit der Fachmedien und Hilfsmittel erfordern besondere fachräumliche Konsequenzen, insbesondere auch, was deren Unterbringung, Zugriffsmöglichkeiten und Darbietung betrifft.

[19] Hinzu kommen zusätzliche unterrichtliche Aktivitäten an außerschulischen Lernorten mit ergänzendem Charakter, die aufgrund ihrer inhaltlichen Ausrichtung nicht in den Räumlichkeiten der Schule stattfinden können.

Von einer angemessenen Ausstattung mit digitalen, elektronischen Medien ist ebenfalls auszugehen, da sie Inhaltsbereiche zugänglich machen, die bisher nur schwer oder gar nicht für den Technikunterricht zugänglich waren.

Das Fachraumsystem wird so zum Lernort für spezifische technische Strukturen, Ambiente und Prozesse. Es bietet darüber hinaus ein Übungsfeld für techniktypische Handlungen und Verhaltensweisen, insbesondere auch für sicherheitsgerechtes und kooperatives Verhalten.

3 Schulbaurichtlinien, Förderrichtlinien und Musterraumprogramme

3.1 Grundsätzliche Überlegungen

Aussagen über den Bau, Raumprogramme, Flächenbedarf und Fördermöglichkeiten von Bildungseinrichtungen finden sich in den sogenannten Schulbaurichtlinien[1] sowie speziellen Förderrichtlinien. Dies gilt auch für das allgemeinbildende Schulwesen. Es handelt sich dabei um amtliche Regelwerke, die im kulturföderal strukturierten Deutschland von den Ländern, bei denen bekanntlich die Kulturhoheit liegt, erlassen werden. Diese Regelwerke geben dem Schulträger, den Kommunen, einen relativ weitgefassten, aber verbindlichen Rahmen für die Anlage und Ausstattung von Schulen vor. Sie enthalten Normen und technische Richtlinien zu Bau, Betriebstechnik sowie Rechts- und Verwaltungsvorschriften zu Bau und Ausstattung von Schulen als auch Vorgaben zur Energieeinsparung, Sicherheit und Gesundheit. Aufgrund des Umstandes, dass alles dies in die Regie der Länder fällt, ist es wenig erstaunlich, dass sich diese Regelungen von Bundesland zu Bundesland erheblich unterscheiden können. Neben den länderspezifischen Verordnungen gibt es noch Rahmenrichtlinien, die vom der KMK verfasst sind und empfehlenden Charakter haben.

Sogenannte ‚Regelsetzer', deren Gesetze, Verordnungen, Bestimmungen Eingang in die Schulbaurichtlinien gefunden haben und damit verbindlich gemacht werden, sind das ‚Deutsche Institut für Normung (DIN)', die ‚Deutsche Gesetzliche Unfallversicherung (DGUV)', die insbesondere Unfallverhütungsvorschriften und Regeln für Sicherheit und Gesundheitsschutz erarbeitet und der ‚Arbeitskreis Maschinen- und Elektrotechnik staatlicher und kommunaler Verwaltungen (AMEV)', der Bundes-, Landes- und kommunale Behörden in Sachen der technischen Gebäudeausrüstung, der Energieeinsparung und des Klima- und Umweltschutzes berät. Darüber hinaus gibt es noch ‚Empfehlungen', ‚Leitlinien', ‚Expertisen' und dergleichen von unterschiedlichen Arbeitskreisen, Institutionen und Expertengremien[2], die Aussagen zu einem zukunftsfähigen Schulbau enthalten.[3] Die von solcherlei Gremien und Arbeitskreisen verfassten Schriften haben ebenfalls lediglich empfehlenden Charakter und dienen als Ideensammlung und Beratungsgrundlagen für die amtlichen Entscheidungsträger im Schulbau. Auch hier trifft man auf Aussagen zu Fachräumen und Werkstätten.

Derlei Veröffentlichungen beabsichtigen in erster Linie Zweierlei: Zum einen weisen sie auf den Innovationsbedarf vorliegender Schulbaurichtlinien hin, zum anderen streben sie eine gewisse Vereinheitlichung hinsichtlich der Anlage und Ausstattung von Schulbauten innerhalb der Bundesrepublik Deutschland an bzw. wollen behilflich sein, solches zu erreichen. Die vorliegenden amtlichen Richtlinienwerke erweisen sich bei näherer Betrachtung vielfach überholt oder unzureichend aussagekräftig, weil sie sich meist nur auf baurechtliche und sicherheitstechnische

1 Die Bezeichnung ‚Schulbaurichtlinie' wird nicht einheitlich gebraucht, stattdessen auch ‚Schulbauempfehlungen', ‚Schulbauverordnung', ‚Musterraumprogramm', ‚Technische Richtlinie', ‚Muster-Schulbau-Richtlinie', ‚Schulbauhandreichung', ‚Allgemeine Planungshinweise für den Schulbau'. Im hiesigen Verständnis bezeichnet „Schulbaurichtlinie" alle formalen Regelungen des Schulbaus und nicht nur die bauaufsichtlichen.

2 In ihnen finden sich idealerweise Experten aus den Erziehungswissenschaften, Architekten, Vertreter der Kultusbehörden, der politischen Gemeinde als Schulträger, Vertreter der Schule, der Eltern und Schüler zusammen.

3 Z. B. Montag Stiftung 2012a; Montag Stiftung 2012b; Montag Stiftung & büroschneidermeyer 2012c; Montag Stiftung, BDA & VBE 2013.

Aussagen beschränken.[4] Als überholt sind zudem Schulbaurichtlinien, die aus einer Zeit stammen, in denen man generalisierende Flächen- und Raumprogramme auf der Grundlage quantitativer Kriterien vorgab. Inzwischen greifen zunehmend Überlegungen Raum, die spezifische Schulprofile und lokale Gegebenheiten berücksichtigen und somit eine Öffnung starrer Flächen- und Raumvorgaben zwingend machen.

Der den Kommunen auferlegte öffentliche Schulbau betrifft nicht nur den Neubau, sondern auch den Erhalt und die Sanierung von Schulbauten. So können auch Kommunen Regelwerke für den Schulbau erlassen, die die auf Landesebene verbindlichen Richtlinien ergänzen bzw. weiter ausdetaillieren. Ein diesbezügliches Beispiel ist die Schulbauleitlinie der Stadt Köln.[5]

Land und Kommunen finanzieren gemeinsam den Schulbau, in Ausnahmefällen kann es auch Zuschüsse vom Bund und/oder der Europäischen Union[6] geben. In welchem Umfang Schulbaumaßnahmen finanziert bzw. gefördert werden, wird in länderspezifischen Förderrichtlinien und Musterraumprogrammen vorgegeben. Alle diese Regelwerke und Verordnungen haben großen Einfluss auf die Qualität des Schulbaues. Bedenkt man nun, dass gute Bildungseinrichtungen einen nicht gering einzuschätzenden Erfolgsfaktor für die Kommunal- und Regionalentwicklung darstellen, dann wäre es eigentlich selbstverständlich, dass die zugrunde liegenden Richtlinien sich auf einem aktuellen Stand befinden bzw. über die Jahre einer stetigen Novellierung und Anpassung unterworfen werden. Veraltete Richtlinien bergen die Gefahr, nicht flexibel gegenüber neueren pädagogischen und didaktischen Entwicklungen zu sein. Sie schreiben überkommene Baukonzepte fort, die sich später sogar als teure Fehlinvestitionen erweisen können.

Ein Blick auf die Schulbaurichtlinien der Länder zeigt, dass deren Erlassdatum oft schon recht lange zurückliegt (zumindest in den westlichen Bundesländern)[7]. Sie befinden sich zum Teil in der Novellierung oder sind gar inzwischen außer Kraft gesetzt worden. Des Weiteren muss man feststellen, dass es sehr große Qualitätsunterschiede gibt, analysiert man die Regelwerke unter der Maßgabe aktueller pädagogischer und (fach-)didaktischer Anforderungen. Besonders auffallend sind dann die Unterschiede hinsichtlich Art und Umfang der verbindlichen Vorgaben, als auch hinsichtlich der Größenangaben für Räume bzw. für Flächenvorgaben in Bezug zur Schülerzahl. In ihrer Analyse ‚Vergleich ausgewählter Richtlinien zum Schulbau' bemängeln die Autoren ARNO LEDERER & BARBARA PAMPE zu Recht, dass die geltenden Schulbaurichtlinien „... häufig eher Grenzen als Qualitätsmerkmale beschreiben: Insbesondere in der Schulbauförderung werden sie in der Regel nicht als Mindeststandards, sondern als zulässige Maxima interpretiert."[8] Weitere Kritikpunkte sind konventionelle „Musterraumprogramme", die wenig Vielfalt und Anpassung an neuere schulpädagogische Konzepte zulassen. So verweisen LEDERER & PAMPE auf Entwicklungen von der Halbtags- zur Ganztagschule, was neue pädagogische Herausforderungen und angepasste Raumkonzepte nach sich ziehen sollte und sprechen von der Erfordernis einer Abkehr von der traditionellen Binnengliederung der Schule, einzig bezogen auf Klassen- und Fachräume, was aber in den meisten Richtlinien bisher keinen Niederschlag gefunden hat.

---

4 Als Beispiel siehe die Berliner Musterrichtlinie über bauaufsichtliche Anforderungen an Schulen (MusterSchulbau-Richtlinie – MSchulbauR), 1 Fassung April 2009.

5 Vergl. hierzu Schulbauleitlinie Stadt Köln, 2009.

6 Z. B. Fördermaßnahmen im Rahmen des Europäischen Strukturfonds EFRE.

7 Baden-Württemberg 1983; Bayern 1994; Berlin 1998, 2006, 2007; Brandenburg 1999; Hamburg 2000; Hessen 2006; Mecklenburg-Vorpommern 1999; Niedersachsen 1988, 2000; Nordrhein-Westfalen 2005; Rheinland-Pfalz 2001; Saarland 1969; Sachsen 2005; Sachsen-Anhalt 1993, 1997; Schleswig-Holstein 1999; Thüringen 1997.

8 Montag Stiftung 2011a, S. 6

Daher ist es nicht verwunderlich, dass zurzeit eine länderübergreifende Debatte zur Neugestaltung der Richtlinienwerke stattfindet mit der Tendenz der grundsätzlichen Neubestimmung ihrer Funktion, verbunden mit einer wünschenswerten, neuen inhaltlichen Regulierungsweite und -tiefe.[9] In diesem Zusammenhang muss auch die Novellierung der Förderrichtlinien für den Schulbau angegangen werden, da sie zu den Schulbaurichtlinien in engem Bezug stehen[10].

In dieser länderübergreifenden Debatte um die Neugestaltung der Schulbaurichtlinien trifft man auf das Dilemma, dass einerseits die Nutzer aufgrund des Wunsches auf klar definierte Finanzierungs- respektive Förderrahmen an entsprechend aussagekräftigen Regulierungen interessiert sind, die Entwerfer, Planer und Pädagogen (hier als Architekten, Schulpädagogen, Fachdidaktiker und ggf. auch Eltern und Schüler) eher weniger Vorgaben wünschen oder solche, die ihnen die erforderlichen Freiräume pädagogischer Gestaltung eröffnen, sodass sie einen hohen Grad von Flexibilität und Offenheit gegenüber Neuerungen aufweisen. In dieser Diskussion nehmen die Vertreter der Bau- und Schulverwaltung eher eine Zwischenposition ein.[11]

Durchgängig auffallend an den vorliegenden Schulbaurichtlinien ist, dass sie sich zu zwei Themenfeldern nicht oder nur unzureichend äußern: Das betrifft zum einen die zugrunde liegenden pädagogischen und didaktischen Konzepte, aus denen sie ihre Raumkonzepte herleiten und zum anderen die gestalterische Qualität von Schulneubauten.

Zwar wird niemand vernünftigerweise fordern, dass die laufende, durchaus lebhafte und streckenweise kontrovers geführte bildungs- und lerntheoretische Debatte der letzten Jahre und der parallel geführte bildungspolitische Diskurs bereits in neueren, Schulbau- und Förderrichtlinien eins zu eins ihren Niederschlag findet. Denn es ist fragwürdig, ob ein solches Unterfangen überhaupt sinnvoll ist und möglicherweise zu Festlegungen führt, die auf Dauer eher einschränkend wirken. Dennoch wären grundsätzliche Bemerkungen durchaus wünschenswert, die gesicherte und zukunftsträchtige Erkenntnisse der Pädagogik aufgreifen. Dies betrifft insbesondere die Raumkonzepte und deren besonderen, unterrichtsbezogenen Qualitäten sowie Zielvorstellungen, wie Lehren und Lernen in der Schule und das Schulleben künftig organisiert werden sollen und welche baulichen Maßnahmen dafür vorzusehen sind. Stattdessen ist in der Hauptsache zu beobachten, dass sich z. B. Sanierungsmaßnahmen nur auf das Notwendigste, gesetzlich Vorgeschriebene beschränken wie z. B. die (sicher vernünftige) Erhöhung der Energieeffizienz und des Brandschutzes. Das Gros heutiger Schulbaumaßnahmen beschränkt sich zu meist auf Erweiterungen des Bestehenden im Zusammenhang mit dem Ganztagsschulbetrieb. Die Gelegenheit für übergreifende, konzeptionelle Neugestaltung mit Auswirkung auf den gesamten Schulhauskörper verstreicht ungenutzt.

Hinsichtlich der gestalterischen Qualität von Schulbauten wären Aussagen durchaus wünschenswert und insofern wichtig, da eine gelungene architektonische Gestaltung ein Ambiente schafft, das einen wichtigen Faktor des Wohlbefindens darstellt und zur Identifikation mit der Schule als Ganzes beizutragen vermag. Schließlich verbringen Lehrer wie Schüler viele Stunden des Tages an diesem Ort. Darüber hinaus fördert ein gelungener Bau die soziale Kommunikation, wenn entsprechende Räume geschaffen werden. Darüber hinaus erfüllt ein Schulbau heute zunehmend wichtige

[9] Beispielhaft hierzu: Stadt Köln 2009; Montag Stiftung 2011b; Montag Stiftung 2012c; Montag Stiftung 2013; Ministerium für Kultus, Jugend und Sport Baden-Württemberg 2013.

[10] U. a. Schulbauförderrichtlinie SH 2005; Förderrichtlinie Schulhausbau Sachsen 2012; Schulbauförderrichtlinie Baden-Württemberg 1999.

[11] Siehe hierzu Montag Stiftung 2011b, S. 2 (Vorwort)

Funktionen in urbanistischer, kultureller und sozialer Hinsicht, was ihm eine durchaus hervorgehobene Stellung im Wohnquartier und im Ensemble öffentlicher Kulturbauten verschafft und in einer anspruchsvollen, gehobenen architektonischen Gestaltung seinen Ausdruck finden sollte. Diesem Gedanken folgend, heißt es z. B. in den ‚Arbeitshilfen zum Schulbau – Teil 3' unter „Allgemeine Schulbauempfehlungen", herausgegeben vom Sekretariat der Kultusministerkonferenz: „Schulen sind Zeugnisse der Baukultur. Als gestalteter öffentlicher Raum setzen sie pädagogische Inhalte in Architektur um."[12] Was heißen soll, dass eine Schule kein x-beliebig gestaltetes Gebäude sein kann, sondern dass das Gebäude bestimmte, gesellschaftlich verankerte Aussagen zu seiner kulturellen Bestimmung und sozialen Bedeutung in einem architektonischen und städtebaulichen Kontext transportiert. Dass eine solche Einschätzung nicht etwa eine Erkenntnis erst neuer Zeit darstellt, belegt das folgende Zitat von FRITZ SCHUMACHER, dem bekannten Hamburger Architekten, Stadtplaner und Schulbaumeisters aus der Zeit der Weimarer Republik: „Das Streben, das dahin zielt, ein Gefühl für geschmacklichen Anstand auch in der breiten Menge heutiger Stadtmenschen zu erwecken, hat hier den Punkt, wo es zwanglos ansetzen kann. Denn die Eindrücke, die das Kind aus der Umgebung seiner Schule ins Leben mit hinausnimmt, können etwas sein, das die ganze Vorstellung des Menschen beeinflusst und ihm den Maßstab seines Urteils gibt."[13]

Die Gestaltung[14] von Schulbauten gibt nicht nur Auskunft über den Stellenwert, den die Bildung in einer Gesellschaft einnimmt, sondern auch über die in der Gesellschaft verankerte Wertvorstellungen und das Menschenbild, das auszuformen hinter allen Bildungsbemühungen steht, diese leitet und den Bildungsprozess bestimmt: „Gebäude und ihre Räume prägen und vermitteln Werte, auf denen Lernbereitschaft und Selbstbewusstsein beruhen. Schulbauten sind herausragende Bauten für die Gemeinschaft, ihre Architektur ist dem Ort und der Zeit verbunden."[15] Aus heutiger Sicht stehen die bedeutungsträchtigen und beeindruckenden Schulbauten des endenden 19. und beginnenden 20. Jahrhundert, und da insbesondere in den höheren Schulen der bürgerlichen Eliten, eher im Gegensatz zur heutigen Zeit. Da sie noch aus der Kaiserzeit stammen und heute inzwischen unter Denkmalsschutz gestellte schulbauliche Freiluftmuseen darstellen, können sie nur noch mehr schlecht als recht ihre Aufgabe erfüllen, ein volltauglicher Ort einer zeitgemäßen Bildung zu sein. Das Wertefundament, auf das das vergangene kaiserliche Deutschland aufgebaut war, das in seinen staatlichen Bauten in objektivierter Form zum Ausdruck kam, passt nun einmal nicht für eine freiheitlich-demokratisch verfasste Gesellschaft und schon gar nicht als Gehäuse für eine demokratische Schule.

Für das komplexe Werk einer Novellierung der Schulbau- und Förderrichtlinien und jedes nachfolgende Schulbauprojekt sollte der gesamte Kreis Befasster und Betroffener eingebunden werden, also nicht nur die Vertreter der Kultusbürokratie des Landes und der Schulverwaltung, die Entscheider der betroffenen Kommune und die Architekten und Fachingenieure, sondern auch die Pädagogen und Fachdidaktiker, die Vertreter der betroffenen Schule, die Eltern- und Schülervertreter, vor allem aber die unmittelbaren Nutznießer des Gebäudes mit ihrer jeweils spezifischen Expertise. In dem oben bereits zitierten Text heißt es dazu lapidar: „Auf die Gestaltung der Schule

12 Vgl. hierzu: Sekretariat der KMK 2010, S. 18

13 Schumacher 1949, S. 108

14 ‚Gestalten' wird hier in einem umfassenden Sinn verstanden, wobei sämtliche Belange eines zeitgemäßen Schulbaus erfasst sind. Das sind neben der technischen Ausführung u.a. ebenso architektonische, funktionale, sozial-humane, städtebauliche, pädagogische, hygienische, ökonomische, ökologische und nicht zuletzt ästhetische Dimensionen, die in einem gelungenen Bauwerk eine überzeugende Synthese ergeben.

15 Sekretariat der KMK 2010, S. 18

haben Schulträger (Bauherr) und Planer (Architekten) den größten Einfluss, der durch die Erfahrung und die Mitwirkung der Benutzer erweitert wird.“ [16]

Diese an sich lobenswerte Einsicht sollte möglichst schnell und umfassend in die Praxis umgesetzt werden. Vorstellbar wäre, dass die Nutzerseite, also die Lehrerschaft im Benehmen mit Schülern und Eltern klare Vorstellungen formuliert, in denen sich das gegenwärtige und künftig gewünschte pädagogische Profil der Schule widerspiegelt. Das wäre eine geeignete Grundlage, die sich dann im architektonischen Entwurf wiederfinden sollte. Das würde im Übrigen vermeiden helfen, dass tradierte, konventionelle Vorstellungen von Schule und ihrer räumlichen Gestaltung einfach fortgeschrieben werden. Die Beteiligung der zukünftigen Nutzer am Planungsprozess setzt voraus, dass insbesondere die Lehrerschaft entsprechend ertüchtigt wird, um substanzielle konzeptionelle Vorgaben machen zu können. Diesbezüglich sind zwei Vorgehensweisen denkbar: zum einen das Thema der räumlichen Voraussetzungen für einen gelingenden Unterricht im Rahmen der Lehrerbildung und -weiterbildung zu thematisieren, um Lehrer diesbezüglich kompetent zu machen, zum anderen sich, im akuten Fall auch externer Expertise zu bedienen, mit deren Hilfe der Prozess der Konzeptfindung durchgeführt und abgesichert werden kann.

Die hier formulierten Vorschläge für die Novellierung der Schulbaurichtlinien bzw. für den Prozess der Konzeptfindung für den aktuellen Fall eines Schulneubaues oder einer Sanierung und Erweiterung setzen ein gewisses Umdenken und somit auch modifiziertes Handeln voraus. Diese Vorgehensweise macht eine transparente, ‚multidirektionale‘ Kommunikation zwischen allen Beteiligten zwingend erforderlich, wobei die gegenseitige Akzeptanz der spezifischen Kompetenzen der beteiligten Gruppen vorausgesetzt wird und anstelle alleiniger Von-oben-nach-unten-Entscheidungen eine möglichst umfassende Zusammenarbeit treten sollte. Kurz gesagt, es geht um mehr Dialog, Transparenz bei Entscheidungsprozessen und ein Miteinander aller Betroffenen.

3.2 Bestandsaufnahme I: Offizielle Vorgaben

Ein Blick auf die Bildungslandschaft der Bundesrepublik Deutschland macht schnell deutlich, weshalb es so schwierig ist, zu allgemein verbindlichen Aussagen zur Planung, Anlage und Ausstattung von Technikfachräumen zu gelangen. Ihre föderale Bildungsstruktur räumt den einzelnen Bundesländern bekanntlich ein, ihre eigene Bildungs- und Schulpolitik zu verfolgen. Wie sich diese Tatsache auf die allgemeine technische Bildung in den Bundesländern auswirkt, zeigt die folgende tabellarische Übersicht. Diese kann allerdings nur vorübergehende Gültigkeit beanspruchen, da Lehr- und Bildungspläne immer nur temporäre Konstrukte darstellen und schon morgen einer grundlegenden Revision unterworfen werden können. Im Folgenden wird der Versuch unternommen, die recht unterschiedlichen fachlichen Ausformungen in den Ländern, in denen die Technik als Unterrichtsgegenstand eine Rolle spielt, in einer tabellarischen Übersicht darzustellen. Die dafür verwendeten Quellen sind in einem Apparat am Ende des Kapitels aufgeführt.

[16] a.a.O., S. 18; siehe hierzu auch Montag Stiftung 2012a, Kap. IV-VII

	Primarstufe	Sekundarstufe I				Sekundarstufe II	
	Grundschule	Hauptschule	Realschule	Gesamtschule	Gymnasium	Gymnasium	Gesamtschule
Baden-Württemberg (1)	SU	Technik (WP) (mit Werkrealschule)	Technik (WP)	Technik (WP) (Gemeinschaftsschule)	Naturwissenschaft und Technik (NwT)	NwT (Kl. 11 – 12)	NwT (Gemeinschaftschule)
Bayern (2)	HSU	Technik (Mittelschule)	Werken	–	Natur und Technik	–	–
Berlin (3)	SU	Wirtschaft/Arbeit/Technik (WAT) (integrierte Gesamtschule)			WAT	–	–
Brandenburg (4)	SU	WAT (Oberschule)		WAT	WAT	Technik	–
Bremen (5)	SU	WAT (Oberschule)				–	–
Hamburg (6)	SU	Naturwissenschaften und Technik (Stadtteilschule)			Naturwissenschaften/ Technik	–	–
Hessen (7)	SU	Arbeitslehre	Arbeitslehre	Arbeitslehre	–	–	–
Mecklenburg-Vorpommern (8)	Werken (techn.)	Werken (techn.) 5 – 6 Arbeit/Wirtschaft/Technik) AWT 7 – 10 (Regionalschule/Integrierte Gesamtschule/Gymnasium)				–	–
Niedersachsen (9)	Gestaltendes Werken	Technik	Technik (Oberschule und Realschule)	AWT	–	–	–
Nordrhein-Westfalen (10)	SU	Arbeitslehre	Technik nur WP	Arbeitslehre plus WP	–	Technik (GK, LK)	–
Rheinland-Pfalz (11)	SU	Arbeitslehre	Natur und Technik WP 7 – 10	–	–	–	–
Saarland (12)	SU	Arbeitslehre (erweiterte Realschule, Gemeinschaftsschule, Gesamtschule)			–	–	–
Sachsen (13)	Werken (techn.)	Technik/Computer (5 – 6) Wirtschaft-Technik-Haushalt Soziales (7 – 10)			–	–	–
Sachsen-Anhalt (14)	SU	Technik			–	–	–
Schleswig-Holstein (15)	Technik	Technik			Technik	Technik	
Thüringen (16)	Werken (techn.)	Technisches Werken (5 – 6) Natur und Technik (7 – 10) (Regelschule) Wirtschaft-Recht-Technik (7 – 8) (Regelschule)			Mensch-Natur-Technik (5 – 6) Naturwissenschaften und Technik (WP 5 – 10)	–	–

03/1 Fachbezeichnungen und ihre Vertretung in Schularten und Schulstufen in den Ländern (Abkürzungen: SU: Sachunterricht; HSU: Heimat- und Sachunterricht; WP: Wahlpflichtfach; GK: Grundkurs; LK: Leistungskurs)

Die Tabelle belegt ein ziemlich buntes und auch lückenhaftes Bild der technischen Bildung in den Bundesländern, was von einem eigenständigen Fach Technik (gelb) über kooperativ (blau) oder integrativ (grün) gestalteten Fächerverbünden oder Lernbereichen führt. Ihr Nichtvorhandensein ist hier mit der Farbe Ocker gekennzeichnet. Wobei ihre Anteile und Ausprägungen ganz unterschiedlich bemessen sein können. Das gesamte Spektrum möglicher Ausprägung treffen wir in der Sekundarstufe an, wobei im Gymnasium vielfach ein Zusammenschluss mit den Naturwissenschaften verfolgt wird. In der Oberstufe des Gymnasiums und der Gesamtschule ist das Bild aufs Ganze gesehen immer noch sehr defizitär.

Eine weitere Erschwernis für eine Beurteilung der Qualität und des Umfangs ihrer Vermittlung im Sinn einer allgemeinen, alle Schüler betreffenden Bildung ergibt sich aus dem unterschiedlichen Umfang des Technikunterrichts (Ausbringung als Pflicht, Wahlpflicht oder Wahlbereich) auf den jeweiligen Schulstufen der verschiedenen Schularten. Anders als in den traditionellen Kernfächern findet sich hier fast nirgends ein kontinuierliches, alle Jahrgangstufen erfassendes Angebot. Zurzeit lediglich nur in Schleswig-Holstein, wo der Technikunterricht durch die gesamte Sekundarstufe I und II angeboten wird bzw. welches geplant ist (Sek. II), während andernorts die technische Bildung eher episodisch stattfindet (z. B. in Hessen).

Die mehr oder weniger starke Verankerung der allgemeinen technischen Bildung in den Schulcurricula der Länder hat selbstverständlich Auswirkungen auf die schriftlichen Verlautbarungen, die für die bauliche und ausstattungsmäßige Gestaltung von Technikfachräumen/technischen Werkstätten und Laboren sowie als Förderrichtlinien seitens der Schulbürokratie erlassen werden. Ein entsprechender Überblick zeigt nicht nur die gleiche Heterogenität, wie bei den Bildungsplänen, sondern vielfach auch, dass diese Richtlinien nicht mehr den geänderten Verhältnissen und Anforderungen an den Schulen entsprechen. Eine Gefahr, der auch eine Publikation wie diese unterliegt, die sich dieses Themas annimmt. Das muss konsequenterweise dazu führen, dass die hier getroffenen Aussagen und Hinweise zu Flächenbedarf und Raumprogramm nur Grundsätzliches und Allgemeingültiges, für die nahe Zukunft Zutreffendes, ansprechen können.

Die folgende Tabelle wertet die verschiedenen offiziellen Quellen aus, die konkrete Aussagen zu Raumprogramm und den Flächenbedarf von Fachräumen für den Technikunterricht in den Sekundarstufen I und II machen, um anhand der so gewonnen Daten möglichst allgemeingültige Aussagen vornehmen zu können. Erläuterungen finden sich ebenfalls in den Anmerkungen.

Land	Schulart (17)	Fachbezeichnung (18)	Technikfachraum/ Werkstatt	Maschinenraum	Vorbereitungs-/Sammlungsraum	Material-/ Lagerraum	Brenn-/ Schmutzraum	Gesamtfläche in m^2
BW	HS/WRS(19)	TE	66–72	36	42	30	–	174
	RS (20)		72–78					204
	GemS (21)		72	36	42	30		210
	GY (22)	NwT	72					72
BY	MS	TE						
	RS	WE						
	GY	NuT						
BE	GesS/GemS	WAT	80	60/60		50		250 (23)
	GY						10	10

Forsetzung s. nächste Seite

Land	Schulart (17)	Fachbezeichnung (18)	Technikfachraum/ Werkstatt	Maschinenraum	Vorbereitungs-/Sammlungsraum	Material-/ Lagerraum	Brenn-/ Schmutzraum	Gesamtfläche in m²
BB	OS	WAT						
	GesS							
	GY							
HB	OS	WAT						
	GY							
HH	STS (24)	NuT						240/300/ 360/420/ 480 (25)
	GY (26)	N/T						240/312/ 384/456/ 528 (27)
HE	HS	AL						
	RS							
	GesS							
MV	RegS	WE/ AWT	X (28)		X			?
	GesS		X (29)					?
NI	HS	TE						
	RS/OS							
	GesS	AWT						
NRW (30)	HS	AL						
	RS	TE	84				10	94
	GesS	AL						
RP (31)	RSplus	TuN/AL	80	35		35		150
	GesS	NuT	80	35		35		150
	Gy		80	35		35		(150)
SL	erw. RS	AL						
	GemS							
	GesS							
	GY							
SN (32)	HS	TE/ W/T/H						
	RS							
	GesS							
ST	HS	TE	70/56 (33)	X	X	X		126
	RS							
	GesS							
SH (34)	HS	TE	69	22		22		113
	RS							
	GesS							
	GY	TE	69	22		22		113
TH (35)	RegS/ GemS	TW/TE/NuT	80			35		115

03/2 Übersicht der Vorschläge aus den Bundesländern zum Flächenbedarf von Technikfachräumen und ihren zugehörigen Nebenräumen

Die Tabelle 03/2 spiegelt das gleiche uneinheitliche und lückenhafte Bild wider, welches den Technikunterricht bundesweit kennzeichnet. In acht Bundesländern finden sich Vorgaben zu Raumgrößen für Einzelräume, ein Bundesland (Hamburg) gibt nur die Größe der Gesamtfläche an, sieben Bundesländer machen überhaupt keine Angaben und haben lediglich allgemeinverbindliche Förderrichtlinien verabschiedet. Raumtypen, die Erwähnung finden, und die dazu gehörigen Flächenbedarfe folgen keiner einheitlichen Linie. Die hier aufgeführten Raumgrößenvorgaben werden nicht begründet, sondern scheinen Fortschreibungen von Vorgaben zu sein, deren Herkunft unbestimmt bleibt. Mal werden konkrete Flächenbedarfe für einzelne Räume ausgewiesen, mal die Gesamtquadratmeterzahl für ein ganzes Raumsystem, ohne eine innere räumliche Differenzierung vorzuschlagen, mal werden Quadratmeterzahlen pro Schüler angegeben, dies aber nur für spezielle Räume, wo ein erhöhter Sicherheitsbedarf angenommen wird. Was durchgehend fehlt, ist eine Ableitung des Bedarfs aufgrund didaktischer und/oder pädagogischer Begründungen. Dennoch kann man gewisse Übereinstimmungen dort, wo Angaben gemacht werden, feststellen. Für den universell nutzbaren Technikfachraum werden Raumgrößen zwischen 66 m^2 (min.) bis 84 m^2 (max.) vorgeschlagen. Geht man von einer Gruppengröße von max. 16 Schülern aus, so kommen auf einen Schüler zwischen 4,6 m^2 und 5,2 m^2, wobei alle Flächen, einschließlich der Verkehrsflächen mitberücksichtigt sind. Werte, die nur im Maximum akzeptabel erscheinen und sofern die Gruppengröße von 16 beibehalten wird.

Maschinenräume werden gleichermaßen mit unterschiedlichen Raumgrößen angenommen (zwischen 22 m^2 und 36 m^2). Da in den meisten Fällen keine oder nur vage Angaben zur Ausstattung gemacht werden, sind solche Vorschläge wenig hilfreich. Folgt man den Vorgaben der gesetzlichen Unfallkassen, so werden als zu berücksichtigende Richtwerte für einen Maschinenraum für Holzbearbeitungsmaschinen bereits schon für eine Tischkreissägemaschine 10 bis 15 m^2 und für jede weitere Maschine 5 m^2 angenommen [17]. Bedenkt man zudem, dass im Maschinenraum in aller Regel weitere stationäre Maschinen und auch Material gelagert und Zuschnitte bereitgestellt werden müssen, sind 36 bis 40 m^2 als minimale Raumgröße anzusehen.

Vergleichbar sporadische Erwähnung und indifferente Aussagen betreffen Material-/Lager- und Vorbereitung-/Sammlungsraum. Man gewinnt den Eindruck, das sie als „Nebenräume" eben nur Nebensache sind, die kaum der Erwähnung bedürfen, obwohl sie einen wichtigen und unverzichtbaren Bestandteil eines funktionierenden Fachraumsystems darstellen.

Einen nachdenkenswerten Weg beschreitet Hamburg, das keine detaillierten Vorgaben für einzelne Raumtypen und Raumzuschnitte macht, sondern je nach Schulgröße Gesamtflächenbedarfe für die Fächer Arbeitslehre, Technik, Berufsorientierung an Stadtteilschulen bzw. Naturwissenschaften/Technik an Gymnasien ausweist. Dieses Vorgehen kann seine Wirksamkeit aber nur dann voll entfalten, wenn die Lehrerschaft der betroffenen Fächer, entsprechende Expertise vorausgesetzt, an der Planung beteiligt wird und sie ihre pädagogisch und didaktisch begründeten Anliegen auch einbringen können.

Einen weiteren anderen Weg haben wegen fehlender, veralteter oder nur auf technische und sicherheitstechnische Aspekte abhebende Richtlinien einige Kommunen beschritten, indem sie „Schulbauleitlinien" für ihren Einflussbereich erlassen haben, so z. B. die bereits erwähnte Stadt Köln [18]

17 Vgl.: Bundesverband der Unfallkassen 1998

18 Siehe hierzu: Schulbauleitlinie Stadt Köln 2009

im Jahr 2009, die allerdings nur empfehlenden Charakter haben und interessanterweise sowohl auf neuere pädagogische Konzepte, die Einfluss auf die bauliche Gestaltung gewinnen sollen, als auch Aussagen zur formalen Gestaltung von Schulbauten Bezug nehmen. Besagte Schulbauleitlinie geht für den sogenannten „musisch-technischen Bereich“ der Sek. I von einer „Technikraum“-Fläche mit 84 m^2 aus, wovon für die 2- bis 8-zügige Schulen jeweils zwei Technikräume gleicher Größe und einen Brennraum von 10 m^2 vorgesehen sind. Nebenräume, Maschinen- oder Sammlungsraum finden im Raumplan keine Berücksichtigung[19]. Im Vergleich mit den Vorschlägen aus dem Kreis der Fachdidaktik weiter unten kann man ersehen, dass die Kölner Raumgrößen durchaus mit diesen im Einklang stehen. Der fehlende Nachweis weiterer Nebenräumen ist allerdings als Manko zu sehen.

In gebotener Ausführlichkeit beschäftigen sich mit dem Thema Schulbau, seiner Neu- und Ausgestaltung auch außerschulische Institutionen. Dabei werden Grundlagen gelegt, Prozesse der Planung beschrieben und pädagogische Erkenntnisse berücksichtigt, aus denen sich eine zeitgemäße Schule, sowohl inhaltlich als auch in ihrer räumlichen Organisation ergeben soll. Als ein Klassiker in diesem Zusammenhang ist die Bauentwurfslehre von ERNST NEUFERT, erstmals 1936 erschienen und heute in der 41. Auflage, die praktisch zu jedem Thema des Baugeschehens Entwurfsvorschläge macht, so auch zum Schulbau und den zugehörigen Fachräumen. Aufgenommen wurde das Musterraumprogramm für Grundschulen (Klasse 1 bis 4) des Freistaats Sachsen, das einen Werkraum von 72 m^2 für 16 Schüler und einen Nebenraum von 24 m^2 vorsieht[20]. Für Haupt- und Realschulen wird ein Technikbereich, bestehend aus zwei Fachräumen von je ca. 82 m^2, Maschinenraum und Materiallager von zusammen 56 m^2 ausgewiesen. Bei den Fachräumen handelt es sich aber nicht um technikaffine Mehrzweckräume, sondern es wird die alte, dem traditionellen Werkunterricht folgende Unterteilung nach Werkstoffen vorgeschlagen (Papier, Ton, Holz, Metall)[21]. Hier scheint der Technikunterricht lediglich das neue Etikett abgegeben zu haben. Eine Auseinandersetzung mit der inhaltlichen Neuorientierung ist nicht erkenntlich.

Andere Akteure, wie beispielsweise die bereits mehrfach zitierte MONTAG STIFTUNG legen besonderen Wert auf das Zusammenwirken von Akteuren, die für einen innovativen Entwicklungsprozess von Schule hin zu einer Schule der Zukunft von Bedeutung sind: Stadtgesellschaft und politische Gemeinde, Schüler, Eltern und Schulleitung, befasste Abteilungen der Verwaltung der Kommune und des Landes, Planer und beauftragte Architekten[22]. Dass derartige Publikationen nicht abseits des bildungspolitischen Tagesgeschehens und somit weitgehend bedeutungslos bleiben, zeigt z. B. ihre Berücksichtigung in landeseigenen Empfehlungen[23]. Die hier getroffenen Aussagen bezüglich der Ausgestaltung eines zukunftsträchtigen Fachraumsystems für den Technikunterricht sind allerdings eher enttäuschend und gehen an den tatsächlichen inhaltlichen Bedürfnissen dieses Unterrichts vorbei. So wird einerseits eine Tendenz vom Fachraum zum Mehrzweckraum prognostiziert, um auf diese Weise eine breitere und in sich differenziertere Nutzung der begrenzten räumlichen Ressourcen zu gewährleisten, andererseits werden „ausstattungsintensive Spezialräume“ gefordert wie (!) „technische Werkstätten für Holz, Metall, Keramik/Töpferei, Elektronik.“[24]

19 Interessanterweise aber für den naturwissenschaftlichen Bereich, dort ist die Ausweisung von Sammlungsräumen Tradition.

20 Neufert, E. 2015, S. 370

21 Ebenda, S. 367

22 Siehe diesbezüglich Montag Stiftung 2012a und 2013

23 Ministerium für Kultus, Jugend und Sport Baden-Württemberg 2013

24 Montag Stiftung 2012, S. 108

3.3 Bestandsaufnahme II: Vorschläge aus der Fachdidaktik und Unterrichtspraxis

Ohne einer möglicherweise gegebenen oder auch nur angenommenen Kluft zwischen Schulverwaltung und Fachdidaktik/Unterrichtspraxis das Wort reden zu wollen, müssen wir doch unterschiedliche Betrachtungsweisen und Entscheidungspräferenzen zwischen diesen beiden Institutionen feststellen. Das liegt gewissermaßen in der Natur der Sache. Während die Fachdidaktik ihre Aufgabe darin sieht, die Theorie von Schule und Unterricht und das gesamte (hier allgemeine) Bildungswesen auf der Grundlage von wissenschaftlicher Erkenntnis und reflektierter praktischer Erfahrung zu analysieren und weiterzuentwickeln, handelt die Schulbürokratie in Abhängigkeit von (parteiischer) Bildungspolitik, Ökonomie, pädagogischem Zeitgeist und eigenen fachdidaktischen und unterrichtspraktischen Vorstellungen, welche nicht immer mit denen der Wissenschaft in Einklang zu bringen sind. Kurz angemerkt, der mögliche imaginierte Denkspielraum auf der Seite der Wissenschaft ist nahezu uneingeschränkt und kann frei von institutionellen Zwängen und tagesaktuellen Moden ausgelotet werden. Auf Seiten der Schulbürokratie sind jedoch gewisse Sachzwänge zu berücksichtigen. Die Fachdidaktik muss das durch wissenschaftliche Erkenntnis gewonnene und durch fachpraktische Erprobung erhärtete Notwendige einfordern, die Schulverwaltung das im Rahmen ihrer gegebenen Möglichkeiten Machbare umsetzen. Im Idealfall ziehen Fachdidaktik, Unterrichtspraxis und Schulverwaltung an einem Strang. Im Kontext der Umsetzung der allgemeinen technischen Bildung und den daraus resultierenden Maßnahmen zur inhaltlichen und sächlichen Gestaltung eines solchen Unterrichts, sind unter der Maßgabe einer fruchtbaren Zusammenarbeit zum Wohle der Schüler die Defizite leider immer noch zu offensichtlich.

Die nachfolgenden tabellarischen Aufstellungen (Tabellen 03/3 a + b) verdeutlichen die Positionen von Fachdidaktikern und Unterrichtspraktikern, wobei die einzelnen Autoren durchaus von unterschiedlichen Vorstellungen bezüglich des Inhalts und der Art der Vermittlung allgemeiner technischer Bildung ausgehen können (vom eigenständigen Fach Technik bis zu integrativen Lernbereichen) und die Spanne ihrer Vorschläge das ganze Spektrum an Schularten und Jahrgangsstufen umfassen kann, von der Primarstufe bis zu den weiterführenden Schulen in Sekundarstufe I und II. Auffallende Übereinstimmung bei nahezu allen Überlegungen und Vorschlägen ist die Empfehlung für einen Mehr- oder Allzweckraum als Fachraum, in dem sich die fachlichen wie unterrichtsorganisatorischen Anliegen eines Unterrichts mit technischen Inhalten am besten realisieren lassen. Die Tabellen erfassen nahezu alle Vertreter der Fachdidaktik, die sich zwischen 1957 bis 2010 zum Thema der Fachräume aus der Perspektive ihres Faches (vom Werkunterricht über das Technische Werken bis hin zum Technikunterricht) geäußert haben. In die Tabelle aufgenommen wurden die Rubriken Schulstufe, Größe des Fachraums sowie die „Nebenräume" (soweit aufgeführt), zusätzliche Raumtypen, die nicht unbedingt zum Kernbestand zählen und die sich schließlich aus allem ergebende Gesamtfläche, die für das Fachraumsystem zur Verfügung gestellt werden soll.

Autor(en)	Schulstufe P/S.I/S.II	Fachbezeichnung	Fachraum/m²	Maschinenraum/m²	Vorbereitung-/Sammlungsraum/m²	Materiallager/Magazin/m²	Brenn-/Keramikraum/m²	Sonstige/m²	Gesamtfläche/m²
K. Klöckner 1957/64/69 (36)	S.I + S.II	Werken	100	o. A. (37)	-	o. A.	o. A.	Ausstellungsraum	> 100
W. Berger 1960 (38)	S.I + S.II	Werkunterricht	85	-	20			Feinarbeitsraum, 65	170
O. Mehrgardt 1960er-Jahre (39)	S.I	Werken	80	40	-	40	60	-	220
E. Richter/ K. Rehrmann 1961 (40)	S.I + S.II	Werken	100	o. A.	-	o. A.	-	-	> 100
K. Rehrmann 1964 (41)	S.I + S.II	Werkunterricht	80 – 100	1 Nebenraum 30				-	110 – 130
C. Schietzel/ H. Kalipke 1968 (42)	S.I + S.II	Techn. Werken	o. A.	-	o. A.	o. A.	-	Sonderraum o. A.	-
E. Roth/ A. Steidle 1968 (43)	S.I + S.II	Werken	80	24 – 30	-	30 – 50	60	-	194 – 220
R. Lippmann 1973 (47)	S.I	Polytechnik	77 – 79,5 (48)	60	77	31	7,5	Feinarbeitsraum, 79,5	346
B. Sachs 1979/84/85 (49)	S.I	Technikunterricht	80 – 90	40	-	40	10	-	170
W. Schmayl 1984/95/2010 (50)	S.I + S.II	Technikunterricht	o. A.	o. A.	o. A.	o. A.	o. A.	Feinarbeitsraum	-
J. Pyschik/ W. Wulfers 1984 (51)	S.I	Arbeitslehre	60	33	o- A.	o. A.	-	Werkstatt 75	> 168
T. Eckert/ B. Pfundstein 1991 (52)	S.I	Technikunterricht	58	35	-	19,5	15	Feinarbeitsraum, 42	125,5
W. Biester e.a. 1992 (54)	S.I + S.II	Technikunterricht	80 – 100	40 – 50	50	-	-	-	170 – 200
W. Bienhaus 2001 (57)	S.I + S.II	Technikunterricht	> 80	40	40	30	20 – 40	-	210 – 230
J. Eckel/ R. Sturm 2008 (58)	P	Techn. Werken	> 50	1 Nebenraum				-	> 50

03/3 a) Vorschläge der Fachdidaktik/Fachpraxis zum Flächenbedarf von Technikfachräumen und zugehörigen Nebenräumen in **Sek. I und II** (In Klammern gesetzte Zahlen verweisen auf die Anmerkungen am Schluss des Kapitels; o. A.: keiner Angabe zu Quadratmeterzahlen; leeres Feld: keine Angabe zu den entsprechenden Räumen)

Autor(en)	Schulstufe P/S.I/S.II	Fachbezeichnung	Fachraum/m²	Maschinenraum/m²	Vorbereitung-/ Sammlungsraum/m²	Materiallager/ Magazin/ m²	Brenn-/ Keramikraum/m²	Sonstige/ m²	Gesamtfläche/m²
H. Ullrich/ D. Klante 1973 (44)	P	Technik	64 - 80	30	-	24	-	-	118 - 134
H. Weiß 1974 (45)	P + S.I	Werken	32 - 96 (46)	15 - 24			-	-	47 - 81
W. Biester e. a. 1996 (55)	P	Techn. Werken	70 - 80	30	-	40	15	-	155 - 165
G. W. Behre e.a. 1996 (56)	P	Technikunterricht	70 - 80	30	o. A	o. A	o. A	-	> 70 - 80

b) Vorschläge der Fachdidaktik/Fachpraxis zum Flächenbedarf von Technikfachräumen und zugehörigen Nebenräumen für die **Primarstufe** (In Klammern gesetzte Zahlen verweisen auf die Anmerkungen am Schluss des Kapitels; o. A.: keiner Angabe zu Quadratmeterzahlen; leeres Feld: keine Angabe zu den entsprechenden Räumen)

Die Tabellen beziehen sich auf einschlägige Veröffentlichungen aus einem Zeitraum von annähernd 60 Jahren. Dieser Zeitraum ist weitgehend identisch mit der Epoche, in der erste Überlegungen zu einer allgemeinen technischen Bildung an Schulen formuliert wurden, von den Anfängen des Übergangs vom musischen bzw. volkstümlichen Werken zum technischen Werken und schließlich zum Technikunterricht, wie er sich heute darstellt. Eingebunden in diesen Zeitraum sind auch andere unterrichtliche Konzepte zu einer allgemeinen technischen Bildung, so die Entwicklung des Lernbereichs Arbeitslehre in seiner kooperativen wie integrativen Form mit Anteilen technischer Bildung, als auch der Werkunterricht in der DDR im Rahmen der Polytechnischen Erziehung (H. WEIß), die bereits seit 1958 Einzug in die dortigen Schulen hielt.

Mit Bezug auf das Problem des Werk- bzw. Fachraums fällt sofort auf, dass nun nicht mehr von isolierten Einzelwerkstätten sondern von einem fachräumlichen Ensemble ausgegangen wird, das allerdings je nach Fach und Schulart sehr unterschiedlich ausgestaltet sein kann. Grundsätzlich Übereinstimmung gibt es bei der Forderung nach einem universell nutzbaren Technikfachraum (Mehr- oder Allzweckraum, Universalfachraum), was sich aus dem jeweilig zugrunde gelegten Verständnis dessen, was von der Technik, ihren vielen Facetten und Ausformungen, letztendlich im Unterricht thematisiert werden soll. Die Fachräume für den Technikunterricht unterscheiden sich nunmehr fundamental von früheren, nach Werkstoff und Fertigungsverfahren untergliederten Werkräumen bzw. Werkstätten.

Nimmt man die Vorschläge für den Gesamtflächenbedarf der einzelnen Fachvertreter in den Blick, ergibt sich ein heterogener Eindruck, der sich auf die unterschiedliche Ausgestaltung des gesamten Fachraumsystems zurückführen lässt. Auch bei den Vorschlägen für den Primarbereich fallen bei sehr beschränkter Datenbasis die Abweichungen bezogen auf die Gesamtquadratmeterzahl auf. Die auffallende Bandbreite bei der Größe der „Werkräume“ in der damaligen DDR leitet sich aus unterschiedlichen Standards für Raumgrößen im Bereich des Werkens ab.

Einige wenige Autoren sprechen sich zwar für ein differenziertes Fachraumsystem aus, machen aber keine oder nur beschränkte Angaben zu den Raumgrößen. Hat man bei Umbau- oder Sanierungsmaßnahmen von einer vorgegebenen Raumsituation auszugehen, geht es also um das Umbauen in einem vorhandenen Bestand, dann lassen sich meist die idealtypischen und wünschenswerten Vorgaben nicht so ohne weiteres realisieren. Diese Situation ist heutzutage aber weitaus häufiger anzutreffen als der Neubau einer Schule, wo in der Planungsphase noch große Offenheit herrscht und auf die räumliche Gestaltung des Fachraumsystems Einfluss genommen werden kann.

Betrachtet man lediglich den zentralen Technikfachraum, sind die Abweichungen bei den Vorschlägen zum Flächenbedarf (unter der Maßgabe von 16 bis 20 Arbeitsplätzen) in Gänze betrachtet gar nicht so groß und laufen auf ein Mittel von etwa 80 m² raus. Lediglich zwei Ausnahmen bilden das Raumsystem des Werkunterrichts im polytechnischen Unterricht der DDR (s. o.) und der Vorschlag von ECKEL/STURM für den technischen Werkunterricht der Primarstufe in Österreich. In beiden Fällen haben wir deutliche Abweichungen von dem Schulsystem in der Bundesrepublik Deutschland und auch andere ökonomische Voraussetzungen zu beachten.

Eine andere Möglichkeit, eine Maßzahl für die Größe des Fachraums zugewinnen, ist, aus den gemachten Vorschlägen an Quadratmeterzahlen die pro Schüler zu extrahieren. Auch hier sollen die Vorschläge der Länder, soweit Vorschläge vorliegen, (Tabelle: 03/4) und der Fachdidaktiker (Tabelle: 03/5 a + b) wieder gesondert betrachtet werden.

Land	Fachraumgröße	Gruppenstärke 16[26]	m²/Schüler	Schulart
BW	66 – 72		4,1 – 4,5	HS/WRS
	72 – 78		4,5 – 4,9	RS
	72		4,5	GemS
	72		4,5	Gy
BE	80		5,0	GesS, GemS
NRW	84		5,3	RS
RP	80	16	5,0	RSplus
	80		5,0	GesS
	80		5,0	Gy
ST	70 – 86		4,3 – 5,4	HS, RS, GesS
SH	69		4,3	HS, RS, GesS, Gy
TH	80		5,0	RegS, GemS
Durchschnittswert pro Schüler: 4,71 – 4,87 m²				

03/4 Durchschnittlicher Flächenbedarf pro Schüler in der Sek. I + II laut Angaben der Bundesländer. Von den fehlenden neun Bundesländern liegen keine Angaben vor.

[25] Diese Gruppengröße wird nicht in jedem Bundesland explizit genannt, hat sich aber als Erfahrungswert und aus Gründen der Unfallvermeidung durchgesetzt.

Autor	Fachraum-größe	Angegebene Gruppenstärke	m²/Schüler	Gruppenstärke 16	m²/Schüler	Schulart
Keh	100	12 - 14	8,3 - 7,1	16	6,3	S.I (RS)
Richter/ Rehrmann	100	20	5,0		6,3	S.I + II
Klöckner	100	20	5,0		6,3	S.I + II
Berger	85/65	21	4,5/3,1		5,3	S.I + S.II
Mehrgardt	80	20	4,0		5,0	S.I
Roth/Steidle	80	20 - 24	4,0 - 3,3		5,0	S.I + II
Lippmann [27]	80	20	4,0		5,0	S.I + II
Sachs	80 - 90	16	5,0 - 5,6		5,6	S.I + II
Eckert/ Pfundstein	58 [28]	16	3,6		3,6	S.I
Bienhaus	> 80	16	> 5,0		5,0	S.I + II
Durchschnittswert pro Schüler [29]: 5,5 m²						

03/5 a) Durchschnittlicher Flächenbedarf pro Schüler in der Sek. I + II laut Angaben von Fachdidaktikern und Schulpraktikern

Autor	Fachraum-größe	Angegebene Gruppenstärke	m²/Schüler	Gruppenstärke 16	m²/Schüler	Schulart
Weiß	32 - 96 [30]	18 - 20	1,7 - 4,8	16	2,0 - 6,0	P + S.I
Biester 96	70 - 80	24	2,9 - 3,3		4,8 - 5,0	P
Behre, u. a.	70 - 80	20	3,5 - 4,0		4,8 - 5,0	P
Durchschnittswert pro Schüler: 3,9 - 5,3 m²						

b) Durchschnittlicher Flächenbedarf pro Schüler in der Primarstufe laut Angaben von Fachdidaktikern und Schulpraktikern

Der Vergleich der Tabellen zeigt, dass seitens der Schulverwaltung eine etwas weniger großzügigere Vorstellung bezüglich der Größe des Technikfachraums und des Flächenbedarfs pro Schüler besteht. Der Durchschnittswert, der sich ergibt, beläuft sich für den Technikfachraum auf 4,8 m². Wie aus der Tabelle 03/2 zu ersehen ist, sind die Vorgaben bezüglich weiterer, notwendiger Räume für das eigentliche Fachraumsystem wenig ausdifferenziert und großzügig. Hier bedarf es unbedingt der Nachbesserung. Eine andere wichtige Größe ist die Gruppenstärke. Ein Abweichen von mehr als 16 Schülern verändert den Flächenfaktor sofort signifikant nach unten, mit den bekannten Auswirkungen auf das Unterrichtsgeschehen und die Sicherheitssituation. Natürlich haben wir auch die gegenteilige Situation, dass die Gruppenstärke unter 16 fällt und folglich der Flächenfaktor anwächst.

26 Neuplanung Polytechnik Gesamtschule Königstein/Taunus

27 Aus- und Umbau eines vorhandenen Bestandes, daher die vom Trend abweichende Quadratmeterzahl, im Durchschnittswert nicht berücksichtigt.

28 Nur die Autoren berücksichtigt, bei denen Angaben zur Gruppenstärke gemacht wurden.

29 Die stark sich unterscheidenden Zahlen ergeben sich aus dem Raumangebot unterschiedlicher in der damaligen DDR standardisierter Schulbauten.

Für den Bereich der Primarstufe sieht es nicht viel anders aus, soweit die schmale Datenbasis hier Aussagen erlaubt. Immerhin wird deutlich, dass das Thema eines Technikfachraums oder Mehrzweckraums für praktisch-technische Aufgabenstellungen im Primarbereich noch kein breit angelegtes Thema darstellt. An dieser Stelle ist somit ebenfalls unbedingt Nachbesserung erforderlich.

Ein gesonderter Blick muss noch auf das Fachraumsystem der Arbeitslehre geworfen werden, das insofern von dem des allgemeinbildenden Technikunterrichts abweicht. Einerseits legt die Arbeitslehre ihren Fokus auf sozio-ökonomische, sozio-technische und arbeitsweltbezogene Komplexinhalte, leistet aber auch einen, wenn auch sehr spezifischen Beitrag zur technischen Bildung. Dieses spiegelt sich folglich im Raumsystem der Arbeitslehre wider. Die Technikfachräume mit Werkstattcharakter, unterschieden nach Funktionsbereichen wie Holz- oder Metallbearbeitung, Kunststofftechnologie, Elektrotechnik/Elektronik, Werkstoffprüfung usw. Gliederungsgesichtspunkte in Werkstätten sind mehr funktionaler Art, wie relativ starke Lärm-, Schmutz oder Staubbelastung, bzw. „Zonen mit spezifischen Anforderungen an Staubfreiheit und Genauigkeit“.[30] Neben den Fachräumen mit Werkstattcharakter finden sich auch Mehrzweckräume im Sinne von Fachunterrichtsräumen. Hinsichtlich der erforderlichen Raumgrößen für Werkstätten und Mehrzweckräume werden Flächen von 60 bis 80 m^2 gefordert. KAISER/KAMINSKI nennen auch einen Flächenfaktor vom 5 m^2/Schüler als geboten.[31]

Von ähnlichen Überlegungen, jedoch einem geringeren Flächenbedarf pro Schüler geht LIPPMANN aus, der für das ehemalige Fach Polytechnik (inzwischen zur Arbeitslehre mutiert) einen Vorschlag unterbreitet. Dieser bezieht sich, wie auch andere für die Arbeitslehre, auf die Gesamtschule, was insofern von Bedeutung ist, dass wir es hier, zumeist in den 70er- und 80er-Jahren mit Neubauten zu tun haben, in denen sich das Fachraumsystem idealerweise in großzügiger Weise verwirklichen ließ, soweit allen Betroffenen Mitspracherecht bei der Planung eingeräumt wurde. Wobei hier die Flächengrößen für die universell nutzbaren Fachräume mit ca. 80 m^2 vorgeschlagen werden.

3.4 Zusammenfassung

Fasst man alle Vorschläge und Überlegungen zusammen und versucht, Durchschnittswerte für das Fachraumsystem und dessen Flächenbedarf aus den vorliegenden Daten zu destillieren, dann lässt sich gewissermaßen ein ‚Minimalfachraumsystem‘ aus universellen Technikfachraum, Maschinenraum, Sammlungs- und Vorbereitungsraum und Materiallager ableiten. Der universelle Technikfachraum umfasst ca. 80 m^2, der Maschinenraum ca. 30 bis 40 m^2, der Sammlungs- und Vorbereitungsraum ca. 40 m^2 und schließlich das Materiallager ebenfalls 40 m^2. Ein solches Fachraumsystem ist erst einmal ein theoretischer Richtwert, da im konkreten Fall Zügigkeit und daraus resultierende Belegungserfordernis der Fachräume zu berücksichtigen sind. Das heißt, dass je nach Bedarf die Zahl der Technikfachräume verdoppelt/verdreifacht werden muss, was dann ggf. auch eine Erweiterung der ‚Nebenräume‘ einschließlich eines vergrößerten bzw. verdoppelten Maschinenraums zur Folge haben müsste.

Abschließend kann man feststellen, dass sich das Grundkonzept eines Fachraumsystems für den allgemeinbildenden Technikunterricht schon recht früh abzuzeichnen beginnt und auch ein gewisses Maß Übereinstimmung bei den beteiligten Autoren zeigt. Die hier ausgewiesenen Vergleichs- und Durchschnittswerte, die sich ausdrücklich nur auf den Technikfachraum beziehen,

30 vergl. Kaiser/Kaminski 1981: 1, S. 252

31 Dies.: a.a.O.

sind zugegebenerweise ein noch relativ grobes Vergleichsinstrument, da sie die in den einzelnen Fachraumkonzepten enthaltenen Differenzierungen abzubilden nicht in der Lage sind. Sie zeigen jedoch, soweit es den Flächenbedarf eben dieses multifunktionalen Technikfachraums betrifft, eine Tendenz, die sich als Planungsrichtschnur eignet.

Weniger ausformuliert bzw. weniger zusammenhängend beschrieben sind die damit in Verbindung stehenden Detailprobleme der Anlage und Ausstattung von Technikfachräumen, was in den nachfolgenden Kapiteln nachgeholt werden soll.

Anmerkungen:

(1) Ministerium für Kultus, Jugend und Sport Baden-Württemberg (2016) (Hrsg.): Bildungsplan für die Grundschule (Sachunterricht); Gemeinsamer Bildungsplan für die Sekundarstufe I, Anhörungsentwurf (Technik, WP); Bildungsplan für das Gymnasium, Anhörungsentwurf (Kl. 5 – 12, Naturwissenschaft und Technik, NwT), Bildungsplan der Oberstufe an Gemeinschaftsschulen, in Arbeit (entspr. Bildungsplan für das Gymnasium)

(2) Staatsinstitut für Schulqualität und Bildungsforschung (ISB) (2014) (Hrsg.): LehrplanPlus Grundschule (Heimat- und Sachunterricht HuS); LehrplanPlus Mittelschule (Technik 7 – 10, Anhörungsfassung 2015); LehrplanPlus Realschule. Werken 5 – 10 (Anhörungsfassung 2015); LehrplanPlus Gymnasium (Natur und Technik 5 – 7)

(3) Senatsverwaltung für Bildung, Jugend und Wissenschaft (Hrsg.): Rahmenlehrplan GS, (SU 2004/5); Rahmenlehrpläne für die Sek. I (WAT 2012)

(4) Ministerium für Bildung, Jugend und Sport (Hrsg.): Rahmenlehrplan GS (SU 2004/5); Rahmenlehrplan für die Sekundarstufe I (WAT 2008); Vorläufiger Rahmenlehrplan für den Unterricht in der gymnasialen Oberstufe im Land Brandenburg (Technik 2015)

(5) Senator für Bildung und Wissenschaft (Hrsg.): Sachunterricht-Bildungsplan für die Primarstufe (2007); Bildungsplan für die Oberschule, (WAT 2012); Bildungsplan für das Gymnasium (5 – 10) (WAT 2012)

(6) Freie und Hansestadt Hamburg. Behörde für Schule und Berufsbildung (Hrsg.): Bildungsplan Grundschule Sachunterricht (2011; Bildungsplan Stadtteilschule, Lernbereich Naturwissenschaften und Technik (2014); Bildungsplan Stadtteilschule, Naturwissenschaften/Technik (5 – 6) (2014)

(7) Hessisches Kultusministerium (Hrsg.): Bildungsstandards und Inhaltsfelder. Das neue Kerncurriculum für Hessen. Primarstufe. Sachunterricht (2011); Sekundarstufe I. Hauptschule. Arbeitslehre (2011); Sekundarstufe I. Realschule. Arbeitslehre (2011)

(8) Ministerium für Bildung, Wissenschaft und Kultur des Landes Mecklenburg-Vorpommern (Hrsg.): Rahmenplan Grundschule Werken; Rahmenplan Werken (Orientierungsstufe: Regionale Schule, Gesamtschule); Rahmenplan Arbeit-Wirtschaft-Technik, Jahrgangsstufen 7 – 10 (Gymnasium, Integrierte Gesamtschule), Erprobungsfassung 2002; Rahmenplan (Arbeit-Wirtschaft-Technik) Regionale Schule, Verbundene Haupt- und Realschule, Hauptschule, Realschule, Integrierte Gesamtschule. Jahrgangsstufen 7 – 10. Erprobungsfassung 2002; Rahmenplan (Arbeit-Wirtschaft-Technik) Gymnasium, Integrierte Gesamtschule. Jahrgangsstufen 7 – 10. Erprobungsfassung 2002

(9) Niedersächsisches Kultusministerium (Hrsg.): Kerncurriculum Gestaltendes Werken, Grundschule (2006); Kerncurriculum für die Oberschule Technik (2012); Kerncurriculum für die Hauptschule, Technik (2010); Kerncurriculum für die Integrierte Gesamtschule Schuljahrgänge 5 – 10 (2010)

(10) Ministerium für Schule und Weiterbildung des Landes Nordrhein-Westfalen (Hrsg.): Richtlinien und Lehrpläne für die Grundschule in Nordrhein-Westfalen, Sachunterricht (2008); Kernlehrplan für die Hauptschule in Nordrhein-Westfalen, Arbeitslehre 2013; Kernlehrplan für die Gesamtschule. Lehrplan Arbeitslehre Hauptschule (2000); Kernlehrplan für die Gesamtschule/Sekundarschule in Nordrhein-Westfalen. Wahlpflichtfach Arbeitslehre. Hauswirtschaft-Technik-Wirtschaft (2015); Kernlehrplan für die Realschule in Nordrhein-Westfalen. Wahlpflichtfach Technik (2015); Kernlehrplan für die Sekundarstufe II Gymnasium/Gesamtschule in Nordrhein-Westfalen. Technik (2014)

(11) Ministerium für Bildung, Frauen und Jugend (Hrsg.): Rahmenplan Grundschule. Teilrahmenplan Sachunterricht (2006); Lehrplan Arbeitslehre 7 – 9/10 Hauptschule (2006); Ministerium für Bildung, Wissenschaft, Weiterbildung und Natur (Hrsg.): Rahmenplan Wahlpflichtbereich Realschule Plus. Technik und Naturwissenschaft (2011)

(12) Saarland Ministerium für Bildung (Hrsg.): Kernlehrplan Grundschule. Sachunterricht (2010); Lehrplan Arbeitslehre Gemeinschaftsschule Klassenstufen 5 und 6 (2012); Stundentafel Gemeinschaftsschule – Sekundarstufe I. Arbeitslehre Klassenstufen 5 – 6, 7 – 10 WP; Stundentafel Gesamtschule – Sekundarstufe I. Arbeitslehre Klassenstufen 5 – 7; Stundentafel Erweiterte Realschule – Sekundarstufe I. Arbeitslehre Klassenstufen 5 – 9/10

(13) Sächsisches Staatsministerium für Kultus (Hrsg.): Lehrplan Grundschule Werken (2004/09); Lehrplan Mittelschule Wirtschaft-Technik-Haushalt Soziales (2004/09) und Technik/Computer (2004/09); Lehrplan Gymnasium Technik/Computer (2004/09)

(14) Kultusministerium Sachsen-Anhalt (Hrsg.): Fachlehrplan Grundschule. Sachunterricht (2007); Fachlehrplan Sekundarschule. Technik. Klassenstufen 5-10 (2012)

(15) Ministerium für Bildung Wissenschaft, Forschung und Kultur des Landes Schleswig-Holstein (Hrsg.): Lehrplan Grundschule. Heimat- und Sachunterricht (1997/98); Lehrplan für die Sekundarstufe I der weiterführenden allgemeinbildenden Schulen. Hauptschule, Realschule, Gesamtschule. Technik (o.J.); Lehrplan für die Sekundarstufe II, Gymnasium, Gesamtschule. Technik (2002)

(16) Thüringer Ministerium für Bildung, Wissenschaft und Kultur (Hrsg.): Lehrplan Grundschule. Werken (2010); Lehrplan für die Regelschule. Technisches Werken (2009); Lehrplan für den Erwerb des Haupt- und des Realschulabschlusses. Natur und Technik (2012); Lehrplan für den Erwerb des Hauptschul- und des Realschulabschlusses. Wirtschaft-Recht-Technik. Klassen 5 – 10 (2012); Thüringer Ministerium für Bildung, Jugend und Sport (Hrsg.): Lehrplan für den Erwerb der allgemeinen Hochschulreife. Mensch-Natur-Technik (2015); Lehrplan für den Erwerb der allgemeinen Hochschulreife. Wahlpflichtfach Naturwissenschaften und Technik. Erprobungsfassung (2013)

(17) WRS. Werkrealschule; GemS: Gemeinschaftsschule; GesS: Gesamtschule; MS: Mittelschule; OS: Oberschule; RegS: Regionalschule; erw. RS: erweiterte Realschule

(18) TE: Technik; NwT: Naturwissenschaft und Technik; WE: Werken; Nut: Natur und Technik; WAT: Wirtschaft/Arbeit/Technik; N/T: Naturwissenschaften/Technik; AL: Arbeitslehre; WE/AWT: Werken/Arbeit-Wirtschaft-Technik; AWT: Arbeit/Wirtschaft/Technik; TE/C: Technik/Computer; W/T/H: Wirtschaft/Technik/Haushalt

(19) Ministerium für Kultus, Jugend und Sport. Baden-Württemberg (Auftraggeber): Empfehlungen für einen zeitgemäßen Schulbau in Baden-Württemberg. Stuttgart/Überlingen 2013, S. 31

(20) Richtlinie zur Gewährung von Zuschüssen zur Förderung kommunaler Schulträger. In: Kultus und Unterricht 5/2006, S. 46f.

(21) Ministerium für Kultus, Jugend und Sport. Baden-Württemberg (Auftraggeber): Empfehlungen für einen zeitgemäßen Schulbau in Baden-Württemberg. Stuttgart/Überlingen 2013, S. 31

(22) ebenda, S. 32

(23) Die Fläche von 250 m² teilt sich in 80 m²-Werkraum Mechanische Technologie, zwei Maschinenräume für Holz und Metall von jeweils 60 m² sowie ein Zentrallager mit 50 m² auf. Quelle: Senator für Bildung, Jugend und Wissenschaft. Berlin: Musterraumprogramm Integrierte Sekundarschule, Integrierte Sekundarschule mit gymnasialer Oberstufe (abrufbar unter: https://www.berlin.de/imperia/md/.../mrp_iss_4_6_z_april_2012.pdf, zuletzt 03.05.2016), Gymnasium (abrufbar unter: https://www.berlin.de/imperia/md/.../mrp_og_3_5_z_oktober_2014.pdf, zuletzt 03.05.2016)

(24) Quelle: Behörde für Schule und Berufsbildung: Musterflächenplan für allgemeinbildende Schulen in Hamburg. Stand Okt. 2011, S. 15

(25) Zahlen für zwei-/drei-/vier- fünf- und sechszügig StS, nur Sek.I

(26) Quelle: a.a.O. siehe Fußnote 8, S. 16

(27) Zahlen für zwei-/drei-/vier-/fünf- und sechszügiges Gymnasium, Sek.I und II, Zahlen für naturwiss. Fachräume

(28) Rahmenplan Werken für die Orientierungsstufe schlägt einen Werk- und einen Vorbereitungsraum ohne nähere Angaben vor. Quelle: Bildungsserver Mecklenburg-Vorpommern, Rahmenplan Werken, Klassenstufe 5 – 6,

(29) Für den AWT-Bereich der weiterführenden Schule werden zwei Arten von Fachräumen, solche mit „Werkstatt-“ und solche mit „Unterrichtscharakter“ vorgeschlagen, keine weiteren Präzisierungen. Quelle: Bildungsserver Mecklenburg-Vorpommern, Rahmenplan AWT, Regionale Schule, Gesamtschule. Erprobungsfassung 2002

(30) Wie die meisten Bundesländer auch, hat NRW keine Richtlinien erlassen, da die Erstellung und Ausstattung von Schulen Angelegenheit der Kommunen ist. Die Zahlen hier stammen von der „Schulbaurichtlinie“ der Stadt Köln, Dezernat für Bildung, Jugend und Sport. Integrierte Jugendhilfe und Schulentwicklungsplanung. 2009

(31) Quelle: Bau von Schulen und Förderung des Schulbaus. Verwaltungsvorschrift des Ministeriums für Bildung, Wissenschaft, Jugend und Kultur vom 22. Januar 2010. In: Amtsblatt des MBWJK, 5. Jahrgang, Nr. 3/2010

(32) Zz. keine Raumflächenempfehlungen vorhanden. Letzte Raumprogrammempfehlung für Schulen des Freistaats Sachsen. In: Amtsblatt 3/1994. Musterraumprogramm für Mittelschulen (5 – 10), S. 71 – 72; Werkraum 80 m^2, Nebenraum 40 m^2 bei einer angenommenen Gruppengröße von 16 Schülern

(33) ST unterscheidet nach Fachraum (etwa 70m^2) und zusätzlicher Werkstatt mit 3,5 m^2/Schüler, für den Maschinen- und Vorbereitungsraum werden keine Flächenangaben gemacht. Quelle: Bildungsserver Sachsen-Anhalt: http.//www.bildungsserver-lsa.de/lehrplaene_rahmenrichtlinien/sekundarschule/technk.html. Stand 21.10.2013

(34) Quelle: Schulbaurichtlinie (Neufassung), Anlage 1. In: Amtsblatt Schl.-H. 2005, S. 538. Inzwischen nicht mehr gültig und nicht ersetzt.

(35) Quelle: Schulbauempfehlungen für den Freistaat Thüringen mit Raumprogrammempfehlungen für allgemeinbildende Schulen vom 10. Juli 1997; z.Z. in Überarbeitung

(36) Köckner, K. (1969): Werken und plastisches Gestalten, 459 ff.

(37) Ein betreffender Raum wird vorgeschlagen, es werden aber keine quantifizierbaren Angaben zur Raumgröße gemacht

(38) Berger, W. (1960): Schulbau von heute für morgen. Göttingen Berlin Frankfurt, S. 78 – 80

(39) Mehrgardt, O. (o.J.): Einrichtung einer Werkstatt. In: Die Werkaufgabe Nr. 75. Wolfenbüttel

(40) Richter, E. & Rehrmann, K. (1961): Werken und Schule. Berlin, Hannover, Darmstadt, S. 200

(41) Rehrmann, K. (1964): Der Werkunterricht in der Oberstufe der Volks- und weiterführenden Schulen. Hannover, S. 145 – 148

(42) Schietzel, C. & Kalipke, H. (1968): Technik, Natur und exakte Wissenschaften. Teil I: Die Theorie. Braunschweig, S. 204 – 209

(43) Roth, E. & A. Steidle (1968): Der Werkraum – Planung und Einrichtung. Stuttgart

(44) Ullrich, H. & Klante, D. (1973): Technik im Unterricht der Primarstufe. Didaktische Grundlegung. Unterrichtsmodelle. Unterrichtsmaterialien. Ravensburg, S. 186

(45) Weiß, H. (1974) Fachunterricht. Unterrichtsmittel. Fachunterrichtsräume. Berlin

(46) Unterschiedliche Raumgrößen je nach Schultyp und Klassenstufe

(47) Lippmann, R. (1973): Technischer Bereich – Planung und Einrichtung von Fachräumen für Werken/Polytechnische Bildung. Kaiserslautern

(48) Raumsystem aus vier Unterrichtsräumen: 2x Universalwerkstatt, Feinarbeitsraum, Nassraum. Beilage in: TWU Heft 1/1973

(49) Sachs. B. (1979 und 1980): Anlage und Ausstattung von Fachräumen für den Technikunterricht. Teil 1 und 2. In: Lehrmittel aktuell. Heft 6/79, S. 36 – 46 und Heft 1/80, S. 30 – 36; Ders. (1984) Anlage und Ausstattung von Fachräumen für den Technikunterricht. In: arbeiten + lernen/Die Arbeitslehre. Heft 35, S. 24 – 26 und 51 – 52; Ders.: (1985): Anlage und Ausstattung von Fachräumen für den Technikunterricht. Teil I und II. In: magazin für technik und unterricht. Heft 0/85. S. 5 – 12 und Heft 1/85, S. 15 – 38

(50) Schmayl, W. (1983): Zum Fachraum eines mehrperspektivischen Technikunterrichts. In.: tu 28, S. 10 – 14 und tu 29, S. 5 – 8; Ders.: Schmayl, W. (1995): Fachraumplanung. In: Schmayl/Wilkening: Technikunterricht. 2. Aufl.. Bad Heilbrunn, S. 181 – 187; Ders. (2010): Didaktik allgemeinbildenden Technikunterrichts. Baltmannsweiler, S. 246 – 256

(51) Pyschik, J. & Wulfers, W. (1984): Eigener Herd ist Goldes wert oder ... Fachraumnutzung, Fachraumplanung und Ausstattungskonzepte in ihrer Bedeutung für den Arbeitslehreunterricht. In: arbeiten + lernen/Die Arbeitslehre. Nr. 35, S. 12 – 16

(52) Eckert, T./ Pfundstein, B. (1991): Sanierung und Neugestaltung von Technikräumen einer Realschule. In: tu 61, S. 38 – 45

(54) Biester, W., e. a. (1992): Empfehlungen für den Technikunterricht. Fachräume. Ausstattung. Finanzierung. (Manuskript, VDI). Düsseldorf

(55) Biester, W. (Hrsg.) (1996): Praktisches Lernen und technische Bildung in der Grundschule. Bestandsaufnahme und Ausstattungsempfehlung. o. O.

(56) Behre, G.W.; Börner, M.; Schmayl, W. (1996): Fachraumausstattung für den Technikunterricht in der Grundschule. In: tu 79, S. 36 – 41

(57) Bienhaus, W.: Internetveröffentlichungen der Forschungsstelle Fachräume technische Bildung (fftb), aufrufbar unter: http://technik.ph-karlsruhe.de/fftb/

(58) Eckel J./Sturm R. (2008): Technisches Werken 1/2, GS-Multimedia Verlag, Wien

4 Das Fachraumsystem – grundlegende Überlegungen

4.1 Grundsätzliches

Im Technikunterricht begegnet dem Schüler die Technik als ein bedeutender Teil seiner multidimensional und mehrperspektivisch angelegten Lebenswelt. Unterricht kann aus naheliegenden Gründen nicht jeden Aspekt und jede Verästelung seines Gegenstandes thematisieren, sondern muss diesen als ein Ganzes, Exemplarisches präsentieren und die daraus gewonnenen Erkenntnisse übertragbar machen. Bei der Anlage und Ausstattung von Fachräumen für den Technikunterricht muss von diesem „Ganzheits-Grundsatz" ausgegangen werden. Diese Aufgabe erfüllt am besten ein universell und multifunktional nutzbares, auf Technikvermittlung ausgerichtetes Fachraumsystem. Was das im Einzelnen und konkret heißt, soll im Folgenden dargestellt werden.

Das für den Technikunterricht charakteristische Prinzip der wechselseitigen theoretischen und praktischen Erschließung zählt als gewichtiges Argument für ein multifunktionales Fachraumsystem, das alle Formen praktischen Erschließungshandelns und theoretischer Sachentfaltung zulässt. Infolge seiner intentionalen, inhaltlichen, methodischen und medialen Vielfalt, ist es für den Technikunterricht nicht ungewöhnlich, sogar erwünscht, wenn sich im Verlauf der Erarbeitung eines Unterrichtsthemas ein Wechsel der Erschließungsformen und Handlungsweisen ergibt, so beispielsweise von theoretischen Phasen hin zu selbstständig durchgeführten Erkundungen, von praktischen Konstruktions-, Fertigungs- und Experimentierphasen mit Lehrgangselementen oder von Stationenarbeit zur Präsentationen von Ergebnissen oder von Funktions- und Gebrauchstests zur Dokumentationen und Ergebnisauswertungen.

Gesellschaftlicher Wandel, eine veränderte Kindheit, neue, erweiterte Bildungsinhalte und -aufgaben, neue pädagogische und fachdidaktische Erkenntnisse, Innovationen hinsichtlich der Fachraumausstattung, der Einzug der ‚Neuen Medien' in den Schulalltag und schließlich veränderte, dem Reformeifer der Bildungspolitiker geschuldete institutionelle Veränderungen in Form neuer Schultypen im allgemeinbildenden Schulwesen, sie alle ziehen mehr oder weniger tiefgreifende Veränderungen in Bezug auf Unterricht und das Lehren und Lernen nach sich. In den Fächern wie dem Technikunterricht, die reale Lebensbereiche zu ihrem Gegenstand haben, erleben wir solchen Wandel in besonders augenfälliger Weise. Nicht von ungefähr hat gerade auch der technische wie gesellschaftliche Wandel die Bildungsdiskussion in der Öffentlichkeit erneut belebt, wobei dem Prozess der zunehmenden Ökonomisierung der Bildung ein ganz besonders kritisches Augenmerk zu schenken ist, weil Letzteres erhebliche Auswirkungen insbesondere auf die materielle Ausgestaltung des Technikunterricht haben kann. Von den Folgen der noch andauernden bildungspolitischen Diskussion werden wir sicherlich Veränderungen für den Technikunterricht zu erwarten haben; in welche Richtung diese Veränderungen gehen werden, lässt sich infolge einer gewissen Sprunghaftigkeit bezüglich von Reformen im pädagogisch-schulischen Bereich nicht prognostizieren. Nicht zuletzt dürften es die sogenannten ‚Neuen Medien' oder ‚Neuen Technologien' sein, die für den Technikunterricht zusätzliche Wirkung in fachdidaktischer Hinsicht entfalten werden. Sie werden Möglichkeiten bieten, die über ihre heutige unterrichtliche Nutzung vermutlich weit hinausgehen.

Vor dem Hintergrund gesellschaftlicher Veränderungen erleben wir auch einen Wandel im ‚Schulehalten', indem die Erziehungsschule stärker in den Fokus gerückt wird, sodass personale wie soziale Erziehung wieder mehr an Gewicht gewinnen. Dies geht einher mit dem Übergang von der Halbtags- zur Ganztagsschule, von der exklusiven zur inklusiven Schule. Die Schule wird zunehmend wieder ein Ort ganzheitlichen Lernens. Mit dem Thema der Fachräume hat das insofern etwas zu tun, dass nicht nur die Schule in ihrer räumlichen Gesamtheit, sondern auch die Fachraumbereiche so ausgelegt sein sollten, dass sie sowohl den begründeten neuen inhaltlichen Erfordernissen entsprechen als auch geeigneten Raum für die neuen pädagogischen und sozialen Aufgaben abgeben können. Die nachhaltige Funktionstüchtigkeit des Fachraumsystems kann nur sichergestellt werden, wenn seine Anlage und Ausstattung von Anfang an einen hohen Grad an Offenheit und Variabilität gegenüber veränderten Lehrinhalten, Lern- und Lehrbedingungen zulässt. In dem Maße, wie die Idee die Schule als kulturelles Zentrum eines Ortes oder Stadtquartiers Raum greift, werden ihre Einrichtungen auch für zusätzliche Nutzungen außerhalb des klassischen Schulhaltens benötigt. In diesem Zusammenhang könnten den Technikfachräumen auch eine zusätzliche, neue Rolle zugeteilt werden.

Im Zuge einer veränderten Kindheit und Jugend treffen wir bei Schülern zunehmend auf Defizite mit konkreten Erfahrungen aus realen technischen Lebenssituationen. Das spiegelt sich nicht zuletzt in handwerklichem Unvermögen und nur rudimentären Erfahrungen mit konkreter Technik wider. Die Begegnung mit ihrer komplexen technischen Umwelt geschieht heute nur noch ausschnittsweise und vielfach nicht mehr über Primärerfahrungen. Der Zugang zu einem wesentlichen (technischen) Wirklichkeitsbereich, zur Berufswelt, ist streng reglementiert und für Schüler in der Regel nicht zugänglich. Einblicke in die Berufswelt vermag die Schule allenfalls sporadisch zu leisten. Um zukünftig das Leben in einer technischen Welt meistern zu können, reicht es aber nicht aus, über „Internet-Kompetenz" zu verfügen, verkehrserzogen zu werden und zu wissen, dass die Technik neben allem Nutzen auch ein spezifisches Gefahrenpotenzial birgt. Worauf es ankommt, ist ein planvolles Anbahnen einer allgemeine technischen Bildung mit Bezug zur Lebenswirklichkeit, zur Alltagstechnik, wie sie dem Schüler alltäglich begegnet. Das schließt einen verständigen und sicherheitsbewussten Umgang mit Technik ein. Unfallverhütung und die Sensibilisierung für technisch bedingte Gefahrenpotenziale gehören zum integralen Bestandteil technischer Bildung. Dafür muss der Technikunterricht gezielt Lernanlässe in einem adäquaten Lernambiente bieten, das der Technikfachraum in prädestinierter Weise bietet.

Der Technikunterricht spiegelt in seinem Raumprogramm einen für Schüler nachvollziehbaren Ausschnitt technischer Lebenswirklichkeit wider. Es wäre jedoch falsch anzunehmen, dass das Fachraumsystem die Realtechnik eins-zu-eins abbilden könnte und in den Bereich der Schule übernehmen würde. Es handelt sich um einen speziellen schulischen Handlungsort, wo dem Schüler die technische Wirklichkeit in einer spezifischen, didaktisch begründeten Aufbereitung begegnet.

Nutzungsvariabilität und unterrichtliche Mobilität gewährleistende Fachräume müssen es ermöglichen, dass das Lehrgeschehen nicht nur fachdidaktisch effizient sondern auch zeitökonomisch gestaltet werden kann. Räumliche Eingeschränktheit und Enge zwingen zu starrer, eindimensionaler Unterrichtsdurchführung. Die Fachräume des Technikunterrichts dienen unterschiedlichen Aufgaben, wie im Folgenden dargestellt werden wird. Sie stehen aber nicht für sich, sondern bilden ein System von Fachräumen in funktionaler und räumlicher Verschränkung: eben ein Fachraumsystem.

Ein solches Fachraumsystem muss eine große inhaltliche Reichweite bedienen können, die es dem Schüler erlaubt, Technik in exemplarischer Weise als Nutzer, Erfinder, Konstrukteur, Hersteller, Tester, Experimentator und Analyst zu erfahren. Der Technikfachraum ist somit Ort konkreter, Technik erschaffender Handlungen und dient zugleich auch der Analyse, der Wissensaneignung, der Diskussion, der Bewertung und der Dokumentation realer Technik.

4.2 Das Raumprogramm

Das Raumprogramm des Technikunterrichts besteht aus einem funktional und räumlich zusammenhängenden System von Fachunterrichtsräumen. Ein vollständiges Raumsystem umfasst den Technikfachraum als multifunktionalen, zentralen Unterrichtsraum und eine Reihe spezieller Funktionsräume wie einen Sammlungs- und Vorbereitungsraum, einen Maschinenraum, ein Materiallager/Magazin und kann optional noch einen Keramik- bzw. „Schmutzraum“ und einen ebenfalls optionalen Außenbereich umfassen.

Der Keramikraum kann sich auch außerhalb des zusammenhängenden Raumprogramms befinden. In der Regel wird er auch vom Kunstunterricht mitbenutzt. Infolge seiner eher seltenen Nutzung könnte er ausnahmsweise auch in einem Kellerraum oder anderswo im Schulhaus liegen. Wichtig ist allerdings immer, ganz gleich wo der Brennofen aufgestellt wird, das Vorhandensein einer funktions- und leistungsfähigen Abgasfortleitung. Im Keramikraum sollten auch Abstellmöglichkeiten zum Trocknen ungebrannter Tonwaren gegeben sein. Eine Unterbringung des Brennofens im Technikfachraum ist unbedingt zu vermeiden, auch wenn eine Abgasanschluss installiert ist, so wird durch den Brennvorgang das Raumklima in jedem Fall ungünstig beeinflusst. Eine weitere Unterbringung des Brennofens und der Trockenregale wäre im Materialraum/Magazin auch noch möglich, sofern dieser/s ausreichend groß zugeschnitten ist.

Ein Außenbereich ist nur dann sinnvoll in das Raumprogramm einzubeziehen, wenn er durch einen direkten Zugang mit dem Technikfachraum verbunden ist.

Möglicherweise kann der Technikbereich auch an einem zentralen Computerraum, der auch den anderen Unterrichtsfächern zugänglich ist, partizipieren. Im Kapitel „Fachraumsystem und Raumtypen – strukturelle Überlegungen“, wird auch auf die besonderen Einrichtungsbelange des Computerraums für den Technikunterrichts hingewiesen, die so gestaltet werden sollten, dass die fächerbezogene Nutzungsvielfalt nicht eingeschränkt wird.

4.3 Flächenbedarf

Aus den Verlautbarungen der Kultusbehörden der Länder sind exakte Flächenbedarfe nur selten zu gewinnen. In den seltenen Fällen, in denen diesbezüglich Angaben gemacht werden, sind es Abhandlungen in Form von „Musterraumprogrammen“, bei denen Räume und Flächen vorgegeben werden. Jedoch sind diese nicht immer mit den tatsächlichen Erfordernissen für einen zeitgemäßen Technikunterricht zur Deckung zu bringen. Alternativ dazu sind einige Bundesländer dazu übergegangen, Gesamtflächen für bestimmte Raumtypen und -verbünde auszuweisen, was eine flexiblere räumliche Gestaltung ermöglicht. Dort, wo Zahlen zu Technikfachräumen vorliegen, ergeben sich unter dem Strich durchaus ausreichende Raumgrößen für den Technikfachraum, setzt man eine Gruppengröße von 16 an (siehe Tabelle 03/4, S. 50). Raumprogramme, Musterraumprogramme und Gesamtflächenangaben sind allerdings in erster Linie für Neubauprojekte relevant, also für einen inzwischen erfreulich anwachsenden Teil der Schulbaumaßnahmen. Ansonsten handelt es sich um Umbau- und Sanierungsmaßnahmen im Bestand. Bei solchermaßen bestehenden Raumkonstellationen eine befriedigende Lösung zu finden, ist nicht nur schwierig zu realisieren, sondern manchmal innerhalb vertretbarer Kosten auch geradezu unmöglich. Hier kommt es darauf an, einigermaßen zufriedenstellende Kompromisse zu finden, wobei in solchen Fällen die Expertise der vor Ort unterrichtenden Techniklehrer in besonderer Weise gefordert ist.

Der Trend im Schulbau folgt heute den pädagogischen und didaktischen Forderungen nach Flexibilität und Mehrfachnutzung der Unterrichtsflächen, was auch, wenn auch in abgeschwächter Form, die Fachräume betrifft. Es ist damit zu rechnen, dass im Zuge der Umstellung des allgemeinbildenden Schulsystems auf Ganztagsbetrieb auch die Technikfachräume mehr und von wechselnden, „klassenübergreifenden Interessengruppen" frequentiert werden, was eine Herausforderung für seine universelle Nutzung und einer entsprechenden Ausstattung darstellt. Das kann aber nicht heißen, dass der Technikfachraum zum „Mehrzweckraum" umfunktioniert werden soll. Er muss primär als universell nutzbare „technische Werkstatt" mit spezifischen bauseitigen Ausstattungen bei ggf. erweiterter Nutzung gesehen werden.

Bezüglich der raum- und flächenmäßigen Auslegung des Fachraumbereichs, insbesondere des multifunktionalen Technikfachraums, sind qualitative, quantitative und schließlich auch rechtliche Kriterien zu berücksichtigen. Zu den qualitativen Kriterien, die sich aus den fachdidaktischen und pädagogischen Erfordernissen herleiten, wurde schon Wesentliches ausgeführt. Quantitative Kriterien beziehen sich in erster Linie auf das Unterrichtsaufkommen und die tatsächliche Raumauslastungsquote, also auf die errechnete Belegung der Fachräume aufgrund des planmäßig zu erteilenden Unterrichts und sonstiger schulischer und außerschulischer Aktivitäten. Die Raumbelegungsquote wird im Allgemeinen mit etwa 80 % angenommen, wobei auch weitere Faktoren wie Halbtags- oder Ganztags-Belegung, Unterrichtsvorbereitung, Belegung durch andere Unterrichtsfächer, Arbeitsgemeinschaften usw. mit berücksichtigt werden. So zählt zum Beispiel der Musterflächenplan der Hansestadt Hamburg[1], unabhängig von der Schulform, folgende Kriterien für die Festlegung von Flächengrößen auf:

- die Zahl der Klassen/Lerngruppen, die in der Schule geführt werden sollen,
- in Teilen schulformspezifische Gegebenheiten,
- die Organisation und Rhythmisierung des Unterrichts,
- die Belegungszeit und dem Auslastungsgrad der Unterrichtsräume.

Fachräume gehören zum sogenannten „Grundbedarf" einer jeden Schule, was erst einmal unabhängig von ihrer Größe gesehen werden muss. Der Flächenbedarf der Fachräume, so auch des Technikfachraums und der angegliederten Spezialräume errechnet sich daher nicht aus einem Flächenwert pro Schüler, wie er für die Hauptnutzungsfläche der Schule vorgegeben ist, sondern aus dem „Grundbedarf" einer jeden Schule, unabhängig vom Schulsystem[2]. Die Musterraumprogramme und Schulbauförderrichtlinien gehen allerdings von einer Untergrenze der „Zügigkeit" aus, um den Schulbau einigermaßen wirtschaftlich gestalten zu können.

Eine amtlich verbindliche, bundesweit abgestimmte Aussage zum Flächenbedarf eines Fachraumsystems für den Technikunterricht gibt es nicht. Die meisten zugänglichen Verlautbarungen

1 Musterflächenplan HH, 2011, S. 3
2 Vergl. a.a.O., 2011, S. 3 ff.

haben lediglich empfehlenden Charakter. Einerseits deswegen, weil amtliche Aussagen immer auch als rechtverbindlich gelten, was sich dann auf die Förderung und Bezuschussung von Bauvorhaben durch das Land und die Kommunen auswirkt und andererseits, weil man inzwischen zunehmend auf Raumgrößenangaben zum Zweck der Bildung größerer Raumeinheiten und Bereiche, die flexibler nach neueren pädagogischen Erkenntnissen gestaltet und genutzt werden können, verzichtet. Diese betreffen aber mehr das „klassische" Klassenzimmer, das nunmehr durch Mehrzweckräume, multifunktionale Sonderflächen für die verschiedensten schulischen Aktivitäten und eine weitgehende Multifunktionalität eine neue Definition erhält und somit seine ausschließliche Verwendung als „Klassenzimmer" für feste Schülergruppen verliert. Aufgrund ihrer Spezifik bleiben jedoch die Fachräume, seien es solche für den Technikunterricht, für die naturwissenschaftlichen Fächer und andere von der Neuinterpretation der schulischen Unterrichtsbereiche weitgehend ausgenommen.

Berücksichtigt man die wenigen amtlichen Aussagen und die von Fachdidaktikern zum Flächenbedarf des Technikfachraumsystems, ergeben sich die folgenden gerundeten Flächenempfehlungen unter der Maßgabe eines möglichst vollständigen Raumsystems. Dabei gilt die Annahme, dass die Schülergruppe im Technikfachraum zwischen 16 und maximal 20 Schülern groß ist.

Das Modellraumprogramm für eine ≥ 4-zügige Sekundarschule könnte folgendermaßen aussehen:

- 2 Technikfachräume ≥ 80 m²,
- 1 Maschinenraum ≥ 40 m²,
- 1 Sammlungs-/Vorbereitungsraum ≥ 40 m²,
- 1 Materialraum/Magazin ≥ 40 m²,
- 1 Keramik-/Brennraum ≤ 40 m².

Das ergibt eine Gesamtfläche für das Raumsystem von ≥ 320 m². Darin sind die Verkehrsflächen mit ca. 35 % enthalten. Legt man die Gruppengröße von 16 Schülern zugrunde, so entfällt im Technikfachraum mit ≥ 80 m² auf jeden Schüler ein Flächenanteil von ca. 5,0 m², aufgeteilt in ca. 3,5 m² Arbeits- und 1,5 m² sonstige Fläche (Verkehrs-, Funktions- und Stellflächen).

		Zügigkeit						
Raumtyp	m²	2	3	4	5	6	7	8
Technikfachraum	80	80	80	80/80	80/80	80/80	80/80	80/80
Maschinenraum	40	40	40	40	40/40	40/40	40/40	40/40
Sammlungs-/ Vorbereitungsraum	40	40	40	60	60	60	60	60
Lagerraum/Magazin	40	40	40	40	40/40	40/40	40/40	40/40
Feinarbeitsraum[3]				(80)	(80)	(80)	(80)	(80)
Keramik-/Brennraum	10 - 40	10 - 40	10 - 40	10 - 40	10 - 40	10 - 40	10 - 40	10 - 40
Außenbereich[4]	optional							
Computerraum[5]	optional							
Gesamt m² für Fachraumsystem	210 - 240	210 - 240	210 - 240	310 - 420	390 - 500	390 - 500	390 - 500	390 - 500

04/1 Benötigte Flächen für ein Fachraumsystem für den Technikunterricht (Vorschlag)

[3] Durch Umwidmung eines der TFR oder zusätzlich
[4] Abhängig von der Situation vor Ort, daher nicht quantifiziert
[5] Nicht unbedingt zum Fachrausystem zugehörig

Die Gemeinde-Unfallversicherer/Unfallkassen haben bezüglich des Flächenbedarfs bisher nur zu einzelnen, sicherheitsrelevanten Aspekten Vorgaben gemacht, die Auswirkungen auf die Flächenberechnung haben:

> Bei hintereinanderstehenden Arbeitstischen ist ein Abstand von mind. 0,85 m, bei Rücken an Rücken arbeitenden Schülern sind 1,5 m vorzusehen[6]. Die Gangbreiten zwischen den Tischen sollen mind. 1,0 m betragen.

Bezogen auf den Maschinenraum wird ausgesagt:

> Eine stationäre Tischkreissäge benötigt zwischen 10 und 15 m², eine Abrichthobelmaschine mind. 10 m² und jede weitere Maschine 5 m², wobei darauf zu achten ist, dass größere Werkstücke gefahrlos zu handhaben sind, was eine entsprechende Anordnung der Maschinen und ausreichend Verkehrsfläche voraussetzt.[7]

Betrachtet man die Vorschläge zum Flächenbedarf eines (universellen) Technikfachraums in der fachdidaktischen Literatur, so gehen die Autoren ebenfalls von einen Bedarf von etwa 5 m² pro Schüler aus. Von Wichtigkeit für die Abschätzung des Flächenbedarfs ist auch auch hier wieder die durchschnittliche Gruppenstärke der Technikgruppe. Da Technikunterricht jedoch vielfach im Wahlpflicht- oder Wahlbereich angeboten wird, kann nicht von vorbestimmbaren festen Gruppengrößen ausgegangen werden. Sie sollten aber, darüber herrscht auch unter Fachdidaktikern und Schulpraktikern Einigkeit, 16 Teilnehmer nicht überschreiten[8]. Größere Gruppenstärken sind sowohl aus Sicht der Unterrichtenden, der Fachdidaktiker und auch der gesetzlichen Unfallversicherer zu vermeiden[9]. Begründen lässt sich dieses damit, dass oft die zur Verfügung stehende Fläche, die Einrichtungen, Ausstattung mit Werkzeuge, Vorrichtungen und Maschinen gar nicht auf Schülergruppen über 16 Schüler ausgelegt sind. So wirken sich zu große Schülergruppen meist motivationsmindernd aus, weil sich die Schüler gegenseitig behindern, sich Werkzeuge teilen müssen und an Maschinen lange anstehen müssen. Zudem muss mit einem erhöhten Betreuungsbedarf seitens der Unterrichtenden und vor allem mit einem zusätzlich erhöhten Unfallrisiko gerechnet werden.

Bei 16 Schülern sollte also ein Flächenbedarf für den Technikfachraum von ≥ 80 m² angenommen werden. Dies wird seitens der Fachdidaktik als Raumflächen-Untergrenze angesehen, wenn man berücksichtigt, dass ein zeitgemäßer Technikunterricht zusätzlichen Schrankraum für Werkzeuge und Medien sowie Freiflächen für die verschiedensten unterrichtlichen Aktivitäten benötigt (siehe Tabelle 03/5, S. 51). Die Unterschiede zwischen den amtlichen Förderrichtlinien und den pädagogisch sinnvollen, sowie fachdidaktisch erforderlichen Anforderungen sind auf dem Papier nicht signifikant. Wirft man stattdessen allerdings einen Blick auf die schulische Realität, sind die Abweichungen nicht zu übersehen. Hier klaffen staatlich sanktionierte räumliche Umsetzungen und wissenschaftliche Erkenntnisse deutlich auseinander.

[6] Unfallkasse NRW 2001, S. 21 und BAGUV 2006, S. 7

[7] GUV-SI 8041, 2006, S. 7

[8] In den „Empfehlungen zur Sicherheit im Technikunterricht" der Unfallkasse Schleswig-Holstein wird von einer max. Gruppengröße von 15 Schülern ausgegangen (Schlüter 2004, S. 5)

[9] Eine diesbezügliche Umfrage der Gesellschaft für Arbeit, Technik und Wirtschaft im Unterricht (GATWU) bei den 16 Kultusministerien bzw. Senatsverwaltungen der Länder ergab auf der Grundlage der Unfallverhütungsvorschriften und Sicherheitsbestimmungen für den Bau und die Ausrüstung von Schulen, dass von einer Gruppengröße von max. 16 Schülern ausgegangen werden kann (a+l/Technik, 1996, Nr. 23, S. 49 f.). Dies wird auch von der Fachdidaktik so gesehen (B. Sachs 1985, S. 18 f., Bienhaus 2001, S. 37, Schlüter 2004, S. 5 f.

4.4 Lage im Schulgebäude

Es liegt auf der Hand, dass die optimale Lage für das Fachraumsystem eine ebenerdige Lage im Erdgeschoss und abseits von lärmempfindlichen Fachbereichen ist. Zudem kann der Zugang für Zulieferer und auch für Schüler von außen her erfolgen, wodurch der Schmutzeintrag in das übrige Schulhaus gering gehalten werden kann. Die Verbindung mit dem Außenbereich (Schulhof, „Werkhof", Experimentierfeld) wäre dann jederzeit gegeben. Ist nur ein Zugang von innen möglich, ist im Eingangsbereich eine Schmutzschwelle (Schmutzfänger) vorzusehen. Eine ausreichende natürliche Belichtung und Belüftung kann realisiert werden. Im Fall der Gefahr sind die Fluchtwege ins Freie sehr kurz.

Die Praxis des Technikunterrichts geht oft, trotz bauseitiger Gegenmaßnahmen, mit Lärmbelästigungen einher, gelegentlich ergeben sich auch Verschmutzungen und Geruchsemissionen, was anderen Unterrichtsfächern/-bereichen nicht immer zugemutet werden kann. Daher ist eine „randlagige" Unterbringung oder, was noch komfortabler wäre, eine Unterbringung in einem gesonderten Werkstatt-/Fachraumgebäude zusammen mit anderen, auf Fachräume angewiesene Fächer anzustreben. Eine gemeinsame Nutzung der Fachräumlichkeiten etwa bei Projekten und fächerverbindenden Themenstellungen böte sich dann aufgrund der kurzen Wege an.

Leider lässt sich eine solche Ideallage nur selten verwirklichen. Im Altbestand ist sie zudem wohl eher noch die Ausnahme.

Das krasse Gegenteil zu der geschilderten Ideallage ist die Unterbringung im Kellergeschoss, in niedrigen, schlecht mit Tageslicht versorgten und mäßig belüfteten Räumen. Zum Glück treffen wir heutzutage eine solche Raumsituation nur noch selten an. Ebenfalls ungünstig ist die Platzierung der Fachräume für den Technikunterricht auf den oberen Stockwerken, was für die Fachräume der naturwissenschaftlichen Fächer im Übrigen kein Problem darstellt und daher häufig der Fall ist. Beeinträchtigungen durch Arbeitslärm, Schmutzaustrag und ggf. auch störende Emissionen sowie ungünstig lange Wege durch das Schulhaus schließen eine Unterbringung in oberen Stockwerken praktischerweise aus.

Des Öfteren trifft man Fachräume in halbtiefer Souterrain-Lage an, wobei dann für eine gute Belichtung und Belüftung gesorgt ist, wenn das Terrain vor dem Fachraum in ausreichender Weise freigegraben und abgeböscht ist. Auf diese Weise kann man einen gut abgeschirmten, lärmgedämmten Außenbereich gewinnen.

Hinsichtlich der Ausrichtung der Fachräume ist eine Lage nach Norden oder Nordosten anzuraten. Wenn das gegeben ist, kann man auf aufwendige Beschattungsmaßnahmen bzw. Sonnenschutz weitgehend verzichten.

4.4.1 Bauseitige Ausstattung[10]

Fußböden[11]

Sturzunfälle geschehen öfter als man gewöhnlich annimmt. Ein sturzgefährdeter Bereich stellt auch das Fachraumsystem dar. Zu Stürzen kommt es z. B. durch unsachgemäßes Verhalten von

[10] Siehe hierzu auch DGUV 2001: GUV-VS1

[11] Vgl. hierzu GUV-R 189 und Ausschuss für Arbeitsstätten 2013, ASR.A1. 5/1,2.

Schülern, durch Stolpern über Schultaschen oder eben durch glatte, das Ausgleiten fördernde Fußböden. Das Material des Bodenbelags, dessen Oberflächenstruktur und die Art und der Grad der Verschmutzung durch gleitfördernde Stoffe wie z. B. Späne oder Holzstaub, eingetragene Nässe oder verschüttete ölhaltige Flüssigkeiten, tragen zur Minderung der Rutschfestigkeit bei und können so zu Unfällen führen. Zur Beurteilung der Rutschgefahr darf nicht das Schuhwerk der Schüler außer Acht gelassen werden, wobei hier der Schule aber nicht abverlangt werden kann, darauf zu dringen, dass Schüler mit speziellen Schuhen mit rutschhemmenden Sohlen zum Technikunterricht erscheinen. Dennoch ist ein entsprechender Hinweis der Lehrkraft bei offensichtlich ungeeignetem Schuhwerk angebracht, denn ein sicheres Bewegen ist im Technikfachraum nur gewährleistet, wenn zwischen Boden und Schuhsohle ein ausreichender Grad an Reibung vorhanden ist. Bei glatten Böden und bei Eintrag von Nässe (Regen, Schnee, verschüttetes Wasser) kann die Rutschfestigkeit bereits erheblich abnehmen. Daher ist es zu empfehlen, im Eingangsbereich der Fachräume einen mit dem Boden bündig abschließenden Schmutz- und Feuchtigkeitsabstreifer („Sauberlaufzone") vorzusehen, insbesondere, wenn das Fachraumsystem von Außen betreten wird.

Die Beurteilung der Rutschhemmung in Arbeitsräumen gründet auf bestimmte Testverfahren nach DIN 51130. Der Grad der Rutschhemmung wird in R-Gruppen von R9 bis R13 angegeben, wobei Bodenbeläge mit der Klassifizierung R9 die geringste Anforderung an Rutschhemmung aufweisen. Bodenbeläge für Maschinenräume und Fachräume des Technikunterrichts sollten die Rutschhemmungsklassifikation R10 erhalten.

Zur Beurteilung der Eignung eines Bodenbelags für den Fachraumbereich sind aber noch weitere Kriterien von Belang. Er muss widerstandfähig gegen mechanische Belastung sein, eben so gegenüber Wasser, Lösungsmitteln, Ölen, ggf. auch gegen Säuren und Laugen, zudem schwer entflammbar und – schließlich aber wichtig – gut zu reinigen sein, wobei das vorgesehene Reinigungsverfahren zu berücksichtigen ist.

Als günstig im Sinne der Minderung von Rutschgefahren hat sich die Verlegung des gleichen Bodenbelags in allen Räumen des Fachraumsystems erwiesen.

Ein weiteres Kriterium für geeignete Böden ist der sogenannte „Verdrängungsraum", also eine Art Profilierung, die es erlaubt, dass gleitfördernde Stoffe nicht oder nur in geringem Umfang auf der Bodenbelagsoberfläche liegen bleiben. Im Bereich der Nasszone ist das von besonderer Wichtigkeit. Hier sollte der Bodenbelag so gewählt sein, dass auf dem Boden befindliche Nässe keine Rutschgefahr birgt. Dazu muss der Bodenbelag auch hier genügend Verdrängungsraum aufweisen. Neben Flachnoppenböden sind auch gerippte, großflächige Gummimatten geeignet, die aber so verlegt sein müssen, dass sie keine Stolperstellen bilden.

Für das Fachraumsystem geeignete Bodenbeläge sind: Holzpflaster oder Industrieparkett (nicht versiegelt), Flachnoppenboden (Gummi, PVC), Industrieböden (Kunstharzbeschichtung).

Wände und Decken

Als Wandoberflächen sollten möglichst solche mit glatter Oberfläche gewählt werden, sodass sich auf ihnen nicht unnötig Staub ablagert. Ein glatter Putz oder Sichtmauerwerk werden empfohlen. Die Farbgebung sollte eine möglichst helle und lichte Raumwirkung erzeugen. Im Bereich der Nasszone ist ein wasserabweisender Anstrich oder eine Fliesung vorzusehen.

Die akustische Situation in Technikfachräumen (insbesondere im Maschinenraum) ist oft problematisch, sowohl was die Lärmentwicklung, als auch die Raumakustik betrifft. Das ist vielfach eine Folge von schallharten Flächen (Wand, Decke, Schrankwände), die die Verständigung im Raum (Nachhall) erschweren. Daher sind im Besonderen im Technikfachraum und Maschinenraum Vorkehrungen zur Schalldämmung an Böden, Wänden und Decken zu treffen.

Türen

Die Türen zu den Fachräumen sollen einen lichten Durchgang von mind. 1 m haben, um auch für Rollstuhlfahrer geeignet zu sein, um sperriges Material/Modelle bequem transportieren und um im Falle der Gefahr, eine schnelle Räumung ermöglichen zu können. Sie müssen daher von jedermann leicht zu öffnen sein (hierzu sollten Notausgangs- oder sogenannte Panikbeschläge installiert sein). Türen, die zugleich als Fluchttüren [12] fungieren, müssen nach außen (in Fluchtrichtung) aufschlagen. Jeder Raum muss über zwei als Fluchttüren zu nutzende und entsprechend weit auseinanderliegende Türen verfügen. Ausnahme kann bei einer Erdgeschosslage ein entsprechend als Fluchtweg gekennzeichnetes Fenster bilden. Es versteht sich von selbst, dass Fenster und Türen, die als Fluchtmöglichkeit genutzt werden sollen, nicht zugestellt oder verschlossen sein dürfen. Es muss jederzeit ein ungehinderter Zu- und Durchgang gewährleistet sein.

Fenster, Belichtung, Beleuchtung

Günstig für die Belichtung der Fachräume ist ein durchgehendes Fensterband mit Ausrichtung nach Norden oder Nordosten, was ein natürliches, blendfreies Licht ergibt und einen Sonnenschutz entbehrlich macht. Bei anderer Ausrichtung ist für einen Sonnenschutz Sorge zu tragen (Jalousien, Markisen, o. Ä.). Die Brüstung des Fensterbandes sollte über der Höhe der Werkbänke bzw. der auf der Fensterseite platzierten Reihenwerkbank liegen, sodass ein ungehindertes Öffnen der Fenster möglich ist. Es wird empfohlen, die Fensterunterkante 100 cm über Bodenniveau anzulegen.

Da eine Belichtung mit natürlichem Licht nicht für alle Fachraumsysteme realisierbar ist und auch nicht für alle Räume erforderlich, und weil eine natürliche Belichtung wegen der tages- und jahreszeitlichen Schwankungen nicht durchgehend ausreichend vorhanden ist, müssen die Fachräume auch noch mit einer künstlichen, blendfreien Beleuchtung ausgestattet werden [13].

Die Anordnung der künstlichen Beleuchtungsquellen erfolgt am besten in Form von Lichtbändern parallel zur Fensterfront. Die Beleuchtungsstärke in Lux (lx) beträgt für alle Räume des Fachraumsystems zwischen 500 und 750 lx. Neben der Helligkeit des Lichts spielt auch die Farbtemperatur eine wichtige Rolle, die für eine natürliche Lichtfarbe von Bedeutung ist. Sie wird in Kelvin (K) angegeben. Für den Fachraumbereich eignet sich eine Farbtemperatur zwischen 3300 bis 5500 K, die als „sachlich“ empfunden wird. Im Maschinenraum können auch Leuchtmittel mit einem Wert > 5500 K zum Einsatz kommen, was ein eher kühles, scharf konturierendes Licht ergibt.

In Technikfachräumen kommen in der Regel Leuchtstofflampen oder Einbauleuchten in LED-Technik zum Einsatz. In Räumen mit starker Staubentwicklung (z. B. Maschinenraum zur Holzbearbeitung) müssen die Beleuchtungskörper zudem explosionsgeschützt sein.

[12] Vergl. EN DIN 179 und EN DIN 1125

[13] Vergl. EN DIN 12 464-1 „Beleuchtung von Arbeitsstätten – Arbeitsstätten in Innenräumen“ vom August 2011

Belüftung

Technikfachräume müssen ausreichende Lüftungsmöglichkeiten haben, wozu sich einige Fenster im Fensterband weit öffnen lassen sollten. Selbstverständlich gäbe es auch die Möglichkeit einer technischen[14] Lösung für die Lüftung bzw. die Notwendigkeit bei einer automatisch arbeitenden Raumklimatisierung, was letztlich aber einen erheblichen und teuren Zusatzaufwand bedeutet und deswegen davon eher abzuraten ist.

Wasser- und Abwasserinstallationen

Für die Nasszone im Technikfachraum sind ausreichend große Becken (ca. 200 × 70 × 30 cm) mit mehreren Wasserentnahme-Armaturen vorzusehen, sodass gleichzeitig mehrere Schüler Wasser entnehmen können. Kalt- und Warmwasser sollte obligatorisch sein, ebenso wie integrierte Abtropfflächen. Die schwenkbaren Wasserhähne müssen genügend hoch montiert sein, sodass auch ein Eimer oder dergleichen darunter gestellt werden kann. Um ein Zusetzen der Abwasserleitung zu verhindern, wenn z. B. mit Gips, Ton oder Glasuren gearbeitet wird, gehört zu dem Becken ein darunter installiertes, mobiles Absatzbecken (Schlammfang). Mobil deswegen, damit man es zur Entnahme des abgesetzten Schlamms vorziehen kann und dafür nicht unter das Becken kriechen muss. Diese Ausstattung der Nasszone ist gleichartig für einen vorhandenen Keramikraum zu wählen, in dem Technikunterricht stattfindet.

Für alle anderen Räume reicht ein Handwaschbecken aus. In allen Räumen mit Nasszone gehören Seifen- und Handtuchspender zur obligatorischen Ausstattung.

Energieversorgung

Die elektrische Energie ist die im Technikfachraum vorrangig genutzte. Was eine Versorgung mit Gas betrifft, empfiehlt sich statt einer festen Gasinstallation der Einsatz von Wechsel-Gaskartuschen, die flexibel einsatzbar sind. Auf diese Weise lassen sich zudem Kosten sparen.

Für die sichere Installation von elektrischen Starkstromanlagen gelten die Vorschriften der DIN VDE 0100[14]. Es ist davon auszugehen, dass diese Vorschriften von den Installationsunternehmen und Aufsichtspersonen eingehalten werden. Wichtig ist allerdings, sich Gedanken über Art, Anzahl und den Ort der Stromentnahmestellen zu machen, um über ausreichend Steckdosen zu verfügen, sodass ganz auf Verlängerungskabel (gefährliche Stolperstellen) verzichtet werden kann. Für die Schülerarbeitsplätze haben sich Hängeampeln über den Werkbänken mit vier Anschlüssen bewährt. Empfehlenswert sind solche Ampeln, die höhenverstellbar sind, wofür es dafür unterschiedliche technische Lösungen gibt (mit Aufrollvorrichtung oder mit Gliederketten). Eine Installation der Hängeampeln an Stromschienen ermöglicht größere Flexibilität hinsichtlich der Anordnung der Werkbänke, ist aber auch mit höheren Kosten verbunden. Hängeampeln mit integriertem Kleinspannungs-Netzgerät haben sich im Technikunterricht nicht bewährt, ebenso wie eine zentrale Kleinspannungsversorgung. Besser und auch mehr im Sinn der Ziele des Technikunterrichts ist der Einsatz von Netzgeräten.

14 Insbesondere die DIN VDE 0100, Teil 723 „Unterrichtsräume mit Experimentierständen".

Ebenfalls abzuraten ist von Bodensteckdosen, die trotz Abdeckung verschmutzen, Stolperstellen bilden und das Umstellen der Werktische behindern können. Der Verteilung und Platzierung der wandseitigen Steckdosen sollte immer die Erstellung eines Möblierungsplans vorausgehen, um diese nicht zuzustellen oder an falscher Stelle zu haben. Mit Steckdosen sollte keineswegs gespart werden. Ein paar mehr kosten nicht die Welt, umso ärgerlicher und unfallträchtig ist es, wenn man sich wegen fehlender Wandanschlüsse mit zusätzlichen Steckdosenleisten und Verlängerungskabeln behelfen muss. Im Bereich einer Reihenwerkbank empfiehlt sich die Installation von Wechselstrom- (230 V) und Drehstromsteckdosen (400 V) in ausreichender Zahl in Kabelkanälen oberhalb der Reihenwerkbank. Dies hat den Vorteil, dass man die Zahl der Steckdosen ggfs. einfach erhöhen kann. Neben der Wandtafel, der Instruktionszone und in der Selbstlernzone ist ebenfalls für ausreichende Wechselstromanschlüsse, möglichst in 4er-Gruppen, zu sorgen.

Der Maschinenraum muss ebenfalls mit Dreh- und Wechselstrom versorgt werden. Die Drehstromanschlüsse für stationäre Maschinen können wandseitig montiert sein, sofern sie dicht an der Wand stehen können. Die Kreissäge dagegen, die in der Regel im Raum steht, sollte einen Bodenanschluss haben, der möglichst unter oder unmittelbar neben der Maschine angeordnet wird, sodass keine Stolperstellen entstehen. Dies sollte auch für alle weiteren, nicht in unmittelbarer Wandnähe stehenden stationären Maschinen gelten. Daher ist die Erstellung eines Stellplans für die Maschinen, bevor die Kabel und Anschlüsse gelegt werden, unabdingbar. Im Maschineraum dürfen keine „fliegenden" Leitungen verlegt werden!

Sollte ein Außenbereich vorhanden sein, sind ebenfalls Stromanschlüsse vorzusehen, die nur von innen freigeschaltet werden können und nur bei Bedarf Strom führen.

Nicht zu vergessen sind die Installationen für die Informationstechnik (LAN), sowohl für die Energieversorgung als auch als Datenleitungen. Die Energieversorgung sollte gesondert von den übrigen Stromkreisen installiert werden und mit einem speziellen Überspannungsschutz versehen sein. Datenleitungen gehören in die Instruktionszone (Lehrertisch) und in die Selbstlernzone.

Alle Stromkreise (außer den Lichtstromkreisen) in allen Technikfachräumen müssen über einen zentralen Schlüsselschalter ein- und ausschaltbar sein. Der jeweilige Schaltzustand muss optisch ablesbar sein. Alle Netzstromkreise sind mit RCDs, d. h. Fehlerstrom-Schutzschaltern mit einem Bemessungsdifferenzstrom von ≤ 30 mA abzusichern[15]. Im Bereich des Lehrerarbeitsplatzes und an mehreren gut zugänglichen Stellen sind Not-Aus-Schalter (allpolige Abschaltung) vorzusehen, die „leicht, schnell und gefahrlos erreicht werden können"[16].

[15] Vgl. BAGUV 1987, S. 15

[16] ebenda, S. 15

5 Das Fachraumsystem und zugehörige Räume

5.1 Grundsätzliche Überlegungen

Die folgende Darstellung des Fachraumsystems mit seinen Raumtypen sowie deren räumlich-funktionalen Zuordnungen kann aus naheliegenden Gründen nur eine allgemeine und grundsätzliche Annäherung an das hier zur Diskussion anstehende Problem sein. Es kann nicht Aufgabe dieser Publikation sein, konkrete Entwurfsvorschläge zu liefern, die sich ihrerseits auf ebenso konkret vorliegende Schulsituationen stützen, sondern es sind generelle, übertragbare Aussagen zu treffen. Diese müssen gleichermaßen für Bestandsbauten als auch für Neuanlagen gelten und an diese angepasst werden können.

Die Beschreibung der Raumtypen greift das auf, was in der Fachliteratur heute Konsens ist, wobei es unterschiedliche Akzentuierungen bezüglich der „Nebenräume", die zum universellen Technikfachraum gehören sollen, geben mag. Das hiesige Darstellung geht von einer fachdidaktisch begründeten Raumauswahl aus, die das Notwendige benennt, sich aber durchaus auch üppigere Ausformungen vorstellen kann.

Auch die weiter unten aufgeführten Schemata bilden nicht einen konkreten räumlichen Kontext einer Schule ab. Sie geben vielmehr die wünschenswerten funktionalen Bezüge und Zugänge zwischen den einzelnen Raumtypen wieder, den man sich sowohl allein für den Technikunterricht als auch im räumlichen Verbund mit Fachräumen anderer Fächer vorstellen kann.

Bei baulichen Umgestaltungen im Bestand ist das vorhandene Raumangebot zu berücksichtigen, ebenso müssen dann die statischen und konstruktiven Gegebenheiten von den betreffenden Fachleuten in den Blick genommen werden, was oftmals zu unumgänglichen Kompromissen führen wird. Dennoch sollte aus Sicht des Autors auf die erforderlichen Raumtypen für das Fachraumsystem bestanden und diese dann möglichst auch realisiert werden. Bei Neuplanungen könnten dagegen die wünschenswerten Räume und ihre funktionalen Vernetzungen von Vornherein Berücksichtigung finden.

Die anschließenden, ebenfalls nur als Schemata wiedergegebenen Innengliederungen der einzelnen Fachräume weisen in erster Linie auf wichtige Funktionszonen hin, die in den betreffenden Räumen angelegt sein sollten, wobei deren endgültige Gestalt wiederum nicht allein vom Wünschenswerten, sondern vorrangig von den gegebenen Raumgrößen und den Raumzuschnitten abhängig ist.

5.2 Raumtypen

5.2.1 Technikfachraum als universaler, multifunktionaler Fachraum

Wirft man einen Blick auf die Fachraum-Konzepte der letzten 30 Jahre, so stimmen sie trotz einiger Unterschiede größtenteils darin überein, dass ein universaler, multifunktionaler Technikfachraum das „Herz" des Fachraumsystems bilden soll. Einer Einteilung nach Werkstätten mit bestimmten Materialpräferenzen wird nicht mehr das Wort geredet, sieht man einmal von einigen Autoren der Arbeitslehre ab.

Der Zugang zum TFR erfolgt über eine Verkehrszone (VZ), (z. B. Flur) von wo aus das Fachraumsystem erschlossen werden kann. Der Technikfachraum ist mit den anderen Funktionsräumen und dem Außenbereich möglichst ‚bidirektional' verbunden, sodass keine Durchgangsräume entstehen. Sollte ein Außengelände (z. B. ein Werkhof) an den TFR anschließen, sollte auch dieser vom TFR oder von außerhalb des Schulgebäudes betreten werden können.

Eine funktionale und räumliche Verbindung von Technikfachraum und Maschinenraum ist als zwingend anzusehen.

5.2.2 Feinarbeitsraum

Ein Feinarbeitsraum wird von verschiedenen Autoren[1] als Ergänzung des Fachraumsystems vorgeschlagen. Bei aller Multifunktionalität des universellen Technikfachraums und der Verschiedenheit der Aufgabenstellungen des Technikunterrichts muss davon ausgegangen werden, dass sich manche Aufgabenbereiche stören oder nur mit größerem Aufwand Unterrichtsbedingungen geschaffen werden können, um diese auszuführen. Dies gilt insbesondere dann, wenn stark schmutzende und solche Arbeiten im selben Fachraum ausgeführt werden müssen, die auf eine reinliche und staubfreie Umgebung angewiesen sind. Der Feinarbeitsraum eignet sich für Arbeiten wie Elektrotechnik/Elektronik, alle Formen von Arbeiten am Computer, Konstruieren mit technischen Baukästen oder Halbzeugsystemen, „sauberen" Demontagen, Objektanalysen und -tests, Erarbeitung von Technikstudien und Präsentationen und vieles mehr.

Wenn an einer Schule das vorhandene Raumangebot sich nur auf einen oder zwei Technikfachräume beschränkt, die auch voll ausgelastet sind, gäbe es die Möglichkeit, einen vorhandenen Computerraum zusätzlich für den Technikunterricht auszustatten.

Noch eine abschließende Bemerkung zu den immer noch anzutreffenden, unausrottbaren Vorschlägen, das Fachraumsystem als ein Verbund von Werkstätten für unterschiedliche Werkstoffgruppen zu gliedern[2]. Die aus den Zeiten des traditionellen Werkunterrichts bekannte Aufgliederung orientierte sich an dem Vorbild des Handwerks. Interessanterweise finden sich ähnliche Vorschläge zur Organisation der Anteile allgemeiner technischen Bildung im Rahmen der Arbeitslehre[3], die auch realisiert wurden, indem Lehrwerkstätten entsprechende Werkstätten z. B. an Berliner Schulen eingerichtet wurden[4]. Die funktionelle Einteilung in Werkstätten für Holz-, Metallbearbeitung, Elektrotechnik/Elektronik, Textiltechnik usw. sind für den allgemeinbildenden Technikunterricht mit seiner Ausrichtung auf die Mehrperspektivität der Technik nicht geeignet. Werkstätten sind in erster Linie Produktionsstätten. Der Blick auf das Ganze der Technik greift weit über die Technik als Mittel der Produktion und als Gegenstand der Arbeit hinaus.

5.2.3 Maschinenraum

Ein wichtiger, unverzichtbarer Bestandteil des Fachraumsystems ist der Maschinenraum, in dem in der Hauptsache stationäre Maschinen untergebracht sind. Der Maschinenraum ist als gesonderter Raum mit Zugangs- und Nutzungseinschränkung für Schüler und einer Sichtverbindung

1 Roth/Steidle 1968, S. 69f.; Eckert/Pfundstein 1991, S. 43; Lippmann 1973, S. 15f.; Schmayl 2010, S. 258

2 Vgl. Montag Stiftung 2012a, S. 108

3 Vgl. Hendricks/Reuel 1984, S. 6-11

4 Grammel 1984, S. 20-23

zum Technikfachraum zu planen. Die Maschinen dienen in erster Linie der Materialzurichtung und -vorbereitung für den Unterricht. Die dort untergebrachten Maschinen können aber auch als technische Realobjekte (Werkzeugmaschinen) zur Demonstration maschineller Bearbeitungsprozesse und zur Maschinenanalyse mit Schülern herangezogen werden[5].

Der Maschinenraum sollte weniger eine Hobbywerkstatt für Lehrer sein, sondern der Materialzurichtung und Medienerstellung für den Unterricht dienen, wodurch auf den Kauf teurer Zuschnittsware größtenteils verzichtet werden kann.

Er sollte so bemessen und eingerichtet sein, dass dort eine überschaubare Menge von Zuschnittsmaterial gelagert werden kann. Material, auf das man ständig Zugriff haben muss. Alles Weitere lagert im Lagerraum/Magazin.

5.2.4 Sammlungs- und Vorbereitungsraum

Räumlich in der Nähe zum Technikfachraum sollte der Sammlungs- und Vorbereitungsraum (S/V) samt „Technischem Kabinett" sein. Der Sammlungs- und Vorbereitungsraum hat innerhalb des Fachraumsystems neben dem TFR eine zentrale Stellung als Medienstützpunkt einerseits und andererseits als Lehrerarbeitsplatz. Dort ist auch der Ort zur Unterbringung schriftlicher Unterlagen, Fachakten und Fachliteratur. Es bietet sich an, hier auch eine Wartungs- und Reparaturzone zu installieren. Selten gebrauchte und/oder teure Spezialwerkzeuge können hier ebenfalls aufbewahrt werden. Das „Technische Kabinett" enthält Fachmedien aller Art: technische Realobjekte, Modelle, Filme, Software, bildliche Darstellungen und dergleichen. Es sollte über einen Computer und den entsprechenden Zugang zum Internet verfügen. Der S/V ist in etwa mit den Sammlungs- und Vorbereitungsräumen der naturwissenschaftlichen Fächer vergleichbar. Was in diesen Fächern als unverzichtbar gilt, sollte auch dem Technikunterricht zugestanden werden. Dies begründet sich mit der Medienfülle, Vorbereitungserfordernisse für den Unterricht, was nicht vom häuslichen Schreibtisch her machbar ist und die Möglichkeit eines spontanen Zugriffs auf den Medien- und Hilfsmittelfundus, der dort zur Verfügung steht. Der S/V ist nicht mit dem ebenfalls notwendigen Lagerraum zu verwechseln, in dem in der Hauptsache Verbrauchsmaterialien und Schülerarbeiten untergebracht werden.

5.2.5 Lagerraum/Magazin

Ein oder mehrere Lagerräume/Magazine mit direktem Zugang zum Maschinenraum und möglichst auch zum Technikfachraum für die Unterbringung von Materialien und Bauteilen sowie Schülerarbeiten sind weitere Räume, auf die nicht verzichtet werden kann. Der Technikunterricht ist bekanntlich ein sehr materialintensiver Unterricht, was in aller Regel mit spürbaren Kosten verbunden ist, die sich durch ein geschicktes, vorausschauendes Einkaufsverhalten, Einwerben von Materialspenden und kluge Vorratshaltung deutlich reduzieren lässt. Was allerdings einen entsprechend groß dimensionierten und ausgestatteten Lagerraum voraussetzt. Wenn irgendwie möglich, sollte der Zugang zu den Lagerräumen nicht durch den Maschinenraum erfolgen. Eine Verbindung zum Außenbereich zweck bequemer Materialanlieferung ist wünschenswert.

[5] Grundsätzlich gilt, dass Schüler aufgrund bestehender Schutzalterbestimmungen an bestimmten Maschinen unter 18 Jahren nicht arbeiten dürfen. Das steht teilweise im Widerspruch zu den inhaltlichen Anliegen des Technikunterrichts. Ausführlich wird auf diese Problematik im Kapitel zur „Sicherheit im Technikunterricht" eingegangen.

5.2.6 Brenn- und Keramikraum (optional)

Ein nur sporadisch genutzter Brennofen nimmt im Technikfachraum unnötig Platz in Anspruch. Die Möglichkeit, dass trotz Ablufteinrichtung Brenngase in den Technikfachraum austreten könnten oder störende Wärmeemissionen einen Brennofenbetrieb nur außerhalb der Unterrichtszeiten erlauben würden, ergibt einen weiteren Ausschließungsgrund[6]. Damit erscheint die Forderung nach einem Keramikraum mit Trocken- und Brennofenbereich nachvollziehbar. Optimal wäre es, wenn der Keramikraum zugleich nicht nur als Trockenraum für Tonarbeiten, sondern auch als Nass-/Schmutzbereich für die Arbeit z. B. mit Glasuren, Gips, Beton und ähnlichen Materialien ausgelegt wäre. Dann allerdings müsste er von der Größe her so ausgelegt sein, dass eine vollständige Schülergruppe dort arbeiten könnte. Zugleich bedürfte es eines Wasseranschlusses und eines ausreichend großen Wasserbeckens mit Schlammfang.

Dient der Keramikraum nur als Brenn- und Trockenraum, sollte er nicht allzu weit vom Technikfachraum entfernt liegen, da der Transport der ungebrannten und gebrannten Tonwaren durch Bereiche des Schulhauses nicht sehr sinnvoll ist.

5.2.7 Außenbereich (optional)

Ein Außenbereich, der in direkter Verbindung mit dem Technikfachraum steht und als Arbeits- und Experimentierzone, für Tests und größere Demontagearbeiten oder auch für stark schmutzende Arbeiten genutzt werden kann, ist empfehlenswert, sofern die in diesem Bereich benötigten Ausstattungen ohne unzumutbarem Aufwand aus dem Technikfachraum nach außen transportiert werden können (z. B. Arbeitstische auf Rollen) und somit vorhandenes, wetterfesten Mobiliar leicht ergänzen.

Je nach Lage des Außenbereichs kann es in der warmen Jahreszeit zur störenden Sonneneinstrahlungen kommen, was ggf. Beschattungsmaßnahmen erforderlich macht (z. B. eine Pergola oder ein Sonnensegel).

Über den Außenbereich sollte möglichst auch die Anlieferung von Materialien in größeren Abmessungen erfolgen können, daher sollten die Lagerräume auch mit dem Außenbereich verbunden sein. Der Reiz dieser „Sommerwerkstatt" ist, dass hier stark schmutzende und lärmintensive Arbeiten, wie z. B. Bautechnikprojekte oder Demontagen an verölten Motoren durchgeführt werden können.

5.2.8 Computerraum (optional)

Einen eigenen Computerraum als Bestandteil des normalen Fachraumsystems zu fordern, ist aus Kostengründen sicherlich wenig realistisch, obwohl für einen solchen durchaus Argumente sprechen würden. In dem Maße, wie der Computer Hilfsmittel, Werkzeug und Informationsmedium auch für den Technikunterricht geworden ist, findet er seine Berechtigung. In Schulen, in denen z. B. die Technische Informatik und/oder Aufgabenstellungen zur Robotik und/oder Mechatronik einen ausgewiesenen Platz innerhalb des Bildungsplans haben, ist zu überlegen, einen auf die Belange des Faches abgestimmten, jedoch auch für die Nutzung durch andere Fächer offenen

[6] Vgl. BAGUV 2005, S. 6

Computerraum anzulegen, der dann aber in erreichbarer Verbindung mit dem übrigen Fachraumsystem stehen sollte (weiterführende Überlegungen hierzu siehe bei den „Funktionszonen“ der Einzelräume). Die denkbar bessere Lösung wäre bei entsprechend vorhandenem Feinarbeitsraum (siehe unten), diesen mit Computern auszustatten, die dann für alle im Technikunterricht vorkommenden Nutzungen (Technische Informatik: Robotik, Messen, aber auch Recherchieren, Dokumentierten Visualisieren, Animieren) zur Verfügung stehen.

5.3 Raumzuordnungen (Schemata)

5.3.1 Fachraumsystem für eine Sekundarschule

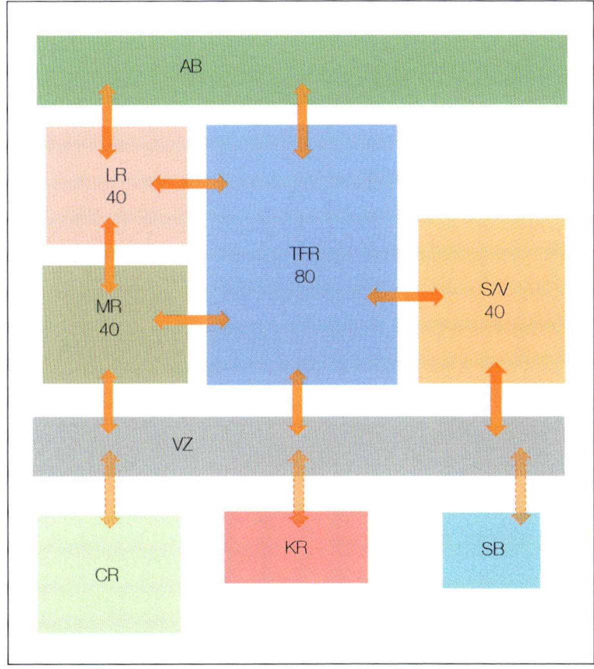

05/1 Generelles Zuordnungsschema für eine Sekundarschule: TFR: Technikfachraum; MR: Maschinenraum; S/V: Sammlungs- und Vorbereitungsraum; LR: Lager/Magazin; KR: Keramik- und Brennraum; CR: Computerraum; AB: Außenbereich/Werkhof; VZ: Verkehrszone; SB: Sanitärbereich

Erläuterungen:

Das abgebildete Schema gruppiert das Fachraumsystem um einen zentralen Technikfachraum. Maschinenraum, Lagerraum/Magazin und Vorbereitungs- und Sammlungsraum sind alle vom Technikfachraum direkt zu erreichen. Über den Außenbereich (AR) sind über getrennte Zugänge der TFR, der LR und der S/V zugänglich. Vom Flurbereich (VZ) haben die Schüler Zugang zum Technikfachraum. Maschinenraum wie zum Vorbereitungs- und Sammlungsraum haben ebenfalls getrennte Zugänge von der Verkehrszone aus. Brennraum und Computerraum sind außerhalb des Fachraumkomplexes untergebracht, ebenso der Sanitärbereich. Das dargestellte Schema stellt die Minimalausstattung eines Fachraumsystems für den Technikunterricht dar, wobei der Außenbereich und der Keramik- und Brennraum optional sind, der Computerraum lediglich zur Mitbenutzung ist.

5.3.2 Fachraumsystem für eine 4-zügige Sekundarschule

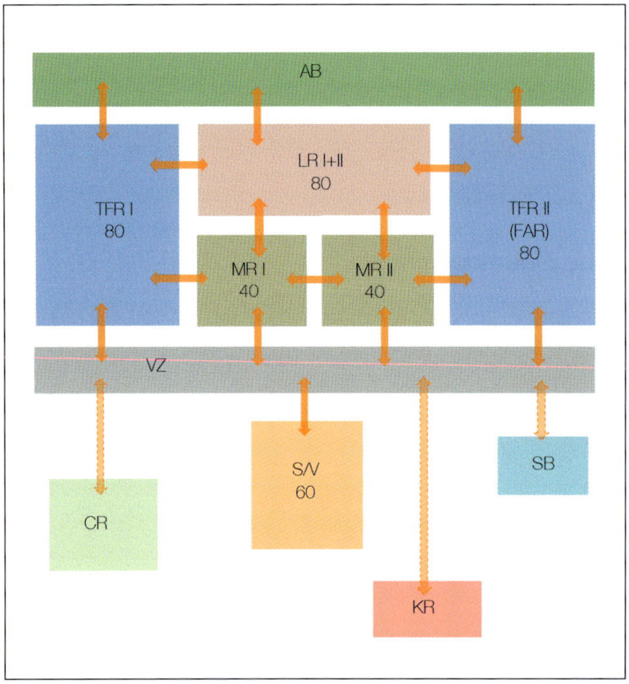

05/2 Zuordnungsschema Fachraumsystem ≥ 4-zügige Sekundarschule:
TFR I + II: Technikfachraum I + II;
LR: Lager-/Magazinräume;
MR I + II: Maschinenraum I + II;
S/V: Vorbereitungs-/Sammlungsraum;
KR: Keramik- und Brennraum;
CR: Computerraum;
AB Außenbereich;
VZ: Verkehrszone;
SB: Sanitärbereich

Erläuterungen:

Das dargestellte Schema ist nunmehr um einen Technikfachraum, einen zweiten Maschinenraum und ein vergrößertes Lager erweitert. Der Zugang zu den Technikfachräumen erfolgt über den Erschließungsflur (VZ), von dem aus die Schüler die Unterrichtsräume, die Lehrpersonen aber auch direkt in den Vorbereitungsraum gelangen können.

Den zwei Technikfachräumen könnte, je nach räumlichen Konstellationen, jeweils ein eigener Lagerraum zugeordnet werden, es sind auch Lösungen praktikabel, bei denen beide Technikfachräume über einen gemeinsamen größeren Lagerraum verfügen, der zwischen beiden Maschinenräumen liegt (Beispiel). Eine mögliche Differenzierung der Ausstattung der Maschineräume wäre denkbar[7] (z. B. MR I: Holz-/Kunststoffbearbeitung, MR II: Metallbearbeitung). Wichtig sind auch hier direkte Zugänge von den Maschinenräumen zu den Technikfachräumen und zu den Maschinenräumen mit den Lagerräumen. Zuliefer- und Außenbereich stehen auch hier mit den Lagern und den Maschinenräumen in Verbindung.

Ein Technikfachraum könnte bei Bedarf für weniger Schmutz erzeugende Arbeiten zum Feinarbeitsraum (FAR) umgewidmet werden.

[7] Aufgrund der werkstoffspezifischen Werkzeugmaschinen ergibt hier eine werkstofforientierte Einteilung Sinn.

5.3.3 Fachraumsystem für eine 6-zügige Sekundarschule

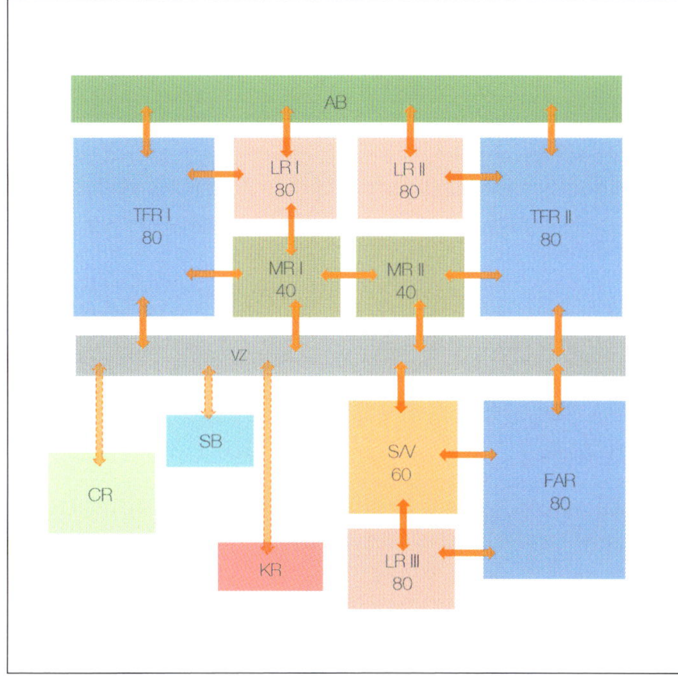

05/3 Zuordnungsschema Fachraumsystem ≥ 6-zügige Sekundarschule: TFR I + II: Technikfachraum I + II; FAR: Feinarbeitsraum; LR: Lager-/Magazinräume; MR I + II: Maschinenraum I + II; S/V: Vorbereitungs-/Sammlungsraum; KR: Keramik- und Brennraum; CR: Computerraum; AB: Außenbereich; VZ: Verkehrszone; SB: Sanitärbereich

Erläuterungen:

Das Raumprogramm wird noch um einen zusätzlichen Technikfachraum erweitert, um der erhöhten Nutzungsfrequenz gerecht zu werden. In diesem Fall eines zusätzlichen Raumangebots ergäbe sich die Möglichkeit, hinsichtlich der Raumausstattung weiter zu differenzieren. So könnte man zum Beispiel einen Technikfachraum gleich als Feinarbeitsraum für elektrotechnische und elektronische Aufgabenstellungen, für die Arbeit mit Konstruktionsbaukästen und für theoretische Arbeiten ausstatten.

Das Vorhandensein zweier Maschinenräume macht eine Aufteilung in Holz-/Kunststoff und Metallbearbeitung möglich.

Der FAR erhält eine Sondernutzung, was seine universale Nutzung einschränkt, eingedenk des erweiterten Raumangebots ist das aber vertretbar. Die Nähe zum V/S-Raum bietet sich an, ist aber nicht zwingend.

5.4 Innengliederung der Fachräume

5.4.1 Grundsätzliche Überlegungen

Im folgenden Abschnitt geht es nun darum, für alle Räume des Fachraumsystems sogenannte Aktions- und Funktionszonen auszuweisen. Sie orientieren sich an den in diesen Räumen möglichen stattfindenden Aktionen. Mit der Kennzeichnung bestimmter Funktionen, die diese Räume erfüllen und für die sie ausgestattet werden müssen, sind keine Vorgaben bezüglich der konkreten Anordnung der Aktions- und Funktionsbereiche und des räumlichen Zuschnitts verbunden. Dies muss sich nach dem Bedarf und der konkreten Raumsituation vor Ort richten. Wichtig ist jedoch, dass die Innengliederung die fachdidaktischen Belange des Faches wiederspiegeln und dass sie einen Technikunterricht in möglichst allen seinen inhaltlichen und methodischen Facetten ermöglicht. Zur Umsetzung dieser Forderung tragen dann noch ein Übriges die bauseitige ‚technische' Ausgestaltung der Räume sowie die fachspezifische Ausstattung bei, auf die weiter unten eingegangen wird.

5.4.2 Aktions- und Funktionszonen

Unter Aktions- und Funktionszonen werden Bereiche innerhalb der Räume des Fachraumsystems verstanden, in denen bestimmte, voneinander abgrenzbare unterrichtsbezogene Aktivitäten stattfinden und Funktionen erfüllt sein müssen. Als Funktionszonen bezeichnen wir solche Bereiche, die der Unterbringung von Werkzeugen, Kleinmaschinen, Medien usw. dienen. Die Aktions- und Funktionszonen sind nicht so zu verstehen, dass es sich um trennscharf gegeneinander abgegrenzte Bereiche innerhalb des jeweiligen Fachraums handelt, sondern sie überlappen sich meistens und gehen ineinander über. Insbesondere in den Bereichen, in denen Schüler agieren, kommt es zu multifunktionalen Nutzungen. Von Wichtigkeit ist aber, dass bei der Planung eines Fachraumsystems die hier vorgestellten, für den Technikunterricht konstituierenden Erschließungs- und Aktionsformen und die damit verbundenen Einrichtungen (Funktionen) berücksichtigt werden. An sie ist nicht nur ein bestimmter Raumbedarf gebunden, sondern damit sind auch entsprechende Entscheidungen für die Ausstattung des Fachraumsystems insgesamt verbunden.

Technikfachraum

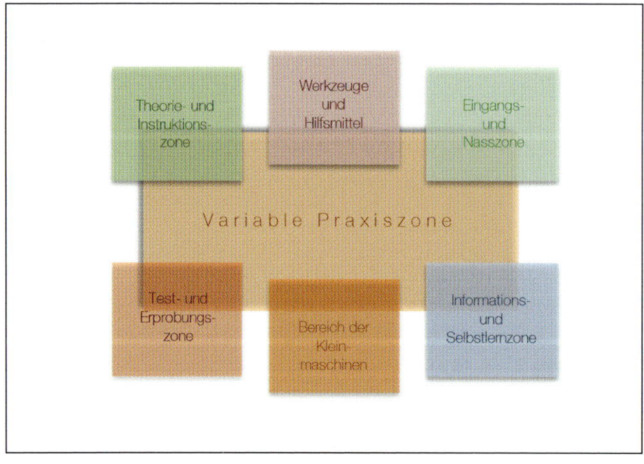

05/4 Aktions- und Funktionszonen des Technikfachraums

Zu den Aktions- und Funktionszonen des Technikfachraums

Variable Praxiszone
Zentraler Bereich des Technikfachraums ist die Praxiszone. Sie muss möglichst variabel genutzt werden können, was bedeutet, dass sie für alle Ausprägungen handlungsorientierten, praktischen Lernens ausgelegt sein sollte und daher mit entsprechendem Mobiliar ausgestattet sein muss. Das heißt auch, dass das Mobiliar bedarfsweise umgerüstet, umgestellt und neu gruppiert werden kann. Die Praxiszone muss über eine Versorgung mit elektrischer Energie verfügen, wobei die Zugänglichkeit zu den Entnahmestellen je nach Gruppierung der Arbeitsplätze immer gewährleistet sein muss.

Eingangs- und Nasszone
Als günstig haben sich im Eingangsbereich große Fußabstreifer (möglichst bodenbündig eingelassen) erwiesen, was den Schmutzeintrag in das Schulgebäude deutlich mindert. Wenn es die räumlichen Gegebenheiten zulassen, sollte im Eingangsbereich eine Schülergarderobe mit Ablagemöglichkeit für die Schultaschen installiert werden.

Die Nasszone gehört in der Nähe des Eingangsbereichs, sollte aber so platziert werden, dass das Betreten oder Verlassen des Raums nicht behindert wird. Die Nasszone besteht aus einem ausreichend großen, möglichst mit Absetzbecken (Schlammfang) ausgestatteten Waschbecken, mit Kalt- und Warmwasserversorgung, wo z. B. das Anrühren von Farben und plastischen Massen, das Auswaschen von Pinseln, das Reinigen von Werkzeugen und Gefäße aller Art vorgenommen werden kann. Zu der Nasszone gehören auch Abtropfflächen. Natürlich dient sie auch hygienischen Zwecken, da sich Schüler vor Verlassen des Raumes möglichst die Hände waschen sollten (z. B. zwingend nach Lötarbeiten), was wiederum das Vorhandensein von Seifen- und Handtuchspendern nach sich zieht.

Bereich der Werkzeuge, Hilfsmittel, Kleinmaterialien
Unterbringungsmöglichkeiten für Werkzeuge, Vorrichtungen, Hilfsmittel und Materialien bieten spezielle, für den Technikunterricht konzipierte Schranksysteme. Diese werden in der Regel wandseitig aufgestellt. Da der Platz im Technikfachraum meist knapp bemessen ist, sollten die Schranktüren im geöffneten Zustand möglichst nicht in den Raum ragen (Öffnungswinkel > 180°). Andere Türlösungen, die zwar weniger raumgreifend sind z. B. Schiebe- oder Rollladentüren, haben auch Nachteile (Zugriffseinschränkungen bei Schiebe-, höhere Kosten bei Rollladentüren). Unterstellmöglichkeiten für Material- und Wertstoffcontainer auf Rollen, Schraubstockwagen usw. bieten Reihenwerkbänke, die in der Regel vor den Fenstern angeordnet werden. Als Ablagen weniger geeignet sind offene Regale (Sicherheitsaspekte, Verstauben, chaotische Lagerung). Größere Materialzuschnitte, Bauteile, Realobjekte usw. sowie Schülerarbeiten werden infolge ihres größeren Platzbedarfs in den Lagerräumen untergebracht.

Theorie- und Instruktionszone
Diese sollte möglichst als eigene, in sich geschlossene Zone konzipiert werden und von der eigentlichen Praxiszone getrennt sein. Es bietet sich hierfür der Ort vor der Tafel an, der so ausreichend bemessen sein muss, damit die Schülergruppe hier auch Platz findet. Wichtige, im Mittelpunkt stehende Ausstattung ist der Lehrertisch[8], um den sich die Schülergruppe zum Zweck der Instruktion

8 Siehe hierzu auch 06/35, S. 104 (Lehrertisch)

bzw. Demonstration von Arbeitsschritten, Erläuterungen und Präsentationen versammeln kann. Zur Theorie und Instruktionszone gehören die klassische Wandtafel, Projektionsfläche, Beamer und Laptop, Pinnwand (eventuell auf Schranktüren), gesonderte Stromversorgung (am Lehrertisch). Vorstellbar wäre auch die Installation eines interaktiven Whiteboards, was aber meist noch an der Kostenfrage scheitert.

Recherche- und Selbstlernzone

Sie besteht aus zwei oder drei Schülerarbeitsplätzen die vom übrigen Unterrichtsgeschehen abgetrennt sein sollten und bedarfsweise genutzt werden können. Eine Abtrennung dieses Bereichs von der Praxiszone durch Stellwände wäre wünschenswert. Zu dieser Zone gehört heute ein schneller Zugang zum Internet. Zwei oder drei facheigene Computer (empfohlen Notebooks) mit einem Drucker (wireless) sollten zur Verfügung stehen, aber auch eine Auswahl von Nachschlagwerken darf nicht fehlen. Im Zug unterrichtlicher Differenzierung sollen in dieser Zone mithilfe des Computers und anderer Informationsmedien Spezialaufgaben bearbeitet werden, z. B. Informationen verschiedenster Art aus dem Netz holen, technische Zeichnungen erstellen, Präsentationen und Dokumentationen vorbereiten.

Test- und Erprobungszone

Diese Zone überlappt zum Teil die Praxiszone, hat aber deutlich andere Aufgaben zu erfüllen. In Abhängigkeit zu der jeweiligen Test- oder Erprobungsaufgabe wird oft eine zusätzliche, freie Fläche benötigt, die ggf. aber auch, soweit vorhanden, im Außenbereich zur Verfügung gestellt werden könnte (jedoch wetterabhängig). Werkzeuge, Hilfsmittel und Messinstrumente, die für Erprobungen und Tests benötigt werden, sollen in greifbarer Nähe untergebracht sein. Es wird jedoch nicht zu vermeiden sein, sofern die Tests und Erprobungen von größerem Umfang sind und mehr Raum beanspruchen, dass dafür ein Teil der Werkbänke zur Seite geräumt werden muss.

Bereich der (stationären) Kleinmaschinen

Stationäre Kleinmaschinen werden meist auf einer Reihenwerkbank und möglichst vor oder in unmittelbarer Nähe parallel zu einem Fensterband aufgestellt. Aufgrund ihrer gruppenweisen Aufstellung, erforderlicher Staubabsaugung und eigenen Stromversorgung bilden sie eine funktionale Einheit und beanspruchen somit eine eigene Zone. Diese wird von den Schülern während des Unterrichts bedarfsweise genutzt. Die Montage eines Teils kleinerer Maschinen wie Tischbohrmaschine, Tellerschleifmaschine, Dekupiersäge usw. auf Maschinenwagen[9], um größere Flexibilität im Fachraum zu gewinnen, wäre ebenfalls möglich. Sie könnten gesondert aufgestellt oder auch in diesem Bereich (z. B. in Verlängerung der Reihenwerkbank oder in diese integriert) untergebracht werden. Zu beachten ist auch hier, dass vor den Reihenwerkbänken ausreichend Platz für die an den Maschinen arbeitenden Schülern gegeben sein muss.

[9] Siehe hierzu auch Maschinenwagen, Seite 104, Fußnote

Feinarbeitsraum

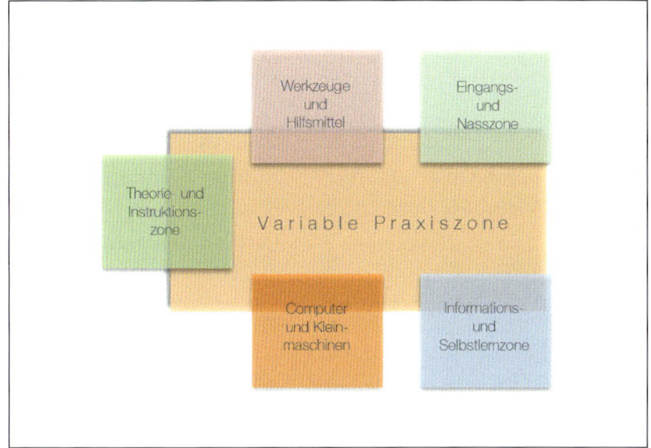

05/5 Aktions- und Funktionszonen des Feinarbeitsraums

Zu den Aktions- und Funktionszonen des Feinarbeitsraums

Variable Praxiszone
Neben einem universellen Technikfachraum auch einen Feinarbeitsraum vorzuschlagen, erwächst aus dem Dilemma, dass manche Arbeiten aufgrund ihrer Charakteristik nur dann in ein und demselben Raum stattfinden können, wenn man einen erhöhten Aufwand und erhöhte Achtsamkeit bezüglich der Reinhaltung des Technikfachraums in Kauf nimmt. Bei einer großzügigen Ausstattung mit Technikfachräumen (es sollten wenigstens 2, besser 3 sein) bietet sich die Einrichtung eines Feinarbeitsraums an. Bei nur zwei Technikfachräumen, von denen einer zu einem Feinarbeitsraum umgestaltet wird, könnte es stundenplanorganisatorisch zu Engpässen bei der Raumbelegung geben.

Der Feinarbeitsraum ist sozusagen ein ‚Sauberraum', in ihm können alle nicht schmutzenden Arbeiten ausgeführt werden, wie etwa das Arbeiten mit Konstruktionsbaukästen, Elektronik, Elektromechanik, Computerarbeit wie CAD, technische Recherche, Messen, Steuern von Modellen, saubere Demontagen, Dokumentationsarbeiten, Präsentationen. Dementsprechend sind auch nicht unbedingt Schülerwerkbänke, sondern Schülertische mit kunststoffbeschichteten Tischflächen oder Werkbänke mit beschichteten Abdeckplatten zu empfehlen, wodurch sich die Multifunktionalität des Feinarbeitsraumes erhöhen würde.

Eingangs- und Nasszone
Für den Eingangsbereich gelten die gleichen Bedingungen wie für den universellen Technikfachraum, wobei die Nasszone kleiner gestaltet werden kann, da sie in der Hauptsache nur zum Händewaschen benötigt wird.

Bereich der Werkzeuge und Hilfsmittel
Werkzeuge, Lötstationen, Netz- und Messgeräte, Baukästen, Werkzeuge und Hilfsmittel sowie alle Arten benötigter Medien werden in wandseitig aufgestellten Schränken untergebracht, für die gleiche Kriterien gelten wie für den Technikfachraum.

Theorie- und Instruktionszone
Auch die Theorie- und Instruktionszone kann der des Technikfachraums vergleichbar gestaltet werden, da sich der Feinarbeitsraum auch für jede Art von theoretischer Erarbeitung eignet. Hier bietet sich die Installation eines interaktiven Whiteboards an, insbesondere auch deswegen, weil der Feinarbeitsraum auch von anderen Fächern genutzt werden könnte.

Computer- und Kleinmaschinenzone
Die Computerzone wäre optimal flexibel, wenn hier auf fest installierte Computer verzichtet werden könnte und stattdessen eine ausreichende Zahl von Notebooks mit einer zugehörigen Standardperipherie zur Verfügung stände. Die so gewonnene Flexibilität käme einer optimalen, ungebundenen Raumnutzung zugute. An Kleinmaschinen sind nur die erforderlich, die für die in diesem Raum anstehenden Feinarbeiten gebraucht werden.

Informations- und Selbstlernzone
Wenn auf eine solche in diesem Raum nicht verzichtet werden soll, folgt sie den gleichen Kriterien wie im Technikfachraum.

Test- und Erprobungszone
Auf diese kann ebenfalls als verzichtet werden, da aufgrund der Spezifik der erarbeiteten Werkstücke in den meisten Fällen die Test- und Erprobungsphasen direkt am Arbeitsplatz durchgeführt werden können.

Maschinenraum

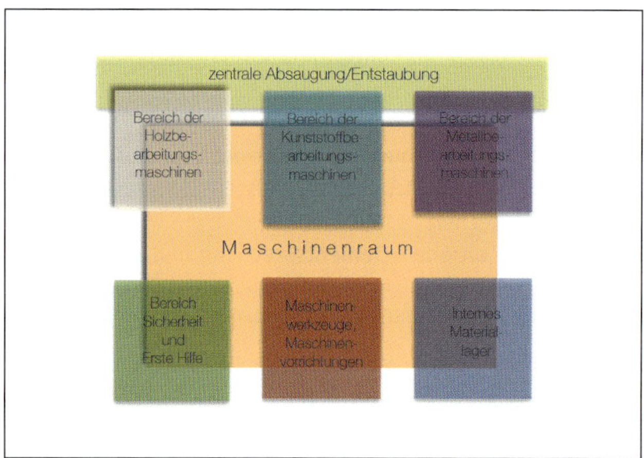

05/6 Aktions- und Funktionszonen des Maschinenraums

Zu den Aktions- und Funktionszonen des Maschinenraums

Bereiche der Holz-, Kunststoff- und Metallbearbeitungsmaschinen
Die im Maschineraum untergebrachten stationären Werkzeugmaschinen sind im Wesentlichen den Materialbereichen Holz, Metall und Kunststoff zugeordnet. Bei größeren, mehrzügigen Schulen

bietet es sich an, zwei Maschinenräume für unterschiedliche Materialbereiche vorzusehen (Holz mit Kunststoff und Metall) oder einen genügend großen Maschinenraum zu konzipieren, bei dem eine ausreichende räumliche Trennung von Holz/Kunststoff und Metall möglich ist. Ansonsten ist es nicht ratsam, Metallbearbeitungsmaschinen wie Drehmaschinen, Metallsägemaschinen oder Metallfräsen, Schweiß- und Löteinrichtungen zusammen mit den Holz- und Kunststoffbearbeitungsmaschinen in einem gemeinsamen Maschinenraum unterzubringen. Lediglich solche Werkzeugmaschinen wie Bohr- und Schleifmaschinen oder eingehauste CNC-Maschinen für den Schulgebrauch bieten sich für eine gemeinsame Unterbringung in einem Maschineraum an.

Bereich Sicherheit und Erste Hilfe
Überall dort, wo an Maschinen gearbeitet wird, sind erhöhte Aufmerksamkeit und angepasste Sicherheitsvorrichtungen, sowie Erst-Hilfe-Ausstattungen erforderlich. Im Zusammenhang mit der Arbeit an Holzbearbeitungsmaschinen sind sogenannte Sicherheitstafeln mit Schutzeinrichtungen zu installieren, für die es Platz an den Wänden in der Nähe der jeweiligen Maschine bedarf. Für weitere, dem individuellen Gesundheitsschutz dienende Mittel (Augen- und Gehörschutz, Erste Hilfe, Schutzkleidung) müssen Unterbringungsmöglichkeiten vorhanden sein.

Bereich der Maschinenwerkzeuge und -zubehörs
Im Maschinenraum braucht es zudem auch Unterbringungsmöglichkeiten für Maschinenzubehör und -werkzeuge, aber auch eine Grundausstattung an Handwerkzeugen, die ebenfalls zur Hand sein sollten. In diesem Zusammenhang bietet es sich an, im Maschinenraum auch eine Werkbank mit Spannmöglichkeiten aufzustellen, die hauptsächlich im Zuge der Unterrichtsvorbereitung gebraucht wird.

Internes Materiallager
Das interne Materiallager dient vorrangig dazu, kleinere Materialformate, Materialabschnitte und für den Unterricht vorbereitetes Material aufzunehmen. Damit es nicht zu einer chaotischen Ablage von kleineren Materialabschnitten kommt, sollte ein entsprechend dimensioniertes Regal und möglichst fahrbare Abfallbehälter für Abfälle, getrennt nach anfallenden Materialen, vorhanden sein. Ansonsten geschieht die Lagerung von Material jeder weiteren Art und Dimension im Materiallager.

Absaugung und Entstaubung
Von größter Wichtigkeit und von den Unfallkassen zu Recht gefordert, ist eine ausreichende stationäre oder mobile Absaugung/Entstaubung, die die anfallenden Späne und Stäube, die bei der Holzbearbeitung anfallen, absaugt[10].

Eine Absaugung von Rauchemissionen (Schweißen, Löten) ist analog erforderlich, wenn ein zweiter, ausschließlich für die Metallbearbeitung vorgesehener Maschinenraum eingerichtet wird, in dem eine Zone für Schweiß- und Lötarbeiten eingerichtet ist.

[10] Siehe hierzu BAGUV 2003 Holzstaub

Sammlungs- und Vorbereitungsraum

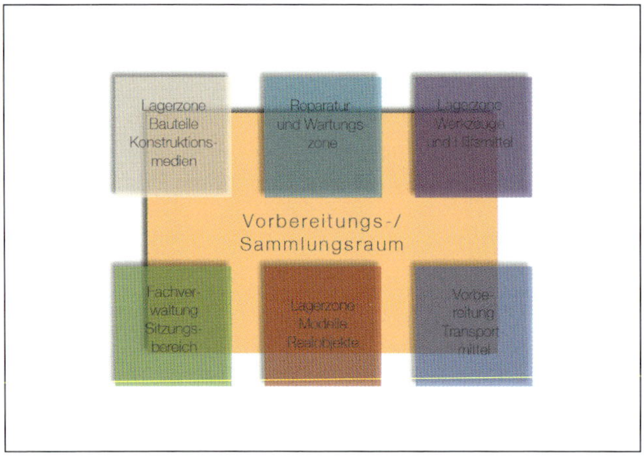

05/7 Aktions- und Funktionszonen des Vorbereitungs-/Sammlungsraums

Zu den Aktions- und Funktionszonen des Vorbereitungs- und Sammlungsraums

Die Lagerzonen

Der Sammlungs- und Vorbereitungsraum nimmt in geeigneten Regal- und Schranksystemen die Sammlung der Fachmedien, Hilfsmittel und Werkzeuge, soweit diese ihren Platz nicht im Technikfachraum finden[11], auf. Besonderer Platzbedarf wird für die Sammlung von technischen Realobjekten und Modellen benötigt, die entweder auch als Demontageobjekte oder als reine Anschauungsobjekte im Unterricht Verwendung finden. Hierfür werden ein ausreichendes Raum- und Lagermöbel-Angebot benötigt, sowie auch Transportwagen für die vorbereiteten Medien, die in die Technikfachräume verbracht werden müssen.

Vorbereitungszone

Integriert in den Sammlungsbereich ist die Vorbereitungszone, ausgestattet mit einem Arbeitstisch oder besser einer Werkbank.

Wartungs- und Reparaturzone

Die Wartungs- und Reparaturzone kann mit der Vorbereitungszone identisch sein, besser wäre jedoch eine Trennung, wobei zugleich an eine spezifische Werkzeug-, Kleinmaschinen und Messgeräteausstattung für Reparatur- und Wartungszwecke gedacht werden sollte.

Fachverwaltung

Die neben dem Technikfachraum zentrale Funktion dieses Raumes wird deutlich durch seine Funktion als Büro und Besprechungsraum des Fachlehrerkollegiums. Innerhalb dieses Bereichs haben auch die Fachakten, Kataloge für das Bestellwesen, schriftliche Schülerarbeiten, usw. ihren Ort. Da in diesem Raum die Verwaltungsarbeiten für den Fachraumbereich stattfinden, braucht es auch einen Aktenschrank, möglichst mit einer Hängeregistratur und einem voll ausgestatteten Computerarbeitsplatz mit obligatorischem Internetanschluss.

[11] Hierbei handelt es sich z. B. um nur selten gebrauchte oder teure Werkzeuge und Vorrichtungen.

Sitzungsbereich
Immer eine angemessene Raumgröße vorausgesetzt, könnten hier auch Sitzungen des Fachkollegiums abgehalten werden. Sicher eignet sich der Raum auch als Ruhe- und Aufenthaltsbereich in den Pausen und in unterrichtsfreien Zeiten. Bei großen Schulen mit entsprechend großem Fachkollegium könnte auch eine kleine „Teeküche" im Vorbereitungsbereich eingebaut werden.

Lagerraum/Magazin

Zu dem Aktions- und Funktionszonen des Lagerraums/Magazins

Anbindung und Zugänglichkeit
Zu den Funktionsbereichen eines Lagerraums ist ob seiner gegebenen Monofunktionalität eine grafische Darstellung hier nicht erforderlich. Bezüglich der Ausstattung an Einrichtungen siehe unter „Regal- und Behältersysteme". Wichtig jedoch ist die Anbindung an den Technikfachraum und den Maschinenraum, damit auch während des Unterrichts auf Materialien und Bauteile ein schneller Zugriff erfolgen kann und damit das für die Unterrichtsvorbereitung zugerichtete Material nicht über lange Wege transportiert werden muss. Ebenfalls zu empfehlen ist ein Zugang von und nach Außen, insbesondere für großformatige und sperrige Materialien, deren Transport durch das Schulhaus zu beschwerlich wäre und möglicherweise Verschmutzungen und Unruhe nach sich ziehen würde.

Größe und Anzahl der Lagerräume ist von der Größe der Schule und damit der Technikfachräume abhängig. Ein Lagerraum ist aber in jedem Fall einzuplanen.

Materialmanagement
Das Vorhandensein eines oder mehrerer Lagerräume ist in jedem Fall auch deswegen notwendig und sinnvoll, da nicht nur Lagerfläche für die vielen benötigten Materialien und Hilfsmittel geschaffen werden muss, sondern weil meist aus wirtschaftlichen Gründen eine Bevorratung mit größeren Material- und Bauteilmengen Vorteile bringt. Hierfür bedarf es angemessen ausgewiesene Lagerfläche. Ein gutes Materialmanagement führt auch zu größerer Flexibilität bezüglich der Unterrichtsgestaltung, wenn auf bestimmte Grundmaterialien ständig zugegriffen werden kann.

Schülerarbeiten
Darüber hinaus bedarf es auch ausreichend Platz und Abstellmöglichkeiten für noch nicht fertiggestellte Schülerarbeiten[12]. Eine Unterbringung im Technikfachraum wäre in doppelter Hinsicht unangebracht. Es würde möglicherweise wertvoller Arbeitsbereich zugestellt werden und es bestünde die Gefahr der Beschädigung oder gar des Verlustes.

Sondernutzung
Für den Fall, dass kein gesonderter Keramikraum im Schulgebäude zu realisieren ist, könnte bei entsprechend vorhandener Fläche der Trocken- und Brennbereich auch im Lagerbereich eingerichtet werden. Für eine vorschriftmäßige elektrische Installation und Ableitung der Brenngase nach Außen ist dann allerdings Sorge zu tragen

12 Hierzu Carl Schietzel zutreffend: „Das Fehlen solcher Abstellmöglichkeiten trägt Mitschuld an der verderblichen Unrast des Unterrichts" (Schietzel/Kalipke 1968, S. 209).

Brenn- und Keramikraum

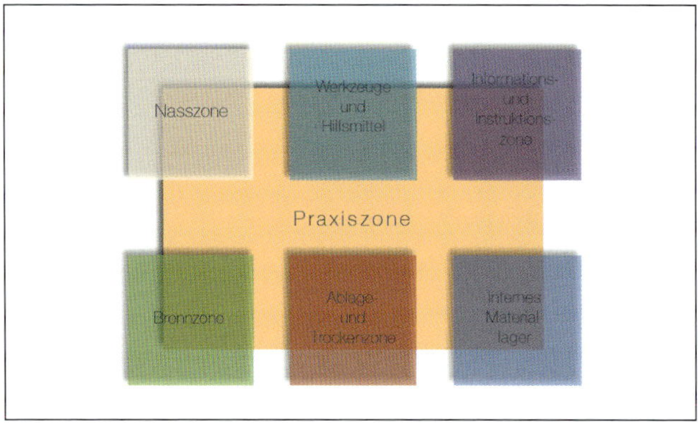

05/8 Aktions- und Funktionszonen des Brenn-/Keramikraums

Zu den Aktions- und Funktionszonen des Brenn-/Keramikraums

Grundsätzliches

Auch wenn die Bezeichnung „Brenn- und Keramikraum“ die Festlegung auf eine spezielle Werkstoffgruppe und die dazugehörige Technologie nahelegt, sollte er auch für die Bearbeitung weiterer plastischer Massen wie Gips, Beton, Modelliermassen geeignet und ausgestattet sein. Allen genannten Materialien ist gemein, dass Schüler beim Umgang mit ihnen meist viel Schmutz erzeugen. Dafür sollte dieser Raum in besonderer Weise ausgestattet sein. Eine Arbeit mit den genannten Materialien ist selbstverständlich auch im Technikfachraum möglich, erfordert aber eine zusätzliche, vorausschauende Planung und seitens der Schüler ein besonderes Maß an Disziplin und Umsicht, um die Verschmutzung des Fachraums in vertretbaren Grenzen zu halten. So ist auch darauf zu achten, dass eine strikte Trennung der Werkzeuge, die für die Ton- oder Gips-/Betonarbeit zum Einsatz kommen, von den anderen Werkzeugen erfolgt, da sie durch diese recht aggressiven Materialien Schaden nehmen (Rost ansetzen) können. Dies mögen Gründe dafür sein, dass das eigentlich in mehrfacher Hinsicht sehr fruchtbare Arbeiten mit Ton etc. in den Technikfachräumen vielfach unterbleibt oder nur auf ein Minimum beschränkt ist.

Alternativer Keramikbereich

Andererseits ist ein Keramikraum nur dann zu vertreten, wenn er auch ausreichend belegt und genutzt werden kann, was wiederum eine mehrzügige Schule voraussetzt. Eine Mitbenutzung durch andere Fächer (Kunst, Sachunterricht, Werken) sollte immer mitbedacht werden. Eine andere Möglichkeit bestünde darin, derartige Technologien, um die es hier geht, in einen vorhandenen Außenbereich des Fachraumsystems zu verlegen, was aber eine Ausstattung mit entsprechenden Arbeitsmöglichkeiten voraussetzt. Ein solcher Arbeitsbereich wäre dann allerdings nur bei Wetterbedingungen, die ein Arbeiten im Freien zulassen, zu nutzen.

Praxiszone

Im Fall des eigenständigen Keramikraums wird die Praxiszone fast den ganzen Raum umfassen. Hinzu kommt ein wichtiger, nicht zu knapp zu bemessender Bereich, der der Nasszone, weil sie, neben den üblichen hygienischen Funktionen auch Arbeitsbereich ist, in dem keramische und andere plastische Massen zubereitet, Glasuren angerührt und Werkzeuge und Hilfsmittel in größerem Umfang gereinigt werden müssen.

Informations- und Instruktionszone
Die Informations- und Instruktionszone kann technisch weniger aufwendig gestaltet werden, es reicht in der Regel eine konventionelle Tafel, wenn nötig, sollte auf Projektionsgeräte aus dem Fundus der Schule zugegriffen werden können.

Werkzeug- und Materialzone
Für die Werkzeuge, Vorrichtungen und Hilfsmittel sind geeignete Werkzeug- und Materialschränke zu wählen. Die Materiallagerung (hauptsächliche für Ton) beansprucht wenig Platz, wenn man sich auf die Unterbringung in Tonkisten beschränkt. Weitere Materialien wie Glasuren und Glasurhilfsmittel, Gips, Zement, Kies (für Beton) benötigen günstigerweise keinen besonderen Materialschrank. Es reichen für die Unterbringung dicht schließende Plastikbehälter um sicherzustellen, dass diese Materialien nicht mit Feuchtigkeit in Berührung kommen.

Brennzone
Der Brennbereich wird durch den Brennofen definiert. Auf eine vorschriftmäßige elektrische Installation und Ableitung der Brenngase ist weiter oben bereits hingewiesen worden. In unmittelbarer Nähe zum Brennofen findet sich ein Abstelltisch (für zu brennende und gebrannte Ware) und ein Trockenregal für zu trocknende („grüne") Tonobjekte.

Computerraum

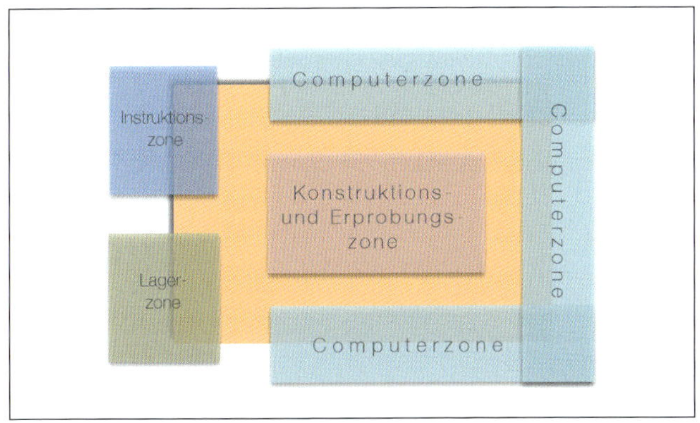

05/9 Aktions- und Funktionszonen des Computerraums

Zu den Aktions- und Funktionszonen des Computerraums

Computerzone
Das hier vorgestellte Aktions- und Funktionszonenschema eines auf die Belange des Technikunterrichts abgestimmten Computerraums weicht von den oben gezeigten Schemata insofern ab, indem es bereits ein ungefähres räumliches Organisationsschema vorschlägt. Die bei dieser Anordnung der Funktionsbereiche zugrunde liegende Idee ergibt sich aus den informationstechnischen Inhalten im Technikunterricht, bei denen es sich in der Hauptsache um die Steuerung und Regelung von Modellen mithilfe entsprechender Elektronikbausteine, Sensoren und Aktoren und deren Programmierung handelt. Daher wird hier die Trennung der Computerzone von der Konstruktions- und Erprobungszone vorgeschlagen. Während an den Computern programmiert, recherchiert, dokumentiert und die üblichen Anwendungsprogramme benutzt werden können,

dient die Konstruktions- und Erprobungszone der Entwicklung, Konstruktion und Erprobung von computergesteuerten Modellen. Die Trennung von Computer-, Konstruktions- und Erprobungszone hat sich als sehr praktikabel erwiesen. Ein Wechsel von der einen in die andere Zone ist ohne Weiteres möglich, ein kombiniertes Arbeiten am Computer und am Modell ist leicht zu realisieren. Der Arbeitstisch in der Mitte lässt alle Formen vertiefender Arbeit zu und ist variabel zu nutzen. Weitere Aufgabenbereiche wären beispielsweise das exemplarische Programmieren von und das Fertigen mit computergesteuerten Werkzeugmaschinen und 3-D-Druckern, was dann auch im Computerraum stattfinden sollte.

In die Computerzone integriert gehört schließlich noch ein multifunktionaler, kabelloser Drucker.

Mehrfachnutzung
Ein solchermaßen organisierter Computerraum lässt auch eine Nutzung durch andere Fächer zu und kommt zeitgemäßen Arbeitsformen in Unterricht sehr nahe. Im Gegensatz zu der immer noch anzutreffenden Frontalanordnung der Computerarbeitsplätze, bei denen sich die Schüler gewissermaßen hinter ihren Computern verschanzen und der Lehrer keinen direkten Blick auf die Bildschirme hat, ist bei der hier favorisierten Anordnung dieses ausgeschlossen, da er sich im Rücken der Schüler befindet und so leicht den Überblick gewinnen kann. Gibt es Probleme zu behandeln oder Informationen zu geben, die alle betreffen, drehen sich die Schüler um und sitzen im Hufeisen vor der Lehrperson.

Informations- und Instruktionszone
Die Informations- und Instruktionszone sollte im Computerraum möglichst mit einem interaktiven Whiteboard, Beamer und einer Schwanenhalskamera ausgestattet sein.

Lagerzone
Die Lagerzone besteht aus abschließbaren Wandschränken für Computerzubehör, Fachliteratur, Modellmedien, deren Zubehör usw.

Außenbereich

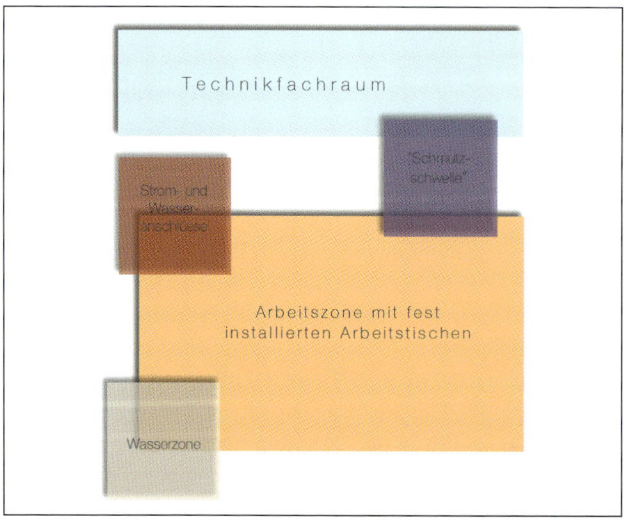

05/10 Aktions- und Funktionszonen des Außenbereichs

Zu den Aktions- und Funktionszonen des Außenbereichs

Lage und Anlage
Ein Außenbereich bietet zusätzliche Möglichkeiten der Unterrichtsgestaltung und Themenaufnahme. Seine Einrichtung ist von der anzutreffenden örtlichen Lage des Fachraumbereichs abhängig. Dieser sollte dann möglichst ebenerdig im Erdgeschoss und an der Außenseite der Schule liegen und etwa 60 bis 80 m^2 nutzbarer Fläche umfassen. Fachräume im Untergeschoss/Souterrain bieten sich dann an, wenn ihnen eine entsprechend angelegte, niveaugleiche Freifläche vorgelagert ist. Sie bildet dann auf natürliche Weise eine Art Hof, der gegen das übrige Schulgelände durch eine Böschung und/oder Bepflanzung abgeschirmt ist. Bei einer ebenerdigen Lösung wären eine Lage auf dem Schulgelände außerhalb des allgemein zugänglichen Bereichs und eine Einfriedung durch landschaftsgärtnerische Maßnahmen wünschenswert.

Eignung
Ein Außenbereich eignet sich insbesondere für Arbeiten, die im Technikfachraum entweder nur schwer oder gar nicht durchgeführt werden können. Hierzu zählen Aufgaben zur Bautechnik, Montage- und Demontagearbeiten an größeren technischen Realobjekten, stark schmutzende oder solche Arbeiten, die mit belästigenden Emissionen (z. B. Rauch, Lösungsmitteldämpfe) oder starkem Lärm einhergehen.

Ausstattung
Da der Außenbereich über den Technikfachraum zu erreichen ist, sollte eine Schmutzabstreifzone vorhanden sein, um Schmutz- oder Nässeeintrag in die Fach- und Schulräume möglichst gering zu halten. Eine Wasserzone, wenn möglich mit einem Becken, z. B. zur Erprobung von Wasserfahrzeugen oder technischen Experimenten mit Wasser, wäre wünschenswert. Anschlüsse für Strom und Wasser (beide von innen aus schalt- bzw. ansteuerbar) gehören ebenso zur bauseitigen Ausstattung. Die Arbeitszone besteht lediglich aus fest installierten, wetterfesten Arbeitstischen. Sitzgelegenheiten sowie alle benötigten Arbeitsmittel können aus dem Technikfachraum genommen werden.

Der Bodenbelag im Außenbereich sollte wasserdurchlässig sein (Pflaster, Platten). Eine durchgehende Überdachung ist nicht vonnöten, liefe sie doch dem Charakter des Freiluftbereichs zuwider. Sollte der Außenbereich jedoch stark besonnt sein, empfiehlt sich eine Pergola oder ein mobile Beschattung mit einem Sonnensegel.

Die Gestaltung des Außenbereich kann im Übrigen eine reizvolle Aufgabe sein, die der Technikunterricht in Kooperation mit anderen Fächer (hier bieten sich z. B. die Fächer Biologie und Kunst an) durchführen könnte.

6 Einrichtungen/Möblierung (Grundausstattung)

6.1 Grundsätzliche Überlegungen

Bezogen auf die unterschiedlichen Raumtypen des Fachraumsystems werden in den folgenden Kapiteln Vorschläge für deren Ausstattung mit Möbeln, Ordnungs- und Transportsystemen, Behältersystemen, Maschinen und Medien gemacht. Eine umfangreiche Liste der Werkzeugausstattung findet sich im Anhang I, für die Elektrowerkzeuge in Anhang II.

Fachräume benötigen spezielle Ausstattungen, die auf die Inhalte und die darauf bezogenen Erarbeitungsformen abgestimmt sein müssen. Beim Einsatz von Werkzeugen und Maschinen, Material und Medien sind in Bezug auf die Sicherheit der Schüler und des Lehrpersonals im Technikunterricht besondere Kriterien zu beachten, die in den folgenden Ausführungen auch mit zur Sprache kommen.

Heute gibt es in Deutschland einige wenige Fachraumausstatter, die als „Vollsortimenter" gelten können, über entsprechende Expertise verfügen und große Erfahrung in der Einrichtung von Fachräumen für den Technikunterricht haben. Es wäre aber grundfalsch, ihnen allein das Feld bezüglich der Ausstattung der Fachräume zu überlassen, da primär die vor Ort arbeitenden Lehrkräfte über eine angemessene, auf die Belange ihrer Schule und Schülerschaft zugeschnittene Ausstattung ihrer Fachräume entscheiden sollten. Das gilt sowohl für das große Ganze als auch im Detail. Die nachfolgenden detaillierten Ausführungen sollen dazu beitragen, Lehrer in Fragen der Ausstattung kompetent zu machen, sodass sie als fachkundige Gesprächspartner gegenüber allen an der Fachraumplanung Beteiligten auftreten können.

Für alle Einrichtungsgegenstände gilt vorab, dass sie in puncto Stabilität und Langlebigkeit erhöhten Ansprüchen genügen, normgerecht[1] sind und mit dem GS-Zertifikat (Geprüfte Sicherheit) versehen sein müssen.

6.2 Einrichtungsgegenstände des Technikfachraums

6.2.1 Universal-Schülerwerkbank (konstruktive Merkmale)

Das Erscheinungsbild der „variablen Praxiszone" wird von der universellen Schülerwerkbank bestimmt. Diese ist als der zentrale Arbeitsplatz der Schüler anzusehen. Sie muss sich für jede anfallende Art praktischer Tätigkeit (grober und feiner) und gleichermaßen auch zur Durchführung schriftlicher und zeichnerischer Arbeiten eignen. Das heißt, an einer solchen Werkbank wird mit Werkzeugen und Materialen gearbeitet, werden Realobjekte demontiert, Schaltungen gelötet, Modelle mithilfe technischer Konstruktionsbaukästen gebaut, Zeichnungen gefertigt und schriftliche Aufzeichnungen verfasst, um nur die gängigsten Aufgabenstellungen zu nennen. Die Werkbank sollte also als eine Art Universalmöbel gestaltet sein, das entsprechend multifunktional

[1] Siehe diesbezüglich die internationale Norm DIN ISO 5970 von 1981, die von einer physiologisch richtigen Sitzhaltung ausgeht und für Fachräume möglichst zwei Tischhöhen empfiehlt, sowie die europäische Norm DIN EN 1729-1: 2006-09 Möbel - Stühle und Tische für Bildungseinrichtungen.

eingesetzt werden kann. Die Vereinigung mehrerer Funktionen in einem technischen Objekt bedeutet jedoch auch oft, dass gewisse Abstriche gegenüber monofunktional ausgelegten gemacht werden müssen, mit dem Ergebnis, dass einige Kompromisse eingegangen werden müssen, was die gewünschte Verwendungsbreite einzuschränken vermag. Sehr gut lässt sich eine solche Funktionseinschränkung etwa bei Multifunktionswerkzeugen feststellen, wo auf engem Raum möglichst viele Einzelwerkzeuge untergebracht werden. Die Funktionsbreite der Universalwerkbank für den Technikunterricht verbietet dagegen geradezu Monofunktionalität. Das zeigt sich z. B. daran, dass traditionelle Hobelbänke, die für das Schreinerhandwerk mit ihrer vorrangig auf die Holzbearbeitung ausgerichteten Konstruktion und Ausstattung für den Technikunterricht mit seinen ganz anders gearteten Aufgabenstellungen ungeeignet sind. Gleiches gilt für die Metallbearbeitung, auch hier wäre eine Schlosserwerkbank im Technikfachraum fehl am Platze. Dennoch trifft man dort immer wieder einmal auf Schülerhobelbänke oder von ihnen abgeleitete Werkbankkonstruktionen, wenn auch mit abnehmender Tendenz. Sie sind ein Relikt aus der Zeit des „Werkens“, als man den gesamtem „Werkbereich“ noch nach den Materialbereichen gliederte und das Zentrum des „Werkbereichs“ meist eine Holzwerkstatt bildete.

Für den Technikunterricht geeignete Werkbänke gibt es heute in recht unterschiedlichen Ausführungen, sodass es durchaus nicht leicht ist, den geeigneten Typ für die jeweilige Fachraumsituation herauszufinden. Generell gilt, dass alle Werkbänke sich durch Robustheit, Stabilität und relativ hohes Eigengewicht auszeichnen sollen. Robustheit, da sie stark beansprucht werden und möglichst langlebig sein sollen. Stabilität und hohes Eigengewicht deswegen, weil, wenn an ihnen gearbeitet wird, sie manchmal größere Kräfte aufnehmen müssen, wodurch die Werkbank möglichst nicht verschoben oder gar umgeworfen werden darf.

Von ausschlaggebender Bedeutung ist die Gestaltung der Werkbankplatte, die als massive Buchenplatte (durchgehend mind. 50 mm stark) oder Multiplexplatte ausgebildet ist. An den Seiten, an den Spannzangen fest mit der Bankplatte verbunden sind, bedarf es einer Aufdoppelung von etwa 90 mm. Bei umlaufender Aufdoppelung, z. B. wenn die Spannzangen umgesetzt werden können, ist darauf zu achten, dass die Aufdoppelung ausreichende Breite aufweist, um Schraubzwingen einfach setzen und spannen zu können.

Werkbänke für den Technikunterricht müssen das Siegel für geprüfte Sicherheit (GS zertifiziert) tragen und sollen möglichst zusätzlich auch TÜV-geprüft sein. Empfohlen werden 2er-Werkbänke, die bei Bedarf auch zu größeren Werkbankeinheiten für 4er-Gruppen zusammengestellt werden können (Abb. 06/1). In einem solchen Fall müssen die Spannzangen entweder nur auf einer Seite angebracht sein oder, falls diagonal an den Langseiten angeordnet, umgesetzt werden können.

06/1 4er-Gruppenaufstellung (Weba)

Weniger empfehlenswert sind 4er-Werkbänke mit durchgehender Werkbankplatte (Abb. 06/2), die entsprechend schwer sind und daher weniger mobil, jedoch bei beengten Raumverhältnissen ihre Berechtigung haben. Aus gleichem Grund wird von 6er-Werkbänken abgeraten (Abb. 06/3). Um das Sechseck finden zwar entsprechend viele Schüler Platz, der eigentliche Arbeitsbereich,

06/2 4er-Werkbank (Weba)

06/3 6er-Werkbank, hier mit Zusatzausstattung, höhenverstellbar (WPO)

in Form eines schmalen, spitzwinkligen Dreiecks, fällt dann aber eher bescheiden aus, sodass es unvermeidlich ist, dass sich die Schüler gegenseitig behindern und sich mit Werkzeug und Material in die Quere kommen.

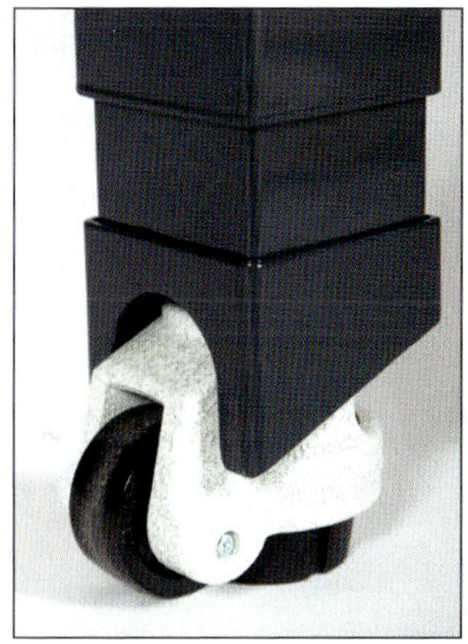

06/4 Werkbankfuß mit Rollen (Weba)

2er-Werkbänke lassen sich bei Bedarf am einfachsten zu Tischgruppen (4er-, 6er- oder Reihenwerkbänke) zusammenstellen, vorausgesetzt, man wählt ein Modell, bei dem die Spannzangen außen angeschlossen sind und umgesteckt werden können. Werkbänke mit innen liegenden, in die Werkbankplatte intergierten Spannzangen, haben den Nachteil, dass sie nur das Einspannen von kurzen Werkstücken möglich machen. Die verschiedenen Anbieter von Schülerwerkbänken für den Technikunterricht (siehe Adressenliste im Anhang) haben inzwischen sehr differenzierte und auf spezielle Nutzungserfordernisse abgestimmte Werkbänke und passendes Zubehör entwickelt, sodass es kaum möglich ist, die ideale Werkbank für Jedermann vorzustellen. Immer ist natürlich auch das vorhandene Budget zu beachten, was die Auswahl nicht leichter macht. Bedenkt man aber, dass die Werkbank, also der eigentliche Schülerarbeitsplatz, das wichtigste Ausstattungsstück im Technikfachraum darstellt, das hohe Anforderungen an Qualität, Langlebigkeit und Funktionalität aufweisen muss, verbietet es sich eigentlich, bei der Anschaffung von Werkbänken zu sparen.

06/5 Werkbankgestell mit Fahreinrichtung (Famos)

Werkbänke sollten je nach Aufgabenstellung auch umgestellt und zu Zweier-, Vierer oder gar Sechser-Werkbankgruppen zusammengestellt werden können. Hierzu gibt es die Möglichkeit, Rollen als Zusatzausstattung zu montieren, die entweder nur bei einseitigem Anheben der Werkbank Bodenberührung bekommen (Abb. 06/4) oder über einen Hebelmechanismus in Funktion gesetzt werden können (Abb. 06/5). Beide Ausstattungen ermöglichen dann ein leichtes und sicheres Bewegen der Werkbänke.

Höhenverstellbarkeit

Ein in diesem Zusammenhang spezielles Thema ist die das Pro und Kontra ‚Höhenverstellbarkeit'. Meist wird es nur von der Kostenseite betrachtet, wobei eine Höhenverstellung den Kostenrahmen nicht unbedingt sprengen muss. Auch der DGUV hat sich zum Thema körperangepasster Schulmöbel geäußert[2]. Unabhängig von der Frage, ob sich die Anschaffung höhenverstellbarer Werkbänke für Schule anbietet oder lohnt, ist die Empfehlung des DGUV zu sehen. Da wir es insbesondere bei den mittleren und höheren Jahrgangsstufen mit sehr unterschiedlichen Körpergrößen der Schüler zu tun haben, sollten entsprechend anpassungsfähige Anschaffungen überlegt werden. So wäre es denkbar, Werkbänke mit unterschiedlichen, festen Höhen (700 bis 900 mm) anzuschaffen, mit der Einschränkung, dass die Größenunterschiede von Klasse zu Klasse und Altersstufe zu Altersstufe nicht gleich sind und feste Werkbankhöhen sich dann als unflexibel erweisen. Besser wären dann solche, die sich in festen Stufungen oder stufenlos höhenverstellen lassen.

Bei ausschließlichem Vorhandensein der Standardhöhe von 850 mm können für die meisten Schüler auch höhenverstellbare Sitzgelegenheit hilfreich beim Arbeiten im Sitzen sein. Jedoch wird vielfach auch im Stehen gearbeitet werden müssen. Unter Berücksichtigung der derzeit stattfindenden Einführung der Inklusion an allgemeinbildenden Schulen wird man zukünftig wohl kaum auf eine in Teilen behindertengerechte Ausstattung auch von Technikfachräumen verzichten können, wozu dann mit Sicherheit auch eine stufenlos in der Höhe zu verstellende und für Rollstuhlfahrer geeignete Werkbank gehören wird.

Entschließt man sich für höhenverstellbare Werkbänke, sollten diese mit einer robusten, einfach und sicher zu bedienenden und auf Langlebigkeit ausgelegten Mechanik ausgestattet sein. Das Bankniveau sollte etwa zwischen 650 bis 900 mm veränderbar sein und von Schülern nach entsprechender Anleitung oder im Zusammenwirken mit der Lehrkraft bedient werden können. Die jeweils gewählte Höhe sollte an einer Skala ablesbar sein, für jedes Beinpaar gesondert. Für die maximale Höheneinstellung muss aus Sicherheitsgründen zwingend eine Sperre oder eine eindeutige Markierung vorgesehen sein.

Folgende Systeme sind zu unterscheiden:

- Höhenverstellung durch ausfahrbare Einschiebefüße (Abb. 06/6 a), die mit Spannschrauben oder Klemmhebeln gelöst und wieder befestigt werden. Einfache und preiswerte Lösung, geeignet für Werkbänke, die eher selten höhenverstellt werden. Aus Sicherheitsgründen müssen mindestens drei Personen die Höhenverstellung vornehmen.

06/6 a) Höhenverstellung durch ausfahrbare Einschiebefüße (Famos)

[2] Vgl. DGUV 2002, Vorschrift 81 „Schulen". § 11(4): „Für Schülerinnen und Schüler sind auf ihre Körpergröße abgestimmte Stühle und Tische bereitzustellen, die dem Stand der Technik entsprechen." Siehe auch: DIN ISO 5870 und GUV-Information „Richtig sitzen in der Schule" (GUV-SI 8011): „... in Fachunterrichtsräumen möglichst zwei Tischhöhen und höhenverstellbare Stühle", S. 5 und „... individuelles Anpassen höhenverstellbarer Stühle in Fachunterrichtsräumen vor jeder Unterrichtsstunde.", S. 8.

- Höhenverstellung über Gewindespindeln (Trapezgewinde) in den Querstreben der Bankbeine (Abb. 06/6 b). Zur Sicherung der eingestellten Höhe müssen ebenfalls Spannschrauben oder Klemmhebel vorhanden sein. Eine technisch wenig aufwendige Lösung, geeignet für Werkbänke, die selten höhenverstellt werden.

- Zentrale Höhenverstellung mit Kurbelantrieb (meist) über Kegelradgetriebe (Abb. 06/7 a + b). Vorteil dieses System ist, dass alle Füße von einem zentralen Antrieb aus gleichzeitig und gleichmäßig von einer Person in die gewünschte Position gebracht werden. Eine Gestellvariante bietet der Einfach- oder Doppel-T-Fuß, bei dem auch eine zentrale Höhenverstellung möglich ist (Abb. 06/8). Besonderes Augenmerk ist hier auf die Ausführung der mechanischen Getriebeteile und Spindeln zu legen. Die Getrieberäder sollten aus gehärtetem Stahl sein, die Gewindespindeln über hochbelastbare Trapezgewinde verfügen. Antriebskurbeln müssen abnehmbar sein. Inzwischen werden auch Systeme angeboten, bei denen die Kurbel durch einen Akkuschrauber ersetzt wurde. Hierbei gibt es Systeme mit Spannschrauben zur Fixierung der Höheneinstellung oder solche, die sich selbst fixieren. Bei ersterem muss streng darauf geachtet werden, dass vor Inbetriebnahme der Kurbel/des Akkuschraubers die Feststellschrauben gelöst und danach wieder angezogen werden. Andernfalls kann es zur Zerstörung der Kegelräder kommen. Bei der zentralen Höhenverstellung ist die Lage der Hauptspindel von Wichtigkeit. Sie darf nicht in einem Bereich liegen, wo sie durch Schraubzwingen beschädigt werden kann, sondern sollte mehr in der Mitte der Werkbank angeordnet werden.

06/6 b) Höhenverstellung über Gewindespindeln, Fixierung über Schnellspannhebel, Spannzangen abgenommen (Weba)

06/7 a) Zentrale Höhenverstellung mittels Akkuschrauber (Weba)

06/7 b) Im Werkbankbein integrierter Getriebebaustein (Weba)

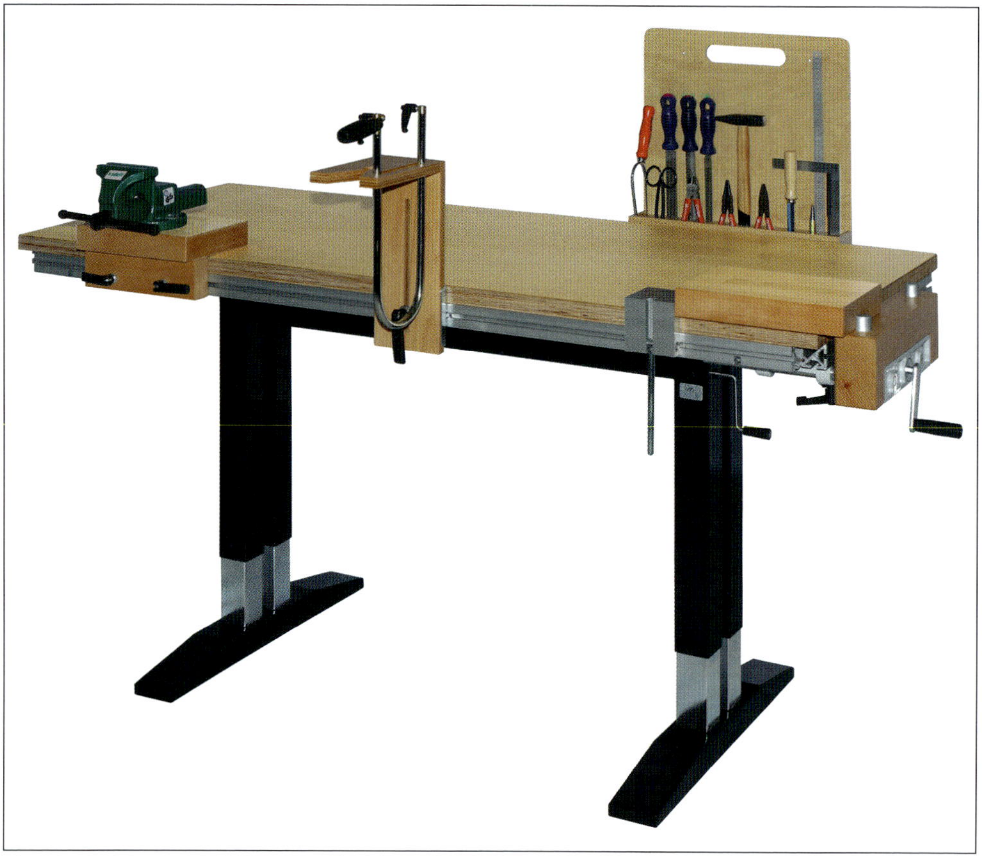

06/8 Zentrale Höhenverstellung bei Werkbank mit T-Fuß (WPO)

Ausstattung der Universal-Schülerwerkbank

Spannzangen

Von besonderer Bedeutung für die Funktionstüchtigkeit der Werkbank sind Anordnung und Ausführung der Spannzangen. Eine Zweierwerkbank, von der hier ausgegangen wird, hat die Zangen entweder stirnseitig oder an der Längsseite angeordnet. Sie können an die Werkbankplatte angesetzt (außen liegend, Abb. 06/9 a) oder in diese integriert (innen liegend (Abb. 06/9 b) sein.

06/9 a) Spannzange an die Werkbankplatte angesetzt (Weba)

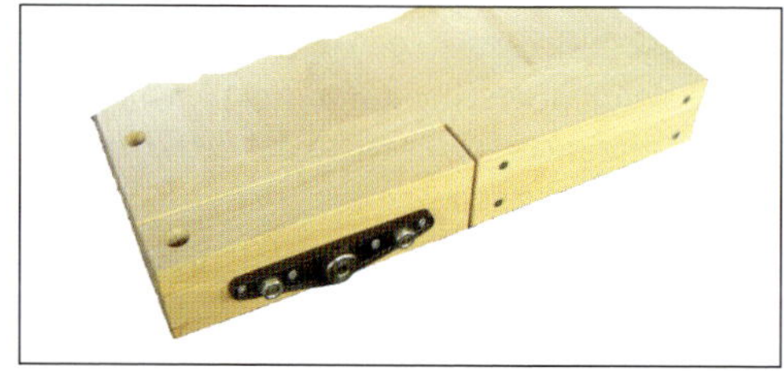

06/9 b) Spannzange in Werkbank integriert (Famos)

Weiterhin ist es möglich, die außen liegenden Spannzangen fest montiert oder umsetzbar von einer in eine andere Position über Eck zu haben. Fest montierte Spannzangen bieten die geringste Flexibilität und immer auch die Gefahr, an ihnen hängen zu bleiben. Deswegen werden Werkbänke empfohlen, die über aufgesetzte, abnehmbare Spannzangen oder Spannstöcke verfügen und somit keine herausstehenden Teile aufweisen. Spannstöcke empfehlen sich für die Arbeit mit jüngeren Schülern, da diese über den längeren Hebel höhere Spannkräfte erzeugen können. Die Spannzangen werden, wenn sie nicht gebraucht werden, in entsprechende Aufhängungen bzw. Halterungen unter der Werkbank verwahrt (Abb. 06/10). Die Montage ist einfach und erfolgt ohne Werkzeug.

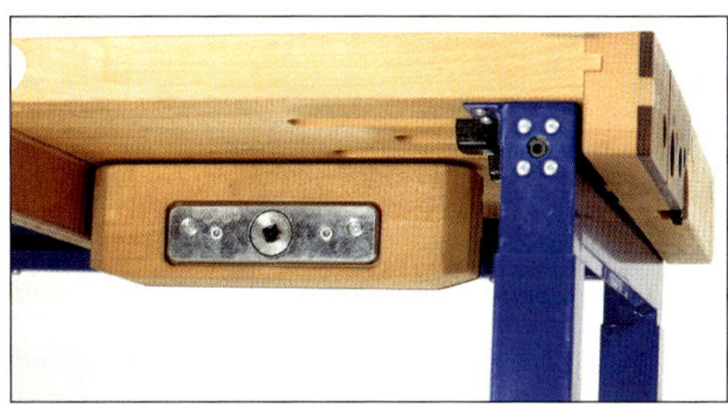

06/10 Ablage für Spannzange unter der Werkbankplatte (Weba)

Bezüglich einer in die Werkbankplatte integrierte Spannzange ist zu bedenken, dass ihre Funktion dahingehend eingeschränkt ist, indem nur relativ kurze Werkstücke eingespannt werden können und diese nur an einer Seite über die Spannzange hinausstehen können.

Die Antriebe und Führungen der Spannzangen folgen je nach Hersteller unterschiedlichen konstruktiven Prinzipien. Das gängigste und traditionellste ist ein Spindelantrieb mit zylindrischen Führungen (Abb. 06/11), wobei Spannzangen mit einer oder zwei Zylinderführungen angeboten werden. Empfehlenswert sind Spannzangen mit zwei Zylinderführungen, die in wartungsfreien Gleitlagern laufen. Bei nur einer Zylinderführung muss die Zugspindel kräftiger ausgeführt werden, auch dann sollte die Möglichkeit bestehen, die Parallelführung nachstellen zu können. Ein exaktes, paralleles Spannen ist nur dann gegeben, wenn ein seitenparalleles Werkstück möglichst die ganze Länge der Spannzange ausfüllt. Oft werden aber nur kurze Bauteile eingespannt, was dann zu nicht parallelen Spannen führt und auf Dauer der Parallelführung der Spannzange, selbst wenn sie sehr robust ausgeführt wurde, schadet. Abhilfe schaffen einerseits (1) in die Werkbankplatte eingelassene, auf die Breite des Werkstücks einstellbare Abstandshalter (Abb. 06/12), deren Benutzung von Schülern gern vergessen wird, wenn es schnell gehen soll oder (2) spezielle Beläge der Spannzangenbacken, durch die die Spannkraft gleichmäßiger auf das Werkstück aufgebracht werden kann und die Parallelität

06/11 Spannzange mit doppelter Zylinderführung (Famos)

06/12 Abstandshalter (Weba)

der Spannbacken weitgehend erhalten bleibt (Abb. 06/13).

Da die Innenseiten der Spannzangen durch intensive Benutzung auf Dauer sehr stark beansprucht werden, besteht bei einigen Anbietern die Möglichkeit, solche Verschleißteile (Zangenklotz und stirnseitige Aufdoppelung) auszutauschen, ohne die gesamte Werkbankplatte erneuern zu müssen (Abb. 06/14 und 06/15).

An einer Werkbank herausstehende Teile bergen generell Unfallgefahren. Auch deswegen sollten Spannstöcke und Spannkurbeln abnehmbar ausgeführt werden. Herausstehende Spannzangen sollten ebenfalls demontierbar sein (siehe oben). Neuerdings gibt es auch flächenbündige, versenkte Ausführungen der Spannzangen-Frontplatte, was die Verletzungsgefahr (Abb. 06/16) mindert.

Eine Alternative für an die Werkbank angeschlossene Spannzangen mit festgelegter Position sind mobile, entweder in ein Schienensystem eingepasste oder auf die Werkbankplatte aufgespannte Spannzangen (Abb. 06/17). Letztere eigenen sich auch sehr gut für den Einsatz in der Grundschule.

Spannhilfsmittel

Die gängigsten Spannhilfsmittel sind Bankhaken. Es gibt Bankhaken in unterschiedlichster Ausführung. Sie werden in dafür vorgesehene Löcher auf der Bankplatte eingeführt

06/13 Vario-Grip-Belag (WPO)

06/14 Austausch von Verschleißteilen – hier Aufdoppelung (Weba)

06/15 Austausch von Verschleißteilen – hier Kantenschutz (Weba)

06/16 Versenkte Spannzangen-Frontplatte, Spannkurbel abgenommen (Weba)

06/17 Mobile Spannzange (Weba)

und ermöglichen das Einspannen von Werkstücken auf der Werkbankplatte. Die hauptsächliche Unterscheidung ist der Querschnitt, rechteckig oder rund, wobei die runden Bankhaken besser an nicht parallele Werkstückseiten angepasst werden können, da ihre flache Pressseite passend an das Werkstück gedreht werden kann. Bankhaken sollten über eine seitliche Blattfeder oder eine Kugelsicherung verfügen, sodass sie in der Bankplatte fest sitzen (Abb. 06/18 a).

Spannhilfsmittel, die in seitliche Löcher eingesteckt werden und sowohl das Einspannen seitlich hochkant und auf der Werkbank zulassen, werden auch als Steck- oder Winkelspannbacken bezeichnet (Abb. 06/18 b). Sie haben den Vorteil, dass keine senkrechten Bohrungen oder Aussparungen für die Aufnahme von Bankhaken in der Werkbankplatte von Nöten sind, und außerdem das seitliche, senkrechte Spannen und somit ein bequemes Bearbeiten der Kanten von flächigen Werkstücken ermöglicht wird (Abb. 06/19).

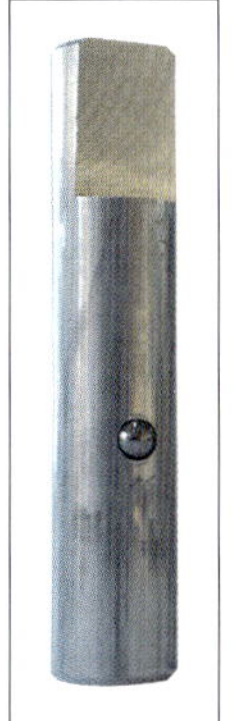

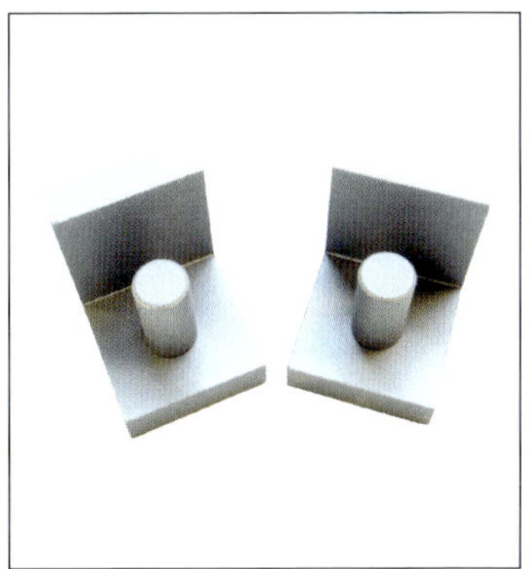

06/18 a) Zylindrischer Bankhaken mit Kugelsicherung (Famos)
b) Steck- oder Winkelspannbacken (Famos)

06/19 Rund- und Winkelspannbacken bei Werkbanksystem „WeVario“ (WPO)

Ablageböden unter der Werkbankplatte

Von Ablageböden unter der Werkbankplatte ist abzuraten, weil die Erfahrung zeigt, dass sie sich über kurz oder lang mit allerlei Überbleibseln aus den praktischen Arbeitsprozessen füllen oder gar als Müllablage dienen. Der Platz unter der Werkbank ist besser zur Aufnahme von an der Werkbank benötigten Zusatzausstattungen/Arbeitsvorrichtungen (siehe unten) zu nutzen, wobei entsprechende Aufnahmen vorgesehen sein müssen.

Zusatzausstattungen/Vorrichtungen

In der Regel sind pro Arbeitsplatz vorzusehen:

- Parallelschraubstock
- Laubsägetischchen
- Gehrungslade
- Richtplatte (nur eine pro Werkbank erforderlich)

Alle diese Vorrichtungen sind mit einer Spannunterlage zur Befestigung an der Werkbankplatte zu versehen. Für den Parallelschraubstock sind zusätzliche Hartholzunterlagen zur individuellen Höheneinstellung zu empfehlen, insbesondere dann, wenn die Werkbänke nicht höhenverstellbar

06/20 Hartholzunterlagen zur Höhenanpassung (Weba)

06/21 Höhenverstellbares Laubsägetischchen mit austauschbarem Tischeinsatz und Spannhilfe (Weba)

sind (Abb. 06/20). Gleiches gilt auch für die Laubsägetischchen, für die es jedoch empfehlenswerte Ausführungen mit Höhenverstellungsmöglichkeit gibt (Abb. 06/21). Auf der Abbildung ist ein Laubsägetischchen zu sehen, das über eine integrierte Vorrichtung zum leichteren Einsetzen des Laubsägeblatts verfügt, was zu empfehlen ist. Für die sichere Fixierung dieser Vorrichtungen auf der Werkbankplatte gibt es, je nach Fachraumausstatter, unterschiedliche Lösungen: Festspannen mittels Schraubzwingen, oder bei entsprechenden Bankhaken-Bohrungen in der Werkbankplatte eignen sich Spannschrauben mit Stern- oder Knebelgriff oder Exzenterspannhaken (Abb. 06/22). Auch die Lösung mit unter der Spannunterlage befestigtem „Schwert“, das in die Spannzange eingespannt werden kann, hat sich als funktionale Lösung bewährt (Abb. 06/23 a), b). Jede dieser Lösungen hat sich bewährt und ist praktikabel. Sie unterscheiden sich im Preis, der letztlich ausschlaggebend sein wird.

06/22 Trägerplatte mittels Exzenterspannhebeln zu befestigen (Famos)

06/23 a) Trägerplatte mit Schwert (Famos)

b) Parallelschraubstock auf Schwertunterlage, eingespannt (Weba)

Alle hier beschriebenen Zusatzeinrichtungen können platzsparend und sicher in entsprechenden Aufnahmen unter der Werkbankplatte gelagert und bei Bedarf durch die Schüler installiert werden (Abb. 06/24).

06/24 Aufnahmen für Zusatzausstattungen unter der Werkbank (P.A.U.L)

Weiterentwicklungen

Universalwerkbänke mit frontseitigen und seitlichen Profilschienen (Abb. 06/25)
In den Längs- und, je nach Anbieter, auch an den Stirnseiten der Werkbankplatte sind Profilnut-Aluschienen eingelassen, an die mittels Schnellspannvorrichtungen Schraubstock, Laubsägetischchen, Richtplatte, Gehrungslade usw. angeschlossen werden können. Diese Anbaumodule sind auf Winkel-Spannunterlagen oder an Spannbleche montiert und werden an das Aluprofil mittels Schnellspannhebeln geklemmt (Abb. 06/26). Die Spannzange wird je nach gewähltem System und Anbieter entweder an der Stirnseite konventionell mit der Bankplatte verbunden oder auch an der Pofilschiene befestigt (Abb. 06/27 a), s. Seite 100. Als Vorteil ist, wie oben, die Flexibilität der Platzierung der Zusatzeinrichtungen und Spannzangen hervorzuheben, insbesondere wenn man auf Rechts- und Linkshänder Rücksicht nehmen muss.

06/25 Universalwerkbank mit frontseitiger Alu-Profilschiene, Spannzangen demontiert, (WPO)

06/26 Anbaumodule für Werkbank System „WeVario“ (WPO)

06/27 a) Spannzange abnehmbar vor Profilschiene befestigt (WPO)

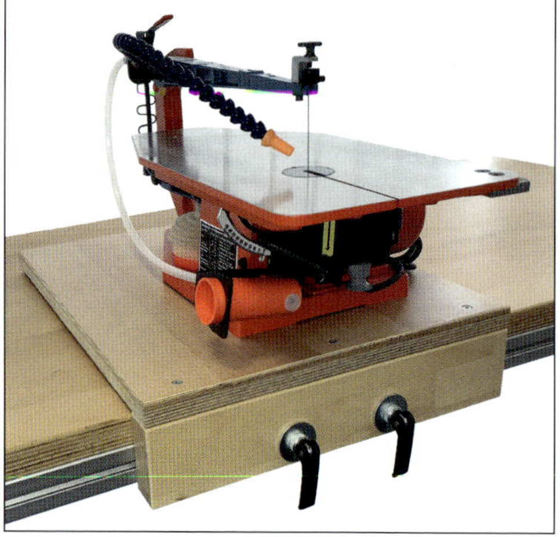

06/27 b)

Besonders geeignet erscheint dieses System in Verbindung mit einer Reihenwerkbank, an der zusätzliche Schülerarbeitsplätze in freier Anordnung geschaffen werden können. Es besteht hier aber auch die Möglichkeit, Kleinmaschinen wie z. B. Dekupiersäge oder Tellerschleifmaschine auf entsprechende Unterlagen zu montieren, die dann bedarfsweise verschoben und sicher fixiert werden können (Abb. 06/27 b). Für eine Tischbohrmaschine ist das System wegen des hochliegenden Schwerpunkts der Maschine ungeeignet.

Solcherlei Universal-Werkbänke haben sich im Unterricht bewährt. Inzwischen sind die Alu-Profilschienen so bemessen, dass sie eine ausreichend hohe Stabilität aufweisen, um Zusatzeinrichtungen an ihnen sicher und unverrückbar montieren zu können. Die Montage der Zusatzeinrichtungen ist relativ einfach zu bewerkstelligen und somit von Schülern zu leisten.

Systeme mit Exzenterriegeln (Abb. 06/28)

06/28 Universalwerkbank mit Exenterriegel-System (Famos)

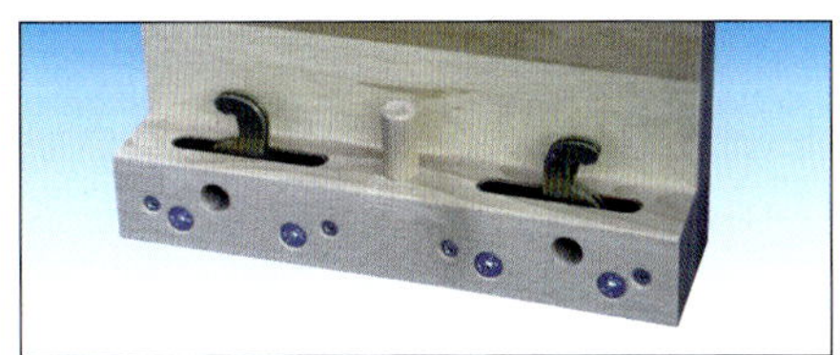

06/29 a) Exenterriegel-Mechanik, Untersicht (Famos)

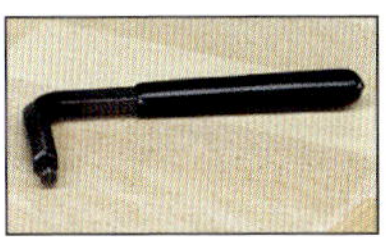

06/29 b) Spannhebel für Exenter-riegel-System (Famos)

Hierbei handelt es sich um einen Schülerarbeitstisch mit leichterem Gestell (45 × 45 mm) und einer massiven Buchenholzplatte von 50 mm Stärke. Auch eine mit Kunststoff beschichtete Tischplatte wird angeboten. Der besondere Clou dieses Schülerarbeitstisches ist seine universeller Einsatzmöglichkeit auch als Werkbank, indem mittels Exzenter-Hakenpaare, die in entsprechende Aussparungen an der Tischkante greifen, alle für den Technikunterricht an einer Werkbank benötigten Zusatzausstattungen angebracht werden können (Abb. 06/29 a), b). Er ist somit ist ein Kompromiss zwischen Arbeitstisch und Universalwerkbank. Anders als bei den oben vorgestellten Werkbänken mit Profilschiene lassen sich die Anbaumodule nur an fixen Plätzen installieren, und zwar jeweils an den Tischenden, längs- und stirnseitig, was in der Regel auch ausreichend ist. Da dieser Universaltisch nicht über das gleiche Gewicht einer Standardwerkbank verfügt, sollten Zweiertische für Arbeiten, bei denen viel horizontale Kraft auf den Tisch wirkt, gut fixiert werden. Das System hat sich auch für Reihenwerkbänke bewährt, wodurch zusätzliche Schülerarbeitsplätze mit Spanneinrichtung und weiteren Anbaumodulen geschaffen werden können.

Übersicht der Anforderungen an eine Universal-Schülerwerkbank:

- Werkbankplattenmaße ca. 1500 × 750 mm[3]
- Werkbankplatte als durchgehend plane Massivplatte aus verleimter, geölter Buche oder Multiplex ca. 50 mm stark, im Spannbereich oder umlaufend aufgedoppelt
- Arbeitshöhe 800 oder 850 mm, ggf. höhenverstellbar mit stabiler Mechanik
- Bei Höhenverstellbarkeit Sperre bei maximaler Höhe
- Stabiles Gestell aus Vierkantstahlrohr (60 × 60 mm) mit aussteifenden Querstreben oder Einfach- oder Doppel-T-Fuß
- Gestellfüße mit rutschhemmenden Kappen sowie breitflächigen Tarierschrauben für den Niveauausgleich, ebenfalls mit Rutschhemmung
- Pro Zweierwerkbank zwei abnehmbare Spannzangen mit abnehmbarer Spannkurbel oder abnehmbarem Spannstock, zum parallelen Spannen mit zwei Zylinderführungen
- Zwingen umsetzbar für Links- und Rechtshänder
- Vorrichtung zum parallelen Spannen
- Möglichkeit des Spannens von flächigen Werkstücken (mittels Rund- oder Winkel-Bankhaken)
- Optional Abdeckplatte für Werkbank, beidseitig kunststoffbeschichtet mit umlaufender Hartholzkante, feuchtigkeits- und ölbeständig, mit Befestigungselementen
- Unter der Werkbankplatte Aufnahmen, z. B. für
  - Schraubstock mit Einspannvorrichtung
  - Laubsägetischchen
  - Richtplatte
  - Gehrungslade

3 Das hier vorgestellte Bankplattenmaß bezieht sich auf eine Werkbank für zwei Schülerarbeitsplätze (entspricht 1,05 m² bei 0,53 m² pro Schüler). Angeboten werden auch Werkbänke mit vier (Plattengröße von 1300 × 1300 mm, ergibt 1,69 m² bei 0,42 m² pro Schüler) oder sechs Arbeitsplätzen (Plattengröße 3,0 m², entspricht 0,5 m² pro Schüler). Die dem einzelnen Schüler zur Verfügung stehende Brutto-Arbeitsfläche fällt dann ungefähr gleich aus.

Für die Stromversorgung an den Schülerarbeitsplätzen haben sich höhenverstellbare Strom-Hängeampeln mit 230-V-Mehrfachsteckdosen (Abb. 06/30) bewährt. Eine einfache, bewährte und preiswerte Lösung für die Höhenverstellbarkeit ist, die Hängeampel an einer Gliederkette aufzuhängen und mithilfe eines S-Hakens o. Ä. die erforderliche Höhe einzustellen. Das führt jedoch manchmal dazu, dass kleinere Schüler auf die Werkbank steigen müssen, um die Ampel zu positionieren. Eine elegantere, jedoch teurere Lösung wäre die Verwendung einer mechanischen Aufrollvorrichtung mit stufenloser, selbstarretierender Funktion (Abb. 06/31).

06/30 Strom-Hängeampel an Gliederkette (Famos)

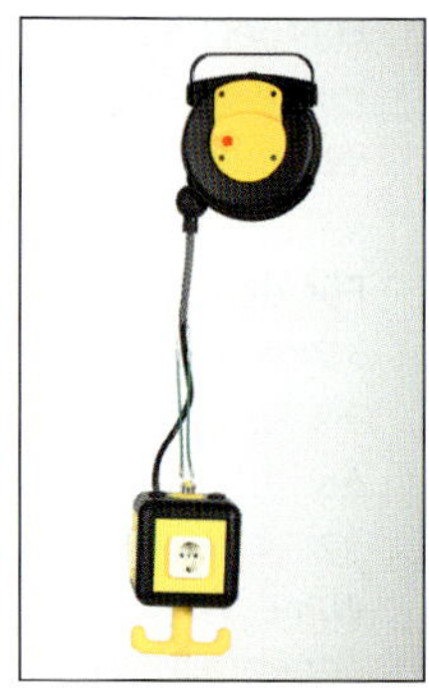

06/31 Strom-Hängeampel mit mechanischer Aufrollvorrichtung (Weba)

6.2.2 Reihenwerkbänke

Reihenwerkbänke sind Werkbänke mit durchlaufenden Bankplatten, die in Konstruktion und Ausstattung im Wesentlichen mit den Schülerwerkbänken vergleichbar ausfallen (Abb. 06/32). Lediglich ihre Tiefe kann geringer als die der Universal-Schülerwerkbank sein (ca. 600 bis 650 mm). Ihre Aufstellung erfolgt meist entlang der Fensterfront, wobei sie maßgenau gefertigt werden

06/32 Reihenwerkbank mit Kleinmaschinen und Zubehörwagen (Weba)

können. Da sie ortsfest aufgestellt sind, bietet es sich an, wandseitig eine Elektro-Installationsleiste (Energieaufsatz) für Stark- und Drehstrom sowie Not-Aus-Schalter anzubringen (Abb. 06/33), sodass Kleinmaschinen und Elektrowerkzeuge an der Werkbank betrieben werden können. Für den Fall, dass keine Elektro-Installationsleiste benötigt oder gewünscht wird, wäre es vorteilhaft, rückwärtig eine durchgehende Abrollleiste vorzusehen, damit keine Kleinteile oder Werkzeuge zwischen Reihenwerkbank und Wand herunterfallen können. Wenn es die örtlichen Verhältnisse zulassen, ist es jedoch günstiger, die Reihenwerkbank nur mit einer Abrollleiste zu versehen und die Elektroinstallationen wandseitig oberhalb in Elektro-Installationskanälen auszuführen.

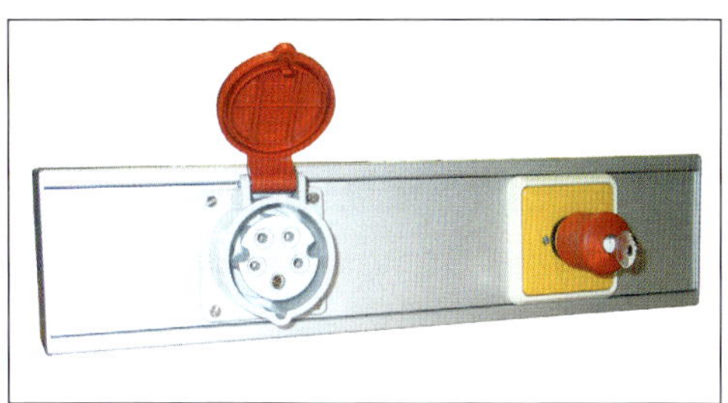

06/33 Elektro-Installationsleiste mit 440-Volt-Anschluss und Not-Aus-Schalter hinter Reihenwerkbank (WPO)

Neben der Aufstellung von Kleinmaschinen (z. B. Tischbohrmaschine, Dekupiersäge, Tellerschleifmaschine), die fest mit der Werkbankplatte verschraubt werden müssen, bietet die Reihenwerkbank auch die Möglichkeit, einen schwereren Schraubstock, möglichst mit einen Schraubstocklift, zu installieren (Abb. 06/34). Es ist dann aber dafür Sorge zu tragen, dass die Reihenwerkbank ausreichend gegen Umkippen gesichert ist, wenn Tischbohrmaschinen, Blechhebelscheren auf ihr oder ein schwerer Schraubstock mit Lift an ihr montiert sind (Hebelwirkung beachten!). Wie schon erwähnt, können an einer Reihenwerkbank bedarfsweise zusätzliche (provisorische) Schülerarbeitsplätze eingerichtet werden, wobei sich dann allerdings Universal-Werkbankplatten mit Führungsschienen oder Exzenterriegeln zur Aufnahme der erforderlichen Zusatzausstattungen anbieten.

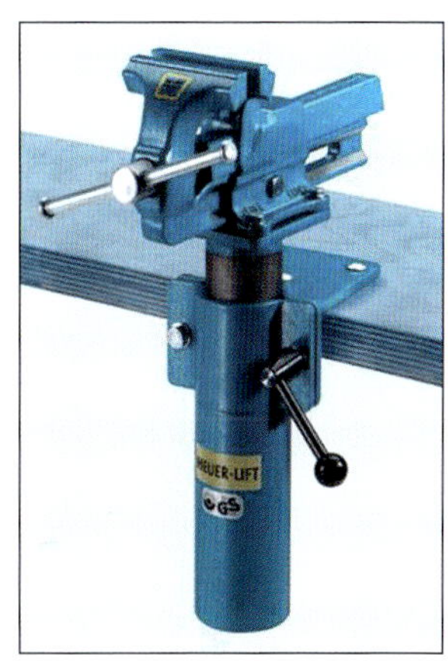

06/34 Schraubstock mit Schraubstocklift (Heuer)

Der freie Raum unter der Reihenwerkbank kann vielfältig durch die Anbringung von Schubladenblöcken zur Unterbringung von Sonderwerkzeugen oder Maschinenzubehör, von Kleinmaterialien und Bauteilen usw. genutzt werden. Auch bietet es sich an, dort Abfallcontainer oder Materialrestebehälter (beide fahrbar) abzustellen oder Plattenmaterialien auf entsprechenden Ablagen zu lagern.

Schließlich kann man erwägen, einen Teil der Reihenwerkbankplatte vollflächig mit verzinktem Blech zu verkleiden, einen Bereich, an dem mit öligen Objekten (Demontagen), mit Wärmequellen (Heißluftpistole, Heizstab) umgegangen wird oder spezielle Lötarbeiten durchgeführt werden.

Übersicht der Anforderungen an eine Reihenwerkbank:

- Werkbankplatte durchlaufend in Buche massiv verleimt, geölt oder Multiplex, ca. 50 mm stark, im Spannbereich oder umlaufend aufgedoppelt
- Maße (L × T × H): angepasste Länge × 600 bis 700 mm × 850 mm
- Aufnahmen für Spannzwingen wie bei Schülerwerkbank, abnehmbar, mit abnehmbaren Kurbeln oder Spannstöcken

- Rückseite mit Abrollleiste oder Energieleiste (230 V, 400 V, Not-Aus-Schalter)
- Bereiche für:
  - Zusätzliche Schülerarbeitsplätze mit Zwinge und Zubehör
  - Stationäre Kleinmaschinenplätze[4]: z. B. Tischbohrmaschine, Kappsäge, Dekupiersäge, Tellerschleifmaschine, Unterschrank für Maschinenwerkzeuge und Zubehör (abschließbar)
  - Absaugung unter der Reihenwerkbank
  - Lötzone: Zinkblechabdeckung, Hartlötgerät mit mobiler Gasversorgung unter der RWK, Unterschrank mit Lötutensilien (abschließbar)
  - Schwerer, höhenverstellbarer Schraubstock, versenkbar in Unterschrank

6.2.3 Lehrerarbeitstisch

Der Lehrerarbeitstisch ist Bestandteil der Theorie- und Instruktionszone (Abb. 06/35). Er ist als multifunktionaler Arbeitsplatz ausgerüstet, an dem auch Experimente und Demonstrationen seitens der Lehrkraft während der Theorie- und Instruktionsphasen stattfinden können und Materialien und Unterlagen aufgelegt werden können.

Zum Lehrerarbeitsplatz gehört heute immer auch ein Internetanschluss sowie Computersystem, das mit einem Beamer und wünschenswerterweise mit einer digitalen Dokumentenkamera (sogenannte Schwanenhalskamera) zur Projektion von Dokumenten und Modellen vernetzt sein sollte.

06/35 Lehrerarbeitstisch mit Spannzange (Weba)

[4] Alternativ zur Befestigung der Kleinmaschinen auf einer Reihenwerkbank ist auch eine häufig gewählte Variante, einige weniger gebrauchte Kleinmaschinen auf fahrbare Maschinentische zu montieren, die nur bei Bedarf eingesetzt werden (mobile Kleinmaschinen). Die Maschinentische müssen eine stabile Konstruktion haben, arretierbare Rollen, eine Werkbankplatte ca. 700 × 700 mm und können mit einer Ablageplatte ausgestattet werden, sodass z. B. eine Absaugung dort Platz findet. Für eine mobile Unterbringung einer CNC-Maschine werden spezielle fahrbare Unterbauten angeboten.

Der Lehrerarbeitstisch muss wegen der vielfältigen Aufgaben, die er zu erfüllen hat, etwas größer als die Schülerwerkbänke sein (L × T × H ca. 2000 × 700 × 800 mm). Statt einer Werkbankplatte ist auch eine mit Kunststoff (z. B. Resopal®) beschichtete, feuchtigkeits-, lösungsmittel- und ölbeständige Platte zu empfehlen. Die Möglichkeit der Applikation von Zusatzausstattungen (siehe „Werkbänke mit Führungsschienen oder Exzenterriegeln") sollten mitbedacht werden, sofern sich die gewählte Werkbankplatte hierzu eignet. Ein abschließbarer Schubladenblock zur Aufbewahrung verschiedener, schnell greifbarer Unterlagen und Medien sollte unbedingt zum Lehrerarbeitsplatz gehören.

Praktisch wäre es, wenn der Lehrerarbeitstisch zusätzlich mit ausziehbaren Tabletts zur Klasse hin ausgestattet ist, um so zusätzliche Ablagefläche für Anschauungsmedien zu gewinnen.

6.2.4 Sitzmöbel

Bekanntlich ist der Technikunterricht ein Fach, bei dem die Schüler nicht still am Platz sitzen, sondern eher bewegt und mobil sind. Das zieht ganz selbstverständlich Konsequenzen für die räumliche Organisation und die Auswahl der Einrichtung nach sich. Während Werkbänke (teilweise) und Schrankmöbel zu den „immobilen" Möbeln zählen, sind die Sitzmöbel gewollt mobil, da sie an wechselnden Orten gebraucht werden können. Es ist völlig normal, dass im Verlauf des Technikunterrichts des Öfteren die Phasen, in denen die Schüler sitzend oder solchen, in denen sie stehend arbeiten, wechseln. Zudem wird von Zeit zu Zeit auch der Aufenthaltsort im Fachraum gewechselt, etwa wenn sich die Schülergruppe von der Praxiszone in die Theorie- und Instruktionszone begibt, im Halbkreis vor der Tafel sitzt oder Erläuterungen vom Lehrer oder Mitschülern folgt. Auch für den Einsatz im eventuell vorhandenen Außenbereich benötigt man bewegliches, leicht transportierbares Sitzmobiliar.

Erfordert die Arbeit den Wechsel von sitzender in stehende Haltung, sollten die Sitzmöbel nicht im Weg stehen und die Arbeit der Schüler nicht behindern, auch sollten sie nicht die Verkehrswege verstellen und auf diese Weise gefährliche Stolperstellen bilden. Andererseits sollten die Sitzmöbel nicht ständig weggeräumt und wieder hervorgeholt werden müssen, was zu viel Unruhe und Zeitverschwendung führen würde.

Schüler wachsen bekanntlich im Laufe ihrer Schulzeit, und zwar recht unterschiedlich. Daraus ergibt sich die Notwendigkeit, dass für den jeweils individuellen Arbeitsplatz die Möglichkeit der Anpassung an die Körpergröße der Schüler besteht. So fordert die Deutsche Gesetzliche Unfallversicherung (DGUV) in ihrer Broschüre „Richtig sitzen in der Schule"[5] bezüglich der Auswahl der Sitzmöbel in Fachunterrichtsräumen: „in Fachunterrichtsräumen möglichst ... höhenverstellbare Stühle". Des Weiteren gilt die Forderung, auf „dynamisches" oder bewegtes Sitzen zu achten, was nicht nur die Konzentration des Schülers erhöht, sondern auch die Belastung der Rückenmuskulatur und der Wirbelsäule verringert. Aufgrund der Spezifik des Technikunterrichts ist die Forderung nach „dynamischem" Sitzen in der Regel erfüllt, und die Schüler bekommen zudem noch Gelegenheit, durch Stehphasen und Bewegung beim praktischen Arbeiten, Rückenmuskulatur und Wirbelsäule unterschiedlich zu be- und entlasten.

[5] BAGUV 1999/2008

Was nun die Auswahl der Sitzmöbel betrifft, sollten folgende Kriterien Berücksichtigung finden:

- sicherer Stand
- Höhenverstellbarkeit
- robuste Konstruktion
- ergonomische Gestaltung

Eine weitere Frage, die es zu beantworten gilt, lautet: „Stuhl oder Hocker für den Technikbereich?" Die Erfahrung spricht eher für Hocker[6], die von den Schülern leicht zu bewegen sind, ein dynamisches Sitzen ermöglichen und bei Bedarf unter die Werkbank geschoben werden können. Der Nachteil der fehlenden Lehne kann dadurch kompensiert werden, dass sich die Schüler je nach Unterrichtssituation auch einmal mit dem Rücken zur Werkbank setzen können, um sich dort anzulehnen.

Der in vielen Technikfachräumen anzutreffende Standardhocker hat vier Stahlrohrbeine und einen schichtverleimten, runden Holzsitz mit einer Sitzmulde (Abb. 06/36). Er ist stapelbar und in verschiedenen Sitzhöhen (450 bis 550 mm) lieferbar. Die starren Sitzhöhen stellen einen gewissen Nachteil dar, weil sie nur eine eingeschränkte Anpassung zulassen. Als Vorteil gelten das geringe Gewicht, ein sicherer Stand bei gleichzeitig hoher Stabilität und der günstige Preis. Die Stabilität wird durch die Verwendung von miteinander verschweißten Stahlrohrprofilen mit einer Wandungsstärke von mind. 2 mm und durch die feste Verschraubung mit der Sitzplatte erreicht.

Eine gewisse Alternative stellen sog. Bandstahlhocker dar, die ebenfalls eine hohe Stabilität und festen Stand bei nicht allzu hohem Gewicht aufweisen und die ebenfalls in unterschiedlichen, festen Sitzhöhen lieferbar sind (Abb. 06/37). Der Sitz besteht ebenfalls aus schichtweise verleimtem Holz mit Sitzmulde. Der Nachteil ist, dass sie sich nicht stapeln lassen.

Eine weitere Alternative stellt ein in der Höhe stufenlos verstellbarer Drehspindelhocker dar, ebenfalls mit runder, schichtverleimter Sitzplatte mit Sitzmulde (Abb. 06/38). Er muss aus Gründen der Standsicherheit zwingend über ein fünfstrahliges Fußgestell verfügen. Auf eine verdeckte Gewindespindel und eine Ausdrehsicherung sollte unbedingt Wert gelegt werden. Drehspindelhocker mit Rollen sind für den Gebrauch im Technikfachraum nicht geeignet.

06/36 Standardhocker (Weba)

06/37 Bandstahlhocker (Weba)

06/38 Drehspindelhocker, stufenlos höhenverstellbar (Weba)

[6] Maße für Stühle und Hocker finden sich in der europäischen Norm DIN EN 1729-1von 2012, die um die Begriffe „Hocker" und „Hochstuhl" sowie um den neuen Anhang F „Funktionsmaße von Hockern und Hochstühlen" ergänzt wurde.

Drehspindelhocker gibt es auch mit Sicherheits-Gasdruckfeder, was die stufenlose Höhenverstellung zwar erleichtert, jedoch ist, abgesehen vom höheren Anschaffungspreis, der robustere, mit weniger Verschleißteilen versehene Drehspindelhocker dem mit der Gasdruckfeder vorzuziehen. Der Nachteil des Drehspindelhockers liegt in seiner ebenfalls nicht gegebenen Stapelbarkeit und dem konstruktionsbedingten höheren Gewicht.

Für den Lehrerplatz und für die Informations- und Selbstlernzone sollten höhenverstellbare Arbeitsstühle entweder mit Drehspindel oder Gasdruckfeder zur Verfügung stehen.

6.2.5 Schrankmöbel

Unübersichtlichkeit und Chaos bei der Aufbewahrung von Werkzeugen und Kleinmaschinen, der Lagerung von Material und Bauteilen, aber auch von Schülerarbeiten, erweist sich immer wieder als ein sehr ärgerliches Problem im Technikunterricht. In keinem anderen Unterrichtsfach müssen Lehrer wie Schüler mit so vielen Materialien, Werkzeugen, Objekten, Konstruktionsmedien usw. umgehen, wie in diesem Fach. Jeder Technikfachraum muss daher zwingend über ausreichend Schrankraum verfügen, um alle die für den Unterricht unmittelbar benötigten Mittel unterzubringen, um auf sie jederzeit zielgerichtet zugreifen zu können.

Schränke mit sinnvollen Einteilungen gewährleisten eine geordnete, sichere und vor unbefugtem Zugriff weitgehend geschützte Unterbringung. Eine offene Lagerung in Regalen verbietet sich gleich aus mehreren Gründen: unkontrollierter Zugriff, chaotische Lagerung, Unübersichtlichkeit und Gefahr der Verschmutzung/Verstaubung der Lagerobjekte. Offene Regale im Technikfachraum sollten daher nur provisorische Übergangslösungen darstellen, es sei denn, durch passende Behältersysteme und klar ausgewiesenen Zuordnungen der Lagermaterialien wird eine chaotische Lagerung ausgeschlossen. Ihre eigentliche Funktion erfüllen offene Regale im Lager/Magazin eventuell noch im Vorbereitungs- und Sammlungsraum.

Für die vielfältigen Unterbringungsbelange bieten die Fachraumausstatter heute sehr ausgetüftelte, funktionale Lösungen an, was sich in sehr differenzierten Innenaufteilungen in Verbindung mit Werkzeugordnungssystemen äußert (Abb. 06/39 a), Seite 108 und b), Seite 109). Schrankmöbel stellen so gesehen ein eigenes Unterbringungssystem dar, das sehr sorgfältig geplant und an die vorhandenen Raumverhältnisse angepasst werden muss. Hinsichtlich der Qualität des Schrankmöbels (insbesondere Materialstärken, Oberflächenbeschaffenheit, Verarbeitung, Beschläge, Schlösser betreffend) gilt zu bedenken, dass es bei der gegebenen intensiven Nutzung seinen Dienst Jahrzehnte erfüllen muss. Auch hier sind billige, minderqualitative Angebote abzulehnen. So wird empfohlen nur solche Fabrikate anzuschaffen, bei denen der Korpus und die Türen aus Tischlerplatten oder Feinspanplatten von mind. 19 mm Stärke gefertigt sind, die Rückwände möglichst aus Sperrholz und wegen der hohen Beanspruchung im Unterricht sehr stabile Bänder oder Scharniere (mindestens drei pro Tür) aufweisen müssen.

Die planen und glatten Schrankoberflächen tragen zu einem geschlossen, ästhetisch befriedigenden Raumbild[7] bei (Abb. 06/40, S. 110), die innere Systematik der Unterbringung vermittelt den

7 Hierzu äußern sich Roth/Steidle 1968, S. 37: „Von Bedeutung ist die Einordnung der Schränke in das Raumbild. Funktionale Gesichtspunkte – guter Zugang von allen Arbeitsplätzen, eine breite Verkehrszone, die durch geöffnete Türen nicht beeinträchtigt wird (Türkonstruktion!), zusammenhängende Schrankelemente (leichte Reinigung, keine Schmutzecken) – und ästhetische Überlegungen können als wesentliche Gestaltungsprinzipien betrachtet werden."

06/39 a) Werkzeugschrank mit funktionaler Innenaufteilung (Weba)

06/39 b) Materialschrank, leer (Famos)

06/40 Schrankwand, klares Raumbild (Weba)

Schülern eine Vorstellung von Funktionalität mit Aufforderungscharakter, diese vorgegebene Ordnung auch einzuhalten. Damit erfüllt ein solches Schranksystem auch eine pädagogische Aufgabe.

Als im Vordergrund stehende Empfehlung gilt, so viel Schrankraum wie möglich zu schaffen, angepasst an die räumlichen Gegebenheiten und das vorhandene Einrichtungsbudget. Das Schranksystem sollte Erweiterungen und Ausbau zulassen und daher nach dem Baukastenprinzip konstruiert sein. Zu empfehlen sind wandhohe Schränke (Schrank plus Aufsatzschrank), um möglichst viel Stauraum zu gewinnen. Aufsatzschränke benötigen eine in einer Laufschiene und mit dieser fest verbundenen, fahrbaren Leiter oder eine abnehmbare, in ein Einhängerohr eingehängten (Abb. 06/41). Für die fahrbare Leiter muss bedacht werden, dass über die gesamte Schrankfront immer ausreichend Platz vor den Schränken vorhanden ist. Die preiswertere Einhängeleiter muss zwar zum Einsatzort getragen werden, ist dafür aber flexibler einzusetzen. In den Aufsatzschränken können Materialien, Modelle, Realobjekte, usw. untergebracht werden, die eher selten gebraucht werden.

06/41 In Einhängerohr eingehängte Leiter für Oberschränke (Weba)

Die Schränke müssen abschließbar sein und praktischerweise mit gleichschließenden Schlössern versehen sein. Benötigt man einen Schrank als Lehrerschrank, sollte der dann ein gesondertes Schloss erhalten. Die Türen, sofern man die Türvariante Drehtür wählt[8], sollten sich mindestens > 180° öffnen und zur Seite klappen lassen, um im geöffneten Zustand nicht in den Raum zu ragen. Für die Aufsatzschränke eignen sich Drehtüren weniger gut (Verletzungsgefahr). Hier sind sich Schiebe- oder Jalousietüren die bessere Lösung.

Das Schranksystem ist aber nur so gut wie sein Innenleben. Es muss immer zusammen mit dem für den Technikunterricht geeigneten bzw. vorausgewählten Ordnungssystemen geplant werden. Für die Unterbringung von Werkzeugen hat sich als Ordnungssystem für die Standardwerkzeuge, die im Klassensatz benötigt werden, das Blocksystem[9] (Abb. 06/42) bewährt. Für das gesamte Grundwerkzeug im Klassensatz reichen erfahrungsgemäß vier bis fünf laufende Meter Werkzeugschrank mit unterschiedlichen Einteilungen. Da aber nicht nur Handwerkzeuge untergebracht werden müssen, sondern auch Handmaschinen[10], verschiedene Materialsortimente, Hilfsstoffe und Konstruktionsmedien, ist an weitere, angepasste Inneneinteilungen wie z. B. Auszüge für die elektrischen Handmaschinen (Abb. 06/43) und Lötstationen, ausziehbare Fachböden für Sortimentkästen, Bauteile, Konstruktionsbaukästen, Regalböden für Materialboxen, usw. zu denken.

06/42 Blocksystem für Elektrotechnik-Werkzeuge (Famos)

06/43 Werkzeugschrank mit Auszügen für elektrische Kleinmaschinen (Weba)

Anforderungen:

- Stabiler, gesockelter Schrankkorpus, Ausführung furniert oder mit abriebfestem Kunststoff beschichtet
- Sockel fest mit Schrankkorpus verdübelt
- Alle Kanten mit Vollholz-Umleimern
- Drehtüren mit robusten Bändern (drei pro Seite) und Stangenschloss, Öffnungswinkel > 180°
- Bei Sammlungsschränken Rahmenglastüren mit Sicherheitsglas
- Alle Schränke abschließbar, gleichschließende Qualitätsschlösser
- Fachböden feinschrittig verstellbar, furniert/beschichtet mit Umleimer
- Fachböden für die Aufnahme der Werkzeugblöcke und anderer schwerer Ausstattungen gegen Durchhängen verstärkt
- Möglichkeit des Einbaus von ausziehbaren, auf Teleskopschienen geführten Fachböden und Schubladen

8 Neben den gängigen, bewährten Drehtüren werden auch Schiebe- und Jalousientüren angeboten.

9 Siehe ausführlich bei „Ordnungssystemen, Seite 169

10 Eine gute Idee ist es, wenn die Ladestationen für die akkubetriebenen Handmaschinen in den Schrank integriert sind.

6.3 Einrichtungsgegenstände eines Maschinenraums

Die Hauptausstattung des Maschinenraums bilden selbstverständlich die Maschinen mit ihren unterschiedlichen Funktionen. Sie werden im Einzelnen in Kapitel 10 ausführlich behandelt. An dieser Stelle geht es um die weiteren Einrichtungsgegenstände dieses Raums, der ja im Wesentlichen als Arbeitsraum der Lehrkräfte für die Unterrichtsvorbereitung fungiert.

Da im Maschinenraum auch kleinere Mengen von Material gelagert wird, sind Einrichtungen für die Unterbringung von Plattenzuschnitten (Holzwerkstoffe), Leisten und Vollholzabschnitten zu schaffen. Für die Plattenzuschnitte bzw. Reststücke sollte ein entsprechendes Regal oder ein Ständer vorhanden sein, welche eine senkrechte Lagerung des Plattenmaterials ermöglichen (Abb. 06/44). Für Profile und Leisten geringer Abmessung (bis etwa 100 cm) eignen sich spezielle Ständer oder Köcher (Abb. 06/45), für kurze Abschnitte eine oder mehrere Aufbewahrungsboxen (z. B. stapelbare Sichtlagerkästen) (Abb. 06/46). Die Lagermöglichkeiten der angesprochenen Materialien lassen sich meist auch ohne großen Aufwand in Eigenarbeit herstellen, was den Vorteil hat, dass sie optimal an die Raumsituation angepasst werden können.

06/44 Plattenständer, auch auf Rollen möglich (Weba)

06/45 Leisten- und Rundholzwagen (Famos)

06/46 Sichtlagerboxen für Abschnitte und Kleinmaterialien (Weba)

Im Maschinenraum wird mindestens eine Schrankeinheit für die Unterbringung von Maschinenwerkzeugen, Maschinenzubehör und alle für die Wartung und Pflege der Maschinen erforderlichen Werkzeuge, Materialien und Hilfsmittel benötigt. Dafür eignet sich ein Metallschrank gut, der weniger empfindlich gegenüber mechanischen Beanspruchungen ist; denn es muss davon ausgegangen werden, dass beim Hantieren mit größeren Materialzuschnitten auch das Schrankmöbel in Mitleidenschaft gezogen wird.

Das Mobiliar des Maschinenraums umfasst auch eine Universal-Werkbank. Für diesen Fall eignet sich jedes der vorgestellten Werkbanksysteme.

Da im Maschinenraum Späne und Materialabschnitte anfallen, die nicht weiter verwendet werden können und Reste, die als Wertstoffe gelten, versorgt werden müssen, ist es praktisch, diese in Abfall- und Wertstoffbehältern (zum leichteren Abtransport auf Rollen) zu sammeln (Abb. 06/47).

06/47 Abfall- und Wertstoffbehälter (Famos)

6.3.1 Elektroinstallationen

Für die Elektroinstallationen gilt bauseits grundsätzlich das gleiche wie bei allen anderen Räumen, mit einem Unterschied, dass die meisten Maschinen nicht mit Wechsel- sondern mit Drehstrom betrieben werden. Zu sorgen ist für eine zentrale Zu- und Abschaltung (abschließbar) mit Not-Aus-Schalter (entsprechend DIN EN 60 204-1) und das zusätzliche Vorhandensein von Not-Aus-Schaltern an den Maschinen und an gut und schnell zugänglichen Stellen im Raum. Die elektrischen Anschlüsse für die Maschinen müssen so gelegt sein, dass keine Stolperstellen durch frei liegende Leitungen entstehen. Wie in allen anderen Räumen ist auch hier die Elektroinstallation ausschließlich Sache eines Fachbetriebs.

6.4 Einrichtungsgegenstände eines Feinarbeitsraums

Es wurde bereits erwähnt, dass sich der Feinarbeitsraum in seiner Funktionalität und seiner Möblierung nicht grundsätzlich vom universellen Technikfachraum unterscheidet. Unterschiede ergeben sich aus den im Feinarbeitsraum stattfindenden speziellen Aktivitäten, die wiederum Folge eines eingeschränkten Inhaltsspektrums sind. Der Name dieses Fachraums ist somit Programm. Auf eine Test- und Erprobungszone sowie eine Selbstlernzone kann verzichtet werden, die anderen Funktionszonen finden sich auch hier, jedoch teilweise in anderer Ausstattung.

6.4.1 Variable Praxiszone

Diese als zentrale Arbeitszone definierte Zone wird nun nicht mehr mit Werkbänken sondern mit Schülerarbeitstischen ausgestattet, die gleichermaßen für alle anfallenden ‚Feinarbeiten' geeignet sind. Sie sollten mit einer durchgehenden, kunststoffbeschichteten, wärme- und

06/48 Schülerarbeitstisch (Weba)

lösungsmittelresistenten oder Multiplex-Arbeitsplatte versehen sein. Die Abmessungen entsprechen denen der Werkbänke (1500 × 700 × 850 mm). Auf Spannzangen an den Arbeitstischen kann verzichtet werden (Abb. 06/48).

06/49 Höhenverstellbarer Drehstuhl mit Rückenlehne (WPO)

Da im Feinarbeitsraum in den meisten Fällen im Sitzen gearbeitet wird, bieten sich statt der Werkstatthocker höhenverstellbare Drehstühle mit Rückenlehne an, wodurch eine Höhenverstellung der Tische kompensiert werden kann (Abb. 06/49).

6.4.2 Schrankzone

Der auch hier erforderliche Schrankraum ist hinsichtlich seiner Inneneinteilung auf die für die hier stattfindenden Arbeiten und die dafür benötigten Werkzeuge, Vorrichtungen, Maschinen, Kleinmaterialien usw. abzustimmen. Für den Unterricht mit elektrischen, elektromechanischen und elektronischen Aufgaben sind Unterbringungsmöglichkeiten für Netz- und Messgeräte, Messzubehör, alle Arten Elektrowerkzeuge und Bauteile zu berücksichtigen. Technische Konstruktionsbaukästen, Medien zur Robotik, Demontagemedien samt zugehörigem Werkzeug sind ebenso unterzubringen wie Hard- und Software für das Arbeiten mit dem Computer (CAD, Steuern und Regeln, Messen, Dokumentieren, Texten, Präsentieren).

Um im Unterricht möglichst variabel zu sein und um den Raum möglichst flexibel nutzen zu können, ist zu überlegen, statt stationäre Computerarbeitsplätze zu installieren, Notebooks mit dazu passendem, fahrbaren Notebook-Schrank anzuschaffen, die dann auch anderweitig, z. B. im Technikfachraum, benutzt werden könnten (Abb. 06/50). Damit nicht ständig der Ladezustand der Notebook-Akkus überprüft werden muss, sollte der Aufbewahrungsschrank möglichst über Lademöglichkeiten, Strombegrenzer und Timer verfügen.

06/50 Notebook-Schrank mit Ladefunktion (Weba)

6.4.3 Elektroinstallationen

Die Stromversorgung an den Schülerarbeitsplätzen erfolgt wie im Technikfachraum über höhenverstellbare Strom-Hängeampeln mit 230-Volt-Mehrfachsteckdosen. Für den Anschluss von Computern und Computerperipherie sind gesondert abgesicherte Schukosteckdosen vorzusehen. Verfügt die Schule über ein internes Netz (Intranet), sind die Anschlüsse der Computerstromversorgung und die Netzanschlüsse ortsnah zusammenzulegen. Bezüglich der Versorgung der Schülerarbeitsplätze mit Kleinspannung wird der Einsatz von Netzgeräten präferiert, nicht nur aus Gründen der Unfallverhütung (Verwechslung der Anschlüsse bei in Hängeampeln oder in Energiekanälen fest installierte Starkstrom- und Kleinspannungsdosen), sondern auch aus grundlegenden didaktischen Überlegungen, die für den verständigen Umgang mit Netz- und Messgeräten Unterrichtsinhalt des Technikunterrichts sind.

6.4.4 Instruktionszone

Der diesem Bereich auch zugehörige Lehrerarbeitstisch wurde weiter oben bereits beschrieben (siehe Seite 104 f.). Anschlüsse für Computer, Internet und Intranet sind obligatorisch. Beherrschendes Ausstattungselement ist auch heute meist noch die klassische Wandtafel, z. B. als Schiebetafel mit dahinter oder daneben befindlicher Projektionsfläche, als Klapp-Schiebe-Tafel, aber inzwischen oft bereits als Whiteboard oder als interaktives Whiteboard mit Ultrakurzdistanzprojektor[11]. Wandtafeln sollten aber, um ihre Einsatzmöglichkeit voll ausschöpfen zu können, magnethaftend sein. Für den Technikunterricht im Feinarbeitsraum ist auch eine Dokumentenkamera (auch „Visualizer" oder Schwanenhalskamera) empfehlenswert, mit der man schriftliche oder zeichnerische Vorlagen, aber auch dreidimensionale Objekte (z. B. Modelle, Schaltungen, Bauteile) direkt groß projizieren kann. Sie ergänzen den Beamer, der bekanntlich nur digital aufbereitete Daten und Informationen zu projizieren vermag.

6.4.5 Kleinmaschinenzone

Wie bereits im Technikfachraum wird auch hier die Aufstellung einer Reihenwerkbank mit massiver Werkbankplatte empfohlen, die je nach räumlicher Gegebenheit vor einer Fensterfläche oder einem freien Wandabschnitt platziert werden sollte. Ihre Ausstattung entspricht der auf den

11 Vgl. hierzu Schray/Goreth 2016 und 2017

Seiten 102 f. wiedergegeben Beschreibung von Reihenwerkbänken. Sie dient zur Aufstellung von Kleinmaschinen, zu denen neben den für die Arbeiten im Feinarbeitsraum erforderlichen stationären Maschinen (Ständerbohrmaschine, Dekupiersäge) inzwischen standardmäßig auch eine oder mehrere CNC-Maschinen (möglichst schallschluckend eingehaust) und ggf. auch ein 3-D-Drucker gehören.

6.4.6 Nasszone

Im Feinarbeitsraum wird die Nasszone hauptsächlich zu hygienischen Zwecken, zum Händewaschen benötigt. Entsprechend kann sie dimensioniert werden und mit Seifen- und Handtuchspender ausgestattet werden. Die Aussagen zur wasserfesten Wand- und Fußbodenausrüstung gelten gleichlautend wie beim Technikfachraum.

6.5 Einrichtungsgegenstände eines Sammlungs- und Vorbereitungsraums

Der Sammlungs- und Vorbereitungsraum hat eine unbestreitbar wichtige Stellung innerhalb des Lehrgeschehens. Seine Funktion ist aus der Bezeichnung bereits ablesbar.

Die vielfältigen Medien des Technikunterricht finden hier ihren Ort, wozu am besten Sammlungsschränke geeignet sind, wie wir sie aus den naturwissenschaftlichen Fächern kennen: Sammlungsschränke mit Glaseinsätzen in den Türen, um schnell die gesuchten Objekte zu finden (Abb. 06/51). Für selten gebrauchte Werkzeuge und Vorrichtungen gehört ein Werkzeugschrank zur

06/51 Sammlungsschränke und Einrichtungen für Sammlungs- und Vorbereitungsraum (Weba)

Möblierung dieses Raums. Für jede Art Fachakten und Nachschlagwerke (z. B. Kataloge, Fach- und Schulbücher) bedarf es eines weiteren Schrankes oder eines Regals. Offene Regale ergänzen den Stauraum, um sperrige Modelle und Realobjekte aufzunehmen.

Für Wartungs- und Reparaturarbeiten wird eine Werkbank mit abnehmbarem Schraubstock, sowie einem abgestimmten Werkzeugsortiment benötigt. Dieses muss nicht zwingend in einem Werkzeugschrank untergebracht werden, sondern, um einen schnellen Zugriff zu gewährleisten und wegen des nicht allzu großen Sortiments, eignet sich auch eine Werkzeugtafel über der Werkbank (Abb. 06/52). Das Werkzeug sollte eine Farbkennzeichnung erhalten, um seine Zugehörigkeit zur Ausstattung des Sammlungs- und Vorbereitungsraum kenntlich zu machen.

06/52 Werkzeugtafel (Eigenbau) für Vorbereitungsraum (Ausschnitt)

Wenn es die Raumverhältnisse zulassen, könnte ein Sitzungsbereich für das Fachkollegium eingerichtet werden.

Zum Sammlungs- und Vorbereitungsbereich gehören immer auch Transportmittel, wofür ein oder zwei Transportwagen gut geeignet wären (Abb. 06/53).

06/53 Transportwagen (WPO)

6.6 Einrichtungsgegenstände eines Lagers/Magazins

Die Möblierung des Lagerbereichs besteht in erster Linie aus offenen Stahlregalen (Abb. 06/54), wobei man möglichst ein System wählen sollte, bei dem die Fachböden einfach und ohne Werkzeug montiert und bedarfsweise versetzt werden können. Die Lagerregale müssen, wie auch alle anderen Lagermöbel, gegen Umkippen gesichert sein. Für größere Zuschnitte wie Plattenmaterialien sollte ein Plattenständer (Abb. 06/55) angeschafft werden. Brettware, Profile in größeren Längen, Rohre usw. lassen sich am besten auf Kragarmregalen (Abb. 06/56) lagern. Diese sollten Sicherungen haben, damit kein Langmaterial herabfallen kann. Lagerboxen in verschiedenen Größen und Farben eignen sich zur Unterbringung alles dessen, was an Kleinmaterialen, Zuschnitten, Bauteilen, Profilen usw. anfällt.

06/54 Lagerregal mit Diagonalaussteifung (Weba)

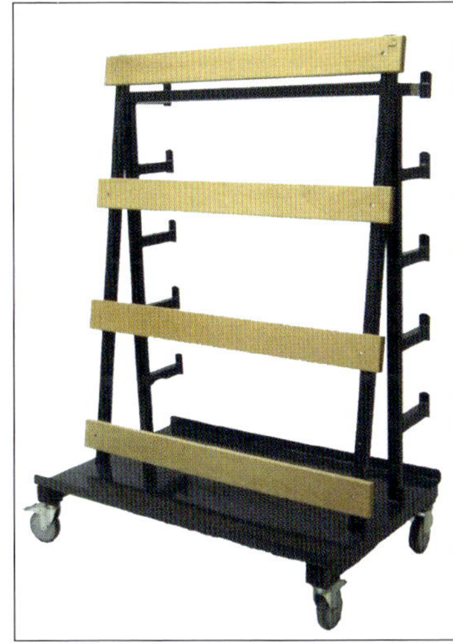

06/55 Plattenwagen mit integriertem Langgutregal (Famos)

06/56 Kragarmregal für Langware (Famos)

Zwischen den Regalen sollte ein freier Durchgang von mindestens 1,10 m bestehen. Alles Material und alle zu lagernden Objekte sind so unterzubringen, dass keine Gegenstände in den freien Verkehrsraum ragen (Verletzungsgefahr).

Für Farben (auch in Sprühdosen/Aerosolpackungen), Lösungsmittel, Öle und Schmiermittel, Chemikalien, Klebstoffe und Gaskartuschen muss aus Sicherheitsgründen ein gesonderter Aufbewahrungsort im Lagerbereich vorgesehen werden. Da es sich diesbezüglich in der Regel um Kleingebinde mit kurzer Lagerdauer handelt, könnten diese z. B. in einem abschließbaren Metallschrank untergebracht werden[12]. Es versteht sich von selbst, dass Chemikalien und alle ätzenden und brennbaren Flüssigkeiten die im Technikunterricht zum Einsatz kommen, nur in Originalbehältern mit originaler Beschriftung aufbewahrt werden dürfen.

6.7 Einrichtungsgegenstände eines Computerraums (optional)

Der Computerraum um den es hier geht, steht allen Fächern und somit auch dem Technikunterricht zur Verfügung. Ist ein Feinarbeitsraum vorhanden, entfällt diese Notwendigkeit unter der Maßgabe, dass eine entsprechende Ausstattung an Computern/Notebooks vorhanden ist. Ein Vorschlag zur räumlichen Organisation eines gesonderten, fachübergreifend genutzten Computerraums findet sich auf Seite 85 ff.

Das dort vorgestellte Funktionsschema geht von einer „Konstruktions- uns Arbeitszone“ aus, die den zentralen Bereich bildet. Sie ist mit Arbeitstischen mit kunststoffbeschichteten Tischplatten und höhenverstellbaren Drehstühlen ausgestattet. Wandseitig finden sich die Computerarbeitsplätze samt Drucker. Auch sie erhalten die gleichen Schüler-Arbeitstische. Schrankmöbel zur

12 Bezüglich der Lagerung von Kleinmengen siehe VBG: „Gefahrstoffe sicher lagern“, Stand Juni 2012, S. 6; ausführlich in „Technische Regeln für Gefahrstoffe. Lagerung von Gefahrstoffen in ortbeweglichen Behältern“, TRGS 510, Stand Januar 2013.

Aufbewahrung von Software, Handbüchern, Druckermaterialien, Baukästen zur Robotik, Utensilien für die technische Informatik, Netzgeräte usw., kurz alle Medien und Hilfsmittel für den Unterricht mit Computern im Technikunterricht geben den sicheren Ort ihrer Unterbringung ab. Da auch andere Fächer Zugang zum Computerraum haben, sind auch für sie Unterbringungsmöglichkeiten zu planen. Zu empfehlen sind auch hier Sammlungsschränke mit Türen mit Glaseinsätzen und Aufsatzschränken.

Die Instruktionszone erhält die bereits mehrfach beschriebene Ausstattung mit Whiteboard (hier wenn möglich interaktiv), Dokumentenkamera, Beamer, Multimediaplayer sowie einen Lehrerarbeitsplatz.

6.7.1 Elektro- und Datenleitungsinstallationen

Die Arbeitszone wird mit Stromhängeampeln (230 V) versorgt. Die wandseitigen Computerarbeitsplätze erhalten ihre Stromversorgung über eine fest installierte Energieleiste mit ausreichend vielen Steckdosen, die gesondert abgesichert und möglichst für den Fall eines plötzlichen Stromausfalls batteriegepuffert sind. In der Energieleiste befinden sich auch die Anschlüsse für das schulische Intranet sowie der Internetzugang, sofern dieser nicht über einen schuleigenen Hotspot erfolgt. Mit Not-Aus-Tastern an gut und schnell zugänglichen Stellen müssen alle Arbeitsstromkreise allpolig abgeschaltet werden können. Ein zentraler Schlüsselschalter für die Stromversorgung mit Anzeige des Betriebszustandes ist unbedingt vorzusehen.

Bei der Beleuchtung ist unbedingt darauf zu achten, dass diese blendfrei und sich nicht auf dem Bildschirmen spiegelt.

6.8 Einrichtungsgegenstände eines Keramik-/Brennraums (optional)

Für den Fall, dass der Brennofen nicht im Lagerraum untergebracht werden kann, sollte ein separater Brennraum eingerichtet werden. Das kann ein Raum im Keller sein, sofern eine Brenngaswegführung installiert ist. Der Brennraum wird vom Fach Kunst mitbenutzt.

Neben dem Brennofen bedarf es Ablagen und Stauraum für ungebrannte und gebrannte/glasierte Tonwaren. Hierfür haben sich einfache Tische (möglicherweise ausrangiertes Mobiliar) und ein Stahlregal mit verzinkten Regalböden bewährt.

Für den Brennofen ist meistens ein Drehstromanschluss (400 V) erforderlich, bei solchen, die mit 230 V betrieben werden können, ist eine entsprechend hohe Lastaufnahme zu berücksichtigen.

Für den Brennraum ist nur ein Handwaschbecken vorzusehen. Sollte aber ein extra Keramikraum eingerichtet werden können, wird eine größere Nasszone benötigt werden. Siehe hierzu die Ausführungen in Kapitel 5 zur Nasszone, die dann aus einem Wasserbecken mit Hahnenbank und Absetzbecken (Schlammfang) verfügen muss (Abb. 06/57, S. 121).

06/57 Nasszone für Keramikraum mit Absetzbecken (Schlammfang) (Weba)

6.9 Außenbereich (optional)

Ein Außenbereich, der an das Fachraumsystem anschließt und von dort erschlossen wird, ist als „Sommerwerkstatt" nutzbar, kann aber aufgrund situativer Gegebenheiten nicht an jeder Schule realisiert werden. Dennoch wird er hier empfohlen, weil das Arbeiten im Freien für die Schüler eine willkommene Abwechslung bedeuten kann und bestimmte Arbeiten, die starken Schmutz (Arbeiten mit Beton, Gips) oder störende Emissionen (Lackierarbeiten) verursachen oder die vorhanden Dimensionen des Technikfachraums sprengen würden (Aufgaben zur Bautechnik, Demontage größerer Realobjekte, Fahrradwerkstatt), praktischerweise nach draußen verlagert werden könnten.

Bezüglich der Möblierung des Außenbereichs ist auf die Verbindung zum Technikfachraum hinzuweisen. Werkzeuge und Gerätschaften, Material und Hilfsmittel können mit Transportwagen nach draußen transportiert werden. Teilarbeiten, die an Werkbänken oder an Maschinen erfolgen müssen, finden drinnen statt, Montagearbeiten werden nach draußen verlegt. Der Zugang zu und vom Technikfachraum soll ebenerdig ohne Schwelle gestaltet sein. Das ist für den Transport von Werkzeugen, Bauteilen, Materialien nach draußen von Vorteil.

Will man den Außenbereich dennoch möblieren, dann müssten, spezielle, möglicherweise fest installierte Werkbänke oder Arbeitstische angeschafft werden, die allen in unseren Breiten üblichen Wetterbedingungen widerstehen könnten. Wählt man keine wetterfesten Werkbänke, müssten diese sehr aufwendig gepflegt und gegen Regen und Schnee geschützt werden, ein Aufwand, der unverhältnismäßig hoch ist und neben dem laufenden Lehrbetrieb nur schwer zu bewältigen ist.

Wenn man sich dann doch für Freiluft-Werkbänke entscheidet, müsste sie folgende Mindestanforderungen erfüllen: Gestell aus verzinktem, stabilem Vierkantrohr (60 × 60 mm) mit Queraussteifung und Niveauausgleich, die Bank-/Tischplatte (1500 × 700 mm) aus wetterfestem Material[13] ggf. mit Metallrahmen als Kantenschutz. Inwieweit Werkbänke solcher Art realisiert werden können, hängt nicht zuletzt vom Budget ab, denn es wird sich hierbei wohl um nicht ganz billige Spezialanfertigungen handeln. Dieses Problem haben die Autoren ROTH/STEIDLE[14], die sich mit einiger Ausführlichkeit zu einem Außenbereich („Werkhof") geäußert haben, umgangen, indem die auf eine Möblierung vollkommen verzichtet und nur auf bewegliches Sitzmobiliar aus dem „Werkraum" zurückgegriffen haben.

Eine gut geeignete Alternative zu teuren Spezialanfertigungen wären Arbeitstische, deren „Tischplatte" aus verzinkten Gitterrosten (Lichtgittern) bestünden, die sich z. B. sehr gut für Montagearbeiten an größeren Objekten eignen würden. Sie lassen sich für andere Arbeiten einfach mit einer leichten, mobilen Abdeckung versehen, die bei Nichtgebrauch im Lager untergebracht werden kann.

Ein Wasseranschluss mit großem Becken sollte unbedingt vorgesehen werden. Das Absperrventil muss innen im Technikfachraum liegen. Gleiches gilt für den erforderlichen Außen-Elektroanschluss (Stromversorgung z. B. für elektrische Handmaschinen), der ebenfalls von innen zentral zu- und abzuschalten sein muss.

06/58 Werktische für einen Außenbereich (Famos)

[13] Die Firma Famos bietet diesbezüglich eine Bankplatte aus Polymerbeton (Abb. 06/58) an, ein Material, das z. B. für Entwässerungskanäle und für Balkonplatten Verwendung findet. Wegen seiner Kunstharzbindung nimmt es kaum Wasser auf, ist daher frostfest, resistent gegen viele Chemikalien und Säuren, umweltverträglich und langlebig. Da seine Zug- ebenso wie seine Biegefestigkeit niedrig ist (im Gegensatz zu seiner Druckfestigkeit) muss er wie jeder freitragende Beton bewehrt werden.

[14] Vergl.: Roth/Steidle 1968, S. 55-57

7 Handwerkzeuge

7.1 Grundsätzliches für die Beschaffung

In erster Linie gilt, es sollte nur Qualitätswerkzeug, am besten in sogenannter Handwerker-Qualität angeschafft werden!
Werkzeuge für den Einsatz in der Schule müssen in allen Teilen qualitativ hochwertig und robust sein. Es ist davon auszugehen, dass die Werkzeuge von den Schülern nicht immer sachgerecht und pfleglich gehandhabt werden. Daraus kann man den Schülern nicht immer einen Vorwurf machen, denn sie sind meist Laien in puncto Werkzeugbenutzung. Damit unterliegt das Werkzeug zwangläufig einem größeren Verschleiß. Darüber hinaus muss es viele Jahre seinen Dienst tun. Funktionsuntüchtige oder auch stark abgenutzte, stumpfe Werkzeuge bergen zudem ein hohes Unfallrisiko.

Vorsicht bei billigen Sonderangeboten von „No-Name-Werkzeug“ und auch bei Komplettangeboten für ganze Fachraumbereiche!
Sonderangebote erfüllen meistens nicht die wünschenswerten und für den Schulbetrieb erforderlichen Qualitätsmaßstäbe. Vielfach sind darunter auch „Auslaufmodelle“ zu finden, bei denen sich eine Ersatzbeschaffung oft schwierig oder gar unmöglich gestaltet. In „wohlfeilen“ Komplettangeboten können auch Posten von Billigwerkzeugen minderer Qualität versteckt sein. Schließlich enthalten Komplettangebote oft auch Werkzeuge, die gar nicht oder gar nicht mehr für den Technikunterricht erforderlich sind.

An erster Stelle sollte nur ein genau festgelegtes Sortiment von guten Grundwerkzeugen angeschafft werden, mit denen alle anliegenden Unterrichtsinhalte abgedeckt werden können!
Mit den Grundwerkzeugen kommt man in der Regel sehr weit. Werkzeuge, die nur selten gebraucht werden oder Sonderwerkzeuge können sukzessive und am Bedarf orientiert nachgekauft werden. In der Regel lässt sich solches aus dem jeweilig zur Verfügung stehenden Jahresetat der Schule finanzieren.

Zu jeder Werkzeugbeschaffung im Klassensatz gehört das passende, Ordnung schaffende Werkzeugaufbewahrungssystem!
Werkzeuge müssen übersichtlich, platzsparend, sicher und werkzeugschonend untergebracht werden. Eine „chaotische“ Lagerung in Kästen, offenen Schubladen, Schütten und dergleichen ist strikt abzulehnen. Als heutiger Standard für das Grundwerkzeug im Klassensatz hat sich das „Blocksystem“ etabliert. Einzelwerkzeuge und auch Werkzeug-Sets können in Universalblöcken oder in Schubladen oder Tabletts mit entsprechenden Werkzeugaufnahmen untergebracht werden.
Eine Bestandsaufnahme der in Gebrauch befindlichen Ordnungssysteme und die Beschreibung ihrer jeweiligen Vor- und Nachteile finden sich im Kapitel „Werkzeug-Ordnungssysteme“.

Der Schnittstelle Hand – Werkzeug muss besondere Aufmerksamkeit gewidmet werden!
Werkzeuggriffe, -hefte und Werkzeughandhabung müssen in Formgebung, Material und Oberflächengestaltung ergonomischen Erkenntnissen folgen. Billiges Werkzeug zeigt diesbezüglich oft augenfällige Defizite: nicht handgerechte Formgebung, unversäuberte Formnähte bei Kunststoffgriffen, raue Oberflächen sowie wenig standfeste Materialien.

Von Kombinations- bzw. Mehrfunktionswerkzeugen sollte in aller Regel Abstand genommen werden!
Sieht man einmal von einzelnen Mehrfunktionswerkzeugen wie z. B. der Kombinationszange ab, muss man von Mehrfunktionswerkzeugen nicht nur aus funktionalen, sondern auch aus lernpsychologischen Gründen abraten. Solche ‚multifunktionalen' Werkzeuge verleiten zu falscher Anwendung, liegen wegen ihrer mangelhaften bis völlig fehlenden ergonomischen Ausformung schlecht in der Hand und bergen wegen der Funktionshäufung auf kleinstem Raum zusätzliche Verletzungsgefahr. Kombinationswerkzeuge sind als Notbehelfe konzipiert, sie eignen sich nicht für zielgerichtete praktische Arbeit im Technikunterricht.

Hinsichtlich der Auslegung und Dimensionierung von Werkzeugen ist die Hand- und Armkraft der Schüler zu berücksichtigen!
Schüler wachsen, Werkzeuge leider nicht. Es wäre unrealistisch, alle Werkzeugen in unterschiedlichen Größen im Technikunterricht vorzuhalten. Eine mittlere Auslegung bezüglich Abmessung und Gewicht erfüllen die Anforderungen des Unterrichts erfahrungsgemäß über die gesamte Schulzeit.

Die tatsächliche Gruppengröße am Ort muss berücksichtigt werden!
Entsprechend den Empfehlungen der Kultusministerien der Länder kann im Technikunterricht zurzeit von einer Gruppenobergrenze von 16 Schülern ausgegangen werden. Dies halten wir sowohl aus lernpsychologischen als auch aus sicherheitstechnischen als für vertretbar, immer vorausgesetzt, dass die Fachräume und ihre Ausstattung sich auf dem Stand der Zeit befinden. Die Erfahrung zeigt aber auch, dass Gruppengrößen von max. 12 Schülern ein optimales Arbeiten ermöglichen. Die Ausstattungsempfehlungen gehen von 20er- oder 10er-Werkzeugsätzen aus, weil Werkzeugaufbewahrungssysteme (siehe unter „Werkzeug-Ordnungssysteme") in der Regel aus Sätzen dieser Größenordnung bestehen. Größere Werkzeuge werden auch in kleineren Sätzen zu fünf Werkzeugen angeboten.
Es empfiehlt sich, die größeren Werkzeugsätze anzuschaffen, um so wenigstens einige Werkzeuge in Reserve zu haben oder eben die Nutzungsfrequenz des Einzelwerkzeugs niedriger zu halten.

Die Werkzeugausstattung muss an die jeweils vorhandene Schul- und Lehrplansituation angepasst werden!
Die folgenden Empfehlungen beziehen sich hinsichtlich der Ausstattung immer auf einen einzelnen, universell nutzbaren Technikfachraum. Es handelt sich um eine Grundausstattung. Je nach Größe der betreffenden Schule und Anzahl der erforderlichen Technikfachräume und deren dann möglicherweise gegebenen Spezialisierung, muss dann die Grundausstattung an die spezifische Schulsituation angepasst werden.
Das gleiche gilt für die Zusatzausstattung, die nur bei entsprechendem Bedarf erforderlich wird. Die vorgestellten Ausstattungsempfehlungen, die sich nicht nur auf die Werkzeugausstattung beziehen, orientieren sich an den Erfordernissen einer allgemeinen technischen Bildung. Damit sind sie auch gegenüber Lehrplanänderungen bzw. -fortschreibungen offen und anpassungsfähig. Im Hinblick darauf sollen die Ausstattungslisten von Zeit zu Zeit aktualisiert werden.

Wer liefert was in Deutschland?
Die hier erarbeiteten Vorschläge zur Ausstattung basieren auf einem intensiven Studium des Angebots von Herstellern, speziellen Vertriebsfirmen, Einzelhändlern und Fachraumausstattern, sowie auf eigenen Erfahrungen und solchen, die Fachkolleginnen und Fachkollegen vor Ort gemacht haben. Im Anhang finden sich eine Liste von Adressen von überregionalen Firmen und

Fachraumausstattern, die den aktuellen Stand wiedergeben. Wie man aus der Liste ersehen kann, haben nahezu alle genannten Firmen bereits einen Internetzugang, über den man sich weitere Informationen holen und teilweise auch Bestellungen tätigen kann. Die regionalen Lieferanten, die für den Technikunterricht geeignete Ausstattungen liefern, sind aus naheliegenden Gründen nicht aufgeführt.

Bei uns läuft alles über die Schulverwaltung oder die Gemeinde!
Wir empfehlen dringend, bei allen Beschaffungsvorhaben das Gespräch mit den zuständigen Sachbearbeitern in der Schulverwaltung oder der Gemeinde zu suchen. Die erarbeiteten Werkzeuglisten und die anderen Sachinformationen können zur Grundlage eines solchen Gesprächs gemacht werden. Im Zusammenhang mit Werkzeug- und anderweitigen Beschaffungsvorhaben wird zwar immer Überzeugungsarbeit zu leisten sein, aber diese zahlt sich schließlich für das Fach, die allgemeine technische Bildung und somit letztendlich für den einzelnen Schüler aus.

7.2 Werkzeugliste „Grundausstattung“

7.2.1 Holzbearbeitung

Verfahren „Trennen“

Arbeitstechnik	Werkzeug	Richtmaße (L × B × H)	DIN/ISO	Anzahl	Bemerkung
Spalten	Handbeil		DIN 5131	1	Eschenstiel in Kuhfußform
Schneiden	Schnitzmesser	185 mm		20	geschmiedete Klinge, Weißbuchenheft
	Kneifzange	180 mm	DIN 5241	10	Spezial-Werkzeugstahl, Griffe mit PVC-Überzug
Stemmen	Stechbeitel	8 mm (Schneide)	DIN 5139	10	Weißbuchenheft mit Schlagknopf und Stahlzwinge
	Stechbeitel	12 mm (Schneide)	DIN 5139	10	Weißbuchenheft mit Schlagknopf und Stahlzwinge
	Hohlbeitel	Ø 12 mm	DIN 5142	10	Weißbuchenheft mit Schlagknopf und Stahlzwinge
	Hohlbeitel	Ø 20 mm	DIN 5142	10	Weißbuchenheft mit Schlagknopf und Stahlzwinge
	Kombi-Abziehstein	115 × 60 × 20 mm		2	oxidkeramischer Stein, grobe und feine Körnung
	Hohlmeißel-Abziehstein	100 × 30 × 7/2 mm		2	oxidkeramischer Stein, Korn mittel
	Holzhammer	320 mm Gesamtlänge	DIN 7462	20	140 × (Ø) 70 mm, Eschenstiel
Sägen	Feinsäge	250 mm		20	gerade, mit Rücken, Zahnweite 2,0 mm
	Japansäge	260 mm		20	Zugsäge, für Feinschnitte, 16 Zähne/Zoll
	Laubsägebogen	320 mm		20	mit Schnellspann-Klemmhebeln, Griff umlegbar

Fortsetzung s. nächste Seite

Arbeits-technik	Werkzeug	Richtmaße (L × B × H)	DIN/ISO	Anzahl	Bemerkung
Sägen	Laubsäge-tischchen			20	höhenverstellbar, an Universal-werkbank zu befestigen
	Rückensäge	300 mm	DIN 7243	2	geschlossener Griff, Buche
	Gehrungs-schneidlade	250 mm		10	für Schnitte 2 × 45° und 90°, in Holz oder Aluminium
	Gehrungssäge	366 × 30 mm		1	mit auswechselbaren Sägeblättern für Holz, Metall, Kunststoffe, verstell-barer Längenanschlag, Moment-verstellung durch Rastpunkte, feste Winkel 22,5°, 30°, 36°, 45°, 90°, Fuß-brett zum Festspannen auf Werkbank
	Lochsäge			1	mit auswechselbaren Einsätzen 25 – 68 mm, Bohrtiefe 27 mm, Zentrierbohrer Ø 6 mm, oder ähnlich
Bohren	Holz-Spiralbohrer-Satz	Ø 3, 4, 5, 6, 8, 10, 12, 13, 14 mm		2	aus Chrom-Vanadium-Stahl mit Zentrierspitze und zwei Vorschneiden, in Kassette
	Forstner-Bohrer-Satz	Ø 15, 20, 25, 30, 35 mm	DIN 7483 G	1	mit Zentrierspitze, Peripherieschneide und Spanbrecher, in Kassette
	Vorbohrer	100 × 6 mm		10	Chrom-Vanadium-Stahl, Kugelgriff mit Schlagplatte
	Nagelbohrer-Satz	Ø 2, 4, 6, 8 mm		4	mit geknotetem Ringgriff
Senken	Krauskopf	Ø 16 mm		10	Handsenker, 90°, fünfschneidig
	Krauskopf	Ø 16 mm	DIN 6446 B	2	für Holz mit abgesetztem Zylinder-schaft, 90°, fünfschneidig
Hobeln	Doppelhobel	48 mm (Hobelmesserbreite)	DIN 7219 DIN 5145	10	Hobelkörper Rotbuche, Sohle Weiß-buche oder Birnbaum, Hobelnase und Handschutz ergonomisch geformt, Hobeleisen WS
Raspeln	Kabinettraspel	250 mm	DIN 7263, Form D	20	Hieb 2, Kunststoff- oder Holzheft mit eingepresster Zwinge
	Rundraspel	250 mm	DIN 7263, Form E	10	Hieb 2, Kunststoff- oder Holzheft mit eingepresster Zwinge
Feilen	Kabinettfeile	250 mm	DIN 7263	20	Hieb 1, Kunststoff- oder Holzheft mit eingepresster Zwinge
	Rundfeile	250 mm	DIN 7261	5	Hieb 1, Kunststoff- oder Holzheft mit eingepresster Zwinge
Schleifen	Schleifkork	120 × 60 × 35 mm		20	Presskork
	Schleifpapier-Abroll-Vorrichtung			1	für Wandmontage zur Aufnahme von 3 Schleifpapierrollen unterschiedlicher Körnung
	Schleifpapier-Rollen			je 3	verschiedene Körnungen: Standard 80, 120, 180
	Feinschleifpapier	verschiedene Körnungen 240, 280, 320, Menge nach Bedarf			
	Stahlwolle	zur Oberflächenendbearbeitung von Hart- und Farbhölzern, 00, 000, Menge nach Bedarf			

Verfahren „Fügen“

Arbeits-technik	Werkzeug	Richtmaße (L × B × H)	DIN/ISO	Anzahl	Bemerkung
Leimen	Leimpinsel	Ø 16 mm		10	Borstenpinsel
	Leimpinsel	Ø 25 mm		10	Borstenpinsel
Schlagen	Hammer	siehe unter „Metallbearbeitung“			
	Nagelheber	160 mm		10	Chrom-Vanadium-Stahl, ergonomisch geformter Kunststoff-Griff
Schrauben	siehe auch unter ‚Konstruieren, Herstellen, Untersuchen technischer Artefakte‘				
	Schlitz-Schraubendreher	3,5 × 175 mm	DIN 5265, Form C	10	Chrom-Vanadium-Stahl, ergonomisch geformter Kunststoff-Griff
	Schlitz-Schraubendreher	5,5 × 225 mm	DIN 5265, Form C	10	Chrom-Vanadium-Stahl, ergonomisch geformter Kunststoff-Griff
	Schlitz-Schraubendreher	7,0 × 150 mm	DIN 5265, Form C	10	Chrom-Vanadium-Stahl, ergonomisch geformter Kunststoff-Griff
	Kreuzschlitz-Schraubendreher	Größe PH 01, 02, 03	DIN 5262, Form B/D	10	Chrom-Vanadium-Stahl, ergonomisch geformter Kunststoff-Griff
Dübeln	Universal-Dübel-Vorrichtung			1	für alle Eck-, T- und Flächenverbin-dungen, Dübel Ø 6, 8, 10 mm, einschl. passende Holzspiralbohrer mit Zentrierspitze und Tiefenstopp
Tackern	Tacker	150 mm		1	Metallgehäuse, für Heftklammern von ca. 4 – 14 mm, stufenlos einstellbare Schlagkraft

Verfahren „Beschichten“

Arbeits-technik	Werkzeug	Richtmaße (L × B × H)	DIN/ISO	Anzahl	Bemerkung
Streichen	Flachpinsel	50 mm		20	Naturborsten-Pinsel, Metallzwinge
	Flachpinsel	25 mm		20	Naturborsten-Pinsel, Metallzwinge
	Lackierpinsel	Ø 10 mm		20	Naturborsten-Pinsel, Metallzwinge
	Lackierpinsel	Ø 16 mm		20	Naturborsten-Pinsel, Metallzwinge
Spachteln	Japanspachtel-Satz	siehe unter Werkstoffbearbeitung Metall ‚Beschichten‘			
	Zahnspachtel	100 mm (Breite)		5	Stahl geschmiedet mit Holzgriff

Holz „Spannen“

Arbeits-technik	Werkzeug	Richtmaße (L × B × H)	DIN/ISO	Anzahl	Bemerkung
Spannen	Schraubknecht	1500 × 120 mm		4	Tempergussbügel, Schiene mit Rutschsicherung
	Schraubknecht	1000 × 120 mm		8	Tempergussbügel, Schiene mit Rutschsicherung

Fortsetzung s. nächste Seite

Arbeits-technik	Werkzeug	Richtmaße (L × B × H)	DIN/ISO	Anzahl	Bemerkung
Spannen	Schraubknecht	800 × 120 mm		8	Tempergussbügel, Schiene mit Rutschsicherung
	Schraubzwinge	500 × 140 mm		10	Tempergussbügel, Schiene mit Rutschsicherung
	Schraubzwinge	300 × 140 mm		10	Tempergussbügel, Schiene mit Rutschsicherung
	Schraubzwinge	250 × 120 mm		10	Tempergussbügel, Schiene mit Rutschsicherung
	Schraubzwinge	200 × 100 mm		10	Tempergussbügel, Schiene mit Rutschsicherung
	Schraubzwinge	300 × 80 mm		10	Tempergussbügel, Schiene mit Rutschsicherung
	Schraubzwinge	160 × 80 mm		20	Tempergussbügel, Schiene mit Rutschsicherung
	Schnellspann-zwinge	200 × 110 mm		10	Weißbuche mit Exzenterspannhebel, Stahlschiene
	Schnellspann-zwinge	400 × 110 mm		10	Weißbuche mit Exzenterspannhebel, Stahlschiene
	Schnellspann-zwinge	600 × 110 mm		10	Weißbuche mit Exzenterspannhebel, Stahlschiene
	Leimzange	110 mm		20	verzinktes Stahlblech, Vulkanfiber-Auflage
	Leimzange	155 mm		20	verzinktes Stahlblech, Vulkanfiber-Auflage
	Gehrungsspann-klammern-Set			1	mit Spannklammern in verschiedenen Größen und Spreizzange

Verfahren „Messen, Prüfen“

Arbeits-technik	Werkzeug	Richtmaße (L × B × H)	DIN/ISO	Anzahl	Bemerkung
Messen	Federmaßstab	siehe unter Werkstoffbearbeitung Metall ‚Messen, Prüfen‘			
	Gliedermaßstab	siehe unter Werkstoffbearbeitung Metall ‚Messen, Prüfen‘			
	Streichmaß	220 mm		10	Weißbuchenholz mit Mess-Skala 0 – 150 mm, Feststellschraube
Prüfen	Schreinerwinkel	250 × 150 mm		10	Stahlzunge gehärtet und gebläut, mit Messskala, Messingschiene, Hartholzschenkel
	Gehrungsmaß	400 mm		2	Weißbuchenholz, feste Winkel 45° und 135°
	Schmiege	330 mm		2	Weißbuchenholz mit beweglicher Schiene zur Einstellung beliebiger Winkel, Feststelleschraube
	Zentrierwinkel	100 × 70 mm	DIN 875 II		Stahl, mit Millimeter-Einteilung
	Stangenzirkel	siehe unter Werkstoffbearbeitung Metall ‚Messen, Prüfen‘			
	Bogenzirkel	siehe unter Werkstoffbearbeitung Metall ‚Messen, Prüfen‘			

Verfahren „Lagern, Transportieren"

Arbeits-technik	Objekt	Empfehlung
Bereit-stellen	Werkzeugsätze	für alle Werkzeuge in Schülersätzen Blocksystem, Schrankunterbringung
	Einzelwerkzeuge	in Schüben/Tabletts oder Universalblöcken, Schrankunterbringung
Auf-bewahren	Schrauben, Nägel, Kleinteile	stapelbare Sichtlagerkästen aus Kunststoff in gängigen Abmessungen zur Unterbringung im Lagerregal oder Regalschrank
	Kleinmaterialien, Beschläge	
	Platten	vertikale Lagerung in Plattenständer, auf Rutschsicherung achten!
	Leisten, Profil-stäbe	Langgut-Regal, vertikale oder horizontale Lagerung
	kleinformatige Leisten, Stäbe, usw.	vertikale Lagerung im Ständer
	Farben, Lacke, Lösungsmittel	siehe unter ‚Schützen/Helfen/Sicherheit'
Trans-portieren	Tischwagen	stabile Ausführung mit Lenkrollen zum Transport von Werkzeugen, Materialen usw. Maße etwa 600 × 1000 mm, Tragkraft ca. 200 kg
	Zwingenwagen	stabile Ausführung auf Lenkrollen zur Aufnahme aller Schraubknechte, -zwingen und Schnellspannzwingen
Kenn-zeichnen	Beschriftungs-gerät	elektronisches Beschriftungsgerät für selbstklebende, farbige Kunststoffbänder, LCD-Display, text-, graphik- und strichcodefähig, mit PC-Software

7.2.2 Metallbearbeitung

Verfahren „Trennen"

Arbeits-technik	Werkzeug	Richtmaße (L × B × H)	DIN/ISO	Anzahl	Bemerkung
Schneiden	Hebelblech- und Rundstahlschere	165 mm (Messerlänge)		1	auf Hartholzunterlage montiert, abschließbar, Federsicherung für Arbeitshebel, stufenlos verstellbarer Niederhalter
	Tafelblechschere	150 × 300 mm Auflagetisch		1	mit Anschlag für rechtwinklige Schnitte, auch für Kunststoff, Schnitt-leistung: Stahl 1,0 mm, Alu 2,0 mm, Cu 1,5 mm, Polystyrol 3,0 mm und Leiterplatinen 1,5 mm
	Lotschere	180 mm		10	(Goldschmiedeschere) gerade
	Lotschere	180 mm		10	(Goldschmiedeschere) gebogen
	Seitenschneider	160 mm	DIN/ISO 5749	10	für harten Draht, PVC-Handschutz
	Vornschneider	180 mm	DIN/ISO 5748	10	für harten Draht, PVC Handschutz
	Hebelvorn-schneider	180 mm	DIN/ISO 5749	1	für Stahldraht bis 4,5 mm, PVC-Handschutz

Fortsetzung s. nächste Seite

Arbeits-technik	Werkzeug	Richtmaße (L × B × H)	DIN/ISO	Anzahl	Bemerkung
Schneiden	Bolzenschneider	350 mm		1	kunststoffbeschichtete Griffe
	Einschnitt-Gewindebohrsatz	M3, 4, 5, 6, 8, 10, 12	DIN 371/376 Nr. 131 138	5	metrisches Gewinde DIN 13 zus. mit passenden Kernlochbohrern nach DIN 338 Nr. 11 041, HSSE
	Windeisen	M1 – M12	DIN 1814	5	verstellbar, mit gehärteten Stahlbacken
	Schneideisen-Satz	M3, 4, 5, 6, 8, 10, 12	EN 225 68	5	metrisches Gewinde DIN 13, HSS
	Schneideisen-halter	M3 – M12	EN 225 68	5	Sortiment für Schneideisen M3 – M12
Meißeln	Flachmeißel	125 × 18 mm	DIN 6453	20	Chrom-Vanadium-Stahl, Lufthärter
Sägen	Handbügelsäge	150 mm Sägeblatt	DIN 6453/51	10	(Puksäge) mit verstellbarem Holzgriff
	Metallsägebogen	300 mm Sägeblatt		5	geschlossener Pistolengriff (Handschutz)
Bohren	Spiralbohrer	Ø 1 – 13 mm	DIN 338	2	HSS, 0,5 mm steigend, in Metallkassette
	Öler	60 ml		2	Kunststoff, Polyethylen
Senken	Kegelsenkersatz	Ø 6 – 20 mm	DIN 335	1	90°, HSS, 6-stufig, in Metallkassette
Feilen	Flachfeile	200 mm	DIN 7261 Form A	10	Hieb 2, Kunststoff- oder Holzheft mit eingepresster Zwinge
	Halbrundfeile	200 mm	DIN 7261 Form A	10	Hieb 2, Kunststoff- oder Holzheft mit eingepresster Zwinge
	Rundfeile	200 mm	DIN 7261 Form A	10	Hieb 2, Kunststoff- oder Holzheft mit eingepresster Zwinge
	Dreikantfeile	200 mm	DIN 7261 Form A	10	Hieb 2, Kunststoff- oder Holzheft mit eingepresster Zwinge
	Weichmetallfeile, halbrund	200 mm	DIN 726 Form A	10	Hieb 1, Kunststoff- oder Holzheft mit eingepresster Zwinge
	Schlüsselfeilen-Satz	100 mm		10	Hieb 2
	Feilenbürste			10	
Schaben	Dreikantschaber	100 mm	DIN 8350, Form B	5	CV-Stahl mit Kunststoff- oder Holzheft
Schleifen	Schleifleinen	Bogen DIN A4	verschiedene Körnungen nach Bedarf		
Polieren	Polierscheiben-Set			2	mit Aufnahmedorn für Bohrmaschine, Polierscheiben in verschiedenen Härtegraden für Metall und Kunststoffe

Verfahren „Fügen“

Arbeits-technik	Werkzeug	Richtmaße (L × B × H)	DIN/ISO	Anzahl	Bemerkung
Nieten	Blindnietzange	240 mm		2	mit austauschbaren Mundstücken für Blindnieten in Alu bis 5 mm Ø, in Stahl bis 4 mm Ø
Löten	Standard-Lötkolben	80 W		20	mit Dauerlötspitze, meißelförmig, abgewinkelt

Fortsetzung s. nächste Seite

Arbeits-technik	Werkzeug	Richtmaße (L × B × H)	DIN/ISO	Anzahl	Bemerkung
Löten	Lötstation	siehe unter Maschinen „Elektrotechnik"			
	Lötkolbenständer			20	zusammenlegbar, stabiler Stand
Schrauben	Werkstattschraubendreher Schlitz	2,5, 3,5, 4,5, 7,0 mm		10	CV-Stahl, ergonomisch geformter, schlagfester Kunststoffgriff
	Werkstatt-schraubendreher Kreuzschlitz	Größe PH 0 – 3		10	CV-Stahl, ergonomisch geformter, schlagfester Kunststoffgriff
	Werkstatt-schraubendreher Pozidriv	Größe PZ 0 – 3	DIN 5262 Form B/D	10	CV-Stahl, ergonomisch geformter, schlagfester Kunststoff-Griff

Verfahren „Umformen"

Arbeits-technik	Werkzeug	Richtmaße (L × B × H)	DIN/ISO	Anzahl	Bemerkung
Biegen	Abkant-vorrichtung	450 mm (Arbeitsbreite)		1	höhenverstellbare Oberwange, Stahl bis ca. 1 mm, Kupfer, Aluminium ca. 1,5 mm, einzuspannen in Schraubstock
	Rundzange	140 mm	DIN 5745	20	Werkzeugstahl, gehärteter Kopf, kurze, runde Backen, Griffe mit PVC-Handschutz
	Schlosserhammer	100 g	DIN 1041	20	mit Eschenstiel
	Schlosserhammer	200 g	DIN 1041	20	mit Eschenstiel
	Schlosserhammer	500 g	DIN 1041	10	mit Eschenstiel
	Kunststoff-hammer	Ø 32 mm		5	mit Eschenstiel
Treiben	Treibhammer	250 g		20	kugelförmige Bahnen, verschieden gewölbt, poliert
	Spann- und Polierhammer	250 g		20	halbrunde und leicht gewölbte Bahn, poliert
	Treibklotz			20	als Knietreibklotz, in massiver Rotbuche, lackiert
	Fausteisen-Set mit Halter	40 mm		1	bestehend aus Fausteisen flach-gewölbt, flach, hochrund gewölbt

Verfahren „Urformen"

Arbeits-technik	Werkzeug	Richtmaße (L × B × H)	DIN/ISO	Anzahl	Bemerkung
Gießen	Elektro-Schmelztiegel	30 ml		1	zum Schmelzen von Rein- oder Zierzinn
Schützen	Lederschürze	siehe unter ‚Helfen/Schützen/Sicherheit'			
	Schutzbrille				
	Schutzhand-schuhe				

Verfahren „Beschichten“

Arbeits-technik	Werkzeug	Richtmaße (L × B × H)	DIN/ISO	Anzahl	Bemerkung
Streichen	Flachpinsel	10 mm		20	Naturborsten, Metallzwinge
	Flachpinsel	16 mm		20	Naturborsten, Metallzwinge
	Flachpinsel	25 mm		20	Naturborsten, Metallzwinge
Spachteln	Japanspachtel-Satz	50, 80, 100, 120 mm		5	Kohlenstoffstahl, polierte Oberfläche, Kunststoff-Griffleiste
Spritzen	Kompressor	siehe unter Maschinen			
	Spritzpistole mit Zubehör				
	Spritzstand				

Verfahren „Halten“

Arbeits-technik	Werkzeug	Richtmaße (L × B × H)	DIN/ISO	Anzahl	Bemerkung
Spannen	Parallel-Schraubstock	100 – 120 mm (Backenbreite)		10	Gesenk geschmiedet, Spannbacken gefräst und oberflächengehärtet, Ambos oberflächengehärtet, nachstellbare Führungen
	Spannbacken	100 – 120 mm		2 × 10	Aluminium oder Kunststoff, mit Prisma und Magnethalterung
	Schraubstock-Unterlage				zum Einspannen in Spannzange der Universalwerkbank oder entsprechend Werkbanksystem
Zwingen	Schraubzwinge	100 × 50 mm		20	Ganzstahl-Ausführung, gezogen
	Schraubzwinge	200 × 100 mm		10	Ganzstahl-Ausführung, gezogen
Halten	Universal-Gripzange	180 mm		5	geschmiedete Backen, Schnell-Lösehebel
	Kombinations-zange	160 mm	DIN ISO 5746	10	Spezialwerkzeugstahl, Schneiden gehärtet, für harten und weichen Draht, Griffe mit PVC-Handschutz
	Flachzange	140 mm	DIN ISO 5745	20	Werkzeugstahl, gehärteter Kopf, flache, kurze Backen, Greifflächen gezahnt, Griffe mit PVC-Handschutz

Verfahren „Messen, Prüfen, Anreißen“

Arbeits-technik	Werkzeug	Richtmaße (L × B × H)	DIN/ISO	Anzahl	Bemerkung
Messen	Federmaßstab	300 mm	EG-Klasse II	20	aus rostfreiem Stahl, Teilung 1/1 und 1/2 mm
	Gliedermaßstab	2000 mm	EG-Klasse II	10	GFK, Teilung 1/1 mm
	Messschieber	150 mm	DIN 862	20	für Außen-, Innen- und Tiefenmessungen, Nonius 1/10 – 1/20 mm, mit Feststellschraube oder Momentfeststellung

Fortsetzung s. nächste Seite

Arbeits-technik	Werkzeug	Richtmaße (L × B × H)	DIN/ISO	Anzahl	Bemerkung
Messen	Winkelgradmesser	150 × 120 mm		1	Messbereich 0 – 180°, mit Feststellschraube
Prüfen	Anschlagwinkel	150 × 100 mm	DIN 875 GG0	10	Prüf- und Seitenflächen geschliffen, blank
	Flachwinkel	150 × 100 mm	DIN 875 GG0	10	Prüf- und Seitenflächen geschliffen, blank
Anreißen	Reißnadel	175 mm		20	Chrom-Vanadium-Stahl, Nadel eingeschraubt, gerändelter Griff
	Körner	120 mm	DIN 7250	10	Lufthärter-Stahl
	Bogenzirkel	150 mm		10	Stahl geschmiedet mit gehärteten Spitzen
	Zentrierwinkel	150 × 130 mm	DIN 875 GG1	5	Funktionsflächen geschliffen

Verfahren „Lagern, Transportieren"

Arbeits-technik	Objekt	Empfehlung
Unter-bringen/ Bereit-stellen	Werkzeugsätze	für alle Werkzeuge in Schülersätzen Blocksystem, Schrankunterbringung
	Einzelwerkzeuge	in Schüben oder Universalblöcken, Schrankunterbringung
Auf-bewahren	Kleinmaterialien, Bauteile	Sichtlagerkästen in verschiedenen Größen, Zuordnung durch Farbmarkierung
	Blechzuschnitte, Drahtrollen, mittelgroße Materialen, usw.	horizontale Lagerung im offenen Regal, z. T. in Sichtlagerkästen
	Langgut	Langgut-Regal
	kleinformatiges Profil-material, Vollstäbe, Drähte	vertikale Lagerung im Ständer
Trans-portieren	Tischwagen	stabile Ausführung mit Lenkrollen zum Transport von Werkzeugen, Materialien usw. Maße etwa 600 × 1000 mm, Tragkraft ca. 200 kg
	Schweiß- und Lötwagen	stabile Ausführung, Maße 800 × 520 × 800 mm, verzinktes Winkeleisen, Ablagen aus verzinktem Stahlblech, Arbeitsfläche mit Schamottesteinen ausgelegt, 2 starre Rollen, 2 Lenkrollen, feststellbar
Kenn-zeichnen	Beschriftungsgerät	wie Grundausstattung „Holz"

7.2.3 Kunststoffbearbeitung

Verfahren „Trennen"

Arbeits-technik	Werkzeug	Richtmaße (L × B × H)	DIN/ISO	Anzahl	Bemerkung
Ritzen	Ritzmesser	130 mm		20	Messer auswechselbar und in den Griff zurückzuziehen, für Acrylplatten u. Ä., bis 3 mm Stärke
Schneiden	Allzweckschere	140 mm		20	Edelstahl und kunststoffbeschich-tete Griffe, für Kunststoff-Folien und andere Materialien

Forsetzung s. nächste Seite

Arbeits-technik	Werkzeug	Richtmaße (L × B × H)	DIN/ISO	Anzahl	Bemerkung
Schneiden	Styropor-Schneidegerät	450 × 350 mm (Tisch)		2	Schnitthöhe ca. 200 mm, Ausladung ca. 450 mm, mit Zusatzausstattung: Parallelanschlag, Querschneidelehre, Kreisschneidevorrichtung, Plasto-Stift
Sägen	Handbügelsäge	290 mm	DIN 6453/51	10	(Puksäge) mit verstellbarem Holzgriff und Kunststoffblatt
	Feinsäge	siehe unter Werkstoffbearbeitung Holz „Trennen"			
	Laubsägebogen				
	Laubsäge-tischchen				
	Gehrungssäge				
Bohren	Schäl-Aufbohrer-Satz			1	für Bohrungen in Kunststoff-Platten, 3 Aufbohrer: Ø 3 – 14, 8 – 20, 16 – 30,5 mm, in Kassette
	Spiralbohrer-Satz	siehe unter Metallbearbeitung „Trennen"			
Senken	Krauskopf	siehe unter Metallbearbeitung „Trennen"			
Entgraten	Universal-Entgrater			5	Kunststoff-Handgriff mit Magazin für div. Entgratungsklingen für Kunststoff, Weichmetalle, Stahl
Feilen	Flachfeile	siehe unter Metallbearbeitung „Trennen"			
	Flachrundfeile				
	Rundfeile				
	Dreikantfeile				
	Nadelfeile				
Schleifen	Schleifkork	siehe unter Holzbearbeitung „Trennen"			
	Schleifpapier-Abroll-Vorrichtung				
	Schleifpapier-Rollen				
	Nassschleifpapier	verschiedene Körnungen 240, 280, 320, 400			
Polieren	Schwabbel-Scheiben-Set			1	mit Aufnahmedorn für Bohrmaschine in verschiedenen Härtegraden für Kunststoffe
	Stahlwolle	zur Kanten- und Oberflächenendbearbeitung, 00, 000			

Verfahren „Fügen"

Arbeits-technik	Werkzeug	Richtmaße (L × B × H)	DIN/ISO	Anzahl	Bemerkung
Kleben	Heißkleber-Pistole	30 W		5	temperaturgeregelt, mechanischer Vorschub
	Heißkleber-Pistolenständer			5	stabile Auflage, mit Auffangfläche für überschüssigen Klebstoff (oder Eigenbau)

Verfahren „Umformen"

Arbeits-technik	Werkzeug	Richtmaße (L × B × H)	DIN/ISO	Anzahl	Bemerkung
Biegen	Heißluftgebläse	siehe unter Handmaschinen „Kunststoffbearbeitung"			
	Kunststoff-Biegegerät	siehe unter Maschinen „Kunststoffbearbeitung"			
Umformen	Vakuum-Tiefziehgerät	siehe unter Maschinen „Kunststoffbearbeitung"			
Erwärmen	Heizstrahler	siehe unter Maschinen „Kunststoffbearbeitung"			

Verfahren „Halten"

Arbeits-technik	Werkzeug	Richtmaße (L × B × H)	DIN/ISO	Anzahl	Bemerkung
Spannen	Schnellspann-zwinge	siehe Holzbearbeitung „Halten"			
	Leimzange				
Fixieren	Klebefilm-Tischabroller	230 × 80 × 100 mm		2	schwere Ausführung, rutschfeste Unterlage für 66-m-Rollen bis 25 mm Breite

Verfahren „Messen, Prüfen"

Arbeits-technik	Werkzeug	Richtmaße (L × B × H)	DIN/ISO	Anzahl	Bemerkung
Messen	Federmaßstab	siehe unter Metallbearbeitung „Messen, Prüfen"			
	Gliedermaßstab				
	Winkelgradmesser				
Prüfen	Anschlagwinkel				
	Flachwinkel				
Anreißen	Reißnadel				
	Bogenzirkel				
	Zentrierwinkel				
	Stangenzirkel				
	Bogenzirkel				
Lehren	Winkellehre	500 mm		1	verstellbar als Zubehör für Kunststoff-Biegegerät

Verfahren „Lagern, Transportieren"

Arbeits-technik	Objekt	Empfehlung
Bereit-stellen	Werkzeugsätze	für alle Werkzeuge in Schülersätzen Blocksystem, Schrankunterbringung
	Einzelwerkzeuge	in Schüben oder Universalblöcken, Schrankunterbringung

Fortsetzung s. nächste Seite

Arbeits-technik	Objekt	Empfehlung
Auf-bewahren	Bereitstellen	Werkzeugsätze
	kleinformatige Profile, Stäbe	vertikale Lagerung im Ständer
	Materialreste, Abschnitte	Sichtlagerkästen in verschiedenen Größen, Zuordnung durch Farbmarkierung: z. B. blau Metall, gelb Holz, grün Kunststoffe usw.
Trans-portieren	Tischwagen	stabile Ausführung mit Lenkrollen zum Transport von Werkzeugen, Materialien usw. Maße etwa 600 × 1000 mm, Tragkraft ca. 200 kg
Kenn-zeichnen	Beschriftungs-gerät	elektronisches Beschriftungsgerät für selbstklebende, farbige Kunststoffbänder, text-, graphik- und strichcodefähig, mit PC-Software

7.2.4 Bearbeitung von Ton/Gips/Stein/anorganischen plastischen Werkstoffen

Verfahren „Trennen“

Arbeits-technik	Werkzeug	Richtmaße (L × B × H)	DIN/ISO	Anzahl	Bemerkung
Schneiden	Töpfermesser	190 mm		20	Stahlklinge mit Holz- oder Kunst-stoffheft
	Modellier-schlingen-Satz	230 mm		10	doppelendig angebrachte, unter-schiedliche Schlingen aus Edelstahl, geschliffen, Stahlzwinge, in unter-schiedlichen Formen nach Bedarf, Holzheft
	Tonschneidebügel	300 mm		5	Bügelschneider mit seitlichen Ein-kerbungen im Abstand von 10 mm zum Schneiden von Platten
	Schneidedraht	600 mm		20	mit seitlichen Knebelgriffen aus Holz oder Metall-Ringgriffen, nicht rostend
Schaben	Schaber	115 × 85 mm		20	Kunststoff, rechteckige Form mit einseitig abgerundeten Ecken
	Ziehklinge-Satz	120 × 50 mm		5	Edelstahl, 0,2 mm stark, rechteckige und gerundete Formen, einmal mit gezahntem Rand
Schwäm-men	Schwamm	185 × 110 × 50 mm		20	Viskose
	Naturschwamm			20	„Elefantenohr“
	Fensterleder			10	zum Glätten der Oberfläche
Sieben	Glasursieb	Ø 200 mm		3	Edelstahl-Siebgewebe, 900 Maschen/cm^2, Kunststoffrahmen, ca. 100 mm hoch
Reiben	Reibschale mit Pistill	Ø 150 mm		2	Porzellan

Verfahren „Fügen“

Arbeits-technik	Werkzeug	Richtmaße (L × B × H)	DIN/ISO	Anzahl	Bemerkung
Auftragen	Gipserspachtel	40 mm		10	gekröpfte Form, rostfreier Stahl, Holzgriff mit rostfreier Zwinge
	„Katzenzunge“	140 mm		10	gehärteter und vergüteter Stahl, konisch geschliffen, Holzgriff mit rostfreier Zwinge
	Malerspachtel	40 mm	DIN 7216	10	geschmiedet, gehärtet, geschliffen, Holzheft
	Gipsbecher	Ø 125 × 95 mm		20	PVC oder Gummi, konische Form

Verfahren „Umformen“

Arbeits-technik	Werkzeug	Richtmaße (L × B × H)	DIN/ISO	Anzahl	Bemerkung
Modellie-ren	Modellierholz-Satz	200 mm		10	7-teilig, aus Buchsbaum-Holz oder Kunststoff, Form nach Wahl
	Schlagholz	300 mm		20	gerade und gebogene Seiten, Hartholz
	Gabeln			20	Edelstahl, verschiedene Größen
	Löffel			20	Edelstahl, verschiedene Größen
	Ränderscheibe	Ø 300 mm, 100 mm hoch		20	Stahlguss, Scheibenteller mit konzentrischen Zentrierringen, kugelgelagert, Unterteil gegen Herausfallen gesichert
Walzen	Hartholzrolle	400 mm		20	Ø 30 – 40 mm, oder Teigroller
	Unterlage	500 × 600 mm		20	Tischlerplatte roh, 10 – 12 mm stark, möglichst mit Leinentuch bespannt
	Blätterstab-Paar	400 × 20 × 5 mm, 400 × 20 × 10 mm, 400 × 5 × 5 mm		40	Buchenholz, gehobelt und gefast

Verfahren „Urformen“

Arbeits-technik	Werkzeug	Richtmaße (L × B × H)	DIN/ISO	Anzahl	Bemerkung
Gießen	Gießgefäß	2,0 l		10	Polypropylen mit Messskala, Ausgießer und Henkel
Mischen	Wendelrührstab	600 mm		1	zum Einspannen in Handbohrmaschine, 13 mm Bohrfutter, zum Aufrühren von Gießmasse, Glasuren usw.
	Eimer	10 l		5	Kunststoff mit Stahlbügel, kräftige Ausführung
	Eimer	5 l		5	Kunststoff mit Stahlbügel, kräftige Ausführung
	Rührlöffel	290 mm		5	Kunststoff oder Holz

Fortsetzung s. nächste Seite

Arbeits-technik	Werkzeug	Richtmaße (L × B × H)	DIN/ISO	Anzahl	Bemerkung
Mischen	Schneebesen	300 mm		5	robuste Ausführung in rostfreiem Stahl
Wiegen	Präzisionswaage			2	Wiegebereich mit Zusatzgewichten bis Empfindlichkeit 0,1 g, 2500 g, magnetgedämpfter Wiegebalken, Taraausgleich, Tarierschraube, Schiebegewichte
	Dosierschaufel			3	Kunststoff
	Gießformen	Gipsformen mit Kunststoffschlössern, nach Wahl in ausreichender Anzahl zur Demonstration			

Verfahren „Beschichten“

Arbeits-technik	Werkzeug	Richtmaße (L × B × H)	DIN/ISO	Anzahl	Bemerkung
Glasieren	China-Glasur-pinsel-Satz	65, 35, 20, 9, 8, 6, 2 mm		10	weiche Chinaborsten, Holz- bzw. Bambusstiele
	Haarpinsel-Satz	Größe 2, 4, 6		10	Rindshaar, Metallzwinge
	Schöpfkelle	Ø 90 mm		5	kräftige Kunststoff oder Metall-ausführung
	Aräometer			1	Glasurspindel mit Doppelskala zur Feststellung der Glasurdichte bzw. des spezif. Gewichts der Glasur

Verfahren „Lagern, Transportieren“

Arbeits-technik	Objekt	Empfehlung
Bereit-stellen	Werkzeugsätze	für alle Werkzeuge in Schülersätzen Blocksystem, Schrankunterbringung
	Einzelwerkzeuge	in Schüben oder Universalblöcken, Schrankunterbringung
Auf-bewahren	Tonkiste	aus Kunststoff mit fest schließendem Deckel, 600 × 400 × 425 mm (90 l), auf Fahrgestell mit Bockrollen
	Weithals-Plastikfass	60 l, mit luftdicht schließendem Deckel zur Aufbewahrung von Gips
	Weithals-Plastikfass	35 l, mit luftdicht schließendem Deckel zur Aufbewahrung von Gießton
	Eimer	10 l, mit Schnappdeckel für Gießton, Anzahl nach Bedarf
	Eimer	5 l, mit Schnappdeckel für große Mengen Glasur
	Weithalsdose	Kunststoff mit luftdicht abschließendem Schraubdeckel, 500 und 1000 ml, für kleinere Mengen (z. B. Fertigglasuren, Engoben), Anzahl und Größe nach Bedarf
Auffangen	Schüssel-Satz	rund, 4-teilig, in verschiedenen Größen (z. B.: 1,4 l, 2,4 l, 4,0 l, 6,0 l), Kunststoff, mit stabilem Griffrand, Anzahl nach Bedarf
	Wanne	rechteckige Form mit Muschelgriffen und stabilem Rand, Größe 380 × 380 mm, Anzahl nach Bedarf
	Trichter-Satz	4-teilig, in verschiedenen Größen Ø 70 – 140 mm, Kunststoff, Anzahl nach Bedarf

Fortsetzung s. nächste Seite

Arbeits-technik	Objekt	Empfehlung
Trans-portieren	Tischwagen	stabile Ausführung mit Lenkrollen zum Transport von Werkzeugen, Materialen, Werkstücken usw. Maße etwa 600 × 1000 mm, Tragkraft ca. 200 kg
Kenn-zeichnen	Beschriftungs-gerät	elektronisches Beschriftungsgerät für selbstklebende, farbige Kunststoffbänder, text-, graphik- und strichcodefähig, mit PC-Software

7.2.5 Papier-/Pappebearbeitung

Verfahren „Tennen“

Arbeits-technik	Werkzeug	Richtmaße (L × B × H)	DIN/ISO	Anzahl	Bemerkung
Schneiden	Universalmesser	135 mm		20	Griff aus Aluminium-Druckguss, auswechselbare Trapezklingen
	Papierschere	150 mm		20	Edelstahl, Kunststoffgriffe für Rechts- und Linkshänder geeignet
	Papp-Lederschere	150 mm		10	Edelstahl, Kunststoffgriffe für Rechts- und Linkshänder geeignet
	Silhouettenschere	100 mm		20	Edelstahl
	Hebelschneider auf Untergestell	760 × 1110 mm		1	„Werkstoffschneidemaschine“ (Hebelschneider), Schnittlänge 1100 mm, robuste Ausführung mit Fußpressung, feststehendem Messerschutz und Messerverschlusseinrichtung, Winkelanschläge, justierbarer Vorderanschlag, Schmalschnitt-Einrichtung
Anreißen	Stahllineal	500 mm		10	ohne Maßeinteilung, mit Fase, geschliffen, rostgeschützt
Lochen	Revolver-Lochzange	220 mm		5	Stahlblech mit 6 auswechselbaren Lochpfeifen Ø 2 – 4,75 mm, 0,5 mm steigend
	Vorbohrer	100 mm (Klinge)		10	Chrom-Vanadium-Stahl, Kugelgriff mit Schlagplatte oder schlagfester Kunststoffgriff, Klinge rund Ø 6 mm

Verfahren „Fügen“

Arbeits-technik	Werkzeug	Richtmaße (L × B × H)	DIN/ISO	Anzahl	Bemerkung
Leimen	Leimpinsel	14 mm		20	Naturborsten, flache Metallzwinge
Klammern	Tacker	siehe unter Werkstoffbearbeitung Holz ‚Fügen‘			

Papier/Pappe „Umformen“

Arbeits-technik	Werkzeug	Richtmaße (L × B × H)	DIN/ISO	Anzahl	Bemerkung
Falzen	Falzbein	120 mm		20	aus echtem Knochen, spitze Ausführung

Verfahren „Urformen“

Arbeits-technik	Werkzeug	Richtmaße (L × B × H)	DIN/ISO	Anzahl	Bemerkung
Aufbereiten	Wendelrührstab	600 mm		1	siehe unter Keramik ‚Urformen‘
Schöpfen	Bütte	500 × 400 × 150 mm		5	stabile Kunststoffausführung
	Schöpfrahmen	220 × 300 mm		10	mit Deckrahmen
	Schöpfrahmen	220 × 150 mm		10	
Entwässern	Gautschtuch	600 × 400 × 5 mm		50	Filz, farblos
	Pressbretter			10	Presszulagen für Stockpresse

Verfahren „Beschichten“

Arbeits-technik	Werkzeug	Richtmaße (L × B × H)	DIN/ISO	Anzahl	Bemerkung
Streichen	Flachpinsel	25 mm		20	Naturborsten, Metallzwinge, rostfrei
	Rundpinsel	16 mm		20	Naturborsten, Metallzwinge, rostfrei
	Haarpinsel	für Deckfarben, verschiedene Größen nach Bedarf, Metallzwinge			

Verfahren „Halten“

Arbeits-technik	Werkzeug	Richtmaße (L × B × H)	DIN/ISO	Anzahl	Bemerkung
Pressen	Stockpresse	500 × 400 mm (Pressfläche)		1	Grauguss mit Spindel aus Spezialstahl, dazu passendes Untergestell und Presszulagen (10 Stück)
Klammern	Wäscheklammern	70 mm		200	zum Aufhängen zu trocknender Papiere
	Hefter	335 mm		1	Langarm-Hefter bis DIN A3

Verfahren „Messen/Prüfen, Anreißen“

Arbeits-technik	Werkzeug	Richtmaße (L × B × H)	DIN/ISO	Anzahl	Bemerkung
Messen	Federmaßstab	siehe unter Werkstoffbearbeitung Metall ‚Prüfen‘			
Prüfen	Flachwinkel	400 × 230 mm	DIN 875 GG0	10	Prüf- und Seitenflächen geschliffen, verzinkt, ohne Anschlag
Anreißen	Stahllineal	500 × 40 × 5 mm		10	Stahl verzinkt, geschliffen, ohne Fase

Verfahren „Lagern/Transportieren“

Arbeits-technik	Werkzeug	Bemerkung
Bereit-stellen	Werkzeugsätze	für alle Werkzeuge in Schülersätzen Blocksystem, Schrankunterbringung
	Einzelwerkzeuge	in Schüben oder Universalblöcken, Schrankunterbringung

Fortsetzung s. nächste Seite

Arbeits-technik	Werkzeug	Bemerkung
Auf-bewahren	Kleinteile, Materialien, Klebstoffe	Sichtlagerkästen aus Kunststoff für gängige Abmessungen zur Unterbringung im Lagerregal oder Regalschrank
	Farben, Lacke, Lösungsmittel	siehe unter ‚Schützen/Helfen/Sicherheit‘
Trans-portieren	Tischwagen	stabile Ausführung mit Lenkrollen zum Transport von Werkzeugen, Materialen usw. Maße etwa 600 × 1000 mm, Tragkraft ca. 200 kg
Kenn-zeichnen	Beschriftungs-gerät	elektronisches Beschriftungsgerät für selbstklebende, farbige Kunststoffbänder, text-, graphik- und strichcodefähig, mit PC-Software

7.2.6 Elektrotechnik/Elektronik

Verfahren „Trennen“

Arbeits-technik	Werkzeug	Richtmaße (L × B × H)	DIN/ISO	Anzahl	Bemerkung
Sägen Feilen Bohren	siehe unter Werkstoffbearbeitung Metall ‚Trennen‘				
Schneiden	VDE-Elektriker-Seitenschneider	140 mm	DIN EN 60900 VDE 0682/ Teil 201	10	für weiche und mittelharte Drähte, Vanadium-Elektrostahl, ölgehärtet, mit Facette, gehärtete Präzisionsschneiden, Griffe mit Abgleitschutz, kunststoffüberzogen
	VDE-Elektriker-Abisolierzange	160 mm	DIN EN 60900 VDE 0682/ Teil 201	10	mit Stellschraube zum Einstellen auf Drahtdurchmesser, Spezial-Werkzeugstahl, ölgehärtet, Öffnungsfeder, Litzendurchmesser bis 5 mm, Griffe mit Abgleitschutz, kunststoffüberzogen
	VDE-Telefonzange	160	DIN EN 60900 VDE 0682	10	kreuzgezahnte, flachbreite Backen, Greifflächen, Chrom-Vanadium-Elektrostahl, ölgehärtet, Griffe mit Abgleitschutz, kunststoffüberzogen
	Elektronik-Seitenschneider	1110 mm	DIN ISO 9654 Form 0	20	schlanke Form, für Kupferdrähte, Spezial-Werkzeugstahl, ölgehärtet, mit Facette und Feder, Griffe kunststoffüberzogen
	Elektronik-Abisolierzange	125 mm		10	mit Stellschraube zum Einstellen auf Drahtdurchmesser bis 3,0 mm, Spezial-Werkzeugstahl, ölgehärtet, Öffnungsfeder, Griffe kunststoffüberzogen
	Leiterplatten-Schere	siehe unter Werkstoffbearbeitung Metall ‚Trennen‘ (Tafelblechschere)			
Bohren	HSS-Spiralbohrer-Satz	Ø 0,3 – 3,2 mm	DIN 338	5	Speziell zum Bohren von Leiterplatten

Fortsetzung s. nächste Seite

Arbeits-technik	Werkzeug	Richtmaße (L × B × H)	DIN/ISO	Anzahl	Bemerkung
Ätzen	UV-Belichtungs-gerät	160 × 250 mm (Belichtungsfläche)		1	robustes Aluminiumgehäuse mit Spannverschlüssen, Kristallglas-scheibe, 4 UV-Leuchtstoffröhren à 8 W, Deckel mit Schaumstoffauflage, Belichtungszeit-Steuerung 0 – 10 min, Leistungsaufnahme 32 W
	Ätzgerät			2	schmale Glasküvette mit regelbarer Heizung und Umwälzpumpe, verstell-barer Platinenhalter für Platinen bis max. 250 × 200 mm, Auffangwanne
	Entwickler-Schale	210 × 150 mm		6	zum Entwickeln fotobeschichteter Platinen, Polystyrol, 3 × rot, 3 × weiß
	Kunststoff-Pinzette	125 mm		10	zur Entnahme von Platinen aus dem Entwickler
Entlöten	Entlötpumpe	200 mm		5	Ganzmetallausführung mit auswech-selbarer Teflonspitze, antistatisch, rückstoßfrei, einfache Reinigungs-funktion

Verfahren „Fügen“

Arbeits-technik	Werkzeug	Richtmaße (L × B × H)	DIN/ISO	Anzahl	Bemerkung
Schrauben	VDE-Elektriker-Schraubendreher-Satz	2,5/4,0/5,5/6,5 mm PH 1 – 3, PZ 1 – 3	DIN EN 60900 VDE 0682	10	ergonomisch geformter Griff aus schlagfestem Kunststoff, nach VDE-Norm geprüft (AC 1000 V, DC 1500 V, Klinge aus Spezialstahl), brüniert, durchgehend isoliert
	Elektronik-Schlitz-Schraubendreher-Satz	1,0/1,5/2,0/2,5/3,0 mm		5	Chrom-Vanadium-Molybdän-Stahl, durchgehend gehärtet, Feinschraub-griff aus schlagfestem Kunststoff mit drehbarem Zentrierknopf
	Elektronik-PH-Kreuzschlitz-Schraubendreher-Satz	PH 000 – PH 1		10	Chrom-Vanadium-Molybdän-Stahl, durchgehend gehärtet, Feinschraub-griff aus schlagfestem Kunststoff mit drehbarer Kappe
	Elektronik-PH-Innensechskant-Schraubendreher-Satz	1,5 – 4,0 mm, 0,5 steigend		10	Chrom-Vanadium-Molybdän-Stahl, durchgehend gehärtet, Feinschraub-griff aus schlagfestem Kunststoff mit drehbarer Kappe
	Elektronik-„Torx“ Schraubendreher-Satz	T5 – T9		10	Chrom-Vanadium-Molybdän-Stahl, durchgehend gehärtet, Feinschraub-griff aus schlagfestem Kunststoff mit drehbarer Kappe
Löten	Lötstation	siehe unter Maschinenausstattung			
	Lötkolben				
	Lötkolbenständer				

Verfahren „Umformen"

Arbeitstechnik	Werkzeug	Richtmaße (L × B × H)	DIN/ISO	Anzahl	Bemerkung
Biegen	Elektronik-Rundzange	125 mm	9655	10	C70 Stahl, präzise geformte, gehärtete Rundbacken, Öffnungsfeder, Griffe kunststoffummantelt
	Elektronik-Flachzange	130 mm	9655	10	C70 Stahl, präzise geformte, gehärtete Backen, Öffnungsfeder, Griffe kunststoffummantelt
	Elektronik Spitzzange, gebogen	130 mm	9655	10	C70 Stahl, präzise geformte gehärtete Backen, Öffnungsfeder, Griffe kunststoffummantelt
	Widerstand-Abbiege-Vorrichtung	Raster 7,5/10,0/12,5/15,0/17,5 mm		10	Kunststoff

Verfahren „Halten"

Arbeitstechnik	Werkzeug	Richtmaße (L × B × H)	DIN/ISO	Anzahl	Bemerkung
Halten	Flachzange	siehe Werkstoffbearbeitung Metall ‚Halten'			
	VDE Telefonzange	160 mm	DIN ISO 5745	10	flachrunde Backen, Griffflächen gezähnt, Schneiden induktiv gehärtet, für mittelharten und weichen Draht, Spezial-Werkzeugstahl, ölgehärtet, Griffe mit Abgleitschutz, kunststoffummantelt
	Wärmeableit-Pinzette	160 mm		10	zum Einlöten empfindlicher elektronischer Bauteile, Greifbacken mit Kupfer belegt, Bauform Kreuz-Pinzette, Spezialstahl, vernickelt
	Platinenhalter (Dritte Hand)	150 × 150 mm		20	mit oder ohne Lupe, Halteklemmen in verschiedene Positionen einstellbar, schwerer Stativfuß

Verfahren „Versorgen"

Arbeitstechnik	Werkzeug	Richtmaße (L × B × H)	DIN/ISO	Anzahl	Bemerkung
Versorgen	Netzgerät	siehe unter Maschinen ‚Elektrik/Elektronik'			
	Schnellverbindungskabel-Set	280 mm		5	verschiedenfarbige Leitungen mit farbigen Krokodilklemmen, vollisoliert
	Schnellverbindungskabel-Set	500 mm		5	verschiedenfarbige Leitungen mit farbigen Krokodilklemmen, vollisoliert
	Steckdosenleiste	5fach	VDE/GS	5	robuste Bauart, für Werkstattbereich zugelassen, ausreichend Abstand zwischen den Schuko-Steckplätzen zum Anschluss von Steckernetzteilen und Winkelsteckern, beleuchteter Schalter

Fortsetzung s. nächste Seite

Arbeits-technik	Werkzeug	Richtmaße (L × B × H)	DIN/ISO	Anzahl	Bemerkung
Versorgen	Kabeltrommel	25 m, 3 × 1,0 mm^2	VDE/GS	2	4 × Schuko mit Abdeckung, Überhitzungsschutz nach DIN VDE 0620, für liegenden und stehenden Einsatz, standsicher, Trommel aus schlagfestem Kunststoff

Verfahren „Messen/Prüfen“

Arbeits-technik	Werkzeug	Richtmaße (L × B × H)	DIN/ISO	Anzahl	Bemerkung
Messen	Digital-Multimeter (Vielfachmessgerät)	80 × 175 × 30 mm	IEC 1010 VDE 0411, Teil 001	10	Spannungsversorgung über ‚High-Cap‘ (Hochleistungskondensator an der Steckdose aufladbar) und integrierter Solarzelle, automatische Umschaltung auf Gleich- oder Wechselstrom, Richtwerte: großes LCD-Display, automatische Polaritätsanzeige, Durchgangsprüfer optisch und akustisch, Dioden-Test, AC/DC 20 A, AC 700 V, DC 1000V, Widerstand 30 MΩ
	Messleitung	250 mm		20	Nennstrom 10 A, hitzebeständige Silikon-Ummantelung (Lötkolben!), Kupferquerschnitt 1 mm^2, 4-mm-Axial-Stecker, Farben rot und schwarz
	Messleitung	500 mm		20	Nennstrom 10 A, hitzebeständige Silikon-Ummantelung (Lötkolben!), Kupferquerschnitt 1 mm^2, 4 mm-Axial-Stecker, Farben rot und schwarz
	Gummischutzrahmen für Digital-Multimeter			10	zum Schutz des empfindlichen Messgeräts
	Abgreif-Klemme	56 mm		40	Kunststoff, vollisoliert, Messing-Kontaktzunge, Anschlussbuchse Ø 4 mm, Farben rot und schwarz
	Batterietester			1	für alle gängigen Batterietypen und NiCad-Akkus, analoge oder digitale Anzeige des Ladungszustandes
Prüfen	Widerstands-Farbcode-Schlüssel			20	zur Decodierung von 4- und 5-Farben-Codierungen von Widerständen

Verfahren „Lagern/Transportieren“

Arbeits-technik	Objekt	Empfehlung
Bereit-stellen	Werkzeuge und Werkzeugsätze	für alle Werkzeuge in Schülersätzen Blocksystem, Schrankunterbringung

Arbeits-technik	Objekt	Empfehlung
Bereit-stellen	Einzelwerkzeuge	in Schüben oder Universalblöcken, Schrankunterbringung
Auf-bewahren	Kleinmaterialien, Bauteile	Regalschränke mit Sichtlagerkästen in verschiedenen Größen, Zuordnung durch Farbmarkierung: z. B. blau Metall, gelb Holz, grün Kunststoffe usw.
	elektronische Bauteile	Kleinteile-Magazine aus Stahlblech mit durchsichtigen, bruchfesten Schubladen, versch. Größen, miteinander kombinierbar
	Messgeräte	Schrankunterbringung, in geschlossenen Behältnissen, gesondert geschützt
	Messleitungen	Messleitungshalter zum platzsparenden Aufhängen der Messleitungen mit Ø 4 mm, erweiterbar
Trans-portieren	Tischwagen	stabile Ausführung mit Lenkrollen zum Transport von Werkzeugen, Materialen usw. Maße ca. 600 × 1000, Tragkraft ca. 200 kg
Kenn-zeichnen	Beschriftungs-gerät	elektronisches Beschriftungsgerät für selbstklebende, farbige Kunststoffbänder, text-, graphik- und strichcodefähig, mit PC-Software

7.2.7 Montieren/Demontieren/Testen/Analysieren/Werterhalten

Verfahren „Montieren/Demontieren"

Arbeits-technik	Werkzeug	Richtmaße (L × B × H)	DIN/ISO	Anzahl	Bemerkung
zusätzlich zu den Werkzeugen aus den anderen Werkstoff- und Arbeitsbereichen					
Schrauben	Ring-Maulschlüssel-Satz	6 – 24 mm	DIN 3113, Form B	3	17-teilig, Chrom-Vanadium-Stahl, geschmiedet, verchromt, mit gleichen Schlüsselweiten für Maul- und Ringschlüssel, Ringschlüssel gekröpft
	Rollgabel-schlüssel	160 mm	DIN 3117	5	geschmiedet, verchromt, Kopf poliert
	Doppel-Sechskant-Steck-schlüssel-Satz	6 – 22 mm	DIN 896, Form B	3	8-teilig, mit ungleichen Schlüsselweiten, Stufen-Drehstift
	Stiftschlüssel-Satz	1,5 – 10 mm	DIN ISO 2936 (DIN 911)	2	9-teilig, abgewinkelt, Chrom-Vanadium-Stahl,
	Sechskant-Steck-schlüssel-Satz	3,5 – 6 mm	DIN 3125	2	0,5 mm steigend, gehärtet, verchromt, Kunststoffgriff
Drehen	Uhrmacher-Schraubendreher-Satz	1,0 – 3,5 mm	DIN 8320	2	Schlitz, 0,5 mm steigend, Chrom-Vanadium-Stahl, vernickelt, in Kassette
	Winkel-Schraubendreher-Satz	3,5, 5,5, 6,5, 8 mm	DIN 5200, Form A	1	für Schlitzschrauben, Klinge aus Chrom-Vanadium-Stahl, Schneidenstellung 90°, Kunststoffgriff
	Winkel-Schraubendreher-Satz	PH 1 – 4	DIN 5208	1	für Phillips-Recess- und Pozidriv-Schrauben, Klinge aus Chrom-Vanadium-Stahl, Kunststoffgriff
Zerlegen	Kleinabzieher	80 mm		2	zweiarmig, Spanntiefe 80 mm, selbstzentrierend

Fortsetzung s. nächste Seite

Arbeits-technik	Werkzeug	Richtmaße (L × B × H)	DIN/ISO	Anzahl	Bemerkung
Zerlegen	Abzieher	160 mm		2	zweiarmig, Spanntiefe 150 mm, Gesenk geschmiedet, als Außen- und Innenabzieher einsetzbar
	Durchtreiber-Satz	Ø 2, 3, 4, 5, 6 mm	DIN 6458	2	Chrom-Vanadium-Lufthärte-Stahl, Schlagkopf vergütet, in Blechkasten
	Splinttreiber-Satz	Ø 3, 4, 5, 6, 7, 8 mm	DIN 6450 C	2	Lufthärte-Stahl, Schlagkopf vergütet, in Blechkasten

Verfahren „Testen/Analysieren“

Arbeits-technik	Werkzeug	Richtmaße (L × B × H)	DIN/ISO	Anzahl	Bemerkung
zusätzlich zu den Werkzeugen aus den anderen Werkstoff- und Arbeitsbereichen					
Messen (Längen)	Präzisions-Höhenreißer	500 mm	DIN 862	1	parallaxenfreie Ablesung, Schieber-feinverstellung durch Zahnstange und Zahnritzel, hartmetallbestückte Reißnadel, Messuhrhalter
	Präzisions-Messuhr	Ø 50 – 60 mm	DIN 878	1	passend zum Präzisions-Höhenreißer, mit Stoßschutz, Skaleneinteilung 0,01 mm
	Bandmaß	30 m	EG-Klasse II	1	Glasfaserbandmaß mit durchgehender Zentimetereinteilung, Stahlblech-gehäuse, kunststoffbeschichtet
	Taschen-Rollbandmaß	2 m	EG-Klasse II	10	Robustes Kunststoffgehäuse, kunst-stoffbeschichtetes Stahlband mit durchgehender Millimetereinteilung, Bandfeststeller, Gürtelklipp
Messen (Zeit)	Hand-Stoppuhr	Ø ca. 55 mm		5	Additions-Stoppuhr mit analoger Anzeige, robustes Gehäuse, stoßgeschützt
	Tisch-Stoppuhr	Ø ca. 130 mm		2	Große, digitale Anzeige, program-mierbarer Ablauf der Zeitnehmung, umschaltbare Zeitauflösung, Alarmton
	Kurzzeitmesser	Ø ca. 60 mm		2	60 Minuten, Alarmton
Messen (Drehzahl)	Präzisions-Handtachometer			1	Zur berührungslosen und direkten Drehzahlerfassung, Messung von Geschwindigkeit und Länge, digitale Anzeige, automatischer Messwert-Speicher, Messbereiche 1,00 – 99999 U/min, 1,00 – 1999 U/min, 0,02 – 99999 m
Messen (Tempera-tur)	Einstich-Thermometer	– 10 bis + 200 °C		10	digitale Anzeige, Min-/Max-Werte durch interne Speicherfunktion, batteriebetrieben
	Temperatur-Messgerät	– 40 bis + 500 °C		1	mit Fühler, digitale Anzeige, geeignet für Luft-, Tauch und Oberflächen-messungen, Auflösung 1 °C, Data-Hold-Funktion, batteriebetrieben

Fortsetzung s. nächste Seite

Arbeits-technik	Werkzeug	Richtmaße (L × B × H)	DIN/ISO	Anzahl	Bemerkung
Prüfen	Handlupe	Ø 75 mm		10	Holz- oder Kunststoffgriff, Glaslinse, 3-fache Vergrößerung
	Taschen-Leucht-Lupe	Ø 60 mm		1	Kunststoff, Glaslinse, 5-fache Vergrößerung, batteriebetrieben
	Wasserwaage	300 mm		3	Libellen mit Lupeneffekt aus schlagfestem Kunststoff, Aluminium-Rechteckprofil
	Wasserwaage	500 mm		3	Libellen mit Lupeneffekt aus schlagfestem Kunststoff, Aluminium-Rechteckprofil
	Lichtpult	450 × 600 mm		1	Acrylglas, farbneutrales Licht, tragbar
Wiegen	Personenwaage	150 kg		2	digitale Anzeige, flache Bauweise
	Federzugwaage	0 – 100 g		5	zylindrische Form mit Aufhängering und Zughaken, Skalenteilungswert 1 g, Haken, Rohr, Kappen vernickelt, Innenrohr versilbert, Überlastungs-sicherung
	Federzugwaage	0 – 1000 g		5	zylindrische Form mit Aufhängering und Zughaken, Skalenteilungswert 10 g, Haken, Rohr, Kappen vernickelt, Innenrohr versilbert, Überlastungs-sicherung
	Federzugwaage	0 – 10 kg		5	Zylindrische Form mit Aufhängering und Zughaken, Skalenteilungswert 200 g, Haken, Rohr, Kappen vernickelt, Innenrohr versilbert, Überlastungs-sicherung
	elektronische Waage	max. 200 g		2	Auflösung 0,1 g, LCD-Anzeige, mit Batterie oder Netzadapter zur Stromversorgung, Abmessungen ca. 140 × 40 x 190
	Haushaltswaage	max. 2 kg		1	Analoge oder digitale Anzeige, robustes Gehäuse, Zuwiege-einrichtung, Nullpunkt-Einstellung, mit passendem Behälter für Wiegegut
	Gewichtsstücke-Satz	100, 200, 500, 1000, 2000 g		5	Eisen gegossen, geeicht mit Haken
	Gewichtsstücke-Satz	1, 2, 5, 10, 20, 50, 100, 200 g		3	Messing, geeicht in Holzkassette

Verfahren „Werterhalten“

Arbeits-technik	Werkzeug	Richtmaße (L × B × H)	DIN/ISO	Anzahl	Bemerkung
Reinigen	Benzin-Sicherheitskanne	0,5 l		1	Behälter aus Polyethylen, Messing-Sicherheitsverschluss
Instand-halten	in der Gesamt-Werkzeug- und Materialausstattung enthalten, siehe dort				

Fortsetzung s. nächste Seite

Arbeits-technik	Werkzeug	Richtmaße (L × B × H)	DIN/ISO	Anzahl	Bemerkung
Reparieren	in der Gesamt-Werkzeug- und Materialausstattung enthalten, siehe dort				
Warten					
Pflegen					

Verfahren „Lagern/Transportieren“

Arbeits-technik	Objekt	Empfehlung
Bereit-stellen	Werkzeuge und Werkzeugsätze	für alle Werkzeuge in Schülersätzen Blocksystem, Schrankunterbringung
	Einzelwerkzeuge	in Schüben oder Universalblöcken, Schrankunterbringung
Auf-bewahren	Kleinmaterialien, Bauteile	Regalschrank mit Sichtlagerkästen in verschiedenen Größen, Zuordnung durch Farbmarkierung: z. B. blau Metall, gelb Holz, grün Kunststoffe, usw.
	Messgeräte	Schrankunterbringung, in geschlossenen Behältnissen, gesondert geschützt
Trans-portieren	Tischwagen	stabile Ausführung mit Lenkrollen zum Transport von Werkzeugen, Materialen usw. Maße ca. 600 × 1000, Tragkraft ca. 200 kg
Kenn-zeichnen	Beschriftungs-gerät	elektronisches Beschriftungsgerät für selbstklebende, farbige Kunststoffbänder, text-, graphik- und strichcodefähig, mit PC-Software

7.2.8 Technografisches Darstellen

Verfahren „Technisches Zeichnen“

Arbeits-technik	Werkzeug	Richtmaße (L × B × H)	DIN/ISO	Anzahl	Bemerkung
	Geodreieck	160 mm (Hypotenuse)		20	Acrylglas, glasklar, mit Winkelmesser und an allen Kanten Facette
	Feinminenstift	0,5 mm		20	
	Geometriezirkel	160 mm		10	
	Zeichengeräte-Satz	zum Tafelzeichnen, Kunststoff, bestehend aus Zeigestab, Lineal, Zirkel, Geodreieck, mit Aufbewahrungsplatte			
	CAD-Programm	Klassenlizenz oder integrierte CAD in NCCAD-Programm			

Verfahren „Technisches Dokumentieren“

Arbeits-technik	Werkzeug	Bemerkung
Dokumen-tieren	Digitalkamera	siehe unter Maschinen
	digitale Videokamera	
Bearbeiten	PC-System	
Einlesen	Scanner	
Wieder-geben	Drucker	
	Beamer	
	Rekorder	

7.2.9 Reinigen/Putzen

Verfahren „Reinigen“

Arbeits-technik	Werkzeug	Richtmaße (L × B × H)	DIN/ISO	Anzahl	Bemerkung
Saugen	Industrie-staubsauger	siehe unter Maschinen „Werkstatt-Alles-Sauger“			
Fegen	Handfeger	280 mm		5	lackierter Holzgriff, Schweifhaar
	Kehrschaufel	220 × 200 mm		5	Stahlblech mit Gummilippe und Holzgriff
Bürsten	Drahtbürste	290 × 35 mm		10	gerade Holzform, Guss-Stahldraht glatt, 0,3 mm
	Messingdraht-Bürste	200		10	„Zündkerzenbürste“, gerade Holzform, Messingdraht gewellt, 0,15 mm
Entsorgen	Wertstoff-Sammler	35 l	DIN 6628	5	Kunststoffausführung für Metall, Papier, Kunststoff, Bio-Abfall, Restmüll, dazu passende, selbstklebende Piktogramme
	Wertstoff-Behälter	ca. 65 l		2	Kunststoffbehälter auf verzinktem Winkeleisen-Fahrgestell mit 4 Lenkrollen, offen mit Grifflöchern, 600 × 400 × 430 mm für kleinere Holzabschnitte

7.2.10 Personen- und Arbeitsschutz

Bereich „Erste Hilfe“

Verfahren	Gegenstand	Richtwerte (L × B × H)	DIN/ISO	Anzahl	Bemerkung
Erste-Hilfe leisten	Verbandskasten „Schule“	460 × 340 × 160 mm	DIN 13157	1 × pro Fachraum	Ausstattung entspr. DIN 13157 und GUV 20.6 (siehe Merkblatt für Erste-Hilfe-Material), Kunststoff weiß mit Schub- und Ablagefächern, abschließbar, außen auf der Tür Rettungszeichen „Erste Hilfe“ (weißes Kreuz auf quadratischem, grünen Feld)
	Lupen-Pinzette	110 mm		1 × pro Verbandskasten	Gerade Form mit gehärteten Spitzen, Spezialstahl, vernickelt, Lupe 3-4-fach-vergrößernd im Plastiketui
	Pinzette	140 mm		1 × pro Verbandskasten	Gerade Form mit abgerundeten Spitzen, Backen fein gezahnt, Spezialstahl, vernickelt
Informieren	Merkblatt	„Anleitung zur Ersten Hilfe“ (DGUV Information 204-006)			
	Broschüre	„Verbandbuch“ (DGUV Information 204-020)			
	Notruf-Telefon	Anzahl nach Bedarf und Räumlichkeiten, jedoch mind. ein Apparat an zentraler Stelle			

Fortsetzung s. nächste Seite

Verfahren	Gegenstand	Richtwerte (L × B × H)	DIN/ISO	Anzahl	Bemerkung
Informieren	Notrufnummern-Verzeichnis	1 × pro Fachraum, „Notruf 112“ (DGUV Information 204-032)			
Orientieren	Flucht- und Rettungsplan	nach Bedarf und Räumlichkeiten entsprechend BGV A8 (Sicherheits- und Gesundheitsschutzkennzeichnung am Arbeitsplatz)			

Personen- und Arbeitsschutz „Schützen“

Verfahren	Gegenstand	Richtwerte (L × B × H)	DIN/ISO	Anzahl	Bemerkung
Körperschutz	Schutzbrille		DIN 58 211	20	Universal-Schutzbrille, robustes Kunststoffgestell, längenverstellbare Bügel, Seitenschutzplatten, kratzfeste Sicherheitsscheiben, farblos, Schutzstufe 1 oder 2, Scheiben auswechselbar
	Schutzbrille		DIN 58 211 DIN EN 166 und 169	20	Universal-Schweißerbrille für Gasschweiß- und Hartlötarbeiten, robustes Kunststoffgestell, längenverstellbare Bügel, Seitenschutzplatten, ATHERMAL-Glas Schutzstufe 4A oder 5A
	Arbeitshandschuhe	250 mm	DIN EN 420	20 Paar	Innenflächen Spaltleder, Handrücken Baumwolle
	Arbeitshandschuhe	270 mm	DIN EN 420	20 Paar	Universal-Handschuhe aus PVC, o.Ä., öl-, säure- und laugenfest, Baumwoll-Innenfutter, Stulpe
	Einmalhandschuhe	200 mm		Gebinde	aus Polyethylen
	Schürze	1000 × 800 mm		2	PVC-Folie mit oder ohne Gewebeeinlage, Brustlatz, verstellbare Nacken- und Seitenbänder, rostfreie Ösen
	Kapsel-Gehörschutz		DIN EN 352, Teil 1	2 Paar	Allzweck-Kapseln mit Kopfbügel, einstellbar, Dämmverhalten 23 – 32 dB, Gewicht > 200 g
	Haarschutz			20	in der Größe verstellbare Kappe mit Schild
	Grobstaubmaske			Gebinde	Nackenband und flexibler Nasenbügel, anpassungsfähig an Gesichtsgröße
	Feinstaub-Filtermaske		DIN EN 149	Gebinde	Kopf- und Nackenband, schaumstoffgefütterter Nasenbereich, flexibler Nasenbügel, anpassungsfähig an Gesichtsgröße, Schutzstufe FFP2

Bereich „Warnen“

Verfahren	Gegenstand	Richtwerte (L × B × H)	DIN/ISO	Anzahl	Bemerkung
	Warnstreifen	50 mm	DIN 5381 RAL-F 14	nach Bedarf	selbstklebend, in gelb/schwarz zur Markierung von Sicherheits-/Gefährdungszonen im Arbeits- und Verkehrsbereich

Fortsetzung s. nächste Seite

Verfahren	Gegenstand	Richtwerte (L × B × H)	DIN/ISO	Anzahl	Bemerkung
Warnen	Aufkleber	nach Bedarf und Räumlichkeiten entsprechend BGV A8 (Sicherheits- und Gesundheitsschutzkennzeichnung am Arbeitsplatz)			
Informieren	Aushang	DIN A2 für Maschinenraum: „Sicheres Arbeiten an Tisch- und Formatkreissägemaschinen“ (GUV 33.1) „Sicheres Arbeiten an Abrichthobelmaschinen“ (33.2) „Sicheres Arbeiten an Tischbandsägemaschinen“ (GUV 33.3)			
	Broschüren	siehe Anhang IV „Sicherheit im Technikunterricht“			
	Gebotszeichen	Aufkleber Ø 100 mm, selbstklebende Folie, signalblau RAL 5005 „Augenschutz benutzen“, „Gehörschutz benutzen“, „Schutzhandschuhe benutzen“, „Kopfhaube benutzen“, „Staubmaske benutzen“			

7.3 Werkzeugliste „Zusatzausstattung“[1]

7.3.1 Holzbearbeitung

Verfahren „Trennen“

Arbeits-technik	Werkzeug	Richtmaße (L × B × H)	DIN/ISO	Anzahl	Bemerkung
Stemmen	Stechbeitel	24 mm (Schneide)	DIN 5139	5	Weißbuchenheft mit Schlagknopf und Stahlzwinge
	Hohlbeitel	Ø 16 mm	DIN 5142	5	Weißbuchenheft mit Schlagknopf und Stahlzwinge
	Stechbeitel	16 mm (Schneide)	DIN 5139	5	Weißbuchenheft mit Schlagknopf und Stahlzwinge
	Stechbeitel	20 mm (Schneide)	DIN 5139	10	Weißbuchenheft mit Schlagknopf und Stahlzwinge
	Hohlbeitel	Ø 8 mm	DIN 5142	10	Weißbuchenheft mit Schlagknopf und Stahlzwinge
	Hohlbeitel	Ø 24 mm	DIN 5142	5	Weißbuchenheft mit Schlagknopf und Stahlzwinge
	Schleiflehre			5	für Stemmeisen und Hobelmesser zur genauen Handführung in Verbindung mit Doppel-Abziehstein
Sägen	Zugsäge	265 mm		5	mit auswechselbarem Sägeblatt, Zugzahnung, Pistolengriff
	Fuchsschwanz	300 mm	DIN 7244	2	geschlossener Griff, Buche
Bohren	Bohrwinde	360 mm		2	mit Knarre und Vierbacken-Bohrfutter, Spannweite bis 12 mm Ø
	Handbohr-maschine	250 mm		5	mit Kurbelantrieb und Kegelrad-Getriebe, Dreibacken-Futter, Spannweite bis 8 mm Ø

Fortsetzung s. nächste Seite

[1] Die zahlenmäßige Erweiterung des Werkzeugbestandes ist abhängig von den situativen Notwendigkeiten vor Ort. Diese können hier nicht erfasst werden.

Arbeits-technik	Werkzeug	Richtmaße (L × B × H)	DIN/ISO	Anzahl	Bemerkung
Hobeln	Kurzraubank	480 mm	DIN 7218 DIN 5145	1	Hobelkörper Rotbuche, Sohle Weißbuche oder Birnbaum, Hobelnase und Handschutz ergonomisch geformt, Hobeleisen WS
Schaben	Ziehklinge	150 × 60 mm		10	rechteckige Form, 0,8 mm
	Ziehklinge	130 × 60 mm		10	Schwanenhalsform, 0,8 mm
	Ziehklingenstahl	220 mm		2	Spezialstahl, Dreikantform und Rotbuchenheft
Raspeln	Treppenbauer-raspel	250 mm		5	geschlossener Form, Hieb 2
Feilen	Vierkantfeile	250 mm	DIN 7261	5	Hieb 1, Kunststoff- oder Holzheft mit eingepresster Zwinge
	Dreikantfeile	250 mm	DIN 7261	5	Hieb 1, Kunststoff- oder Holzheft mit eingepresster Zwinge

Verfahren „Fügen“

Arbeits-technik	Werkzeug	Richtmaße (L × B × H)	DIN/ISO	Anzahl	Bemerkung
Schrauben	Schlitz-Schraubendreher	2,5 × 135	DIN 5265, Form C	10	Chrom-Vanadium-Stahl, ergonomisch geformter Kunststoff-Griff
	Schlitz-Schraubendreher	8,0 × 265 mm	DIN 5265, Form C	5	Chrom-Vanadium-Stahl, ergonomisch geformter Kunststoff-Griff
	Kreuzschlitz-PH-Schraubendreher	Größe 04	DIN 5262, Form B/D	5	Chrom-Vanadium-Stahl, ergonomisch geformter Kunststoff-Griff
	Pozidriv-Schraubendreher	Größe PZ 04	DIN 5262, Form B/D	10	Chrom-Vanadium-Stahl, ergonomisch geformter Kunststoff-Griff
Schlagen	Schreinerhammer	22 mm (Bahnbreite)	DIN 5109	20	Bahn und Pinne geschliffen, Eschenholzstiel

Verfahren „Beschichten“

Arbeits-technik	Werkzeug	Richtmaße (L × B × H)	DIN/ISO	Anzahl	Bemerkung
Spritzen	Kompressor	siehe unter Maschinen „Metall“			
	Spritzpistole mit Zubehör				
	Kleinspritzstand				

Verfahren „Spannen“

Arbeits-technik	Werkzeug	Richtmaße (L × B × H)	DIN/ISO	Anzahl	Bemerkung
Spannen	Kantenzwinge	210 mm		10	Temperguss, Schiene mit Rutschsicherung, zur Verwendung mit allen Schraubzwingen

Fortsetzung s. nächste Seite

Arbeits-technik	Werkzeug	Richtmaße (L × B × H)	DIN/ISO	Anzahl	Bemerkung
Spannen	Kantenzwinge	150 mm		10	Weißbuche mit Exzenterspannhebel, zur Verwendung mit Schnellspann-zwinge
	Gehrungs-spannband			2	mit zusätzlichen Spannbacken zum Spannen von Sechs- und Achteck-rahmen
	Parallel-spannstock	135 × 75 mm (Spannbacken)		1	zum Spannen konischer Werkstücke, mit drehbaren Spannbacken aus Multi-plex, zum Befestigen auf Werkbank, 360° drehbar
Pressen	Stockpresse	siehe unter Papier-/Papierwerkstoffe ‚Pressen'			

Verfahren „Messen, Prüfen"

Arbeits-technik	Werkzeug	Richtmaße (L × B × H)	DIN/ISO	Anzahl	Bemerkung
Prüfen	Schreinerwinkel	350 × 195 mm		2	Stahlzunge gehärtet und gebläut, mit Messskala, Messingschiene, Hartholzschenkel
	Schreinerwinkel	600 × 305 mm		1	Stahlzunge gehärtet und gebläut, mit Messskala, Messingschiene, Hartholzschenkel
	Parallelreißer			1	Anreißhöhe 0 – 80 mm, zur Aufnahme eines Bleistifts, Feststellschraube

Verfahren „Lagern, Transportieren"

Arbeits-technik	Werkzeug	Richtmaße (L × B × H)	DIN/ISO	Anzahl	Bemerkung
Trans-portieren	Plattenwagen	zum sicheren Transport von Platten und Materialien			

7.3.2 Metallbearbeitung

Verfahren „Trennen"

Arbeits-technik	Werkzeug	Richtmaße (L × B × H)	DIN/ISO	Anzahl	Bemerkung
Schneiden	Knabber	270 mm		5	für grat- und verformungsfreies Schneiden, Verschleißteile auswech-selbar, Blech bis 1,2 mm
	Rohrabschneider	65 mm		1	für weiche Metalle, Hartkunststoff, dünne Stahlrohre 3 – 16 mm, 2 Führungsrollen
Feilen	Nadelfeilen-Satz	140 mm		5	flachstumpf, halbrund, dreikant, vierkant, rund, flachspitz

Verfahren „Fügen“

Arbeits-technik	Werkzeug	Richtmaße (L × B × H)	DIN/ISO	Anzahl	Bemerkung
Nieten	Nietenzieher	2, 3, 4, 5, 6 mm	DIN 6434	5	Chrom-Vanadium-Stahl
	Nietenkopfsetzer	2, 3, 4, 5, 6 mm	DIN 6435	5	Chrom-Vanadium-Stahl
Löten	Lötlampe	Arbeitstemperatur ca. 650 °C		1	Mehrzwecklötlampe für Weich- und Hartlötungen, Butangas in Kartusche, Piezo-Zündung, einfache Gasregulierung, ergonomisch geformter Handgriff
Schweißen	Autogen-Schweiß- und Hartlöt-Set	Arbeitstemperatur ca. 1250 °C		1	für Hartlötungen und Schweißungen, Sauerstoff und Hochleistungsmischgas AT 3000, austauschbare Düsen, in tragbarem Ständer

Verfahren „Umformen“

Arbeits-technik	Werkzeug	Richtmaße (L × B × H)	DIN/ISO	Anzahl	Bemerkung
Prägen	Schlagzahlen-Set	5 mm	DIN 1451	1	in Kassette
Biegen	Prismen-Biegevorrichtung	300 mm (Arbeitsbreite)		2	frei platzierbare Prismen, für 45°-, 90°- und 30°-Biegungen, Stahl und Messing 1 mm, Kupfer 1,5 mm, Alu 2 mm, Klemmanschlag mit Millimeterskala
	Rollen-Rundbiege-Vorrichtung			1	zum Runden von Blechen bis 1,5 mm, Rundbiegen von Drähten bis 5 mm
Treiben	Fäustel	1250 g	DIN 6475	5	mit Eschenholzstiel
Richten	Richtplatte	200 × 200 mm		1	auf rutschfester Unterlage
	Amboss	35 kg		1	Einheitsamboss mit zwei Hörnern und Untergestell, mit Quadratloch für Fausteisen

Verfahren „Urformen“

Arbeits-technik	Werkzeug	Richtmaße (L × B × H)	DIN/ISO	Anzahl	Bemerkung
Gießen	Schmelztiegel	Ø 75 mm		2	Graphit, Höhe 85 mm o.Ä., Fassungsvermögen ca. 0,5 kg Gießmetall
	Tiegelzange				passend zum Graphit-Schmelztiegel
	Metallguss-Koffer	170 × 600 × 400 mm		4	für Sandgussverfahren, beinhaltet alle wichtigen Werkzeuge und Materialien
	Schmelzofen	siehe unter Maschinen ‚Metall‘			

Metall „Halten“

Arbeits-technik	Werkzeug	Richtmaße (L × B × H)	DIN/ISO	Anzahl	Bemerkung
Halten	Gripzange	180 mm		5	CV-Stahl, vernickelt, geschmiedete Backen, Schnelllösehebel
Spannen	Schraubstock mit Schraubstocklift			5	stufenlos höhenverstellbar durch Gasdruckfeder zur festen Montage auf Reihenwerkbank
	Winkelspanner	2 × 100 mm		1	zum Halten und Spannen rechtwinklig zueinander stehender Teile
Zwingen	Montageklemmen	110 mm		20	gepresstes Stahlblech, verzinkt
	Montageklemmen	155 mm		20	gepresstes Stahlblech, verzinkt

Verfahren „Messen, Prüfen, Anreißen“

Arbeits-technik	Werkzeug	Richtmaße (L × B × H)	DIN/ISO	Anzahl	Bemerkung
Anreißen	Bügelmess-Schraube	0 – 25 mm	DIN 863-1	1	Gefühlsschraube, verdeckte Spindel, gehärtet und nachstellbar, mit Kontrollmaß, in Kassette
	Digital-messschieber	150 mm		1	Ablesung 0,01
	Stangenzirkel	1000 mm (max. Ø)		1	Einspannmöglichkeit für Reißnadel, Bleistift, Cutter, Glasschneider, Filzstift
	Präzisions-Höhenreißer	300 mm		1	Nonius 1/10 mm, Feineinstellung mittels Reibrad
	Anreißplatte	400 × 300		1	Oberfläche fein geschliffen

7.3.3 Kunststoffbearbeitung

Verfahren „Trennen“

Arbeits-technik	Werkzeug	Richtmaße (L × B × H)	DIN/ISO	Anzahl	Bemerkung
Sägen	Japan-Zugsäge	270 mm		10	für präzise Feinschnitte, 17 Zähne/Zoll, Stahlrücken, Kunststoff-Pistolengriff
Bohren	Kunststoff-Spiralbohrer-Satz	Ø 1,0 – 13,0 mm	DIN 338	1	HSS, Schneidenwinkel 130°, 0,5 mm steigend, in Kassette, statt Universal-Spiralbohrer (Metall)

Verfahren „Trennen“

Arbeits-technik	Werkzeug	Richtmaße (L × B × H)	DIN/ISO	Anzahl	Bemerkung
Schweißen	Heißluft-Schweißgerät	siehe unter Maschinen (Kunststoffbearbeitung)			
	Folien-Schweißgerät				
	Laminier-Gerät				

Kunststoff „Messen, Prüfen“

Arbeits-technik	Werkzeug	Richtmaße (L × B × H)	DIN/ISO	Anzahl	Bemerkung
Messen	Tischstoppuhr			2	zum Kontrollieren der Erwärmzeit, großformatige, digitale Anzeige, Alarmton, programmierbar, umschaltbare Zeitauflösung

7.3.4 Bearbeitung von Ton/Gips/Stein/anorganischen plastischen Massen

Verfahren „Trennen“

Arbeits-technik	Werkzeug	Richtmaße (L × B × H)	DIN/ISO	Anzahl	Bemerkung
Schneiden	Rollenschneider	Ø 13 – 18 mm		2	geschliffen, rostfrei, mit Holzgriff
	Henkelschneider	18 mm		4	ovale Form, geschliffen, rostfrei, Holzgriff
	Lochschneider	Ø 5, 7, 13, 21 mm		4	rostfrei, Holzgriff
	Abdrehklinge	120 × 50 mm		10	Stahl, mit gerader und gerundeter Seite, elastisch
Schaben	Gummischaber	80 × 60 mm		5	weich
	Gummischaber	130 × 70 mm		5	
	Gummischaber	80 × 60 mm		5	hart
	Gummischaber	130 × 70 mm		5	
Abdrehen	Abdreheisen-Satz	200 mm		5	rostfrei, verschiedene Formen, Holzgriff
Sägen	Yton-Säge	400 mm		2	Edelstahl mit Spezialzahnung und geschlossenem Holzgriff, auch für Gips, Speckstein und Kunststoff geeignet
Raspeln	Sägeraspel	200 mm		10	doppelgezahnte Bandstahlklingen, Kunststoffgriff, für Yton, Gips oder Speckstein
	Kombinations-raspel	250 mm		20	flachrundes Profil, Feile und Raspel auf einem Blatt, doppelseitiger grober Hieb, ohne Heft

Fortsetzung s. nächste Seite

Arbeits-technik	Werkzeug	Richtmaße (L × B × H)	DIN/ISO	Anzahl	Bemerkung
Meißeln	Steinmeißel	200 mm		20	Klinge 12 mm, Chrom-Vanadium-Lufthärtestahl, geschmiedet, gehärtet, Schlagkopf vergütet (Splitterschutz)
	Zahneisen	200 mm		20	Klinge 14 mm, Chrom-Vanadium-Lufthärtestahl, geschmiedet, gehärtet, Schlagkopf vergütet (Splitterschutz)
	Spitzeisen	200 mm		20	Chrom-Vanadium-Lufthärtestahl, geschmiedet, gehärtet, Schlagkopf vergütet (Splitterschutz)
Schlagen	Bildhauerknüpfel	Ø 120 mm		10	Kopf Weißbuchenholz
	Fäustel	1000 g	DIN 6475	10	Eschenholzstiel
Bohren	Steinbohrer-Satz	6 – 16	ISO 5468 DIN 8039	2	zylindrischer Schaft, Hartmetall-schneiden, 1 mm steigend

Verfahren „Fügen"

Arbeits-technik	Werkzeug	Richtmaße (L × B × H)	DIN/ISO	Anzahl	Bemerkung
Auftragen	Gipsereisen	15 × 15 mm		10	gehärtetes und geschliffenes Blatt, Rechteck- und Lanzettform
	Japanspachtel-Satz	50, 80, 100, 120 mm		5	Klinge aus Kohlenstoffstahl, Oberfläche poliert, Kunststoff-Griffleiste
	Palettenmesser	60 mm (Klinge)		10	Stahl, geschmiedet, Holzgriff, Stahlzwinge, rostfrei

Verfahren „Umformen"

Arbeits-technik	Werkzeug	Richtmaße (L × B × H)	DIN/ISO	Anzahl	Bemerkung
Modellieren	Bossiereisen-Satz	200 mm		10	Stahl, nicht rostend, poliert, mehrteilig nach Wahl

Verfahren „Urformen"

Arbeits-technik	Werkzeug	Richtmaße (L × B × H)	DIN/ISO	Anzahl	Bemerkung
Gießen	Fön	230 V		5	VDE-Zeichen, zum Beschleunigen des Trocknungsvorgangs in der Gussform
Formen	Drehgerät			10	zur Herstellung von Gipsmodellen zur Gießformherstellung
Pressen	Hand-Tonpresse	100 mm		5	Zinkguss-Legierung, mit auswechselbaren Schablonen

Verfahren „Beschichten“

Arbeits-technik	Werkzeug	Richtmaße (L × B × H)	DIN/ISO	Anzahl	Bemerkung
Spritzen	Glasurzerstäuber	350 mm		4	Spritzvorrichtung nach dem Prinzip der ‚Flitt-Spritze', auswechselbarer Glasurbehälter
	Glasurbehälter	passend zum Glasurzerstäuber mit Schraubverschluss, Anzahl nach Bedarf			
	Spritzpistole	siehe unter ‚Maschinen – Spritzanlage'			
	Kompressor				
	Spritzstand				
Engobieren	Malspritze	60 ml		10	Gummiballon mit Glaspipette

7.3.5 Papier-/Pappebearbeitung

Verfahren „Trennen“

Arbeits-technik	Werkzeug	Richtmaße (L × B × H)	DIN/ISO	Anzahl	Bemerkung
Schneiden	Hebelschneider Tischmodell	356 × 604 mm (Tisch)		1	„Papierschneidemaschine“, Schnittlänge 580 mm, robuste Ausführung mit Handhebel-Anpressung, mitgehendem Messerschutz und Messerverschlusseinrichtung, Winkelanschläge, justierbarer Vorderanschlag, Schmalschnitteinrichtung
	Scheiben-schneider	bis 200 mm Ø		1	robuste Ausführung, Mess-Skala mit mm-Teilung, Holzgriff
Lochen	Henkellocheisen-Satz	6 – 30 mm Ø	DIN 7200, Form A	1	gesenkgeschmiedet, 2 mm steigend, 13-teilig, Pfeife poliert

Verfahren „Beschichten“

Arbeits-technik	Werkzeug	Richtmaße (L × B × H)	DIN/ISO	Anzahl	Bemerkung
Marmo-rieren	Kunststoffwanne	500 × 400 × 15 mm		5	PVC, mit Bodenriffelung, stapelbar
	Acrylglas-Platten	600 × 500 mm		5	4 mm stark, gefaste Kanten
	Kunststoffeimer	10 l		2	runde Form, stabiler Rand, mit Metallbügel, verzinkt
	Kunststoffeimer	5 l		3	runde Form, stabiler Rand, mit Metallbügel, verzinkt

Verfahren „Messen/Prüfen“

Arbeits-technik	Werkzeug	Richtmaße (L × B × H)	DIN/ISO	Anzahl	Bemerkung
Messen	Mess- und Anreißschiene	600 mm		2	Alu-Profil mit Griff und mm-Teilung, gefaste Kante

Verfahren „Lagern/Transportieren"

Arbeitstechnik	Werkzeug	Richtmaße (L × B × H)	DIN/ISO	Anzahl	Bemerkung
Aufbewahren	Papierschrank	10 Schubladen à 50 mm (H), DIN B1			

7.3.6 Elektrotechnik/Elektronik

Verfahren „Trennen"

Arbeitstechnik	Werkzeug	Richtmaße (L × B × H)	DIN/ISO	Anzahl	Bemerkung
Schneiden	Abisolier-Werkzeug	170 mm		10	zum Abmanteln von Rundkabeln, Ø 0,5 – 8,0 mm, variable Schnitttiefeneinstellung, automatisches Umstellen auf Längsschnitt, Ersatzmesser im Kunststoffgriff
Bohren	Mini-Spiralbohrer-Satz	Ø 0,6/0,8/1,0/1,3/1,5/2,0 mm		5	HSS mit Titan-Nitrid-Beschichtung (TIN) für höhere Standzeit und Schnittgeschwindigkeit, Kunststoffkassette
Schaben	Lackabzieh-Pinzette	120 mm		10	Federstahl, gefräste Messer, auswechselbar, Kunststoff-Griffschalen

Verfahren „Fügen"

Arbeitstechnik	Werkzeug	Richtmaße (L × B × H)	DIN/ISO	Anzahl	Bemerkung
Löten	Lötdraht-Abroller			1	zur Aufnahme von Lötdrahtrollen unterschiedlicher Größe (250/500/1000 g), auch in Kombination mit Kabelabroller möglich
Pressen	Kabelschuh-Presszange	210 mm		5	zum Kabelschneiden, Abisolieren und Quetschen von isolierten Kabelschuhen und Steckverbindern, Kunststoffgriffe, Spezialstahl
	Crimp-Systemzange	200 mm		1	Crimp-Zange für lötfreie elektrische Verbindungen nach DIN für unterschiedliche, auswechselbare Crimp-Einsätze wie Kabelschuhe, Stoßverbinder, Aderendhülsen, KOAX-Verbinder, Western-Stecker, D-Sub-Stecker, u. a., spezialvergüteter Sonderstahl, Griff kunststoffummantelt, in Koffer mit Zubehör und Aufnahmen für Crimp-Profile
	Crimp-Profile				nach Bedarf zur o. a. Crimp-Systemzange passend

Verfahren „Halten“

Arbeits-technik	Werkzeug	Richtmaße (L × B × H)	DIN/ISO	Anzahl	Bemerkung
Halten	Bestückungs-pinzette	135 mm		10	rostfreier Stahl, zum Einsetzen und Auslöten elektronischer Bauteile, Greifbacken gerade, fein gezahnt, Spezialstahl, vernickelt
	Bestückungs-pinzette	135 mm		10	rostfreier Stahl, zum Einsetzen und Auslöten elektronischer Bauteile, Greifbacken gebogen, fein gezahnt, Spezialstahl, vernickelt

Verfahren „Messen/Prüfen“

Arbeits-technik	Werkzeug	Richtmaße (L × B × H)	DIN/ISO	Anzahl	Bemerkung
Verbinden	Messleitung	1000 mm		10	Nennstrom 10 A, hitzebeständige Silikon-Ummantelung (Lötkolben!), Kupferquerschnitt 1 mm², 4-mm-Axial-Stecker, Farben rot und schwarz
	Klemmprüfspitze (Kleps)	160 mm		20	flexibler Schaft und Greifzange bis 3 mm Ø, Aufnahme für 4-mm-Axial-Stecker, Seitenschraube zum Anklemmen von Drähten, Farben rot und schwarz
Prüfen	Prüfspitzen	100 mm	IEC 1010	20	mit Stahl-Tastspitze, 4 mm Buchse, voll kunststoffummantelt, Farben rot und schwarz
	Spannungs-/ Durchgangs- und Phasenprüfer		VDE 0680, Teil 5	1	2-poliger Spannungs-, Durchgangs- und Phasenprüfer, Prüfbereich 12 – 690 V, Zustandsanzeige über Leuchtdioden und LCD-Display, robustes Kunststoffgehäuse, inkl. Bereitschaftstasche
	Prüfsummer			10	zur Durchgangsprüfung in Schaltungen, batteriegetrieben
	Oszilloskop	siehe unter ‚Maschinen‘			

7.3.7 Montieren/Demontieren/Testen/Analysieren/Werterhalten

Verfahren „Montieren/Demontieren“

Arbeits-technik	Werkzeug	Richtmaße (L × B × H)	DIN/ISO	Anzahl	Bemerkung
Schrauben	Steckschlüssel-Einsätze-Satz	3,5 – 14 mm	DIN 3112	1	Chrom-Vanadium-Stahl, verchromt, mit Knarre, passende Stecknüsse, Bit-Schraubendreher-Einsätze, in Kassette

Fortsetzung s. nächste Seite

Arbeitstechnik	Werkzeug	Richtmaße (L × B × H)	DIN/ISO	Anzahl	Bemerkung
Drehen	Uhrmacher-Schraubendreher-Satz	1,0 – 3,5 mm		2	Kreuzschlitz, 0,5 mm steigend, Chrom-Vanadium-Stahl, vernickelt, in Kassette
Zerlegen	Sicherungsring-Zange	140 mm	DIN 5256 C	2	gerade Form, für Innenringe, Bohrungsdurchmesser 12 – 25 mm, Chrom-Vanadium-Elektrostahl, ölgehärtet, Griffe kunststoffüberzogen
	Sicherungsring-Zange	140 mm	DIN 5256 D	2	abgewinkelte Form, für Innenringe, Bohrungsdurchmesser 12 – 25 mm, Chrom-Vanadium-Elektrostahl, ölgehärtet, Griffe kunststoffüberzogen
	Sicherungsring-Zange	140 mm	DIN 5254 A	2	gerade Form, für Außenringe, Bohrungsdurchmesser 10 – 25 mm, Chrom-Vanadium-Elektrostahl, ölgehärtet, Griffe kunststoffüberzogen
	Sicherungsring-Zange	140 mm	DIN 5256 B	2	abgewinkelte Form, für Außenringe, Bohrungsdurchmesser 12 – 25 mm, Chrom-Vanadium-Elektrostahl, ölgehärtet, Griffe kunststoffüberzogen
	Greifring-Zange	140 mm		2	zur Montage von Greifringen, Wellendurchmesser 5 – 13 mm, Chrom-Vanadium-Elektrostahl, ölgehärtet, Griffe kunststoffüberzogen
	Greifring-Zange	140 mm		2	zur Montage von Greifringen, Wellendurchmesser 14 – 18 mm, Chrom-Vanadium-Elektrostahl, ölgehärtet, Griffe kunststoffüberzogen
	Greifring-Zange	180 mm		2	zur Montage von Greifringen, Wellendurchmesser 20 – 30 mm, Chrom-Vanadium-Elektrostahl, ölgehärtet, Griffe kunststoffüberzogen
	Muttersprenger	M4 – M10		2	gehärteter Meißel, auswechselbar
Montieren/Demontieren/Warten	Fahrrad-Werkzeug-Satz	pro Fahrrad ein kompletter Satz, bestehend aus: 2 Konusschlüsseln, Cartrige-Werkzeug, Tretkurbelabzieher, Pedal-/Kurbelschlüssel, Speichenspanner, Zahnkranzabnehmer, Steuersatzschlüssel, Tretlagerwerkzeuge, Kettennieter, Reifenheber, Speichenspanner, Bowdenzug-Zange, Bowdenzug-Spannzange, Luftpumpe, in Werkzeugkoffer			
	Fahrrad-Montageständer	pro Fahrrad ein Montageständer, standfeste und robuste Ausführung, Fahrrad frei positionierbar, zusammenklappbar			
	Fahrrad-Standpumpe	mit Fußplatte und Universal-Ventilanschluss, Druckablassventil, Manometer bis 10 bar			
	Fahrrad	siehe unter Medien ‚Maschinentechnik'			

Verfahren „Testen/Analysieren"

Arbeitstechnik	Werkzeug	Richtmaße (L × B × H)	DIN/ISO	Anzahl	Bemerkung
Prüfen	Schallpegel-Messgerät	35 – 130 dB	IEC 651	1	Digitales Messgerät mit LCD-Display, Speicherfunktion für Max-Werte, eingebauter Eich-Generator, batteriebetrieben, inkl. Bereitschaftstasche

Fortsetzung s. nächste Seite

Arbeits-technik	Werkzeug	Richtmaße (L × B × H)	DIN/ISO	Anzahl	Bemerkung
Prüfen	Lichtblitz-Stroboskop	2,5 – 300 Hz		1	zur berührungslosen Drehzahl- und Schwingungsmessung, Lichtintensität max. 350 Lux, Netzanschluss 230 V, 50 Hz
	Luxmeter	0 – 50000 Lux		1	Digitales Messgerät mit LCD-Display, Auflösung 1 – 100 Lux, inkl. Lichtsensor und Bereitschaftstasche
	elektronische Kompaktwaage	0 – 6000 g		1	programmierbar (Justierung, Stückzahl), Auflösung 1 g, robuste Bauweise, Wiegeplatte aus Edelstahl
	ALMEMO-Vielfach-Messgerät		DIN IEC 584-1 (Thermoelement)	1	zum Anschluss unterschiedlicher Messfühler für die Messbereiche Temperatur, Frequenz, Druck, Drehzahl, Strömung, Kraft, Weg, Durchfluss, Lichtstärke, UV-Strahlung, pH-Werte, Dehnmess-Streifen, Strom, Spannung, Widerstand

7.3.8 Technisches Zeichnen/technisches Dokumentieren

Verfahren „Technisches Zeichnen“

Arbeits-technik	Werkzeug	Richtmaße (L × B × H)	DIN/ISO	Anzahl	Bemerkung
Zeichnen	Zeichenplatte	DIN A3		20	feststellbare Parallel-Zeichenschiene, Blattfixierung
	Schnell-Zeichenkopf			20	aufsetzbar auf Zeichenschiene mit 15° Rastposition, Feineinstellung für beliebige Winkel
	Zeichen-Schablonen			nach Bedarf	zur Darstellung von Schrift, Kreisen, Schaltungssymbolen
	Bleistift-Spitzmaschine			1	Tischbefestigung, für runde und kantige Stifte
Ablegen	Hefter			1	robuste Ausführung
	Locher			1	robuste Ausführung mit Anschlagschiene

7.3.9 Personen- und Arbeitsschutz

Bereich „Schützen“

Verfahren	Werkzeug	Richtwerte (L × B × H)	DIN/ISO	Anzahl	Bemerkung
Schützen	Handschutzschild		DIN EN 166 und 169	18	Schutzschild für Elektro-Schweißarbeiten aus glasfaserverstärktem Kunststoff, o.Ä., lichtdicht, Mechanismus zum Öffnen der Freisicht-Scheibe, Sichtscheibe ATHERMAL-Glas, Schutzstufe 9A, Vorsatzscheibe Glas oder Kunststoff

Verfahren	Werkzeug	Richtwerte (L × B × H)	DIN/ISO	Anzahl	Bemerkung
Schützen	Gesichts-schutzschild		DIN EN 166 und 169	2	Schutzhelm für Elektro-Schweiß-arbeiten aus glasfaserverstärktem Kunststoff, o. Ä., lichtdicht, Schutz-helmhalterung und Kippvorrichtung, Sichtscheibe als elektrooptischer Schweißfilter (Filterkassette der Schutzstufen 9 – 13 einstellbar), innere und äußere Vorsatzscheibe
	Arbeits-handschuhe	340 mm	DIN EN 388	5 Paar	Schweißer-Handschuhe mit Lederstulpe, aus hitzebeständigem Spezialleder
	Schweißer-Schürze	1000 × 800 mm		2	Chromspaltleder mit Brustlatz und verstellbarem Riemen
	Farbspritzmaske		DIN EN 140	1	Halbmaske, auch für Brillenträger geeignet, Atemfilter mit auswechsel-baren Filtereinsätzen, Filterklasse A1-P2
Sichern	Farben, Lacke, Lösungsmittel, Säuren, Laugen	Sicherheitsschrank (Gefahrenstoff-Schrank nach DIN 12 925-1, VbF/TRbF), verschließbar, belüftbar			

8 Werkzeug-Ordnungssysteme

8.1 Grundsätzliche Überlegungen

Die Möglichkeit, auf übersichtliche geordnete Bestände an Werkzeugen, Kleinmaschinen, Bauteilen und Hilfsstoffen zugreifen zu können, ist eine nicht hoch genug einzuschätzende Voraussetzung für einen erfolgreich verlaufenden Technikunterricht. Eine solche Ordnung bzw. solche Ordnungssysteme für die erwähnten Bestände müssen geschaffen werden, wobei hierfür der Markt einiges Brauchbares anbietet, vieles aber vom Einfallsreichtum und Engagement des betreffenden Kollegiums abhängt. Für die Beibehaltung jedweder Ordnung im Technikfachraum trägt in erster Linie der Lehrer die Verantwortung, Assistenz können Schüler leisten, soweit sie auf entsprechende Ordnungsstrukturen zurückgreifen können.

Im Zusammenhang Technikunterricht kann man das Ordnunghalten in mehrfacher Hinsicht begründen. Zum Ersten geht es um eine funktionale Ordnung, die einen möglichst reibungslosen und zeitökonomischen Ablauf des Unterrichts gewährleistet. Es gibt auch eine pädagogische Begründung, die Schüler im praktischen Umgang mit den Ordnungssystemen des Technikfachraums zum Ordnunghalten motiviert, indem ihnen der Sinn von Ordnungsstrukturen im praktischen Umgang einsichtig wird. Diesbezüglich sollten die Ordnungssysteme des Technikfachraums die Vorbildrolle einnehmen. Eine weitere Begründung ergibt sich aus der vor- und nachbereitenden Arbeit des Lehrers, die durch klare Ordnungen der sächlichen Bestände erleichtert wird und auch zeitökonomischer zu erledigen ist.

Unter einem Ordnungssystem im Technikunterricht wird demnach ein Hilfssystem verstanden, das eine geordnete und sachgerechte Unterbringung von Werkzeugen bis Schülerarbeiten und Fachakten ermöglicht, als auch deren Kennzeichnung z. B. in Form eines grafischen und/oder farbigen Leitsystem. Dieses informationelle Leitsystem enthält eindeutige Information über die verwahrten und gelagerten Gegenstände, sodass ein zielgerichteter Zugriff und eine geordnete Ablage und Wiederauffindung durch die Schüler und das Lehrpersonal gewährleistet wird.

Das im Folgenden beschriebene Ordnungssystem bezieht sich nur auf den Bereich der zahlreichen Werkzeuge, Kleinmaschinen, deren Zubehör sowie Geräte und Vorrichtungen. Ein Material-Ordnungssystem wird im folgenden Kapitel beschrieben.

Zu dem Thema der Ordnungssysteme liegen bereits einige wenige Publikationen vor, die sowohl aus der Sicht der Fachdidaktik[1], als auch der Unterrichtspraxis das Thema behandeln. Insbesondere die Veröffentlichungen der Vertreter der letzten Gruppe erweisen sich als sehr hilfreich, da ihnen nicht nur fundierte praktische Erfahrungen zugrunde liegen, sondern sie auch über konkrete Maßnahmen berichten, auf welche Weise sie eine systematische Ordnung für Unterrichtsmedien und Hilfsmitteln haben bewerkstelligen können[2].

Die große Anzahl und unterschiedliche Art der Werkzeuge macht aus Sicht des Autors spezifische Ordnungssysteme im Technikunterricht zwingend. Der bedauerliche Zustand so manchen Fachraums lässt aber manchmal Zweifel aufkommen, ob die fundamentale Bedeutung

1 Hier insbesondere: Roth, E./Steidle, A. 1968; Sachs, B. 1979a, 1979b, 1980, 1985; Bienhaus 2001

2 Siehe diesbezüglich insbesondere: Dold 1992, 1999a, 1999b und 2000; Schwandner 1995; Burkhard 1998; Braun 2003

und Notwendigkeit von Ordnungssystemen dort überhaupt erkannt wurde. Fragt man nach den Ursachen, so werden fehlende personelle Ressourcen, fehlende finanzielle Mittel oder schlicht Nichtwissen um die Existenz von Ordnungssystemen angeführt. Das ist unter dem Aspekt des verkannten funktionalen, ökonomischen und pädagogischen Potenzials von Ordnungssystemen eher bedauerlich zu nennen.

Eine sachgerechte Werkzeugunterbringung vermeidet zudem Unfälle und schont das meist sehr kostspielige Werkzeug. Bei einer ungeordneten, chaotischen Lagerung von Werkzeugen leidet deren Funktionalität, weil Beschädigungen nicht zu vermeiden sind, insbesondere Werkzeugschneiden werden durch Unachtsamkeit und fehlerhafte Verwahrung schnell stumpf und schartig.

Zugleich bietet ein nach fachlichen wie fachdidaktischen Kriterien ausgewähltes und systematisch geordnetes Werkzeugangebot den Schülern in der Praxis Entscheidungsspielräume, hinter denen fachliche Lernabsichten stehen. Ordnungssysteme insgesamt stellen somit ein wichtiges Element nicht nur eines Fachraumkonzeptes, sondern auch fachinhaltlicher Intentionen dar, die fachdidaktisch orientiert und begründet sind.

Werkzeug-Ordnungssysteme tragen nicht allein zur Erleichterung der Identifizierung, der richtigen Auswahl und gezielten Verwahrung der Werkzeuge bei, sondern ermöglichen zugleich einen geregelten und strukturierten Ablauf des Unterrichts. Weitergehend können so von den Schülern sehr praktische, realitätsbezogene Erfahrungen bezüglich der Organisation von Arbeitsabläufen und funktionaler Ordnung in einem Fachraum oder einer Werkstatt gemacht werden, die ihm in der späteren Berufswelt von Nutzen sein können.

Im allgemeinbildenden Technikunterricht werden Schüler in einem angeleiteten und begleiteten technischen Problemlösungsprozess gefordert, wobei die Lehrperson nicht immer und jeden Schritt überwachen und den Schülern auch Freiräume eigener Entscheidung eröffnen muss, so auch bei der Werkzeugauswahl. Dafür braucht es adäquate, sächliche Voraussetzungen aufgrund fachdidaktischer Orientierung. Die Fachraumordnung, die Einweisung der Schüler in die Benutzung für sie zugelassener Maschinen, Sicherheitserziehung und die Beachtung markierter Gefahrenbereiche sind gleichermaßen didaktisch wie sicherheitserzieherisch begründete Maßnahmen wie der Einsatz von Ordnungsdiensten ebenso, wie möglichst praktikable, verständliche Aufbewahrungs- und Ordnungsstrukturen für Werkzeuge und Handmaschinen.

Geeignete Werkzeug-Ordnungssysteme schaffen somit wichtige Voraussetzungen für selbstständiges Handeln und Entscheiden, verantwortlichen Umgang mit den Werkzeugen und Material und stellen darüber hinaus einen wichtigen Beitrag zur Sicherheitserziehung dar.

Werkzeug-Ordnungssysteme sind nie Selbstzweck und erschöpfen sich auch nicht, wie zu lesen war, im rein Funktionalen, sondern sie sind weit umfassender zu sehen, da sie Einfluss auf das gesamte Unterrichtsgeschehen im Technikunterricht nehmen. Sie haben neben der starken pädagogischen Komponente zudem eine ökonomische und unterrichtsorganisatorische[3].

Die pädagogische Komponente zielt auf wünschenswerte Verhaltensweisen im personalen wie im sozialen Kontext. Sie befähigt zur Übernahme von Verantwortung, zum Praktizieren von

3 Vgl. diesbezüglich: Schwandner 1995, S. 25-37

Hilfsbereitschaft und Kooperation, zur Entwicklung von Ordnungssinn und Sorgfalt bei der selbstständigen Arbeit. Die vorfindlichen Ordnungsstrukturen können neben ihrer Orientierungsfunktion dazu anleiten, Ordnung besser einzuhalten und ggf. sogar selbstständig Ordnung zu schaffen.

Ist ein gut durchdachtes und effektives Ordnungssystems installiert, bezieht sich die ökonomische Komponente in erster Linie auf Zeit- und Raumgewinn, was sich sehr positiv auf den Verlauf des Unterrichts auswirken kann. Durch eine werkzeugschonende Unterbringung können auf Dauer Finanzmittel eingespart und Neubeschaffungen hinausgezögert werden. Wegen der auf den Unterrichtsinhalt genau bezogenen Bereitstellung der Werkzeuge müssen die Schüler nicht ständig nach Werkzeug fragen und im Fachraum unterwegs sein, was ebenfalls unter zeitökonomischem und unterrichtsorganisatorischem Aspekten gesehen werden muss.

Bei der Entscheidung für das eine oder andere Werkzeug-Ordnungssystem sind aber nicht nur die Vorteile in den Blick zu nehmen, die den Schüler motivieren und ihm die Arbeit erleichtern, sondern es ist auch der Lehrer zu sehen, dem ein gutes, funktionierendes Werkzeug-Ordnungssystem immer auch einen Teil seiner knapp bemessenen Vor- und Nachbereitungszeit einspart.

In einem Kollegium von Techniklehrern muss klar sein, dass nur eine funktionierende Kommunikation und klare Aufgabenverteilung die Funktion des Werkzeug-Ordnungssystems gewährleistet. Nur durch kontinuierliche Pflege des Gesamtsystems, Erhaltung des Soll-Zustandes und, wenn nötig, Weiterentwicklung wird sicherzustellen sein, dass der volle Funktionsumfang des System allen, Schülern wie Lehrpersonal, zugute kommt.

8.2 Werkzeugschränke

Gleich welche Art der Aufbewahrung von Werkzeugen gewählt wird, auf passende Werkzeugschränke wird nicht verzichtet werden können. Werkzeugschränke lassen sich nach Bedarf ausstatten und so an die Werkzeug-Unterbringungsbedürfnisse anpassen. Sie kombinieren häufig mehre Werkzeugunterbringungs- und Werkzeugordnungsmöglichkeiten zu einem komplexen Unterbringungssystem (Abb. 08/1). Sie bieten neben den Unterbringungsmöglichkeiten für die Gemeinschaftswerkzeuge auch solche für Einzel- und Sonderwerkzeuge, Vorrichtungen und Hilfsmittel. Schrägablagen, Hänge- oder Steckvorrichtungen, Schubladen und Regalböden mit Lagerkästen bieten vielfältige Möglichkeiten differenzierter Unterbringung.

08/1 Werkzeugschrank mit Werkzeugsets und -blöcken für Metall (Weba)

Die von den Fachraumausstattern angebotenen Komplettlösungen von Werkzeugschränken für einzelne Werkstoffbereiche sollten allerdings genau auf die spezifischen Ausstattungsbedürfnisse der jeweiligen Schule überprüft werden, damit nicht Werkzeuge nach Art und Anzahl angeschafft werden, die mit den Anforderungen des Technikunterrichts vor Ort nicht kompatibel sind. Die Werkzeugausstattung sollte daher immer bedarfs- und situationsbezogen von fachlich versierten Lehrern bestimmt werden können und damit auch das dazugehörige Ordnungssystem.

Aus funktionalen und systematischen Gründen bietet es sich an, die Werkzeugschränke Werkstoffen (Holz/Kunststoff, metallische Werkstoffe, Keramik/Gips/Beton) und Arbeitsbereichen (z. B. Elektrotechnik, Informationstechnik) zuzuordnen. Farbleitsysteme, Beschriftungen und/oder Symboldarstellungen erleichtern das Auffinden und Zuordnen der Werkzeuge (Abb. 08/2).

08/2 Farbleitsystem (Metall) , einheitliche Beschriftung der Blöcke, Sets und Regalbretter (Weba)

Der im Technikfachraum installierte Schrankraum ist aber nicht nur für Werkzeuge bestimmt, sondern dient auch der Unterbringung diverser Kleinmaterialien, Verbindungsmittel und öfter gebrauchter Medien. Hierzu eignen sich auch zusätzliche Aufsatzschränke.

Anforderungen an Werkzeugschränke und -unterbringung:

- Ermöglichung einer geordneten, werkzeugschonenden Aufbewahrung der Werkzeuge, gleich welches Aufbewahrungssystem gewählt wird
- Schutz vor Einstauben und Korrosion
- Schutz vor unbefugtem Zugriff
- Kompakte, übersichtliche Lagerung
- Variable, feinschrittig verstellbare Innenaufteilung für eine optimale Platzausnutzung
- Aufsatzschränke für zusätzliche Staumöglichkeiten
- Gewährleistung von An- und Ausbaufähigkeit
- TÜV-geprüftes Leitersystem zum sicheren Bedienen der Aufsatzschränke

8.3 Werkzeug-Aufbewahrungs- und Ordnungssysteme im Überblick

Folgende Anforderungen sollten Werkzeug-, Aufbewahrungs- und Ordnungssysteme im unterrichtlichen Einsatz erfüllen:

- Unkomplizierte Auswahl und Bereitstellung der Werkzeuge nach Art und Menge
- Einfache und schnelle Vollständigkeitskontrolle
- Kompakter Transport bei Verwendung der Werkzeuge auch außerhalb der Fachräume
- Minimierung der Verletzungsgefahr beim Werkzeugtransport
- Übersichtliche, für Schüler leicht verständliche, systematische Kennzeichnung nach Werkzeugart und Verwahrort
- Platzsparende Unterbringung und einfache Entnahme

- Betreuung des Werkzeugbestandes durch Schüler (Werkzeugdienst)
- Vermeidung von Werkzeugbeschädigungen
- Erweiterungsmöglichkeiten des Aufbewahrungssystems
- Problemlose Ergänzung von defekten oder verloren gegangenen Werkzeugen
- In der Anschaffung erschwinglich

8.4 Werkzeug-Ordnungssysteme

Im Laufe der Fachentwicklung und aus der Praxis des Technikunterrichts haben sich verschiedene Systeme herausgebildet, die es zu unterscheiden und über deren Tauglichkeit für die Verwendung man sich im Voraus im Klaren sein muss. Am verbreitetsten ist das Blocksystem, in Blöcken oder Zügen, gefolgt von Systemen mit Zügen oder Tabletts für Werkzeugsets. Heute weniger verbreitet im Schulbereich sind Werkzeugladen, Schubladen am Arbeitsplatz oder Werkzeugwandtafeln und offene Werkzeugwände.

8.4.1 Blocksystem

Dieses System wird in der Regel bei Neuausstattungen gewählt. In welchem Maße es sich bewährt hat, sieht man auch daran, dass viele Nutzer anderer Werkzeug-Ordnungssysteme für Ergänzungen und Erweiterungen nachträglich das Blocksystem wählen. Blocksystem deswegen, weil nahezu alle gleichen oder ähnlichen Werkzeuge in ganzen oder halben Klassensätzen in massiven Vollholzquadern oder stabilen Holzständern untergebracht werden können. Es gibt Blöcke mit passenden Bohrungen z. B. für Schraubendreher, Vorstecher, Puksägen, Körner, Stechbeitel, Zangen usw. (Abb. 08/3 a) oder solche, in die die Werkzeuge eingehängt (z. B. Hammer, Sägen) (Abb. 08/3 b) oder in Schlitze eingesteckt werden (z. B. Stahllineale, Ziehklingen) (Abb. 08/3 c). Es gibt Blöcke für

08/3 a) 10er-Block mit passenden Bohrungen für Kombizangen (Weba)

b) 10er-Block mit passenden Bohrungen für Hämmer, Sägen (Weba)

c) 10er-Block für kleine Schreinerwinkel (Weba)

gleichartige Werkzeugen, Grundwerkzeug- und Sonderwerkzeugblöcke (Abb. 08/4). Diese Blöcke werden vom Fachhandel leer oder bestückt angeboten, könnten aber auch in Eigenproduktion relativ einfach hergestellt werden.

08/4 Werkzeugset Elektronik als Block (Weba)

Zum Ordnungssystem wird das Blocksystem, wie auch alle anderen Werkzeugaufbewahrungssysteme, durch ein Markierungssystem, das die Zuordnung des jeweiligen Werkzeugs zu seinem Block und schließlich zu dem vorgesehenen Werkzeugschrank und dortigen Einstellort vorgibt.

Vorteile des Blocksystems:

- Platzsparende Unterbringung
- Bündelung in ganzen oder halben Klassensätzen
- Einfache Vollständigkeitskontrolle
- Eignung für Universal- und Spezialwerkzeuge
- Möglichkeit selbst erklärendes Farbleit- und Beschriftungssystem
- Einfache Bereitstellung und Ergänzung während des Unterrichts
- Reduzierung der Gefahr falschen Werkzeugeinsatzes
- Möglichkeit der Eigenproduktion der Blöcke auch mit Schülern
- Kompatibel mit anderen Werkzeug-Ordnungssystemen
- Unproblematische Ergänzung und Erweiterung
- Kompatibel mit Standard-Werkzeugschränken
- Sichere Unterbringung spitzer und scharfer Werkzeugteile
- Werkzeugdienst-Tauglichkeit
- „Selbstversorgungstauglichkeit"
- Einfache und sichere Vollständigkeitskontrolle

Nachteile:

- Gewisser Bereitstellungsaufwand, wenn viele verschiedene Werkzeuge benötigt werden
- Teilweise hohes Gewicht einiger „geblockter" Werkzeuge

Das Blocksystem stellt inzwischen ein sehr ausgeklügeltes und differenziertes Werkzeug-Verwahr-, Werkzeug-Darbietungs- und Werkzeug-Ordnungssystem dar. Für nahezu jedes Werkzeug kann man mittlerweile passende Werkzeugblöcke erwerben.

Auch für eine ordentliche Unterbringung in den Werkzeugschränken sind Hilfsvorrichtungen, variabel auf dem Fachboden zu befestigende Abstands- oder Distanzleisten, entwickelt worden, die dafür sorgen, dass die Werkzeugblöcke nicht kreuz und quer in den Schrank gestellt werden. Die Werkzeugblöcke lassen sich so „platzökonomisch" einordnen. Verschiedene Lösungen werden angeboten: in Metall-Nutschienen laufende, variabel an die Blockbreite anzupassende Leisten, Leisten mit Zapfen, die in entsprechende Lochungen in den Fachboden passen oder Leichtmetallschienen, die an der Vorder- und Rückseite des Fachbodens angeklemmt werden können. (Abb. 08/5 a), Seite 171).

08/5 a) Werkzeugregalboden mit einstellbaren Distanzleisten (Weba)

b) Hinterer Anschlag für Werkzeugblock (Weba)

Damit diese bündig mit der Vorderkante des Fachbodens abschließen, kann ein rückwärtiger Anschlag mittels Exzenterscheiben montiert werden (Abb. 08/5 b). Auf diese Weise vermittelt das Gesamtbild des Werkzeugschranks den Eindruck funktionaler Ästhetik bzw. die Ästhetik funktionaler Ordnung.

8.4.2 Schubladen-/Palettensystem

Statt der vertikalen Lagerung der Werkzeuge im Blocksystem, ist auch eine horizontale Lagerung in flachen Schubladen oder auf Paletten anzutreffen. In den Schubladen/Tabletts finden sich Einsätze aus Holz oder Kunststoff, die dafür sorgen, dass die Werkzeuge nicht beliebig, sondern an einem vorbestimmten Ort abgelegt werden und dort in ihrer Lage fixiert sind (Abb. 08/6 a). Es gibt mehrere Varianten dieses Systems: (1) Die Werkzeuge liegen als werkzeuggleicher Klassensatz vor, man kann auch von einem Blocksystem in horizontaler Lagerung sprechen (Abb. 08/6 b). (2) Die Schubladen/Paletten enthalten einen Grundwerkzeugsatz eines Werkstoff- oder Arbeitsbereichs, somit steht für jeden einzelnen Schüler

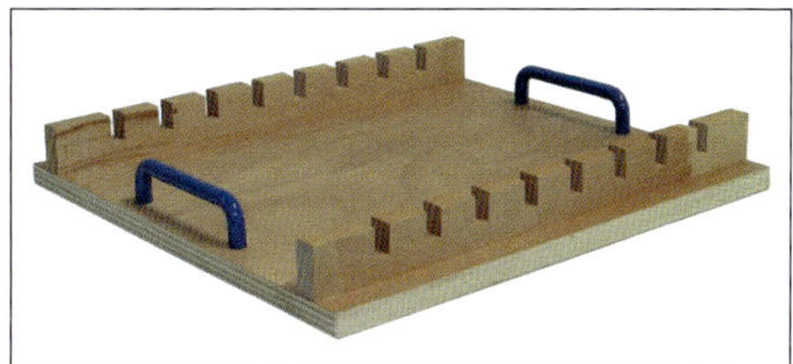

08/6 a) Werkzeugschubladensystem als Grundwerkzeugsatz Holz (WPO)

b) Unbestückte Palette für gleichartige Werkzeuge (WPO)

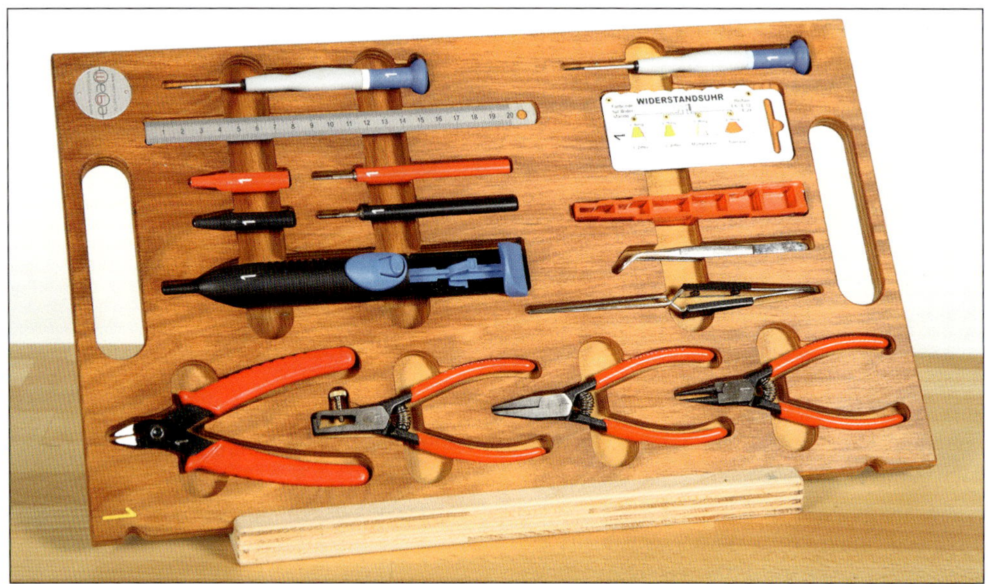

08/7 Werkzeugpalettensystem mit Grundwerkzeugsatz Elektronik (Weba)

eine Schublade/Palette zu Verfügung. (3) Nur bestimmte, nicht geblockte Spezialwerkzeuge (Abb. 08/7) (z. B. für das Löten, Messen, Töpfern) oder (4) solche, die anderweitig nicht sinnvoll unterzubringen sind (besonders große oder schwere Werkzeuge), werden in Schubladen oder auf Paletten untergebracht.

Werkzeugsätze, die jedem Schüler zur Verfügung stehen, eröffnen die Möglichkeit, das Werkzeug zu individualisieren, da jeder Schüler „seinen" Werkzeugsatz zur Verfügung hat, für dessen Zustand und Vollständigkeit er Verantwortung trägt. Dieser an sich schöne und pädagogisch sicher zu begrüßende Gedanke setzt jedoch voraus, dass die Schubladen vor der Ausgabe genau auf ihren Zustand und die Vollständigkeit überprüft werden, denn es ist davon auszugehen, dass mehrere Klassen auf die selben Werkzeuge zugreifen. Das macht den Umgang mit diesem System aufwendig und anspruchsvoll.

Für die Unterbringung eigenen sich ebenfalls Universalwerkzeugschränke, die allerdings einen speziellen Einsatz zur Aufnahme der Schubladen/Paletten benötigen (Abb. 08/8). Eine an der jeweiligen Aufgabenstellung orientierte Reduktion des Werkzeugangebots innerhalb eines Werkzeugsatzes ist aufwendig und unterbleibt in der Regel. Das kann dann auch seitens der Schüler zu nicht sachgerechter Werkzeugverwendung führen.

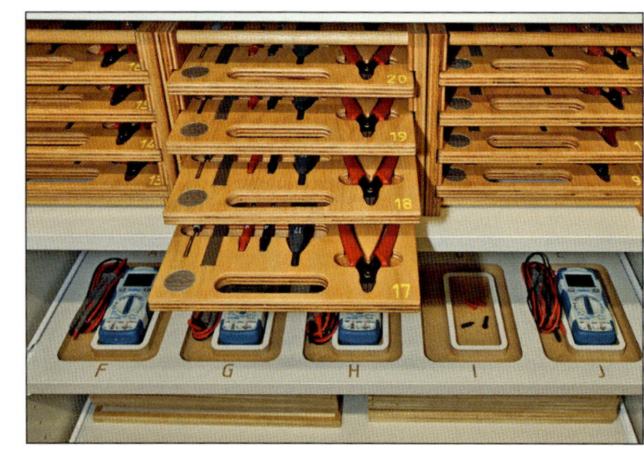

08/8 Schrankeinsatz für Werkzeugpaletten, hier Elektronikwerkzeuge (Weba)

Werkzeugersatz gestaltet sich manchmal kompliziert, wenn es nicht exakt die gleichen Maße und Form des Vorgängers hat. Das hat zur Folge, dass nach einem längeren Zeitraum die Werkzeuganordnung in der Schublade/Palette nicht mehr eingehalten werden kann, und somit dieses System seine eigentliche Funktion verliert.

Vorteile:

- Platzsparende Unterbringung in Standardwerkzeugschränken
- Sichere Lagerung durch Werkzeugaufnahmen
- Übersichtliche Unterbringung
- Einfache Bereitstellung, Selbstbedienungsmöglichkeit
- Möglichkeit eines selbst erklärendes Farbleit- und Beschriftungssystem
- Individualisierung des Werkzeugsatzes
- Einfache Zustands- und Vollständigkeitskontrolle
- Variabel bezüglich der Werkzeuganordnung und Zusammenstellung
- Kompatibel mit anderen Werkzeug-Ordnungssystemen

Nachteile:

- Spezielle Einbauten in Werkzeugschränken erforderlich (Führungsschienen, Schubladeneinsätze)
- Im Gebrauch als Blocksystem hoher Platzbedarf
- Starre, meist materialorientierte Werkzeugsortierung
- Begrenztes Werkzeugangebot, zusätzliche Werkzeugbereitstellung erforderlich
- Gefahr nicht sachgerechter Werkzeugverwendung
- Meist mehr Werkzeuge am Arbeitsplatz als benötigt
- Einschränkung des Arbeitsplatzes auf der Werkbank
- Verschmutzen der Schubladen/Paletten durch Späne und Staub
- Hoher Pflegeaufwand
- Werkzeugergänzung problematisch

8.4.3 Werkzeugschubladen (-unterschränke) an der Werkbank

Dieses Werkzeugbereitstellungs- und Ordnungssystem erscheint hier in erster Linie aus systematischen Gründen, denn für den Technikunterricht ist es eher ungeeignet. Man trifft auf dieses System hauptsächlich in der beruflichen Ausbildung und in Werkstätten. Dabei werden Grundwerkzeuge für bestimmte Materialgruppen (z. B. Holz, Metall) in Schubladen oder auf Paletten bereitgestellt (Abb. 08/9), die dem Arbeitsplatz direkt zugeordnet sind. Dadurch spart man Platz in Schränken, Laufwege und somit auch Wandfläche. Werkzeugausgabe und Wiederrücknahme werden vermieden.

08/9 Werkzeugpalette unter Werkbankplatte (Weba)

Denkt man dieses System für die Schule weiter, so müssten Werkzeuge für verschiedene Materialbearbeitungen in einer Schublade/einem Schubladenschrank untergebracht werden, was nur bei Verwendung von Schubladenschränken eine übersichtliche, sachgerechte und schonende Aufbewahrung der Werkzeugsätze möglich machen würde. Da nur ein gewisses Grundwerkzeug-Sortiment in den Schubladen/Schubladenschränken untergebracht werden kann, wird man die notwendige Erweiterung des Werkzeugangebots nur durch die Kombination mit anderen Aufbewahrungssystemen bewerkstelligen können.

Eine Vollständigkeits- und Zustandskontrolle ist schwierig und zeitaufwendig, da die Lehrkraft oder der Ordnungsdienst jede Schublade für sich durchsehen müsste, da es in der Schule nicht möglich ist, solcherlei Aufgaben allein in die Verantwortung der Schüler zu legen. Im Lehrbetrieb in der beruflichen Ausbildung mag das dagegen funktionieren.

8.4.4 Werkzeugtragen

Auch dieses System stellt lediglich Grundwerkzeuge in einem überschaubaren Umfang in vorgegebenen Sätzen zu Verfügung. Je Arbeitsplatz gibt es eine Trage, nach Werkstoffgruppen unterschieden, die komplett an die Werkbank geholt wird. Aufnahmeladen an der Werkbank oder eine Einhängevorrichtung ermöglichen eine sichere und störungsfreie Unterbringung am Arbeitsplatz. Die Tragen haben Unterteilungen, in die die Werkzeuge eingesteckt oder eingehängt werden und so die Anordnung beim Einräumen vorgeben (Abb. 08/10). Zusätzliche Werkzeuge müssen anderweitig gesondert (z. B. in Blöcken) bereitgestellt werden. Da die Tragen nicht nur bestückt, sondern auch leer erworben werden können, können sie auch nach Bedarf zur Aufnahme weiterer oder anderer Werkzeuge ausgerüstet werden.

08/10 Werkzeugtrage mit Grundwerkzeugsatz (Famos)

Die Einhaltung der Werkzeugordnung oder die Vollständigkeit der Werkzeuge können bei diesem System nur sichergestellt werden, wenn die Lehrkraft oder der Werkzeugdienst jedes einzelne Set kontrolliert.

Bei diesem System werden ausschließlich universell einsetzbare (Grund-)Werkzeugsätze für verschiedene, materialbezogene Arbeitstechniken angeboten, was die Gefahr eines nicht sachgerechten Einsatzes von Werkzeugen durch die Schüler birgt.

Die Werkzeuge lassen sich in den Tragen sicher, jedoch nicht gerade übersichtlich unterbringen. Für die Unterbringung der Werkzeugtragen eignen sich Standard-Werkzeugschränke.

Nachgekauftes Werkzeug passt in der Regel in die Tragen, da die Werkzeugaufnahmen große Toleranzen aufweisen.

Dieses System eignet sich dort, wo mit einer begrenzten Werkzeugausstattung gearbeitet wird, so etwa im Primarbereich. Es kann ebenso wie das Schubladen- und Palettensystem individualisiert einzelnen Schülern zugeordnet werden. Ein materialbezogenes Farbleitsystem ist möglich und empfehlenswert, die Kennzeichnung und Benennung der Werkzeuge gestaltet sich eher kompliziert.

Vorteile:
- Für Universal-Werkzeugschränke geeignet
- Unkomplizierte Entnahme und Rückführung der Werkzeuge durch die Schüler
- Variable Bestückung möglich
- Transportgerechte Konstruktion
- Für Farbleitsystem geeignet
- Sichere und werkzeugschonende Unterbringung
- Individualisierung des Werkzeugsatzes
- Einfache Zustands- und Vollständigkeitskontrolle

Nachteile:
- Werkzeugtrennung nach Werkstoffen problematisch
- Begrenzte Auswahl von Grundwerkzeugen
- Sachgerechter Werkzeugeinsatz nicht immer gewährleistet
- Ergänzung durch weitere Werkzeug-Ordnungssysteme erforderlich
- Verschmutzen und Verstauben der Trage
- Begrenzter Eignungsbereich (Primarstufe)
- Insgesamt relativ teuer

8.4.5 Offene Werkzeugwand

Eine offene Werkzeugwand besteht aus einer oder mehreren Wandtafeln, die mit Werkzeugblöcken bestückt sind und an den Wänden des Technikfachraums befestigt sind (Abb. 08/11 a) und b), Seite 175). Dieses Werkzeug-Ordnungssystem ist frei zugänglich. Auch es enthält in erster Linie das Grundwerkzeug. Das System ist übersichtlich. Die Schüler können die Werkzeuge leicht identifizieren und lokalisieren, und die Lehrkraft kann mit wenigen Blicken die Vollständigkeit überprüfen. Voraussetzung ist eine ausreichend große, leicht zugängliche und nicht zugestellte Wandpartie, was im Technikfachraum aber eher selten anzutreffen ist.

Um ein zusätzliches, ergänzendes System für selten gebrauchtes, erweiterndes und spezielles Werkzeug wird man nicht herumkommen (auch hier praktischerweise als Blocksystem). Angebote aus dem Handel gibt es nur vereinzelt, jedoch ist die Herstellung auch unter Mithilfe älterer Schüler zu bewerkstelligen, was das System verhältnismäßig preiswert macht, insbesondere auch, weil man weniger Werkzeugschrankraum anschaffen muss.

08/11 a) Offene Werkzeugwand mit fixierten Werkzeughalterungen (P.A.U.L)

08/11 b) Offene Werkzeugwand mit beweglichen Blöcken für eine Grundschule (Weba)

Die Präsentation des Gesamtumfangs der Grundwerkzeuge auf einer Werkzeugwand hat durchaus motivierenden Charakter, etwas über die Werkzeuge zu erfahren und diese auch auszuprobieren. Die Schüler können sich an der Werkzeugwand selbst mit dem benötigten Werkzeug versorgen und dieses nach Gebrauch auch zurücktun. Ein Werkzeugdienst kann bei der Zustands- und Vollständigkeitskontrolle behilflich sein.

Die offene Darbietung des Werkzeugs hat nicht nur Vorteile. Das Werkzeug kann einstauben und ist für jedermann zugänglich, was zu unbefugter Werkzeugentnahme oder Werkzeugverlust führen kann.

Vorteile:

- Erfordernis weniger Werkzeugschränke
- Gute Raumnutzung
- Werkzeuge in Klassensätzen
- Übersichtliche, systematische Anordnung
- „Selbstbedienung“ durch die Schüler
- Farbleit- und Werkzeugbezeichnungssystem wie beim Blocksystem
- Herstellung in Eigenarbeit möglich
- Werkzeugwand dient als Werkzuginformationsmedium

Nachteile:

- Begrenztes Werkzeugsortiment
- Unbefugter Zugang und Gebrauch möglich

- Gefahr des Verlustes von Werkzeugen
- Verwendung „falscher" (ungeeigneter) Werkzeuge
- Notwendigkeit zusätzlicher Ordnungssysteme
- Zustands- und Vollständigkeitsüberprüfung aufwendig
- Werkzeug staubt mit der Zeit ein

8.4.6 Werkzeugwandtafeln

Werkzeugwandtafeln werden mit Einzelwerkzeugen bestückt und sind für den Einsatz im Technikfachraum weniger geeignet, obwohl es sich hier um ein recht übersichtliches System handelt, bei dem die Werkzeuge leicht zu identifizieren und zu lokalisieren sind, und eine Lehrkraft mit wenigen Blicken die Vollständigkeit überprüfen könnte.

Für Technikfachräume weniger, jedoch für den Maschinenraum oder für die Wartungs- und Reparaturzone im Sammlungs- und Vorbereitungsraum durchaus geeignet. Hierfür bietet sich eine Variante in Form einer Lochblechwand (Abb. 08/12) mit speziellen, frei positionierbaren Halterungen für Werkzeuge oder Vorrichtungen z. B. im Maschinenraum an.

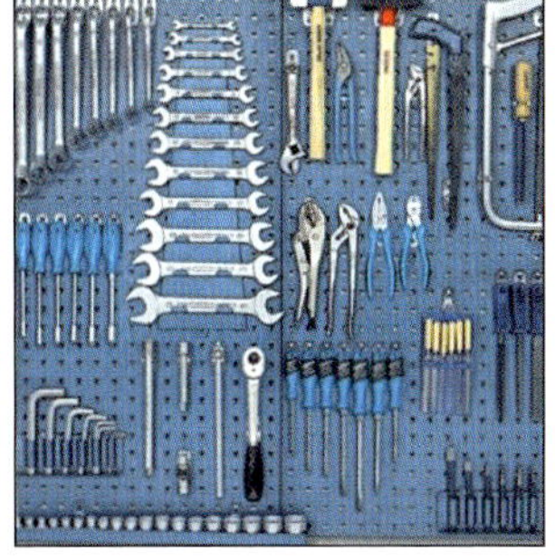

08/12 Werkzeugtafel als Lochblechwand (Gedore)

Optimieren lässt sich das System, indem die Werkzeugschattenwürfe auf der Werkzeugwand abgebildet sind. Auf diese Art und Weise lässt sich die Vollständigkeit leicht überprüfen.

Vorteile:
- Werkzeuge lassen sich übersichtlich platzieren
- Einfache und schnelle Vollständigkeitskontrolle
- Leichte Entnahme und Rückführung des Werkzeugs
- Anpassung an bestehenden Werkzeugbestand
- Unkomplizierte Erweiterungs- und Ergänzungsmöglichkeit
- Platzsparend
- Preiswert

Nachteile:
- Nur auf Einzelarbeitsplatz bezogen
- Nur wenig Anbieter dieses Systems
- Nicht für alle Werkzeuge geeignet
- Zusätzliche Werkzeuge sind bereitzustellen
- Wegen der offenen Lagerung stauben Werkzeuge mit der Zeit ein
- Werkzeuge sind jederzeit für jedermann zugänglich

8.4.7 Kennzeichnungssystem

Eine geordnete Unterbringung der Werkzeuge braucht ein Leitsystem, durch das sichergestellt wird, dass jedes Werkzeug seinen Ort im Werkzeugschrank oder anderswo hat und somit von Lehrern und Schülern jederzeit zu finden ist.

Eine erste und wichtige Maßnahme für die Ordnung der Werkzeuge ist das zu wählende Ordnungssystem. Wie aus der oben dargestellten Übersicht der Ordnungssysteme deutlich wird, gibt es leider das voll befriedigende, für alle Situationen zutreffende System nicht, wohl aber solche die mehr oder weniger für einen zeitgemäßen Technikunterricht geeignet sind. Aus heutiger Sicht ist das Blocksystem das am geeignetsten, das die meisten Vorteile gegenüber anderen aufweist. Meist braucht auch dieses System noch Ergänzungen, da nicht jedes Werkzeug als Block benötigt wird (z. B. Einzelwerkzeuge). Wenn allerdings bereits ein anderes Werkzeug-Aufbewahrungssystem vorhanden ist, gilt dafür das nachfolgend Ausgeführte entsprechend.

Beim Kennzeichnungssystem ist als erster Schritt, sich Gedanken zu einem Fableitsystem zu machen empfehlenswert, das bestimmten Werkzeuggruppen eine feste Farbe zuordnet: z. B. Werkzeuge für die Holzbearbeitung grün, Metallbearbeitung blau, Elektrotechnik/Elektronik gelb, Tonbearbeitung braun, Universalwerkzeuge grau, Sonderwerkzeuge orange, usw. Das Farbleitsystem beginnt außen an den Werkzeugschränken, die je nach Inhalt eine auf den Inhalte hinweisende einheitliche Türfarbe oder mehrere Farbkennzeichnungen tragen (Abb. 08/13 a). Auch die einzelnen Werkzeugblöcke erhalten die zutreffende Farbmarkierung zusätzlich mit einer entsprechenden Werkzeugbezeichnung und -abbildung (Abb. 08/13 b), was den positiven Nebeneffekt hat, dass sich die Schüler auf diese Weise die korrekte Werkzeugbezeichnung einprägen können. Möglich wäre auch noch, bei bestimmten Werkzeugen Zusatzinformationen aufzuführen, wie z. B. die Klingenbreite bei Stechbeiteln oder das Hammergewicht bei Schlosserhämmern. Eine zusätzliche, stilisierte Darstellung des jeweils betreffenden Werkzeugs, wie es einige Fachraumausstatter vorschlagen, ist nicht unbedingt erforderlich, da das Original die Schüler ja vor Augen haben und eine Fehlbestückung der Blöcke aufgrund ihrer Gestaltung weitgehend ausgeschlossen ist. Es hätte auch nur dann Sinn, wenn für jedes Werkzeug das zutreffende Symbol vorhanden wäre. Ein so gestaltetes „didaktisches" Ordnungssystem verbindet gleichermaßen den Ordnungs- mit dem Lernaspekt.

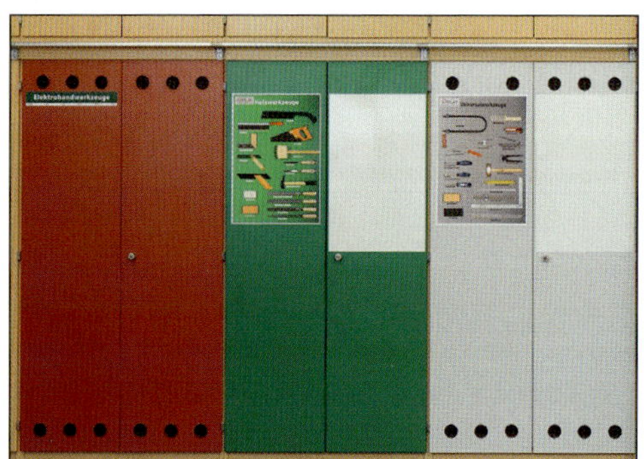

08/13 a) Farbleitsystem außen an Werkzeugschränken (Weba)

b) Farbmarkierung und Bezeichnung der Werkzeugblöcke (Weba)

Zur Vervollständigung des Werkzeug-Ordnungssystems bietet es sich an, auch den Ort im Werkzeugschrank festzulegen, an welchen der Werkzeugblock zu finden bzw. wieder einzuordnen ist. Demnach sollten auch die Fachböden an den Stirnseiten passend gekennzeichnet werden.

Ein in diesem Zusammenhang auftretender Nebengedanke ist, die Werkzeuge, Werkzeugblöcke, Vorrichtungen und Arbeitsplätze zu nummerieren (Abb. 08/14 a) und b), Seite 179), sodass jeder

08/14 a) Nummerierte Werkzeuge und nummerierter Block (Weba)

b) Nummerierter Arbeitsplatz und Vorrichtung (Laubsägetischchen) (Weba)

Schüler einen festen Arbeitsplatz zugeordnet bekäme, zu dem dann auch die entsprechend nummerierten Werkzeuge usw. gehören. Auf diese Weise übernehmen die Schüler dann für „ihren" Arbeitsplatz und die dazugehörige Ausstattung Verantwortung.

Für alle weiteren unterzubringenden Gegenstände, seien es Elektrowerkzeuge und ihr Zubehör, Lötstationen, Messgeräte, Kleinteile in Magazinen, Bauteile und Kleinmaterialien-Sortiment- oder Sichtlagerkästen, erhalten ebenfalls je nach Zuordnungsbereich entsprechende Kennzeichnungen.

Die mit der Anschaffung eines solchen Farb-/Symbolsystems verbundenen Kosten rechtfertigen sich dadurch, dass die Arbeitsabläufe in praktischen Unterrichtsphasen zeitökonomischer gestaltet werden können, dass zusätzliche Lerneffekte erzielt werden können und insgesamt eine schonendere Ablage und Zuordnung der Werkzeuge erfolgen kann.

Ein solches Ordnungssystem ist nahezu „laiensicher", ist für jedermann nachvollziehbar und handhabbar. Es darf aber nicht verhehlt werden, dass dieses System auch einer kontinuierlichen Pflege bedarf, um es immer auf dem aktuellen Stand zu halten.

Der Fachhandel bietet Kennzeichnungen wie beschrieben an. Daneben besteht auch die Möglichkeit die Schilder selbst zu fräsen, wozu sich eine CNC-Maschine[4] mit einer Fräseinheit hervorragend eignet. Lesenswerte, praktikable Vorschläge liefern diesbezüglich W. Dold und F. Braun[5].

8.4.8 Praktische Hinweise

Für die Ausgabe, Rücknahme und Kontrolle bietet sich die Einrichtung eines Werkzeugdienstes an. Das ist eine durchaus verantwortungsvolle Aufgabe, die Schüler übernehmen können. Beim Block- oder Tablettsystem kann der Werkzeugdienst die Blöcke/Tabletts und/oder Einzelwerkzeuge, Gemeinschaftswerkzeuge und Vorrichtungen aus den Werkzeugschränken bereitstellen

4 Z. B. KOSY, Issel o.Ä.

5 Dold 1999 a + b und Braun 2003, S. 39

und zugleich die Vollständigkeit prüfen. Es hat sich bewährt, die für den Unterricht benötigten Werkzeuge auf einen Transportwagen bereitzustellen, der dann gut zugänglich an zentraler Stelle im Fachraum abgestellt wird. Von dort können sich die Schüler dann selbstständig mit dem benötigten Werkzeug versorgen und nicht mehr benötigtes zurückbringen. Am Ende der Stunde kontrolliert der Werkzeugdienst Zustand und Vollständigkeit, bevor er die Werkzeugblöcke und sonstigen Werkzeuge wieder an die vorgesehenen Plätze in den Werkzeugschränken zurückbringt. Diese Vorgehensweise bringt den Vorteil, dass der „Verkehr" vor den Schränken reduziert wird und dient insgesamt der Sicherheit im Fachraum.

Alternativ zum Transportwagen kann man auch in der Nähe der Werkzeugschränke einen Werkzeugtisch platzieren oder auf einer Reigenwerkbank eine Werkzeugaus- und rückgabe einrichten. Für alle derartigen Maßnahmen sollte immer gelten, dass möglichst wenig Transportwege für das Werkzeug anfallen.

Es kommt immer wieder vor, dass einzelne Werkzeugblöcke nicht vollständig bestückt sind. Die Gründe dafür können vielfältig sein: Abhanden gekommenes Werkzeug, beschädigtes, aussortiertes Werkzeug, von vornherein nur teilbestückter Block. Eine gute Idee zur Unterstützung des Werkzeugdienstes ist, die Leerstellen mit „Blindstopfen" zu versehen, sodass klar ist, wie viele Werkzeuge tatsächlich vorhanden sind. Die Gestaltung und Herstellung solcher Blindstopfen wäre im Übrigen eine reizvolle Konstruktions- und Fertigungsaufgabe, die auch schon jüngere Schüler leisten können.

9 Unterrichtsmedien

9.1 Grundsätzliche Überlegungen

Wenn hier die Rede von Medien ist, sind immer Unterrichtsmedien gemeint. Sie sind ein wichtiger Faktor eines jeden Unterrichts, so auch des Technikunterrichts und kommen dort als zwei- oder dreidimensionale, reale oder symbolische, als analoge oder virtuelle Verkörperungen technischer Inhalte zum Einsatz. Für die Übersicht und Einteilung der Unterrichtsmedien finden sich sehr unterschiedliche, weiter oder enger gefasste Taxonomien. Auch wechseln die Mediendefinitionen vielfach je nach Fach und auch innerhalb der Unterrichtsfächer. Wie bei den Methoden gibt es auch hier nicht die eine, alles umfassende und alle unterschiedlichen fachlichen Belange abdeckende Mediendefinition.

Unterrichtsmedien sind weniger durch ihre physische Existenz als vielmehr hinsichtlich ihrer Funktion im Unterrichtsprozess zu unterscheiden. Sie sind Repräsentanten geistiger Inhalte, die mit und an ihnen erschlossen werden sollen. Darüber hinaus geben sie auch Anlass zu praktischen Handlungen, die ihrerseits Teil des Lerngeschehens sind und zugleich Wegweiser zur Auffindung des im Unterrichtsmedium gefangenen geistigen Inhalts. Um einen Überblick über die Unterrichtsmedien des Technikunterrichts zu gewinnen, bietet es sich im Kontext dieses Buches an, von einer fachdidaktisch begründeten Medienklassifikation auszugehen.

Einen solchen Klassifikations- bzw. Ordnungsvorschlag hat WILFRIED SCHMAYL vorgelegt[1], der, im Gegensatz zu den meisten Medienordnungen, die Unterrichtsmedien nicht vorrangig nach ihrer physischen Erscheinungsformen unterscheidet, sondern die Lernformen und Aktionen, die „Aneignungsmodi", durch die sich die Schüler den im Medium eingeschlossenen geistigen Inhalt aneignen, als Klassifikationsmerkmal herausarbeitet hat. Dabei nennt er drei „Aneignungsmodi": rezeptiv, reproduktiv und produktiv, denen entsprechende Medientypen zugeordnet werden: Rezeptions-, Reproduktions- und Produktionsmedien. Man erkennt an diesen Bezeichnungen, dass es sich um Medientypen handelt, die auch für den Technikunterricht Relevanz haben.

Nach SCHMAYL dienen *Rezeptionsmedien* in erster Linie der Anschauung und Analyse (Technische Realsituationen wie zum Beispiel ein Bahnhof, ein landwirtschaftlicher Betrieb; technische Realobjekte wie eine Maschine, ein Werkzeug oder technische Modelle wie zum Beispiel ein Architekturmodell, Schnittmodell durch einen Motor usw.). Hinzu kommen alle die vielfältigen Medienformen bildhafter, sprachlicher und symbolischer Darstellung, wobei es keine Rolle spielt, welche Art der Repräsentation (analog oder virtuell) bzw. welche Art Trägermedium die Information enthält.

An *Reproduktionsmedien* wird ein vorgegebener, im Unterrichtsmedium eingeschlossener Inhalt nachvollzogen. Dies kann beispielsweise anhand von technischen Realobjekten oder Modellen geschehen, die einer technischen Analyse durch Anschauung und/oder Demontage und Remontage unterzogen werden. Dabei folgen die Schüler vorgegebenen Fragestellungen und selbst entwickelten Hypothesen. Denkbar sind auch Tests, bei denen beispielsweise Materialien, Materialverbindungen oder Materialfestigkeiten untersucht werden. Auf der Seite der bildhaften, technischen Darstellungen kommen in dieser Kategorie beispielsweise Arbeitsblätter, Lernprogramme

[1] Schmayl, erstmals in Fast/Seifert (Hrsg.) 1997, S. 286-303 und 2010, S. 231-245

oder Lernspiele zum Zuge. Im Zusammenhang mit dem hier behandelten Thema, dem Technikfachraum, ist die dritte Gruppe der Unterrichtsmedien, die der *Produktionsmedien*, von besonderem Interesse. Sie entstehen in einem produktiven Prozess, an dessen Ende das Unterrichtsmedium in Form selbst entwickelter und gefertigter technischer Gegenstände (z. B. ein Gebrauchsgegenstand oder ein Modell) oder selbst gefertigter, technischer Darstellungen (z. B. in Form von Skizzen, Fotos, Videofilmen) steht. Gleiches gilt für selbst produzierte Tonaufnahmen (Sprachproduktionen) oder explizite technische Zeichnungen wie Schaltpläne, Tabellen usw. (Symbolproduktionen).

Bei dieser, auf den Technikunterricht bezogenen Medienklassifizierung werden die Materialien, Werkzeuge, Bauteile, Maschinen, die schriftlichen, bildlichen und auditiven Arbeitsmaterialen, die audiovisuellen und informationstechnischen Geräte, nach digitalen Prinzipien arbeitenden Maschinen logischerweise nicht zu den Unterrichtsmedien, sondern zu den unterrichtlichen Hilfs- und Arbeitsmitteln gezählt. Lediglich dann, wenn sie selbst Gegenstand des Unterrichts und nicht nur Mittel zum Erreichen eines definierten Ziels sind, wechseln sie in die Rolle eines Unterrichtsmediums.

Es stellt sich allerdings die Frage, ob sich unter der Berücksichtigung der Thematik dieses Buches und unter dem speziellen Aspekt der Ausstattung und der Unterbringung von Unterrichtsmedien eine Medienordnung eignet, die mehr vom Prozess des Unterrichts und den damit verfolgten Zielen bestimmt ist. In unserem speziellen Fall interessiert vielmehr der materielle Bestand der Unterrichtsmedien, die diesem Bestand zugrunde zu legende Ordnung und dann ein Antwort darauf, wie eine möglichst funktionale Unterbringungs- und Zugriffsmöglichkeit auf dieselben zu gewährleisten ist.

Im Technikunterricht stellen Medien Repräsentanten technischer Realität dar, wenngleich zu berücksichtigen ist, dass diese Realität nicht ungebrochen in den Unterricht übernommen wird, sondern immer fachdidaktischen Kriterien unterworfen ist. Selbst technische Realsituationen, die außerhalb der Schule zum Inhalt von Unterricht werden, werden immer durch eine fachdidaktische Brille gesehen werden müssen. Das bedeutet, dass bestimmte Aspekte hervorgehoben werden, andere in den Hintergrund treten oder gar nicht erst angesprochen werden.

Die sogenannten technischen Repräsentanten ergeben ein breites Spektrum unterschiedlicher Medientypen, die sich in die zwei Hauptgruppen einteilen:

- Technische Originale (Realsituationen, Realobjekte, Realmodelle, Materialien)
- Technische Darstellungen (visuelle, auditive, audio-visuelle, symbolische, komplexe)

9.2 Technische Originale

Zu den *Realsituationen* zählen z. B. Arbeitsplätze, Verkehrsanlagen, der private Haushalt; zu den *Realobjekten* jede Art technischer Objekte wie Werkzeuge (hier nicht als Arbeits- sondern als Anschauungsmittel), Maschinen, Fahrzeuge, Bauwerke. Als *Realmodelle* gelten ebenfalls dreidimensionale[2] technische Objekte, die aufgrund ihrer spezifischen Ausformung und Materialität bestimmte Sachverhalte hervorheben, andere unberücksichtigt lassen. Damit stellen sie eine

[2] Einen Grenzfall diesbezüglich stellen zweidimensionale „Overheadmodelle“ dar, die aufgrund der verwendeten Projektionstechnik zweidimensional ausgelegt sind und bewegliche Funktionsmodelle darstellen. Systematisch sind sie zwischen Realmodell und visueller Darstellung anzusiedeln.

Annäherung an das Original bei gleichzeitiger Betonung bestimmter Merkmale, auf die es hier allein ankommt, dar. Realmodelle lassen sich in

- Übersichtsmodell (Städtebauliches Modell),
- Anschauungsmodell (Modelleisenbahn),
- Funktionsmodell (Modell einer Achsschenkellenkung),
- Schnittmodell (Schnitt durch einen Zweitaktmotor),
- Messmodell (Brückenträgermodell),
- Formmodell (Gussform)

einteilen[3].

Die Materialien umfassen Rohstoffe, Werkstoffe, Halbzeuge, Bauteile aller Art, aus denen technische Objekte gefertigt werden. Sie bilden eine große, eigene Gruppe der technischen Unterrichtsmedien, können aber ebenso als reine Hilfsmittel, als „Mittel zum Zweck" oder wie man auch lesen kann, als Realisationsmedien fungieren.

9.3 Technische Darstellungen

Technische Darstellungen lassen sich nach ihrer Wahrnehmungsdimension in

- visuelle
- auditive
- audio-visuelle
- symbolische
- komplexe

Unterrichtsmedien unterscheiden.

Visuelle Darstellungen sind in vielfältiger Ausprägung im Technikunterrichts im Einsatz (Skizzen, Freihandzeichnungen, technografische Zeichnungen, Fotos, Filme, Videos, CDs, DVDs, Lehrtafeln usw.).

Auditive Darstellungen sind heute in der Hauptsache solche auf Tonträgern wie CDs und DVDs oder Einspielungen aus dem Radio. Hierzu gehören auch gesprochene Texte.

Audio-visuelle Darstellungen sind entweder Direkteinspielungen aus Fernsehen oder Internet, immer seltener Tonfilme, aber vielfach auch von heute gängigen Speichermedien wie DVDs, CDs und USB-Sticks (Flash-Speicher).

Unter *symbolische Darstellungen* fallen Schaltpläne, Formeln, Diagramme, Tabellen, Blockschaltbilder u. Ä. Einen Grenzfall bilden schriftliche Darstellungen, die sich eines Symbolcodes, der Schrift, bedienen und daher nicht nur einer Darstellungsart trennscharf zuzuordnen sind.

Komplexe Darstellungen wie Schulbücher, Arbeitshefte, Arbeitsblätter, multimediale Präsentationen, Lernspiele, Lernsoftware usw. verwenden mehrere Darstellungsformen in ein und derselben Medienrepräsentation.

[3] Sachs/Fies erwähnen noch das „Aktionsmodell" und das „Gedankenmodell". Das Aktionsmodell ist im Ergebnis eine Spielform verschiedener Modelltypen. Sein Hauptmerkmal ist seine Entstehung in einem produktiven Prozess, hier durch produktives Handeln der Schüler, z. B. unter Verwendung von Baukastenelementen oder anderen Konstruktionselementen. Das „Gedankenmodell" ist ein Modell nicht materieller Form und ist für die Thematik dieses Buches ohne Belang. Vgl. diesbezüglich Sachs/Fies 1977, S. 19f.

Was nun in der vorliegenden Darstellung besonders interessiert, sind die für den Technikunterricht geeigneten Unterrichtsmedien und deren Varianten in Form einer Mediensammlung sowie deren Unterbringung und die gegebenen Zugriffsmöglichkeiten. Je nach räumlicher Ausstattung finden die Unterrichtsmedien der Gruppe der technischen Darstellungen im Technikfachraum selbst oder im Sammlungs-und Vorbereitungsraum ihren Aufbewahrungsort. Das ermöglicht schnelle und direkte Zugriffsmöglichkeiten. Abschließbare Schränke/Unterschränke unterschiedlicher Ausführung sind zur Unterbringung vorzusehen. Selbstverständlich gilt auch hier, dass die Verwahrung dieser Unterrichtsmedien auch einer gewissen Ordnung folgen muss. Dazu gehört auch eine Bestandskartei, in der Zu- und Abgänge erfasst werden. Dass eine Ordnung nach den verschiedenen Medientypen sinnvoll ist, leuchtet leicht ein, erleichtert das Auffinden und spart somit kostbare Vorbereitungszeit. Großformatige technische Darstellungen, wie z. B. Lehrtafeln und andere grafische Anschauungsmittel eignen sich je nach Inhalt als Aushänge im Technikfach- oder Maschinenraum. Sie leisten neben ihrer Funktion als „dauerpräsentes Lehr-Lern-Mittel" auch einen Beitrag zur optischen Aufwertung der Fachräume.

9.4 Technische Konstruktionsbaukästen

Bei den technischen Realmodellen soll hier ein Medientypus mit besonderen Unterbringungserfordernissen ausführlicher besprochen werden, die technischen Konstruktionsbaukästen[4], die nach wie vor ein wichtiges und motivierendes Arbeitsmittel zur Entwicklung und Konstruktion technischer Modelle darstellen. Konstruktionsbaukästen bestehen meist aus einem umfangreichen und in sich differenzierten Sortiment von einzelnen Konstruktionselementen. Des Weiteren sind Konstruktionsbaukästen in der Regel als System angelegt, das heißt es gibt unterschiedlich ausgestattete Kästen mit unterschiedlicher inhaltlicher Reichweite, was sowohl den Umfang und Anzahl der Bauelemente (Grundsortiment, Ergänzungssortimente) als auch das repräsentierte Technikbezugsfeld (Maschinentechnik, Getriebelehre, Pneumatik, Elektrik, Elektronik, Robotik usw.) betrifft. Neben den Baukastensystemen mit festen Bauelement-Sortimenten[5] finden sich heute bei vielen Anbietern zunehmend auch Bausätze und Themenkästen, die meist nur einen eng umrissenen technischen Sachverhalt nachzubauen ermöglichen. Das eigenständige, freie Konstruieren ist hier nicht mehr möglich, dafür lassen sich mit diesen Medien auch recht anspruchsvolle Modelle fertigen.

Einen ganz anderen Ansatz verfolgen sogenannte Halbzeugsysteme[6], Baukastensysteme, die auf Halbzeugen (Lochschienen, Flach- und Rundprofile, Achsen, Räder, Zahnräder, Verbindungsmittel usw.) aufbauen, bei denen der Schüler die Materialien im Sinne seiner Modellvorstellung zurichten und anpassen muss. Daneben finden sich eine große, kaum überschaubare Anzahl von Bausätzen sehr unterschiedlicher didaktischer Qualität, die mehr oder weniger vorgerichtetes Material zum Bau von technischen Modellen vorgeben. Ein in diesem Zusammenhang besonders weitläufiges Angebot gibt es für den Bereich der elektronischen Schaltungen, vom einfachen Lauflicht bis zum Kleincomputer.

4 Bezüglich der technischen Konstruktionsbaukästen im Technikunterricht haben Sachs/Fies 1977 eine grundlegende und ausführliche Monografie vorgelegt. Wenngleich inzwischen die Zeit über das eine oder andere Baukastenfabrikat hinweggegangen ist, sind die dort vorgetragenen fachdidaktischen Erkenntnisse nach wie vor aktuell.

5 Die am häufigsten verwendeten sind die Baukastensysteme von fischertechnik®, LEGO®.

6 Bekannt ist das Halbzeugsystem UMT® (Universales Mediensystem für den Technikunterricht), das als komplexes Mediensystem auftritt und neben den Halbzeugen und Bauteilen auch Vorrichtungen zur Bearbeitung, spezielle Werkzeuge, Bauanleitungen, Infotafeln, Software und neuerdings sogar auf das System abgestimmte Werkstatteinrichtungen (spezielle Werktische und mobile Unterschränke) anbieten. Andere Halbzeugsysteme stellen nur Material und Bauteile, meist verbunden mit Bauanleitungen zur Verfügung (z. B. RIESS-TECHNIKSYSTEM).

Der Rückblick auf den Technikunterricht der 70er- und 80er-Jahre mit Bezug auf den Einsatz von technischen Konstruktionsbaukästen im Unterricht ergibt, dass damals große Hoffnungen in dieses Unterrichtsmedium gesetzt wurden. Dies spiegelt sich auch in zahlreichen Publikationen zum Thema Baukästen im Unterricht wieder, das, eingebettet in die damals rege diskutierte Medienproblematik, die Fachdidaktik seinerzeit bewegte. Nicht wenige angehende Techniklehrer glaubten, in den Konstruktionsbaukästen das Unterrichtsmedium schlechthin gefunden zu haben, mit dem man die ganze Breite fachspezifischer Problemstellungen abdecken könne. Die Praxis des Technikunterrichts verkürzte sich über weite Strecken auf „Baukastenarbeit", begünstigt durch das breite Angebotsspektrum der Baukastenhersteller[7]. Dieses Angebot war insofern besonders verführerisch, da die Sortimente speziell auf den Bedarf der Schule abgestimmt wurden (was heute bei einem schmaleren Angebot noch genauso ist) und dazu teilweise sehr qualitätvolles didaktisches Begleitmaterial, von Fachleuten erarbeitet, zur Verfügung gestellt wurde[8].

Die Euphorie der Baukasten-Enthusiasten verging jedoch über die Jahre, was mehrere Gründe hatte.

- Es stellte sich sehr bald heraus, dass die angenommene Breite der Einsatzmöglichkeiten nicht gegeben war, sondern nur Teilaufgaben, die insbesondere im Bereich der Mechanik/ Maschinentechnik, der Steuerungs- und Regeltechnik mit Lernbaukästen sinnvoll zu gestalten waren.
- Lernbaukastensysteme haben in der Regel einen sehr hohen Systemzwang, der sich aus der Art, Form und Dimension seiner Bau- und Verbindungselemente sowie der verwendeten Materialien ergibt, was nicht immer zu einer der realen Technik adäquaten Funktion und schon gar nicht zu einem der realen Technik vergleichbaren Erscheinungsbild führt[9].
- Der Systemzwang verhindert in den meisten Fällen die Kombination mit anderen Bauteilen und Materialien und schränkt so die Einsatzmöglichkeiten ein.
- Das am Ende einer jeden Unterrichtsstunde meist geforderte Demontieren der mühsam konstruierten Modelle und das Wiedereinordnen der Bauteile wirkte auf viele Schüler nicht nur demotivierend, sondern stellte sich auch als eine aufwendige, im Ergebnis vielfach unbefriedigende Tätigkeit heraus, mit dem Ergebnis, dass über die Zeit das Baukastensystem Vollständigkeit und funktionsgerechter Ordnung einbüßte.
- Die Bereitstellung, Kontrolle der Vollständigkeit und kontinuierliche Pflege des Baukastensystems wurde als zeitlich aufwendig und mühsam empfunden.

Unter Berücksichtigung der aufgeführten Kritikpunkte erscheinen Halbzeugsysteme in einem günstigerem Licht, da sie in der Hauptsache aus Verbrauchsmaterialien bestehen, einen höheren Grad von Komptabilität ausweisen, indem sie mit anderen Bauteilen und Materialien kombinierbar sind. Am Ende des Konstruktionsprozesses steht ein „selbstgefertigtes" Werkstück, das nicht demontiert werden muss und in den meisten Fällen in den Besitz des Schülers übergeht. Vor allem aber gibt es keine über die übliche Ordnung der Werkzeuge, Materialien und Bauteile hinausreichenden Probleme bezüglich der Ausgabe, Wiedereinordnung und Vollständigkeitskontrolle.

7 Die Lernbaukästen waren speziell für den Schuleinsatz gedacht, nach didaktischen Gesichtspunkten zusammengestellt und unterschieden sich von den Sortimenten, die gleichzeitig im Spielzeughandel erworben werden können und sich großer Beliebtheit erfreuten.

8 Als Beispiele hier eine Auswahl von Publikationen, die sich mit fischertechnik® befassten: Wiederrecht e. a. 1970; Hörner/ Kaufmann 1972; Pfeiffer e. a. 1974; Vollmer 1979; Periodikum ‚Forum technische Bildung' ab 1973. Nicht zu vergessen sind auch die Publikationen der „Arbeitsgruppe Technische Bildung" an der Pädagogischen Hochschule Heidelberg.

9 Ein beredtes Beispiel aus neuerer Zeit hierfür sind die Bausätze „DaVinci Machines" und „Technical Revolutions" von fischertechnik®.

Das heutige Angebot, das für den Technikunterricht Relevanz hat, ist inzwischen recht überschaubar geworden[10]. LEGO® education, fischertechnik®, HEWA technische Baukästen und als Halbzeugsystem das bereits erwähnte UMT. Während fischertechnik und LEGO Stecksysteme sind, die ohne Zusatzwerkzeug und großenteils auch ohne besondere Verbindungselemente auskommen, müssen Gehäuse- und Gestellteile bei HEMA mit Gewindeschrauben und Muttern verbunden werden. Die Montage mutet somit an näher an der Technik dran zu sein, ist aber auch mit mehr Aufwand zu bewerkstelligen. LEGO® Education und fischertechnik® bieten das breiteste Programm an, das alle Schulstufen umfasst und von einfachen mechanischen Aufgabenstellungen bis hin zu programmierbaren Maschinen reicht. Dafür sind Controller, Interfaces und Computersoftware zu passender Hardware im Programm. Die Konstruktionsbaukästen der Firma HEWA beschränken sich auf Mechanik, Maschinentechnik und Elektrotechnik und einfach Elektronik. Auch hier findet sich ein Baukasten für die Grundschule im Programm. Anders als LEGO® systematisiert fischertechnik® nach bestimmten Technikfeldern (Mechanik, Getriebelehre, Pneumatik und Steuerungs- und Regeltechnik einschließlich Robotik) und bietet entsprechende Baukästen an. LEGO® systematisiert stärker nach Fächern und Lehrplanvorgaben (WeDo für die Grundschule mit Sachunterricht und LEGO® Mindstorms® Education für die weiterführenden Schulen), wobei schon in der Grundschule programmierbare Modelle entstehen, deren Programme am Computer erstellt werden. Ein nicht zu unterschätzenden Vorteil bei der Entscheidung für das eine oder andere Baukastensystem hat LEGO®, das heute in jedem Kinderzimmer zu finden ist, diesbezüglich im Gegensatz zu fischertechnik® den Schülern meist schon bekannt ist[11]. Von der suggestiven Werbung, die vorgibt, dass durch das didaktische Begleitmaterial, das in der Tat sehr umfangreich ist, die Vorbereitungsarbeit des Lehrers gegen Null ginge und fachfremdes Unterrichten kein Problem darstelle, darf man sich allerdings nicht täuschen lassen. Auch nicht jedermanns Sache sind die durchweg englischen Bezeichnungen der Baukästen und Bausätze.

Das Halbzeugsystem UMT® ermöglicht das freie Konstruieren mithilfe von einer vorgegebenen Auswahl spezieller Halbzeuge, Profile und Bauteile. Für das Zurichten der Halbzeuge werden passende Werkzeuge und speziell entwickelte, wohl durchdachte und praxiserprobte Vorrichtungen angeboten. Was die fertigungstechnische Seite dieses Systems betrifft, müssen konkrete technologische Handlungen wie das Trennen, Fügen, Umformen durch die Schüler ausgeführt werden. Auch die Verbindungen werden durch gängige, realitätsnahe form- stoff- und kraftschlüssige Verfahren bewerkstelligt. Das Sortiment an Bauanleitungen thematisiert in der Hauptsache maschinentechnische, einige wenige elektrotechnische Sachverhalte. Die dazugehörigen ausführlichen, gut verständlichen didaktischen Begleitpublikationen wurden von den Erfindern und Entwicklern von UMT®[12] verfasst.

9.5 Ordnungssysteme für technische Baukästen

Es hat sich trotz verschiedenster Versuche, der Ordnungs- und Vollständigkeitsproblematik beizukommen, schon bald gezeigt, dass es für die Baukastensysteme kein ideales Ordnungssystem gibt, dass zugleich Zugriff, Einordnung und einfache Vollständigkeitskontrolle ermöglicht. Darauf weisen schon SACHS/FIES[13] hin. Beide Autoren haben in ihrer sehr umfangreichen und fundierten

[10] Selbstverständlich finden sich auch noch andere Anbieter, die aber bisher weniger Verbreitung haben als die oben genannten, z. B. das Baukastensystem der Firma „HEWA" (Apolda) oder die klassischen Metallbaukästen der Firma „eitech" (Eichsfelder Technik GmbH).

[11] In der Hochzeit von fischertechnik®, in den 70er- und 80er-Jahren war das genau umgekehrt.

[12] Benjes; Heß; Welschenhold; und Zuschlag 2008

[13] Siehe hierzu Sachs/Fies 1977, S. 161-168

Analyse der in den 70er-Jahren auf dem Markt befindlichen Konstruktionsbaukästen auch zu den Ordnungssystemen und zum Problem der Vollständigkeitskontrolle Überlegungen angestellt und Vorschläge zur Verbesserung der seinerzeitigen Situation gemacht. Sie haben abschließend aber auch keine überzeugende Lösung anbieten können.

Inzwischen haben sich für die Baukastensysteme zwar die Aufbewahrungsboxen geändert, aber grundlegend Neues ist nicht zu erkennen. Bei fischertechnik® sind stapelbare Boxen mit Sortierwannen Standard, in denen die Bauteile sortiert untergebracht werden können. Damit folgt fischertechnik® der bereits früher praktizierten Lösung, wobei die Bauteile nun in Kunststoffwannen einsortiert werden (Abb. 09/1). Zu den Kästen steht optional eine große Bauplatte als Deckel zur Verfügung. Die verschiedenen Konstruktionselemente werden also in einer Art Blocksystem zur Verfügung gestellt, müssen vor dem Unterricht für die Schüler herausgestellt werden, was ein gewisses Maß an Vorplanung seitens des Lehrers erfordert, jedoch den Vorteil hat, dass der Schüler in seinem konstruktiven Tun nicht durch ein zu sehr eingegrenztes Sortiment eingeschränkt wird. Die Vollständigkeitskontrolle dagegen ist für eine Person sehr aufwendig, könnte aber innerhalb einer Klasse am Ende des Unterrichts arbeitsteilig durchgeführt werden. Voraussetzung für eine erfolgreiche Kontrolle der Sortimentwannen ist die Angabe der dort unterzubringenden Konstruktionselemente[14] nach Art und Anzahl. Träger- und Gestellelemente, Räder, Zahnräder, Achsen und andere in größerer Anzahl benötigte Bauteile sowie Grundplatten sollten dann in größeren Boxen gelagert werden und während des Modellbaus ständig zur Verfügung stehen. Eine Vollständigkeitskontrolle erscheint dann allerdings wenig sinnvoll. Einen gewissen Schwund wird man dann wohl in Kauf nehmen müssen. Als Nachteil ist anzusehen, dass die Sortimentwannen nicht ergonomisch geformt sind, was insbesondere die Entnahme kleiner Bauelemente schwierig gestaltet. Die mitgelieferten Einräumhilfen verlangen von dem Schüler ein hohes Maß an Disziplin, insbesondere, wenn gegen Ende der Stunde die Zeit knapp wird. Nach wie vor ausgezeichnet ist das didaktisch fundierte und grafisch anspruchsvolle Begleitmaterial, das fischertechnik® mitliefert.

09/1 Ordnungssystem von fischertechnik® (Katalogbild)

Sehr viel anders sieht es bei LEGO® auch nicht aus. Für die Grundschule und auch für die Baukästen der weiterführenden Schulen werden die Bauelemente in Sortimentwannen gelagert, die allerdings als Wannentabletts in Stapelboxen ausgelegt sind (Abb. 09/2). Die inhaltliche Reichweite der Sortimente pro Stapelbox (immer für 2 Schüler) ist allerdings etwas größer als bei den fischertechnik®-Kästen.

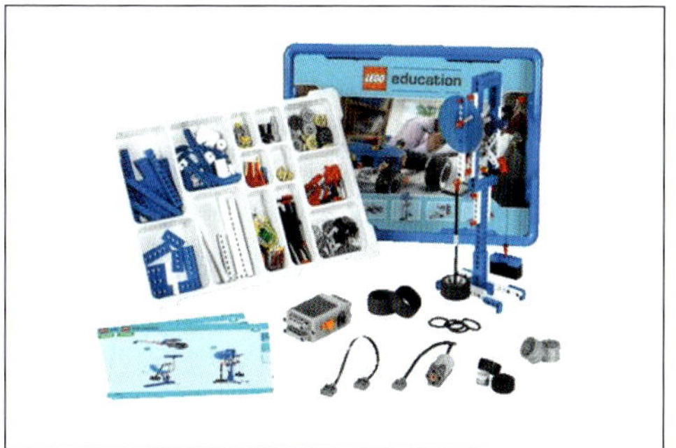

09/2 Ordnungssystem von LEGO® Education (Katalogbild)

[14] Die Kennzeichnung könnte ähnlich wie beim Blocksystem der Werkzeuge vorgenommen werden.

Für die Grundschule differenziert LEGO® sein Angebot für den Sachunterricht in ein solches für Sachunterricht, Technik und Informationstechnologie (LEGO Education WeDo 2.0) und eines für Sachunterricht, Technik und Mechanik (Naturwissenschaft und Technik), mit dem einfache Maschinenmodelle erstellt werden können. Für die Klasse 1 gibt es noch einen Baukasten mit DUPLO®-Elementen, mit denen einfache Maschinen konstruiert werden können. Eine Besonderheit ist der „BuildToExpress"-Kasten, der eine größere Menge verschiedener, nicht in Wannen sortierte Bauelemente zum freien Bauen enthält und zur freien Darstellung von Ideen und Vorstellungen dient, über die sich Schüler dann austauschen können sollen.

Für die weiterführende Schule bietet LEGO® Education die sogenannte Mindstorms®-Linie an[15], die es Schülern ermöglicht, auf verschiedenen Schwierigkeitsstufen zu konstruieren und zu programmieren. Für die Klassen 5 bis 9 ist zudem noch das Baukastensystem „Naturwissenschaft und Technik" im Programm. Für alle Produktlinien gibt es Grund- und zugehörige Ergänzungskästen einschließlich Controller, Interfaces, Sensoren, Aktoren und passende Software. Umfangreiches didaktisches Begleitmaterial und eine recht aktive, internetvernetzte LEGO®-Community runden das Bild ab.

Die Art und Weise der Aufbewahrung entspricht im Prinzip der der Grundschulkästen. LEGO® bietet auch ein erweitertes Unterbringungsprogramm in Form einer Lernumgebung an. Diese besteht aus fahrbaren Schrankmöbeln, in die die Stapelboxen der verschiedenen Baukastenlinien eingehängt werden können, sowie fahrbaren „Projekttischen" mit einem hohen Rand, sodass weder Bauteile noch mobile Modelle herabfallen können (Abb. 09/3).

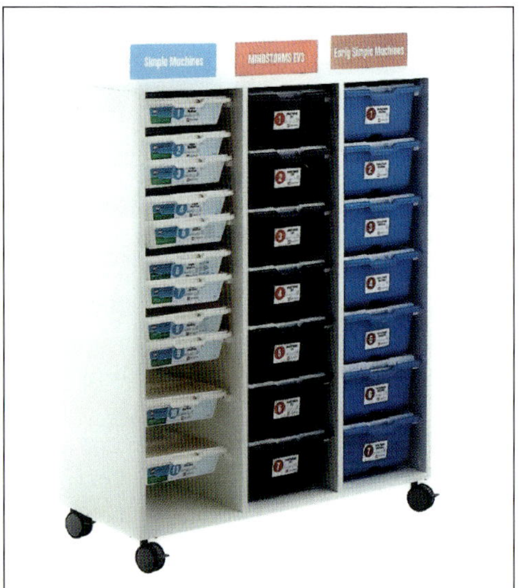

09/3 LEGO® Schrankmöbel für verschiedene Baukastenlinien (Katalogbild)

Das Aufbewahrungs- und Ordnungssystem der HEWA-Baukästen besteht aus tiefgezogenen Sortimentwannen als Tabletts (Abb. 09/4 a), in die die Bauteile weitgehend frei einsortiert werden können. Dieses Baukastensystem bietet als Besonderheit noch ein Schranksystem an, in das die Bauteiltabletts eingeschoben werden und so sicher und übersichtlich verwahrt werden können (Abb. 09/4 b), Seite 189). Neuerdings gibt es auch einen Kunststoffkoffer mit Inneneinteilungen zur Aufnahme der verschiedenen Baukastensortimente, in dem diese bequem transportiert werden können (Abb. 09/5, S. 189).

09/4 a) Ordnungssystem von HEWA-Baukästen (HEWA)

[15] LEGO® Mindstorms® Education EV3, wobei EV3 die Bezeichnung des programmierbaren Bausteins, einer Art Kleincomputer, ist.

09/4 b) HEWA-Regal für verschiedene Baukastenlinien (HEWA)

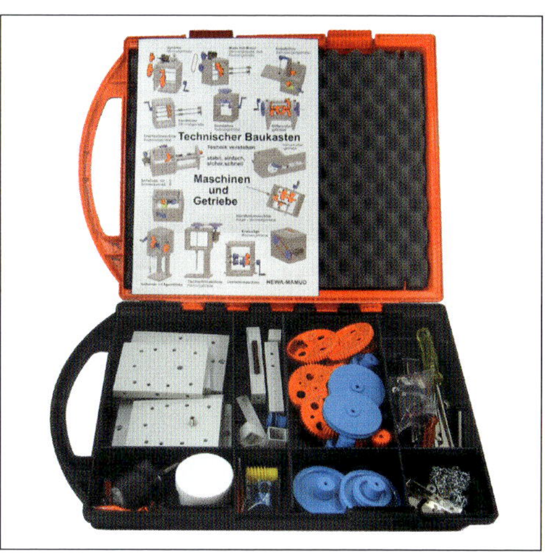

09/5 HEWA-Kunststoffkoffer für verschiedene Baukastenlinien (HEWA)

09/6 UMT® Sortimentkästen für Bauteile (HNN-Didaktik)

09/7 UMT® „Mobile Werkstatt" (HNN-Didaktik)

Die geordnete Unterbringung des UMT®-Materials unterscheidet sich nicht von anderen Materialien und Bauteilen, wie noch zu beschreiben sein wird. Für Kleinteile und Materialien gibt es Sortimentbehälter und Sichtboxen (Abb. 09/6).

Darüber hinaus findet sich inzwischen eine „Mobile Werkstatt" im Angebot, bestehend aus stabilen Boxen auf Fahrgestellen für jeweils fünf Schüler zur Unterbringung von Material, Werkzeugen und Bearbeitungsvorrichtungen (Abb. 09/7). Diese mobile Werkstatt wurde mit der Intention möglichst großer Mobilität innerhalb der Schule entwickelt, um somit eine gewisse Unabhängigkeit vom Technikfachraum zu erlangen. In dem Maße, wie heutzutage Mehrzweckräume in Schulen eingerichtet werden und Ganztagsunterricht eingeführt ist, könnte die Nachfrage nach solcherlei mobilen Systemen wachsen. Zusätzlich hierzu gibt es auch eine stationäre „Erfinderwerkstatt", die das gesamte System einschließlich seiner Unterbringung in einem passenden Möbelprogramm bietet (Abb. 09/8, S. 190).

09/8 UMT®-Erfinderwerkstatt (LPE)

9.6 Mediensammlung

Wer selber irgendetwas systematisch sammelt, der weiß, dass eine Sammlung nie abgeschlossen sein wird. Es sei denn, die Sammelleidenschaft erlischt und mit ihr die Sammellust/-wut, sodass die Sammlung gezwungenermaßen unvollendet bleibt.

Nicht anders verhält es sich mit einer Mediensammlung. Für sie braucht es Engagement und Pflege, vor allem aber fachdidaktisches Gespür. Nicht jedes technische Objekt eignet sich als Medium, sei es nun als Anschauungs- oder Funktionsmodell, als Demontage- oder Reparaturobjekt. Ganz genauso verhält es sich mit der Software, den zahlreichen (zweidimensionalen) analogen und digitalen Medien. Die Mediensammlung ist auch nicht der Ort, wo Dinge, die nicht mehr gebraucht werden, abgelegt und vergessen werden. Eine Mediensammlung darf nicht zum Medienfriedhof verkommen.

Wir sagten einerseits, dass alle Materialien, Arbeits- und Hilfsmittel, Maschinen, kurz, praktisch jeder Gegenstand, der im Technikunterricht zum Einsatz kommt, theoretisch auch ein Unterrichtsmedium sein kann, wenn der als Repräsentant für einen definierten Unterrichtsinhalts steht. Andererseits sind Unterrichtsmedien immer Ergebnis einer bewussten Auswahl und Zusammenstellung unter fachdidaktischen Gesichtspunkten. Gute Beispiele hierfür sind eine „Bibliothek" aus Holzwerkstoffen, ein Schnittmodell durch einen Zweitaktmotor, Fahrradnaben für die Demontage/Analyse oder eben auch technische Konstruktionsbaukästen.

Eine Mediensammlung soll demnach

- Auf die Inhalte des Technikunterrichts ausgerichtet sein
- Lernprozesse anregen und fördern
- Die Eigentätigkeit der Schüler anregen
- Den zu erarbeitenden Inhalt anschaulich und erkenntnisleitend darbieten
- Fachlich zutreffend und eindeutig sein
- Ein vertretbares Verhältnis von Anschaffungs- und/oder Aufbereitungsaufwand haben und Nutzungshäufigkeit und Lernerfolg aufweisen

9.7 Beispielhafte Medien-Zusammenstellung

Eine solche Zusammenstellung kann von der Natur der Sache her nicht vollständig sein und erhebt deswegen auch nicht einen solchen Anspruch. Sie dient als Sammlungsgerüst und ist lehrplan- und schulortspezifisch zu modifizieren. Anders als viele Autoren, die eine Mediensammlung empfehlen, wird hier bewusst auf die Nennung von Firmen verzichtet, die technische Modelle für den Unterricht herstellen und vertreiben. Wie alle Medienempfehlungen verlieren diese mit der Zeit an Aktualität und werden auch durch neue ersetzt bzw. ergänzt. Stattdessen wird auf die Möglichkeit der Internetsuche verwiesen, die zwar auch nicht grundsätzlich Aktualität garantiert, jedoch dort, wo diese gegeben ist, einen schnellen Zugang und Überblick ermöglicht.

Bei den technischen Darstellungen ist das Angebot im Internet schier unüberschaubar geworden, von sehr unterschiedlicher Qualität und Brauchbarkeit. Es gibt inzwischen für nahezu jeden technischen Sachverhalt Darstellungen in animierter Form, die kostenlos heruntergeladen werden können. Bei der Suche erweisen sich Schüler ausgesprochen kreativ und findig. Es lohnt sich auch, bei den Fachraumausstattern zu schauen, da diese immer auch ein umfangreiches Medienangebote für den Technikunterricht im Angebot haben.

9.7.1 Auswahl technischer Originale und Modelle

Präsentationsmedien:

- Schautafeln/Schaukästen/geordnete Sammlung:
  Hölzer, Holzwerkstoffe, Metalle, Kunststoffe; Holz-, Metall-, Kunststoffprofile
- Verbindungsmittel: kraft-, form-, stoffschlüssig
- Technische Realobjekte:
  Elektrobauteile, Elektronikbauteile, Fahrrad(-kettenschaltung), Dampfmaschine, 2- und 4-Taktmotor, Sterlingmotor, Elektromotoren
- Schnitt- und Funktionsmodelle:
  Dampfmaschine, 2- und 4-Taktmotor, Wankelmotor, Dieselmotor, Elektromotoren, Zylinderschloss, Wasserhahn; Getriebemodelle, Architekturmodell (Gebäudeschnitt), Beispiele von Konstruktions- und Fertigungsaufgaben

Reproduktionsmedien

- Demontage-/Analyseobjekte:
  Fahrrad (mit Montageständer und Spezialwerkzeugsatz), Fahrradnabe, Nabenschaltung, Fahrradklingel, Brotschneidmaschine (handbetrieben), Fleischwolf (handbetrieben), Salatschleuder, Akkustaubsauger, Rasenmähermotor (2- und 4-Takt), Luftpumpe, Bügeleisen (mit Temperaturregelung), mechanische Spielzeuge (mit verschiedenen Antrieben), elektrische Handmaschinen (Handrührgerät, Bohrmaschine, Stichsäge)
- Realobjekte für vergleichende Analysen:
  Korkenzieher, Nussknacker, Büroklammern, Schreibgeräte, Leuchtmittel, Kombinationswerkzeuge, Essbesteck-Sets, Klebefilm-Abroller, Verpackungen

Produktionsmedien

- Gebrauchsgegenstände, Funktionsmodelle:
  Getriebe, Kupplungen, Drehschemel- und Achsschenkel-Lenkung, Scheibenwischer, Kräne, Brücken (mithilfe technischer Konstruktionsbaukästen, Halbzeugsystemen oder mit Originalmaterialien erstellt)
- Schnittmodelle:
  Absperrventile, Zwei- und Viertaktmotor

Technografische Darstellungen

- Visuelle Medien:
  Schautafeln, Fotos, Bildfolgen, technische Zeichnungen, Arbeitsblätter, Arbeitsbücher, Lehrbücher, Werkstattordnung, Sicherheitshinweise, Prospekte

Auditive Medien:

- Radio-Reportagen, Hörspiele, Wortvorträge

Audio-visuelle Medien:

- CDs, DVDs, Filme, Videos

Symbolische Medien:

- Diagramme, Tabellen, Schaltpläne, Formelsammlung

Komplexe Medien:

- Lernprogramme, Präsentationen

10 Ordnungssysteme für Material, Bauteile, Werkstücke und Unterrichtsmedien

10.1 Grundsätzliche Überlegungen

Die Unterbringung von Material und Bauteilen, von angefangenen und fertiggestellten Schülerarbeiten, stellt sich immer wieder als nicht zu unterschätzendes Problem im Technikunterricht dar. In keinem anderen Unterrichtsfach haben es die Schüler nicht nur mit einer Vielzahl von Werkzeugen, Maschinen und Vorrichtungen, sondern auch mit Materialien, technischen Realien, Konstruktionsmedien usw. zu tun, und sie sollten auch noch einen geeigneten und sicheren Ort zur Unterbringung ihrer eigenen Arbeiten haben.

Eine unsystematische, bis hin chaotische Lagerung der fachspezifischen Ausstattungen und Schülerarbeiten ist oft einfach Folge fehlenden Lagerraums und somit unzureichender Unterbringungsmöglichkeiten. Manchmal ist das aber auch Folge einer gewissen Sorglosigkeit und Bequemlichkeit seitens der im Fach Unterrichtenden. Übersichtlichkeit und Ordnung erleichtert aber die Arbeit, schont das Zeitbudget durch kürzere Suchzeiten, verhindert Mehrfachkäufe und ermöglicht zielgerichtetes Suchen und Wiederauffinden. Den Schülern gibt Übersicht und Ordnung im Fachraum und seinen Nebenräumen Motivation, Orientierung, Anleitung und einen Begriff von der Notwendigkeit funktionaler Ordnung. Wie schon bei den Werkzeug-Ordnungs- und Kennzeichnungssystemen hat auch der Lagerbereich eine Vorbildfunktion. Die Ordnung im Fachraum und im Materiallager sollte auch von Schülern als etwas Zweckvolles, Funktionales und vor allem auch Nützliches erfahren und im Idealfall reflektiert werden.

Die vielfältigen Dinge, die im Technikunterricht neben Werkzeugen, Vorrichtungen und Kleinmaschinen untergebracht bzw. gelagert werden müssen, lassen sich in folgende Gegenstandsgruppen mit sehr unterschiedlichen Unterbringungserfordernissen einteilen:

- Schülerarbeiten und evtl. -ordner
- Realtechnische Objekte und Modelle
- Infotafeln, Poster
- Konstruktionsbaukästen und Bausätze
- Verbrauchsmaterialien (Auswahl)
  - Holz und Holzwerkstoffe, Holzhalbzeuge
  - Metallhalbzeuge
  - Kunststoffe, Kunststoffhalbzeuge
  - Keramische und plastische Massen
  - Mechanische Konstruktions- und Verbindungsmittel
  - Elektrotechnische Bauteile, Lötmittel
  - Oberflächenbehandlungs- und Lösungsmittel
  - Farben, Lacke, Lasuren
  - Klebstoffe und Leime
  - Glasuren, Engoben, Farbkörper
- Größere Bauteile
- Putz- und Pflegemittel
- Computersoftware, Broschüren, Zeitschriften und Bücher
- Technische und sicherheitstechnische Unterlagen, Informationsmaterial, Betriebsanleitungen

Erläuterungen zu den einzelnen Gegenstandsgruppen:

Schülerarbeiten und -ordner

Darunter fallen alle „Werkstücke“, die in unterschiedlichem, noch unvollendetem Bearbeitungszustand vorliegen. Je nach Aufgabenstellung und Erarbeitungsstand unterscheiden sie sich hinsichtlich Platzbedarf, Gewicht, Empfindlichkeit usw. Ordner werden teilweise über die gesamte Unterrichtszeit geführt, nehmen daher mit den Jahren immer mehr an Umfang zu und verbleiben in einigen Schulen über das Schuljahr im Fach.

Realtechnische Objekte und Modelle

Hier haben wir es vorrangig mit dreidimensionalen Objekten zu tun, ebenfalls sehr unterschiedlich in Größe, Gewicht und Empfindlichkeit (vom aufbereiteten Automotor über eine ‚Holz- und Holzwerkstoff-Bibliothek‘ oder Modelle von technischen Großanlagen bis hin zum Mikrochip als Anschauungsobjekt). Realtechnische Objekte und auch Modelle werden auch zu Demontage-/Analyseaufgaben eingesetzt und müssen dann in ausreichender Zahl und Aufbereitung vorrätig sein.

Infotafeln, Poster

Hierunter fallen käuflich erworbene oder selbst hergestellte Informationstafeln, die bedarfsweise im Unterricht eingesetzt werden können (z. B. zum Thema Holz, Metall, Kunststoff, Darstellungen spezieller Werkzeugsortimente oder Bauteile), Poster aus Schulausstellungen oder großflächiges, von Firmen und Institutionen bereitgestelltes Informationsmaterial.

Konstruktionsbaukästen und Bausätze

Konstruktionsbaukästen haben ihr Ordnungssystem oft bereits mitgeliefert, indem die Bauteile in entsprechend untergeteilten Kästen einsortiert werden. Bei den Bausätzen ist das dagegen meist nicht der Fall, sie bedürfen zusätzlicher Kleinteilboxen, in die sie einsortiert werden können.

Verbrauchsmaterialien aller Art

Hierbei handelt es sich um eine große (wohl die größte) Gegenstands-/ Materialgruppe mit entsprechend vielfältiger und unterschiedlicher Sortierung. Zuerst sind die *Roh- und Werkstoffe* zu nennen, wie Ton, Gips, Zement, Vollholz, Kunststoffe, Metalle, Pappe, Papier. Es folgen die *Halbzeuge* wie Bleche, Holzwerkstoffe, Kunststofftafeln, Profilmaterial aus verschiedenen Materialien, Leisten, Rohre usw. Die nächste Untergruppe sind *konstruktive Verbindungsmittel* wie Nägel, Schrauben, Muttern, Unterlegscheiben, Klammern usw. Eine weitere Untergruppe bilden die *Kleinbauteile*. Hier sind insbesondere die elektrischen und elektronischen Bauteile, aber auch mechanische Kleinbauteile wie Zahnräder, Achsen, Wellen, Räder, Gewindestangen, Distanzröhrchen usw. zu nennen. Farben, Lacke, Lasuren und alle Arten *Oberflächenbehandlungsmittel* bilden eine weitere Gruppe von Verbrauchsmaterialien, die einen festen Aufbewahrungsort benötigen. Gleiches gilt für die *organischen Prozesswerkstoffe* wie Holzleime (Weißleime), Klebstoffe (Alleskleber, Kontaktkleber, Mehrkomponenten-Kleber, Lösungskleber, Heißkleber u. a.) und Klebebänder. Größere Gebinde zum Nachfüllen von Leim, Klebstoffen sollten nicht in den Werkzeugschränken und damit im direkten Zugriffsbereich der Schüler gelagert werden. Ähnliche Lagerbedingungen sind für die Farben, Lacke, Oberflächenbehandlungs- und Lösungsmitteln zu schaffen. Die im Technikunterricht benötigten Kleinmengen sind hinsichtlich ihrer Unterbringung im allgemeinen Lagerraum unproblematisch. Steht kein gesonderter Keramikraum zur Verfügung, muss auch Platz für verschiedene Tonsorten auch Glasuren und Engoben vorhanden sein.

Größere Bauteile
Darunter ordnen wir sperrigere Konstruktionselemente ein, die von den Schülern für bestimmte Konstruktionsaufgaben benötigte werden (z. B. Fahrrad- oder Mopedteile, Schlauch- und Rohrleitungen, Lochschienen und Lochwinkelschienen, usw.).

Putz- und Pflegemittel
Für diese Materialgruppe bedarf es keiner weiteren sicherheitstechnischen Erläuterungen, sofern schadstofffreie Mittel zum Einsatz kommen. In diese Verbrauchsmittelgruppe gehören auch Öle und Lösungsmittel, die bei Wartungs-, Reparatur- oder Demontagearbeiten benötigt werden. Nicht vergessen werden dürfen Putzlumpen in größerer Menge, Handwaschpaste und ggf. Handcreme.

Computersoftware, Broschüren, Zeitschriften und Bücher
Computersoftware, deren Umfang auch im Technikunterricht stetig zunimmt, muss unter dem Aspekt der Aufbewahrung besondere Aufmerksamkeit geschuldet werden. Schul- und Schülerbücher, Arbeitshefte, Arbeitsblätter wie auch Nachschlagwerke, Videos, CDs, DVDs, Informationsblätter, Broschüren, Fachzeitschriften usw. runden den Bestand sächlicher Ausstattungen mit besonderen Unterbringungserfordernissen ab.

Technische und sicherheitstechnische Unterlagen, Informationsmaterial, Betriebsanleitungen
Darunter fallen die im Technikunterricht zahlreich benötigten Bedienungs- und Wartungsanleitungen (z. B. für Maschinen und Elektrowerkzeuge), Technische Merkblätter, Sicherheitshinweise, Kataloge, Prospekte sowie Inventarlisten. Dazu treten die nicht gerade wenigen Broschüren und Blätter zur Arbeitssicherheit und Unfallverhütung, wie sie z. B. der DGUV bzw. die Länderunfallkassen zur Verfügung stellen[1].

Die beiden letzten Punkte haben ihren natürlichen Unterbringungsort eigentlich im Sammlungs- und Vorbereitungsraum – soweit ein solcher existiert. Andernfalls müssen auch sie im Technikfach- oder Lagerraum untergebracht werden. Auch der Lagerbereich sollte durch gezielte Maßnahmen zur systematischen, geordneten Ablage und unter Verwendung geeigneter Lagereinrichtungen optimiert werden, um somit Zeitaufwand und Verdruss zu minimieren. Das sind im Einzelnen:

- Material- und Vorratsschränke
- Wandseitig montierte und/oder freistehende, offene Regale
- Ständer und Köcher
- Offene oder geschlossene Einzelbehälter
- Kleinteilmagazine und Sortimentkästen
- Spezielle Boxen für (kleinere) Schülerarbeiten
- Transportmittel

Manche Materialien und Objekte bedürfen jedoch keiner speziellen Lagereinrichtungen. In der Regel müssen größere Realobjekte (Fahrräder, Motoren, usw.) außerhalb der Verkehrswege gelagert werden. Ebenfalls in offener Lagerung sollten größere Partien von Material (Brettware, Holzwerkstoffe, Bleche, Profile) auf geeigneten Vorrichtungen (Regale, Ständern u. Ä.) abgelegt werden. Auch Maschinen auf Werkbankwagen, Schraubstock- und Zwingenwagen, die nicht zu

[1] Siehe hierzu Anhang „Sicherheitsvorschriften“.

jeder Zeit im Fachraum gebraucht werden, können freistehend untergebracht werden. Alle diese Materialien und Gegenstände sollten einen festgelegten, durch entsprechende Markierungen bezeichneten ständigen Platz im Lagerraum erhalten.

10.2 Material- und Vorratsschränke

In verschlossenen Material- und Vorratsschränken werden vorrangig kleinteilige Verbrauchsmaterialien untergebracht. Wenn es sich anbietet, lagern diese in Wannen oder Sortimentkästen, nach Materialgruppen sortiert sowie hochwertige Medien, Software, alle technischen Unterlagen, teure Bauteile, Technische Konstruktionsbaukästen, Bausätze usw.

Ein besonderes Augenmerk ist auf lösungsmittelhaltige Oberflächenbehandlungsmittel, Lösungsmittel, Öle und Fette, Chemikalien und sonstige Gefahrstoffe zu legen. Sie sollten gesondert, z. B. in einem abschließbaren Metallschrank untergebracht werden. Soweit es sich um kleinere Gebinde mit kurzer Verweildauer handelt, müssen keine speziellen Gefahrengutschränke angeschafft werden.

Wasserbasislacke, Wachs und Lasuren brauchen ebenfalls keine spezielle Unterbringung. Dagegen müssen aber leinölhaltige- und wachsgetränkte Lappen, bei denen die Gefahr der Selbstentzündung bei Raumtemperatur gegeben ist, in luftdicht verschlossenen Behältern aufbewahrt werden (daher immer und sorgfältig die Gefahrenhinweise auf dem Behälter beachten)! Bei ihrer Entsorgung muss ebenfalls sichergestellt werden, dass eine Selbstentzündung ausgeschlossen ist.

10.3 Offene Regale

Sie sind zur Aufnahme fast jeder Art von Materialien und Medien geeignet. Zu unterscheiden sind Universalregale (Abb. 10/1) und Spezialregale. Universalregale sind Fachbodenregale und bestehen aus den senkrechten Leiterrahmen, in die die Regalböden eingehängt werden. Eine Diagonalaussteifung stabilisiert das Regal. Metallregalsysteme in verzinkter Ausführung werden empfohlen, zumindest sollten die Regalböden wegen der mechanischen Belastung verzinkt sein. Auch hier gilt, keine Billigprodukte anzuschaffen und auf die Belastbarkeit der Fachböden und Rahmen achten! Beide müssen aufeinander abgestimmt sein, es nützt wenig, wenn der Regalboden hoch belastbar ist, der Rahmen aber zu schwach ausgelegt ist. Weiter ist darauf zu achten, dass die Regalböden kleinschrittig (25 bis 50 mm) und einfach (ohne zusätzliches Werkzeug) höhenverstellt bzw. herausgenommen oder wieder eingesetzt

10/1 Universalregal (Famos)

werden können. Universalregale nehmen alle möglichen Materialien in kleineren Zuschnitten, aber auch Schülerarbeiten, Bauteile usw. auf. Für kleinteiliges Lagergut sollten passende Behälter oder Behältersysteme (Stapelkästen, Sichtlagerkästen, Kleinteilemagazine, Kartons u. Ä.) zur Verfügung stehen. Ordnung, Übersicht und Systematik können dann durch Farbkennzeichnung und/oder Beschriftung geschaffen werden.

Spezialregale sind vor allem Langgutregale, auf denen sich sehr gut z. B. Stahlprofile, Flacheisen, Holzlatten, Bretter oder Kunststoffprofile in größeren Längen unterbringen lassen (Abb. 10/2). Immer wieder trifft man auf Langgut, das in Ermangelung passender Lagereinrichtungen auf dem Boden abgelegt wird. Abgesehen davon, dass eine solche Lagerung sehr unübersichtlich ist, bildet sie doch auch gefährliche Stolperstellen in den meist recht engen Lagerräumen. Plattenregale dienen der platzsparenden und übersichtlichen Unterbringung von Tafelmaterial (Sperrhölzer, Spanplatten, Tischlerplatten oder auch größeren Kunststoff- oder Blechtafeln). Es gibt sie auch als Plattenwagen (Abb. 10/3), die insbesondere dann recht praktisch sind, wenn der Weg zum Maschinenraum länger ist und nicht durch Stufen oder Schwellen behindert wird.

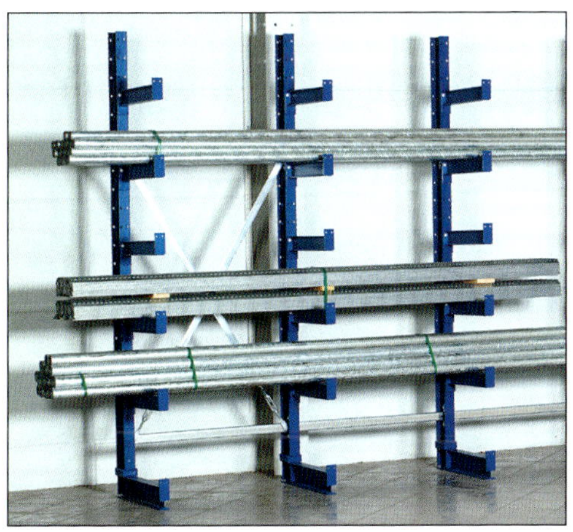

10/2 Langgutregal (Famos)

10/3 Plattenwagen, fahrbar (Famos)

Ständer oder Köcher
dienen dazu, schmale Leisten, Rundhölzer, Kunststoffleisten Schweißdrähte, Gewindestangen, Rohre und dergleichen bei wenig Platzverbrauch vertikal bei gleichzeitiger Übersichtlichkeit und unbehindertem Zugriff zu lagern (Abb. 10/4).

10/4 Ständer für Leisten und Metallprofile, fahrbar (Weba)

10.4 Offene Einzelbehälter

Für die Unterbringung von mittelgroßen bis ganz kleinen Objekten gibt es viele unterschiedliche Ausführungen in unterschiedlichen Abmessungen. Praktisch ist jede Art von Karton, Kasten oder Kiste geeignet, Material und Kleinteile aufzunehmen. Meist geht aber die mehr oder weniger dem Zufall zu verdankende Zusammenstellung von verschiedensten Behältern zulasten der Übersichtlichkeit und der Platzökonomie. Ein solches Sammelsurium kann allenfalls eine Zwischenlösung darstellen. Dass es aber auch anders geht, zeigen die Ausführungen von W. DOLD in der Zeitschrift tu[2].

Sehr bewährt haben sich dagegen sogenannte Sichtlagerkästen aus Kunststoff in verschiedenen Größen und Farben, die zudem stapelbar sind. Die Farbgebung der Sichtlagerkästen gibt erste Hinweise auf den Inhalt (z. B. blau für Metallteile, gelb für Holzteile, grün für Elektro-/Elektronikteile usw.) Dadurch, dass die Vorderseite nicht ganz hochgezogen und abgeschrägt ist, kann man jederzeit den Inhalt des Kastens auch dann einsehen, wenn mehrere übereinandergestapelt sind. Dabei sollte man wegen der praktischen Handhabung darauf achten, dass nicht zu viele Kästen übereinandergestapelt werden (höchstens vier). Für die zusätzliche Beschriftung des Kastens ist meist ein Wechselrahmen vorhanden, in den Beschriftungskärtchen gesteckt werden können (Abb. 10/5). Eine Besonderheit sind Sichtlagerkästen-Regale oder auch -schränke, die eine größeres Sortiment von Sichtlagerkästen in sehr übersichtlicher und platzsparender Anordnung zur Verfügung stellen (Abb. 10/6). Hierbei werden die Sichtlagerkästen in die Rückwand eingehängt, sodass sie einzeln entnommen werden können.

10/5 Sichtlagerkasten mit Wechselrahmen und Beschriftungskärtchen (Weba)

Eine äußerst preisgünstige Variante sind (stapelbare) Obstkisten, möglichst mit farbig gekennzeichneter Front und einem Beschriftungsfeld versehen (Abb. 10/7 a), Seite 199). Es gibt sie heute bereits auch in verschiedenen Größen, wenngleich nicht in der Vielfalt wie die käuflich zu erwerbenden Sichtlagerkästen. Eine weitere Variante stellen Sichtlagerkästen aus fester Pappe (Abb. 10/7 b), Seite 199) dar, die ebenfalls im Handel erhältlich sind und nur

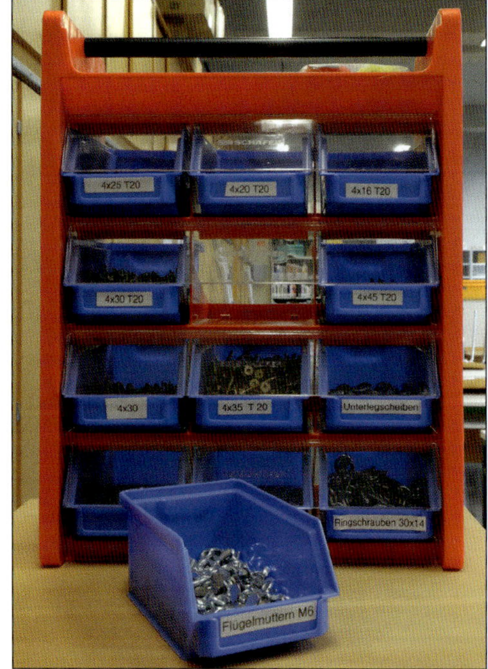

10/6 Sichtlagerkästen-Regal

2 Siehe unter W. Dold 2000. In: tu 97, S. 11 – 18

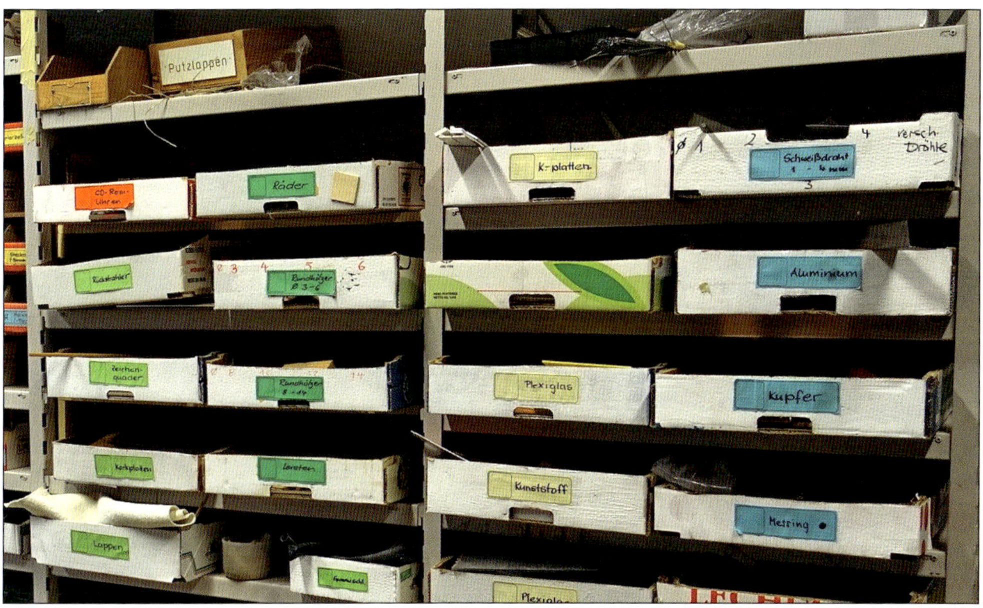

10/7 a) Eigenbau-Sichtlagerkästen aus Obstkisten (W. Dold)

noch gefaltet und gesteckt werden müssen. Sie eignen sich weniger zum ständigen Hin- und Hertransport zwischen Lager und Fachraum, sind aber als Lagerbehälter sonst eine preiswerte Alternative.

Eine weitere Alternative besteht im Selbstbau von Behältern, wie es z. B. im Rahmen eines Unterrichtsvorhabens zur Mehrfachfertigung geschehen kann.

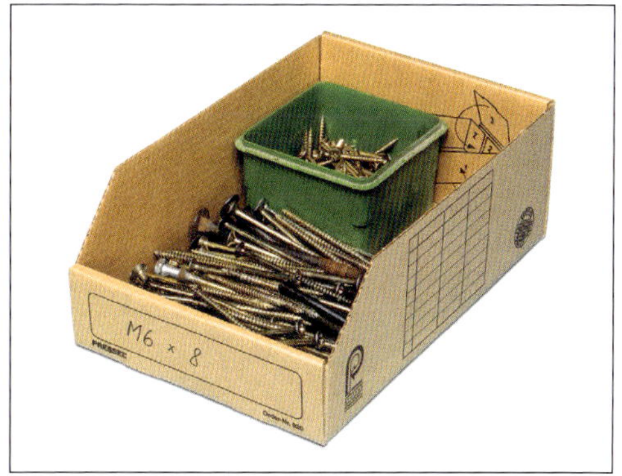

b) Sichtlagerkästen aus Wellpappe (Pressel)

Geschlossene Behälter (Kisten, Kartons, Weithalsflaschen, Kunststofffässer) stellen eine weitere wichtige Ergänzung der Behältersysteme dar. Sie nehmen Lagergut auf, das nicht einstauben soll, vor Feuchtigkeit oder Austrocknung geschützt werden muss (z. B. Gips, Zement, Ton, Flüssigglasuren) oder Materialien, die Gefahrstoffe darstellen können (z. B. Glasurpulver, Chemikalien).

10.5 Kleinteilmagazine und Sortimentkästen

nehmen ihrer Bezeichnung gemäß kleine bis sehr kleine (Bau-)Teile auf. Meistens finden sie Einsatz in der Elektro- und Informationstechnik, für elektrische und elektronische Bauteile. In dieser Verwendung stellen sie eine Art ‚Blocksystem' für spezielle Bauteile dar, die dann bei Bedarf in Kästchen zur Verfügung stehen. Bei den Kleinteilmagazinen handelt es sich um Blechgehäuse unterschiedlicher Größe, bei denen einzelne Schübe über- und nebeneinander angeordnet sind.

Die Schübe selbst können dann noch eine austauschbare Inneneinteilung erhalten. Einen gewissen Nachteil haben sie insofern, dass man nur bedingt in die Schübe hineinsehen kann. Insbesondere bei Kleinteilen wie Transistoren, Widerständen und Dioden kommt man an einer übersichtlichen Kennzeichnung nicht vorbei, will man die Schübe nicht ständig auf- und zuziehen, um sich über ihren Inhalt zu informieren. Auch hier, wie bei den Kleinteilmagazinen sind in der Regel Vorrichtungen für Kennzeichnungskärtchen an der Frontseite vorgesehen.

Sortimentkästen stellen eine Variante zu den Kleinteilmagazinen dar. Sie werden von oben bedient. Sie sind stapelbar, haben feste Inneneinteilungen in unterschiedlichen Größen und erleichtern den Einblick meistens durch einen durchsichtigen Deckel. Von Vorteil ist ihre Mobilität.

Schließlich seien noch modulare Einsatzkästen für Schubladen erwähnt, die eine flexible Einteilung der Schuladen ermöglichen und sich in entsprechende Schubladenmöbel integrieren lassen (Abb. 10/8). Auch sie lassen sich nach Bedarf herausnehmen und im Unterricht einsetzen. Sie sind besonders für Kleinteile und Verbindungsmittel geeignet. Bei den Einzelkästen sollte auf eine ergonomische Gestaltung geachtet werden, sodass die Entnahme der Kleinteile unkompliziert erfolgen kann.

10/8 Einsatzkästen in Schubladen (Weba)

10.6 Boxen für Schülerarbeiten

Die Aufbewahrung von noch nicht abgeschlossenen Schülerarbeiten, deren Fertigstellung ja oft über einen längeren Zeitraum geht, bedarf der besonderen Aufmerksamkeit. Nicht nur, dass halbfertige Werkstücke nicht sorglos in irgendeiner Fachraumabseite zwischengelagert werden dürfen, da sie beschädigt oder gar ganz verloren gehen, sondern auch weil eine solche Arbeit für die Schüler meist von besonderer Bedeutung ist und ihr Verlust oder nur eine Beschädigung als etwas sehr Schmerzhaftes empfunden wird. Die Wertschätzung für die Schülerarbeiten kommt auch durch ihre sichere Verwahrung während der Woche zum Ausdruck. Das bedeutet, dass für alle Schüler bzw. Schülerarbeitsgruppen geeignete Aufbewahrungsmöglichkeiten geschaffen werden sollten. Das bedeutet aber auch, dass ausreichend Lagerraum vorgehalten werden muss, mit Regalen und Boxen, in denen die zwischengelagerten Arbeiten untergebracht werden können. Praktikable Vorschläge hierzu für Lösungen in Eigenbau finden sich wiederum exemplarisch bei W. DOLD[3], die er mit Schülern in Mehrfachfertigung hergestellt hat.

Eine andere Möglichkeit wäre der käufliche Erwerb von geeigneten Boxen z. B. als größere Sichtlagerkästen, die den Schuletat jedoch deutlich stärker belasten und nicht zu den positiven Effekten führen, die ein Eigenbau in Mehrfachfertigung nun einmal mit sich bringt.

10.7 Transportmittel

Zu jedem Lagerraum gehören Transportmittel in Form von sogenannten Tischwagen mit möglichst feststellbaren Lenkrollen (siehe Seite 117), wobei darauf geachtet werden sollte, dass die Böden mit einem Rand versehen sind, sodass beim Transport nichts vom Wagen fallen kann. Zwei Ablageböden/Ladeflächen reichen im Allgemeinen aus, die Tragkraft sollte aber nicht zu gering gewählt werden (ca. 250 kg). Die Räder sollten einen möglichst großen Durchmesser haben (ca. 200 mm) und mit Vollgummireifen (lärmmindernd) ausgestattet sein.

Im Zusammenhang mit der Maschinenausstattung besteht die Möglichkeit, wenig im Unterricht gebrauchte Maschinen auf fahrbare Maschinentische zu montieren, die bei Nichtbenutzung auch im Lagerraum „geparkt" werden können[4]. Auch Schraubstock- oder Zwingenwagen

10/9 a) Fahrbarer Maschinentisch mit Kappsäge und integrierter Absaugung (Weba)

b) Fahrbarer Maschinentisch mit Kappsäge und integrierter Absaugung (Weba)

[3] DOLD, W. (1999): tu 94, S. 26 – 31

[4] z. B. Kappsäge mit Absaugung (Abb. 10/9a), zusätzliche Tischbohrmaschine (Abb. 10/9 b) oder auch ein CNC-Zentrum (Abb. 10/9 c), Seite 202).

10/9 c) CNC-Zentrum auf Maschinentisch (Weba/Böhm)

10/10 b) Zwingenwagen (WPO)

10/10 a) Schraubstockwagen (Weba)

10/11 Materialcontainer in Holzausführung (WPO)

(Abb. 10/10 a) und b) müssen nicht ständig im Fachraum zur Verfügung stehen und so wertvollen Platz belegen.

Bewährt für das Sammeln und Lagern von kleinformatigen Materialabschnitten oder auch Holzabfällen haben sich Container auf Lenkrollen in Kunststoff- oder Holzausführung (Abb. 10/11). Sie lassen sich gut unter der Reihenwerkbank verstauen und im gefüllten Zustand leicht bewegen.

10.8 Garderobe und Ablagen

Ein Punkt, dem im Zusammenhang mit der Ausstattung von Fachräumen eher geringe Aufmerksamkeit geschuldet wird, jedoch von besonderer Relevanz ist, ist die Unterbringung von Schultaschen/-rucksäcken und besonders wichtig im Winter von Jacken und Mänteln im Fachraum. Rucksäcke und Schultaschen bilden dann gefährliche Hindernisse, wenn sie achtlos unter oder neben die Werkbank abgestellt werden. Werkbänke werden mit Mänteln und Jacken belegt, wofür sie eigentlich nicht vorgesehen sind.

Wenn für die Unterbringung der Jacken und Mäntel keine bauseitigen Vorkehrungen wie Hakenleisten oder Garderobenschränke im Flur vorhanden sind[5], dann sollte eine Lösung im Fachraum gesucht werden, was sich mit relativ einfachen Mitteln, wenig Kosten und etwas Eigenarbeit leicht bewerkstelligen ließe. Eine Lösung bietet hierfür ein stabiler Stahlhaken, der allerdings soweit unter der Werkbankplatte angebracht sein muss, dass er nicht im Weg ist oder dass Schüler beim Vorbeilaufen daran hängenbleiben. Es bietet sich geradezu an, für die Lösung dieses Problems ein kleines Schülerprojekt mit einer Klasse durchzuführen.

Die Unterbringung von Taschen und Rucksäcken stellt ein zusätzliches Problem dar, für das Schüler selbst Abhilfeideen entwickeln könnten. Da es sich anbietet, dass die Schüler ihre Taschen möglichst am Arbeitsplatz haben, für den Fall, dass sie Zugriff auf Zeichenutensilien, Technikheft oder -ordner haben müssen, kommt nur eine werkbanknahe Lösung in Betracht. Grundsätzlich muss es aus Gründen des Unfallschutzes verboten sein, dass Taschen und Rucksäcke in Verkehrswegen abgelegt werden (Punkt der Werkstattordnung). Ein Zustand, den man leider immer noch und immer wieder antrifft. Wenn unter der Werkbank Ablageböden vorhanden sind, z. B. zur Aufnahme von Zusatzausstattungen für die Werkbank, könnten diese für die Ablage der Schultaschen mitbenutzt werden. Meist reicht der zur Verfügung stehende Platz aber nicht aus, um zwei voluminöse Schultaschen unterzubringen. Eine andere Möglichkeit wäre, die Taschen an Haken unter oder seitlich an der Werkbank aufzuhängen. Damit wären sie auch von Boden weg und hätten einen definierten Ort zur Unterbringung. Bei seitlicher oder rückseitiger Aufhängung muss der Zwischenraum zwischen der Werkbänken dann entsprechend etwas größer gewählt werden.

10.9 Vitrinen

Wenn nicht bereits bauseitig oder innerhalb der Gesamtausstattung der Schule bereits vorgesehen und vorhanden, sollte unbedingt darauf Wert gelegt werden, dass dem Technikunterricht eine gewisse Anzahl von Ausstellungsvitrinen zur Verfügung steht. Über den Zweck und die positive Wirkung der Ausstellung von Unterrichtsbeispielen im Schulhaus müssen keine langatmigen Ausführungen gemacht werden. Die Darstellung von Arbeitsergebnissen der Schüler kann sehr motivierend auf die übrige Schülerschaft wirken, sofern die Arbeitsbeispiele aktuell und entsprechend didaktisch aufbereitet sind.

Zu unterscheiden sind fest eingebaute (bauseitig) Vitrinen (ohne Abbildung), solche zur Wandaufhängung oder freistehende, schrankartige. Damit der Ausstellungszweck voll erreicht werden kann, sollten die Vitrinen eine Innenbeleuchtung haben, die ihre Wirksamkeit aber nur dann voll

5 Oft lassen die baulichen Gegebenheiten solche Einbauten nicht zu oder sie sind aus brandschutztechnischen Gesichtspunkten nicht zulässig, wenn dadurch Fluchtwege verstellt und die Brandgefahr erhöht wird.

entfalten kann, wenn die Zwischenböden als Glasböden ausgeführt werden. Alle äußeren Glasflächen sollten in Sicherheitsglas ausgeführt werden, Acrylglas erfüllt zwar auch die Sicherheitsanforderungen an Bruchsicherheit, verkratzt aber sehr schnell und ist deswegen für den schulischen Einsatz weniger gut geeignet. Die Vitrinen müssen zudem abschließbar sein.

11 Elektrowerkzeuge (Handmaschinen)

11.1 Grundsätzliche Überlegungen

Eine Auswahl von Elektrowerkzeugen gehört zur Grundausstattung des Technikfachraums. Elektrowerkzeuge in ihren vielfältigen Erscheinungsformen sind nicht nur in der Arbeitswelt, sondern auch im privaten Haushalt heutzutage nicht mehr wegzudenken. Es ergäbe keinen Sinn, älteren Schülern die Benutzung von Elektrowerkzeugen im Unterricht zu untersagen, wenn sie diese außerhalb der Schule ganz selbstverständlich benutzen können. Die Nutzung von Handmaschinen wie Schrauber, Handbohrmaschine, Stichsäge, Schwingschleifer, Exzenterschleifer, Deltaschleifer oder Bandschleifer, elektrischer Klebepistole, Heißluftgebläse und elektrischem Tacker führt immer wieder (oder immer noch) zu Diskussionen mit Schulverwaltungen und Unfallkassen bezüglich ihrer Verwendung auch in der Hand älterer Schüler[1]. Insbesondere im Zusammenhang mit Fertigungs- und Produktionsprozessen wird seitens der Fachdidaktik die begründete Auffassung vertreten, Schüler an einen verständigen und sicherheitsorientierten Einsatz von Elektrowerkzeugen heranzuführen und sie praktische Erfahrungen, wohl gemerkt nach Anleitung und unter Aufsicht, machen zu lassen.

Mithilfe von Unterrichtsverfahren wie Produktanalyse und Warentests lassen sich an Elektrowerkzeuge insbesondere funktionale, instrumentale, ergonomische, ökologische und sicherheitstechnische Erkenntnisse gewinnen, die nicht nur aus der theoretischen Betrachtung, sondern auch aus der unmittelbaren Erfahrung mit diesen hergeleitet werden können. Es erscheint anachronistisch, wenn Schüler daheim unbeaufsichtigt mit den Handmaschinen der Eltern umgehen dürfen, die Schule ihnen aber einen systematischen und gezielten Zugang verwehrt. Es ist an der Zeit, dass seitens der Unfallversicherer die entsprechenden Einschränkungen reflektiert und aufgehoben werden und andererseits seitens der Kultusverwaltung Handmaschinen Eingang in Lehrpläne und Ausstattungslisten finden. Ein zusätzliches, besonderes Thema ist, inwieweit Handmaschinen und Maschinen auch im Technikunterricht/Technischen Werken der Grundschule Verwendung finden sollten[2]. Hier steht die Diskussion offensichtlich erst am Anfang.

Der Markt bietet heutzutage eine Fülle von Elektrowerkzeugen in unterschiedlichen Leistungs- und Preisklassen von unterschiedlichen Herstellern an, sodass es nicht immer einfach ist, eine geeignete Auswahl für den Schuleinsatz zu treffen. Selbstverständlich gilt auch für diesen Bereich der Elektrowerkzeuge das Gebot möglichst hoher Qualität. Die meisten Hersteller von Elektrowerkzeugen bieten zwei Produktionslinien, nämlich eine „normale“ und eine Handwerkerausführung an. Für den Bereich des Technikunterrichts reicht in der Regel die Normalausführung aus, sofern man ein Qualitätswerkzeug wählt. Auch hier gilt, Billigprodukte meiden. Gute Hilfen zur Auswahl bietet z. B. die Stiftung Warentest, die inzwischen einen Großteil aller auch für den Technikunterricht relevanten Elektrowerkzeuge getestet und beurteilt hat. Es bietet sich zudem an, die für den Technikunterricht benötigten Elektrowerkzeuge möglichst vom gleichen Hersteller zu beschaffen. Einmal um den Service insgesamt einfacher gestalten zu können, zum anderen

[1] Bei dieser Aufzählung wurde bewusst auf Handmaschinen verzichtet, die ein hohes Unfallrisiko bergen wie Handkreissäge, Flachdübelfräse, Handhobel, Oberfräse und Winkelschleifer und daher ausschließlich für die Hand des Lehrers geeignet sind.

[2] Ein Thema, dass z. B. in Baden-Württemberg mit der Unfallkasse und der Kultusverwaltung bisher weitgehend ergebnislos diskutiert wurde. Zur Diskussion standen: Akku-Bohrschrauber, Tischbohrmaschine, Dekupiersäge und (Kunststoff-)Warmbiegevorrichtung.

aber auch, um alle Elektrowerkzeuge an das gleiche Absaugsystem (siehe unten) anschließen zu können, für das die Hersteller immer auch das passende Adaptersystem liefern.

Hand-Schleif- und –Sägemaschinen erzeugen gesundheitsbeeinträchtigende Stäube und Späne, die abgesaugt werden müssen. Generell sollte das Einstauben des Fachraums möglichst vermieden werden. Sich auf dem Boden ansammelnde Stäube und Späne können zur Ursache von Unfällen durch Ausrutschen werden. Für den Betrieb im Technikfachraum sind Staubbeutel, die an die Maschinen angeschlossen werden, nicht ratsam, auch wenn laut Berufsgenossenschaft der Betrieb von Handschleifmaschinen bis zu einer halben Stunde mit Staubbeutel zulässig ist[3]. Grundsätzlich müssen bei allen spanabhebenden Bearbeitungsverfahren mit Handmaschinen (Ausnahme bildet die Ständerbohrmaschine) ausreichende, staubmindernde Absaugungsverfahren vorgesehen werden. Dabei muss nach dem derzeitigen Stand der Technik eine Konzentration für Holzstaub in der Luft so gering wie möglich gehalten werden. Folgt man den Bestimmungen Berufsgenossenschaft Holz, sind hierfür nur geprüfte Industriestaubsauger der Staubklasse M nach EN 60 335-2-69[4] geeignet oder solche, die das Prüfsiegel (zertifiziert nach den Prüfungsbestimmungen der Prüfstelle des Fachausschusses ‚Holz') H2 oder H3 tragen[5] (Abb. 11/1).

11/1 H2-Prüfsiegel kombiniert mit GS-Zeichen

Darüber hinaus ist seitens der Lehrkraft dafür zu sorgen, dass Maschinen, Werkstücke und Arbeitsbereiche, die mit Holzstaub verunreinigt sind, regelmäßig gereinigt werden. Abblasen und trockenes Kehren von Holzstaub und -spänen sind nicht zulässig.

Damit die Absaugung für die betreffende Handmaschine auch ihre volle Funktion entfalten kann, muss der verwendete Industriestaubsauger über eine Schuko-Steckdose mit Einschaltautomatik verfügen, an die die Handmaschine angeschlossen wird (Abb. 11/2). Wenn sie eingeschaltet wird, springt auch immer gleich die Absaugung an. Die Automatik bewirkt zudem, dass nach dem Abschalten der Handmaschine die Absaugung noch einige Sekunden weiterläuft, sodass der in der Maschine und im Schlauch verbliebene Holzstaub noch eingesaugt werden kann.

11/2 Absaugung (Industriestaubsauger) mit Einschaltautomatik

3 Vgl. hierzu: Berufsgenossenschaft Holz und Metall 2016, S. 5.

4 Die Staubklasse M umfasst trockene und gesundheitsgefährdende Stäube mittlerer Gefährdung. Zusätzlich gibt der MAK-Wert (Maximale Arbeitsplatz-Konzentration) die maximal zulässige Konzentration eines Stoffes als Gas, Dampf oder Schwebstoff in der Atemluft am Arbeitsplatz an, bei der kein Gesundheitsschaden zu erwarten ist. Für die Staubklasse M gilt ein MAK-Wert von $< 0{,}1$ mg/m^3. Dieser strenge Maßstab gilt für Arbeitsstätten und für eine Stoffexposition von 8 Stunden/Arbeitstag. Dies sind Bedingungen, die für die Schule nicht zutreffen, dennoch sollte eine Gefährdung von Schülern und Lehrpersonal möglichst gering gehalten werden, und insofern schadet es nicht, wenn die hier genannten Grenzwerte auch in der Schule beachtet werden.

5 H2 bezeichnet einen MAK-Wert von $< 0{,}2$ mg/m^3, H3 von $< 0{,}1$ mg/m^3.

Ein wichtiges Kriterium für die Auswahl von Elektrowerkzeugen ist ihr Wirkungsgrad, der sich aus dem Quotienten von Leistungsaufnahme (gemessen in Watt) und der erzielten mechanischen Leistung am Werkzeug ergibt und auf die es letztlich ankommt. Der Wirkungsgrad[6] wird in Prozent angeben. Die Leistungsaufnahme (Nennaufnahme) eines Elektrowerkzeugs lässt sich am Typenschild ablesen (Abb. 11/3). Sie wird weltweit nach einheitlichen Vorgaben bestimmt und besagt, dass bei Dauerbetrieb sich die Motortemperatur nicht höher als 85 °C in Abhängigkeit zur Umgebungstemperatur erhöhen darf[7]. Qualitätselektrowerkzeuge können kurzfristig wesentlich höhere Temperaturen aushalten aufgrund hochwertigerer Wicklungen und Isolationswerkstoffe. Je höher die Nennaufnahme eines Elektrowerkzeugs ist, desto höher kann es belastet werden. Zugleich verlängert sich die „Lebensdauer" der Maschine und sie arbeitet unter energetischem Aspekt ökonomischer.

11/3 Typenschild einer Elektro-Kleinmaschine (Exzenterschleifer)

Je höher die Aufnahmeleistung ist, über desto mehr Leistungsreserven verfügt ein Elektrowerkzeug bezogen auf die Schwere der Einsatzbedingungen. Die Abgabeleistung hängt nun von der Qualität des Elektrowerkzeugs ab, so z. B. von der Temperaturfestigkeit des Motors und der in ihm verwendeten Materialien und Bauteile, von der Konstruktion und der Modularität des Getriebes (mögl. großer Modul) und der Güte der eingesetzten Lager. Von Bedeutung für den Wirkungsgrad sind auch Maßnahmen zur Konstanthaltung der Dreh-, Hub- oder Schwingungszahl bei wechselnden Belastungen. Dies geschieht heute in der Regel mithilfe einer elektronischen Drehzahlregelung.

Weiterhin von Bedeutung für die Wahl eines Elektrowerkzeugs ist das zur Verfügung stehende Drehmoment. Ein hohes Drehmoment am Bohrer, Schrauber (Anziehmoment) oder an einer Schleifscheibe ist wünschenswert, sollte aber je nach Einsatzbedingung auch begrenzt werden können (z. B. Eindrehen von Schrauben). Zur Schonung von Motor und Getriebe bei hohem Drehmoment sind Sicherheitskupplungen sehr hilfreich, da sie eine Blockierung des Motors verhindern. Eine elektronische Überwachung der Wicklungstemperatur in Verbindung mit einer automatischen Leistungsreduzierung führt zu längeren Lebenszyklen, da gefährliche Überlastungen ausgeschlossen werden.

Ein elektronisch geregelter sanfter Anlauf ist gerade bei elektrischen Bohr- und Schraubwerkzeugen für die Verwendung in der Schule unbedingt zu empfehlen, ebenso eine elektronische Drehzahlreduzierung bei Linkslauf von Schraubern oder Bohrschraubern.

Bei allen Elektrowerkzeugen, die auch für die Hand des Schülers gedacht sind, ist die Hand- und Muskelkraft der Schüler mit zu berücksichtigen. Auf eine ergonomische Ausformung der Griff- und Bedienungselemente ist unbedingt zu achten, insbesondere auch auf die Vermeidung zu hoher

6 Wirkungsgrad (in %) = Abgabeleistung (mechan. Leistung) × 100/Leistungsaufnahme (elektrische Leistung).

7 Wenn die Leistung eines Geräts z. B. in Watt angegeben wird, ist zu prüfen, ob es sich um die aufgenommene oder die abgegebene Leistung handelt. Die elektrische Anschlussleistung ist die Leistung, die aufgenommen wird und die die Stromkosten verursacht. Die abgegebene Leistung liegt durch mechanische und thermische Verluste bei einem niedrigeren Wert. Die Differenz von aufgenommener und abgegebener Leistung wird als Verlustleistung bezeichnet. Sie wird häufig in Form von Wärme abgegeben.

Maschinengewichte[8], die das präzise und sichere Führen des Elektrowerkzeugs für Schüler unnötig erschweren. Die Bedienungselemente müssen gut erreichbar sein, ihr Schaltzustand sollte eindeutig ablesbar, der Ein-/Aus-Schalter im unmittelbaren Griffbereich und leicht zu schalten sein.

Langlebigkeit des Elektrowerkzeugs korrespondiert fast immer auch mit dessen Qualität. Je länger eine solche Handmaschine in Gebrauch ist, desto mehr schont sie auch die Umwelt, es sei denn, sie ist hoffnungslos veraltet und ihr Stromverbrauch nicht mehr akzeptabel. Elektrowerkzeuge sollten im Bedarfsfall durch den Hersteller auch repariert werden können. Reparatur statt Neuanschaffung ist ebenfalls ein Beitrag zum Umweltschutz und nicht einmal der unbedeutendste. Ausgemusterte Elektrowerkzeuge sollten vom Hersteller zurückgenommen werden[9], ebenso wie ausgediente Akkumulatoren von Akku-Maschinen, damit sie den Rohstoffkreisläufen wieder zugeführt werden können.

Da Elektrowerkzeuge durch die Art ihrer Einsatzes einem erhöhten Verschleiß unterliegen, was zu Isolationsschäden an Zuleitungen oder Gehäusen führen kann, müssen sie alle 12 Monate von einer Elektrofachkraft durchgesehen werden. Die Überprüfung der elektrischen Sicherheit soll durch ein Prüfsiegel, ähnlich einer TÜV-Plakette, auf dem das Datum der nächsten Durchsicht vermerkt ist, bestätigt werden (Abb. 11/4).

11/4 Prüfsiegel für elektrische Sicherheit von Elektro-Kleinmaschinen

Zusätzlich zur Fachprüfung müssen Elektrowerkzeuge vor jeder Inbetriebnahme auf Isolationsmängel an Gehäuse, Kabel und Steckern überprüft werden (Sichtkontrolle). Bei festgestellten Mängeln muss die Maschine sofort ausgesondert werden, die festgestellten Mängel schriftlich erfasst und durch eine Elektrofachkraft behoben werden.

Bei Werkzeugwechsel muss das Elektrowerkzeug vom Netz getrennt werden (Stecker ziehen!). Ausschalten allein genügt nicht! Der Werkzeugwechsel sollte unkompliziert und möglichst ohne Werkzeug zu bewerkstelligen sein. Nach jedem beendeten Arbeitsgang sollte das Elektrowerkzeug abgeschaltet und sicher abgelegt werden. Das Ein- und Ausschalten darf nur über den Geräteschalter erfolgen.

Für die meisten Elektrowerkzeuge werden Tragekoffer zur Verwahrung angeboten, die eine bewährte Form der geschützten Unterbringung sind und das Werkzeug samt Zubehör auch an anderer Stelle leicht verfügbar machen. Inzwischen bieten einige Fachraumausstatter auch Werkzeugschränke mit speziellen Unterbringungsmöglichkeiten für alle gängigen Elektrowerkzeuge und deren Zubehör an. Diese nicht ganz billigen Zusatzausstattungen ermöglichen eine geordnete und übersichtliche sowie sichere Unterbringung der Kleinmaschinen einschließlich Stauraum für die dann nur noch sporadisch benötigten Tragekoffer. Es findet sich auch die Möglichkeit, einen Anschluss für die Aufladestationen der Akkus in die Schränke zu integrieren, sodass immer geladene Akkus zur Verfügung stehen.

8 Ein besonderes Problem stellt sich bei akkubetriebenen Maschinen. Hier ist vorher zu prüfen, wie die Maschine in der Hand liegt und wie das Akkugewicht gegenüber der Maschine austariert ist.

9 Seit 2005 Vorschrift

11.2 Anforderungen an einzelne Elektrowerkzeuge (Auswahl, alphabethisch)

11.2.1 Absaugsystem (mobil für Elektrowerkzeuge)

System	Technische Anforderungen (Richtwerte)	Arbeitstechnische Anforderungen	Sicherheitstechnische Anforderungen
Sauger	1200 – 1500 W Leistungsaufnahme; max. Luftstrom 3700 l/min (am Gebläse); max. Unterdruck (am Gebläse) 150 – 250 mbar; Filteroberfläche 8 – 10000 cm^3, Behälter/Filtersackvolumen 50 l	Ein-/Ausschaltautomatik vom Elektrowerkzeug aus; stufenlose Saugkraftregulierung für verschiedene Schlauchdurchmesser, Nachlaufautomatik; Steckdose für Elektrowerkzeug-Anschluss; einsetzbar auch für Nass- und Trockensaugen ohne Umbau; fahrbar auf Rollen, robustes Gehäuse mit Unterbringungsmöglichkeit für Zubehör, Dauerfilter und Papier-Staubsack	H2-Zulassung der BG-Holz; Antistatik-Ausrüstung; Vorrichtung zur staubfreien Entleerung des Filtersacks; optische Anzeige zu geringer Saugleistung
Zubehör für Absaugbetrieb	Absaugschlauch; auf Absaugschlauch und Elektrowerkzeuge passende Schlauch-Adapter	3 – 5 m	+
Zubehör für Reinigungsbetrieb	Saugschlauch, verschiedene Düsen nach Bedarf, Papier-Filtersäcke	3 – 3,5 m	+
Unterbringung	Technikfachraum		
Bei Anschaffung eines mobilen Absaugsystems für den Betrieb in Technikfachräumen sind Konformität mit passenden EG-Richtlinien und folgende Kennzeichnungen und Prüfzeichen gefordert: VDE-Zeichen; CE-Zeichen, GS-Zeichen (H2-Zertifikat). Zur weiteren Erläuterung siehe ‚Vorbemerkung zur Ausstattungsliste Maschinen': Richtlinien und Normen.			
Herstellerempfehlung: Bosch, Elu, Festo, Metabo, Nilfisk			

11.2.2 Akku-Bohrschrauber

System	Technische Anforderungen (Richtwerte)	Arbeitstechnische Anforderungen	Sicherheitstechnische Anforderungen
Bohrschrauber	Spannung/Kapazität: 10 – 12 V/1,3 – 2,0 Ah; max. Drehmoment: 14/28 Nm; stufenlose Drehzahlregulierung; Rechts-/Links-Lauf; Drehmomentvorwahl, mehrstufig; Anziehmoment wählbar 1 – 6 Nm; Auslaufbremse/Schnellstopp; Bit-Depot Gewicht (mit Akku) < 1 kg	robustes Kunststoffgehäuse; ergonomisch geformter Mittelgriff für gute Gewichtsverteilung; alle Bedienelemente gut zugänglich, Schaltzustände eindeutig ablesbar; Ladezustandsanzeige; eingebaute LED-Leuchte	Ein-/Aus-Schalter im Griff integriert mit Feststellknopf, ansonsten siehe „Hinweise zu den Elektrowerkzeugen" und unten
Bohrfutter	Schnellspannfutter 0,5 – 10 mm	Auto-Lock	
Zubehör	Schnellladegerät (1 Std.), zweites Akku-Pack, Bit-Sortiment, Universal-Bit-Halter, Zusatzgriff, Tragekoffer		

Fortsetzung s. nächste Seite

System	Technische Anforderungen (Richtwerte)	Arbeitstechnische Anforderungen	Sicherheitstechnische Anforderungen
Unterbringung	Technikfachraum		
Bei Anschaffungen von Akku-Bohrschraubern für den Betrieb in Technikfachräumen sind Konformität mit passenden EG-Richtlinien und folgende Kennzeichnungen und Prüfzeichen gefordert: VDE-Zeichen; CE-Zeichen, GS-Zeichen.			
Herstellerempfehlung: Bosch, Kress, Makita, Metabo			

11.2.3 Blechschere (Knabber)

System	Technische Anforderungen (Richtwerte)	Arbeitstechnische Anforderungen	Sicherheitstechnische Anforderungen
Schere	230 V/50 Hz-Wechselstrom-Motor; min. Nennaufnahme 500 W; min. Leistungsabgabe 300 W; Leerlaufdrehzahl ca. 2200 U/min; Werkstoffdicke Stahl bis 1,5 mm, Aluminium bis 2,0 mm; Hubzahl bei Nennlast 3000/min Gewicht < 2 kg	robustes Gehäuse; ergonomische Ausformung für Ein- und Zweihand-Betrieb, Schaltelemente im Greifbereich, freie Sicht auf Schneidbereich, Innen und Außenschnitte, Kurvenschnitte, Wendemesser, einfach auswechsel- und einstellbar	schutzisoliert, möglichst mit Spannbrecher, gratfreier Schnitt, Ein-/Aus-Schalter im Griff integriert mit Feststellknopf, ansonsten siehe „Hinweise zu den Elektrowerkzeugen" und unten
Zubehör	Tragekoffer, Ersatzmesser/ Ersatz-Schneidbacken		
	Schutzbrille		Universal-Schutzbrille, robustes Kunststoffgestell, längenverstellbare Bügel, Seitenschutzplatten, kratzfeste Sicherheitsscheiben, Schutzstufe 1 oder 2, Scheiben auswechselbar, DIN 58 211
	Schutzhandschuhe		
Unterbringung	Technikfachraum		
Bei Anschaffung einer elektrischer Blechschere für den Betrieb in Technikfachräumen sind Konformität mit passenden EG-Richtlinien und folgende Kennzeichnungen und Prüfzeichen gefordert: VDE-Zeichen; CE-Zeichen, GS-Zeichen. Zur weiteren Erläuterung siehe ‚Vorbemerkung zur Ausstattungsliste Maschinen': Richtlinien und Normen.			
Herstellerempfehlung: Bosch, Fein, Mauk			

11.2.4 Deltaschleifer (Dreieck-Schleifer)

System	Technische Anforderungen (Richtwerte)	Arbeitstechnische Anforderungen	Sicherheitstechnische Anforderungen
Schleifer	Nennaufnahme 250 – 300 Watt, elektronisch geregelter Motor (Vollwellen-Elektronik), Schwingzahl ca. 22 000 U/min Schleifhub 1,5 – 2,0 mm, Schleifteller 90 – 100 mm Eckmaß Winkelgetriebe mögl., in Metallausführung, gekapselte, staubgeschützte Spindel, Gewicht < 1,5 kg	Schwingzahl-Vorwahl zur Anpassung an verschiedene Werkstoffe, werkzeugloses Wechseln der Schleifplatte, Schleifplatte drehbar und mit Kantenschutz, Schleifblätter mit Klettverschluss, gelocht für Staubabsaugung, Anschluss für Allessauger, ergonomisch geformter Griff, für Rechts- und Linkshänder geeignet	Ein-/Aus-Schalter im Griff integriert mit Feststellknopf, ansonsten siehe „Hinweise zu den Elektrowerkzeugen" und unten

Fortsetzung s. nächste Seite

System	Technische Anforderungen (Richtwerte)	Arbeitstechnische Anforderungen	Sicherheitstechnische Anforderungen
Zubehör	Spachtel, Schabermesser	passend zum Gerät	
	Saugschlauch	passend zum Gerät, 5 m	
	Kunststoff-Koffer	passend zum Gerät	
	Ersatz-Schleifblätter	Körnung nach Bedarf und Anwendungsfall	
	Schutzbrille		
Unterbringung	Technikfachraum		
Bei Anschaffung eines Deltaschleifers für den Betrieb in Technikfachräumen sind Konformität mit passenden EG-Richtlinien und folgende Kennzeichnungen und Prüfzeichen gefordert: VDE-Zeichen; CE-Zeichen, GS-Zeichen. Zur weiteren Erläuterung siehe ‚Vorbemerkung zur Ausstattungsliste Maschinen': Richtlinien und Normen.			
Herstellerempfehlung: Bosch, Ferm, Festool, Metabo			

11.2.5 Einhand-Winkelschleifer

System	Technische Anforderungen (Richtwerte)	Arbeitstechnische Anforderungen	Sicherheitstechnische Anforderungen
Schleifer	230 V/50 Hz-Wechselstrommotor, Leistungsaufnahme 750 – 1000 W, Schleifscheiben-Durchmesser 115 – 125 mm, Leerlaufdrehzahl ca. 10 000 – 13 000 U/min, Vollwellenelektronik, stufenlose Drehzahl-Vorwahl, staubgeschützter Motor, Spindelgewinde M 14, Spindelarretierung, Temperatur abhängiger Überlastschutz, Gewicht ca. 2,0 kg, Alternativ: Stromversorgung durch Akku	robustes Gehäuse, Getriebekopf in Aluminiumausführung, Ein-/Aus-Schalter und Gehäuse ergonomisch geformt, Scheiben- und Schutzhaubenverstellung ohne Werkzeug, Sanftanlauf, für Links- und Rechtshänder geeignet	schutzisoliert, funkentstört, Schutzhaube verstellbar, Sicherheitskupplung, Wiederanlaufschutz, seitlicher Handgriff, beidseitig verwendbar, Ein-/Aus-Schalter in Gehäuse integriert, ansonsten siehe „Hinweise zu den Elektrowerkzeugen" und unten
	Trenn- und Schrupp-Scheiben	für Metall	passend zur Maschine (Herstellerempfehlung)
	Schleifteller (Stützteller) für Vulkanfiber-Schleifblätter, Kletthaftung oder mit Spannmutter	für Metall, Körnung 24, 60, 120 und nach Bedarf	passend zur Maschine (Herstellerempfehlung)
	Topfbürste, Stahldraht, gezopft, Ø 100 mm	für Stahl	passend zur Maschine (Herstellerempfehlung)
	Topfbürste, Stahldraht vermessingt, gewellt, Ø 70 mm	für Stahl und NE-Metalle	passend zur Maschine (Herstellerempfehlung)
	Absaughaube mit Bürstenkranz (in Kombination mit Schleifteller)	für Schleifen von Holz, Kunststoffen, Farben, Lacken, Ne-Metallen	
	Saugschlauch und Adapter	5 m	

Fortsetzung s. nächste Seite

System	Technische Anforderungen (Richtwerte)	Arbeitstechnische Anforderungen	Sicherheitstechnische Anforderungen
Schleifer	Schutzbrille (obligatorisch)		Universal-Schutzbrille, robustes Kunststoffgestell, längenverstellbare Bügel, Seitenschutzplatten, kratzfeste Sicherheitsscheiben Schutzstufe 1 oder 2, Scheiben auswechselbar, DIN 58 211
	Schutzhandschuhe (obligatorisch)		Innenflächen Spaltleder, Handrücken Baumwolle, DIN EN 420
	Gehörschutz		Allzweck-Kapseln mit Kopfbügel, einstellbar, Dämmverhalten 23 – 32 dB, Gewicht > 200g, DIN EN 352, Teil 1
Unterbringung	Technikfachraum		
Bei Anschaffung eines Winkelschleifers für den Betrieb in Technikfachräumen sind Konformität mit passenden EG-Richtlinien und folgende Kennzeichnungen und Prüfzeichen gefordert: VDE-Zeichen; CE-Zeichen, GS-Zeichen. Zur weiteren Erläuterung siehe ‚Vorbemerkung zur Ausstattungsliste Maschinen': Richtlinien und Normen.			
Herstellerempfehlung: Black & Decker, Bosch, Einhell, Makita, Metabo			

11.2.6 Exenterschleifer

System	Technische Anforderungen (Richtwerte)	Arbeitstechnische Anforderungen	Sicherheitstechnische Anforderungen
Schleifer	230 V/50 Hz-Wechselstrommotor, Leistungsaufnahme 300 – 400 W, Leistungsabgabe 200 W, elektronisch geregelt (Vollwellen-Elektronik), Schwingzahlvorwahl, Schleifteller Ø 125 U/mm, Schwingzahl > 15 000 U/min, staubgeschützte Kugellager, Absaugung durch Schleifblatt und Schleifteller, Gewicht ca. 2,0 kg	vibrationsarmer Lauf, Schleifvorgang als kombinierte Exenter- und Rotationsbewegung, ‚Sanftanschliff' durch Tellerbremse, Schleifteller mit Klettverschluss, Einsatzfähigkeit für Schleifen und Polieren, elastischer Stützteller für das Schleifen von Rundungen, weiche Kanten, robustes Gehäuse, ergonomisch geformte Griffe für Zwei-Hand-Betrieb, leicht bedienbare Wahlschalter	Ein-/Aus-Schalter in Griff integriert mit Feststellknopf, ansonsten siehe „Hinweise zu den Elektrowerkzeugen" und unten
Zubehör	Tragekoffer		
	Saugschlauch und Adapter für Anschluss an Allessauger	5 m	
	Schutzbrille		
Unterbringung	Technikfachraum		
Bei Anschaffung eines Exzenterschleifers für den Betrieb in Technikfachräumen sind Konformität mit passenden EG-Richtlinien und folgende Kennzeichnungen und Prüfzeichen gefordert: VDE-Zeichen, CE-Zeichen, GS-Zeichen. Zur weiteren Erläuterung siehe ‚Vorbemerkung zur Ausstattungsliste Maschinen': Richtlinien und Normen.			
Herstellerempfehlung: Bosch, Festool, Makita, Metabo			

11.2.7 Heißklebe-Pistole

System	Technische Anforderungen (Richtwerte)	Arbeitstechnische Anforderungen	Sicherheitstechnische Anforderungen
Klebepistole	Netzanschluss 230 V, elektronisch geregelter Heizkörper, Aufschmelztemperatur ca. 200 °C, mechanischer Klebervorschub, max. Klebeleistung 20 g/min	robustes, temperaturbeständiges Gehäuse, ergonomisch geformter Griff mit integriertem Vorschubhebel, Drahtbügel zum sicheren Aufstellen, Düse mit Hitzeschutz und Tropfsperre, kurze Aufheizzeit	schutzisoliert
Zubehör	Tragekoffer		
	Abtropfschale		
Unterbringung	Technikfachraum		
Bei Anschaffung einer Heißklebe-Pistole für den Betrieb in Technikfachräumen sind Konformität mit passenden EG-Richtlinien und folgende Kennzeichnungen und Prüfzeichen gefordert: VDE-Zeichen, CE-Zeichen, GS-Zeichen. Zur weiteren Erläuterung siehe ‚Vorbemerkung zur Ausstattungsliste Maschinen': Richtlinien und Normen.			
Herstellerempfehlung: Bosch, Metabo, Patex, Steinel, Uhu			

11.2.8 Heißluft-Gebläse/Heißluft-Pistole

System	Technische Anforderungen (Richtwerte)	Arbeitstechnische Anforderungen	Sicherheitstechnische Anforderungen
Heißluft-Pistole	Leistungsaufnahme ca. 2000 W, Luftstrom zweistufig einstellbar: Luftmenge 350 – 500 l/min, Temperatur stufenlos regelbar 50 – 650 °C, automat. Temperatur-Konstanthaltung, Temperaturanzeige, temperaturabhängiger Überlastschutz, Gewicht < 1 kg	robustes Gehäuse, ergonomisch geformter Griff mit integriertem Schalter, geräuscharmer Lauf, Aufstell-Einrichtung für stationären Einsatz	schutzisoliert, geschlossener Griff, Überhitzungsschutz, ansonsten siehe „Hinweise zu den Elektrowerkzeugen" und unten
Zubehör	Tragekoffer		
	Düsen: Flächendüse, Schweißdüse, Reflektordüse, Schlitzdüse, Reduzierdüse		passend zur Maschine (Herstellerempfehlung)
	Farbschaber-Set	Holzgriff, gehärteter Stahl, Schaber auswechselbar	
Unterbringung	Technikfachraum		
Bei Anschaffung von einem Heißluft-Gebläse für den Betrieb in Technikfachräumen sind Konformität mit passenden EG-Richtlinien und folgende Kennzeichnungen und Prüfzeichen gefordert: VDE-Zeichen, CE-Zeichen, GS-Zeichen. Zur weiteren Erläuterung siehe ‚Vorbemerkung zur Ausstattungsliste Maschinen': Richtlinien und Normen.			
Herstellerempfehlung: Bosch, Einhell, Mannesmann, Steinel			

11.2.9 Schlagbohrmaschine

System	Technische Anforderungen (Richtwerte)	Arbeitstechnische Anforderungen	Sicherheitstechnische Anforderungen
Bohrer	230 V/50 Hz Wechselstrommotor, Leistungsaufnahme 650 – 800 W, Drehzahlvorwahl, Drehkraftvorwahl, Rechts-/Links-Lauf, Vollwellenelektronik, Drehmoment 10 Nm, Spannhals-Durchmesser 43 mm, Bohrdurchmesser Beton 18 mm, Holz 30 mm, Stahl 12 mm, Bohrfutter Spannbereich bis 13 mm, Gewicht 2,0 – 2,5 kg	robustes Gehäuse, Ein-/Aus-Schalter im Griff mit Feststell-Knopf, ergonomisch geformter Griff, Schnellspann-Bohrfutter, Bohrspindel mit Innensechskant zur Aufnahme von Schrauber-Bits, Bohrtiefenanschlag, Softgrip	schutzisoliert, Sicherheitskupplung, seitlicher Haltegriff, beidseitig verwendbar, ansonsten siehe „Hinweise zu den Elektrowerkzeugen" und unten
Zubehör	Tragekoffer		
	Bohrständer Ausladung 140 mm, Säulenhöhe 550 mm, Grundplatte als Kreuztisch, ca. 200 × 250 mm	Bohrmaschinenhalter um 360° um Säule schwenkbar, Höhenverstellung mittels Schnellspannhebel, stabile Grundplatte, Tiefeneinstellung	passend zur Maschine (Herstellerempfehlung), sicher aufspannbar auf Werkbank
	Maschinenschraubstock, Backenbreite 100 mm		Spannschrauben zur Fixierung auf Kreuztisch
	Schutzbrille		Universal-Schutzbrille, robustes Kunststoffgestell, längenverstellbare Bügel, Seitenschutzplatten, kratzfeste Sicherheitsscheiben, Schutzstufe 1 oder 2, Scheiben auswechselbar, DIN 58 211
Unterbringung	Technikfachraum		
Bei Anschaffung einer Handbohrmaschine für den Betrieb in Technikfachräumen sind Konformität mit passenden EG-Richtlinien und folgende Kennzeichnungen und Prüfzeichen gefordert: VDE-Zeichen, CE-Zeichen, GS-Zeichen. Zur weiteren Erläuterung siehe ‚Vorbemerkung zur Ausstattungsliste Maschinen': Richtlinien und Normen.			
Herstellerempfehlung: Bosch, Kress, Makita, Metabo			

11.2.10 Schwingschleifer

System	Technische Anforderungen (Richtwerte)	Arbeitstechnische Anforderungen	Sicherheitstechnische Anforderungen
Schleifer	230V/50 Hz-Wechselstrommotor, Leistungsaufnahme (min.) 250 W, Leistungsabgabe (min.) 110 W, Schwingzahl 14 000 – 24 000 U/min, elektronisch geregelt, Hubzahlvorwahl und Hubzahlsteuerung, Direktantrieb der Schleifplatte, Schwingpuffer und staubgeschützte Kugellager, Staubabsaugung durch Schleifblatt und Schleifplatte, Absaugstutzen, ca. 2,0 kg	gute Schwingungsdämpfung, robustes Kunststoffgehäuse, ergonomisch geformte Griffe für Zweihand-Betrieb, auch für Linkshänder geeignet, leicht bedienbare Wahlschalter, Schleifblatt-Spannsystem mit Spannhebel oder auswechselbare Schleifplatte mit Klettverschluss, keine überstehenden Teile an der Schleifplatte für ‚eckenbündiges' Schleifen	Ein-/Aus-Schalter im Griff integriert mit Feststellknopf, ansonsten siehe „Hinweise zu den Elektrowerkzeugen" und unten

Fortsetzung s. nächste Seite

System	Technische Anforderungen (Richtwerte)	Arbeitstechnische Anforderungen	Sicherheitstechnische Anforderungen
Zubehör	Tragekoffer		
	Saugschlauch und Adapter für Anschluss an Allessauger	5 m	
Unterbringung	Technikfachraum		
Bei Anschaffung eines Schwingschleifers für den Betrieb in Technikfachräumen sind Konformität mit passenden EG-Richtlinien und folgende Kennzeichnungen und Prüfzeichen gefordert: VDE-Zeichen, CE-Zeichen, GS-Zeichen. Zur weiteren Erläuterung siehe ‚Vorbemerkung zur Ausstattungsliste Maschinen': Richtlinien und Normen.			
Herstellerempfehlung: Bosch, Einhell, Festool, Kress, Makita, Metabo			

11.2.11 Stichsäge

System	Technische Anforderungen (Richtwerte)	Arbeitstechnische Anforderungen	Sicherheitstechnische Anforderungen
Säge	230 V/50 Hz-Wechselstrommotor, Leistungsaufnahme 500 V – 600 W, elektronisch geregelt, Vollwellen-Elektronik, Hubzahlvorwahl und -steuerung (500 – 3 000/min), zuschaltbarer, mehrstufiger Pendelhub, Stützrollen geführtes Sägeblatt, Schnitttiefe (Holz) 90 mm, Absaugstutzen, Gewicht ca. 2,0 kg	robustes Kunststoffgehäuse, ergonomisch geformter Griffe für Einhand-Betrieb, auch für Linkshänder geeignet, leicht bedienbare Wahlschalter für Hubzahlvorwahl und Pendelhub-Einstellung, werkzeugloser Sägeblattwechsel, Fußplatte für Gehrungsschnitte verstellbar, vibrationsarmer Lauf, Arbeitslicht, Blaseinrichtung (zuschaltbar)	Ein-/Aus-Schalter im Griff integriert mit Feststellknopf, Sägeblatt-Berührungsschutz, ansonsten siehe „Hinweise zu den Elektrowerkzeugen" und unten
Zubehör	Tragekoffer		
	Parallelanschlag	zum Einsetzen in die Fußplatte	
	Saugschlauch und Adapter für Anschluss an Allessauger	5 m	
	Ersatzsägeblätter für Holz, Metall, Kunststoff	nach Bedarf	Schmier-/Kühlmittel für Metallsägeblätter
	Spanreißschutz	nach Bedarf	
	Schutzbrille		Universal-Schutzbrille, robustes Kunststoffgestell, längenverstellbare Bügel, Seitenschutzplatten, kratzfeste Sicherheitsscheiben, Schutzstufe 1 oder 2, Scheiben auswechselbar, DIN 58 211
Unterbringung	Technikfachraum		
Bei Anschaffung einer Stichsäge für den Betrieb in Technikfachräumen sind Konformität mit passenden EG-Richtlinien und folgende Kennzeichnungen und Prüfzeichen gefordert: VDE-Zeichen, CE-Zeichen, GS-Zeichen. Zur weiteren Erläuterung siehe ‚Vorbemerkung zur Ausstattungsliste Maschinen': Richtlinien und Normen.			
Herstellerempfehlung: Bosch, Festool, Makita, Metabo			

12 Stationäre und mobile Maschinen

12.1 Grundsätzliche Überlegungen

Allgemeinbildender Technikunterricht ist auf den Einsatz vom Maschinen in mehrfacher Hinsicht angewiesen. Maschinen erfüllen als Werkzeugmaschinen vorrangig unterrichtsbezogene Aufgaben als technische Hilfsmittel zur Materialbearbeitung, zur Energiewandlung als Energiemaschinen und Informationsverarbeitung als Informationen und Daten verarbeitende Maschinen. Maschinen der aufgezählten Kategorien helfen Lehrern wie auch Schülern in verschiedenen unterrichtlichen Kontexten die Ziele des Unterrichts zu erreichen.

Maschinen sind also einerseits Hilfsmittel im Unterricht und für dessen Vorbereitung, andererseits bergen sie Gefahren, wenn man mit ihnen nicht sachgemäß und leichtsinnig umgeht. Dies betrifft in besonderem Maße Werkzeugmaschinen mit schnell rotierendem Werkzeug, bei denen die Werkzeugzuführung von Hand erfolgt. Der sachgerechte Einsatz von Maschinen fordert vom Benutzer nicht nur ein hohes Maß an Wissen über die betreffende Maschine und den zu bearbeitenden Werkstoff, sondern auch maschinenspezifisches Umgangskönnen und technikspezifisches Sicherheitsverhalten. Konkrete Umgangserfahrungen mit Maschinen fördern beim Schüler technikbezogene Fähigkeiten im Bereich personaler und sozialer Kompetenz.

Des Weiteren fungieren Maschinen als reale Unterrichtsmedien, an denen bestimmte maschinentechnische Sachverhalte erschlossen und in ihren Abläufen beobachtet werden können. Dabei kann sowohl die einzelne Maschine zum Medium für die Erschließung bestimmter maschinentechnischer Sachverhalte werden, als auch mehrere Maschinen ein Beispiel für komplexe, mehrstufige, maschinelle Fertigungsprozesse abgeben können.

12.2 Maschineneinsatz im Technikunterricht

Aus den genannten Gründen und angesichts der heute allgegenwärtigen Technisierung und Maschinisierung wäre es sicher ein Anachronismus, Maschinen oder Maschinenwerkzeuge aus dem allgemeinbildenden Technikunterricht heraushalten zu wollen. Sie stellen für den Schüler einen wesentlichen Teil technischer Wirklichkeit dar, der nicht nur in der Theorie, sondern auch in der Praxis erfahren werden soll. Die hier vertretene, didaktisch begründete Forderung steht jedoch in gewissem Widerspruch zu Bestimmungen der staatlichen Unfallkassen, bestehenden Schutzalterbestimmungen und Empfehlungen der Ständigen Konferenz der Kultusminister der Länder in der Bundesrepublik Deutschland (KMK). In der Regel wurde diesbezüglich die Unfallverhütungsvorschrift GUV 3.10, § 14 (1) und (2) herangezogen[1]. Während §14 (1) die Maschinen aufzählt, an denen Jugendliche nicht arbeiten dürfen, weist § 14 (2) darauf hin, dass Jugendliche über 16 Jahren, wenn „dies der Erreichung ihres Ausbildungszieles erforderlich ist und ihr Schutz durch die Aufsicht eines Fachkundigen gewährleistet ist"[2] an Maschinen beschäftigt werden dürfen. Die Neufassung der Unfallverhütungsvorschrift definiert den Geltungsbereich dieser Verordnung genauer, in dem sie „keine Anwendung auf das Betreiben von Maschinen zur Holzbe- und -verarbeitung für alle anderen Bereiche, die nicht mit dem Hoch- und Tiefbau in Verbindung stehen" hat, übernimmt die

1 Unfallverhütungsvorschrift. „Maschinen und Anlagen zur Be- und Verarbeitung von Holz und ähnlichen Werkstoffen" (GUV 3.10) vom Oktober 1976 in der Fassung von Januar 1997.

2 Vgl. hierzu Anhang I, GUV-R-500, Kapitel 2.23 „Betreiben von Maschinen zur Holzbe- und -verarbeitung für den Hoch- und Tiefbau, Pkt. 1, 1.1, S. 4.

Beschäftigungsbeschränkungen jedoch wörtlich aus der Vorgängervorschrift[3]. Die Frage die sich stellt ist, ob diese hier zitierte Schutzalterbestimmung auf schulische Verhältnisse anzuwenden bzw. ob die Übertragung der betrieblichen Verhältnisse und der dort vernünftigerweise geltenden Pflichten des Arbeitgebers zum Schutz von Jugendlichen, die im Ausbildungsprozess stehen, so ohne Weiteres auf die Schule richtig ist. Diese Frage muss eindeutig verneint werden. Das hat offensichtlich auch die KMK erkannt und 2016 die „Richtlinie zur Sicherheit im Unterricht", die auf eine frühere Fassung von 1994 zurückgeht, als aktualisierte Empfehlung herausgegeben[4]. Dort finden sich nunmehr konkrete Aussagen auch zu „Tätigkeiten mit Maschinen und Geräten", die in Bezug auf die Lehrkräfte keine Veränderung bringen, jedoch die „Tätigkeitsbeschränkungen für Schülerinnen und Schüler" nunmehr konkretisieren. Dort heißt es jetzt:

„Schülerinnen und Schüler dürfen folgende Maschinen und Geräte nicht betätigen:

- Hobel- und Fräsmaschinen, ausgenommen Bedienung eines eingehausten Koordinatentisches mit Fräserschaft ≤ 3 mm (CNC-Maschine)
- Sägemaschinen wie Kreissäge/Bandsäge, stationär eingespannte Stichsägemaschine, ausgenommen Dekupier- und elektrische Handstichsägemaschinen
- Stockscheren mit mechanischem Antrieb
- Zu den genannten Maschinen zählen auch Handmaschinen.
- Das Betreiben schließt Rüsten, Bedienen, Warten und Instandhalten ein."[5]

Die Empfehlungen treffen recht eindeutige Aussagen in Bezug auf den Maschineneinsatz im Technikunterricht. Zu beachten ist, dass hier keine Altersangabe gemacht wurde, sondern es gilt allein der Status als Schüler für die Beschäftigungsbeschränkung. Dass es aber auch anders gehen kann, zeigt z. B. eine Verwaltungsvorschrift für Berliner Schulen für das Fach Wirtschaft-Arbeit-Technik aus dem Jahr 2013[6] als Ergänzung der damals gültigen „Richtlinien zur Sicherheit im Unterricht (KMK-Empfehlungen GUV-SI-8070 vom 28.03.2003)[7]. In dieser Vereinbarung zwischen Vertretern der Technischen Universität Berlin (Institut für Berufsbildung und Arbeitslehre, IBBA), der Schulverwaltung und der Unfallkasse Berlin heißt es:

Im Fach Wirtschaft-Arbeit-Technik dürfen Hobel-, Fräs- und Sägemaschinen eingesetzt werden, sofern nachfolgende Regelungen beachtet werden:

1. Der Umgang mit Hobel-, Fräs- und Sägemaschinen ist Schülerinnen und Schülern ab der 7. Jahrgangsstufe gestattet.
2. Der Umgang mit Hobel-, Fräs- und Sägemaschinen ist Schülerinnen und Schülern nur unter Aufsicht einer Lehrkraft gestattet.
3. Die Aufsicht darf nur von Lehrkräften geführt werden, die an einem entsprechenden Sicherheitskurs des LISUM[8] oder der TU Berlin teilgenommen haben.
4. Die Einrichtung, Einstellung, Wartung und Instandhaltung der o. g. Maschinen darf nur von Werkstattleitern oder den unter 3. genannten, geschulten Lehrkräften vorgenommen werden.

[3] Ebenda, S. 5, Pkt. 3

[4] KMK (Hrsg.) 2016: „Richtlinie zur Sicherheit im Unterricht"

[5] Ebenda, S. 42

[6] Diese Verordnung stellte dankenswerterweise Herr D. Grammel, Berlin, dem Autor zur Verfügung.

[7] Diese Fassung der KMK-Empfehlungen geht noch von einem generellen Beschäftigungsverbot unter 18 Jahren aus.

[8] Landesinstitut für Schule und Medien Berlin-Brandenburg.

Ausgangspunkt war die Diskrepanz zwischen Vorgaben des Berliner Arbeitslehre-Rahmenplans im Bereich Technik und den beschriebenen Beschäftigungsbeschränkungen für Schüler an Holz- und Metallbearbeitungsmaschinen. Der Rahmenplan sieht den Maschineneinsatz ab Jahrgangsstufe 7 vor, was nun mit der oben zitierten Vereinbarung möglich wird. Ein wesentliches Element und zugleich Grundvoraussetzung für die Umsetzung der obigen Vereinbarung ist die fundierte, zertifizierte Ausbildung der Lehrer an den betreffenden Maschinen. Soweit diese nicht bereits in der Lehrerausbildung stattfand, stehen nunmehr für die Nachschulung die Berliner Unfallkasse als Organisator und das IBBA[9], in dessen Werkstätten die Maschinenkurse stattfinden, zur Verfügung. Ein detailliertes Kursprogramm dient als Grundlage der Maschinenausbildung. Wichtig ist darauf hinzuweisen, dass es sich bei der Berliner Regelung um eine länderspezifische zwischen den genannten Institutionen handelt und die nur aufgrund eines vorliegenden Rahmenplans für das Fach Arbeit-Wirtschaft-Technik zustande kam. Die Voraussetzungen zur Änderung der Schutzalterbestimmungen sind andernorts (noch) nicht gegeben bzw. müssen erst noch geschaffen werden. Insofern gelten die Schutzalterbestimmungen, wie sie die KMK zuletzt präzisiert hat, weiter.

12.2.1 Aufstellungsort und Zugangsberechtigung

Das Fachraumsystem umfasst einen oder mehrere spezielle Maschinenräume, in denen die stationären Maschinen untergebracht sind. An den meisten von ihnen dürfen Schüler aufgrund der gesetzlichen Schutzalterbestimmungen (siehe oben) weder arbeiten, noch sie rüsten oder nur in Betrieb setzen. Die Maschinen müssen gegen jede unbefugte Inbetriebnahme durch Schüler oder andere Nichtberechtigte durch geeignete Maßnahmen sicher geschützt werden.

In dem zentralen Technikfachraum werden die Maschinen aufgestellt, die von Schülern im Rahmen des Unterrichts bedient werden dürfen. Hierzu gehören für die Holz- und Kunststoffbearbeitung die Dekupiersäge, die Teller- und Bandschleifmaschine und die Ständerbohrmaschine, für den Bereich der Metallbearbeitung ebenfalls die Ständerbohrmaschine sowie die Drehmaschine und der stationäre Schleifbock. Dazu ist zum einen eine entsprechende, sorgfältige Einweisung aller Schüler und zum anderen die Beachtung der Jahrgangsstufe, in der die betreffenden Maschinen erst eingesetzt werden dürfen, Voraussetzung. Die Maschinen und ihr Umfeld sind dann meist zusätzlich mit besonderen Sicherheitsausstattungen und -vorkehrungen ausgerüstet. Auch diesbezüglich gibt die Maschinenausstattungsliste entsprechende Hinweise. Weitere Informationen können der Beschreibung der Räume des Fachraumsystems und Hinweisen zur Sicherheit/Unfallverhütung an speziellen Maschinen entnommen werden.

12.2.2 Gesundheitsgefährdende Emissionen

Maschinelle Werkstoffbearbeitungsprozesse können zur verstärkten Emission von Schadstoffen (insbesondere Holzstaub, Abgase) oder auch von Lärm führen. Auf die zur Vermeidung gesundheitlicher Schäden erforderlichen technischen Maßnahmen wird in der Liste hingewiesen, notwendige Schutzvorkehrungen und Schutzausrüstungen sind, in maschinenspezifischer Unterscheidung, im Einzelnen aufgeführt.

Hinsichtlich des Maschinenraums ist bauseitig ein besonderer Lärmschutz vorzusehen, Böden, Decken und Wände betreffend. Auch in Bezug auf gesundheitsgefährdende Emissionen dürfen

[9] Institut für Berufliche Bildung und Arbeitslehre an der Technischen Universität Berlin (IBBA).

Maschinenräume nicht zu den Technikfachräumen hin offen sein. Sie müssen durch Lärmschutzwände abgetrennt werden, allerdings muss auch dann immer eine Sichtverbindung zum Technikfachraum gegeben sein.

12.2.3 Wer liefert die Maschinen?

Eine genauere tabellarische Aufstellung der Hersteller, Händler und Schulausstatter, die entsprechende Maschinen in ihrem Programm haben, findet sich im Anhang III am Ende dieses Buches.

12.3 Richtlinien und Normen [10]

12.3.1 EG-Maschinenrichtlinie

Anforderungen zum Bau und Ausrüstung von Maschinen, sowie deren sicherheitsgerechte Ausstattung und der so angestrebte Schutz des Bedienungspersonals werden durch eine Vielzahl von Richtlinien und Normen geregelt. Im Zuge der Harmonisierung der vielfältigen nationalen Vorschriften und Normen wurde für Werkstoffbearbeitungsmaschinen 1998 die EG-Maschinenrichtlinie 98/37/EG erlassen, die die bis dahin gültigen nationalen Richtlinien ersetzt hat. Die EG-Maschinenrichtlinie legt „grundlegende Sicherheits- und Gesundheitsanforderungen bei der Konzipierung und dem Bau von Maschinen und Sicherheitsbauteilen" für bestimmte Maschinentypen fest und definiert die Verfahren zur Feststellung der Übereinstimmung mit den Richtlinien. Von besonderer Bedeutung sind die EG-Konformitätserklärung, die CE-Kennzeichnung und die EG-Baumusterprüfung. Demnach muss jede Maschine, die der EG-Konformitätserklärung unterliegt, ein gut lesbares, nicht verwischbares Typenschild (Abb. 12/1) tragen, das folgende Angaben enthält:

- Name und Anschrift des Herstellers
- Bezeichnung der Maschine
- CE-Kennzeichnung
- Baureihen- oder Typbezeichnung
- gegebenenfalls Seriennummer
- Baujahr

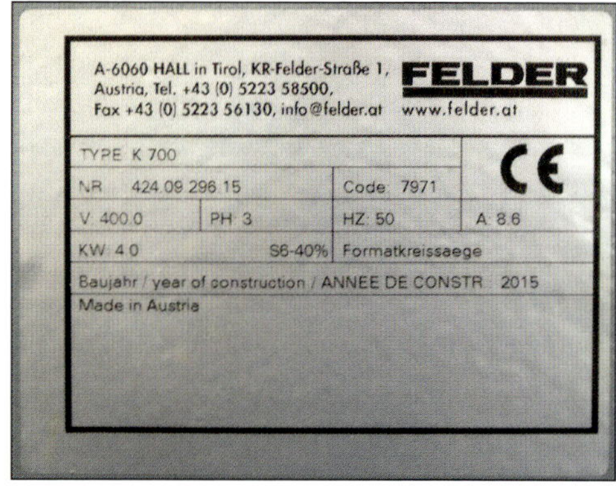

12/1 Maschinentypenschild (Felder)

CE-Zeichen

Das CE-Zeichen dient der europaweiten Vereinheitlichung von Sicherheitsstandards für Maschinen (Abb. 12/2). Mit der CE-Kennzeichnung erklärt der Hersteller, Inverkehrbringer oder EU-Bevollmächtigte gemäß EU-Verordnung 765/2008, „dass das Produkt den geltenden Anforderungen genügt, die in den Harmonisierungsrechtsvorschriften der Gemeinschaft über ihre Anbringung festgelegt sind." [11] Die Berechtigung für die

12/2 CE-Kennzeichnung (Wikipedia)

[10] Siehe diesbezügliche weitere Informationen in Kapitel 13, Pkt. 13.6 Maschinen- und Gerätekennzeichnungen und Regelgeber.

[11] Zitiert nach Wikipedia „CE-Kennzeichnung" (Aufruf 15.10.2017).

CE-Kennzeichnung erwirbt der Hersteller durch die EG-Konformitätserklärung. Der Hersteller erklärt mit ihr, dass die in den Verkehr gebrachte Maschine allen einschlägigen grundlegenden Sicherheits- und Gesundheitsanforderungen entspricht (Herstellerverantwortung). Entgegen landläufiger Meinung ist die CE-Kennzeichnung kein Prüfsiegel, vergleichbar eine GS-Siegel oder einer TÜV-Plakette sondern ein Verwaltungszeichen, dass die „Freiverkehrsfähigkeit" innerhalb der Europäischen Union zum Ausdruck bringt. Das CE-Zeichen ist demnach eine Art Eintrittskarte zum Markt der EU, deren Vergabe voraussetzt, dass das entsprechend gekennzeichnete Produkt den Konformitätsnormen für die Marktzulassung in der EU entspricht.

Für einige Maschinen wie Kreissägen zur Holzbearbeitung, Hobelmaschinen, Bandsägen, kombinierte Maschinen und Kunststoffspritzgieß- und -formpressmaschinen reicht die Konformitätserklärung des Herstellers nicht aus, sie müssen einer EG-Baumusterprüfung unterzogen werden. Nachträgliche Änderungen an der Maschine müssen ebenfalls immer wieder einer EG-Baumusterprüfung unterzogen werden.

Es ist demnach eine zwingende Vorschrift, dass jede in der EG – also somit auch in Deutschland – auf den Markt kommende Maschine das CE-Zeichen tragen muss und somit Konformität mit geltenden Vorschriften nachgewiesen wird.

Spezielle Normen und Spezifikationen

Neben den harmonisierten, EG-weit anwendbaren Vorschriften gibt es spezielle Normen und technische Spezifikationen auf nationaler Grundlage. Für Letzteres tragen die Mitgliedsstaaten die Verantwortung. Das Bestreben der Europäischen Gemeinschaft ist aber, für den gesamten Raum der EG möglichst einheitliche Regelwerke zu schaffen. Eine Vielzahl nationaler DIN-Normen wurde daher bereits durch den Europäischen Normenausschuss ‚CEN'[12] harmonisiert, die nunmehr als ‚DIN EN'-Normen vorliegen.

Sofern von Maschinen elektrische Gefahren ausgehen können, unterliegen in Deutschland auf nationaler Ebene solche Maschinen den Richtlinien des VDE[13]. Für die Harmonisierung der nationalen Richtlinien zur Elektrotechnik ist auf europäischer Ebene das Europäische Komitee für elektrotechnische Normung (CENELEC)[14] zuständig.

GS-Zeichen

Auf Maschinen die im Technikunterricht zum Einsatz kommen, sollten neben dem CE-Zeichen auch immer das GS-Zeichen (Geprüfte Sicherheit) tragen, das für gewerbliche Arbeitsmittel von den Berufsgenossenschaften vergeben wird (Abb. 12/3). Das GS-Zeichen ist das einzig gesetzlich geregelte, nationale, produktbezogene Prüfzeichen in Europa für Produktsicherheit. Es ist eine freiwillige Zertifizierung, die der Hersteller bei einer zugelassenen Prüfstelle beantragen kann. Es wird in etwa jährlichen Abständen am Herstellungsort überprüft, ob das aktuelle

12/3 Kennzeichnung ‚Geprüfte Sicherheit' (Wikipedia)

[12] Comité Européen de Normalisation

[13] Verband der Elektrotechnik Elektronik Informationstechnik e.V.

[14] Comité Européen de Normalisation Électrotechnique

Baumuster noch dem GS-zertifizierten Produkt entspricht. Alle anderen Sicherheitszeichen wie ENEC, VDE, OVE, TÜV, BG[15] sind nicht offizielle Zeichen von einzelnen Prüf- oder Zertifizierungsstellen oder Vereinbarungen zwischen Prüfhäusern, was ihre Bedeutung jedoch in keiner Weise schmälert (siehe z. B. Auto-TÜV). Nicht gewerbliche Arbeitsmittel und Maschinen tragen vielfach das TÜV-Zeichen. GS- und TÜV-Zeichen, oft in Kombination, sind insofern von Wichtigkeit, als sie nicht nur die allgemeinen Sicherheits- und Gesundheitsschutzanforderungen an ein Arbeitsmittel zertifizieren, sondern auch sehr spezielle und genau festgelegte Richtwerte berücksichtigen (z. B. Schadstoffemissionen) (Abb. 12/4). Maschinen müssen nicht GS- oder TÜV-geprüft, aber immer CE-zertifiziert sein und das entsprechende Prüfsiegel tragen. Für Maschinen für den Einsatz im Schulbereich, wo besonders hohe Anforderungen an Sicherheit und Gesundheitsschutz gelten sollten, ist allerdings eine zusätzliche GS- bzw. TÜV-Zertifizierung unbedingt zu empfehlen.

12/4 GS- und TÜV-Zeichen in Kombination (TÜV Süd)

DGUV-Test-Zeichen (vormals BG-Prüfzert)

Das BG-Prüfzert wurde bisher von der jeweiligen Berufsgenossenschaft vergeben. Seit 1984 gab es bereits ein DGUV-Test-Zeichen für Produktsicherheit, in dem das BG-Prüfzert nach der Fusion des Spitzenverbandes der Unfallkassen und des Hauptverbandes der gewerblichen Berufsgenossenschaften 2010 aufging (Abb. 12/5). Unter Berücksichtigung der besonderen Anforderung an die Sicherheit und den Gesundheitsschutz von Schülern und Lehrern sollten Maschinen möglichst auch das BG-Prüfsiegel tragen.

12/5 DGUV-Test-Zeichen, allgemein (DGUV)

Im Zusammenhang mit der Anschaffung von Absaugungen wie Entstaubern, Werkstatt-Industriestaubsaugern oder Allessaugern, wird dringend empfohlen, darauf zu achten, dass es sich um von der DGUV staubtechnisch zugelassenen Maschinen handelt (Holzstaub geprüft) (Abb. 12/6).

12/6 DGUV-Test-Zeichen, Holzstaub geprüft (DGUV)

VDE-Prüfzeichen

Das VDE-Zeichen schließlich bescheinigt, dass die elektrischen Teile und Komponenten einer Maschine, eines Geräts oder von elektrischen Bauteilen den Vorschriften des VDE entsprechen, die gleichrangig mit DIN-Normen zu sehen sind (Abb. 12/7). Dahinter steht das gemeinnützige VDE-Prüf- und Zertifizierungsinstitut, das das Prüfziegel vergibt.

12/7 VDE-Zeichen (VDE)

Betriebsanleitung

Zu jeder Maschine gehört laut EG-Konformitätserklärung eine Betriebsanleitung in verständlicher deutscher Sprache. Diese muss während der gesamten Lebensdauer der Maschine aufbewahrt werden und jederzeit zur Einsicht, möglichst in Nähe der Maschine, griffbereit sein.

[15] ENEC: European Norms Electrical Certification, VDE: Verband Deutscher Elektrotechniker, ÖVE: Österreichischer Verband für Elektrotechnik, TÜV: Technischer Überwachungsverein, BG: Berufsgenossenschaft.

12.4 Maschinenausstattungsliste

12.4.1 Reichweite der Liste

Das hier vorgestellte Maschinenprogramm ist nach Art und Umfang eine Schnittmenge aus unterschiedlichen Vorschlägen für die Maschinenausstattung für den allgemeinbildenden Technikunterricht. Es erhebt nicht den Anspruch, jeder vorstellbaren maschinentechnischen Ausstattungsvariante gerecht werden zu können. Es kann nicht die auf die jeweilige vorzufindende Schul- und Lehrplansituation bezogene Auswahl ersetzen, sondern stellt vor allem ein für die Vermittlung einer allgemeinen technischen Bildung wünschenswertes Standardprogramm von Maschinen vor. Dafür liefert die Aufstellung einen ausführlichen und systematischen Kriterienkatalog. Es wird auch dringend empfohlen, den vorhandenen „Maschinenpark" der eigenen Schule einmal nach den vorgestellten Kriterien durchzusehen und wenn erforderlich, auf entsprechende Änderungen bei der Schulleitung und dem Schulträger zu dringen.

Wie alle Technik unterliegen die Maschinen des Technikbereichs der Schule auch dem technischen Wandel. Aus diesem Grund wurde verzichtet, bestimmte, zurzeit auf dem Markt anzutreffende Produkte vorzustellen, sondern Kriterien aufzulisten, die nicht dem schnellen technischen Wandel unterliegen und sozusagen einen nachhaltigen Standard darstellen.

12.4.2 Ausstattungsliste

Genauso wie bei anderen Ausstattungskomponenten des Technikunterrichts gilt, dass neben dem primären Entscheidungskriterium einer bestmöglichen Funktionserfüllung bei vertretbaren Kosten, Kriterien wie Verarbeitungsqualität, höchstmöglicher Sicherheitsstandard, Bedienerfreundlichkeit, Ergonomie, Robustheit, Langlebigkeit, Nachhaltigkeit und Servicefreundlichkeit zu stehen haben. Bei den Maschinen, die auch von Schülern bedient werden dürfen, sollte der Schüler in seinen altersbedingten, motorischen und emotional-psychologischen Prägungen besonders sorgfältig in den Blick genommen werden. Schülerbezogenheit ist somit ein weiteres, wichtiges Kriterium bei der Maschinenauswahl.

Wir haben erfahren, dass heute ein ganzes Bündel von Konstruktions- und Sicherheitsnormen zu beachten sein will. Darauf wird in den detaillierten Anforderungsprofilen in der tabellarischen Kriterienliste immer gesondert hingewiesen. Dort finden sich auch noch weitere Maschinen, die an dieser Stelle nicht aufgeführt wurden.

Maschinen, die den vorgestellten Kriterien und Qualitätsnormen folgen, haben ihren Preis. Aufgrund ihrer Langlebigkeit sind sie auf Dauer gesehen aber die kostensparendere Anschaffung. Abgeraten wird von der Anschaffung „preiswerter" Maschinen für den Heimwerkerbereich oder aus dem unteren Preissegment eines Baumarkts. Sie können nicht die oben aufgeführten Kriterien erfüllen. Kombinationsmaschinen, mit Ausnahme der kombinierten Abricht- und Dickenhobelmaschine, sind für den Einsatz im Technikunterricht ebenfalls nicht geeignet.

12.5 Generelle Anforderungen an stationäre Maschinen

Grundsätzliches

- CE-Zertifizierung und Typenschild nach Maschinenrichtlinie 2006/42/EG
- Sicherheits-Zertifizierung entspricht GS-, TÜV-, BG- und/oder VDE-Siegel
- Robuste Bauweise, hohe Stabilität
- Leichtgängige, gut zu erreichende Bedienungselemente
- Gute Ablesbarkeit von Einstellpositionen
- Unkomplizierte Umrüstung
- Ergonomische Gestaltung der Bedienungselemente
- Bestmöglicher Schutz vor offenen, umlaufenden Werkzeugen
- Wartungs- und Reparaturfreundlichkeit
- Vibrationsarmer Lauf
- Geringe Lärmentwicklung
- Ein-/Aus-Schalter, Schaltposition eindeutig ablesbar
- Gut erreichbarer Not-Aus-Schalter
- Gesicherter Maschinenservice

Im Folgenden werden die für den Technikunterricht relevanten, stationären und mobilen Maschinen in alphabetischer Reihenfolge vorgestellt und beschrieben. Es sind:

- Abricht- und Dickenhobelmaschine
- Bandsägemaschine
- Band- und Tellerschleifmaschine (kombiniert)
- CNC-Maschine
- CNC-Schmelzschneide-Maschine „FiloCut/CAM“[16]
- Dekupiersägemaschine
- Doppelschleifmaschine
- Drehmaschine (Drechselbank)
- Drehmaschine (Drehbank)
- Entstauber
- Entstauber (mobil)
- Entstauber (stationär)
- Glühofen-/Muffelofen
- Kantenschleifmaschine
- Kappsäge
- Keramik-Kammerofen
- Kreissägemaschine
- Kunststoff-Biegegerät
- Laminiergerät
- Lichtbogenschweiß-Maschine (Elektroden-Inverter)
- Lötstation
- Netzgerät
- Tellerschleifmaschine
- Tisch-Ständerbohrmaschine
- Tischwalzenschleifmaschine
- Vakuum-Tiefziehmaschine

[16] Es handelt sich hierbei um eine speziell für den Einsatz in der Schule entwickelte Schaumstoff-Schmelzschneide-Maschine, bei der CAD und CAM miteinander kombiniert sind.

- Werkstatt-Sicherheitssauger
- Werkstoffschneidemaschine

12.6 Spezielle Anforderungen an einzelne Maschinen

Abricht- und Dickenhobelmaschine, kombiniert (Werkstoffbearbeitung Holz)

Abrichthobelmaschine

Teilsystem	Technische Anforderungen (Richtwerte)	Arbeitstechnische Anforderungen	Sicherheitstechnische Anforderungen
Maschinen-tisch	schwere, verrippte Gusskonstruktion, Oberfläche gehobelt, geschliffen, Tischlänge ca. 4 × Arbeitsbreite	Arbeitsbreite ≤ 300 mm, Auflage- und Abnahmetisch höhenverstellbar, gut ablesbare Spanstärkenanzeige über Skala, gezahnte, lärmdämmende Tischlippen aus Stahl	Abstand Schneidenflugkreis – Tischlippen 3 ± 2 mm
Maschinen-ständer	Stahlblech oder Gusskonstruktion	schwingungsabsorbierend, mit Wartungstüren	allseitig geschlossen, abschließbare Türen
Hobelmesser-welle	Ø 60 – 80 mm nach EN 847-1, ca. 5000 U/min	Fliehkraft-Wendemessersystem, selbstarretierend, selbsteinstellend ohne zu schrauben (z. B. TERSA-Messerwelle), 3 Hobelmesser	max. Spanabnahme 4 mm, Spanabnahmenbegrenzung
Hobelaggregat (Motor)	Drehstrommotor 3 bis 4 kW		Auslaufzeit auf max. 10 s begrenzt
Motor-Bedienungs-elemente	Stellschalter Ein-Aus, rot/gelber Stellschalter Not-Aus	gefahrloses Betätigen vom Bedienungsplatz aus, unverwechselbar in Zuordnung und Schaltsinn, gute Erreichbarkeit	Ein-/Aus-Schalter abschließbar, Not-Aus nach DIN 31000/VDE 1000 und VDE 0113, Not-Aus-Schlagtaster sind Not-Aus-Drehschaltern vorzuziehen, Farbkennzeichnung roter Stellteil vor gelber Kontrastfläche, nach Entriegelung des Not-Aus kein selbstständiges Wiederanlaufen der Maschine, Unterspannungsauslöser
Füge-/Parallel-anschlag	Arbeitsbreite: ≤ 260 mm Länge = 2,3 × Arbeitsbreite, Höhe mind. 120 mm ≥ 260 mm, Länge = 1100 mm, Höhe mind. 150 mm	robuster Parallelanschlag, in Aluminiumausführung, bis zu 45° gegenüber der Tischfläche verstellbar, Gradskala, Schnellspannhebel	flacher Hilfsanschlag, schwenkbar mit Fügeanschlag verbunden, 20 – 25 mm hoch, Mindestbreite 60 mm
Messerwellen-verdeckung	Schutzbrücke vor dem Fügeanschlag	sich automatisch anpassend, Breite einstellbar	Schutzbrücke vor und Abdeckung hinter dem Fügeanschlag, Abdeckung bei Verstellung automatisch mitgehend oder von Hand nachstellbar
Absaugung/ Entstaubung	Absaughaube, fest eingebaut, Absaugstutzen Ø 100 – 120 mm		**Betrieb nur mit angeschlossener, zwangsgeschalteter Entstaubung**

Fortsetzung s. nächste Seite

Teilsystem	Technische Anforderungen (Richtwerte)	Arbeitstechnische Anforderungen	Sicherheitstechnische Anforderungen
Sicherheits-zubehör	Zuführlade, Stoßholz für kurze Werkstücke	auf Tafel in unmittelbarer Nähe der Maschine	
	Gehörschutz		Sicherheitsaufkleber nach DIN EN ISO 7010: „Gehörschutz benutzen“ und „Augenschutz benutzen“
	Schutzbrille		
Zubehör (optional)	Langlochbohreinrichtung	Tischgröße ca. 350 × 250 mm, Quer-/Längshub ca. 120 × 100 mm, Vertikalhub ca. 70 mm	
Aufstellung	**ausschließlich Maschinenraum**		

Dickenhobelmaschine

Teilsystem	Technische Anforderungen (Richtwerte)	Arbeitstechnische Anforderungen	Sicherheitstechnische Anforderungen
Maschinen-tisch (Abrichte)	für Dickenhobelbetrieb komplett aufklappbar	leicht gängig, Feder- oder Gasdruckzylinder (unterstützt), ohne Demontage des Fügeanschlags	sichere Verriegelung, Rückstellung der Abrichttische mit Handklemmschutz
Maschinen-tisch (Dickte)	≤ 550 × 310 mm, Arbeitshöhe min./max. 3/230 mm, verrippter, schwerer Gusstisch mit Gleitwalzen, spiralverzahnte Stahleinzugswalzen	Höhenverstellung mittels Handrad oder motorischer Dickentischhub, Säulenführung, Spanstärke über Handrad einstellbar, mögl. Digitalanzeige	Greiferrückschlagsicherung, gesichert gegen Durchpendeln
Maschinen-ständer	siehe oben unter „Abrichthobelmaschine“		
Hobelmesser-welle	siehe oben unter „Abrichthobelmaschine“		
Hobel-aggregat	siehe oben unter „Abrichthobelmaschine“	mögl. 2 Vorschubgeschwindigkeiten, in Betrieb zu- bzw. abschaltbar	Begrenzungseinrichtung für max. Spanabnahme
Messerwellen-verdeckung	als Absaughaube	einfach umsetzbar	vollständige Verdeckung der Messerwelle
Absaugung/ Entstaubung	Absaughaube mit Absaugstutzen Ø 100 – 120 mm		**Betrieb nur mit angeschlossener, zwangsgeschalteter Entstaubung**
Motor-Bedienungs-elemente	Stellschalter Ein-/Aus, Not-Aus-Schalter	gefahrloses Betätigen vom Bedienungsplatz aus, unverwechselbar in Zuordnung und Schaltsinn, gute Erreichbarkeit	Ein-/Aus-Schalter abschließbar, Not-Aus nach DIN 31 000/ VDE 1000 und VDE 0113, Not-Aus-Schlagtaster sind Not-Aus-Drehschaltern vorzuziehen, Farbkennzeichnung roter Stellteil vor gelber Kontrastfläche, nach Entriegelung des Not-Aus kein selbstständiges Wiederanlaufen der Maschine, Unterspannungsauslöser, Motorauslaufzeit max. 10 s

Fortsetzung s. nächste Seite

Teilsystem	Technische Anforderungen (Richtwerte)	Arbeitstechnische Anforderungen	Sicherheitstechnische Anforderungen
Sicherheitseinrichtung	Greiferrückschlagsicherung mit Durchpendelschutz	Greiferbreite 8 – 15 mm	über die gesamte Arbeitsbreite, Greiferspitzen am tiefsten Punkt 3 mm über Schneidenflugkreis der Messerwelle
Sicherheitszubehör	siehe oben unter „Abrichthobelmaschine"		
Aufstellung	**ausschließlich Maschinenraum**		
Bei Neuanschaffung einer kombinierten Abricht- und Dickenhobelmaschine für den Betrieb in Technikfachräumen sind Konformität mit passenden EG-Richtlinien und folgende Kennzeichnungen und Prüfzeichen gefordert: Typschild mit den Kenndaten der Maschine (u. a. Type, Maschinen-Nr., Baujahr, Hersteller); CE-Zeichen, GS-Zeichen, BG-Prüfzeichen für Holzstaubprüfung (!), Aufkleber mit Schutzalterhinweis (GUV 33.10), EN 691 (Holzbearbeitungsmaschinen, Gemeinsame Anforderungen), EN 847 (Maschinenwerkzeuge), DIN EN 859 (Abrichthobelmaschinen mit Handvorschub), DIN EN 860 (Dickenhobelmaschine), DIN EN 861 Kombinierte Abricht- und Dickenhobelmaschine. Zur weiteren Erläuterung siehe ‚Vorbemerkung zur Ausstattungsliste Maschinen': Richtlinien und Normen.			
Herstellerempfehlung: Bernardo, Holzmann, Holzkraft, Jet, Scheppach			

Bandsägemaschine (Werkstoffbearbeitung Holz)

Teilsystem	Technische Anforderungen (Richtwerte)	Arbeitstechnische Anforderungen	Sicherheitstechnische Anforderungen
Maschinentisch	500 × 450 mm, jedoch nicht darunter, Höhe Oberkante ca. 920 mm, Mindesttischgröße nach EN 1807	Alu- oder Grauguss, Unterseite verrippt, geschliffene Oberfläche, auswechselbare Tischeinlagen, z. B. aus Holz, Aluminium oder Kunststoff, Tischschrägstellung mit Skala – 10° bis + 45°	
Maschinenständer	Allseitig geschlossene Stahlblechkonstruktion mit Türen oben und unten, Absaugstutzen Ø 100 mm	Durchlasshöhe (Schnitthöhe) 230 – 270 mm, Durchlassbreite 350 – 400 mm	Türen mit sicheren Verriegelungen
Sägeaggregat (Motor, Bandsägeräder, Bandsägeblatt)	Drehstrommotor 400 V/50 Hz, Motorleistung ca. 1,5 – 2,5 kW, mgl. 2 Schnittgeschwindigkeiten; Bandsägeräder kugelgelagert mit balliger (bombierter) Bandage, oberes Rad federnd gelagert, Motorschutzschalter	Sägeblätter für Längs- und Querschnitte in Weichholz, desgl. in Hartholz, für Schweifarbeiten in Weich- und Hartholz, zahnspitzengehärtet, für Kunststoffe Feinzahn-Spezialblatt	Auslaufzeitbegrenzung des Motors auf max. 10 s, Bremsmotor oder elektronische Bremseinrichtung
Motor-Bedienungselemente	Stellschalter Ein-/Aus, Not-Aus-Schalter	gefahrloses Betätigen vom Bedienungsplatz aus, unverwechselbar in Zuordnung und Schaltsinn, Anordnung an der vorderen Tischkante oder vorne am Maschinenständer	Ein-/Aus-Schalter abschließbar, Not-Aus nach DIN 31 000/VDE 1000 und VDE 0113, Not-Aus-Schlagtaster sind Not-Aus-Drehschaltern vorzuziehen, Farbkennzeichnung roter Stellteil vor gelber Kontrastfläche, nach Entriegelung des Not-Aus kein selbstständiges Wiederanlaufen der Maschine, Unterspannungsauslöser

Fortsetzung s. nächste Seite

Teilsystem	Technische Anforderungen (Richtwerte)	Arbeitstechnische Anforderungen	Sicherheitstechnische Anforderungen
Sägeblatt-führung	Präzisionsrollenführung oberhalb und unterhalb des Maschinentisches	leicht zu handhaben, stufenlos nachführbar	
Sägeblatt-einstellung	obere Bandsägerolle horizontal und vertikal verstellbar	gut erreichbare, ausreichend groß ausgelegte Stellräder für Sägeblatteinstellung, Anzeige der Bandspannung	
Sägeblatt-berührungs-schutz	in der Höhe anpassungsfähige Schutzverkleidung um den niedergehenden, nicht zum Schneiden benötigten Teil des Sägeblatts, Vollverkleidung der Sägebandräder	mechanisch verstellbar (Dreh-knopf oder Handrad) mit Skala für Schnitthöheneinstellung	allseitige, zwangsgeführte Verkleidung des Sägeblatts oberhalb des Arbeitsbereichs, automatische Abschaltung bei Öffnung der Schutzverkleidung
Parallel-anschlag	Aluminiumausführung mit zwei Führungsflächen	leichtgängig, rechts und links vom Sägeblatt einsetzbar, Schnellspann-Feststellung, Messskala und Lupe, Führungs-fläche einfach umstellbar	Ausführung entspr. EN 1807
Quer- und Gehrungs-anschlag	Aluminiumausführung mit Vor-richtung zur genauen Winkel-einstellung	rechts vom Sägeblatt einsetz-bar, bei Erfordernis wegzu-klappen	
Absaugung/ Entstaubung	Absaugstutzen fest eingebaut, Ø 100 mm		**Betrieb nur mit angeschlos-sener, zwangsgeschalteter Entstaubung**
Sicherheits-zubehör	Schiebestock, Zuführlade zum Trennen, Anlagewinkel, Sicherungskeil zum Rundholz-schneiden, Eck- und Rundholz-Schneidladen, Kreisschneidvor-richtung	übersichtlich auf Holztafel in der Nähe der Kreissäge-maschine angeordnet	zur Maschine passend, mög-lichst vom gleichen Hersteller
	Schutzbrille	im Maschinenbereich oder in unmittelbarer Nähe der Maschine	Universal-Schutzbrille, robustes Kunststoffgestell, längen-verstellbare Bügel, kratzfeste und splitterfreie Sicherheits-scheiben Scheiben auswech-selbar
	Gehörschutzstöpsel oder Kapselgehörschutz		DIN EN352
	Aufkleber		
Aufstellung	**ausschließlich Maschinenraum**		
Bei Neuanschaffung einer Bandsägemaschine für den Betrieb in Technikfachräumen sind Konformität mit passenden EG-Richtlinien folgende Kennzeichnungen und Prüfzeichen gefordert: Typschild mit den Kenndaten der Maschine (u. a. Type, Maschinen-Nr., Baujahr, Hersteller); CE-Zeichen, GS-Zeichen, BG-Prüfzeichen für Holzstaubprüfung (!), Aufkleber mit Schutzalterhinweis (GUV 33.10), EN 691 (Holzbearbeitungsmaschinen, Gemeinsame Anforderungen), EN 847 (Maschinenwerkzeuge), DIN EN 1807 (Bandsägemaschinen). Zur weiteren Erläuterung siehe ‚Vorbemerkung zur Ausstattungsliste Maschinen': Richtlinien und Normen.			
Herstellerempfehlung: HEMA, Holzkraft, Holzmann, Metabo, Record-Power, Scheppach			

Bandschleifmaschine, Tischgerät (Werkstoffbearbeitung Holz, Kunststoff, NE-Metalle)

Teilsystem	Technische Anforderungen (Richtwerte)	Arbeitstechnische Anforderungen	Sicherheitstechnische Anforderungen
Maschinengehäuse und -ständer	Gehäuse geschlossene Konstruktion mit Absaugstutzen, Maschinenständer möglichst robuste Stahlblechkonstruktion oder auf Werkbank montiert		
Maschinentisch	Schleiftisch verstellbar relativ zum Band und in der Höhe, 500 × 250 mm, Aufnahmenut für Gehrungsanschlag	leicht in der Höhe und relativ zum Schleifband verstellbar	Abstand Maschinentisch-Schleifband ≤ 1mm
Schleifaggregat (Motor, Schleifeinheit)	Wechselstrommotor 0,75 – 1,5 kW, Antriebs- und Umlenkrolle Bandgeschwindigkeit ca. 15 m/s, graphitbeschichtete Schleifauflage[17]	ballige Rollen u./o. Justierschraube zur exakten Bandführung, neigbares Schleifaggregat von der Horizontale in die Vertikale (0° – 90°), Gradskala (in der Vertikalen arbeitet die Maschine dann mit Schleiftisch wie Kantenschleifmaschine)	Kennzeichnung der Drehrichtung am Gehäuse, verstellbare Schleifbandabdeckung
Schleifblatt	Länge ca. 1500 × 150 mm, Schleifbereich ca. 530 mm	einfach zu bewerkstelligender Schleifbandwechsel, Schleifbandjustierung durch Spannhebel, Gewebeschleifblätter Körnung 60, 80, 100	
Motor-Bedienungselemente	Druckschalter Ein-/Aus, Not-Aus-Schalter	gute Erreichbarkeit, gefahrloses Betätigen von Arbeitsposition aus, unverwechselbar in Zuordnung und Schaltsinn	Ein-/Aus-Schalter abschließbar, Not-Aus nach DIN 31000/VDE 1000 und VDE 0113, Not-Aus-Schlagtaster sind Not-Aus-Drehschaltern vorzuziehen, Farbkennzeichnung roter Stellteil vor gelber Kontrastfläche, nach Entriegelung des Not-Aus kein selbstständiges Wiederanlaufen der Maschine, Unterspannungsauslöser
Absaugung/ Entstaubung	beidseitige Absaugung, Absaugstutzen 2 × Ø 100 mm		**Betrieb nur mit angeschlossener, zwangsgeschalteter Entstaubung**
Zubehör	Innenrundschleifeinrichtung mit Zusatztisch, auswechselbare Schleifhülsen	fest montiert	Abdeckung für die Innenschleifeinrichtung bei Nichtgebrauch
Sicherheitszubehör	Schutzbrille	verstellbar, Gläser austauschbar	DIN 58211, Gläser unzerbrechlich, seitliche Schutzklappen
	Haarschutz	Kappe mit Schild, auf unterschiedliche Kopfgröße einstellbar	fester Sitz
Herstellerempfehlung: Bosch, Einhell, Makita, Metabo, Scheppach, Skill			

[17] Zum Metallschleifen ist die graphitbeschichtete Schleifauflage durch eine Stahlplatte zu ersetzen (Zubehör).

Band- und Tellerschleifmaschine, kombiniert (Werkstoffbearbeitung Holz, Kunststoff, NE-Metalle)

Teilsystem	Technische Anforderungen (Richtwerte)	Arbeitstechnische Anforderungen	Sicherheitstechnische Anforderungen
Maschinen-tisch Maschinen-gehäuse und -ständer Schleifaggregat (Motor, Schleifteller, Schleifblatt Schleifblatt/ -band Motor-Bedienungs-elemente Quer- und Gehrungs-anschlag Zubehör Sicherheits-zubehör	Die technischen, arbeits- und sicherheitstechnischen Anforderungen entsprechen weitgehend denen der Einzelmaschinen Band- und Tellerschleifmaschine. Die kombinierte Maschine wird in der Regel als stationäre Maschine auf einem Maschinenständer angeboten, sodass von zwei Seiten an ihr gearbeitet werden kann. Die erforderliche Staubabsaugung wird an den allseitig geschlossenen Maschinenständer angeschlossen. Die Einzelmaschinen müssen nicht unbedingt stationär auf einer Werkbank oder auf einem Maschinenständer montiert, sondern können auch auf fahrbaren Werkbänken oder fahrbaren Bohrmaschinentischen (siehe auch „Mobiliar") mit feststellbaren Lenkrollen platziert werden. Bei Bedarf können sie vorgeholt und an günstiger Stelle aufgestellt werden. Zur Maschine gehört dann immer auch die passende, mobile Staubabsaugung (siehe unter „Mobile Staubabsaugung"). Schüler sollten bei der Arbeit an Schleifmaschinen grundsätzlich einen Haarschutz und eine Schutzbrille tragen.		
Aufstellung	**Technikfachraum oder Maschinenraum**		Betrieb nur mit angeschlossener, zwangsgeschalteter Entstaubung (Spezialsauger mit Einschaltautomatik)
Bei Neuanschaffung einer kombinierten Teller- und Bandschleifmaschine für den Betrieb in Technikfachräumen sind Konformität mit passenden EG-Richtlinien und folgende Kennzeichnungen und Prüfzeichen gefordert: Typschild mit den Kenndaten der Maschine (u. a. Type, Maschinen-Nr., Baujahr, Hersteller); CE-Zeichen, GS-Zeichen, BG-Prüfzeichen für Holzstaubprüfung (!), EN 691 (Holzbearbeitungsmaschinen, Gemeinsame Anforderungen). Zur weiteren Erläuterung siehe ‚Vorbemerkung zur Ausstattungsliste Maschinen': Richtlinien und Normen.			
Herstellerempfehlung: Bernardo, Holzkraft, Holzprofi, Scheppach			

CNC-Maschine (Werkstoffbearbeitung Metall, Kunststoff, Holz)

Teilsystem	Technische Anforderungen (Richtwerte)	Arbeitstechnische Anforderungen	Sicherheitstechnische Anforderungen
Maschinen-ständer	Gusssockel, robuste, geschlossene Bauweise für vibrationsfreien Betrieb	gute, ungehinderte Zugänglichkeit des Aufspannbereichs	
Maschinen-tisch	Fahrbereich (X-/Y-/Z-Achse) ≥ 320 × 265 × 100 mm, Durchlasshöhe ≥ 60 mm; Aufspannfläche ≥ DIN A 4, gefräste T-Nuten	Exenterspanner und Schrauben mit Nutensteinen zum Aufspannen der Werkstücke	

Fortsetzung s. nächste Seite

Teilsystem	Technische Anforderungen (Richtwerte)	Arbeitstechnische Anforderungen	Sicherheitstechnische Anforderungen
Antriebe	Schrittmotor-Linearantriebe, Laufrollen und Kugelumlaufspindeln oder Doppel-Rillen-kugellager, Auflösung 0,0025 mm, Wiederholgenauigkeit < 0,05 mm, Positioniergenauigkeit der Achsen < 0,05 mm	Endschalter an allen Achsen	
Interface	eingebautes „intelligentes" Interface, Anschluss an serielle (RS 232) oder USB-Schnittstelle des Steuer-PCs	Interface im Maschinenständer, programmierbare Kaltgerätebuchse (230 V), Kleinspannungsbuchse (max. 24 V), Relais (max. 24 V), digitale Eingänge, analoge Eingänge	
Stromversorgung	Koordinatentisch über 24-V-Netzteil, Bearbeitungseinheit über 230 V	Netzteil im Maschinenständer, 230-V-Anschluss	
Bearbeitungseinheit	Universal-Fräsmotor 230 V, 700 W, Drehzahlbereich 10000 – 27000 U/min, 70 – 95 dB! Spannzange 3 mm und/oder Schrittmotor 2,5 A, Drehzahlbereich ca. 20 – 3000 U/min, programmierbar, in Steuerung intergiert, 50 – 70 dB, Spannzange 6 mm und/oder Schnellfrequenz-Fräsmotor, ca. 150 W, Drehzahlbereich 1000 – 40000 U/min, programmierbar, Spannzange 3,17 mm	Anschluss an Interface, Zustellung: Spanplatte 4 mm, PVC 2 mm, Aluminium 0.8 mm, Messing 0,5 mm	mit Not-Aus-Schlagtaster verbunden
Bedienungselemente	Stellschalter Ein-/Aus, Not-Aus-Schalter, optische Anzeige des Betriebszustandes	frontseitige Anordnung, gefahrloses Betätigen vom Bedienungsplatz aus, unverwechselbar in Zuordnung und Schaltsinn	Ein-/Aus-Schalter abschließbar, Not-Aus nach DIN 31000/VDE 1000 und VDE 0113, Not-Aus-Schlagtaster sind Not-Aus-Drehschaltern vorzuziehen, Farbkennzeichnung roter Stellteil vor gelber Kontrastfläche, nach Entriegelung des Not-Aus kein selbstständiges Wiederanlaufen der Maschine, Unterspannungsauslöser
Werkzeuge	Fräser 3 mm/Bohrer 6 mm, Vollhartmetall (VHM)	durchgehend 3-mm-Schaft	
Steuerrechner (PC)	Schnittstellen USB, PS2; Monitor, Standardtastatur, Maus, Drucker	staubgeschützter Tower oder Notebook, bei Betrieb ohne Schutzzelle Plexiglas-Trennwand zwischen Koordinatentisch- und Rechnersystem	

Fortsetzung s. nächste Seite

Teilsystem	Technische Anforderungen (Richtwerte)	Arbeitstechnische Anforderungen	Sicherheitstechnische Anforderungen
Software	herstellerspezifisch, NC- und CAD-Software	integriertes Software-Paket (NC, CAD) oder mit Software-schnittstelle für eigene CAD-Zeichnungen, Mehrplatz-lizenz	
„Teachware"	Lernprogramm, Programm-Beispiele, Handbuch	mögl. auch Einsteiger-Schulung vor Ort, Hotline	
Zubehör	Adapter für Staub- und Späne-absaugung für Allessauger	Allessauger möglichst unmittel-bar am Werkzeug	Allessauger mit Zulassung für gefährliche Stäube der Klasse M
	Arbeitsraumbeleuchtung		
	Tastaturabdeckung		
	fahrbare Werkbank (CNC-Arbeitsplatz) (L × B × H) ca. 1500 × 800 × 840 mm	Unterschrank zur Unterbrin-gung des Rechnersystems, Kabeldurchführungen in der Werkbankplatte vom Koordina-tentischsystem zum Computer, Tastaturschublade	
Sicherheits-zubehör	Schutzhaube zur Aufnahme der gesamten Maschine, sofern nicht als Maschineneinheit	robuste Konstruktion, verglast, gesamte Front zur Bedienung und Bestückung aufklappbar, Durchlässe für Kabel und Absaugschläuche, keine Behin-derung bei Bestückung und Reinigung	Sicherheitskontaktschalter (Betrieb der Maschine nur bei geschlossener Schutzzelle möglich)
	bei Betrieb ohne Schutzhaube: transparentes Schutzschild aus Kunststoff	an biegsamem Arm	schlagfester Kunststoff
	Schutzbrille (bei Betrieb ohne Schutzhaube)	verstellbar, Gläser austauschbar	DIN 58 211, Gläser unzerbrech-lich, seitliche Schutzklappen
	Haarschutz (bei Betrieb ohne Schutzhaube)	Kappe mit Schild, auf unterschiedliche Kopfgröße einstellbar	fester Sitz
	Aufkleber (bei Betrieb ohne Schutzhaube)	an oder in unmittelbarer Nähe der Maschine	Sicherheitsaufkleber „Augen-schutz benutzen" und „Haar-schutz tragen" entspr. DIN EN ISO 7010
Aufstellung	**Technikfachraum oder Maschinenraum**		
Bei Neuanschaffungen einer CNC-Tischfräsmaschine für den Betrieb in Technikfachräumen sind Konformität mit passenden EG-Richtlinien und folgende Kennzeichnungen und Prüfzeichen gefordert: Typschild mit den Kenndaten der Maschine (u. a. Type, Maschinen-Nr., Baujahr, Hersteller); GS-Zeichen (bedeutet: unabhängige Prüfstelle bestätigt Beachtung nationaler Normung, ab 1996 auch unter Einbeziehung der EG-Arbeitsmittelbenutzungs-Richtlinien), **CE-Zeichen**, EG-Konformität, EN 292 Teil 1 und 2, EN 60 204 Teil 1 und EG-Maschinenrichtlinien Anhang 1; für das Rechnersystem ebenfalls CE-Zeichen, GS-Zeichen, Energiesparmodus, Ergonomie nach ISO 9000 und die Recyclings-fähigkeit.			
Herstellerempfehlung: Isel, Max			

CNC-Schmelzschneide-Maschine „FiloCut/CAM“ (Werkstoffbearbeitung Kunststoff)

Teilsystem	Technische Anforderungen (Richtwerte)	Arbeitstechnische Anforderungen	Sicherheitstechnische Anforderungen
Maschinen-gehäuse und -tisch	geschlossene Metallbauweise, 490 × 240 × 65 mm, Magnet-halter und Anschlagschiene, Display	gute, ungehinderte Zugänglich-keit des Aufspannbereichs	
Antrieb	2 Schrittmotoren, 0,05 mm/Schritt über Zahnriemen, Auflösung 0,02 mm	Sensoren für Anfangs- und Endposition	
Interface	im Maschinengehäuse integrier-tes Interface, Anschluss über USB-Schnittstelle an PC		
Strom-versorgung	Steckernetzteil 230 V/20 VA s, 12 V	Netzteil im Maschinenständer, 230-V-Anschluss ebenfalls	
Bearbeitungs-einheit	Schneidedraht Ø 0,1 mm, Schneidegeschwindigkeit 25 mm/s	Federklemmen zum schnellen Wechsel und Justieren des Schneidedrahts, einstellbarer Schneidewinkel, neigbare Verti-kalführung, Zusatzheiztaste	
Bedienungs-elemente	Stellschalter Ein-/Aus, Not-Aus-Taster, Funktions- und Navigati-onstasten, optische Anzeige der Betriebszustände	frontseitige Anordnung, gefahrloses Betätigen vom Bedienungsplatz aus, unver-wechselbar in Zuordnung und Schaltsinn	**Not-Aus-Taster**
Steuerrechner (PC)	handelsübliches PC-System oder Notebook		
Software	herstellerspezifisch, CAM-Software (FiloCAM)		
„Teachware“	Betriebsanleitung, Lern-programm, Programm-Beispiele (FiloBIB300), Handbuch		
Zubehör	Queranschlag	Magnethalterung	
	Fluchtpunkt-Schneideinrichtung	Magnethalterung	
	Lochschneider-Set (3, 4, 5, 6, 8, 10 mm)		
	Drehtisch	mit Winkel- und Positionierungsskala	
	Plattenhalter		
Aufstellung	**Technikfachraum oder Maschinenraum**		
Bei Neuanschaffung einer CNC-Heißdrahtschneide-Maschine für den Betrieb in Technikfachräumen sind Konformität mit passenden EG-Richtlinien und Prüfzeichen gefordert: VDE-Zeichen, **GS-Zeichen** (bedeutet: unabhängige Prüfstelle bestätigt Beachtung nationaler Normung, ab 1996 auch unter Einbeziehung der EG-Arbeitsmittelbenutzungs-Richtli-nien), **CE-Zeichen**, EG-Konformität, EN 292 Teil 1 und 2, EN 60204 Teil 1 und EG-Maschinenrichtlinien Anhang 1; für das Rechnersystem ebenfalls CE-Zeichen, GS-Zeichen, Energiesparmodus, Ergonomie nach ISO 9000 und die Recycling-fähigkeit.			
Herstellerempfehlung: FiloCUT/CAM (Bezug über Christiani, Technisches Institut für Aus- und Weiterbildung)			

Dekupiersägemaschine (Werkstoffbearbeitung Holz, Kunststoff, Metall)

Teilsystem	Technische Anforderungen (Richtwerte)	Arbeitstechnische Anforderungen	Sicherheitstechnische Anforderungen
Maschinen-tisch	400 × 250 mm (L × B), Aluminium-Guss, verrippt, Oberfläche gehobelt und geschliffen	große Werkstückauflage, einseitig 45° schwenkbar, Gradskala	
Maschinen-ständer	massive, gegossene und verrippte Ausführung, Anschlussstutzen für Entstaubung	schwingungsdämpfende Konstruktion	alle drehenden und oszillierenden Teile durch Abdeckungen vor Berührung geschützt
Sägeaggregat (Motor, Getriebe, Schwingarm, Sägeblatt)	Wechselstrommotor, 230 V, 100 – 200 W, möglichst mit elektronischer Drehzahlregelung, Hubzahl bei elektronischer Regelung 400 – 1500 U/min, Durchgangshöhe min. 50 mm, Ausladung > 400 mm	Schnittstärke (Richtwert) in Weichholz 60 mm, Hartholz 40 mm, weiche Metalle 10 – 15 mm, Stahl 3 mm (nur bei Maschine mit Drehzahlregulierung), Kunststoffe 40 mm, Verwendung von Universallaubsägeblättern, Staubabsaugstutzen, Staubblasvorrichtung am Sägeschnitt	höhenverstellbarer Werkstückniederhalter mit Druckgabel und Fingerschutz
Sägeblatt-einspannung	Stift- oder Prismenhalterung oben und unten	einfaches Spannen/Entspannen des Sägeblatts durch Schnellspannhebel	
Motor-Bedienungs-elemente	Druckschalter Ein-/Aus, ggf. Fußschalter, Not-Aus-Schalter, Unterspannungsauslöser	gefahrloses Betätigen vom Bedienungsplatz aus, unverwechselbar in Zuordnung und Schaltsinn, gute Erreichbarkeit	Ein-/Aus-Schalter abschließbar, Not-Aus nach DIN 31000/VDE 1000 und VDE 0113, Not-Aus-Schlagtaster sind Not-Aus-Drehschaltern vorzuziehen, Farbkennzeichnung roter Stellteil vor gelber Kontrastfläche, nach Entriegelung des Not-Aus kein selbstständiges Wiederanlaufen der Maschine, Unterspannungsauslöser
Sägeblatt-berührungs-schutz	Kunststoff, transparent	bei Bedarf schwenkbar und höhenverstellbar	
Zubehör	Maschinenständer, sofern keine Montage auf Werkbank	schwingungsgedämpft, Unterbringungsmöglichkeit für Zubehörteile	bei fahrbarem Maschinentisch Feststellrollen
	LED-Sägeort-Beleuchtung	flexibel positionierbar	
Aufstellung	**Technikfachraum**		Betrieb nur mit angeschlossener, zwangsgeschalteter Entstaubung (Spezialsauger mit Einschaltautomatik)
Bei Neuanschaffung einer Dekupiersägemaschine für den Betrieb in Technikfachräumen sind Konformität mit passenden EG-Richtlinien und folgende Kennzeichnungen und Prüfzeichen gefordert: Typschild mit den Kenndaten der Maschine (u. a. Type, Maschinen-Nr., Baujahr, Hersteller); CE-Zeichen, GS-Zeichen, BG-Prüfzeichen für Holzstaubprüfung (!). Zur weiteren Erläuterung siehe ‚Vorbemerkung zur Ausstattungsliste Maschinen': Richtlinien und Normen.			
Herstellerempfehlung: Hegner, Holzkraft, Holzmann, Scheppach			

Doppelschleifmaschine (Werkstoffbearbeitung Metall)

Teilsystem	Technische Anforderungen (Richtwerte)	Arbeitstechnische Anforderungen	Sicherheitstechnische Anforderungen
Antrieb	Wechsel- oder Drehstrommotor 230/400 V/50 Hz, 0,5 kW, Leerlaufdrehzahl < 3000 U/min	geräusch- und vibrationsarm, wartungsfrei	
Motor-Bedienungselemente	Ein-/Aus-Schalter	frontseitige Anordnung, gefahrloses Betätigen vom Arbeitsplatz aus, unverwechselbar in Zuordnung und Schaltsinn	zusätzlicher Not-Aus-Schlagtaster nach DIN 31 000/VDE 1000 und VDE 0113, Not-Aus-Schlagtaster sind Not-Aus-Drehschaltern vorzuziehen, Farbkennzeichnung roter Stellteil vor gelber Kontrastfläche, nach Entriegelung des Not-Aus kein selbstständiges Wiederanlaufen der Maschine, Unterspannungsauslöser
Maschinengehäuse	robuste, kompakte Bauform, Gussgehäuse		mit Flanschen und Bohrungen zur sicheren Befestigung auf Werkbank oder Maschinenuntergestell
Werkstückauflage	stabil	werkzeuglos positionierbar	nachstellbar bei abnehmendem Schleifscheibendurchmesser
Schleifscheiben	Ø 175 × 25 mm	Schleifscheiben: Normalkorund NK 36 für Grob- und Edelkorund EK 80 für Feinschliff	genau passend auf Wellenzapfen der Rotorwelle
Schleifscheibenverkleidung	allseitige, stabile Verkleidung aus Stahlblech mit Öffnung für Arbeitsbereich	Schutzscheiben ohne Werkzeug positionierbar	Öffnungswinkel des Arbeitsbereichs max. 65°, nachstellbare Schutzhaube am oberen Öffnungsbereich der Verkleidung, möglichst große, verstellbare Funkenschutzgläser vor Arbeitsbereich
Sicherheitszubehör	Schutzbrille	verstellbar, Gläser austauschbar	DIN 58 211, Gläser unzerbrechlich, seitliche Schutzklappen
	Haarschutz	Kappe mit Schild, auf unterschiedliche Kopfgröße einstellbar	fester Sitz
	Aufkleber	an oder in unmittelbarer Nähe der Maschine	Sicherheitsaufkleber „Augenschutz benutzen“ und „Haarschutz tragen“ entspr. DIN EN ISO 7010
Zubehör	Schleifscheibenabrichter	für grobe und feine Korundscheiben geeignet	
Maschinenuntergestell	Ständer in geschlossener Schweißkonstruktion oder Wandkonsole	Höhe ca. 800 mm	sichere Befestigung der Doppelschleifmaschine, kippsichere Boden- oder sichere Wandmontage
Aufstellung	**Technikfachraum oder Maschinenraum**		

Fortsetzung s. nächste Seite

Teilsystem	Technische Anforderungen (Richtwerte)	Arbeitstechnische Anforderungen	Sicherheitstechnische Anforderungen
Bei Neuanschaffung einer Doppelschleifmaschine für den Betrieb in Technikfachräumen sind Konformität mit passenden EG-Richtlinien und folgende Kennzeichnungen und Prüfzeichen gefordert: Typschild mit den Kenndaten der Maschine (u. a. Type, Maschinen-Nr., Baujahr, Hersteller); CE-Zeichen, GS-Zeichen. Zur weiteren Erläuterung siehe ‚Vorbemerkung zur Ausstattungsliste Maschinen': Richtlinien und Normen.			
Herstellerempfehlung: Epple, Einhell, Flott, Makita, Metabo, Optimum			

Drehmaschine (Drechselbank) (Werkstoffbearbeitung Holz)

Teilsystem	Technische Anforderungen (Richtwerte)	Arbeitstechnische Anforderungen	Sicherheitstechnische Anforderungen
Spitzenhöhe, -weite	150 – 200 mm/500 – 700 mm		
Drehmaschinenbett	Grauguss oder Stahlblech-Profil, geschliffene Führungen		auf Unterbau oder auf Werkbank kippsicher montiert
Unterbau	Stahlblech	robuste, schwingungsdämpfende Konstruktion, integrierte Werkzeugablage	
Maschinenaggregat (Motor, Hauptgetriebe)	Drehstrommotor 400 V, 50 Hz, 0,5 – 0,75 kW, mehrere Spindeldrehzahlen stufenlos durch elektronische Motorsteuerung oder Riemenscheibengetriebe mit festen Drehzahlstufungen, Motordrehzahlen 300 – 3800 U/min	Drehzahlschaubild oder digitale Anzeige bei elektronischer Motorsteuerung, einfach zu bedienendes Riemengetriebe, Schnellspannhebel für Riemenspannung	Motor und Getriebe voll verkleidet
Motor-Bedienungselemente	Ein-/Aus-Schalter, Not-Aus-Schalter, Unterspannungsauslösung und Überlastungsschutz	gefahrloses Betätigen vom Bedienungsplatz aus, unverwechselbar in Zuordnung und Schaltsinn, gute Erreichbarkeit	Ein-/Aus-Schalter abschließbar, Not-Aus nach DIN 31 000/VDE 1000 und VDE 0113, Not-Aus-Schlagtaster sind Not-Aus-Drehschaltern vorzuziehen, Farbkennzeichnung roter Stellteil vor gelber Kontrastfläche, nach Entriegelung des Not-Aus kein selbstständiges Wiederanlaufen der Maschine
Spindelstock	Gussgehäuse, mehrfach kugelgelagerte Spindel, Mehrzack-Mitnehmer	Spindelinnenkegel MK 2, Spindelaußengewinde M 33, DIN 800	Spindelabdeckung
Reitstock	Gussgehäuse mit Pinole	Werkzeugaufnahme MK 2, Pinolenhub 60 – 80 mm, verstellbar mit Handrad, kugelgelagerte, mitlaufende Körnerspitze, Verstellung des Reitstocks mittels Schnellspannhebel	
Werkstückauflage	250 mm Breite	horizontale und vertikale Verstellung mittels Schnellspannhebel	

Fortsetzung s. nächste Seite

Teilsystem	Technische Anforderungen (Richtwerte)	Arbeitstechnische Anforderungen	Sicherheitstechnische Anforderungen
Werkzeuge und Zubehör	Drei- oder Vierbackenfutter Ø 100 mm, Schraubenfutter Ø 80 mm, Einschlagfutter Ø 20, 35, 50, 70 mm, Schnellspannfutter MK 2, 3 – 16 mm	Bohrfutterkegel MK 2	**Schutzabdeckung für Dreibackenfutter**
	Lünette	Spannbereich 8 – 80 mm	
	Satz Drechslerwerkzeuge	Schroppröhre, Formröhre, Meißel, Plattenstahl, Abstechstahl mit langem Holzheft nach Bedarf, Mess- und Prüfwerkzeuge wie Messschieber, Spitzzirkel, Außen- und Innentaster, Zentrierwinkel	
Sicherheitszubehör	Schutzbrille	verstellbar, Gläser austauschbar	DIN 58 211, Gläser unzerbrechlich, seitliche Schutzklappen
	Haarschutz	Kappe mit Schild, auf unterschiedliche Kopfgröße einstellbar	
	Sicherheitsaufkleber im unmittelbaren Maschinenumfeld		„Augenschutz benutzen" und „Haarschutz tragen" entspr. DIN EN ISO 7010
Sonderzubehör			
Aufstellung	**Technikfachraum**		
Bei Neuanschaffung einer Holzdrehmaschine für den Betrieb in Technikfachräumen sind Konformität mit passenden EG-Richtlinien und folgende Kennzeichnungen und Prüfzeichen gefordert: Typschild mit den Kenndaten der Maschine (u. a. Type, Maschinen-Nr., Baujahr, Hersteller); CE-Zeichen, GS-Zeichen. Zur weiteren Erläuterung siehe ‚Vorbemerkung zur Ausstattungsliste Maschinen': Richtlinien und Normen.			
Herstellerempfehlung: Bernardo, Hegner, Holzmann, Holzprofi			

Drehmaschine (Drehbank) (Werkstoffbearbeitung Metall)

Teilsystem	Technische Anforderungen (Richtwerte)	Arbeitstechnische Anforderungen	Sicherheitstechnische Anforderungen
Spitzenhöhe, -weite	100 – 150 mm/500 – 800 mm		
Maschinenbett	geschliffene Rundsäulen- oder Prismenführungen bei starrem, verripptem Maschinenbett	robuste Bauweise für schwingungsfreien Lauf und hohe Zerspanleistung (Zustellung)	
Spänewanne	unterhalb des gesamten Arbeitsbereichs	leichter Zugang, einfache Leerung	
Maschinenaggregat (Motor, Hauptgetriebe)	Drehstrommotor 400 V, 50 Hz, 1,5 – 3,0 kW in festen Drehzahlabstufungen oder elektronisch stufenlos regelbar, 60 – 2500 U/min, Rechts-/Linkslauf, Gewindeschneiden mittels Wechselrädern	permanente Drehzahlüberwachung (elektronische Drehzahlregelung)	

Fortsetzung s. nächste Seite

Teilsystem	Technische Anforderungen (Richtwerte)	Arbeitstechnische Anforderungen	Sicherheitstechnische Anforderungen
Arbeitsspindel	Durchlass 20 – 40 mm Ø	nachstellbare Präzisionslager (Zylinderrollen- und Axialkugellager	
Leit- und Zugspindel	automatischer Längsvorschub	mit Überlastkupplung, -spindelabdeckung	
Reitstock	MK 2 zur Aufnahme von Körnerspitze und Einsteckzapfen für Bohrfutter	Skalierung auf Pinole, Hub ca. 80 mm, Antrieb mittels Handrad, Positionierung des Reitstocks und Fixierung der Pinole mittels Schnellspannhebel	
Maschinen-Bedienungselemente	Stellschalter Ein-/Aus, Not-Aus-Schalter, Drehzahlwahlschalter	frontseitige Anbringung außerhalb des Arbeitsbereichs der Maschine, unverwechselbar in Zuordnung und Schaltsinn	Ein-/Aus-Schalter abschließbar, Not-Aus nach DIN 31 000/VDE 1000 und VDE 0113, Not-Aus-Schlagtaster sind Not-Aus-Drehschaltern vorzuziehen, Farbkennzeichnung roter Stellteil vor gelber Kontrastfläche, nach Entriegelung des Not-Aus kein selbstständiges Wiederanlaufen der Maschine, Unterspannungsauslöser
Drehbankfutter	Drei- und Vierbacken-Drehbankfutter, Spannweite 100 – 125 mm	gehärtete Backen	Spannschlüssel mit Auswurffeder, aufklappbare Abdeckung des Backenfutters (Futterschutzhaube) sofern keine Schutzelle vorhanden
Werkzeugschlitten	Kreuzsupport, Oberschlitten um 360° drehbar, gefräste Skalen und Skalenringe, nachstellbare Schwalbenschwanzführungen	hochwertige und hochpräzise Graugusskonstruktion, Spanabnahme im Hundertstel-Bereich, Verstellung über Handkurbeln, Spannwerkzeug: Standard-Drehstahlhalter	
Zubehör	Unterschrank	passend zur Drehmaschine, Stahlblech mit abschließbarer Tür, verstellbare Fachböden	
Werkzeuge und Hilfsvorrichtungen	Universal Hartmetall-Drehstahl-Set	HM-Stechdrehmeißel (DIN 4981), gebogener HJ-Drehmeißel rechts (DIN 4972)und links, abgesetzter HM-Seitendrehmeißel (DIN 4980), HM-Innendrehmeißel (DIN 4973), HM-Außengewinde-Drehmeißel (60°, Rechtsgewinde), HM-Innengewinde-Drehmeißel (60°, Rechtsgewinde), alle mit rechteckigem Schaft	
	Zentrierbohrer	mit Drallnut, rechtsschneidend, geschliffen 60°, HSS, DIN 333	
	Lünette (Setzstock)	feststehend, zum Festklemmen auf Führungen, einstellbare, kugelgelagerte Rollen	

Fortsetzung s. nächste Seite

Teilsystem	Technische Anforderungen (Richtwerte)	Arbeitstechnische Anforderungen	Sicherheitstechnische Anforderungen
Werkzeuge und Hilfs-vorrichtungen	Fettpresse		
	LED-Magnetfußleuchte	mit flexiblem Leuchtenarm	
	Schnellspann-Bohrfutter und Bohrfutteraufnahme MK 2 oder 3	Spannweite 1 – 13 mm	
Sicherheits-ausstattung, -zubehör	Sicherheitszelle/ Späneschutztür	zur Vollverkleidung des Arbeitsraums	**mit Türendschalter, wenn keine Vollverkleidung, dann zumindest aber Futterschutzhaube und Späneschutztür**
	Futterschutz	abklappbar, transparent, Endschalter	**Futterschutz mit Sicherheitsschalter**
	Schutzbrille	verstellbar, Gläser austauschbar	**DIN 58 211, Gläser unzerbrechlich, seitliche Schutzklappen**
	Haarschutz	Kappe mit Schild, auf unterschiedliche Kopfgröße einstellbar	**fester Sitz**
	Gehörschutz		**ab 80 dB(A) erforderlich**
	Spänehaken		
Sonder-zubehör	Schnellspannhalter	für versch. Dreh-, Abstech- und Bohrstahlhaltern nach Bedarf	
	zugehörige Stahlhalter nach Bedarf		
	Wendeschneidplatten und Klemmhalter	entsprechend und statt Universal-HM-Drehstahl-Set	
	Rändelwerkzeug	zwei Rändel	
	Kühlmitteleinrichtung	mit Förderpumpe, flexibler Kühlmittelschlauch, Absperrhahn, Düse	
	Kühlmittelauffangschale	in Spanauffangschale integriert	
CNC-Ausrüstung	siehe unter CNC-Drehmaschine		
Aufstellung	**ausschließlich Maschinenraum**		
Bei Neuanschaffung einer Metall-Drehmaschine für den Betrieb in Technikfachräumen sind Konformität mit passenden EG-Richtlinien und folgende Kennzeichnungen und Prüfzeichen gefordert: Typschild mit den Kenndaten der Maschine (u. a. Type, Maschinen-Nr., Baujahr, Hersteller); CE-Zeichen, GS-Zeichen, EN 292 Teil 1 und 2, EN 60204 Teil 1, zur weiteren Erläuterung siehe ‚Vorbemerkung zur Ausstattungsliste Maschinen': Richtlinien und Normen.			
Herstellerempfehlung: Emco, Optimum, Wabeco			

Entstauber, mobil (Werkstoffbearbeitung Holz)

Teilsystem	Technische Anforderungen (Richtwerte)	Arbeitstechnische Anforderungen	Sicherheitstechnische Anforderungen
Antrieb	Drehstrommotor 230/400 V/50 Hz, Motorleistung 1,0 – 1,5 kW		

Fortsetzung s. nächste Seite

Teilsystem	Technische Anforderungen (Richtwerte)	Arbeitstechnische Anforderungen	Sicherheitstechnische Anforderungen
Entstaubungs-prinzip	Unterdrucksystem, reinluftseitige Anordnung des Ventilators, dem Filter nachgeschaltet		GS-Staubprüfzeichen H3 < 0,1mg/m³
Abscheide- und Filter-system	Vorabscheider und Filterschläuche oder Lamellen-Filterpatrone, Filterfläche 4 – 5 m², Luftrückführung	hermetisch ummantelte Filtereinheit, einfache, manuelle Filterabreinigung von außen über Handhebel	Verwendungskategorie C, MAK-Wert 0,2 mg/m³ (max.), Filtermaterial elektrisch leitend, Kat. M
Staub- und Späneauf-fangsystem	Sammelbehälter mit eingelegtem Späneauffangsack aus Kunststoff	Spänebehälter mit Klemmbügel luftdicht an System anschließbar, Volumen min. 130 Liter, Sichtfenster für Füllstandskontrolle, Lenkrollen für Transport	
Bauweise	voll verkleidet, kein Staubaustritt nach außen möglich	Gesamtsystem auf Lenkrollen, min. 2 Stück feststellbar	
Ansaugstutzen	Ø 100 mm		
Nenn-Volumenstrom	600 – 800 m³/h		
Mindest-Volumenstrom	500 – 800m³/h		
Volumenstrom-überwachung	Differenzdruckschalter	optische oder akustische Anzeige	
Schalldruck-pegel	≤ 75 dB (A)		
Motor-Bedienungs-elemente	Einschaltautomatik und Ein-/Aus-Schalter	gut zugänglich unverwechselbar in Zuordnung und Schaltsinn	Ein-/Aus-Schalter abschließbar, Not-Aus nach DIN 31 000/VDE 1000 und VDE 0113, Not-Aus-Schlagtaster sind Not-Aus-Drehschaltern vorzuziehen, Farbkennzeichnung roter Stellteil vor gelber Kontrastfläche, nach Entriegelung des Not-Aus kein selbstständiges Wiederanlaufen der Maschine, Unterspannungsauslöser
Absaug-schlauch	PU-Schlauch mit passenden Metallmanschetten		schwer entflammbar, elektrisch leitend
Zubehör	Boden und Maschinenreinigungs-Set	Bodensaugdüse 300 mm Saugbreite, Maschinensaugdüse aus Gummi, Saugschlauch Ø 100 mm mit Anschlussmuffen	
Nutzungs-bereich	Entstaubung von Kreissäge-, Dicken- und Abrichthobel-, Bandsägemaschine, ggf. auch kleinere Holzbearbeitungsmaschinen		
Aufstellung	**Maschinenraum**		
Bei Neuanschaffung eines mobilen Entstaubers für den Betrieb in Technikfachräumen sind Konformität mit passenden EG-Richtlinien und folgende Kennzeichnungen und Prüfzeichen gefordert: Typschild mit den Kenndaten der Maschine (u. a. Type, Maschinen-Nr., Baujahr, Hersteller); CE-Zeichen, GS-Zeichen, TRGS 553 und 560, GS Prüfzeichen H2/H3), Entstauber grundsätzlich auf die im Gebrauch befindlichen Maschinen abstimmen. Unbedingt Rücksprache mit Hersteller oder Maschinenaufsteller nehmen! Zur weiteren Erläuterung siehe ‚Vorbemerkung zur Ausstattungsliste Maschinen': Richtlinien und Normen.			
Herstellerempfehlung: Al-KO, Esta, Holzkraft			

Entstauber, stationär[18] (Werkstoffbearbeitung Holz)

Teilsystem	Technische Anforderungen (Richtwerte)	Arbeitstechnische Anforderungen	Sicherheitstechnische Anforderungen
Antrieb	Drehstrommotor 400 V/50 Hz	2,0 – 3,0 kW	
Entstaubungsprinzip	Unterdrucksystem, reinluftseitige Anordnung des Ventilators, dem Filter nachgeschaltet, 100 % Luftrückführung		Staubprüfzeugnis H3
Ventilator	Hochleistungsflügelrad		
Abscheide- und Filtersystem	Vorabscheider und Taschenfilter oder Lamellen-Filterpatrone, Filterfläche > 6 m^2	einfache Filterreinigung von außen über Handkurbel oder pneumatisch (Kompressor eingebaut)	Filtermaterial Kategorie M, MAK-Wert 0,1 mg/m^3
Staub- und Späneauffangsystem	Sammelbehälter mit Späneauffangsack aus Kunststoff, > 200 Liter	Spänebehälter luftdicht an System anschließbar, ausfahrbar, Sichtfenster für Füllstandskontrolle, Lenkrollen für Transport	
Bauweise	voll verkleidet, kein Staubaustritt nach außen möglich	System auf Lenkrollen oder ortsfest auf Standbeinen	
Ansaugstutzen	Ø 160 mm		
Nenn-Volumenstrom	> 1000 m^3/h		
Mindest-Volumenstrom	900 m^3/h		
Volumenstromüberwachung	Differenzdruckschalter	optische oder akustische Anzeige	
Schalldruckpegel	≤ 75 dB(A)		
Motor-Bedienungselemente	Einschaltautomatik und Ein-/Aus-Schalter	gut zugänglich, unverwechselbar in Zuordnung und Schaltsinn	zusätzlicher Not-Aus-Schlagtaster nach DIN 31 000/VDE 1000 und VDE 0113, Not-Aus-Schlagtaster sind Not-Aus-Drehschaltern vorzuziehen, Farbkennzeichnung roter Stellteil vor gelber Kontrastfläche, nach Entriegelung des Not-Aus kein selbstständiges Wiederanlaufen der Maschine, Unterspannungsauslöser
Absaugschlauch	PU-Schlauch mit passenden Metallmanschetten		schwer entflammbar, elektrisch leitend
Rohrleitungssystem und Maschinenschläuche	fest installiert, mit passenden Abgängen zu allen Maschinen	Handschieber für wechselseitigen Betrieb oder automatisch betätigte, der jeweiligen Maschine zugeordnete motorische Schieber, mit Maschineneinschaltung gekoppelt	

Fortsetzung s. nächste Seite

18 Für große Maschinenräume

Teilsystem	Technische Anforderungen (Richtwerte)	Arbeitstechnische Anforderungen	Sicherheitstechnische Anforderungen
Aufstellung	**Maschinenraum**		
Nutzungsbereich	Entstaubung von Kreissäge-, Dicken- und Abrichthobel-Bandsägemaschine, ggf. auch kleinere Holzbearbeitungsmaschinen		
Bei Neuanschaffung eines stationären Entstaubers für den Betrieb in Technikfachräumen sind folgende Kennzeichnungen und Prüfzeichen gefordert: Typschild mit den Kenndaten der Maschine (u. a. Type, Maschinen-Nr., Baujahr, Hersteller); CE-Zeichen, GS-Zeichen, TRGS 553 und 560 Staubprüfzeugnis H2/H3, Entstauber grundsätzlich auf die im Gebrauch befindlichen Maschinen abstimmen. Unbedingt Rücksprache mit Hersteller oder Maschinenaufsteller nehmen! Zur weiteren Erläuterung siehe ‚Vorbemerkung zur Ausstattungsliste Maschinen': Richtlinien und Normen.			
Herstellerempfehlung: Al-KO, Esta, Holzkraft			

Glühofen/Muffelofen (Werkstoffbearbeitung Metall)

Teilsystem	Technische Anforderungen (Richtwerte)	Arbeitstechnische Anforderungen	Sicherheitstechnische Anforderungen
Gehäuse	Stahlblech, korrosionsschützende Beschichtung von hoher Qualität oder Edelstahl	Tür nach unten schwenkbar, Ausmauerung unbedingt dicht schließend, Schauloch in der Tür	Abluftstutzen zum Anschluss an Zwangsentlüftung
Ofenkammer	Isolierung aus mikroporösen Platten und Feuerleichtsteinen, zusätzliche mehrschichtige Wärmeisolierung gegen das Gehäuse aus hochwertigem Isolations-Material, wärmedurchlässige Silicium-Carbid-Bodenplatte	Frontlader, verwindungssteife Tür, Kammerinhalt nach Bedarf 3 – 5 l	
Heizaggregat	Beheizung von Boden und Decke, Heizwendel in keramische Platten eingezogen, T_{max} 1100 °C, 230-V-Wechselstromanschluss, 3 – 3,5 kW (je nach Kammerinhalt)	gegen mechanische Beschädigung geschützte Heizwendel, einfacher Austausch defekter Heizwendel	Arbeitsstromkreis über zwangstrennenden Türkontaktschalter bei geöffneter Tür immer unterbrochen
Temperatursteuerung	Mikroprozessor gesteuerte Schalt- und Regelanlage, thermisch verschleißfreies Thermoelement, Stromausfallüberbrückung	vollautomatische Steuerung des Glüh- und Schmelzprozesses, einfache Bedienung über Tastatur mit Anzeige des vorgewählten Soll- und des momentanen Ist-Temperaturverlaufs, fortlaufende Temperaturanzeige, lineares Aufheizen und Abkühlen, Abruftaste für Stromverbrauch	Verriegelungstaste gegen unbefugtes Benutzen
Zubehör	Unterlage aus Zinkblech	ca. 1 mm stark, abgestimmt auf Ofengröße	
Sicherheitszubehör	siehe unter Werkzeugausstattung „Schützen/Helfen/Sicherheit"		

Fortsetzung s. nächste Seite

Teilsystem	Technische Anforderungen (Richtwerte)	Arbeitstechnische Anforderungen	Sicherheitstechnische Anforderungen
Aufstellung	**Keramikraum oder Technikfachraum**		bei Aufstellung im Technikfachraum ist auf eine besonders gute Wärmeisolierung des Ofens zu achten, eventuell entstehende Abgase müssen ins Freie geleitet werden
Bei Neuanschaffung eines Metallschmelz- und -glühofens für den Betrieb in Technikfachräumen sind Konformität mit passenden EG-Richtlinien und folgende Kennzeichnungen und Prüfzeichen gefordert: Typschild mit den Kenndaten der Maschine (u. a. Type, Maschinen-Nr., Baujahr, Hersteller); CE-Zeichen, GS-Zeichen. Zur weiteren Erläuterung siehe ‚Vorbemerkung zur Ausstattungsliste Maschinen': Richtlinien und Normen.			
Herstellerempfehlung: Nabertherm, Thermconcept			

Kantenschleifmaschine (Werkstoffbearbeitung Holz, Kunststoff, NE-Metalle)

Teilsystem	Technische Anforderungen (Richtwerte)	Arbeitstechnische Anforderungen	Sicherheitstechnische Anforderungen
Maschinentisch	ca. 700 × 300 mm (L × B), Grauguss, gehobelt, mit T-Nuten zur Aufnahme von Gehrungsanschlag	Maschinentisch leicht höhenverstellbar durch Gasdruckfeder, Schnellspannhebel	Spalt zwischen Maschinentisch und Schleifband ≤ 1mm einstellbar
Zusatztisch	ca. 250 × 250 mm, höhenverstellbar mit Absaugschlitzen und Absauganschluss	höhenverstellbar mit Schnellspannhebel	
Maschinengehäuse und -ständer	möglichst geschlossene Stahlblechkonstruktion, Absaugungsstutzen auf beiden Seiten	problemloses Öffnen der Abdeckung zum Bandwechsel ohne Werkzeuge	bis auf Schleifband alle beweglichen Teile komplett abgedeckt
Schleifaggregat (Motor, Antriebs- und Umlenkrollen, Schleifband)	Wechsel- oder Drehstrommotor, 1,5 – 2,5 kW, Schleifauflage graphit- oder filzbeschichtet, Bandgeschwindigkeit ca. 16 m/s	Schleifaggregat stufenlos schwenkbar (0° – 90°)	bei schwenkbarem Schleifaggregat Spalt zwischen Maschinentisch und Schleifband ≤ 1 mm, Möglichkeit einer Teilabdeckung des Schleifbands
Schleifband	min. 2260 × 150 mm	Gewebeschleifbänder Körnung 60, 80, 100	Kennzeichnung der Laufrichtung am Gehäuse
Schleifbandführung	über Antriebs- und Umlenkrolle	ozillierend	
Schleifbandeinstellung	über Spannhebel und justierbare Umlenkrolle, gefedert zum Bandlängenausgleich	Schnellspanneinrichtung, möglichst ballige Bandrollen zur Selbstjustierung des Schleifbandes	
Motor-Bedienungselemente	Stellschalter Ein-/Aus, Not-Aus-Schalter	gefahrloses Betätigen vom Bedienungsplatz aus, unverwechselbar in Zuordnung und Schaltsinn, gute Erreichbarkeit	Ein-/Aus-Schalter abschließbar, Not-Aus nach DIN 31000/VDE 1000 und VDE 0113, Not-Aus-Schlagtaster sind Not-Aus-Drehschaltern vorzuziehen, Farbkennzeichnung roter Stellteil vor gelber Kontrastfläche, nach Entriegelung des Not-Aus kein selbstständiges Wiederanlaufen der Maschine, Unterspannungsauslöser

Fortsetzung s. nächste Seite

Teilsystem	Technische Anforderungen (Richtwerte)	Arbeitstechnische Anforderungen	Sicherheitstechnische Anforderungen
Absaugung, Entstaubung	beidseitige Absaugung, Absaugstutzen Ø 100 mm		**Betrieb nur mit angeschlossener, zwangsgeschalteter Entstaubung**
Quer- und Gehrungsanschlag	für Ausführung mit Auflagetisch mit Gratskala	verstellbar in Quer- und Längsrichtung, Gratskala gut ablesbar und arretierbar	
Sicherheitszubehör	Schutzbrille	verstellbar, Gläser austauschbar	DIN 58 211, Gläser unzerbrechlich, seitliche Schutzklappen
	Haarschutz	Kappe mit Schild, auf unterschiedliche Kopfgröße einstellbar	fester Sitz
Zubehör	Schleifwalzen für enge Innen- und Außenradien	zusätzlicher Auflagetisch (s. o.), auswechselbare Gummiwalzen für Schleifhülsen in verschiedenen Radien	
Aufstellung	**Technikfachraum[19] oder Maschinenraum**		
Bei Neuanschaffung einer Bandschleifmaschine für den Betrieb in Technikfachräumen sind Konformität mit passenden EG-Richtlinien und folgende Kennzeichnungen und Prüfzeichen gefordert: Typschild mit den Kenndaten der Maschine (u. a. Type, Maschinen-Nr., Baujahr, Hersteller); CE-Zeichen, GS-Zeichen, BG-Prüfzeichen für Holzstaubprüfung (!), EN 691 (Holzbearbeitungsmaschinen, Gemeinsame Anforderungen). Zur weiteren Erläuterung siehe ‚Vorbemerkung zur Ausstattungsliste Maschinen': Richtlinien und Normen.			
Herstellerempfehlung: Bernardo, Holzmann, Holzkraft			

Kappsäge (Werkstoffbearbeitung Metall)

Teilsystem	Technische Anforderungen (Richtwerte)	Arbeitstechnische Anforderungen	Sicherheitstechnische Anforderungen
Werkstückaufnahme	Einfach- oder Doppelspannstock	Spannweite min 70 mm, möglichst mit Schnellspannhebel ausgestattet, Prismen zum Spannen von Rundmaterial	
Maschinengestell	Gusskonstruktion	robuste, vibrationsarme Konstruktion, ggf. Kühlmittelwanne	Vorrichtungen zur sicheren Befestigung des Maschinengestells
Maschinenuntergestell	Stahlblechgehäuse, geschlossene Bauweise mit Tür	Tür abschließbar, Zwischenboden, für Aufnahme des Kühlmittelbehälters	Tür abschließbar
Sägeaggregat (Motor, Getriebe)	1,5 – 2,5 kW, 230 V, polumschaltbar, Drehzahl stufenlos 20 – 80 U/min, Überlastungsschutz, automatische Kühlmittelzuführung oder 1,5 – 2,5 kW, 230 V, Drehzahl 1000 – 1300 U/min, gestuft für Trockenschnitt mit Spezialsägeblatt	Schwenkbereich 45° – 0° – 45°, Schnitttiefenbegrenzung, robustes Getriebe, geräuscharm, Tiefenanschlag, ergonomisch und funktional ausgeführter Tragegriff	von Hand zu lösende Verriegelung in Null-Position

Fortsetzung s. nächste Seite

19 Betrieb nur mit zwangsgeschalteter und wirksamer Absaugung zulässig.

Teilsystem	Technische Anforderungen (Richtwerte)	Arbeitstechnische Anforderungen	Sicherheitstechnische Anforderungen
Motor-Bedienungselemente	Ein-/Aus-Schalter im Griff mit Feststellung	gefahrloses Betätigen vom Arbeitsplatz aus, unverwechselbar in Zuordnung und Schaltsinn	zusätzlicher Not-Aus-Schlagtaster nach DIN 31 000/VDE 1000 und VDE 0113, Not-Aus-Schlagtaster sind Not-Aus-Drehschaltern vorzuziehen, Farbkennzeichnung roter Stellteil vor gelber Kontrastfläche, nach Entriegelung des Not-Aus kein selbstständiges Wiederanlaufen der Maschine, Unterspannungsauslöser
Sägeblatt	Spezial-Metallsägeblatt Ø ca. 250 – 300 mm, je nach Ausführung der Maschine für Nass- oder Trockenschnitt	Schnittleistung 90°: rund 70, quadrat. 60 × 60, rechteck. 60 × 70, flach 70 × 50	
Sägeblattverdeckung	robuste Metallverdeckung oberhalb, Pendelhaube im Arbeitsbereich des Sägeblatts	selbstständiges Öffnen und Schließen der Pendelschutzhaube bei Vor- und Rückfahren der Säge	Schutzhaube muss das Sägeblatt am Umfang und beidseitig vollflächig gegen Berühren sichern, Stirnschutz
Längenanschlag	für kurze Werkstücke	stufenlos verstellbar, beidseitig der Werkstückauflage verwendbar	
Sicherheitszubehör	Schutzbrille	verstellbar, Gläser austauschbar	DIN 58 211, Gläser unzerbrechlich, seitliche Schutzklappen
	Gehörschutz		
	Haarschutz	Kappe mit Schild, auf unterschiedliche Kopfgröße einstellbar	
	Arbeitshandschuhe	gute Passform	
	Sicherheitsaufkleber im unmittelbaren Maschinenumfeld		„Augenschutz benutzen“, „Gehörschutz benutzen“ und „Haarschutz tragen“ entspr. DIN EN ISO 7010
Aufstellung	**Maschinenraum**		Betrieb nur mit angeschlossener, zwangsgeschalteter Sägeblattkühlung
Bei Neuanschaffungen von Metall-Kapp- oder Gehrungssägemaschinen für den Betrieb in Technikfachräumen sind Konformität mit passenden EG-Richtlinien und folgende Kennzeichnungen und Prüfzeichen gefordert: Typschild mit den Kenndaten der Maschine (u. a. Type, Maschinen-Nr., Baujahr, Hersteller); CE-Zeichen, GS-Zeichen; Aufkleber mit Schutzhinweisen.			
Herstellerempfehlung: Berg & Schmid, Makita, Scheppach,			

Keramik-Kammerofen (Werkstoffbearbeitung Keramik)

Teilsystem	Technische Anforderungen (Richtwerte)	Arbeitstechnische Anforderungen	Sicherheitstechnische Anforderungen
Gehäuse	Stahlblech, korrosionsschützende Beschichtung von hoher Qualität oder Edelstahl	leichtgängige, stabile Tür, dicht schließende Ausmauerung, Bodenschieber mit frontseitiger Bedienung, Türverschluss über zwei Knebel-Drehgriffe, Schauloch in der Tür	Abluftstutzen zur Ableitung von Brenngasen zum Anschluss an Zwangsentlüftung, Tür abschließbar
Brennkammer	Isolierung aus mikroporösen Platten und Feuerleichtsteinen, zusätzliche mehrschichtige Wärmeisolierung gegen das Gehäuse aus hochwertigem Isolations-Material, wärmedurchlässige Silicium-Carbid-Bodenplatte	Frontlader, verwindungssteife Tür, Kammerinhalt nach Bedarf 100 – 200 l	
Brennaggregat	Heizwendel an drei oder fünf Seiten, einschl. Tür, Heizwendel freitragend in Rillensteinen auf Porzellanrohren aufgehängt, T_{max} 1280 °C, 400-V-Drehstromanschluss, 9 – 15 kW (je nach Rauminhalt)	Beheizung aller senkrechten Seiten und des Bodens, einfacher Austausch defekter Tragrohre und Heizwendel	Sicherheits- und Arbeitsschütz nach VDE, Arbeitsstromkreis über zwangstrennenden Türkontaktschalter verschaltet, bei geöffneter Tür immer getrennt
Bedienungselemente/ Temperatursteuerung	Separate Mikroprozessor gesteuerte Schalt- und Regelanlage, verschleißarme und geräuschlose Halbleiterrelais zur Ansteuerung der Ofenheizung, thermisch verschleißfreies Thermoelement, Stromausfallüberbrückung	vollautomatische Steuerung des Brennprozesses, einfache Bedienung über Tastatur mit Anzeige des vorgewählten Soll- und des Ist-Brennverlaufs, fortlaufende Temperaturanzeige, Festprogramme für „Standard-Brände“, programmierbare Startzeit, lineares Aufheizen und Abkühlen, Abruftaste für Stromverbrauch	Verriegelungstaste gegen unbefugtes Benutzen
Gestell	Stahlprofil	zum jeweiligen Brennofen passend, Füße mit Bodenplatten	absolut kippsicher
Zubehör	Einbauplatten, temperaturbeständig bis 1300 °C	Größe und Anzahl nach Bedarf	
	Einbaustützen, konische Form mit Einsteckzapfen, temperaturbeständig bis 1300 °C	Anzahl nach Bedarf	
	Dreikantstäbe, Abstandhalter, temperaturbeständig bis 1300 °C	Größe und Anzahl nach Bedarf	
Sicherheitszubehör	Handschuhe		feuerfest, wärmeisolierend

Fortsetzung s. nächste Seite

Teilsystem	Technische Anforderungen (Richtwerte)	Arbeitstechnische Anforderungen	Sicherheitstechnische Anforderungen
Aufstellung	**separater Keramik-/Brennraum oder Technikfachraum**		bei Aufstellung im Technikfachraum ist auf eine besonders gute Wärmeisolierung der Brennkammer zu achten, eventuell entstehende Abgase müssen ins Freie geleitet werden
Bei Neuanschaffung eines Keramik-Brennofens für den Betrieb in Technikfachräumen sind Konformität mit passenden EG-Richtlinien und folgende Kennzeichnungen und Prüfzeichen gefordert: Typschild mit den Kenndaten der Maschine (u. a. Type, Maschinen-Nr., Baujahr, Hersteller); CE-Zeichen, GS-Zeichen. Zur weiteren Erläuterung siehe ‚Vorbemerkung zur Ausstattungsliste Maschinen': Richtlinien und Normen.			
Herstellerempfehlung: Nabertherm, Rohde			

Kreissägemaschine (Werkstoffbearbeitung Holz)

Teilsystem	Technische Anforderungen (Richtwerte)	Arbeitstechnische Anforderungen	Sicherheitstechnische Anforderungen
Maschinentisch	Größe (ohne Schiebetisch) in Abhängigkeit vom Sägeblattdurchmesser, Ø bis 250 mm: 800 × 500 mm (B × L), bis Ø 315 mm: 850 × 550 mm (B × L), Tischhöhe 850 – 900 mm	Alu- oder Grauguss, Unterseite stark verrippt, gehobelte Oberfläche, eingefräste T-Nut	Tischeinlagen aus Aluminium, Kunststoff oder Hartholz, Spalt rechts und links vom Sägeblatt max. 3 mm
Schiebetisch	kugelgelagert geführt, Rahmenkonstruktion	leicht gängig, Führung möglichst nicht in den Arbeitsbereich ragend	
Tischverlängerung	Stahlblech, Länge nach Bedarf	Lage rechts vom Sägeblatt	
Tischverbreiterung	Stahlblech, gleiche Tiefe wie Maschinentisch, Breite auf ca. 1000 mm, gemessen vom Sägeblatt	Lage rechts vom Maschinentisch	
Maschinenständer	Allseitig geschlossene Stahlblechkonstruktion mit Revisionstür, Absaugstutzen	vibrationsarm, Tür verriegelbar	Stellungsüberwachung für Verriegelung
Sägeaggregat (Motor, Sägewelle, Getriebe)	Drehstrommotor 400 V/50 Hz, Leistungsabgabe min. 2,5 kW, Sägewellendrehzahl ca. 4000 U/min, Sägewelle 30 mm, Motorschutzschalter	Sägewelle höhenverstellbar und schwenkbar (90° – 45°)	Bremsmotor oder elektronische Bremseinrichtung, Unterspannungsauslöser nach EN 60529/60204-1
Motor-Bedienungselemente	Stellschalter Ein-/Aus, Not-Aus-Schalter	gefahrloses Betätigen vom Bedienungsplatz aus, unverwechselbar in Zuordnung und Schaltsinn	Ein-/Aus-Schalter abschließbar, Not-Aus nach DIN 31000/VDE 1000 und VDE 0113, Not-Aus-Schlagtaster sind Not-Aus-Drehschaltern vorzuziehen, Farbkennzeichnung roter Stellteil vor gelber Kontrastfläche, nach Entriegelung des Not-Aus kein selbstständiges Wiederanlaufen der Maschine

Fortsetzung s. nächste Seite

Teilsystem	Technische Anforderungen (Richtwerte)	Arbeitstechnische Anforderungen	Sicherheitstechnische Anforderungen
Sägeblatt	Ø 250 mm, max. Schnitthöhe bei 90°/45°-Stellung ca. 80/65 mm	hartmetallbestückt, mit unterschiedlichen Zahnformen für Längs- und Querschnitte in Vollholz, furnierte und kunststoffbeschichtete Platten, Kunststoff	auf Sägewellendrehzahl abgestimmt
Spaltkeil	Spaltkeil-Dicke < als Schnittfuge und nicht < als Sägeblatt-Grundkörper	einfache Verstellbarkeit, sichere Fixierung in Arbeitsposition	zwangsgeführt
Berührungsschutz (Sägeblatt)	Schutzhaube am Spaltkeil oder getrennt an Schutzhaubenträger befestigt, mit Absaugstutzen für obere Späne- und Staubabsaugung	Schutzhaube an Schutzhaubenträger in jede erforderliche Position über Sägeblatt einstellbar, bei Bedarf auch wegzuschwenken	Schutzhaube muss das Sägeblatt am Umfang und beidseitig gegen Berühren sichern. Getrennt aufgehängte Schutzhaube (Pendelschutzhaube) ist der am Spaltkeil befestigten Schutzhaube vorzuziehen
Quer- und Gehrungsanschlag kurz (in T-Nut laufend) oder lang auf Rolltisch	Anlagelänge mind. 1000 mm	Anschlagprofil mit Längenskala und Lupe, umklappbarer Anschlagklappe, Splitterzunge, integrierter Anschlagverlängerung, Gehrungsanschlag mit Winkelskala für Schnitte stufenlos von 90° – 45°, Schnellspannhebel	
Parallelanschlag	robuster und genau führender Führungskörper, präzis geschliffene Führungsschiene, Maßskala mit Feineinstellung, Einhand-Arretierung	hohe und niedrige Anschlagfläche durch Drehen in der Längsachse, längeneinstellbar, Schnellspannhebel, Anschlag bei Erfordernis abnehm- oder wegklappbar	Werkstückanlage von Vorderkante des Tisches bis hinter Spaltkeil (Ausnahme beim Herstellen kurzer Werkstücke)
Absaugung/ Entstaubung	Absaugstutzen fest eingebaut, Ø 100 – 120 mm		**Betrieb nur mit angeschlossener, zwangsgeschalteter Entstaubung**
Sicherheitszubehör	Schiebestock, Stoßholz mit Wechselhandgriff, Besäumniederhalter mit Besäumhilfe oder Besäumschlitten, Abweiskeil/-leiste, Zuführlade, hoher Hilfsanschlag, Hilfsanschläge für Einsetzschneiden	übersichtlich auf Holztafel in der Nähe der Kreissägemaschine angeordnet	zur Maschine passend, möglichst vom gleichen Hersteller
	Gehörschutz: Gehörschutzstöpsel oder Kapselgehörschutz	im Maschinenbereich oder in unmittelbarer Nähe der Maschine	DIN EN 352
	Schutzbrille		Universal-Schutzbrille, robustes Kunststoffgestell, längenverstellbare Bügel, kratzfeste und splitterfreie Sicherheitsscheiben, Scheiben auswechselbar
	Aufkleber		Sicherheitsaufkleber nach DIN EN ISO 7010: „Gehörschutz benutzen“ und „Augenschutz benutzen“

Fortsetzung s. nächste Seite

Teilsystem	Technische Anforderungen (Richtwerte)	Arbeitstechnische Anforderungen	Sicherheitstechnische Anforderungen
Aufstellung	**ausschließlich Maschinenraum**		
Bei Neuanschaffung einer Kreissägemaschine für den Betrieb in Technikfachräumen sind Konformität mit passenden EG-Richtlinien und folgende Kennzeichnungen und Prüfzeichen gefordert: Typschild mit den Kenndaten der Maschine (u. a. Type, Maschinen-Nr., Baujahr, Hersteller); CE-Zeichen, GS-Zeichen, BG-Prüfzeichen für Holzstaubprüfung (!), Aufkleber mit Schutzalterhinweis (GUV 33.10), EN 691 (Holzbearbeitungsmaschinen, Gemeinsame Anforderungen), EN 847 (Maschinenwerkzeuge), DIN EN 1870-1 (Kreissägemaschinen). Zur weiteren Erläuterung siehe ‚Vorbemerkung zur Ausstattungsliste Maschinen': Richtlinien und Normen.			
Herstellerempfehlung: Bernardo, Holzkraft, Holzmann, Jet, Scheppach			

Kunststoff-Biegegerät (Werkstoffbearbeitung Kunststoff)

Teilsystem	Technische Anforderungen (Richtwerte)	Arbeitstechnische Anforderungen	Sicherheitstechnische Anforderungen
Gehäuse	geschlossene Bauform 570 × 140 × 100 mm, hitzebeständige Arbeitsplatte	Plattenstärke bis 5 mm	
Heizaggregat	Netzteil (Ringkerntrafo) 230 V/ 160 W, Heizdraht 1,5 mm Konstantan im Gehäuse integriert	leicht auszuwechseln	nach VDE-Richtlinien, 1,0-A-Sicherung, träge berührungsgeschützter Heizdraht
Schalt- und Kontrollelemente	Ein-/Aus-Schalter, Kontrolllampe für Einschaltzustand des Trafos	Betätigung von der Bedienerseite	
Zubehör	Parallelanschlag	mit Zentimeterskalen, beidseitig	
	Biegewanne (Winkellehre)	Arbeitsbreite min. 400 mm mit Winkelgradeinstellung 0 – 180°, Fixierung durch Rändelschrauben oder Schnellspannhebel	
Aufstellung	**Technikfachraum**		
Bei Neuanschaffung einer Kunststoff-Biegemaschine für den Betrieb in Technikfachräumen sind Konformität mit passenden EG-Richtlinien und folgende Kennzeichnungen und Prüfzeichen gefordert: Typschild mit den Kenndaten der Maschine (u. a. Type, Maschinen-Nr., Baujahr, Hersteller); CE-Zeichen, GS-Zeichen. Zur weiteren Erläuterung siehe ‚Vorbemerkung zur Ausstattungsliste Maschinen': Richtlinien und Normen.			
Herstellerempfehlung: alton (NL), ansonsten über Fachraumausstatter			

Laminiergerät (Werkstoffbearbeitung Kunststoff)

Teilsystem	Technische Anforderungen (Richtwerte)	Arbeitstechnische Anforderungen	Sicherheitstechnische Anforderungen
Gehäuse	robustes Kunststoffgehäuse	rutschfeste Kunststofffüße	bis auf Einschub- und Auswurfschlitz vollkommen geschlossen
Heizaggregat	Plattenheizung 220 – 240 V, 50 Hz	Aufwärmzeit < 4 min, Temperaturregelung automatisch	nach VDE-Richtlinien automatische Abschalteinrichtung
Foliereinrichtung	2 – 4 Transportrollen, Sensor gesteuert	Arbeitsbreite 320 mm (A3), Folienstärke bis 250 µm, Durchlaufgeschwindigkeit ca. 450 mm/min	Rückwärtslauf-Funktion, Überhitzungsschutz

Fortsetzung s. nächste Seite

Teilsystem	Technische Anforderungen (Richtwerte)	Arbeitstechnische Anforderungen	Sicherheitstechnische Anforderungen
Bedienungs-elemente	Ein-/Aus-Schalter, Display, Stellschalter	Einstellmöglichkeit für Folienstärke und Anzeige der vorgegebenen Temperatur, wenn kein Sensor	
Zubehör	Schneideinrichtung		
	Auswurffächer	im Gerät versenkbar	
Aufstellung	**Technikfachraum**		
Bei Neuanschaffung einer Laminier-Maschine für den Betrieb in Technikfachräumen sind Konformität mit passenden EG-Richtlinien und folgende Kennzeichnungen und Prüfzeichen gefordert: Typschild mit den Kenndaten der Maschine (u. a. Type, Maschinen-Nr., Baujahr, Hersteller); CE-Zeichen, GS-Zeichen. Zur weiteren Erläuterung siehe ‚Vorbemerkung zur Ausstattungsliste Maschinen': Richtlinien und Normen.			
Herstellerempfehlung: Fellowes, GBC, Leitz			

Lichtbogenschweiß-Maschine (Elektroden-Inverter) (Werkstoffbearbeitung Metall)

Teilsystem	Technische Anforderungen (Richtwerte)	Arbeitstechnische Anforderungen	Sicherheitstechnische Anforderungen
Schweiß-inverter	230 V bei 50 Hz, stufenlose Schweißstromeinstellung, Schweißstrom 5 – 150 A, Leerlaufspannung < 100 V	Einsatz von Schweißelektroden Ø 2,0 bis 3,25 mm, Schweißstromreduzierung bei Festkleben der Elektrode (Anti-Stick), elektronisch geregelter Lichtbogen (Arc-Force-Steuerung), Hot-Start-Funktion	Thermowächter mit Kontrollleuchte, Absicherung träge, 16 A, Isolationsklasse H, Schutzart IP 23
Gehäuse	pulverbeschichtetes Stahlblech oder hoch schlagfester GFK	Traggriff(e), Aufdruck für Schweißstrom- und Elektrodenwahl	Gehäuse vollisoliert
Bedienungs-elemente	Ein-/Aus-Schalter, Schweißstromwahl-Drehschalter	eindeutige Ablesbarkeit der Schalterstellung, Betriebs-Kontrollleuchte	
Schweißkabel	Elektrodenleitung mit Elektrodenhalter, Massekabel mit Masseklemme	separat, über Steckkontakt anschließbar	
Zubehör	Folienvorhang 2 × 1,80 m	fahrbares Gestell	nach DIN EN 1598
	Löt- und Schweißwagen	siehe unter Werkzeugausstattung Metall „Lagern/Transportieren"	
	Schweißer-Schutzschild, -Schürze, -Handschuhe, Schlackenhammer, Schutzbrille	siehe unter Werkzeugausstattung „Schützen/Helfen/Sicherheit"	
Erweiterung	WIG (Wolfram-Inert-Gas-Schweißen)-Set	siehe hierzu Ausführungen des Herstellers	

Fortsetzung s. nächste Seite

Teilsystem	Technische Anforderungen (Richtwerte)	Arbeitstechnische Anforderungen	Sicherheitstechnische Anforderungen
Aufstellung	**Maschinenraum (Metall)**		Bei Einsatz in geschlossenen Räumen ist eine Schweißrauch-Absaugung direkt am Arbeitsplatz mit nachgeordneter Filtereinrichtung unbedingt erforderlich. Andernfalls muss im Freien (Werkhof) geschweißt werden.
Bei Neuanschaffung eines Elektro-Schweißgeräts für den Betrieb in Technikfachräumen sind Konformität mit passenden EG-Richtlinien und folgende Kennzeichnungen und Prüfzeichen gefordert: Typschild mit den Kenndaten der Maschine (u. a. Type, Maschinen-Nr., Baujahr, Hersteller); CE-Zeichen, GS-Zeichen. Zur weiteren Erläuterung siehe ‚Vorbemerkung zur Ausstattungsliste Maschinen': Richtlinien und Normen.			
Herstellerempfehlung: Einhell, Jäckle, Rehm, Schweißkraft			

Lötstation (Werkstoffbearbeitung Metall und Elektrotechnik/Elektronik)

Teilsystem	Technische Anforderungen (Richtwerte)	Arbeitstechnische Anforderungen	Sicherheitstechnische Anforderungen
Versorgungs-einheit	Versorgungsspannung 230 V/50 Hz, Sekundärspannung 12 V, Leistung ca. 50 W, Temperaturbereich 150° – 450 °C, Anheizzeit < 70 s, analoge oder digitale Temperaturregelung, Potenzialausgleich	robuste und kompakte Bauform, analoge (Skala) oder digitale (Display) Temperaturanzeige, Temperaturvorwahl über Drehknopf oder Tasten, Ist-Soll-Temperaturanzeige, Stromversorgung über Netzkabel mit Kaltgerätestecker, getrennt anzuschließender Lötkolben	Schutzklasse I, schutzisoliert, antistatisches Gehäuse, optische Anzeige des Schaltzustandes Ein/Aus
Lötkolben	zur Lötstation passend	ergonomisch geformtes Griffteil, auswechselbare Dauerlötspitzen (1 × spitz-konisch, 1 × meißelförmig pro Lötkolben), verriegelbarer Kabelanschluss an Versorgungseinheit	hitzebeständige Zuleitung, Wärme- und Abgleitschutz-Manschette
Lötkolben-ständer	zur Lötstation passend, schwere Metallausführung mit Schwammfach	zur beiderseitigen, lösbaren Befestigung an Lötstation	geschlossene, belüftete Bauweise, zur Verhinderung einer unbeabsichtigten Berührung des Lötkolbenkabels mit der heißen Lötkolbenspitze
Zubehör	Entlötpumpe		
Unterbringung	**Technikfachraum**		
Bei Anschaffungen von Lötstationen für den Betrieb in Technikfachräumen sind Konformität mit passenden EG-Richtlinien und folgende Kennzeichnungen und Prüfzeichen gefordert: VDE-Zeichen; CE-Zeichen, GS-Zeichen. Zudem sollte die Lötstation die EGB-Anforderungen zur Sicherheit elektronischer Bauteile (DIN EN 61 340-5-1) erfüllen. Zur weiteren Erläuterung siehe ‚Vorbemerkung zur Ausstattungsliste Maschinen': Richtlinien und Normen.			
Herstellerempfehlung: Ersa, Weller, ELV, toolcraft			

Netzgerät (Elektrotechnik/Elektronik)

Teilsystem	Technische Anforderungen (Richtwerte)	Arbeitstechnische Anforderungen	Sicherheitstechnische Anforderungen
Netztrafo (Netzgerät)	Eingangsspannung 230 V/50 Hz, Ausgangsspannung 0 – 30 V, max. Strom 3 A, linear geregelt, elektronisch stabilisiert, Strombegrenzung stufenlos einstellbar, Restwelligkeit < 5 m V_{eff}, digitale Anzeige für Strom und Spannung, Stromversorgung über Netzkabel mit Kaltgerätestecker	robustes Stahlblechgehäuse, alle Bedienelemente frontseitig, Strom-/Spannungseinstellung mittels Drehknöpfen oder Tastern mit Darstellung der Zuwachsrichtung, getrennte Einstellung für Strom und Spannung, Kontrollleuchten für Betriebszustand, Stromannahme über 4-mm-Sicherheitsbuchsen	Kurzschlussfestigkeit, schutzisoliert, Überlastungs- und Überhitzungsschutz, Kontrollleuchten
Kühlung	Kühlkörper und/oder Lüfter	Rückwand	
Messleitungen	siehe unter Werkzeuge ‚Elektrotechnik/Elektronik'		
Kleps			
Krokodilklemmen			
Messleitungshalter			
Unterbringung	**Technikfachraum**		
Bei Neuanschaffung eines Netzgerätes für den Betrieb in Technikfachräumen sind Konformität mit passenden EG-Richtlinien und folgende Kennzeichnungen und Prüfzeichen gefordert: Typschild mit den Kenndaten der Maschine (u. a. Type, Maschinen-Nr., Baujahr, Hersteller); CE-Zeichen, GS-Zeichen, VDE-Zeichen. Zudem sollte das Netzgerät die EGB-Anforderungen zur Sicherheit elektronischer Bauteile (DIN EN 61 340-5-1) erfüllen Zur weiteren Erläuterung siehe ‚Vorbemerkung zur Ausstattungsliste Maschinen': Richtlinien und Normen.			
Herstellerempfehlung: Basetech, Voltcraft			

Tellerschleifmaschine (Werkstoffbearbeitung Holz, Kunststoff, NE-Metalle)

Teilsystem	Technische Anforderungen (Richtwerte)	Arbeitstechnische Anforderungen	Sicherheitstechnische Anforderungen
Maschinentisch	500 × 250 mm (L × B), Aluminium- oder Grauguss, gehobelt, mit T-Nuten zur Aufnahme von Anschlägen	schwenkbar bis 45° gegenüber Schleifteller, beidseitig hinter die Schleifscheibe reichend	bei schwenkbarem Maschinentisch Spalt zwischen Maschinentisch und Schleifteller ≤ 1 mm einstellbar
Maschinengehäuse und -ständer	möglichst geschlossene Stahlblechkonstruktion als Staubfangkasten ausgebildet, Absaugstutzen		
Schleifaggregat (Motor, Schleifteller, Schleifblatt)	Wechselstrommotor, 0,75 – 1 kW, direkt angetriebener Schleifteller, Aluminiumguss, verrippt und plangedreht	Schleifblätter mit Klettbefestigung oder aufklebbar mit wasserlöslichem Kleber	Motorbremse, Kennzeichnung der Drehrichtung am Gehäuse

Fortsetzung s. nächste Seite

Teilsystem	Technische Anforderungen (Richtwerte)	Arbeitstechnische Anforderungen	Sicherheitstechnische Anforderungen
Schleifblatt	Ø 250 – 305 mm	Schleifblätter Körnung 60, 80, 100	
Motor-Bedienungs-elemente	Druckschalter Ein/Aus, Not-Aus-Schalter, Unterspannungsauslöser	gefahrloses Betätigen vom Bedienungsplatz aus, unverwechselbar in Zuordnung und Schaltsinn, gute Erreichbarkeit	Ein-/Aus-Schalter abschließbar, Not-Aus nach DIN 31000/VDE 1000 und VDE 0113, Not-Aus-Schlagtaster sind Not-Aus-Drehschaltern vorzuziehen, Farbkennzeichnung roter Stellteil vor gelber Kontrastfläche, nach Entriegelung des Not-Aus kein selbstständiges Wiederanlaufen der Maschine, Unterspannungsauslöser
Quer- und Gehrungs-anschlag	mit Gratskala	robustes Führungsteil mit Hartholz- oder Aluminiumanschlag, verstellbar in zwei Richtungen jeweils um 45°, Gratskala gut ablesbar, sowie auch in Längsrichtung, schnelle Fixierung mittels Schnellspannhebel	in T-Nut des Auflagetisches geführt
Zubehör	Rundschleifeinrichtung	stufenlos einstellbar für unterschiedliche Radien von ca. 30 – 300 mm	in T-Nut des Auflagetisches geführt
Sicherheits-zubehör	Schutzbrille	verstellbar, Gläser austauschbar	DIN 58 211, Gläser unzerbrechlich, seitliche Schutzklappen
	Haarschutz	Kappe mit Schild, auf unterschiedliche Kopfgröße einstellbar	fester Sitz
	Sicherheitsaufkleber im unmittelbaren Maschinenumfeld		„Augenschutz benutzen" und „Haarschutz tragen" entspr. DIN EN ISO 7010
	Scheibenabdeckung	verstellbar und auf die Größe der nutzbaren Schleiffläche anpassungsfähig	sicherer Sitz der eingestellten Position
Aufstellung	**Technikfachraum** Tellerschleifmaschinen müssen nicht unbedingt stationär auf einer Werkbank oder auf einem Maschinenständer montiert, sondern können auch auf fahrbaren Werkbänken oder fahrbaren Bohrmaschinentischen (siehe auch „Mobiliar") mit feststellbaren Lenkrollen platziert werden. Bei Bedarf können sie vorgeholt und an günstiger Stelle aufgestellt werden.		Betrieb nur mit angeschlossener, zwangsgeschalteter Entstaubung
Bei Neuanschaffung einer Tellerschleifmaschine für den Betrieb in Technikfachräumen sind Konformität mit passenden EG-Richtlinien und folgende Kennzeichnungen und Prüfzeichen gefordert: Typschild mit den Kenndaten der Maschine (u. a. Type, Maschinen-Nr., Baujahr, Hersteller); CE-Zeichen, GS-Zeichen, BG-Prüfzeichen für Holzstaubprüfung (!), EN 691 (Holzbearbeitungsmaschinen, Gemeinsame Anforderungen). Zur weiteren Erläuterung siehe ‚Vorbemerkung zur Ausstattungsliste Maschinen': Richtlinien und Normen.			
Herstellerempfehlung: Hegner, Holzmann, Quantum, Record Power			

Tisch-Ständerbohrmaschine (Werkstoffbearbeitung Holz, Kunststoff, Metall)

Teilsystem	Technische Anforderungen (Richtwerte)	Arbeitstechnische Anforderungen	Sicherheitstechnische Anforderungen
Maschinentisch	200 × 300 mm (B × L), Grauguss, Oberfläche gehobelt, mit T-Nuten zur Aufnahme von Hammerschrauben		Kippschutz durch Befestigung der Bodenplatte auf der Werkbank oder fahrbarem Maschinentisch
Bohrtisch	200 × 300 mm (B × L), Grauguss, Oberfläche gehobelt, mit T-Nuten zur Aufnahme von Hammerschrauben, neigbar um +/- 45°	horizontal schwenkbar, Höhenverstellung über Handkurbel und Zahnstange, feststellbar mittels Schnellspannhebel	
Säule	Ø 60 - 80 mm		
Bohraggregat (Motor, Getriebe, Spindel)	Wechselstrommotor, 230 V/ 0,5 - 1,5 kW, Motordrehzahl stufenlos elektronisch regelbar oder Spindeldrehzahl über Stufen-Riemengetriebe in festen Drehzahl-Abstufungen, Pinolenhub ca. 70 mm, Spindelkonus MK 2	Drehzahlen zwischen 400 - 3000 U/min, Drehzahlschaubild oder digitale Drehzahlanzeige, Dauer-/ Normalbohrleistung 13/16 mm, Ausladung min. 180 mm, Bohrtiefe min. 60 mm	Stufengetriebe allseitig verdeckt, Verdeckung verriegelbar mit Sicherheitsschalter
Bohrfutter	Schnellspannbohrfutter, Spannbereich 1 - 16 mm	selbstspannend	Bohrfutter-Verdeckung bei Bohrbetrieb mit elektrischer Verriegelung zwangsgekoppelt. Wegklappen nur bei ausgeschalteter Maschine möglich.
Bohrspindel	Präzisionskugellager, Rundlaufgenauigkeit < 0,02 mm	Abstand Spindel-Bohrtisch ca. 350 mm, Abstand Spindel-Maschinentisch ca. 550 mm	
Motor-Bedienungselemente	Dreh- oder Druckschalter, Ein/Aus, Not-Aus-Schalter, Unterspannungsauslöser	gefahrloses Betätigen vom Bedienungsplatz aus, möglichst an der Maschinenfront, unverwechselbar in Zuordnung und Schaltsinn, gute Erreichbarkeit	Ein-/Aus-Schalter abschließbar, Not-Aus nach DIN 31 000/VDE 1000 und VDE 0113, Not-Aus-Schlagtaster an der Maschinenfront, Farbkennzeichnung roter Stellteil vor gelber Kontrastfläche, nach Entriegelung des Not-Aus kein selbstständiges Wiederanlaufen der Maschine, Unterspannungsauslöser
Vorschub	von Hand	Sterngriff	
	Bohrtiefenanzeige	Skala oder digitale Anzeige frontseitig	
	Bohrtiefenanschlag	Stellring oder Anschlag, einfach justierbar, an Skala oder digitaler Anzeige ablesbar	
Zubehör	passender Maschinenschraubstock, Grauguss, Spindel und Backen aus Stahl	Backenbreite 100 mm, Spannweite 90 mm, eine Backe glatt, eine Backe mit horizontalem und vertikalem Prisma,	Hammerschrauben zum Festspannen des Maschinenschraubstocks auf dem Bohrtisch

Fortsetzung s. nächste Seite

Teilsystem	Technische Anforderungen (Richtwerte)	Arbeitstechnische Anforderungen	Sicherheitstechnische Anforderungen
Zubehör	Spannvorrichtung zum Spannen planer Werkstücke auf Bohrtisch	stufenlos höhenverstellbar	
	Maschinenleuchte, LED-Licht mit Netztrafo, Haftmagnet	flexibler Schwanenhals	
	Positions-Laser (optional)		
	fahrbarer Bohrmaschinentisch oder fahrbare Werkbank		feststellbare Lenkrollen
Sicherheitszubehör	Schutzbrille	verstellbar, Gläser austauschbar	DIN 58 211, Gläser unzerbrechlich, seitliche Schutzklappen
	Haarschutz	Kappe mit Schild, auf unterschiedliche Kopfgröße einstellbar	fester Sitz
	Sicherheitsaufkleber im unmittelbaren Maschinenumfeld		„Augenschutz benutzen“ und „Haarschutz tragen“ entspr. DIN EN ISO 7010
Aufstellung	**Technikfachraum oder Maschinenraum** Die Einzelmaschinen müssen nicht unbedingt stationär auf einer Werkbank oder auf einem Maschinenständer montiert, sondern können auch auf fahrbaren Werkbänken oder fahrbaren Bohrmaschinentischen (siehe auch „Mobiliar“) mit feststellbaren Lenkrollen platziert werden. Bei Bedarf können sie vorgeholt und an zentralem Ort aufgestellt werden.		
Bei Neuanschaffung einer Tischbohrmaschine für den Betrieb in Technikfachräumen sind Konformität mit passenden EG-Richtlinien und folgende Kennzeichnungen und Prüfzeichen gefordert: Typschild mit den Kenndaten der Maschine (u. a. Type, Maschinen-Nr., Baujahr, Hersteller); CE-Zeichen, GS-Zeichen. Zur weiteren Erläuterung siehe ‚Vorbemerkung zur Ausstattungsliste Maschinen‘: Richtlinien und Normen.			
Herstellerempfehlung: Alzmetall, Bernardo, Flott, Maxion, Optimum			

Tischwalzenschleifmaschine (Werkstoffbearbeitung Holz, Kunststoff)

Teilsystem	Technische Anforderungen (Richtwerte)	Arbeitstechnische Anforderungen	Sicherheitstechnische Anforderungen
Maschinentisch	500 × 300 mm (L × B), Aluminium- oder Grauguss	höhenverstellbar, ohne zusätzliches Werkzeug	bei schwenkbarem Maschinentisch Spalt zwischen Maschinentisch und Schleifteller ≤ 1 mm einstellbar
Maschinengehäuse und -ständer	möglichst geschlossene Stahlblechkonstruktion als Staubfangkasten ausgebildet, Absaugstutzen		
Schleifaggregat (Motor, Schleifteller, Schleifblatt)	Wechselstrommotor, Riemenantrieb, Drehzahl ca. 1500 U/min	Schleifbänder mit Klettverschlussbefestigung an Schleifwalze, einfacher Wechsel	Motorbremse, Kennzeichnung der Drehrichtung am Gehäuse
Schleifband		Körnung 120 – 240	

Fortsetzung s. nächste Seite

Teilsystem	Technische Anforderungen (Richtwerte)	Arbeitstechnische Anforderungen	Sicherheitstechnische Anforderungen
Motor-Bedienungs-elemente	Kipp- oder Drehschalter, Ein/Aus, Not-Aus-Schalter, Unterspannungsauslöser	gefahrloses Betätigen vom Bedienungsplatz aus, unverwechselbar in Zuordnung und Schaltsinn, gute Erreichbarkeit	Ein-/Aus-Schalter abschließbar, Not-Aus nach DIN 31 000/VDE 1000 und VDE 0113, Not-Aus-Schlagtaster sind Not-Aus-Drehschaltern vorzuziehen, Farbkennzeichnung roter Stellteil vor gelber Kontrastfläche, nach Entriegelung des Not-Aus kein selbstständiges Wiederanlaufen der Maschine, Unterspannungsauslöser
Längsanschlag	über die gesamte Tischlänge, in Querrichtung verstellbar	Justierung mit Knebelschrauben oder Schnellspannhebeln	
Zubehör	Adapter für Saugschlauch-anschluss		
	Maschinenständer		
Sicherheits-zubehör	Schutzbrille	verstellbar, Gläser austauschbar	DIN 58 211, Gläser unzerbrechlich, seitliche Schutzklappen
	Haarschutz	Kappe mit Schild, auf unterschiedliche Kopfgröße einstellbar	fester Sitz
	Sicherheitsaufkleber im unmittelbaren Maschinen-umfeld		„Augenschutz benutzen" und „Haarschutz tragen" entspr. DIN EN ISO 7010
	Schleifhilfe 160 × 160 × 12 mm	rutschhemmender Belag	Handgriff
Aufstellung	**Technikfachraum** Walzenschleifmaschinen müssen nicht unbedingt stationär auf einer Werkbank oder auf einem Maschinenständer montiert, sondern können auch auf fahrbaren Werkbänken oder fahrbaren Bohrmaschinentischen (siehe auch „Mobiliar") mit feststellbaren Lenkrollen platziert werden. Bei Bedarf können sie vorgeholt und an zentralem Ort aufgestellt werden.		Betrieb nur mit angeschlossener, zwangsgeschalteter Entstaubung (Spezialsauger mit Einschaltautomatik)
Bei Neuanschaffung einer Walzenschleifmaschine für den Betrieb in Technikfachräumen sind Konformität mit passenden EG-Richtlinien und folgende Kennzeichnungen und Prüfzeichen gefordert: Typschild mit den Kenndaten der Maschine (u. a. Type, Maschinen-Nr., Baujahr, Hersteller); CE-Zeichen, GS-Zeichen, BG-Prüfzeichen für Holzstaubprüfung (!), EN 691 (Holzbearbeitungsmaschinen, Gemeinsame Anforderungen). Zur weiteren Erläuterung siehe ‚Vorbemerkung zur Ausstattungsliste Maschinen': Richtlinien und Normen.			
Herstellerempfehlung: Hegner			

Vakuum-Tiefziehmaschine (Werkstoffbearbeitung Kunststoff)

Teilsystem	Technische Anforderungen (Richtwerte)	Arbeitstechnische Anforderungen	Sicherheitstechnische Anforderungen
Gehäuse	geschlossene Stahlblechkonstruktion auf Gummipuffern, von Hand verfahrbares Heizaggregat auf zylindr. Führungen	Foliengröße 300 × 200 mm, Modellgröße ca. 150 × 240 × 30 mm, Modellhöhe ca. 100 mm, Materialstärke ≤ 6 mm	

Fortsetzung s. nächste Seite

Teilsystem	Technische Anforderungen (Richtwerte)	Arbeitstechnische Anforderungen	Sicherheitstechnische Anforderungen
Heizaggregat	keramische Heizelemente, 230 V/ca. 1200 W	Temperaturreglung per Prozent-Wahlschalter (0 – 100 %)	nach VDE-Richtlinien, gegen Berühren abgedeckt
Folien-positionierung	Niederhalter/Spannrahmen mit Silikondichtung	Befestigung per Schnellspann-hebel	
Vakuumpumpe	integriert, elektrisch	Bedienung an der Vorderseite der Maschine, Vakuumanzeige per Manometer	
Bedienungs-elemente	Ein-/Aus-Schalter für Heizaggre-gat und Vakuumpumpe, Dreh-knopf für Temperaturvorwahl	Kontrollleuchte für Temperatur-regelung an der Maschinenfront	Unterspannungsauslöser
	Formmodell-Lift per Handhebel		
Zubehör	Reduzierrahmen		
Sicherheits-zubehör	Schutzhandschuhe	wärmeabweisend	
	Aufkleber		Schutzhandschuhe tragen
Aufstellung	**Technikfachraum**		
Bei Neuanschaffung einer Vakuum-Tiefziehmaschine für den Betrieb in Technikfachräumen sind Konformität mit passenden EG-Richtlinien und folgende Kennzeichnungen und Prüfzeichen gefordert: Typschild mit den Kenndaten der Maschine (u. a. Type, Maschinen-Nr., Baujahr, Hersteller); CE-Zeichen, GS-Zeichen. Zur weiteren Erläuterung siehe ‚Vorbemerkung zur Ausstattungsliste Maschinen': Richtlinien und Normen.			
Herstellerempfehlung: CR Clarke, Schönwolff			

Werkstatt-Sicherheitssauger (Werkstoffbearbeitung Holz, Kunststoff, Metall, u. a.)

Teilsystem	Technische Anforderungen (Richtwerte)	Arbeitstechnische Anforderungen	Sicherheitstechnische Anforderungen
Motor	Wechselstrommotor 230 V/ 50 Hz, Luftdurchsatz ≥ 3700 l/min, Leistungsauf-nahme 1,5 – 2,0 kW	Unterdruck ca. 250 mbar	Antistatik-Ausstattung
Gehäuse	hochfester, schallabsorbieren-der Kunststoff	feste und lose Transportrollen, einfach zur Staubentleerung zu öffnen	
Behälter	Volumen 30 – 50 l Füllstands-anzeige oder akustisches Signal	Füllstandsbegrenzung	
Motor-steuerung	Ein-/Aus-Schalter, automatische Abschaltung bei Erreichen der max. Befüllungshöhe, automa-tische Kontrolle der Luftge-schwindigkeit	gut zugänglich unverwech-selbar in Zuordnung und Schaltsinn	
Ein-/Ausschalt-Automatik für externe Elektrogeräte	integrierte Gerätesteckdose	automatische Einschaltung der Absaugung bei Inbetrieb-nahme des Elektrowerkzeugs, Nachlaufautomatik	Zulassung für gesundheitlich schädliche Stäube der Klasse M und Holzstäube der Gefahren-klasse H2 (0,02 mg/m^3)
Schalldruck-pegel	< 60 dB(A)		

Fortsetzung s. nächste Seite

Teilsystem	Technische Anforderungen (Richtwerte)	Arbeitstechnische Anforderungen	Sicherheitstechnische Anforderungen
Filtersystem	Gewebe-Filtersack, Filterabreinigungssystem	zur Verwendung von Papiersäcken vorgesehen	Verwendungskategorie C, MAK-Wert 0,2 mg/m³ (max.), Filtermaterial elektrisch leitend, Kat. M
Behältervolumen	40 – 50 l		
Absaugschlauch	PU-Schlauch mit passenden Metall-/Kunststoffmanschetten		schwer entflammbar, elektrisch leitend
Zubehör	Führungsrohr, Boden-, Schrägrohr- und Maschinenreinigungsdüse		
Unterbringung	**Technikfachraum**		
Nutzungsbereich	gesamter Fachraumbereich		
Bei Neuanschaffung eines Werkstatt-Sicherheitssauger für den Betrieb in Technikfachräumen sind Konformität mit passenden EG-Richtlinien und folgende Kennzeichnungen und Prüfzeichen gefordert: Typschild mit den Kenndaten der Maschine (u. a. Type, Maschinen-Nr., Baujahr, Hersteller); CE-Zeichen, GS-Zeichen. Vor allem ist aber auf die Zulassung für das Aufsaugen gefährlicher Holz- und sonstiger Stäube zu achten (Gefahrenklasse H2/H3 und M). Zur weiteren Erläuterung siehe ‚Vorbemerkung zur Ausstattungsliste Maschinen': Richtlinien und Normen.			
Herstellerempfehlung: Alko, Metabo, Nilfisk			

Werkstoffschneidemaschine (Werkstoffbearbeitung Papier/Pappe/Folie)

Teilsystem	Technische Anforderungen (Richtwerte)	Arbeitstechnische Anforderungen	Sicherheitstechnische Anforderungen
Schneidetisch	Ganzmetall-Konstruktion mit Vorderanschlag, ausfahrbarer Seitentisch	nutzbare Tischfläche 800 × 605 mm, bei ausgeklapptem Seitentisch, Breite 890 mm, Schnittlänge 800 mm, Vorderanschlag mit Maßskala, stufenlos verstellbarer Rückanschlag auf Seitenschiene geführt mit Arretierschraube, Schmalschnitteinrichtung 1 – 10 mm, ausstellbare Papierstützen, Druckbalken über die gesamte Schnittlänge mit Fußbetätigung	
Tischgestell	Stahl-Vierkant-Profil	robust, ausgesteift für schwingungsfreies Schneiden	
Messer	Bogenmesser über die gesamte Schnittlang aus gehärtetem Qualitäts-Messerstahl, Untermesser dito	ergonomisch geformter Griff, Ober- und Untermesser nachschleifbar, Materialstärken bis 4 mm	transparente, hochbruchfeste Messerverdeckung über die gesamte Schnitthöhe und -länge, Messer abschließbar
Zubehör	Schnittandeutungs-Laser		

Fortsetzung s. nächste Seite

Teilsystem	Technische Anforderungen (Richtwerte)	Arbeitstechnische Anforderungen	Sicherheitstechnische Anforderungen
Aufstellung	**Technikfachraum**		Bei Aufstellung im Technikfachraum muss die Werkstoff-Schneidemaschine bei Nichtgebrauch abgeschlossen sein.
Bei Neuanschaffung einer Werkstoffschneidemaschine für den Betrieb in Technikfachräumen sind Konformität mit passenden EG-Richtlinien und folgende Kennzeichnungen und Prüfzeichen gefordert: Typschild mit den Kenndaten der Maschine (u. a. Type, Maschinen-Nr., Baujahr, Hersteller); CE-Zeichen, GS-Zeichen. Zur weiteren Erläuterung siehe ‚Vorbemerkung zur Ausstattungsliste Maschinen': Richtlinien und Normen.			
Herstellerempfehlung: Ideal, Dahle			

13 Zur Sicherheit in den Technikfachräumen

13.1 Grundsätzliche Überlegungen

Das Thema Sicherheit hat aus naheliegenden Gründen besondere Relevanz für den Technikunterricht. Daher war in den vorgehenden Kapiteln schon immer mal auch vom Thema Sicherheit im Zusammenhang mit der Anlage und Ausstattung der Fachräume die Rede. Die Bearbeitung von Material, die Benutzung von Werkzeugen und Maschinen, der Umgang mit Gefahrstoffen und elektrischer Energie und die oft von Betriebsamkeit geprägte Arbeitsatmosphäre in einer Werkstatt können bei unachtsamen Verhalten oder unzureichenden Sicherheitsausstattungen zu Unfällen oder anderen Gefährdungen der Schüler wie der Lehrer führen.

Damit diese Risiken möglichst minimiert werden, sind passive und aktive Maßnahmen gefordert. Die passiven Maßnahmen umfassen alles, was bauseitig vorgegeben und zu sicherheitsgerechten Ausstattungen bzw. Ausrüstungen der Räume beiträgt. Folglich sind sicherheitstechnischen Standards folgend Fachraumanlagen und -ausstattungen wichtige Voraussetzungen, das Unfallrisiko im Technikunterricht möglichst gering zu halten. Hierfür gibt es amtliche Vorgaben, Regeln und Normen, die in Bauvorschriften, Schulbaurichtlinien, DIN-Vorschriften, VDE-DIN-Vorschriften, DGUV-Regeln usw. niedergelegt sind.

Passive Sicherheitsmaßnahmen betreffen alle bauseitig installierten immobilen sowie alle mobilen Ausstattungsgegenstände, vom Fußbodenbelag über die Elektroinstallationen zur Möblierung, über das Sortiment der Werkzeuge und ihre Aufbewahrungssysteme, die Maschinen, die Lagereinrichtungen usw. Sie sollten, wo immer möglich, zertifiziert sein und dann entsprechende Sicherheitssiegel (CE, GS, TÜV, VDE) tragen. Dass entsprechend zertifizierte Anschaffungen getätigt werden und möglichst nur solche zum Einsatz kommen, dafür tragen die Schulleitung, der oder die Sicherheitsbeauftragte(n) und schließlich alle Lehrkräfte die Verantwortung, die in den Technikfachräumen tätig sind.

Aktive Sicherheitsmaßnahmen betreffen pädagogische Maßnahmen mit dem Ziel, bestimmte Verhaltensdispositionen Schülern und Lehrkräften anzubahnen, Verhaltensweisen, die es ihnen nachhaltig ermöglichen, im Umgang mit „Technik" umsichtig, verantwortungsvoll und verständig zu sein. Darüber hinaus geht es auch darum, einerseits ein rationales Verhältnis zur Technik zu entwickeln und andererseits die Fähigkeit zu erlangen, das der Technik innewohnende Gefahrenpotenzial zu erkennen, richtig einzuschätzen und sich insgesamt sicherheitsbewusst verhalten zu können. Das heißt, keine unbegründeten Ängste im Umgang mit der Technik aufzubauen und zugleich einem oberflächlichen, leichtsinnigen und somit unfallträchtigen Umgang mit technischen Einrichtungen entgegenzuwirken.

Dem Technikunterricht fällt so die besondere Aufgabe zu, nicht nur in die Welt der Technik einzuführen, indem er grundlegende technische Einsichten, Fähigkeiten und Fertigkeiten vermittelt und Schüler auf ein Leben in einer von Technik geprägten Welt vorbereiten hilft, sondern er ist auch ein Ort, in dem Schüler neben den offensichtlichen Vorteilen, die wir der Technik für unsere Lebensgestaltung verdanken, deren praktisches Gefahrpotenzial abschätzen lernen und zu reflektieren. Darauf bezogen bietet das Fachraumsystem das geeignete Ambiente, das als ein didaktischer Ort, als strukturierte Lernumgebung fungiert. Die vorfindlichen Räume und ihre Ausstattung haben (können haben) eine hohe sicherheitserzieherische Relevanz, wie auch die dort stattfindenden, sicherheitsrelevanten Aktivitäten, die nach festen, funktionsbestimmten Regeln verlaufen müssen, wenn sie die gewünschte Wirkung zeigen sollen. Solche funktionsbestimmten Regeln beziehen sich z. B. auf das Einhalten einer Werkstattordnung, die Art und Weise wie man sich mit spitzen oder scharfen Werkzeugen im Raum bewegt oder das Verständnis, dass ohne eine sorgfältige Einführung das Arbeiten an einer Bohrmaschine untersagt, weil zu gefährlich ist. Analog hierzu gilt auch für das Lehrpersonal, dass für die Benutzung der stationären und mobilen Maschinen ebenfalls ein zertifizierter Maschinenschein unabdingbare Vorschrift ist.

In der bereits angesprochenen, umfangreichen Broschüre „Richtlinien zur Sicherheit im Unterricht" empfiehlt die Kultusministerkonferenz der Länder Sicherheitsstandards für den Schulunterricht[1], wobei neben allgemeinen Grundsätzen auch detaillierte Aussagen zu einzelnen Fächern, so auch für den Technikunterricht, gemacht werden[2]. Speziell mit der Thematik „Sicherheit im Technikunterricht" befasst sich eine ganze Reihe von Veröffentlichungen. Die Unfallkasse NRW zeichnet als Herausgeber der Broschüre „Sichere Schule – Technik", in der viele und wesentliche Aspekte zur Sicherheit erfasst sind[3]. In der Zeitschrift ‚*tu*' hat HEINZ SCHLÜTER 2002 einen Beitrag zur „Sicherheit im Technikunterricht" veröffentlicht, der zwar als Auseinandersetzung mit dem Thema in Teilen aus der Sicht des Bundeslandes Schleswig-Holstein geschrieben wurde, jedoch als länderübergreifend gültig angesehen werden kann[4]. Einen besonderen Schwerpunkt legt SCHLÜTER auf Prävention und Lehrerfortbildung und beschreibt die Vorgehensweise in Schleswig-Holstein, Lehrer in speziellen Kursen fortzubilden und ihre Kenntnisse und Fertigkeiten an Holzbearbeitungsmaschinen auf einem aktuellen Sicherheitstand zu halten[5].

13.2 Sicherheitsrelevante Ausstattungen

Notfalltelefon[6]

Auch in Zeiten, in denen das Smartphone das Festnetztelefon zunehmend ablöst, ist an der Forderung festzuhalten, dass in den Räumen des Technikunterrichts ein Notfalltelefon installiert sein muss, dass allen Lehrkräften zugänglich ist. In unmittelbarer Nähe dazu sollten alle wichtigen Telefonnummern, Adressen und Namen derjenigen aufgeführt sein, die im Fall einer Notsituation/ eines Unfalls benachrichtigt werden müssen (schulinterne Ersthelfer, nächstgelegene Arztpraxen, Durchgangsärzte des Krankenhauses, Rettungsleitstelle, Giftzentralen, Taxi).

1 Kultusministerkonferenz 2016

2 a.a.O., S. 64-71

3 Unfallkasse Nordrhein-Westfalen 2008

4 Schlüter 2002, S. 22-26. Bei dem dort abgedruckten Verzeichnis von GUV-Vorschriften mit Bezug zum Technikunterricht haben sich inzwischen allerdings die Ordnungszahlen geändert. Es wird daher empfohlen, sich das jeweils neueste Druckschriftenverzeichnis (GUV-I 8540), das als PDF im Internet vorliegt, herunterzuladen, in dem sich die alten und neuen Bezeichnungen finden.

5 Siehe diesbezüglich auch die Initiativen der Berliner Arbeitslehre in Kapitel 12.

6 Siehe hierzu BAGUV 2003a.

Erste-Hilfe-Ausstattung

Da Werkstätten und Technikfachräume grundsätzlich als Orte besonderer Unfallgefährdung angesehen werden müssen, gehört ein vorschriftsmäßig ausgestatteter Erste-Hilfe-Verbandskasten[7] an gut erreichbare Stelle. Der Verbandskasten ist mit einem weißen Kreuz auf quadratischem oder rechteckigem grünen Grund (siehe Anhang II) zu kennzeichnen, ggf. sind auch noch entsprechende weiße Richtungspfeile ebenfalls auf grünem Grund innerhalb des Fachraumsystems anzubringen, die auf den Unterbringungsort des Verbandskasten hinweisen. Hinsichtlich Beschaffungsmöglichkeiten des Verbandskastens, Inhalt und Menge der bereitzustellenden Verbandsmaterialien gibt die GUV-Information „Erste Hilfe Material" detailliert Auskunft[8]. Verbrauchte oder abgelaufene Verbandsmittel müssen ergänzt werden. Eine Überprüfung des Bestandes ist in regelmäßigen Abständen durchzuführen und (!) zu dokumentieren. Entsprechend dem Medizinproduktgesetz müssen Verbandsmittel das CE-Zeichen tragen.

Für das vorschriftsmäßige Vorhandensein und Instandhalten der Erste-Hilfe-Ausstattungen tragen die Schulleitung bzw. für diese Aufgabe delegierte Personen die Verantwortung.

13.3 Ausstattungen zum sicheren Arbeiten an Holzbearbeitungsmaschinen

Bei Arbeiten an schnelllaufenden Maschinen, bei denen wie bei den Holzbearbeitungsmaschinen der Materialvorschub per Hand erfolgt, ist ein potenziell erhöhtes Unfallrisiko gegeben. Um dieses zu minimieren, gibt es eine Reihe von mobilen, nicht mit der Maschine verbundenen Vorrichtungen, die ein Arbeiten außerhalb des Gefahrenbereichs des Werkzeugs ermöglichen. In erste Linie geht es hier um sogenannte maschinenspezifische Sicherheitstafeln, die mit den erforderlichen Sicherheitsvorrichtungen bestückt und speziell für den Einsatz in der Schule konzipiert sind. Sie stellen alle relevanten Sicherheitsvorrichtungen übersichtlich angeordnet und sicher verwahrt bereit. Diese Sicherheitstafeln bzw. -pakete sollten unbedingt bei Anschaffung einer Maschine mitbestellt werden und möglichst in ihrer unmittelbaren Nähe angebracht werden.

Im Einzelnen gehörig:

- zur Kreissägemaschine:
  Schiebestock, Abweiskeil, Zuführlade, Stoßholz, Gehörschutz, Schutzbrille (Abb. 13/1)
- zur Dicken- und Abrichthobelmaschine:
  Stoßholz, Zuführlade, Gleitmittel, Gehörschutz, Schutzbrille (Abb. 13/2, S. 264)

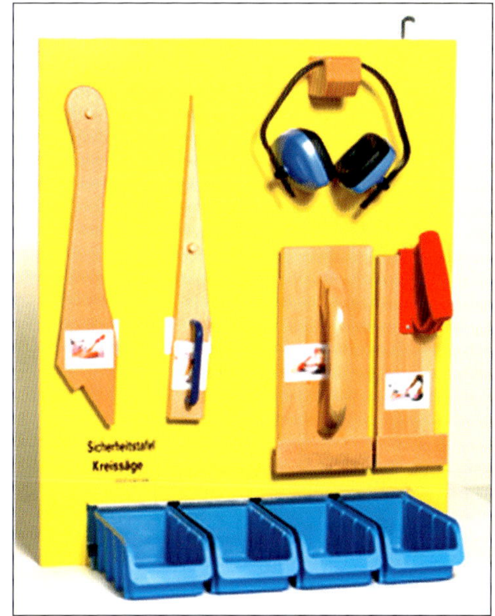

13/1 Sicherheitstafel „Kreissägemaschine" (Weba)

[7] Nach DIN 13157 Typ C

[8] Siehe hierzu BAGUV 1998a

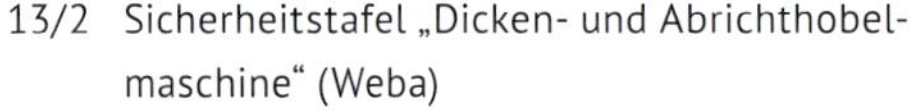

13/2 Sicherheitstafel „Dicken- und Abrichthobelmaschine“ (Weba)

13/3 „Sicherheitstafel Bandsäge“ (Weba)

- zur Bandsäge:
  Kreisschneideeinrichtung, Anstellwinkel, Zuführlade, Führungsrinne für Rund- und Vierkantleisten, Rundholzschneideinrichtung, Gehörschutz, Schutzbrille (Abb. 13/3)

Ein besonderes Problem stellt das Einspannen von Materialien beim Bohren dar, insbesondere wenn es sich um flächige und solche mit unregelmäßigem Umriss handelt. Der Maschinenschraubstock erweist sich dann meist als ungeeignet. Hierfür empfehlen sich spezielle Einspannvorrichtungen, die einfach zu handhaben sind, ein sicheres Spannen ermöglichen und das Bohren unterschiedlicher Zuschnitte zulassen. Zu achten ist dabei darauf, dass sie über ein austauschbares Einlegebrett (Opferbrett) verfügen, sodass Durchgangsbohrungen ohne Beschädigung der Spannvorrichtung durchgeführt werden können. Schließlich sollten Griffelemente ein sicheres Positionieren und Halten der Bohrvorrichtung ermöglichen (Abb. 13/4).

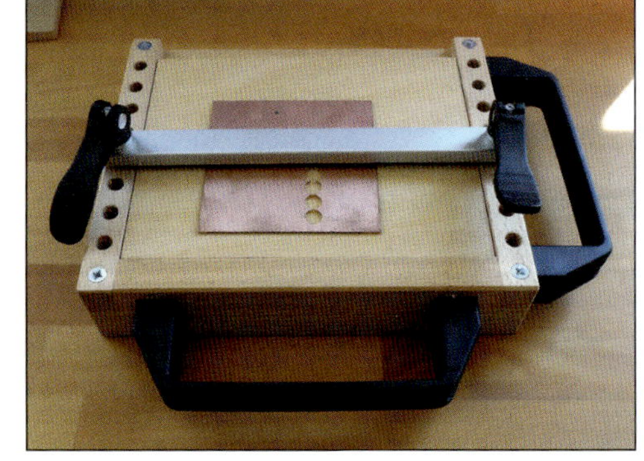

13/4 Einspannvorrichtung mit Anschlag für flache Materialien (Famos)

Die mit den Maschinen fest verbundenen Sicherheitseinrichtungen sind unter deren detaillierten Beschreibungen in Kapitel 12 aufgeführt.

13.4 Ausstattungen für den Brandfall

Zur Standardausstattung eines Technikfachraums gehören schließlich noch ein tragbarer Feuerlöscher zur Bekämpfung von Bränden und eine Feuerlöschdecke nach DIN EN 1869 zur Bekämpfung von Fett- und Kleiderbränden. Bezüglich der Anschaffung und Aufstellung lässt man sich am besten von der örtlichen Feuerwehr beraten.

13.5 Fluchttüren und Kennzeichnung der Fluchtwege

Fachräume für den Technikunterricht gelten als Räume mit erhöhter Brandgefahr und müssen dementsprechend mit zwei sicheren Fluchttüren ausgestattet sein, die deutlich und dauerhaft gekennzeichnet sein müssen (siehe Anhang II). Sie sollten sich in Fluchtrichtung öffnen lassen, dürfen nicht zugestellt oder blockiert sein. Sie müssen sich von innen leicht und ohne Schlüssel öffnen lassen. Abgeschlossene Fluchttüren mit einem daneben befindlichen Schlüsselkasten mit Einschlagglas, wie man sie früher des Öfteren antraf, sind nicht mehr zulässig. Stattdessen werden heute Fluchttüren mit sogenannten Panikverschlüssen ausgestattet (Abb. 13/5)[9]. Liegen die Fachräume im Erdgeschoss, kann eine Fluchttür durch ein entsprechend gekennzeichnetes Fenster ersetzt werden, das dann einen vollwertige Fluchtmöglichkeit darstellt.

13/5 Fluchttür mit Panikbeschlägen (ECO-Schulte)

13.6 Maschinen- und Gerätekennzeichnungen und Regelgeber

Den Deutschen wird nachgesagt, dass sie in besonderem Maße „verordnungsaffin" seien und wenn man sich in den Dschungel aller der Schriften begibt, die rechtsverbindliche Vorschriften für die Schule, den Unterricht und nicht zuletzt für den Fachunterricht beinhalten, dann kann man diesen Eindruck sehr wohl gewinnen. Man sollte aber auch für derartige Bemühungen, Sicherheitsstandards korrekt und ausführlich zu definieren, Verständnis aufbringen, da es sich bei der Klientel, für die diese Vorschriften maßgeblich sind, schließlich um Schutzbefohlene, Schüler wie Lehrer, in der Obhut staatlicher Institutionen handelt. Hierbei kann das Schutzniveau gar nicht hoch genug angesiedelt sein. Zudem müssen die Vorschriften für den Fall ihrer Missachtung rechtsfest formuliert sein.

Im Besonderen geht es auch um den Schutz der Lehrer als Arbeitnehmer. Für seinen Arbeitsplatz gilt gleichermaßen, dass eine Gefährdung seiner Gesundheit ausgeschlossen sein muss. Für den Techniklehrer gilt das in besonderem Maße, da sein Arbeitsplatz ein spezielles Gefährdungspotenzial beinhaltet, dass nicht allein durch sicherheitsrelevantes Verhalten minimiert wird, sondern wesentlich auch durch eine Lehrumgebung, die den bekannten Sicherheitsstandards genügt. Die in Richtlinien und Verordnungen formulierten Sicherheitsstandards zu kennen, gehört unseren Erachtens zu den Aufgaben eines verantwortlich handelnden (Technik-)Lehrers.

9 Stand der Technik ist hierbei die DIN-Norm DIN EN 1125.

Im Folgenden kommen wir ergänzend noch einmal auf die Gerätekennzeichnungen und Regelgeber zurück.

13.6.1 CE-Logo

Die Kennzeichnung mit dem CE-Zeichen, so die Forderung, sollte sich auf den meisten Produkten, die zur Ausstattung von Technikfachräumen gehören, befinden, sofern sie nach dem 7. Mai 1985 in den Verkehr gebracht wurden (Abb. Seite 220). Das CE-Logo[10] gründet auf der EU-Verordnung 765/2008 und steht für europäische Harmonisierungsmaßnahmen. Es drückt aus, dass ein Hersteller bzw. ‚Inverkehrbringer' dafür bürgt, „dass das Produkt den geltenden Anforderungen genügt, die in den Harmonisierungsrechtsvorschriften der Gemeinschaft über ihre Anbringung festgelegt sind." Eine missbräuchliche Verwendung wird mit Sanktionen geahndet.

Die CE-Kennzeichnung ist demnach ein Verwaltungszeichen, das die Übereinstimmung mit allen auf EU-Richtlinien beruhenden, gültigen Produktsicherheits- und Gesundheitsanforderungen zum Ausdruck bringt. Die CE-Kennzeichnung bestätigt die vollständige Einhaltung dieser Richtlinien.

Das CE-Logo wird vom Hersteller aufgebracht, der die zutreffenden EU-Richtlinien zu beachten hat. In bestimmten Fällen wird eine zu „benennende Stelle"[11] zur Konformitätsbeurteilung herangezogen. Mit dem CE-Logo versehene Produkte dürfen in allen der EU angehörenden Ländern in den Verkehr gebracht bzw. in Betrieb genommen werden. Die Kennzeichnung besteht aus dem CE-Logo, (gegebenenfalls) in Verbindung mit der vierstelligen Kennnummer der beteiligten „Benannten Stelle", die mit der Prüfung der Konformität befasst war.

13.6.2 GS-Siegel

Mit dem GS-Siegel (Geprüfte Sicherheit) bescheinigt der Hersteller, das sein Produkt den Normen des Produktsicherheitsgesetzes[12] entspricht (Abb. Seite 221). Im Gegensatz zur CE-Kennzeichnung ist die GS-Zertifizierung freiwillig, jedoch staatlich reglementiert und nur in Deutschland gebräuchlich. In gewisser Hinsicht läuft das Beharren auf dem GS-Zeichen den Harmonisierungsbemühungen der EU-Kommission zuwider, jedoch deckt die CE-Zertifizierung nicht alle Aspekte des GS-Zertifikats ab, was bisher seine Beibehaltung begründet. Produkte, die das GS-Siegel tragen, unterliegen einer kontinuierlichen Kontrolle (Fertigung, Qualität, Endproduktprüfung). Bei relevanten Produktänderungen, die der Hersteller an die Prüfstelle melden muss, ist eine erneute Baumusterprüfung erforderlich. Als Prüfstelle kann z. B. der TÜV fungieren. Für das staatlich geregelte GS-Zertifikat sind in erster Linie die Aspekte der Sicherheit und des Gesundheitsschutzes von Belang. Für Produkte wie Möblierung, Maschinen, Handwerkzeuge, elektrische Geräte usw., die im Technikunterricht in Benutzung sind, empfiehlt es sich daher, auf das Vorhandensein des GS-Siegels zu achten.

[10] „CE" stand anfänglich (1985) für „Communauté Européenne", „Comunidad Europea", „Comunidade Europeia" und „Comunità Europea", auf Deutsch „Europäische Gemeinschaft" (EG).

[11] Es handelt sich hierbei um staatlich benannte und staatlich überwachte private Prüfstellen (Auditier- und Zertifizierungsstellen), die im Staatsauftrag tätig werden.

[12] Dieses Gesetz legt die Anforderungen hinsichtlich der Gewährleistung des Schutzes von Sicherheit und Gesundheit von Personen fest.

13.6.3 TÜV-Siegel

TÜV steht für Technischer Überwachungsverein, der als eingetragener Verein des öffentlichen Rechts organisiert ist und im staatlichen Auftrag technische Sicherheitskontrollen durchführt. Damit übernimmt er hoheitliche Aufgaben. Am bekanntesten ist der TÜV durch die Kfz-Hauptuntersuchung, auf die der TÜV früher ein Monopol hatte. Heute gibt es zusätzliche private Prüfunternehmen. Die einzelnen Überwachungsvereine sind regional gegliedert (TÜV-Süd, -Hessen, -Nord, -Thüringen, -Rheinland, -Saarland). Sie sind im VdTÜV (Verband der Technischen Überwachungsvereine) zusammengeschlossen. TÜV-geprüfte Produkte tragen das TÜV-Siegel mit dem jeweiligen Regionalzusatz. Für das TÜV-Siegel gibt es keine einheitliche Vorgaben (Ausnahme die TÜV-Plakette der Kfz-Hauptuntersuchung), häufig erscheint es zusammen mit dem GS-Zeichen, wenn der TÜV die Prüfstelle war (Abb. Seite 222).

Im Zusammenhang mit dem Technikunterricht ist mit dem TÜV-Siegel versehenen Produkten der Vorzug zu geben, weil so zum Ausdruck kommt, dass sie auf technische Sicherheit überprüft worden sind.

13.6.4 VDE-Zeichen

VDE steht für den europaweiten Verband der Elektrotechnik, Elektronik und Informationstechnik, der wissenschaftliche Produktforschung, Normung und Produktprüfung unter einem Dach vereint.

Daneben existiert die DKE (Deutsche Kommission Elektrotechnik Elektronik Informationstechnik), die für die elektrotechnische Normung in Deutschland zuständig ist und Normen und Sicherheitsbestimmungen für die Elektrotechnik, Elektronik und Informationstechnik erarbeitet. Elektrotechnische Maschinen, elektronische Geräte, die auf dem deutschen Markt vertrieben werden, müssen das VDE-Zeichen (Abb. Seite 222) des VDE-Zertifizierungs- und Prüfinstituts tragen. Es bedeutet, dass das Gerät in elektrischer, elektromechanischer und toxischer Hinsicht geprüft, die Prüfung bestanden und zertifiziert wurde. Die VDE Global Services GmbH des VDE-Instituts nimmt Prüfungen und Zertifizierungen weltweit vor. Eine Liste der VDE-Normen findet man im Internet[13]. In ihr sind praktisch alle technischen Sachverhalte der Elektrotechnik, Elektronik und Informationstechnik aufgeführt und entsprechend normiert.

Für die elektrischen Ausstattungen des Technikunterrichts ist die VDE-Zertifikation von großer Bedeutung, da elektrische Bauteile oder Geräte ohne derartige Zertifikation gar nicht erst in Gebrauch genommen werden dürfen. Neben dem deutschen VDE-Zeichen, finden sich oft noch andere Länderzeichen auf Elektrogeräten, so beispielsweise das europäische Sicherheitszeichen (Abb. 13/6 a)[14], das schweizerische ESTI-Zeichen (Eidgenössisches Starkstrominspektorat) (Abb. 13/6 b), das ebenfalls schweizerische SEV-Konformitätszeichen des Verbandes Electrosuisse (Abb. 13/6 c), (S. 268), das österreichische Sicherheitszeichen des OVE (Abb. 13/6 d), (S. 268)

13/6 a) Europäisches Sicherheitszeichen (Wikipedia)

13/6 b) Schweizer ESTI-Zeichen (Wikipedia)

[13] Zu den VDE-Notationen gibt es teilweise schon entsprechende europäische DIN-Notationen, was aufzeigt, dass viele Normenwerke des VDE inzwischen in europäische Normen übernommen wurden. Viele VDE-Normen firmieren mit gleicher Notation auch als DIN-Normen (DIN VDE-Norm)

[14] Die zugeordnete Zahl weist die Prüfstelle aus (10 = VDE).

13/6 c) Schweizer Konformitätszeichen, Electrosuisse

d) Prüfzeichen des Österreichischen Verbands für Elektrotechnik (Wikipedia)

e) Norwegisches Sicherheitszeichen NEMKO (NEMKO)

(Österreichischer Verband für Elektrotechnik) oder das norwegische Sicherheitszeichen NEMKO (Prüfzeichen der Norges Elektriske Materiellkontroll) (Abb. 13/6 e)[15].

Prüfzeichen sollen eigentlich mehr Sicherheit geben, was sowohl für die deutschen als auch für die europäischen zutrifft. Im Zuge der Globalisierung kommen Waren aus aller Herren Länder zu uns, die oft unbekannte Prüfzeichen tragen. Leider finden auch immer wieder Markenfälschungen zu uns, deren Prüfzeichen entsprechend wertlos sind. Diese zu beobachtende Inflation echter und gefälschter, echten ähnlich sehender Prüfzeichen bewirkt eher das Gegenteil von Sicherheit.

Für die Sicherheits-Wiederholungsprüfung ortsveränderlicher elektrischer Betriebsmittel, auch die für den Technikunterricht, schlägt die DGUV einen Eckwert von 12 Monaten vor[16]. Geprüft werden Geräte, Maschinen und Zuleitungen[17] durch entsprechendes Fachpersonal. Die Sicherheitsprüfung muss dokumentiert werden, das geprüfte Gerät erhält eine Prüfplakette, aus der der nächste Prüftermin hervorgehen sollte (vergleichbar der Kfz-Prüfplakette). Für die Einhaltung der Fristen für die regelmäßige Sicherheitsprüfung ist die Schulleitung verantwortlich. Die Delegation derartiger Aufgaben, z. B. an einen Sicherheitsbeauftragten ist möglich.

13.6.5 Unfallkassen/GUV

Beschäftigt man sich mit Sicherheitsfragen rund um den Technikunterricht, kommt man an den Unfallkassen der Länder nicht vorbei[18]. Sie übernehmen wichtige Aufgaben, insbesondere in der Unfallverhütung und Unfallversicherung. Der Aufgabe der Prävention kommen die Unfallkassen auch dadurch nach, dass ihnen die Überwachung der Einhaltung der Vorschriften zum Arbeits- und Gesundheitsschutz obliegt und sie Unfallverhütungsvorschriften für ihre Versicherten erlassen. Dabei beteiligen sie sich auch an der Erarbeitung von Normen und Regelsetzungen zum Unfall- und Gesundheitsschutz. In Bezug auf die Schule arbeiten sie in mit den obersten Schulbehörden der Länder zusammen.

[15] Weitere internationale Sicherheitszeichen finden sich unter https://www.salzburg.gv.at/gesellschaft_/Documents/5-txt-pk-erklaerung-sicherheitszeichen.pdf (18.07.2017).

[16] Näheres hierzu: DGUV 2007

[17] Darunter zählen: „Lötkolben, Dekupiersägen, Handbohrmaschinen, Schwingschleifer, Standmaschinen zur Holzbearbeitung, Verlängerungs- und Geräteanschlussleitungen usw." (a.a.O., S. 14).

[18] Die Unfallkassen der Länder sind die gesetzlichen Unfallversicherungsträger der Kommunen und der Länder. Sie sind u. a. zuständig für Arbeits- und Schulunfälle in Schulen. Versichert sind bei ihnen u.a. alle Schüler. Unfallkassen sind Körperschaften des öffentlichen Rechts. Ihre Aufgaben sind gesetzlich geregelt, die sie unter staatlicher Aufsicht eigenverantwortlich durchführen. In die Landesunfallkassen sind deren vormaligen Gemeindeunfallversicherungsverbände eingegangen.

GUV steht für „Gemeindeunfallversicherungsverband", einstmals als Träger der gesetzlichen Unfallversicherung in den Ländern. Diese Aufgabe ist inzwischen an die Unfallkassen übergegangen. Als Dachverband der Landesunfallkassen fungiert die DGUV (Deutsche Gesetzliche Unfallversicherung), unter deren Dach auch die Berufsgenossenschaften, einige Feuerwehr-Unfallkassen und die Unfallversicherung von Bund und Bahn versammelt sind[19]. Dieser kurze Abriss soll lediglich erklären, warum so viele Regelwerke, Richtlinien und Informationen, die sich mit Sicherheitsfragen in der Schule und für den Technikunterricht befassen, als Herausgeber die genannten Institutionen haben. Zudem findet man einschlägige Schriften vielfach auch unter der Herausgeberschaft der jeweiligen Landesunfallkasse. Sehr viele Schriften tragen nach wie vor die Notation GUV mit einem anschließenden Zifferncode (z. B. GUV-V A1: „Unfallverhütungsvorschrift. Prävention").

Die Unfallkassen sind neben der Gewährung von Versicherungsschutz insbesondere für ihre Beratungs- und Überwachungstätigkeit in Sachen der Unfallverhütung und des Gesundheitsschutzes interessant. Sie erfüllen die Aufgaben einerseits durch die Möglichkeit der Inaugenscheinnahme und Beratung vor Ort, anderseits durch die Herausgabe von Regelwerken, Vorschriften und Informationsbroschüren zu allen einschlägigen Fragen und Problemen des Unfall- und Gesundheitsschutzes. Eine für den Technikunterricht relevante Auswahl findet sich am Ende dieses Buches.

19 Entnommen der Homepage der DGUV (http:/www.dguv.de am 30.08.2017)

14 Aktive Sicherheitsmaßnahmen

14.1 Grundsätzliche Überlegungen

Neben den im vorherigen Kapitel geschilderten passiven sicherheitstechnischen Maßnahmen kommt man nicht umhin, auch aktive Sicherungsmaßnahmen ins Auge zu fassen. Ohne eine systematische Vermittlung bzw. Aneignung von sicherheitsbezogenem Wissen und ohne das Fördern von Einstellungen und Handlungsbereitschaft in Gefahrensituationen, die sich im Technikunterricht ergeben können, ist das Ziel der Anbahnung eines sicherheitsgerechten Verhaltens in technikbedingten Gefahrensituationen, wie sie in der Praxis nun einmal auftreten können, nicht zu erreichen. Dieses betrifft gleichermaßen Schüler wie auch das Lehrpersonal, bei dem trotz aller Erfahrung und dem Bemühen um vorbildlichen Verhaltens, dennoch jedwedes Sicherheitsrisiko nicht einfach ausgeschlossen werden kann.

Das eigentliche Ziel jeder schulischen Sicherheitserziehung ist immer erst dann erreicht, wenn das erlernte Sicherheitsverhalten auch in anderen technikbestimmten Gefahrensituationen außerhalb des pädagogischen Schonraums der Schule erfolgreich Anwendung findet.

14.2 Sicherheitserziehung

„Bei den Bemühungen um die Schaffung eines Sicherheitsbewusstseins bei jungen Menschen kommt dem Technikunterricht aufgrund seiner Struktur und seiner Beziehung zur Technik eine bedeutende Aufgabe zu, der er auch gerecht werden kann.“ [1] Technikunterricht ist folglich praktizierte Sicherheitserziehung in bestimmter fachlicher Ausrichtung. Sie erfolgt in den allermeisten Fällen nicht als isoliertes Unterrichtsvorhaben, sondern ist integraler Bestandteil vieler Unterrichtssituationen und somit auch eine Sicherheitserziehung als Prinzip. Die dahinterstehenden Zielsetzungen sind (und an denen auch andere Fächer mit eigenen fachlichen Schwerpunkten mitwirken), Unfallsituationen erkennen und einschätzen zu lernen, auf diese Weise Unfälle verhindern bzw. Unfallfolgen reduzieren zu können und damit die grundgesetzlich fixierte und auch in Schulgesetzen niedergelegte körperliche Unversehrtheit aller Betroffenen weitmöglichst zu gewährleisten.

Sicherheitserziehung in der allgemeinbildenden Schule ist bekanntlich nicht in einem eigenen Fach beheimatet, sondern als ein Anliegen verschiedener Fächer, fächerübergreifend und teilweise auch vernetzt organisiert [2].

Sicherheitserziehung wird allgemein als Erziehung zum Schutz von Personen verstanden. Sie trägt dazu bei, sicherheitsrelevante Handlungsfähigkeit, Mündigkeit und Verantwortungsfähigkeit gegenüber der eigenen Person und der Gesellschaft (Mitschüler, Schulgemeinschaft) anzubahnen. Sicherheitserziehung im Technikunterricht zielt in erster Linie auf die Sicherheit und körperliche Unversehrtheit der Person im Kontakt mit Technik ab. Wir haben es aber auch mit Sachschäden und deren Vermeidung zu tun, die zwar meist nicht als Unfall bewertet werden, jedoch eigentlich auch

1 Vollmer 1984, S. 180

2 Zu nennen wären neben dem Technikunterricht in der Hauptsache: Sport, Verkehrsunterricht, Sachunterricht, die naturwissenschaftlichen Fächer, Kunst.

in die Kategorie Unfall zählen. Das gemeinsame Merkmal nach G. KLIEMT und K. H. DIEKERSHOFF ist „... nämlich das unkontrollierte Freisetzen potenziell verletzungs- und schadensbewirkender Energie ..."[3] Beispiele hierfür sind: Ein Hammer fällt von der Werkbank auf den Fuß eines Schülers, der eine Verletzung davonträgt oder der Hammer fällt auf den Boden und beschädigt diesen; ein Autounfall mit Personenschaden oder nur Sachschaden. Im Fall des beschädigten Bodens wird landläufig nicht von einem Unfall gesprochen, beim Sachschaden mit einen Auto sehr wohl. In beiden Fällen handelt es sich aber um das gleiche Phänomen, der unkontrollierten Freisetzung von Energie. Für die Sicherheitserziehung müssen wir des Weiteren von einem Unfallbegriff ausgehen, der sowohl den eingetretenen Unfall als auch den „Beinahe-Unfall" ohne Personen- oder Sachschaden betrifft. Unter sicherheitspädagogischen Gesichtspunkten ist diese Weiterung des Unfallbegriffs wichtig, denn auch wenn eine brenzliche Situation „gerade noch mal gutgegangen ist", kann und sollte sie doch auch im Unterricht thematisiert werden. Es hätte ja auch anders ausgehen können.

Sicherheitserziehung im Technikunterricht muss demnach einen erweiterten Unfallbegriff vermitteln, um potenzielle Unfallgefahren in ihrer Gesamtheit zu erfassen; als eine grundlegende Voraussetzung für sicherheitsgerechtes Verhalten.

Wenn es um die Feststellung von Unfallursachen geht, hört man sehr oft, dass „menschliches Versagen" bzw. „menschliches Fehlverhalten" die Ursache gewesen sei. In Wirklichkeit ist die Unfallursache meist eine „Kombination von Ursachenfaktoren"[4], die nur in vollständiger Abfolge zum Unfall führen. Wenn man das Beispiel mit dem Hammer etwas erweitert, wird das schnell klar: Der Hammer wurde am Ende des Unterrichts nicht weggeräumt und wird beim Aufstuhlen heruntergestoßen und fällt einem Schüler auf den Fuß. Es kommt schließlich zu einem Personenschaden. Die Ursachenfaktoren sind: der vergessene Hammer, das Aufstuhlen, das dadurch bedingte Herunterstoßen des Hammers, der in der Falllinie befindliche Fuß des Schülers. Fehlt nur ein Ursachenfaktor, kommt es nicht zum Unfall. Das Bewusstmachen solcher Ursachenketten kann dazu beitragen, Unfallgefahren zu erkennen und einem Unfall vorzubeugen und nicht erst zu reagieren, „wenn der Hammer den Fuß getroffen hat". In der Rekonstruktion des Unfalls und der Aufdeckung seiner Ursachenfaktoren haben L. FAST und M. SCHULZ[5] eine fachbezogene analytische Methode, den „Ursachenbaum", identifiziert und beschrieben, die eine rationale Aufarbeitung erlaubt und somit des Unfallgeschehen nicht als unabwendbares Ereignis erscheinen lässt.

Dies setzt voraus:
- Wissen um Unfallgefahren in technikbestimmten Situationen
- Fähigkeit zum Erkennen von unfallträchtigen Situationen
- Kenntnis von Maßnahmen zur Gefahrenbewältigung
- Bereitschaft zu sicherheitsadäquatem Verhalten

Das wird erreicht durch:
- Lernumgebung mit Vorbildcharakter
- Angeleitete Praxis zu sicherheitsgerechtem Handeln
- Gezielte Unterweisung zu Unfallgefahren und Unfallgeschehen
- Anbahnen von sicherheitsrelevanten Einstellungen und Haltungen

3 Kliemt/Diekershoff 1978, S. 20
4 Vgl. Gottschalk/Gürtler 1959, S. 7
5 Vgl. Fast/Schulz 1998, S. 31-35

Sicherheitserziehung generell und insbesondere im Technikunterricht setzt auf Prävention und die Befähigung des Schülers, unfallträchtige Situationen zu erkennen, deren Folgen zu antizipieren und angemessen zu handeln, sprich Unfälle zu vermeiden. Das kann dadurch geschehen, dass er in der Lage und Willens ist, die Gefahr zu beseitigen (z. B. durch Wegräumen einer Stolperstelle im Verkehrsbereich), dass er der Gefahr nicht nahekommt (z. B. das Betretungsverbot des Maschinenraum beachtet), Ver- und Gebotsschilder beachtet (z. B. nicht im Technikfachraum herumtollt) oder, ohne dass bereits eine Gefahr in Verzug ist, sich durch Schutzausrüstungen wappnet (z. B. benutzen einer Kappe und Schutzbrille an der Bohrmaschine).

Die für reale technische Lebenssituationen stehende, didaktisch aufbereitete Lernumgebung gibt zahlreiche Anlässe zu sicherheitserzieherischen Aktivitäten. Im tätigen Umgang mit dieser Lernumgebung, mit Werkzeugen, Maschinen und Materialien, im Zusammenwirken mit anderen Schülern auf relativ kleinem Raum ist das Befolgen von zahlreichen Sicherheitsregeln unumgänglich. Auch das Nichtbefolgen zeigt dann oft recht schnell unerwünschte Konsequenzen, indem es zu Beschädigungen von Werkstücken und Fachraumeinrichtungen und im unglücklichsten Fall zu Verletzungen von Schülern führt. Glücklicherweise ist die Zahl der gemeldeten, meldepflichtigen Unfälle im Technikunterricht verschwindend klein [6], was auf eine gute, funktionierende Prävention (passiv wie aktiv) schließen lässt.

Wie schon weiter oben angedeutet, sollte sich die Aufgabe der Sicherheitserziehung allerdings nicht allein auf die Unfallverhütung und Prävention im Technikunterricht beschränken, sondern ihre Aufgabe ist viel grundsätzlicher zu sehen, als Schärfung des Sicherheitsbewusstseins von Schülern zur sicheren Teilhabe an ihrer durch Technik geprägten Lebensumgebung. Es gilt nämlich, die alltäglichen Herausforderungen zu meistern, die ein ständiger Kontakt mit einer technischen Umgebung hervorruft, die insbesondere im Verkehr, aber auch im privaten Haushalt, bei Freizeitaktivitäten oder eben auch in der Schule auf die Schüler zukommen.

Ein Blick in die einschlägige Schulbuchliteratur zum Technikunterricht zeigt, dass das Thema Sicherheitserziehung im Technikunterricht inzwischen wieder verstärkt angesprochen wird [7]. Dort finden sich vor allem Hinweise zum unfallfreien Arbeiten im Zusammenhang mit Fertigungs- und Konstruktionsprozessen, zur Ordnung und zum Verhalten in Technikfachraum, zu Gefahren im Umgang mit Gefahrstoffen, Elektrizität, Wärmequellen, Maschinen und Werkzeugen. Weitere Themen sind Rettungshilfen, Sicherheitszeichen, sachgerechtes Entsorgen von lösungsmittelhaltigen Materialien, Sammeln von Wertstoffen, Werkstattordnung und Ämterplan. Insgesamt wird in der Hauptsache auf die Sicherheit im Technikfachraum und auf möglichst unfallverhütendes Arbeiten im Unterricht Wert gelegt. Den unmittelbaren Unterrichtsanlass übergreifendes, sicherheitsgerechtes Handeln und Verhalten in einer durch Technik geprägten Umwelt ist dagegen kein Thema, obwohl sich dieses doch geradezu aufdrängt [8].

Im Zusammenhang der Thematik dieses Buchen bieten sich die folgenden inhaltlichen Schwerpunkte mit sicherheitserzieherischer Relevanz an:

6 Etwa im Unterschied zu Schulsport- und Schulwegunfällen.

7 Helling e. a. 2008 S. 82-101; Dies. 2006, S. 80-93; Dies. 2008, S. 88-95; Henzler (Hrsg.) 1999, S. 6-11; Henzler/Leins (Hrsg.) 1991, S. 6-11; Dies. 1999, S. 6-7; Dies. 2010, S. 6-7

8 Eine diesbezügliche Ausnahme macht die Verkehrserziehung, die ja auch eine schulische Veranstaltung ist, sich aber mit der Sicherheitsproblematik im Verkehr außerhalb der Schule befasst. Das hat u. a. seinen präventiven Grund auch in der nach wie vor hohen Verkehrsgefährdung der Schüler auf dem Schulweg, der in der obligatorischen Schülerversicherung mit eingeschlossen ist.

- Der Fachraum und seine Einrichtungen
- Sicheres Verhalten im Fachraum
- Ordnung im Fachraum und am Arbeitsplatz
- Sicherer Umgang mit Werkzeugen und Maschinen
- Sicherer Umgang mit Werkstoffen und Bauteilen
- Sicherer Umgang mit Gefahrenstoffen
- Verhaltensregeln im Umgang mit elektrischem Strom und elektrischen Geräten/Maschinen
- Sicherheitszeichen und Sicherheitseinrichtungen
- Fachraumordnung und Ämterplan (Dienste)

Um diese Schwerpunkte erfolgreich im Sinne der in ihnen steckenden sicherheitserzieherischen Intentionen beim Schüler verankern zu können, sind die folgenden grundsätzlichen Überlegungen, die auf die schon zitierten KLIEMT und DIECKERHOFF[9] zurückgehen, zu beachten:

1. Den Schülern muss klar sein, dass das gemeinsame Kriterium aller Unfallereignisse das unkontrollierte Freisetzen von potenziell verletzungs- und schadensbewirkender Energie ist.
2. Es ist zwischen Unfallereignis und möglichen Unfallfolgen zu unterscheiden.
3. Unfallereignisse haben Ursachen, die als Gefahren wahrgenommen werden. Gefahren lauern in Sachen und Sachverhalten (Gegenständen und Zuständen) und in Personen (Verhaltensweisen und Eigenschaften).
4. Unfälle ereignen sich nicht aufgrund einer einzigen Ursache. Sie sind nicht monokausal, sondern immer als Kombination mehrerer Unfallfaktoren, die in einer bestimmten Reihenfolge angeordnet sind, zu sehen. Unfälle verlaufen nach einem bestimmten Algorithmus.
5. Die wirksamste Strategie zur Vermeidung von Unfällen ist die Gefahrenbeseitigung. Dabei wird die Kette der zum Unfall führenden Faktoren unterbrochen.
6. Unfallereignisse lassen sich im Prinzip vorhersehen. Durch retrospektive Analyse von Unfallgeschehen lassen sich Sicherheitsstrategien entwickeln.

14.3 Fachraumordnung

Eine Fachraumordnung ist eine sehr hilfreiche Einrichtung, sind in ihr doch die wichtigsten Verhaltensregeln für den Bereich der Fachräume zusammengefasst, die vorrangig dem Schutz der Schüler sowie der Funktionstüchtigkeit der Fachraumausstattungen und nicht zuletzt dem geregelten Ablauf des Unterrichts dienen. Damit diese Regeln auch befolgt werden, nützt es nicht, sie lediglich als Aushang zu plakatieren, sondern sie müssen gelesen, besprochen und erklärt und mit den Schülern diskutiert werden; denn auch hier gilt, es muss die Bereitschaft vorhanden sein bzw. geschaffen werden, sich diesen Vorschriften zu unterwerfen, was wiederum Verständnis und Einsicht in ihre Notwendigkeit voraussetzt.

Mit neu in den Fachräumen eintretenden Klassen sollte deshalb die Fachraumordnung in allen Einzelpunkten besprochen werden. Dabei ist es immer von Vorteil, wenn die Schüler hierbei eine aktive Rolle übernehmen. Zu Beginn eines neuen Schuljahrs sollte wieder neu auf die Fachraumordnung hingewiesen werden und diese noch einmal mit allen Schülern durchgegangen werden. Möglicherweise mussten neue Punkte aufgenommen werden, was dann ohnehin eine neue Behandlung erforderlich macht.

[9] Nach Kliemt/Diekershoff 1978, S. 88 f.

Einige Techniklehrer empfehlen, dass die Fachraumordnung von den Schülern mit Datum unterschrieben wird und dann in den Technik-/Werkordner abgeheftet wird, andere geben einer Unterschriftenliste den Vorzug. Wichtig ist aber, dass die erfolgten Belehrungen im Klassenbuch dokumentiert werden.

Was die formale Seite betrifft, so sollte eine Fachraumordnung möglichst kurz und prägnant formuliert sein. Die einzelnen Merkpunkte sind mehr als Erinnerungsanstöße für einen komplexeren Sachverhalt zu sehen, als dass sie in allen Einzelheiten ausformuliert werden sollten. Dies muss dem erläuternden Gespräch überlassen bleiben. Der Gestaltung sind praktisch keine Grenzen gesetzt (Farbe, Abbildungen, Textgestaltung). Als Faustformel gilt auch hier, dass meist weniger mehr ist und zu viel „Gestaltung" meist mehr verunklärt, als dass sie klärt.

Bei der Fachraumordnung geht es inhaltlich um folgende Punkte:

(1) **Die Schüler haben nur in Begleitung ihrer Lehrkraft Zugang zum Technikfachraum.**
Dieser Punkt sollte eigentlich selbstverständlich sein. Technikfachräume sind, wenn kein Unterricht stattfindet, immer abgeschlossen zu halten. Die Klasse betritt die Fachräume immer nur zusammen mit einer Lehrkraft[10].

(2) **Taschen und Jacken dürfen nicht im Wege sein.**
Die Unsitte, dass Schüler ihre Taschen, Rucksäcke und Jacken irgendwo am Boden ablegen führt zu Stolperstellen mit möglicherweise schlimmen Folgen. Auch gehören Jacken und Taschen nicht auf die Werkbänke, sondern an dafür vorgesehene Orte (siehe Kapitel 10, Seite 203). Deswegen sollte dafür Sorge getragen werden, dass ein solcher Ort auch vorhanden bzw. eingerichtet wird.

(3) **Im Fachraum darf nicht herumgetollt oder gedrängelt werden, auf Sicherheitsabstand achten!**
Dieser Punkt leuchtet leicht ein, da auch diesbezüglich ein erhöhtes Unfallrisiko besteht. Vor Maschinen (z. B. vor der Bohrmaschine) oder bei der Werkzeugausgabe kann es leicht zu Engpässen kommen. Daher muss darauf geachtet werden, dass ein Sicherheitsabstand vor den Maschinen besteht, der möglichst durch eine Kennzeichnung am Boden markiert wird und immer nur ein Schüler an der Maschine arbeitet. Gleiches gilt für die Werkzeugausgabe. Vor den Werkzeugschränken sollte genügend Platz sein, dass es dort nicht zu einem Gedränge kommt. Eine andere Möglichkeit besteht darin, die Werkzeuge auf einem Transportwagen an einem zentralen Ort im Fachraum auszugeben, der von mehreren Seiten zugänglich ist.

(4) **Essen und Trinken ist im Fachraum untersagt.**
Da im Fachraum manchmal auch mit nicht gesundheitsförderlichen Materialien und Substanzen umgegangen wird, sollte das Essen und Trinken grundsätzlich und strikt untersagt sein. Auch ist darauf zu achten, dass den Schülern nach Beendigung des Unterrichts bzw. wenn es in die Pause geht Zeit gegeben wird, sich die Hände zu waschen.

(5) **Für die Ausgabe und Rücknahme der Werkzeuge ist nur der Werkzeugdienst zuständig.**
Dem Werkzeugdienst fällt auch die Aufgabe zu, die Vollständigkeit, Ordnungsgemäßheit (z. B. gesäuberte Feilen und Raspeln) und Funktionsfähigkeit (z. B. festsitzende Werkzeughefte

[10] Die hier kursiv gesetzten Erläuterungen sind nicht Bestandteil der Punkteliste der Fachraumordnung, sondern sollten bei der Besprechung mit den Schülern Berücksichtigung finden.

oder Beschädigungen) der Werkzeuge zu überprüfen. Der Transport der Werkzeuge zum und vom Arbeitsplatz muss so geschehen, dass niemand verletzt werden kann.

(6) **Werkzeuge dürfen nur für den vorgesehenen Zweck verwendet werden.**
Werkzeuge sind keine Hieb- und Stichwaffen! Die Handhabung der Werkzeuge wird in der Regel erklärt und somit ist auch der Anwendungsbereich definiert.

(7) **Am Arbeitsplatz muss zweckmäßige Ordnung gehalten werden.**
Die Werkzeuge sollen übersichtlich und nebeneinander auf der Werkbank abgelegt werden. Gleiches gilt übrigens auch für Material und/oder Bauteile. Ein chaotisches Durch- oder Übereinander ist unbedingt zu vermeiden. Auch ist dafür zu sorgen, dass die Werkzeuge sicher auf der Werkbank abgelegt sind und nicht herabfallen können, was zu Verletzungen oder Beschädigungen führen kann.

(8) **Keine Maschine darf ohne Erlaubnis der Lehrkraft in Betrieb genommen werden.**
Bevor Schüler teil- oder ganz selbstständig an Maschinen im Fachraum arbeiten dürfen, müssen sie entsprechend eingewiesen worden sein (z. B. Schülermaschinenschein). Das Einstellen und der Werkzeugwechsel sowie die Überprüfung der Funktionstüchtigkeit erfolgt in der Regel durch die Lehrkraft oder in Zusammenarbeit mit dieser. Das Arbeiten an der Maschine darf nie unbeaufsichtigt erfolgen.

(9) **An einer Maschine darf jeweils nur eine Person arbeiten, alle anderen müssen Abstand halten.**
Siehe hierzu Pkt. 3., zusätzlich sollte beim Bohren von Metall und Kunststoff ein weiterer Schüler mit der Hand am Not-Aus-Schalter zum ggf. notwendig werdenden sofortigen Abschalten platziert werden.

(10) **Beim Arbeiten an Maschinen ist auf eng anliegende Kleidung zu achten, Halsketten/-tücher, Handschmuck, Armbänder sind abzulegen, offene Haare und Augen sind durch geeignete Maßnahmen zu schützen.**
Auf die Einhaltung der „Kleidervorschriften“ ist aus Gründen des Unfallschutzes unbedingt zu achten und ggf. müssen diese auch durchgesetzt werden. Bei der Arbeit an einer Bohrmaschine sollen nur solche eingesetzt werden, die mit einer Bohrfutterverdeckung mit integriertem Schutzschalter ausgestattet sind. Für den Schutz der Haare sind Kappen oder Haarnetze, für den Schutz der Augen Schutzbrillen in unmittelbarer Nähe der Maschine vorzuhalten. Handschuhe dürfen nicht getragen werden, da sie sich im Bohrwerkzeug verfangen können. Werkstücke, die gebohrt werden sollen müssen mit geeigneten Vorrichtungen (z. B. Maschinenschraubstock) fest eingespannt werden.

(11) **Der Maschinenraum ist für Schüler tabu.**
Ein entsprechendes Hinweisschild/Sicherheitszeichen sollte auf jeder Tür angebracht sein, die in den Maschinenraum führt. Einzige Ausnahme, die Maschinen sind Inhalt des Unterrichts (Maschinenanalyse, Demonstration von Sicherheitsmaßnahmen) unter Anwesenheit des Lehrers.

(12) **Für die Reinigung der Maschinen und des Maschinenumfeldes ist nur der Maschinendienst zuständig.**

Es hat sich bewährt, hierfür einen eigenen Dienst einzurichten. Die Reinigung erfolgt grundsätzlich bei abgeschalteter Maschine. Späne dürfen nicht abgefegt sondern müssen aufgesaugt werden. Es soll immer von oben nach unten gearbeitet werden.

(13) Jede Art Verletzung muss der Lehrkraft angezeigt werden.
Dass im Technikunterricht Verletzungen immer mal wieder vorkommen, lässt sich leider nicht vermeiden. In den allermeisten Fällen sind sie aber eher harmlos und geringfügig. Dennoch sollte jede Art von Verletzung immer der Lehrkraft angezeigt und durch diese auch versorgt werden. Ob eine Verletzung meldepflichtig ist, entscheidet die Lehrkraft.

(14) Schäden an Einrichtungen, Maschinen, Geräten und Werkzeugen müssen sofort der Lehrkraft gemeldet werden.
Insbesondere bei Beschädigungen an elektrischen Geräten oder an deren Zuleitungen müssen diese sofort aus dem Verkehr gezogen werden. Es ist zudem durch geeignete Maßnahmen[11] sicherzustellen, dass sie nicht wieder in Betrieb gesetzt werden. Werkzeuge, sofern sie nicht repariert werden können, sollten schnellstmöglich ersetzt werden. Stumpfe Werkzeuge müssen nachgeschliffen/ersetzt werden, da die Benutzung von stumpfen Werkzeugen eine erhöhte Unfallgefahr birgt (z. B. Beitel, Bohrer).

(15) Die Reinigung der Arbeitsplätze und des Boden geschieht nur durch Saugen.
Holzstäube[12] können Krankheiten der Haut oder der Atemwege sowie Allergien hervorrufen. Zudem können sie die Arbeitsergebnisse z. B. beim Lackieren oder Lasieren mindern. Das Abfegen der Werkbänke, Maschinen und das Fegen des Bodens führt zwangsläufig zu erhöhter Staubaufwirbelung, die es zu vermeiden gilt. Größere Materialabschnitte und grobe Späne dürfen aufgefegt werden.

(16) Abfälle müssen nach Wertstoffgruppen und Restmüll getrennt entsorgt werden.
Für entsprechend gekennzeichnete Abfallbehälter ist zu sorgen.

(17) Fluchtwege dürfen nicht zugestellt werden.
Da jeder Technikfachraum zwei möglichst weit auseinanderliegende Fluchtwege haben muss, müssen beide immer frei sein. Wenn der Fachraum im Erdgeschoss liegt, kann ein Fluchtweg über ein entsprechend gekennzeichnetes und mit Fluchtbeschlägen versehenes Fenster erfolgen. Auch dieses darf nicht zugestellt sein.

(18) Funktion und Lage der Not-Aus-Schalter im Raum muss jeder Schüler kennen.
Eine entsprechende Unterweisung, Lokalisierung und Erprobung aller Not-Aus-Schalter zusammen mit den Schülern muss vorgenommen werden.

(19) Angefangene Arbeiten und nicht benötigtes Verbrauchsmaterial werden vom Ordnungsdienst versorgt.
Der Ordnungsdienst hat Zugang zu den Lagerräumen. Er ist für die Bereitstellung und geordnete Ablage der angefangenen Arbeiten zuständig. Er verteilt das bereitgestellte Material

[11] Z. B. kann es passieren, dass die Zuleitung an einem Lötkolben angeschmort und dadurch die Isolation beschädigt wurde. In diesem Fall ist es sicherer, den Stecker abzuschneiden, um einen Wiedereinsatz des defekten Lötkolbens auszuschließen. Eine Neuinstallation der Zuleitung samt Stecker muss ein Fachmann vornehmen.

[12] Siehe ausführlich hierzu Holz-Berufsgenossenschaft 2009.

oder auch benötigte Medien (z. B. Technische Baukästen) und Bauteile. Vergleichbar dem Werkzeugdienst, nimmt er die Arbeiten, Medien und nicht verbrauchten Materialien zurück und versorgt sie ordnungsgemäß.

Assistenz durch Schüler

Es hat sich bewährt, dass für den Technikunterricht Dienste eingeteilt werden, die der Lehrkraft bei der Organisation des Unterrichts assistieren. Diese Dienste sind meist in Werkzeug-, Maschinen- und Ordnungsdienst unterschieden. Für das Reinigen seines benutzten Werkzeugs und seines Arbeitsplatzes ist jeder Schüler selbst zuständig.

14.4 Maschinen(führer)schein

Die Erfahrung hat gezeigt, dass es sinnvoll ist, Schüler möglichst früh, aber immer dort, wo Maschinen von Schülern bedient werden, einen Maschinenführerschein machen zu lassen. Dabei steht meist die Tischbohrmaschine an erster Stelle, weitere Maschinen sollten folgen. Die nachfolgende Tabelle zeigt auf, an welchen Maschinen Schüler wann, teilselbstständig oder selbstständig nach entsprechender Einweisung und immer unter Aufsicht der verantwortlichen Lehrkraft arbeiten dürfen.

Zuerst ist die Frage zu klären, wer an den Maschinen des Technikfachraums arbeiten darf und wer ausdrücklich nicht. In der GUV-Information. „Sicherheit im Unterricht[13]: Holz. Ein Handbuch für Lehrer" heißt es unter der Überschrift „Beschäftigungsverbote":

„Wer darf an den Holzbearbeitungsmaschinen arbeiten?
Nur die fachkundige Lehrkraft darf an diesen Maschinen arbeiten. Fachkunde erlangt eine Lehrkraft durch Ausbildung/Studium und Einweisung. Darüber hinaus muss sich jede Techniklehrkraft mit ihrem Unterrichts- und Maschinenraum sowie mit den ihr zur Verfügung gestellten Maschinen, Geräten und Werkzeugen vertraut machen. Lehrkräfte, die sich im Umgang mit Holzbearbeitungsmaschinen nicht sicher fühlen, wird empfohlen, im Rahmen von Fortbildungsseminaren in Theorie und Praxis ihre Kenntnisse über die erforderliche Fachkunde aufzufrischen (z. B. in sicherheitstechnischen Seminaren an Universitäten (auch an Pädagogischen Hochschulen, d. V.) und Lehrerfortbildungsinstituten)."

Soweit die Vorgaben für die Lehrkräfte. Im Folgenden werden die Beschäftigungsverbote und -erlaubnisse für Jugendliche an Holzbearbeitungsmaschinen präzisiert:

„Jugendliche dürfen Holzbearbeitungsmaschinen, wie z. B.
- Sägemaschinen (Ausnahme: Stichsäge, Dekupiersäge)
- Bandsägen
- Abricht- und Dickenhobelmaschinen
- Oberfräsen

nicht bedienen.

[13] BAGUV (Hrsg.) 1998b, S. 13

(Hinweis: Jugendliche über 15 Jahren dürfen an diesen Maschinen nach eingehender Unterweisung und unter direkter Aufsicht durch einen Fachkundigen arbeiten, wenn dies zur Erreichung des Ausbildungszieles nach den Ausbildungsordnungen, Rahmenlehrplänen notwendig ist. Diese Ausnahmeregelung gilt z. B. für Schülerinnen und Schüler berufsbildender Schulen.)

Für bestimmungsgemäß eingesetzte Bohr- und Schleifmaschinen bestehen keine generellen Beschäftigungsverbote für Schülerinnen und Schüler. Die Lehrkraft beurteilt und entscheidet, ob die genannten Maschinen von Schülerinnen und Schülern benutzt werden dürfen. Sorgfältige Einweisung über Gefahren und Sicherheitsmaßnahmen sowie Aufsicht sind notwendig.“[14]

Neben den Holzbearbeitungsmaschinen stehen noch weitere den Schülern im Technikfachraum zur Verfügung. Auch diese dürfen nur nach sorgfältiger Einweisung und Aufsicht von ihnen in Benutzung genommen werden. Zum Nachweis der Qualifikation an einer solchen Maschine arbeiten zu dürfen, ist der Maschinenführerschein gut geeignet. Um welche Maschinen es sich handeln kann, kann man aus tabellarischen Übersichten, z. B. der Unfallkasse Schleswig-Holstein oder dem Landesinstitut für Schulentwicklung Baden-Württemberg entnehmen[15].

14.5 Maschinenbenutzung durch Schüler nach Jahrgangsstufen[16]

Maschine/Gerät	1/2	3/4	5/6	7/8	9/10	> 10
Abkantvorrichtung	–	–	A	TS	S	S
Bandschleifmaschine, stationär, nur elektrisch mit Staubabsaugung	–	–	–	TS	S	S
Akku-Bohrschrauber	–	A	A	TS	S	S
Dekupiersäge, elektrisch	–	A	A	S	S	S
Handbohrmaschine, elektrisch	–	–	A	TS	S	S
Hart- und Weichlötgerät (Propangas)	–	–	–	A	A	A
Hebelblechschere, mechanisch	–	–	–	A	TS	S
Heißklebepistole	–	–	A	TS	S	S
Heißluftpistole	–	–	A	TS	S	S
Heizstrahler	–	–	A	A	TS	TS
Kartuschenbrenner (Propangas)	–	–	A	A	TS	TS
Kompressor	–	–	A	TS	S	S
Koordinatentischsystem	–	–	A	TS	TS	S
Lötkolben, elektrisch	–	–	TS	S	S	S
Mini-Bohrmaschine, 12 V	A	A	A	S	S	S
Papier- und Werkstoffschneidemaschine, mechanisch	–	–	A	A	TS	S
Schweißgerät, elektrisch, Schutzgas	–	–	–	–	A	A
Schleifbock, nur mit Schutzbrille	–	–	A	TS	S	S

Fortsetzung s. nächste Seite

[14] Siehe diesbezüglich auch die hiervon abweichende Regelung in Berlin und Brandenburg, Kapitel 12, Seite 217 ff.

[15] Institut für Qualitätsentwicklung an Schulen & Unfallkasse Schleswig-Holstein 2004 und Landesinstitut für Schulentwicklung 2010

[16] Unter Verwendung der unter der vorherigen Fußnote aufgeführten tabellarischen Übersichten.

Maschine/Gerät	1/2	3/4	5/6	7/8	9/10	> 10
Schwing- und Exenterschleifer, nur mit Staub-absaugung	–	–	TS	S	S	S
Stichsäge, elektrisch	–	–	A	TS	TS	S
Styroporschneidegerät, elektrisch, mit Heizdraht	A	TS	TS	S	S	S
Tellerschleifmaschine, nur mit Staubabsaugung	–	A	A	TS	S	S
Tiefziehgerät	–	–	A	TS	S	S
Tisch- und Ständerbohrmaschine, elektrisch	–	A	A	TS	TS	S
Universal-Drehmaschine	–	–	–	–	A	TS
Werkzeugschärfmaschine	–	–	–	–	A	TS
Winkelschleifer[17]	–	–	–	–	A	A
Warmbiegeeinrichtung	A	A	TS	S	S	S

14/1 A: unter Aufsicht (der Schüler arbeitet an/mit der Maschine, der Lehrer beaufsichtigt den Vorgang unmittelbar), TS: Teilselbstständig (der Schüler arbeitet selbstständig an/mit der Maschine, befindet sich dabei im Blickfeld des Lehrers), S: Selbstständig (der Schüler arbeitet selbstständig, der Lehrer beaufsichtigt im Rahmen seiner Aufsichtspflicht).

Für den Erwerb eines Maschinenführerscheins müssen theoretische und sicherheitstechnische Kenntnisse nachgewiesen und ein Praxistest absolviert werden. Er ist die Voraussetzung für teilselbstständiges und selbstständiges Arbeiten an einer Maschine im Technikfachraum. Der erfolgreiche Abschluss der Maschinenführerschein-Prüfung sollte in geeigneter Form (Zertifikat, Ausweis o. Ä.) festgehalten werden. Gestaltungsvorschläge findet man unter entsprechenden Stichwörtern leicht im Internet, wo Schulen ihre Gestaltungslösungen für Maschinenführerscheine vorstellen[18]. Damit das erworbene Wissen nicht verloren geht, wird empfohlen, die wichtigsten sicherheits- und arbeitstechnischen Aspekte auf einer kurzgefassten Merkliste bei der jeweiligen stationären Maschine auszuhängen und diese immer einmal wieder zu thematisieren.

17 Maximaler Scheibendurchmesser 125 mm, nur Schrupp-, keine Trennscheiben!

18 Siehe auch: Althoff 1979; Glaser 1992; Fiederling 1992; Schnellbächer 2000.

15 Anlage und Ausstattung von Fachräumen für den Technikunterricht in der Primarstufe

15.1 Grundsätzliche Überlegungen

Mit Ausnahme von Schleswig-Holstein[1] gibt es im Primarbereich (Klasse 1 bis 4) in der Bundesrepublik Deutschland zurzeit kein eigenständiges Unterrichtsfach Technik. Stattdessen treffen wir in den westlichen Bundesländern auf integrierte Lernbereichskonstruktionen, die mehr oder weniger der Traditionslinie des Sachunterrichts folgen, inzwischen aber auch unter anderem Namen firmieren können[2], und neben technischen auch natur-, gesellschafts- und kulturwissenschaftliche Inhalte vermitteln. In den östlichen Bundesländern steht der Unterricht mit technisch-praktischen Inhalten in der Grundschule – wenn auch in modifizierter Form, soweit es die inhaltliche Ausprägung betrifft – in der Tradition des ehemaligen Faches Werken in der DDR. Dieser „Werkunterricht" folgte inhaltlich den Vorgaben und Zielen der „Polytechnischen Bildung", war auf technische Praxis und elementares technisches Verständnis fokussiert und als ein Werkunterricht mit in der Hauptsache produktionstechnischer Ausrichtung angelegt. Dagegen stellte und stellt sich der Sachunterricht bis heute als ein Fach/Lernbereich dar, in dem technische Inhalte nur neben den oben erwähnten anderen das Inhaltsprofil bilden. Aus dieser Gegebenheit erklärt sich auch, dass in der alten Bundesrepublik Forderungen nach einem eigenen Fachraum für das technisch-praktische Lernen nur sehr vereinzelt zu vernehmen waren ebenso wie nach einem Fachraum für den Sachunterricht.[3] Sachunterricht findet auch heute noch im Wesentlichen im Klassenzimmer statt. Man kann daher noch einen Schritt weitergehen und die These vertreten, dass die klassenräumlichen Gegebenheiten vielfach die Auswahl der Inhalte des Sachunterrichts mitbestimmten, wobei technisch-praktische Inhalte wegen der beschränkten Möglichkeiten ihrer unterrichtlichen Umsetzung im Klassenraum zwangsläufig ins Hintertreffen geraten.

Die Situation in der DDR sah dagegen besser aus, da für den Werkunterricht detaillierte und auf fachwissenschaftlicher und fachdidaktischer Basis erarbeitete Vorgaben für die Anlage und Ausgestaltung von „Fachunterrichtsräumen" bestanden[4], welche für das gesamte Gebiet der DDR verbindlich waren und nach Möglichkeit auch realisiert wurden.

Nicht übersehen werden darf, dass die heute im Sachunterricht zusammengefassten Inhaltsbereiche einen Großteil des realen schulischen Wissenskanons umfassen, welche in der gebündelten Form und auf das Lernniveau von Grundschülern abgestimmt und nun in einem Fach bzw. Lernbereich thematisiert werden sollen. Das bedeutet eine erhebliche Herausforderung für die Lehrkräfte und Schüler. Bekanntlich werden diese Wissensgebiete in den weiterführenden Schulen dann meist in aufgefächerter Form vermittelt. Für die Konstruktion eines solchen Großfaches mögen Primarstufen spezifische sowie lerntheoretische und weniger bildungsstrukturelle Gründe sprechen, aber sicher spielen auch bildungsökonomische Überlegungen eine nicht unbedeutende Rolle. Für die Grundschule stellt das jedoch eine Riesenaufgabe dar. So ist eine geeignete Auswahl der Sachunterrichtsinhalte zu treffen und deren inhaltlichen Zuschnitt und Strukturierung so zu

1 Stand Sommer 2015

2 Technik (SH), Mensch, Natur und Kultur (BW), Sachunterricht (BE, BB, BR, HH, HE, NS, NRW, RLP, SL) Werken/Textiles Gestalten (BY), Werken (MV, SN, TH), Gestalten (SA). Quelle: Hartmann, E. e. a. 2008

3 z. B.: Biester (Hrsg.) 1996, S. 125 ff.

4 Vgl. z. B.: Weiß 1974, S. 169-191 und Jaroszewski 1961

gestalten, dass das Ganze auf den Erlebnishorizonts Schüler Bezug nimmt und die welterhellenden Bildungselemente in einem möglichst vernetzten und kontextuellen Bildungsgang zum Tragen kommen. Dass eine solche Aufgabe eigentlich nicht befriedigend zu lösen ist, begründet sich aus der inhaltsüberfrachteten Konstruktion des Faches/Lernbereichs und liegt somit eigentlich auf der Hand. Als Beleg dafür kann die in den Sachunterrichtslehrplänen der Bundesländer festzustellende mangelhafte curriculare Strukturierung, die vielfach mit einer gewissen Zufälligkeit der Inhaltsauswahl, einer Beliebigkeit der Kontexte und einer unguten Disproportionalität der einzelnen fachlichen Schwerpunktsetzungen einhergeht. Ganz besonders defizitär erscheint in diesem Zusammenhang der Bereich der technischen und praktischen Bildung, der sich oft auch wegen fehlender sächlicher Voraussetzungen (siehe weiter oben) nur schwer zu behaupten vermag.

Dass es momentan in einigen wenigen Bundesländern ein (mehr oder weniger technisch ausgerichtetes) Fach Werken und nur in einem Bundesland das Grundschulfach Technik gibt, sollte dennoch nicht entmutigen. Stattdessen sollte dieser Zustand als Weckruf verstanden werden, dieser wichtigen und bei genauerer Betrachtung unverzichtbaren Bildungsdimension, wenn schon keinen eigenen, so doch wenigstens einen wahrnehmbaren fachlichen Bereich innerhalb der allgemeinen Bildung in der Grundschule einzuräumen. Technisch-praktisches Lernen erschließt eine im Menschen angelegte Dimension, deren Entfaltung erwiesenermaßen unverzichtbar für die Menschbildung ist, und zu deren Vervollständigung die Schule einen wichtigen Beitrag zu leisten vermag. Im Umkehrschluss ist eine allgemeine Bildung ohne technische Kernbildungsinhalte und technische Praxis unvollständig, weil dann diese Dimension des Menschen unangesprochen und somit unentwickelt bleibt. Ob in diesem Zusammenhang die Forderung nach einem eigenständigen Fach (technisches) Werken oder Technik überhaupt sinnvoll und erfolgversprechend ist oder andere, kooperative oder integrative fachliche Konzepte verfolgt werden sollten, ist an dieser Stelle nicht zu diskutieren. Wichtig ist allein, dass überhaupt eine inhaltlich durchdachte, wohlstrukturierte und auf fachwissenschaftlicher Basis beruhende technische Bildung im Primarbereich stattfindet.

Trotzdem können wir uns die Einführung in grundlegende, elementare Sachverhalte der Technik am besten in einem eigenen, allgemeinbildenden Fach vorstellen, müssen wir doch zu Kenntnis nehmen, dass das Bildungselement Technik vielerorts innerhalb von Lernbereichen bzw. im unterschiedlichste Fächerinhalte zusammenführenden Sachunterricht nahezu verloren geht. Auf die damit verbundene Problematik war schon hingewiesen worden. Das Ergebnis führt dann bestenfalls zur einer technischen Grundschulbildung „light". Ein Manko, das natürlich auch für die anderen im Sachunterricht und Lernbereichen vereinten Fächer zutrifft.

Ein weiterer Aspekt darf ebenfalls nicht aus dem Blick geraten. Eine zu spät einsetzende allgemeine Technische Bildung verspielt wichtige Begabungspotenziale und Talente der Schüler, die eigentlich einer gezielten Förderung und Entfaltung bedürfen. Es darf nicht übersehen werden, dass ein erst in der weiterführenden Sekundarstufe I einsetzender Technikunterricht weitgehend voraussetzungslos ist. Ihm fehlt das notwendige, tragfähige fachliche Fundament, das ohne Weiteres in der Grundschule angelegt werden könnte. Der Trend der Zeit führt dazu, dass immer mehr Realbegegnungen mit technischen Handlungsvollzügen und technischen Objekten durch virtualisierte Realität ersetzt werden. Wir treffen daher im Schulbereich zunehmend auf Defizite im technischen Handeln und damit verbunden auf mangelnde technische Erkenntnisfähigkeit bei den Schülern. Dieser Entwicklung könnte ein früh einsetzender Technikunterricht in der Primarstufe mit Fortsetzung in die Sekundarstufe I und II entgegenwirken. Eine Forderung, die unabhängig davon, wo und von wen sie vorgetragen wird, in der Regel auf ein positives Echo stößt. Allein die daraus abzuleitenden konkreten Schritte lassen auf sich warten oder gehen in die falsche Richtung.

15.2 Technik[5] in der Grundschule

Unterricht mit technischer und praktischer Ausrichtung, im Folgenden als allgemeinbildender Technikunterricht bezeichnet, hat die Aufgabe, zur Erschließung der durch den Menschen gestalteten, technisch geprägten Welt beizutragen. Allgemeinbildender Technikunterricht sollte seinen Platz in allen Schularten und Schulstufen haben und allen Schülern zugänglich sein, so auch allen Grundschülern. Zugänge zur Welt der Technik gewinnt man im handelnden Umgang mit technischen Realobjekten, durch Erfindung und Gestaltung von technischen Gegenständen und durch die Aneignung der dafür erforderlichen theoretischen und sächlichen Voraussetzungen. Dabei erleben die Schüler die Technik als etwas von und für Menschen Gemachtes und Veränderbares, Nutzbringendes aber auch Schadwirkungen Beinhaltendes und als etwas, was für ihr gegenwärtiges und zukünftiges Leben von Bedeutung ist. Auf diese Weise festigen sich ihre Vorstellungen und Einstellungen gegenüber der Technik.

Die Praxis, das bestimmten und bestimmbaren Zwecken unterworfene Machen und Gestalten, ist ein Wesensmerkmal der Technik. Jedoch ist die Auseinandersetzung mit Technik für den Bildungsprozess nur dann zielführend, wenn ihre Voraussetzungen und zu erwartenden Folgen reflektiert werden. Die Beschäftigung mit der Technik im Unterricht der Grundschule beinhaltet daher immer beide Formen der Technikerschließung: die Reflexion und das Machen, die Theorie und die Praxis. Dies kommt dem Grundschulkind impliziten Betätigungs- und Gestaltungsdrang ebenso wie auch seiner Neugier und seinem Wissensdrang entgegen. Technikunterricht in der Grundschule erschließt einen wesentlichen Teil der Alltagskultur, die die Schüler umgibt. Eine Alltagskultur, die sich heute als eine stark durch Technik geprägte darstellt und ihnen Gelegenheit gibt, technisches Handeln als ein zweckgerichtetes und problemlösendes Handeln zu erleben.

Die Vermittlung einer technischen Grundbildung in der Primarstufe zielt auf das Erlernen und Praktizieren techniktypischer Denk- und Handlungsweisen. So machen Entstehung, Nutzung, schließlich die Außerdienststellung und ggf. die Wiederverwertung technischer Artefakte spezifische, an den Gegenstand und seine Umgebung bezogene Denk- und Handlungsweisen erforderlich, die wir im vorliegenden Kontext[6] als technische bezeichnen. Dabei verstehen wir Technik im Sinne von KLAUS TUCHEL, als „... Begriff für alle Gegenstände und Verfahren, die zur Erfüllung individueller oder gesellschaftlicher Bedürfnisse aufgrund schöpferischer Konstruktion geschaffen werden, durch definierbare Funktionen bestimmten Zwecken dienen und insgesamt eine weltgestaltende Wirkung haben." Wo immer nun die Technik im zitierten Sinn Gegenstand von allgemeinbildendem Unterricht ist, müssen nicht nur die Inhalte im Horizont des oben wiedergegebenen Zitats stehen, sondern sie unterliegen auch einer gezielten Auswahl, die dem allgemeinbildenden Ansatz des Technikunterrichts gerecht werden muss.

5 Wenn hier von Technik in der Primarstufe die Rede ist, dann ist meist Technik als Teilbereich des Sachunterrichts oder als Fach innerhalb des MINT-Bereichs gemeint. Dementsprechend sind die Vorschläge zur räumlichen Gestaltung und die Ausstattungshinweise zu lesen. Ein eigenständiger Technikfachraum in der Grundschule wäre zwar wünschenswert; solange das Fach Technik praktisch nicht zum Fächerkanon der Grundschule gehört, werden nur Kompromisslösungen realistisch sein. Dennoch darf die vorfindliche, zu kritisierende Situation an Schulen den Autor nicht davon abhalten, auch Vorschläge für einen Technikfachraum in der Grundschule vorzulegen.

6 Tuchel 1967, S. 24

Von nicht unerheblicher Bedeutung sind in diesem Zusammenhang auch in der Grundschule die Anlage und Ausstattung entsprechender Räumlichkeiten für den allgemeinbildenden Technikunterricht. Dabei kann die Bandbreite des Sach-/Technikunterrichtsraums von einem Klassenraum mit entsprechenden Zusatzausstattungen bis hin zu einem Mehrzweck- oder Technikfachraum reichen. In jedem Fall sollten techniktypische Denk- und Handlungsweisen in möglichst großer Breite umgesetzt werden können, wie sie beispielsweise sein können[7]:

- Technische Probleme erkennen und Lösungsvorschläge entwickeln:
  z. B.: Beschreiben, Ideen austauschen, Diskutieren, Erfinden
- Lösungsvorschläge praktisch umsetzen:
  z. B.: Skizzieren, Konstruieren, Probieren, Planen, Gestalten, Fertigen, Montieren, Erproben, Verbessern
- Werkzeuge, Maschinen und technische Objekte bestimmungs-, funktions- und sicherheitsgerecht auswählen und gebrauchen:
  z. B.: Wissen aktivieren, Entscheidungen treffen, anwenden, praktizieren
- Sicherheitsbestimmungen in technisch bestimmten Situationen kennen und einhalten:
  z. B.: Ordnungen und Regeln beachten, bedachtsam und sicherheitsrelevant agieren
- Technische Realobjekte erkunden:
  z. B.: in Betrieb nehmen, Ausprobieren, Demontieren, Analysieren, Bewerten
- Technische Realobjekte funktionstüchtig halten:
  z. B.: Pflegen, Warten, Reparieren
- Für und Wider technischer Entwicklungen beurteilen, Folgewirkungen erkennen, technische Utopien entwickeln:
  z. B.: Recherchieren, Berichten, Diskutieren, Resümieren
- technische Fachbegriffe lernen und anwenden:
  z. B.: Werkzeuge, Materialien, Bauteile benennen, umgangssprachliche Umschreibungen vermeiden

15.3 Technikunterricht im Klassenraum

Vor dem Hintergrund der vielfältigen Anforderungen, die die oben beschriebenen technischen Denk- und Handlungsweisen nach sich ziehen, und berücksichtigt man zudem die inhaltliche Breite und sächlichen Anforderungen technischen und sachunterrichtlichen Lernens, kann ein entsprechender Unterricht im Klassenraum nur eine Kompromisslösung darstellen, die an die Lehrpersonen zusätzliche organisatorische und unterrichtsstrukturelle Anforderungen stellt. Die nachfolgenden Überlegungen zur Anlage und Ausstattung von Unterrichtsräumen beziehen sich in erster Linie auf einen primarstufenadäquaten Technikunterricht. Die weiteren Belange des Sachunterrichts bleiben außen vor.

Das Arbeiten im Klassenraum geschieht meist im Klassenverband oder auch in Kleingruppen. Von Wichtigkeit sind diesbezüglich angemessene Raumverhältnisse, die entweder einen Unterricht in der vollen Stärke der Klasse oder eben nur mit einer geteilten Klassengruppe zulassen. Auch wenn es möglich ist, mit einigen organisatorischen Maßnahmen und zusätzlichen Ausstattungen das Klassenzimmer in einen Arbeitsraum umzufunktionieren, muss man davon ausgehen, dass die gegebene Klassenraumsituation die Arbeitsmöglichkeiten eingrenzt, die sich somit in der

[7] Diese Forderung und die folgenden Beispiele verstehen sich heruntergebrochen auf das Verständnis- und Handlungsniveau von Grundschülern.

15/1 a) Einfache Abdeckplatte für Schülertische (Weba)

b) Multiplex-Arbeitsplatte mit Befestigungselementen (WPO)

Regel auf leichtere und weniger schmutzende Arbeitstechniken und einfachere praktische Aufgabenstellungen beschränken müssen. Das gleiche gilt für die zum Einsatz kommenden Materialien, die nur mit einfachen Handwerkzeugen zu bearbeiten sind. Auf Spannvorrichtungen, großdimensionierte Werkzeuge oder gar Maschinen muss unter den gegebenen Umständen verzichtet werden. Es sei denn, man setzt Abdeckplatten für die Schülertische ein, die aufgrund ihrer Beschaffenheit und Ausstattung als Werkbankplatte dienen können (Abb. 15/1 a), b). An diesen lassen sich dann Spannvorrichtungen, Gehrungsladen usw. befestigen. Eine weitere Lösung, um die Tischplatten der Schülertische gegen Beschädigung zu schützen, wären an die Tischgröße angepasste vollflächige Abdeckungen (Buchenmultiplex 10 mm stark, imprägniert oder kunststoffbeschichtet). Die Arbeitsplatten sind gegen Verrutschen zu sichern und sollten mit einer gedübelten Leiste als Widerlager gegen die Tischkante und einer ebensolchen Leiste als mögliche Anlage für das Werkstück versehen sein. Vollflächige Tischabdeckungen können mithilfe von Schraub- oder Schnellspannzwingen fixiert werden. Eine weitere Lösung bietet die Firma WPO mit Arbeitsplatten mit integriertem Aluprofil an, die von der WeVario-Werkbank (siehe Seite 99 f.) abgeleitet sind und an die verschiedene Vorrichtungen (Module) angeschlossen werden können (Abb. 15/2 a) und b). Die Unterbringung derartiger

15/2 a) Arbeitsplatte mit Alu-Profilschiene System „WeVario“ und angeschlossenem Laubsägetischchen (WPO)

b) Arbeitsplatte mit Alu-Profilschiene System „WeVario“ und angeschlossenem Parallelschraubstock (WPO)

Tischabdeckungen bereitet mancherorten wegen ihrer Größe und Anzahl Platzprobleme. Ideal wäre hierfür ein Gerätewagen (Abb. 15/3 a) und b) oder Schrankraum im Klassenzimmer.

15/3 a) Transportwagen zur Unterbringung der Arbeitsplatten (WPO)

b) Rollcontainer zur Unterbringung der Abdeckplatten (Weba)

Die Unterbringung der Werkzeuge geschieht am besten in geschlossenen Rollcontainern (Abb. 15/4), die sich inzwischen auch im Angebot von Lehrmittelfirmen finden oder in offenen Regalen im Sammlungs- und Lagerraum (siehe unten), was zusätzliche Transportmöglichkeit z. B. mit einen Transportwagen erforderlich macht. So kann eine gezielte und übersichtliche Auswahl sowie eine einfache Bereitstellung und Wiederentgegennahme der Werkzeuge erfolgen. Mehrfachwerkzeuge können dann im bewährten ‚Blocksystem‘[8], als Klassensatz, Einzelwerkzeuge ebenfalls in angepassten Blöcken oder auf Werkzeugpaletten (als herausnehmbare Tabletts/Schubladen) verwahrt werden (Abb. 15/5).

15/4 Rollcontainer zur Unterbringung von Werkzeugen und Vorrichtungen (Weba)

Kleinmaschinen, soweit sie in der Grundschule im Klassenzimmer überhaupt zum Einsatz kommen (verstärkte Staub- und Schmutzentwicklung!), können auf den Rollcontainern oder Werkzeugwagen montiert werden. Die Rollen müssen über eine Feststelleinrichtung verfügen. Eine Zentralverriegelung ist empfehlenswert. Der Nachteil eines Werkzeugwagensystems

15/5 Werkzeugunterbringung auf Paletten und im Blocksystem (Weba)

8 Siehe hierzu das Kapitel 8, „Werkzeug-Ordnungssysteme“.

liegt allerdings in seiner ‚Stockwerksgebundenheit', da ein Transport über Treppen ausgeschlossen ist, und welche Schule verfügt schon über einen Fahrstuhl.

OTTO MEHRGARDT, der bereits in den 60er-Jahren detaillierte Vorschläge zum Werkunterricht im Klassenzimmer erarbeitet hatte und diese auch didaktisch begründete[9], machte den Vorschlag, das benötigte Werkzeug für den Transport blockweise in Werkzeugtragen unterzubringen. Ein Nachteil ist allerdings, dass der Lehrmittelhandel solcherlei Werkzeugtragen nur noch vereinzelt anbietet, sodass man entweder auf Eigen- oder Fremdanfertigung angewiesen ist. Eine alternative Möglichkeit sind Werkzeugblöcke oder Werkzeugtabletts, die speziell für die Grundschule entwickelt wurden und über Griffe verfügen, die den Schülern den Transport erleichtern (Abb. 15/6). Mit solchen Werkzeugtragen und/oder Blöcken/Tabletts ist man sehr flexibel und unabhängig von der vorgegebene Klassenraumlage. Die Lehrkraft kommt jedoch nicht umhin, Transportzeit und vor allem eine genaue Planung des Werkzeugbedarfs vornehmen.

15/6 Werkzeugblock mit Griffen mit Werkzeugsatz Holz für die Grundschule (Weba)

Materialen aller Art und technische Realmedien lassen sich außerhalb des Klassenzimmers gut in normalen Lagerregalen verstauen, für jede Art Kleinteile, Verbindungsmittel, Elektromaterialien usw. sind farbige Sichtlagerkästen oder Wannen (siehe Seite 198 ff.) gut geeignet und bewährt. Ein letztes Problem stellt die Unterbringung von noch nicht fertiggestellten praktischen Schülerarbeiten dar. Hierfür bietet sich idealerweise der Sammlungs- und Lagerraum an. Ist ein solcher nicht vorhanden oder herrscht dort Platzmangel, dann gibt es nur die Möglichkeit einer Lagerung im Klassenzimmer, was, da mit Nachteilen verbunden, möglicherweise negative Folgen wie Beschädigung oder gar Verlust nach sich zieht.

Wie sich zeigt, stellt die Durchführung von Technikunterricht oder Technischem Werken in der Primarstufe im Klassenzimmer lediglich einen Kompromiss dar und sollte daher nicht die Regel sein, da aufgrund der räumlichen Situation und gegebener organisatorischer und operativer Probleme nur in sehr eingeschränktem Umfang die Intentionen technischer Bildung in der Primarstufe verfolgt werden können.

15.4 Technik im Mehrzweckraum

Mehrzweckräume gehören immer mehr zum Raumprogramm allgemeinbildender Schulen. Dabei wird von Überlegungen ausgegangen, für einen zunehmend flexibilisierten Schulalltag Räume

9 Mehrgardt, O. (o. J.): Die Werkstunde Nr. 87

für verschiedenste unterrichtliche Anforderungen und einen möglichst breiten Nutzerkreis zur Verfügung zu stellen. Auch die Einführung der Ganztagsschule hat diesbezüglich Auswirkungen auf Raumtypen und Raumstrukturen an Schulen. Unter dem Gesichtspunkt einer optimalen, somit einer möglichst in jedem Belang funktionsfähigen Anlage und Ausstattung, ist von einer an die Grundschülergruppe angepasste Raumgröße und Möblierung auszugehen. Unterrichtsräume als Mehrzweckräume sollten die Möglichkeit universellen Arbeitens bieten, wobei in unserem Zusammenhang insbesondere an eine Nutzung durch sogenannte Realien-Fächer zu denken ist, insbesondere durch die naturwissenschaftlichen Fächer und den Technikunterricht. Eine solche Nutzungserweiterung würde die Entscheidung für die Anlage eines solchen multifunktionalen Fachraums sicher erleichtern und auch aus bildungsökonomischen Gründen vertretbar machen (Abb. 15/7).

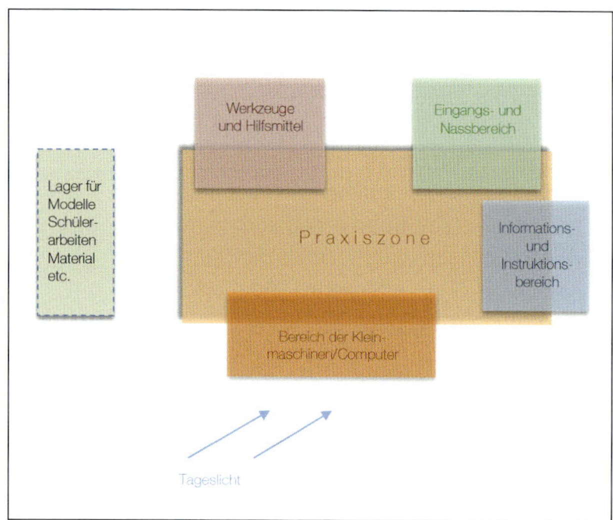

15/7 Schema GS-Mehrzweckraum mit technischer Ausrichtung

Die Ausstattung und Anlage von Mehrzweckräumen erweitert die begrenzten unterrichtlichen Möglichkeiten in Standard-Klassenräumen für Technikinhalte, erreicht aber auch nicht die Nutzungsbreite von Unterrichtsfachräumen, wie etwa für die naturwissenschaftlichen, technischen und künstlerischen Fächer. Für den Sachunterricht mit Technikanteilen oder einem eigenständigen Technikunterricht in der Primarstufe kann sich bei kleiner Klassenanzahl eine Lösung mit Mehrzweckräumen anbieten. Mit einem multifunktionalen Mehrzweckraum nur für den grundsätzlich mehrdimensional angelegten Sachunterricht wird eine gute Auslastung sicher leicht zu erreichen sein. Mehrzweckräume bieten ganz offensichtlich die Möglichkeit, spezielle Unterrichtthemen, die eine zusätzliche Medienunterstützung, spezielle Möblierung und ggf. auch zusätzlichen Flächenbedarf benötigen, zu nutzen. In dem Maße, wie heutzutage und auch in absehbarer Zukunft Unterricht immer flexibler und individueller gestaltet werden muss, die Schulen sich eigene Profile zulegen, was nicht ohne Folgen für das Schulcurriculum, die Unterrichtsinhalte, die unterrichtlichen Aktionsformen und die Unterrichtsmethoden bleibt, werden Veränderungen der Raumstruktur und einzelner Raumtypen unumgänglich.

Je nach Gruppengröße erhalten Mehrzweckräume unterschiedliche Zuschnitte und Flächenmaße. Grundsätzlich kann man von annähernd 4 m^2/Schüler ausgehen, das ergäbe dann bei einer Gruppengröße von 16 Schülern etwa 60 bis 70 m^2 zur Verfügung stehende Fläche[10]. Zusätzliche Fläche wäre jedoch wünschenswert. Bei einer solchen Gruppengröße ist eine Teilung der Klasse angesagt. Vom Arbeiten in größeren Gruppen ist aufgrund der Besonderheit technisch-praktischen Unterrichts abzuraten[11]. Bei größeren Schulen (4-zügig und mehr) sind mindestens zwei Mehrzweckräume

10 Nutzfläche plus Verkehrsfläche.

11 Hinzuweisen ist auf die Notwendigkeit der praktischen Hilfestellung für die Schüler und auf die im praktischen Umgang mit Werkzeugen und Materialien erhöhten Sicherheits- und Beaufsichtigungserfordernisse speziell bei Grundschülern.

vorzusehen, wobei je nach Schulprofil entweder einer mehr für den technischen, der andere für den naturwissenschaftlichen Schwerpunkt des Sachunterrichts ausgestattet werden sollte.

Eine solche Aufteilung erscheint insofern als sinnvoll, da das naturwissenschaftliche Arbeiten und Experimentieren andere räumliche Voraussetzungen benötigen als der Technikunterricht und ein störungsfreies Nebeneinander von Fächern mit naturwissenschaftlichen und technischen Inhalten nur schwer zu bewerkstelligen ist.

Bei der Einrichtung von Mehrzweckräumen sind immer auch Flächen für Magazin/Lager und Sammlungen und Vorbereitung mit zuberücksichtigen.

Hinsichtlich der bauseitigen Ausstattung und Möblierung kann man die folgenden Ausführungen zum „Technikunterricht im Fachraum" heranziehen. Inzwischen bietet der Fachhandel auch speziell für den Technikunterricht in der Grundschule entwickelte Möblierungen und Ausstattungen an, die teilweise als ortsunabhängige, fahrbare Möblierungen angeboten werden (Abb. 15/8) und vom Grundwerkzeug, Material über mobile Werkbankplatten alles Benötigte enthalten.

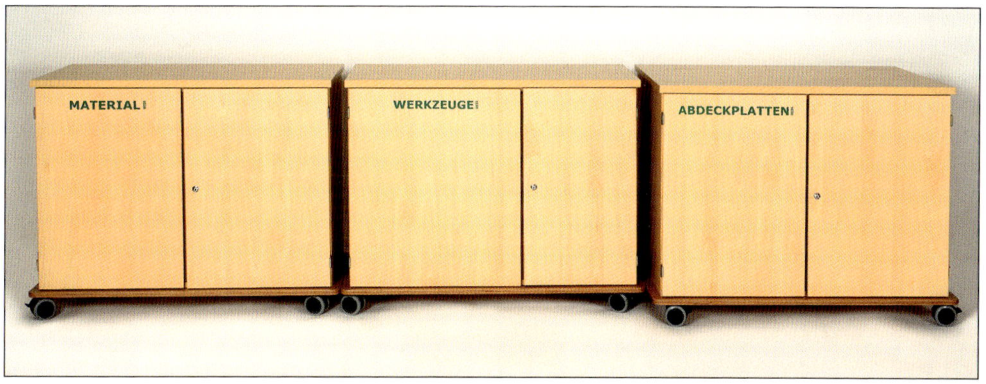

15/8 Ortsunabhängige, fahrbare Schränke für Technik/Sachunterricht in der Grundschule (Weba)

15.5 Technikunterricht im Fachraum

Die im Folgenden beschriebenen Details, Anlage und Ausstattung betreffend, decken sich im Prinzip mit denen der Sekundarstufe und müssen nicht noch einmal wiederholt werden. Es wird daher empfohlen, sich diesbezüglich in den voranstehenden Kapiteln zu informieren. Zudem wird auf spezielle, für die Grundschule geeignete Einrichtungen und Ausstattungen eingegangen werden. Die Anlage eines grundschulspezifischen Technikfachraums ist sicher die beste und komfortabelste Lösung, wenn auch die insgesamt aufwendigste. In kleineren „Nur-Grundschulen" wird er aus Kostengründen eher selten zu finden sein. Dennoch plädieren wir hier für eine solche Lösung im Sinn und zum Vorteil eines gediegenen Technikunterrichts auch in der Grundschule.

Für einer Grundschule im Verbund mit einer Sekundarschule wäre eine Mitnutzung der Technikfachräume theoretisch denkbar, wenngleich dann, neben den möglicherweise zusätzlichen zeitorganisatorischen Problemen insbesondere die Möblierung, die für Grundschüler nicht in allen Belangen als passend angesehen werden kann.

Grundsätzlich unterscheidet sich ein Technikfachraum für die Grundschule jedoch nicht von dem für die weiterführende Schule. In etwa vergleichbar mit einem Mehrzweckraum ist auch hier von 4 bis 5 m^2/Schüler auszugehen und eine Schülergruppengröße von 16 Schülern anzustreben. Auch die Funktionsstruktur weicht nicht grundsätzlich vom Mehrzweckraum ab (siehe oben).

15.5.1 Lage und bauseitige Ausstattung[12]

Eine ebenerdige Lage ist anzustreben. Gegebenenfalls kann dann der Zugang der Schüler auch von außen erfolgen, ebenso die Anlieferung. Bei Vorhandensein eines Außenbereichs (Werkhof o. Ä.) sollte der Außenbereich unmittelbar an den Fachraum anschließen und von dort direkt begehbar sein.

Für eine ausreichende natürliche Belichtung und Belüftung ist Sorge zu tragen, was durch entsprechend große, bei Bedarf auch zu öffnende Fenster gewährleistet ist.

Fußböden sollten einen rutschhemmenden und lärmdämmenden Belag haben, der auch entsprechend widerstandsfähig gegen mechanische und chemische Beanspruchung ist. Zudem sollte er gut zu reinigen sein.

Für die Decken werden schalldämmende Materialien empfohlen, da Technikunterricht oft auch mit Lärm verbunden ist.

Die möglichst glatten Wände sollten einen hellen, freundlichen Anstrich bekommen.

Im Bereich der Kleinmaschinen und der Instruktionszone ist für eine Stromversorgung (230 V reicht aus) mit ausreichenden Mehrfachsteckdosen zu sorgen. Bewährt hat sich die Installation von wandseitigen Kabelkanälen, bei denen z. B. ein zusätzlicher Bedarf an Steckdosen und/oder Not-Aus-Tastern relativ einfach nachgerüstet werden kann. Für die Stromversorgung an den Arbeitstischen sind Hängeampeln zu empfehlen. Wegen der gegebenen Unfallgefahr sollten Zuleitungen über Verlängerungskabel unbedingt vermieden werden. Die Stromversorgung muss aus Sicherheitsgründen über einen abschließbaren Zentralschalter verfügen, sowie über mehrere, günstig im Raum verteilte Not-Aus-Schalter. Der Lichtstromkreis ist unabhängig vom der übrigen Stromversorgung anzulegen.

Die Wasserver- und -entsorgung umfasst mehrere, jedoch mindestens zwei Zapfstellen für Warm- und Kaltwasser, möglichst über einem großen Becken. Unter dem Waschbecken befindet sich ein Schlammfang für Ton- und Gipsrückstände, der leicht zu reinigen ist. Die Wasserhähne sollten in der Höhe so angebracht sein, dass man auch einen Eimer darunterstellen kann.

15.5.2 Einrichtungen/Möblierungen[13]

Zentrales Möbel ist auch hier die Werkbank mit Einspannvorrichtung und robuster Werkbankplatte, in der Regel aus massivem, verleimten Buchenholz. Für die Grundschule haben sich Vierer-Werkbänke bewährt (Abb. 15/9, Seite 291). Der Markt bietet aber auch Zweier- oder Sechser-Werkbänke an.

[12] Siehe diesbezüglich auch Kapitel 4

[13] Siehe diesbezüglich auch Kapitel 6

Letztere sind weniger zu empfehlen, da sie den Arbeitsraum pro Schüler sehr einschränken. Wenn immer es der Schuletat möglich macht, sollte auf höhenverstellbare Werkbänke Wert gelegt werden, um einerseits das Arbeiten im Stehen und Sitzen zu ermöglichen und andererseits den unterschiedlichen Körpergrößen der Schüler gerecht zu werden. E. ROTH empfiehlt Tischhöhen zwischen 580 und 740 mm[14]. Auf Ablageböden unter den Werkbänken kann verzichtet werden, es sei denn, sie dienen ausschließlich zur Ablage der Schulranzen, Schülerrucksäcken oder Taschen.

15/9 Viererwerkbank für die Grundschule (Weba)

Als Sitzmöbel für Grundschüler bieten sich auch Hocker an, wobei zusätzlich auf Höhenverstellbarkeit Wert gelegt werden kann, was eine Feinabstimmung der Sitzhöhe zwar möglich macht, ihre Stapelbarkeit jedoch verunmöglicht.

Eine Reihenwerkbank unterhalb der Fenster eignet sich als Ort für Kleinmaschinen und Vorrichtungen, darunter können Material gelagert und Abfallcontainer geparkt werden.

Je nach Vorhandensein und Größe eines Lager-/Sammlungsraums im Umfeld des Technikfachraums fällt verschließbarer Schrankraum für die Unterbringungsmöglichkeiten für Werkzeuge, Materialien, diverse Kleinteile und Medien unterschiedlich umfangreich aus. Grundsätzlich eigenen sich Hochschränke im Fachraum für die deren Unterbringung. Man findet eine breite Palette von Modellen im Fachhandel. Werkzeugschränke sollten die Möglichkeit der Unterbringung der Werkzeuge nach dem bewährten Blocksystem aber mit Tragegriffen (Abb. 15/10 a) und b), (Seite 292) und auch von Einzelwerkzeugen und Kleinteilmagazinen bieten[15]. Schränke für die Unterbringung von Bauteilen und Kleinmaterialien in Stapelboxen, technischen Baukästen, Modellen usw. werden ebenfalls benötigt.

15/10 a) Wekzeugschrank (Weba)

Die Instruktions-und Informationszone ist mindestens mit einer Klapp-/Schiebetafel auszustatten. In diesem Bereich kann auch ein

14 Roth 1978, S. 289

15 Zur Werkzeugunterbringung und Ordnungssystemen siehe detaillierte Angaben in Kapitel 8 „Werkzeug-Ordnungssysteme".

Lehrertisch, ausgestattet mit abschließbarem Unterschrank, Stromversorgung, Werkbankplatte mit Spannvorrichtung platziert werden.

15.5.3 Lager-/Sammlungsraum

Da in Deutschland Klassen- und auch Fachräume häufig nicht gerade üppig zugeschnitten sind, ist es in den meisten Fällen erforderlich, einen Teil der für den Technikunterricht im Grundschulbereich benötigten Werkzeuge, Kleinmaschinen, Unterrichtsmedien und Hilfsmittel in einem zusätzlichem, leicht zugänglichen Raum unterzubringen. Dies gilt selbstverständlich auch für den Bereich des Sachunterrichts.

Um den mühevollen Transport von Werkzeugen, Materialien usw. über Treppen auszuschließen, sollten Sammlungs- und Lagerraum mit dem Mehrzweck-/Fachraum auf einer Gebäudeebene und möglichst nahe beieinander liegen. Transportwagen gehören somit zwingend zur Ausstattung des Lager-/Sammlungsraums, um die vielfältigen Transporterfordernisse entsprechend leicht und sicher zu gewährleisten.

15.10 b) Materialschrank (Weba)

15.6 Werkzeugausstattung (allgemeine Hinweise)

Werkzeuge für den Schuleinsatz müssen in allen Teilen qualitativ hochwertig und robust sein. Es ist davon auszugehen, dass Werkzeuge insbesondere beim Gebrauch durch Grundschüler nicht immer sachgerecht und pfleglich gehandhabt werden. Damit unterliegt das Werkzeug zwangläufig einem größeren Verschleiß, was kein Argument gegen sondern für hohe Werkzeugqualität sein sollte. Zudem muss es viele Jahre seinen Dienst tun. Funktionsuntüchtige oder auch abgenutzte Werkzeuge sollten ausgesondert, stumpfe und schartige neu geschärft werden, denn sie bergen ein hohes Unfallrisiko.

Bei Neuausstattungen erfüllen ‚wohlfeile' Komplettangebote nicht immer die erforderlichen Anforderungen. Sie können oft auch Posten von Billigwerkzeugen minderer Qualität enthalten. Schließlich enthalten Komplettangebote oft auch Posten gar nicht benötigter oder für den Technikunterricht nicht mehr erforderliche Werkzeuge.

Deshalb werden an dieser Stelle auch nur Grundwerkzeuge empfohlen, mit denen man in der Regel auskommt. Werkzeuge, die nur selten gebraucht oder Sonderwerkzeuge sollten sukzessive und am Bedarf orientiert nachgekauft werden.

In der Grundschule ist der Schnittstelle Hand – Werkzeug besondere Aufmerksamkeit zu schenken! Werkzeughefte, -griffe und -handhaben müssen in Formgebung, Material und Oberflächengestaltung ergonomischen Gesichtspunkten folgen und sollten bestmöglich an die Physis von Grundschülern angepasst sein. Billiges Werkzeug zeigt diesbezüglich oft augenfällige Defizite. Sie liegen schlecht in der Hand, die Kunststoffgriffe sind billig, wenig standfest, rau und mit unversäuberten Formnähten versehen.

Bei Neu- und Ergänzungsbeschaffungen ist ein wichtiges Kriterium die Gruppengröße, mit der in der Regel gearbeitet werden soll. Für die Gruppengröße für den Technikunterricht in der Grundschule gibt es explizit keine Empfehlungen der Kultusministerien der Länder. Für den Technikunterricht in den weiterführenden Schulen werden aktuell Gruppengrößen mit einer Obergrenze von 16 Schülern angestrebt. 16 Schülerinnen und Schüler halten wir für die Grundschule sowohl aus lernpsychologischen und arbeitsorganisatorischen als auch aus sicherheitstechnischen Gründen als zu hoch angesetzt, auch wenn bezüglich der Beibehaltung von 16er-Gruppen (und zum Teil noch größerer) finanzielle Sachzwänge seitens der Finanz- und Schulverwaltung immer wieder ins Feld geführt werden. Die Erfahrung zeigt, dass Gruppengrößen von max. 12 Schülern ein optimales Arbeiten in der Primarstufe ermöglicht.

Die folgenden Ausstattungsempfehlungen gehen von 10er- oder 8er-Werkzeugsätzen aus, weil Werkzeugordnungssysteme in der Regel aus Sätzen dieser Größenordnung bestehen. Größere Werkzeuge werden auch in kleineren Sätzen zu fünf Werkzeugen angeboten. Bei einigen Werkzeugen gibt es auch Sets unterschiedlicher Größen (z. B. Spiralbohrer, Locheisen). Hier wird die Anzahl der Sets empfohlen. Es empfiehlt sich, die größeren Werkzeugsätze anzuschaffen, um so wenigstens einige Werkzeuge in Reserve zu haben mit dem günstigen Nebeneffekt, dass durch eine geringere Nutzungsfrequenz des Einzelwerkzeugs der Verschleiß niedriger gehalten werden kann. Alternativ hierzu gibt es auch gemischte Werkzeugsets, die das jeweilige Grundwerkzeug für die Bearbeitung einer bestimmten Materialgruppe enthalten (Abb. 15/11). Auch hier sollten sich die Nachteile von derartigen Werkzeugvorauswahlen vergegenwärtigt werden.

15/11 Werkzeugblock mit Griffen mit Werkzeugsatz Papier für die Grundschule (Weba)

Die vorgestellten Ausstattungsvorschläge umfassen das Grundwerkzeug, das in den meisten Fällen die Erfordernisse einer allgemeinen technischen Bildung in der Grundschule erfüllt. Damit sind sie auch gegenüber Lehrplanänderungen bzw. -fortschreibungen weitestgehend offen und anpassungsfähig.

Werkzeuge müssen übersichtlich, platzsparend, sicher und werkzeugschonend untergebracht werden. Eine ‚chaotische' Lagerung in Kästen, offenen Schubladen, Schütten und dergleichen ist daher strikt abzulehnen. Aus heutiger Sicht gilt als Standard für die Grundwerkzeuge das „Blocksystem", das die Werkzeuge im Klassensatz bereitstellt. Diese Empfehlung hat auch für die Grundschule Gültigkeit (siehe oben). Einzelwerkzeuge und Werkzeug-Sets können in Universalblöcken oder in Schubladen oder auf Tabletts, die mit entsprechenden Werkzeugaufnahmen versehen sind, untergebracht werden. Sehr empfehlenswert sind solche Werkzeugblöcke oder Tabletts, die mit Tragegriffen versehen sind. Zu jeder Werkzeugbeschaffung im Klassensatz gehört demnach das passende Werkzeugaufbewahrungssystem.

Der Einteilung der Werkzeuge nach Aufgabenbereichen wird Priorität eingeräumt, da sie am ehesten der Technik entspricht, die den Schülerinnen und Schülern heutzutage nicht mehr als Papier-, Holz-, Kunststoff oder Metalltechnik begegnet. Die materielle Beschaffenheit technischer Gebilde richtet sich nach Nutzen, Brauchbarkeit und technischem Wirkprinzip, es ist nur noch in Ausnahmefällen monomateriell. Dennoch müssen wir auch zur Kenntnis nehmen, dass Werkzeuge (Hand- und Maschinenwerkzeuge) sehr spezielle, auf bestimmte Materialien und deren Bearbeitung abgestimmte „Zeuge" darstellen. Das hat Auswirkungen sowohl auf die Werkzeuggeometrie, die Wirkstelle zwischen Werkzeug und Material und auch auf den gesamten Aufbau, einschließlich der Materialien, aus denen das Werkzeug besteht und schließlich auch auf seine Proportionen und Dimension. Die im Folgenden wiedergegebene Werkzeugliste verbindet daher mehrere Ordnungskriterien: die Materialbezogenheit und die Zweckbestimmung.

Hinsichtlich der vorgeschlagenen Anzahl der Grundwerkzeuge orientiert sich die Liste ebenfalls am Block- bzw. Tablettsystem und von 10er- bzw. 8er-Blöcken, die von Grundschülern aufgrund ihres Gewichts auch ohne Mühe getragen werden können.

15.7 Liste der Grundwerkzeuge

Trennen

Verfahren	Werkzeug	Material-bereich	Eignung KR[16]/MZ[17]/FR[18]	Anzahl	Bemerkung
Schneiden	Universalschere	P/P[19]	KR/MZ/FR	2 × 10	150 mm, für Rechts- und Linkshänder geeignet
	Pappschere	P/P	KR/MZ/FR	10	150 mm, für Rechts- und Linkshänder geeignet
	Buchbinder-messer	P/P	KR/MZ/FR	10	60 mm, Holz- oder Kunststoffgriff
	Universalmesser	P/P	KR/MZ/FR	10	140 mm, Alu-Druckguss, Trapezklinge
	Schnitzmesser	H/H[20]	KR/MZ/FR	2 × 10	gerade, geschmiedete Klinge, Weißbuchenheft

Fortsetzung s. nächste Seite

16 Klassenraum
17 Mehrzweckraum
18 Fachraum
19 Papier-/Pappwerkstoffe
20 Holz/Holzwerkstoffe

Verfahren	Werkzeug	Material-bereich	Eignung KR/MZ/FR	Anzahl	Bemerkung
Schneiden	Goldschmiede-schere	M[21]	KR/MZ/FR	10	gerade, mit „Augen“
	Seitenschneider	M; E[22]	KR/MZ/FR	10	für harten und weichen Draht, Kunststoff-Handschutz
	Kneifzange	M	KR/MZ/FR	10	160-mm-Spezialstahl, ölgehärtet, Kunststoff-Handschutz
Lochen	Revolver-Lochzange	P/P	KR/MZ/FR	2	auswechselbare Lochpfeifen, Ø 2 – 4,5 mm
	Locheisen-Set Ø 6 – 30 mm	P/P	MZ/FR	1	Gesenk geschmiedet, Pfeifen poliert
	Vorstecher	P/P	KR/MZ/FR	10	50-mm-Klingenlänge, Ø 3mm, Kugelgriff,
Stemmen	Hohlbeitel Ø 8 mm	H/H	FR	10	Weißbuchenheft mit Schlagknopf und Stahlzwinge
	Hohlbeitel Ø 10 mm	H/H	FR	10	Weißbuchenheft mit Schlagknopf und Stahlzwinge
	Hohlmeißel-Abziehstein	H/H	FR	2	oxidkeramischer Stein, Korn mittel
Sägen	Feinsäge	H/H	KR/MZ/FR	10	200 mm, gerade, Schnitthöhe 45 mm
	Feinsäge	H/H	KR/MZ/FR	2	wie oben, gekröpfte Form
	Zugsäge	H/H	MZ/FR	2 × 10	250 mm, Stahlrücken, Japansäge
	Fuchsschwanz	H/H	FR	2	450 mm, geschlossener Griff
	Rückensäge	H/H	FR	2	300 mm, geschlossener Griff
	Gehrungs-schneidlade	H/H	FR	10	für Schnitte 2 x 45° und 90°, in Holz oder Aluminium
	Handbügelsäge	M; KS[23]	KR/MZ/FR	2 × 10	PUK-Säge, 290 mm, verstellbarer Griff
	Laubsäge	H/H; K	MZ/FR	2 × 10	Ausladung 320 mm, Schnellspann-Klemmhebel
	Laubsäge-tischchen	H/H; K	MZ/FR	2 × 10	Höhenverstellbar, mit integrierter Einspannvorrichtung
Bohren	Satz Holz-Spiralbohrer	H/H	KR/MZ/FR	2	Chrom-Vanadium-Stahl mit Zentrierspitze, zwei Vorschneiden, Ø 2, 4, 5, 6, 8, 10 mm, in Kassette
	Satz Nagelbohrer	H/H	KR/MZ/FR	5	geknoteter Ringgriff, Ø 2, 4, 6, 8 mm
	Vorstecher	H/H	KR/MZ/FR	5	100-mm-Klingenlänge, Ø 6 mm, Kunststoffgriff
	Satz Metall-Spiralbohrer	M; KS	FR	2	HSS-Stahl Ø 2, 4, 5, 6, 8, 10 mm, in Kassette
	Körner	M	FR	10	CV-Lufthärtestahl

Fortsetzung s. nächste Seite

21 Metall
22 Elektrotechnik
23 Kunststoffe

Verfahren	Werkzeug	Material-bereich	Eignung KR/MZ/FR	Anzahl	Bemerkung
Raspeln/ Feilen	Halbrund-Raspel	H/H	FR	2 × 10	200 mm, Hieb 2, Kunststoff- oder Holzheft mit eingepresster Zwinge
	Rundraspel	H/H	FR	5	200 mm, Hieb 2, Kunststoff- oder Holzheft mit eingepresster Zwinge
	Kabinettfeile	H/H; KS	KR/MZ/FR	2 × 10	200 mm, Hieb 2, Kunststoff- oder Holzheft mit eingepresster Zwinge
	Rundfeile	H/H; KS	KR/MZ/FR	10	200 mm, Hieb 3, Kunststoff- oder Holzheft mit eingepresster Zwinge
	Halbrundfeile	M; KS	MZ/FR	2 × 10	200 mm, Hieb 3, Kunststoff- oder Holzheft mit eingepresster Zwinge
	Vierkantfeile	M; KS	MZ/FR	10	200 mm, Hieb 3, Kunststoff- oder Holzheft mit eingepresster Zwinge
	Satz Schlüsselfeilen	M; KS	KR/MZ/FR	10	100 mm, Hieb 2, 6-teilig, in Blechschachtel
	Feilenbürste	H/H; M	MZ/FR	10	120 mm
Schleifen	Schleifklotz	H/H	KR/MZ/FR	2 × 10	Presskork, 120 × 60 × 35 mm
	Schleifpapier-Abroll-Vorrichtung	H/H	FR	1	für Wandmontage zur Aufnahme von 3 Schleifpapierrollen Körnung 80/120/180
	Feinschleifpapier	H/H; M	KR/MZ/FR	3	verschiedene Körnungen für Holz, Metall, Kunststoff
Abisolieren	Automatik-Abisolierzange	E	FR	2	selbsteinstellend mit Kabelabschneider 170 mm

Fügen

Verfahren	Werkzeug	Material-bereich	Eignung KR/MZ/FR	Anzahl	Bemerkung
Hämmern	Holzhammer	H/H	FR	10	140 × (Ø) 70 mm, Eschenholzstiel
	Universal-/ Schlosser-hammer	H/H; M	KR/MZ/FR	2 × 10	200 g, Eschenholzstiel
	Universal-/ Schlosser-hammer	H/H; M	MZ/FR	5	300 g, Eschenholzstiel
	Plastikhammer	M	MZ/FR	5	Ø 30 mm, Eschenholzstiel
Schrauben	Kreuzschlitz-schraubendreher	H/H; M	MZ/FR	je 10	CV-Stahl, ergonomischer Kunststoffgriff, Größe PH1, PH 2, PH 3

Fortsetzung s. nächste Seite

Verfahren	Werkzeug	Material-bereich	Eignung KR/MZ/FR	Anzahl	Bemerkung
Schrauben	Werkstatt-schraubendreher	H/H; M	KR/MZ/FR	je 10	CV-Stahl, ergonomischer Kunststoffgriff, Klingenbreite 3, 5, 7 mm
Heften	Einhand-Tacker	P/P; H/H	FR	1	Stahlgehäuse Heftklammern, 4 – 8 mm
	Bürohefter	P/P	KR/MZ/FR	1	robuste Ausführung in Metall

Montieren/Demontieren

Verfahren	Werkzeug	Material-bereich	Eignung KR/MZ/FR	Anzahl	Bemerkung
Schrauben	Satz Doppelring-schlüssel	M	FR	2	Chrom-Vanadium, 6 – 22
	Satz Sechskant-Steckschlüssel	M	FR	2	mit Kunststoffheft, M3 – M8
	Rollgabel-schlüssel	M	FR	2	160 mm, geschmiedet
	Satz Sechskant-Stiftschlüssel	M	FR	2	CV-Stahl, 1,5 – 8 mm
	Satz Elektro-Schlitz-schraubendreher	M; E	FR	2	1,0 – 3,0 mm, 0,5 mm steigend, ergonomischer Griff, isoliert
	Satz Elektronik-Kreuzschlitz-Schraubendreher	M; E	FR	2	000/00/0/1 (PH-Größen) ergonomischer Griff, isoliert
	Schraubendreher	M; E	siehe unter Fügen/Schrauben		
	Zangen	M; E	siehe unter Halten/Spannen		

Halten/Spannen

Verfahren	Werkzeug	Material-bereich	Eignung KR/MZ/FR	Anzahl	Bemerkung
Halten	Kombinations-zange	M	KR/MZ/FR	10	160 mm, Spezialwerkzeugstahl, Schneiden gehärtet, Griffe mit Kunststoff-Handschutz
	Flachzange	M	KR/MZ/FR	10	140 mm, Chrom-Vanadium-Stahl, gehärteter Kopf, Greifflächen gezahnt, Griffe mit Kunststoff-Handschutz
	Rundzange	M	KR/MZ/FR	10	140 mm, Chrom-Vanadium-Stahl, gehärteter Kopf, glatte Greif-flächen, Kunststoff-Handschutz
	Wäscheklammern	P/P	KR/MZ/FR	200	ca. 70 mm, Holz- oder Kunst-stoffausführung

Fortsetzung s. nächste Seite

Verfahren	Werkzeug	Materialbereich	Eignung KR/MZ/FR	Anzahl	Bemerkung
Zwingen	Schraubzwinge	M	MZ/FR	2 × 10	Temperguss, Stahlschiene 100 × 50 mm, DIN 5117
	Schraubzwinge	M	MZ/FR	10	Temperguss, Stahlschiene 200 × 100 mm, DIN 5117
	Klemmsia-Zwinge	H/H	MZ/FR	10	Weißbuchenholz, Exzenterspanner 200 × 110 mm
	Klemmsia-Zwinge	H/H	MZ/FR	10	Weißbuchenholz, Exzenterspanner 400 × 110 mm
	Leimzwingen	H/H	MZ/FR	20	Kunststoffausführung, bewegliche Greifbacken 80 × 30 mm
	Leimzwingen	H/H	MZ/FR	2 × 10	Kunststoffausführung, bewegliche Greifbacken 110 × 40 mm
Spannen	Parallelschraubstock	M; K; H/H	FR	10	im Gesenk geschmiedet, gehärtete Backen, nachstellbare und schmutzgeschützte Führungen, Ambos, Backenbreite 100 mm, Spannweite 125
	Schutzbacken	M; K; H/H	FR	10	Kunststoffausführung mit Prismenführung und Magnet, 100 mm
	Spannunterlage	M; K; H/H	FR	10	passend zum jeweiligen Werkbanksystem
Fixieren	Klebefilm-Tischabroller	M; K; H/H	KR/MZ/FR	1	schwere Ausführung, rutschfest, für Rollen bis 25 mm Breite

Modellieren

Verfahren	Werkzeug	Materialbereich	Eignung KR/MZ/FR	Anzahl	Bemerkung
Schneiden	Töpfermesser	K; P[24]	KR/MZ/FR	2 × 10	Stahlklinge, nicht rostend mit Holz- oder Kunststoffheft
	Schneidedraht	K; P	KR/MZ/FR	5	Stahldraht, nicht rostend mit Knebel- oder Ringgriffen
Walzen	Teigrolle	K; P	MZ/FR	10	Hartholz, Ø 30 – 40 mm
	Plattenstäbe	K; P	MZ/FR	40	400 × 10 × 5 mm, Buchenleisten, gehobelt
Formen	Satz Modellierhölzer	K; P	KR/MZ/FR	10	mehrteilig aus Holz oder Kunststoff, Form nach Wahl
	Satz Modellierschlingen	K; P	KR/MZ/FR	10	Holzheft, Schlingen unterschiedlicher Ausformung, rostfreier Stahl
	Schlagholz	K; P	KR/MZ/FR	2 × 10	Hartholz, flachrund

[24] Keramik/Plastische Werkstoffe

Überprüfen

Verfahren	Werkzeug	Material-bereich	Eignung KR/MZ/FR	Anzahl	Bemerkung
Messen	Gliedermaßstab	H/H; P/P; M	MZ/FR	10	2 m, Kunststoff
	Federmaßstab	H/H; P/P; M	KR/MZ/FR	2 × 10	300 mm, rostfreier Federbandstahl, geätzte Teilung
	Rollbandmaß	H/H; P/P; M	FR	1	50 m, mm/cm, Bandrücklauf mittels Kurbel, Feststelleinrichtung
	Rollbandmaß	H/H; P/P; M	FR	5	2 m, mm/cm, automat. Bandrücklauf, Feststelleinrichtung
	Messbecher	M	KR/MZ/FR	5	1000 ml, mit seitlicher Skala, Kunststoff transparent
Wiegen	Haushaltswaage	H/H; P/P; M	MZ/FR	1	Wiegenreich bis 3000 g, Digitalanzeige
Anreißen/ Prüfen	Schreinerwinkel	H/H	KR/MZ/FR	10	200 × 140 mm, gehärtete Stahlzunge, Messingbeschlag, Gehrung und Maßeinteilung
	Anschlagwinkel	M	MZ/FR	10	150 × 100 mm, rostgeschützt, geschliffen
	Schlosserwinkel	M	MZ/FR	10	100 × 70 mm, rostgeschützt, geschliffen
	Zentrierwinkel	H/H;M	MZ/FR	5	100 × 70 mm Stahl, rostgeschützt
	Bogenzirkel	H/H;M	FR	5	150 mm, durchgestecktes Gewerbe, Nietscharnier, geschmiedet, poliert

15.8 Maschinenausstattung (allgemeine Hinweise)

Im Technikunterricht der Grundschule können Maschinen[25] in mehrfacher Hinsicht Aufgaben übernehmen: primär als Arbeitsmaschinen als Hilfsmittel für praktische Aufgabenstellungen (Materialzurichtung), als Anschauungs- und Erkundungsmedien, als Wartungs-, Pflege- und Reparaturmedien. In diesem Zusammenhang können stationäre Werkzeugmaschinen bzw. handgeführte Maschinenwerkzeuge Anwendung finden. Die Frage, die sich hier immer wieder neu stellt, ist die, ob bereits Grundschüler an und mit Maschinen im Technik- oder Sachunterricht arbeiten sollten. Wenn wir davon ausgehen, dass die Technik im Allgemeinen und Maschinen im Besonderen heute selbstverständlicher Bestandteil der Lebensumgebung eines jeden Schülers sind und von ihnen oft schon vor Schuleintritt in Gebrauch genommen werden (z. B. elektrisches Handrührgerät, Staubsauger, Akkubohrschrauber, elektrische Zahnbürste, elektrisch betriebene Spielzeuge sowie jede Menge und Art von Kommunikations- und Informationstechnik), dann muss man sich fragen, warum in der Schule dieser Ausschnitt der Lebenswirklichkeit der Schüler ausgespart werden soll. Der Gebrauch von Maschinen und der Umgang mit elektrischer Energie ist den Schülern in aller Regel von zu Hause aus bereits geläufig.

[25] Gemeint sind hier z. B. Maschinen zur Werkstoffbearbeitung (Bohrmaschine), zur Nahrungsmittelzubereitung (Handrührgerät), aber auch Transportmaschinen wie Roller oder Fahrräder. Sie können als technische Realobjekte (Luftpumpe), in Modellform oder als Eigenkonstruktionen (Fahrzeug, Kran) im Unterricht zum Einsatz kommen.

Von Seiten der Technikdidaktik ist der Maschineneinsatz im Sinn ihrer Funktion als Unterrichtsmedium unstrittig. Eine weitere zentrale Aufgabe der Schule sieht sie darin, Schülern an die pragmatische Seite der technische Kultur in grundlegender, systematischer und sicherheitsgerechter Weise heranzuführen, d. h. technische Fähigkeit und Fertigkeiten zu entwickeln und technisches Grundwissen zu vermitteln. Damit wird das Unfallrisiko eher reduziert als vermehrt. Kardinales Bezugsfeld einer solchen auch Maschinen einbeziehenden Praxis kann nur die heutige, aktuelle (Alltags-)Technik sein und zwar möglichst in Form des „State of the Art".

Hinsichtlich eines altersgemäßen, verantwortungsvollen und sicherheitsrelevanten Einsatzes von Maschinen zur Werkstoffbearbeitung in der Grundschule haben die meisten Fachvertreter eine positive Einstellung, wobei es vordergründig nicht allein um das maschinelle Bearbeiten von Werkstoffen geht, sondern auch um ein verständiges, verantwortungsvolles Heranführen an die Maschinen.

Der Einsatz von Maschinen im Sachunterricht der Grundschule schließt den Einsatz von Handwerkzeugen selbstverständlich nicht aus, sondern ergänzt diesen. Er erweitert und vervollständigt die technologischen Fertigkeiten und Kenntnisse der Schüler und fördert ihre technische Alltagskompetenz.

Wir dürfen jedoch auch nicht außer acht lassen, dass technisches Gerät selbst bei zweck- und funktionsgerechter Nutzung immer auch Gefahren birgt. Das systematische Einweisen der Schüler und eine beaufsichtigte Ingebrauchnahme von Werkzeugen, Maschinen und technischen Objekten vorausgesetzt, führen zur Minimierung der Gefahren, bauen unbegründete Ängste vor der Technik ab und vermitteln Fähigkeiten, Gefahren richtig einschätzen zu können. Die gilt gleichermaßen für die Benutzung von Handwerkzeugen wie auch für Maschinen. Hierfür sind allerdings Voraussetzungen zu schaffen, die bisher noch nicht flächendeckend in Deutschland anzutreffen sind. Sie betreffen die Lehrerbildung gleichermaßen wie die sächlichen Ausstattungen der Schulen.

Lehrer mit der Fachkompetenz für den Sachunterricht/Technikunterricht müssen an den Maschinen ausgebildet sein, unter Einschluss aller sicherheitsrelevanten Inhalte, die für die Selbstbenutzung wie für die Benutzung durch Schüler von Belang sind. Ein entsprechender Maschinenschein sollte ein verbindlicher Bestandteil eines jeden technikaffinen Studiums sein. Dort, wo ein solcher Schein nicht erworben werden konnte, sollten entsprechende Fortbildungsangebote aufgelegt werden. Was die sächliche Ausstattung der Grundschulen betrifft, werden dort, wo der Technikunterricht im Klassenzimmer stattfinden muss, nur wenige, mobile Maschinen zum Einsatz kommen können. Das gleiche gilt auch für den Mehrzweckbereich. Wo idealerweise ein eigener Fachraum zur Verfügung steht oder mitgenutzt werden kann, können auch stationäre Maschinen zum Einsatz kommen. Innerhalb derartiger Fachbereiche kann meist auch vom Vorhandensein eines gesonderten Maschinenraums ausgegangen werden. Die dort aufgestellten stationären Maschinen, zu denen nur berechtigte Lehrkräfte Zugang haben, sind nicht aufgeführt, da sie erst in den weiterführenden Schulen von Belang sind. Sie sind im Kapitel 12 „Stationäre Maschinen" detailliert aufgelistet und beschrieben.

Als Ergebnis ausführlicher Gespräche mit Vertretern von Schulen, Hochschulen und Unfallkassen zeichnet sich ein überschaubares Maschinenprogramm für den Einsatz in der Grundschule ab, das im Folgenden vorgestellt wird.

15.9 Auflistung der Maschinen für die Grundschule

15.9.1 Akku-Bohrschrauber

Ausstattung:
Rechts-/Links-Lauf, Ladezustandsanzeige, Drehrichtungsanzeige, Drehzahlregelung, ergonomische Griffausformung, Ladestation, integrierter Li-Ionen-Akku.

Technische Daten:
Schnellspannfutter, Bohrerdurchmesser max. 6 mm, Gewicht ca. 1 kg

Sicherheitsvorgaben:
VDE-zertifiziert, GS-Zeichen
Das Laden der Akkus ist grundsätzlich nur von der Lehrperson außerhalb des Unterrichts vorzunehmen
Verbindliche theoretische und praktische Einführung in Gebrauch und Gefahren des Akkubohrschraubers durch die Lehrperson
Einsatz erst ab Klasse 3/4 unter Aufsicht, teilselbstständig nur nach erfolgreich absolviertem ‚Bohrschrauber-Führerschein'
Strikte Benutzung von Einspannvorrichtungen für zu bohrende Kleinteile

Sicherheitsausstattungen:
Schraubstock, Spannvorrichtung für flächige Materialien
Bereitstellung von Schutzbrillen und Haarschutz für Schüler

15.9.2 Mechanische Handbohrmaschine

Ausstattung:
Dreibackenfutter, ergonomischere Griffe, gegossenes Getriebe mit Teller- und Kegelrad, Doppelgetrieberahmen, 2 Ritzel (zweigängig)

Technische Daten:
Bohrfutter für 1 bis 8 mm, Länge ca. 250 mm, Handgriffe aus Holz oder Kunststoff

Sicherheitsvorgaben:
Einweisung durch Lehrperson, keine besonderen Sicherheitshinweise erforderlich,
Einsatz ab Klasse 1 möglich

15.9.3 Elektrische Tischbohrmaschine

Ausstattung:
Schnellspannfutter, leicht verstellbarer Bohrtiefenanschlag, stufenlose Drehzahlregelung, Links- und Rechtshänder-Bedienung (optional), Maschinentisch mit T-Nuten (diagonal oder parallel)

Technische Daten:
230-V-Anschluss, Ausladung ca. 180 mm, Drehzahlanzeige, Bohrtiefenanzeige, Drehzahlen ca. 500 bis 3000 U/min, stufenlos, Bohrkopf-Höhenverstellung über Kurbel oder Gasdruckfeder mit Feststeller, Spindelhub ca. 60 mm, Tischgröße ca. 160 × 360 mm.

Sicherheitsvorgaben:
VDE-zertifiziert, GS-Zeichen.
Not-Aus-Schlagschalter an der Maschinenvorderseite, Unterspannungsauslöser, schwenkbare Schutzscheibe vor Bohrfutter mit Sicherheitsschalter (Bohrmaschine läuft nur an, wenn Schutzschild vor den Bohrer geschwenkt ist).
Einstellarbeiten und Bohrerwechsel sind grundsätzlich nur von der Lehrperson vorzunehmen. Verbindliche theoretische und praktische Einführung in Gebrauch und Gefahren der Tischbohrmaschine durch die Lehrperson.
Einsatz erst ab Klasse 3/4 unter Aufsicht, teilselbstständig nur nach erfolgreich absolviertem ‚Bohrmaschinen-Führerschein'.

15/12 Elektrische Tischbohrmaschine für den Einsatz in der Grundschule (Bosch/Weba)

Sicherheitsausstattungen:
Maschinenschraubstock und Flächenspannvorrichtung, Schutzbrillen und Haarschutz für Schüler

15.9.4 Handbetriebene Tischbohrmaschine I

Ausstattung:
Robuste Konstruktion, Handantrieb, Vorschub und stufenlose Höhenverstellung von Hand mittels Kurbel, Bohrtiefenanschlag, transparente Abdeckung des Getriebes, Zahnkranz-Bohrfutter, Anschlag und Klemmvorrichtung für zu bohrende Werkstücke

Technische Daten:
Maschinenhöhe 685 mm, Säule 50 × 755 mm, Maschinenfuß 75 × 200 × 365 mm (H × B × T), Ausladung 175 mm, Bohrerdurchmesser bis 10 mm, Gewicht ca. 15 kg

Sicherheitsvorgaben:
Einstellarbeiten und Bohrerwechsel sind grundsätzlich nur von der Lehrperson vorzunehmen. Einsatz ab Klasse 1 unter Aufsicht

Sicherheitsausstattungen:
Spannvorrichtung für flächiges Material, Maschinenschraubstock, Schutzbrillen und Haarschutz für Schüler

15/13 Handbetriebene Tischbohrmaschine (P.A.U.L)

15.9.5 Handbetriebene Tischbohrmaschine II

Ausstattung:
Bohrständer in robuster Konstruktion, Vorschub über verstellbaren Hebel, verzahnte Stahlsäule, stufenlose Höhenverstellung und Bohrtiefenanschlag, Fixierung mit Schnellspannhebel, Bohrtiefenkontrolle mittels Skala, von Hand mittels Kurbel und Klemmhebel, Bohrtisch mit Diagonal-Langlöchern zum Aufspannen eines Maschinenschraubstocks; Bohrmaschine (Handleier) Antrieb mittels Kurbel, zwei Übersetzungen, Getriebe gekapselt, Schnellspann-Dreibackenfutter-Bohrfutter.

Technische Daten (Bohrständer):
Maschinenhöhe 500 mm, Säulendurchmesser 35 mm, Bohrtisch (B × T × H) 180 × 195 × 40 mm, Bohrhub 60 mm, max. Abstand Bohrfutter – Maschinentisch 280 mm, Ausladung 127 mm, Aufnahmeeinheit 42 mm.
Technische Daten (Bohrmaschine):
Länge 360 mm, max. Bohrerdurchmesser 10 mm

Sicherheitsvorgaben:
Einstellarbeiten und Bohrerwechsel sind grundsätzlich nur von der Lehrperson vorzunehmen. Einsatz ab Klasse 1 unter Aufsicht

15/14 Mechanische Handbohrmaschine, hier im Bohrständer (Wabeco)

Sicherheitsausstattungen:
Spannvorrichtung für flächiges Material, Maschinenschraubstock, Schutzbrillen und Haarschutz für Schüler

15.9.6 Elektrische Dekupiersäge

Ausstattung:
Robuste Gusskonstruktion für vibrationsarmen Lauf, Staubabsaugstutzen, Sägetisch schwenkbar, Schnellspannvorrichtung für Sägeblatt, Hubzahl stufenlos einstellbar, Materialniederhalter schwenkbar

Technische Daten:
230-V-Anschluss, Hubhöhe ca. 50 mm, ca. 1400 U/min, Sägetisch bis 45° schwenkbar, Tischgröße ca. 400 × 350 mm

Sicherheitsvorgaben:
VDE-zertifiziert, GS-Zeichen
Einstellarbeiten und Sägeblattwechsel sind grundsätzlich nur von der Lehrperson vorzunehmen

Verbindliche theoretische und praktische Einführung in Gebrauch und Gefahren der Dekupiersäge durch die Lehrperson
Einsatz erst ab Klasse 3/4 unter Aufsicht, teilselbstständig nur nach erfolgreich absolviertem ‚Dekupiersäge-Führerschein'
Inbetriebnahme nur mit angeschlossener Absaugung

Sicherheitsausstattungen:
Schutzbrillen für Schüler

15.9.7 Styroporschneidegerät

Ausstattung:
Mehrstufiger Trafo mit Überlastschutz, Kreisschneideinrichtung, Parallel- und Längsschnittanschlag, schwenkbarer Bügel für Schrägschnitte

Technische Daten:
230-V-Anschluss, Tischgröße ca. 400 × 300 mm, Durchgang 200 mm

Sicherheitsvorgaben:
VDE-zertifiziert, GS-Zeichen
Einstellarbeiten und Heizdrahtwechsel sind grundsätzlich nur von der Lehrperson vorzunehmen.
Verbindliche theoretische und praktische Einführung in Gebrauch und Gefahren des Styroporschneidegeräts durch die Lehrperson.
Der Einsatz ab Klasse 1/2 unter Aufsicht, teilselbstständig ab Klasse 3/4

15.9.8 Warmbiegvorrichtung

Ausstattung:
Hitzebeständige, kunststoffbeschichtete Arbeitsplatte, Gerätesicherung und Kontrolllampe

Technische Daten:
Netzteil 230 V/7,4 V, Arbeitsbreite 400 mm, Arbeitsplatte ca. 450 x 170 mm

Sicherheitsvorgaben:
VDE-zertifiziert, GS-Zeichen
Heizdrahtwechsel ist grundsätzlich nur von der Lehrperson vorzunehmen
Verbindliche theoretische und praktische Einführung in Gebrauch und Gefahren der Wärmebiegeeinrichtung durch die Lehrperson
Einsatz ab Klasse 1/2 unter Aufsicht, teilselbstständig ab Klasse 3/4

Sicherheitseinrichtung:
Wärmebeständige Arbeitshandschuhe

15.9.9 Papierschneidemaschine

Ausstattung:
Stabile Stahlkonstruktion, Ober- und Untermesser geschliffen, Fußpressung, Anschläge an Schiene mit cm-Einteilung, Streifenschneidvorrichtung mit Einstelleinrichtung, Auflagetisch mit DIN-Einteilung, ausklappbarer Auflagentisch, Untergestell

Technische Daten:
Tischgröße für DIN A1 ausreichend, Schnittlänge ca. 700 bis 800 mm, Schnitthöhe ca. 4 mm (70-g/m^2-Papier)

Sicherheitsvorgaben:
GS-Zertifikat, TÜV-Zertifikat
Messerschutz
Abschließbar
Nur durch Lehrperson zu bedienen.

15.9.10 Hebelblechschere

Ausstattung:
Stabiler, massiver Scherenkörper, für Bleche, Flacheisen und Rundmaterial, gehärtete Messer, nachschleifbar, vorbereitet zum Aufschrauben auf Werkbank oder Grundplatte zum Festspannen, stufenlos einstellbarer Niederhalter

Technische Daten:
Messerlänge 120 mm, Schnittleistung Stahlblech 4 mm, Flachstahl 50 × 4 mm, Rundstahl 10 mm.

Sicherheitsvorgaben:
Feststelleinrichtung, abschließbar
Nur durch Lehrperson zu bedienen.

15.9.11 Keramikbrennofen

Siehe hierzu Kapitel 12 „Stationäre Maschinen“

15.10 Unterrichtsmedien

Als Unterrichtsmedien bezeichnen wir materielle, physisch präsente oder auch virtuelle objekthafte Repräsentanten, in denen der geistige Inhalt eines Unterrichtsgegenstandes eingeschlossen ist und an bzw. mit denen dieser Inhalt in unterschiedlichen Aneignungsmodi durch die Schüler erschlossen wird.

Auch für den Sachunterricht/Technikunterricht in der Primarstufe lassen sich die Unterrichtsmedien nach den weiter oben beschriebenen Kategorien in Rezeptions-, Reproduktions- und Produktionsmedien einteilen[26]. Im Folgenden wird eine Auswahl von Unterrichtsmedien und Hilfsmitteln vorgeschlagen, wobei letztere, je nach unterrichtlichem Einsatz und Zielsetzung sowohl als Hilfsmittel als auch als Unterrichtsmedium fungieren können.

Rezeptionsmedien zur Anschauung und Analyse durch die Schüler:
- Sammlung von verschiedenen Rohstoffen:
  z. B.: Hölzer, Metalle, Kunststoffe, plastische Massen
- Halbzeuge aus unterschiedlichen Materialien:
  z. B.: Holzwerkstoffe, Profile, Bleche, Vollmaterial, Lochschienen
- Verbindungsmittel:
  Nägel, Schrauben, Klammern, Binder, Klebstoffe, Leime, Klebebänder
- Technische Modelle:
  z. B.: Funktionsmodelle, technische Spielzeuge, Schnittmodelle, Anschauungsmodelle
- Technische Darstellungen (visuell, akustisch, audio-visuell, komplex):
  z. B.: Zeichnungen, Fotos, DVDs, Diagramme, Schaltpläne, Hörspiele
- Technische Realität (zur Besichtigung, Erkundung):
  z. B.: Bauwerke, Produktions- oder Dienstleistungsbetriebe, technische Anlagen, landwirtschaftliche Betriebe, Verkehrssituationen, technische Museen

Reproduktionsmedien zum praktischen Nachvollzug eines vorgegebenen Inhalts
- Demontageobjekte:
  z. B. Fahrradnabe, Luftpumpe, Kugelschreiber, Salatschleuder
- Testobjekte:
  z. B.: Sammlung von Flaschenöffner, Büroklammern, Korkenzieher, Nussknacker, Klebstoffe, Leuchtmittel
- Experimentierobjekte:
  z. B.: Leiter- und Nichtleitermaterialien, Brückenträgermodelle, Fahrzeuge, Haushaltsgeräte (zum Mischen, Schneiden, usw.)
- Technische Darstellungen:
  z. B. Lernprogramme, Lehrfilme, Lernspiele, Arbeitsblätter

Produktionsmedien zur Veranschaulichung technischer Sachverhalte und Nachvollzug technischer Prozesse durch praktische Rekonstruktion
- Konstruktions- und Fertigungsobjekte:
  z. B.: aus LEGO® Education WeDo, LEGO® Education Einfache Maschinen; fischertechnik® Basis- und Erweiterungsset, Antriebsset; ZOMETOOL; Halbzeugsysteme (USM® mit Fertigungsvorrichtungen, Riess-Technik); Bausätze; Experimentierkästen oder Originalmaterialien
- Reparatur- und Wartungsobjekte:
  z. B.: Fahrrad, Roller, Skateboard, Fahrradschlauch, Fahrradlicht
- Technische Darstellungen:
  z. B.: Selbst gefertigte Skizzen, Digitalfotos, Videoaufnahmen, Präsentationen, Plakate, Schaltpläne, Tabellen usw.

[26] Siehe zu Unterrichtsmedien im Technikunterricht ausführlich die Vorbemerkung zu Kapitel 9.

15.11 Arbeits- und Hilfsmittel

Will man im Technikunterricht der Grundschule möglichst effizient und phantasievoll arbeiten, kommt man um die Anlage eine Materialfundus nicht herum. Vorgegebene Unterrichtsmedien, insbesondere die technischen Konstruktionsbaukästen können immer nur einen kleinen Teil des für eine technische Bildung für die Grundschule anstehenden Aufgabenspektrums abdecken. Ein solcher Materialfundus bedarf der Pflege, d. h. laufender Ergänzung, übersichtlicher Lagerung und Durchsicht in bestimmten Abständen, um noch Brauchbares von nicht mehr Benötigtem zu trennen.

Der Fundus setzt sich aus kostenlosen, gesammelten Materialien und Zugekauftem zusammen. Für den ersten Fall sollten die betroffenen Lehrkräfte im Laufe der Jahre ein Gespür entwickeln und möglichst viele Kontakte zu Firmen und Handwerksbetrieben aber auch zu Eltern pflegen.

Die folgende Übersicht erhebt keinen Anspruch auf Vollständigkeit, sondern ist als eine Art Grundausstattung zu sehen, die bedarfsweise ergänzt werden muss.

Hölzer/Holzwerkstoffe
Rundstäbe/Vierkantleisten in verschiedenen Durch-/Abmessungen
Vollholzabschnitte (Tischlerei)
Astholz in Abschnitten
Holzwerkstoffe (Reste von Sperrhölzern, Spanplatten, MDF) verschiedene Stärken und Abmessungen (Tischlerei, Baumarkt)
Holzteilsortimente (Holzscheiben, Holzabschnitte, Dübel, Keile usw.)
Buchenholzräder (mit und ohne Rille) verschiedene Durchmesser
Holzkugeln (verschiedene Durchmesser)
Holzperlensortiment (verschiedene Durchmesser)
Schaschlikstäbe, Zahnstocher

Papier/Karton/Pappe
Druckerpapier 80 g/m^2
Zeichenpapier 120 bis 150 g/m^2
Zeitungspapier (Makulatur) (Zeitungsdruckerei)
Tonpapier/Tonkarton, Farbsortiment
Graupappe (Buchbinderkarton) 1, 2 mm
Strohpappe 2, 3 mm
Wellpappe, ein- und zweiseitig beschichtet (aus Pappkartons)
Papphülsen/Papprohre
Kartons und Verpackungsschachtel (sammeln)

Kunststoffhalbzeuge
Styroporplatten (Baumarkt)
Acrylglasplatten (farbig und transparent) 2, 3 mm
Hart-PVC-Platten 2, 3 mm
Kunststofffolien
Hart-PVC-Rohre versch. Durchmesser
Tiefziehfolien (Polystyrol) 1, 2 mm
Trinkröhrchen

Metallhalbzeuge
Schweißdraht, verkupfert, 2 bis 4 mm
Eisendraht, verzinkt
Kupferdraht versilbert, Ø 0,6, 1 mm
Messingdraht, Ø 0,3 mm
Aluminiumdraht, Ø 2, 3 mm
Bindedraht, kunststoffummantelt (Blumendraht)
Kupferblech/-folie
Aluminiumblech/-folie
Blechdosen (sammeln)
Blechabschnitte (Blechner/Schlosser)
Kleinschrottteile (Schrottplatz)

Elektrobauteile
Glühlämpchen 3,5 V, 0,2 A, E 10
Lampenfassungen E 10 (Schraubanschlüsse)
Drucktaster
Druckschalter
Kupferlitze/-litzenband
Klingeldraht (rot und schwarz)
Messstrippen
Flachbatterien 4,5 V
Elektromotoren mit Montagesockel, 1,5 bis 4,5 V (Langsamläufer)
Getriebemotoren, 1,5 V bis 4,5 V

Plastische Materialien
Ton (gebrauchsfertig)
Plastilin (Knete, mehrere Farben)
Knetwachs (mehrere Farben)
Lufttrocknende Modelliermasse (z. B. EFA-Plast)

Textile Materialien
Zwirne, Wollgarne, Baumwollgarne
Stoff- und Lederreste
Filz (verschiedene Farben)

Verbindungsmittel und Kleinteile
Sortiment Nägel/Drahtstifte
Sortiment Holzschrauben (in unterschiedlichen Längen und Stärken)
Sortiment SPAX-Schrauben[27] (in unterschiedlichen Längen und Stärken)
Sortiment Gewindeschrauben mit passenden Muttern (M3, M4, M5 in unterschiedlichen Längen)
Flügelmuttern
Gewindestangen (M4)
Unterlegscheiben
Musterbeutelklammern

[27] Spanplattenschraube mit Kreuzschlitz.

Gummibänder
Klettverschlüsse
Kleinmagnete
Klebstoffe (Papier/Pappe, Metall, Kunststoff)
Kleister
Weißleim
Klebebänder (ein- und beidseitig klebend)
Kerzen (Teelichte)
Flaschenkorken
Bierdeckel (alle Formate)

Oberflächenbehandlungsmittel
Dispersionsfarben (Schulmalfarben)
Holzpflegeöl
Farbwachs
Glasuren/Engoben (nur wenn Brennmöglichkeit vorhanden)

16 Entwicklungslinien

Vorbemerkung

Das folgende Kapitel soll beileibe keine umfassende Geschichte der Entwicklung der allgemeinen technischen Bildung und ihrer Fachräume sein. Es ist vielmehr der Versuch, anhand von vorliegendem Bildmaterial Entwicklungslinien hin zu den Fachräumen heutigen Zuschnitts aufzuzeigen, wie sie sich seit der zweiten Hälfte des 18. Jahrhunderts bis heute trotz recht unterschiedlicher Bildungsansätze herausgebildet haben. Der Fokus liegt auf den unterschiedlichen Ausprägungen ‚angeleiteter, absichtsvoller Werktätigkeit', auch solcher, die sich noch abseits schulischer Institutionen entwickelten. Diese werden jeweils in einer kurzgefassten, kompakten Beschreibung vorgestellt und, soweit greifbar, durch Abbildungen veranschaulicht.

16.1 Werkstätten der Arbeits- und Industrieschulen[1]

Unsere Betrachtung setzt in der zweiten Hälfte des 18. Jahrhunderts an. Diese Zeit war durch gravierende soziale und ökonomische, später dann auch politische Umwälzungen geprägt. Die vorherrschende Staatsform des Absolutismus, die Wirtschaftsform des Merkantilismus und der vorherrschende Zeitgeist der Aufklärung waren die bestimmenden Faktoren, die den Lauf der Geschichte bestimmten. Verändernde Produktionsstrukturen und -methoden in der Landwirtschaft, das Vordringen der Mechanisierung in alle traditionellen Produktionsbereiche, der aufkommende Kapitalismus und der Beginn der Großen Industrialisierung führten zu strukturellen Problemen mit der Folge, dass größere Teile der in der Landwirtschaft, in der Heimindustrie und sogar auch im Handwerk tätigen Beschäftigten freigesetzt wurden, verarmten und ihrer gesellschaftlichen Bindungen und sozialen Sicherungssystemen beraubt wurden. Betroffen waren vor allem die „niederen Stände", deren prekäre Lage durch unstete Arbeitsverhältnisse und wachsende Verarmung die Menschen vielerorts zur Bettelei zwang und ihre Verwahrlosung förderte. Die damalige Armenpflege war wegen der großen Zahl der Betroffenen überfordert. Das Bildungswesen für die „niederen Stände" war, und das nicht nur aus heutiger Sicht, insbesondere in den ländlichen Gebieten auf einem erschreckend niedrigen Stand. Die Kinder der Handwerker lernten den Beruf vom Vater (Abb. 16/1), die der Arbeiter im landwirtschaftlichen Sektor durch möglichst frühe Mitarbeit auf dem Feld und im Stall. Erste Forderungen nach einer allgemeinen gediegenen Volksbildung verhallten seinerzeit noch wirkungslos. Seitens der Landesherren, des Klerus und der „höheren" Stände stießen sie eher auf Unverständnis.

Bis dahin sah man seitens des Staates und der Kirchen, denen das Bildungswesen ja noch großenteils oblag, in der bedrückenden Lage der „niederen Stände" weniger ein Problem fehlender

[1] Schlagenhauf schlägt hinsichtlich einer präzisen Begrifflichkeit statt der Bezeichnung ‚Arbeitsschule' den der ‚produktionsorientierten Industrieschule' vor. Er argumentiert, dass es einerseits zu Verständnisproblemen mit verwandten Terminologien wie ‚Arbeitsunterricht', ‚Arbeitsschulbewegung' (Gaudig, Kerschensteiner) oder ‚industrieller Arbeitsschule' (Blonskij) kommen könnte. So heißt es mit Bezug auf B. Sachs (Sachs 1990, S. 12): „Drüber hinaus erschein es mir generell nicht günstig, einen Terminus, der sich auf eine zentrale anthropologische Grundkategorie bezieht, wie dies bei dem Begriff der Arbeit der Fall ist, im Zusammenhang mit einer speziellen, schulhistorischen Erscheinung in Anspruch zu nehmen." Dazu Schlagenhauf „Wir wollen die Unterscheidung aber dennoch beibehalten, weil es u. E. nicht zu übersehende Unterschiede zwischen den Arbeitsschulen in ihrer pädagogischen und didaktischen Ausrichtung gab, sowie in der Auswahl der Schülerschaft. War die Arbeitsschule die Schule des niederen Schulwesens, so wurde die Industrieschule mehr und mehr eine Bürgerschule und ihr Erziehungskonzept zusehends von anthropologischen Einsichten bestimmt und erkenntnistheoretisch begründet." Schlagenhauf 1997, S. 206.

16/1 Handwerkerfamilie als Bildungsgemeinschaft[2]. Der Vater zeigt seinem aufmerksam zuhörenden Sohn, was die Zeichnung vorgibt und wie er den Hobel zu gebrauchen hat. Im Vordergrund rechts sitzt seine Frau und unterrichtet eine Tochter im Lesen oder Schreiben. Weiter hinten ist ein junges Mädchen mit Sticken beschäftigt. Ein etwas älteres Mädchen beugt sich liebevoll über ihre Schulter und scheint sie zu beraten.

Bildung, sondern eher ein soziales, das als Gefährdung für Staat und Gesellschaft gesehen wurde. In der Folge und als Mittel der Abhilfe können wir zwei Initiativen auf dem Gebiet der Armenpflege und des Erziehungswesen feststellen: die Einführung von Arbeitsschulen und die Gründung von Industrieschulen. Erstere mit dem Ziel einer Erziehung zur Arbeitsamkeit und Sittlichkeit und um zugleich durch produktive Arbeit der Schüler einen bescheidenen ökonomische Gewinn zu erwirtschaften und somit die staatliche Armenpflege zu entlasten (Abb. 16/2).

16/2 Arbeitsschule (Strickschule)[3] für Mädchen, wie sie noch im 19. Jahrhundert im ländlichen Raum bestanden. Im Vordergrund strickt die Schar der kleinen Mädchen, unterstützt von älteren. Im Hintergrund links die Lehrerin mit älteren Mädchen, die im Weißnähen (Aussteuernähen) unterrichtet werden. Es handelt sich auf diesem Bild nicht mehr um die Ärmsten der Armen, sondern um eine Institution, die den Mädchen hausfrauliche Arbeiten und Arbeitstugenden vermittelt.

Die andere setzte sich das Ziel, den „industriösen" Menschen[4] heranzubilden, was zwar auch über die Arbeitserziehung geschah, jedoch war der Ansatz weitblickender, weil er bereits die sich abzeichnenden zukünftigen Anforderungen an das sich im Wandel befindliche landwirtschaftliche und industrielle Produktionswesens im Blick hatte.

[2] Noel Hallé: L'éducation des pauvres, 1765

[3] Otto Piltz: Arbeitsschule, 1884

[4] Von lat. ‚Industria', jedoch mehr als in der Wortbedeutung von Fleiß, Betriebsamkeit, Regsamkeit. Industriös meint hier eine Erziehung zu Arbeitsamkeit und Schaffensfreude, Disponibilität, Eigenverantwortung, Sittlichkeit und damit auch zur Unabhängigkeit von sozialer Fürsorge. Keinesfalls ist eine vorberufliche Industrieerziehung gemeint, denn eine Industrie im heutigen Verständnis existierte damals noch gar nicht.

Die auf private und kirchliche Initiative zurückgehende Gründung der Arbeitsschulen war von dem Gedanken getragen, dass praktische, nützliche und regelmäßige Arbeit den Kern einer Erziehung der „niederen Stände" ausmache, die einen Menschen in die Lage versetze, seinen Lebensunterhalt selbst zu verdienen, ein Leben in Sittlichkeit zu führen und somit ein nützliches Glied der Gesellschaft zu werden. Neben der Vermittlung einfacher praktischer Fertigkeiten und bestimmter Arbeitstugenden erfolgte zudem eine mehr oder weniger rudimentäre Vermittlung von Kulturtechniken wie Schreiben, Lesen, Rechnen und, für die sittliche Erziehung wichtig und zentral, die religiöse Unterweisung anhand des Katechismus.

Die Herstellung von Gütern hatte zudem den ganz praktisch-ökonomischen Sinn, aus ihrem Verkauf die finanzielle Grundlage der Arbeitsschule zu sichern und zugleich einen praktisch-erzieherischen, die arbeitenden Kinder zum Teil mit etwas Geld oder mit einem geldwerten materiellen Ausgleich (meist Kleidung oder Schuhe) zu entlohnen und so ihre Eltern davon abzuhalten, sie zur Bettelei anzuhalten oder Kinderarbeit verrichten zu lassen und vom Unterricht fernzuhalten. Der systembedingte Zwang zur Selbstfinanzierung führte jedoch zur Überbetonung des Produktionssektors und Vernachlässigung der „Lernschule", was den Arbeitsschulen nicht ganz zu Unrecht den Vorwurf der Förderung der Kinderarbeit eintrug. Aus heutiger Sicht war das pädagogische und auch didaktische Konzept verfehlt, da es zu wenig von den Bildungsbedürfnissen des Kindes ausging und es nicht gelang, der praktischen Tätigkeit ein schlüssiges und fundiertes pädagogisches wie didaktisches Konzept zu unterlegen.

Protagonisten der Arbeits- und Industrieschulen waren, von denen es schließlich im deutschsprachigen Raum einige Hundert gab, FERDINAND KINDERMANN VON SCHULSTEIN, LUDWIG GERHARD und ARNOLD WAGEMANN, HEINRICH PHILIPP SEXTRO, JOHANN HEINRICH CAMPE. Den Plan einer frühen Industrieschule in Göttingen ausgangs des 18. Jahrhunderts mit ausführlicher Beschreibung stellt LUDWIG GEORG WAGEMANN vor (Abb. 16/3).

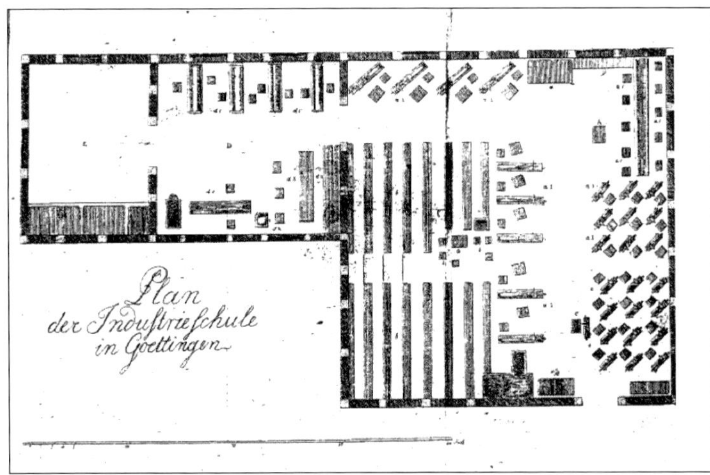

16/3 Plan der Industrieschule in Göttingen[5]

[5] Wagemann 1789–1793 (Hrsg.): Bd. 2, S. 237, (Autor: J. S. Zimmer)

Den obigen Plan erläutert L. G. WAGEMANN, der Initiator der Göttinger Industrieschule wie folgt (Auszug)[6]:

„Der Arbeitssaal liegt im zweiten Stockwerk des Schulhauses [...]
a) ein grosser Schrank, für die Flachs-, Hede [7]- und Baumwollspinnerei, wie auch für Näherei.
b) ein Schrank für die Wollespinnerei, sowol zum Strumpfgarn, als für die Fabrik.
c) ein Tisch mit Schiebladen, in welche die Kinder beim Weggehen aus der Schule ihre Strick- und Nähzeuge legen, und woselbst auch die polierten Steine, bis zur Ablieferung in das Waarenlager aufbehalten werden.
Die erste Lehrerin hat bei A. ihren Siz, und übersieht von da aus die Schülerinnen am Nähetische a 1. imgleichen die Baumwollspinner a 2. und die Flachs- und Hedespinnerer a3.
Die zweite Lehrerin sizt bei B. und führet über die Strickerei die Aufsicht. Die Anfänger in dieser Arbeit hat sie zunächst um sich, und die übrigen Stricker sizen in den hintereinander erhabenen Bänken. An der Südseite die Mädgen, und an der Nordseite die Knaben.
Die dritte Lehrerin hat ihren Platz bei C. und unterweiset die Wollspinner in Krazen und Spinnen der Wolle.
In dem Arbeitszimmer D. haben die Kinder, welche die Webergeschirre verfertigen d 1. an der Südseite ihre Strickebänke, und d 1. an der Nordseite die Bank zum Abseilen der Ringel, und die Winde zum Wickeln des Zwirns. [...] Für die Pantoffelflechterei finden sich d 2. Size und Laden[...]. So wie Arbeiten fertig werden, nehmen sie die Aufseher und Aufseherinnen in Empfang, und zeigen sie mir am Sonnabend Nachmittag mit Vermerken des Namens welches Kind jedes Stück gemacht hat, und wieviel dasselbe nach dem einmal festgesezten Arbeitspreise damit verdienet hat, an, worauf ich dieses alles in das Arbeitsbuch merke.“[8]

Bei den hier beschriebenen Räumlichkeiten der ‚Göttingischen Industrieschule‘ handelt es sich aufgrund seiner räumlichen Organisation und Ausstattung offensichtlich um einen handwerklichen Produktionsbetrieb im Kleinen. Aufgrund der Vielgestaltigkeit der ausgeführten Arbeiten kann man von einer Mehrzweckwerkstatt mit klarer Gliederung in Funktionsbereiche und in Nebenräume sprechen. Die Ausstattung weist darauf hin, dass besonderer Wert auf eine funktionelle Einrichtung und Unterbringung von Werkzeugen und Material gelegt wird, wofür entsprechende Schrankmöbel und Schubladen vorgesehen sind.

Nach der „Lehrschule“ wechseln die Schüler in die Werkstatt zur praktischen Arbeit. Die unter Aufsicht auszuführenden Arbeiten sind zum Teil in solche für Mädchen und solche für Jungen unterschieden. Zudem wird nach anzuleitenden und bereits selbstständig arbeitenden Kindern unterschieden. Die Aufgaben sind an das altersgemäße Leistungsniveau der Kinder angepasst. Die gefertigten Produkte werden entweder direkt vermarktet oder sind vergütete Auftragsarbeiten für eine Fabrik.

Die von den einzelnen Schülern erbrachten Leistungen werden individuell beurteilt, vermerkt und als Verdienst ausgewiesen[9]. Die Schüler werden angehalten, ein „Arbeitsbuch“ zu führen, aus

6 Die Schreibweise des Originals wurde beibehalten.

7 ‚Hede‘: Bezeichnung für Flachs- und Hanfabfall

8 Wagemann: a.a.O., S. 216 – 219

9 Hierzu führt Wagemann aus: „Ein anderer Vorteil von dieser Anstalt ist der Verdienst der Kinder, der den armen Eltern zu einer nicht geringen Unterstützung gereicht, und wodurch zugleich eine Hauptveranlassung zur Bettelei gehoben wird. Manche Kinder in dem hiesigen Institut wurden [...] mit den nothwendigsten Kleidungsstücken versehen.“ (Wagemann, a.a.O., Bd 2, 2. Abtlg., S. 23).

dem sie nicht nur ihre erbrachte Leistung ersehen können, sondern auch ihren Verdienst vermerkt bekommen. Dies geschieht vorrangig unter dem Aspekt, dass die Schüler nach Abschluss der Schule einer geregelten Arbeit nachgehen können und sich bereits an berufsweltliche Anforderungen aber auch an Entlohnung aufgrund von Arbeitsleistung gewöhnen können.

Ein weiteres Beispiel findet sich bei RUDOLF SCHMIDT im Entwurf einer Lehr- und Industrieschule (Abb. 16/4), die sowohl die Mehrzweckwerkstatt (A und B), als auch Klassenräume (D bis F) und die Lehrerwohnung im Obergeschoss zeigt.[10]

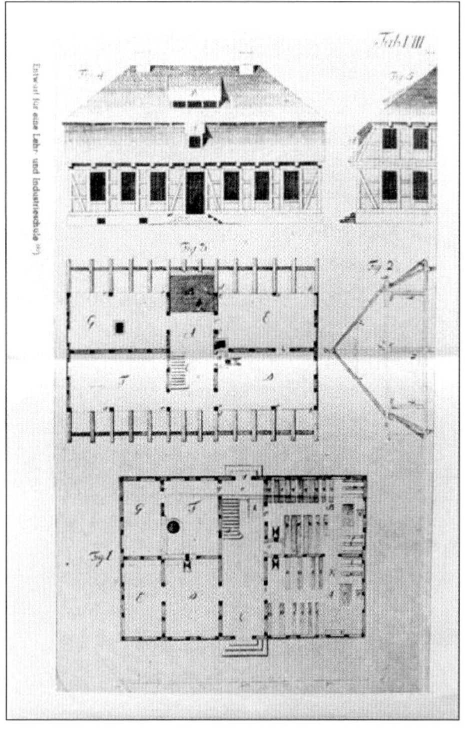

16/4 Entwurf einer Lehr- und Industrieschule, Ende 18. Jahrhundert

16.2 Schulwerkstätten der Philanthropen

Die ebenfalls nicht staatlichen Schulwerkstätten der Philanthropen stehen ganz im Lichte des Ideengebäudes der Aufklärung. Sie greifen den Gedanken der Verbindung von Lern- und Arbeitsschule auf, wenden in ihn aber ins Pädagogische und schaffen so einen Paradigmenwechsel. Die Begriffe „Menschenfreundschaft“ und „Menschenliebe“, sowie Toleranz werden zu einem zentralen Bestandteil der Wesensbestimmung des Menschen und somit auch ihrer Pädagogik. Die Bildungsbemühungen der Philanthropen sind nun nicht mehr vorrangig von der Armenpflege und christlicher Barmherzigkeit inspiriert und auf die „niederen Stände“ beschränkt, sondern richten sich hauptsächlich an eine bürgerliche Klientel.

Die praktische Tätigkeit wird als etwas erkannt, dass der Natur des Menschen zutiefst eigen ist und der gezielten Pflege und Förderung bedarf[11]. Aus der Notwendigkeit praktischer Tätigkeit erfährt der bei Kindern gegebene „Tätigkeitstrieb“ seine anthropologische Begründung und wird pädagogisch fruchtbar gemacht[12].

Das pädagogische Fruchtbarmachen des Betätigungsdranges des Kindes und eine zunehmende, an der realen Welt orientierten Bildung und Erziehung, kennzeichnen den neuen Bildungsansatz der Philanthropen. Erkenntniserwerb soll zusätzlich zur bisherigen Übung der Lernschule durch praktisches Tun, durch Werktätigkeit erfolgen. Die praktische Arbeit der Schüler wird allein vom Erkenntniserwerb und ihren erzieherischen Implikationen bestimmt[13]. Technologie und die

[10] Schmidt 1961

[11] Hierzu gehören neben der handwerklichen Schulung der Hand auch die körperliche Ertüchtigung und Abhärtung sowie Tätigkeiten im Garten und auf dem Bauernhof.

[12] Vgl. hierzu Heusinger 1802, S. 30

[13] Die Finanzierung der Schulen und Internate (Philanthropine) erfolgte großenteils durch die Eltern der Philanthropisten und Spendentätigkeit, dennoch gab es oft finanzielle Engpässe.

Naturlehre sind Bildungsgegenstände, die nun didaktisch legitimiert werden. Übergeordnete Bildungsziele sind, ganz im Sinne der Aufklärung, ganzheitliche Lebensertüchtigung, Vernunftsorientierung, religiöse Toleranz und Menschenfreundlichkeit (Philanthropie).

Die verfolgten Inhalte erscheinen neben den Inhalten der Lernschule nunmehr als systematisch angeordnete, nach Schwierigkeitsgraden entsprechend den technologischen Anforderungen gestufte Aufgaben. Neben reinen Fertigungsaufgaben tauchen erstmals auch freie und projektartige Aufgaben auf. Arbeitsgebiete nach JOHANN HEINRICH GOTTLIEB HEUSINGER, einer der Protagonisten der philanthropischen Bewegung, sind: Arbeiten mit Pappe, Pappmaschee, Holz, Blech, Ton, Wachs, Gips und Metall[14]. BERNHARD HEINRICH BLASCHE gestaltet den Werkunterricht inhaltlich weiter aus und stellt ihn auf eine neue praktische und theoretische Basis[15]. Weitere Namen sind zu nennen: JOHANN BERNHARD BASEDOW, JOACHIM HEINRICH CAMPE, CHRISTIAN GOTTHILF SALZMANN.

16.3 Elementarbildung PESTALOZZIS

Auch PESTALOZZIS anthropologisch und sozial begründete Bildungsidee geht von einem ganzheitlichen Ansatz elementarer Bildung aus, die den ganzen Lebenszyklus des zu bildenden Menschen umfasst. Er selbst sah darin einen Beitrag zur Erziehung zum industriösen Menschen[16]. PESTALOZZI nennt drei Grundkräfte, die er nach intellektuell-geistigen (Bildung des Kopfes), religiös-sittlichen (Bildung des Herzens) und physisch-handwerklichen (Bildung der Hand) einteilt. Erziehung kann nur gelingen, wenn alle drei Grundkräfte in Harmonie zueinander stehen, wenn keine vernachlässigt wird.

Für unser Thema ist die physisch-handwerkliche Bildung von besonderem Interesse. So finden sich bei PESTALOZZI Ausführungen zur Arbeitserziehung und damit verbunden zur Schulung „industriöser" Fertigkeiten wie sie das pädagogische Denken der Aufklärung vielfach beinhaltet[17]. Bei ihm beginnt die industriöse Erziehung als Erziehung zu einer allgemeinen Erwerbsfähigkeit bereits in früher Kindheit und ist dort eingebettet in die ganzheitliche Erziehungsaufgabe des Elternhauses (Wohnstubenerziehung), wo jede Schulung von Physis, Geist und Emotionalität (Sitte) ihren Anfang nimmt. Die Schule übernimmt dann, parallel zum Elternhaus die weitere Elementarerziehung, was aber die Schwierigkeit beinhaltet, die „... emotionale Beziehung, Sprache und Tun der durch Liebe und Vertrauen im Familienverband gehaltenen Menschen, auf die Schule zu übertragen."[18]

Ziel seiner Pädagogik ist die Befähigung zur Selbsttätigkeit, Lebenspraxis und Mündigkeit unter der Maxime der Sittlichkeit[19] sowie die Förderung der Entfaltung der jedem Menschen gegebene Individualität.

Anders als die Philanthropen möchte Pestalozzi seine Industriebildung organisch mit seiner auf Ganzheitlichkeit angelegte Elementarbildung verbunden sehen, ergänzt um eine elementare

[14] Vgl. Heusinger 1797, S. 61
[15] Vierbändiges Hauptwerk „Werkstätte der Kinder" 1800–1802
[16] siehe Fußnote 4
[17] Vgl. Sextro 1785, S. 35 ff.
[18] Blankertz 1982, S. 107
[19] Vgl. Brühlmeier, A. 1995: „Der sittliche Mensch strebt, dank erfolgreicher Erziehung, nach dem Guten, trachtet nach der Liebe, ist verwurzelt in religiösem Glauben und stellt seinen Egoismus wo immer möglich zurück. Er fühlt sich innerlich frei, das Gute zu wollen, und ist darum 'Werk seiner selbst'".

Bewegungslehre (körperliche Bildung, Elementargymnastik), die auf Grundmustern von Bewegungsabläufen, wie z. B. Schlagen, Stoßen, Drehen, Schwingen usw. beruht, aus denen sich seiner Ansicht nach alle für Gewerbe und Industrie erforderlichen Bewegungsabläufe ableiten lassen. Pestalozzi schwebt vor dem Hintergrund der Eintönigkeit und Einseitigkeit der seinerzeit sich bereits abzeichnenden Industriearbeit eine ‚Humanisierung der Industrie' vor, indem er die Industriebildung nicht als von der allgemeinen Bildung abgelöste Arbeitsbildung, sondern als Bestandteil der Menschenbildung im Ganzen auffasst.

Die Idee der elementaren, ganzheitlichen Kräftebildung des Menschen durch eine Erziehung, die der Natur des Menschen berücksichtigt, findet bis heute im Bildungsdenken seinen Niederschlag [20] und verweist bereits auch auf „das entscheidende didaktische Problem der kategorialen Bildung". [21]

PESTALOZZIS Überlegungen zu einer elementaren Industriebildung bleiben schließlich ein theoretisches Konzept. Die Vorstellung, dass eine (sic) „industriöse Gymnastick" eine tragfähige Grundlage zur ‚Humanisierung der Industrie' ergeben könnte, befremdet heute eher. Seine Vorstellung von der Industriebildung verdient noch nicht das Prädikat einer allgemeinen Bildung, denn diese ist, für seine Zeit nicht ungewöhnlich, ständisch, d. h. hier auf die arme Bevölkerung, die „niederen Stände" ausgerichtet.

16.4 Neuhumanismus kontra Aufklärungspädagogik

Unter dem Einfluss des Neuhumanismus, der sich nach der Jahrhundertwende zum 19. Jahrhundert Bahn bricht, schwächt sich die Tendenz zu einer praktischen, werktätigen Bildung, als notwendiges Element einer ganzheitlichen Bildung zusehends ab. Der Mensch als Individuum und geistiges Wesen rückt in den Fokus des Bildungsinteresses und man geht auf Distanz zum Utilitarismus der Aufklärung und der Philanthropen. Das neue Ideal allgemeiner Bildung ist die Entfaltung aller Persönlichkeitskräfte des Subjekts, das so gestärkt, die objektiven Gegebenheiten der Welt zu meistern in die Lage versetzt werden soll. Letzteres, soweit es sich um praktische Tätigkeiten und die spätere Berufsfähigkeit handelt, soll aber nicht Gegenstand der allgemeinbildenden Schule, zumindest nicht der höheren Lehranstalten sein.

Ein entschiedener Verfechter der neuen, humanistischen Bewegung ist FRIEDRICH IMMANUEL NIETHAMMER, der in seiner vielfach zitierten, polarisierenden Streitschrift „Der Streit des Philanthropinismus und Humanismus in der Theorie des Erziehungs-Unterrichts unserer Zeit" [22], die er anlässlich der 1808 eingeleiteten Bayrischen Schulreform [23] verfasste, und in der er dem Ideal der reinen, geistigen Menschenbildung, die im Gegensatz zu einer Erziehung zur „Animalität" [24] gesehen wird, das Wort redet.

[20] z. B. bei Klafki 1994, S. 54: „Allgemeinbildung als Bildung in allen Grunddimensionen menschlicher Interessen und Fähigkeiten."

[21] Vgl. Wilkening 1970, S. 43

[22] In: Hillebrecht 1968

[23] Hierzu verfasste Niethammer einen Schulreformplan „Allgemeine Normativ der Einrichtung der öffentlichen Unterrichtsanstalten in dem Königreiche", der ein differenziertes und durchlässiges Schulsystem über alle Schulstufen und Schularten vorsah. Dieser Plan wurde jedoch nicht durchgeführt. Vgl. Hillebrecht a.a.O., S. 7-12

[24] Die Begrifflichkeit der „Animalität" oder des Animalischen ist zu Niethammers Zeit durchaus geläufig und steht für die leibliche Natur des Menschen, dem die geistige gegenübersteht. Sein bildungstheoretisch und anthropologisch fundiertes Bildungsverständnis basiert auf einer angenommenen Ganzheitlichkeit der leiblichen wie auch der geistigen Natur: „In den Hauptbeziehungen, in denen die Idee des Menschen verschieden aufgefasst werden kann, ist deshalb auch der Hauptgegensatz der beiden Unterrichtssysteme (Philanthropinismus und Humanismus, d. V.) zu suchen: in dem Gegensatz von Geist und Thier, Vernunft und Kunstverstand, Rationalität und Animalität, die in dem Menschen zu Einem wunderbaren Ganzen verknüpft sind." Hillebrecht a.a.O., S. 123

Nun waren sich die Philanthropen wie die Verfechter des Schulhumanismus durchaus darin einig, dass die Schulbildung ihren Nutzen in der Bewährung in der Gesellschaft haben müsse, sie gingen jedoch von völlig verschiedenen Voraussetzungen aus und verfolgten absolute unterschiedliche Vorgehensweisen. Während die Philanthropen sich an den ‚Realien' orientierten (Wissenschaft, reale Lebensbedingungen, spätere Berufstätigkeit usw.), was aus ihrer Sicht zur Ausstattung eines Menschen für eine nützliche Rolle in der Gesellschaft vonnöten war, setzten die Schulhumanisten und in der Folge die Neuhumanisten auf die alten Sprachen, insbesondere auf das Latein und klassische Literatur als zentrale, Grundwahres beinhaltende Bildungsgegenstände.

In dem Maße, wie sich die Idee einer vom Neuhumanismus geprägten Bildung durchsetzte und von dem höheren allgemeinbildenden Schulen Besitz ergriff, verblasste der Einfluss der Aufklärungspädagogik und der Philanthropen. Eine den „Tätigkeitstrieb" der Kinder aufgreifende Werktätigkeit fand allenfalls noch als Weg der Erkenntnisgewinnung oder Mittel der Veranschaulichung ihre pädagogische Rechtfertigung[25].

16.5 Arbeitsunterricht und skandinavischer Sjöld

Die Begriffe des Arbeitsunterrichts und der Arbeitsschule erfahren im Verlauf des 19. Jahrhunderts einen Begriffswandel, indem sich der Arbeitsschulgedanke zunehmend an pädagogischen und sozialen Zielen orientiert.

Der Gedanke, dass zur Vollständigkeit einer allgemeinen Menschenbildung auch eine Bildung der praktischen Fähigkeiten unerlässlich sei, gewinnt auch in Deutschland, trotz philologisch-neuhumanistischer Bildungsdominanz, zunehmend Fürsprecher. Die Forderung nach einer allgemeinen praktisch-handwerklichen Bildung konzentriert sich in erster Linie auf die Volksschule, deren Absolventen nach der Schule in der Regel praktisch-technischen Berufstätigkeiten nachgehen würden. Ein frühzeitiges Abrichten auf handwerkliche oder industrielle Tätigkeiten war jedoch nicht angestrebt Vielmehr sollten die schulischen praktischen Tätigkeiten im engen Zusammenhang mit der theoretischen Wissensvermittlung und der Charakterbildung stehen. Die formalbildende Ausrichtung des Arbeitsunterrichts tritt klar zutage. Die damalige Situation der Volksschule, sowohl was ihre intentionale und inhaltliche Ausrichtung als Wissensvermittlungs- und Erziehungsanstalt und auch die bescheidenen finanziellen Möglichkeiten betrafen, führte bei DANIEL GEORGENS, einem wichtigen Vertreter des Arbeitsschulgedankens dazu, für die Schule nicht Werkstätten im landläufigen Sinn einzufordern, sondern zu Überlegungen, die Werktätigkeit ins Klassenzimmer zu verlagern, worin er nicht etwa ein Nachteil, sondern eher ein Gewinn sah[26]. Aber auch gegensätzliche Auffassungen, die gerade eine Schulwerkstatt als ‚Bildungs-Werkstätte' für erforderlich hielten (H. PÖSCHE)[27] wurden vertreten.

[25] Siehe Wilkening 1970, S. 46

[26] Der Fröbelschüler Daniel Georgens sieht so den Bildungsanspruch der Schule am besten eingelöst und begründet: „Hobel- und Drechselbank, Schneiderbudik, Schusterstuhl, Hammer und Amboss gehören in die Lehrlingsschule, aber nicht in die Klassenzimmer der Volksschule. Hier genügen Nadel und Faden, Feder, Bleistift und Pinsel, Schere, immer knetbarer Thon (Plastelina), die kleine Drahtzange und das einfache Schneidemesser - Dinge, die auch dem ärmsten Kinde notwendig und zugänglich sind." Zitiert nach Alt 1970, S. 202. Der Begriff der Klassenzimmertechniken kommt in diesem Zusammenhang auf.

[27] Die räumlichen Vorstellungen bezüglich einer „Bildungswerkstatt" sind noch relativ vage: „Die Werkstatt ist mit „Werkzeugen" auszurüsten, es soll „ein Zimmer mit Bohrern, Hämmern, Meißeln, Hobeln usw." sein, wo die Kinder „freundlich und liebevoll über Stoffe, über Werkzeuge und ihren Gebrauch zu unterrichten und sie zum Anfertigen anziehender Gegenstände anzuleiten sind". Zitiert nach Alt a.a.O., S. 153 f.

Beide, GEORGENS und PÖSCHE formulieren in Ansätzen bereits eine Didaktik werktätiger Erziehung, bei welcher eine enge Verschränkung von Theorie und Praxis und, insbesondere bei PÖSCHE, auch eine unspezifische Vorbereitung auf die künftige Arbeit in einer von Industrie geprägten Arbeitswelt vorgesehen war[28]. Bezugspunkt bei beiden war die auf FRÖBEL und PESTALOZZI zurückgehende Bildungsidee der allseitigen, harmonischen Erziehung und somit auch einer ergänzenden praktischen, um der Kopflastigkeit und Vertheoretisierung des Unterrichts (auch des Volksschulunterrichts) entgegenzuwirken.

Die Forderung nach einem schulischen Praxisunterricht erhielt weiteren Auftrieb, als sich ab der Mitte des 19. Jahrhunderts in aller Deutlichkeit das im internationalen Vergleich geringe Niveau der deutschen hand-, kunsthandwerklichen und auch der industriellen Warenproduktion zeigte.[29] Gründe für dieses schlechte Abschneiden sah man in einer mangelnden praktisch-handwerklichen Ausbildung und einer verbreiteten geschmacklichen Unsicherheit, insbesondere was die industrielle Gebrauchsgüterproduktion betraf. Um im internationalen Vergleich bestehen zu können und zur Förderung von Handel und Gewerbe waren staatliche Initiativen vonnöten, die die berufliche Bildung betrafen (z. B. Gründung von Gewerbe- und Kunstgewerbeschulen, für die allgemeine Geschmacksbildung Einrichtung von Kunstgewerbemuseen). Aktivitäten zur Einführung und Förderung der schulischen Werktätigkeit waren vorerst meist von Einzelinitiativen engagierter Lehrer bestimmt, woraus sich in der Folgezeit eine starke Bewegung in Deutschland bildete, der ‚Deutsche Verein für Knabenhandarbeit', der anfangs außerhalb der regulären Schule Werkunterricht für interessierte Schüler und bald auch didaktisch und methodisch fundierte Werklehrer-Ausbildungskurse und Werklehrer-Weiterbildungskurse anbot und Musterwerkstätten einrichtete (siehe unter Punkt 6).

Vorbilder lieferten unterschiedliche Ausformungen von bereits etabliertem Praxisunterricht in den skandinavischen Ländern, in Frankreich, England und den USA. Eine entsprechende Forderung von Vertretern der Arbeitsschule, auch in Deutschland einen Arbeitsunterricht im Kanon der Volksschulfächer zu verankern, traf auf erheblichen Widerstand seitens der Lehrerschaft, die einen solchen Unterricht „der Erziehung zur Arbeit durch Arbeit" grundsätzlich als der Volksschule wesensfremdes Element ansah. Auch betrachteten viele von ihnen die Vermittlung derartiger praktischer Tätigkeiten unter ihrer Würde[30]. Als ein sicher nicht unwesentlicher Grund der Ablehnung muss gesehen werden, dass die betroffene Lehrerschaft in keiner Weise für einen manuell-praktischen Unterricht aus- bzw. vorgebildet war und geeignete Fachräume (Werkstätten) erhebliche Investitionen für die Schulträger bedeutet hätte.

Besonders in den skandinavischen Ländern setzte sich ein Handfertigkeitsunterricht schon früh an den allgemeinbildenden Schulen durch.[31] Dies sollte in der Folgezeit auch befruchtende Auswirkungen auf Deutschland haben.

[28] Vergl. hierzu: Alt u.a., a.a.O, S. 211 – 218

[29] Internationale Vergleichsmöglichkeiten gab es auf den ab 1851 sehr verbreiteten Weltausstellungen, auf denen die Nationen den Stand ihrer handwerklichen und industriellen Güterproduktion, sowie den Stand ihrer Technik insgesamt vorstellten. Das damalige Deutschland hatte dort einen schweren Stand, da es kaum mit den anderen Großmächten mitzuhalten vermochte.

[30] Die Ablehnung eines praktischen Arbeitsunterrichts erfolgte auf dem Kongress der Deutschen Lehrerversammlung in Frankfurt am Main, 1857, mit großer Mehrheit.

[31] Finnland obligatorisch 1886, Frankreich obligatorisch 1883, Dänemark fakultativ 1885 (nach F. Wilkening, a.a.O., 234, 3. Fußnote) und durch königlichen Erlass seit 1877 in Schweden (Meyers Großes Konversations-Lexikon, Band 1. Leipzig 1905, S. 694).

Stellvertretend für die skandinavischen Vertreter des sogenannten Slöjd[32] soll hier OTTO SALOMON genannt werden. In einem *„Theorie des pädagogischen Sjöld"* überschriebenen Vortrag[33] beschreibt er die Intentionen dieses schwedischen Arbeitsunterrichts folgendermaßen: Slöjd ist „ein System der Erziehungs-Handarbeit" und „Mittel zur formellen Bildung", das klar gegenüber einer Handwerksausbildung abzugrenzen sei. Der hauptsächliche Nutzen werde in der Entwicklung der geistigen, moralischen und physischen Kräfte des Kindes gesehen, wenngleich auch Aspekte materieller Bildung zu berücksichtigen seien. Die so geartete allgemeine Arbeitserziehung biete die notwendige Ergänzung zur gelehrten Bildung, indem sie „die Handfertigkeit, die Selbstthätigkeit, die Genauigkeit, Sorgsamkeit, Fleiß und Beharrlichkeit" bilde und „Aufmerksamkeit und Konzentration" stärke. Hergestellt würden nützliche Gegenstände, deren Wert nicht in ihnen selbst liege, „sondern in der Entwicklung des Kindes". Als bevorzugtes Material wird Holz angenommen, weil es den Intentionen des Sjöld am besten diene.

In einem weiteren Beitrag, „Handfertigkeitsunterricht und Volksschule"[34], den er 1883 vor Vertretern des Knabenhandarbeitsunterricht hielt, äußerte er sich auch zur Anlage und Ausstattung des „Unterrichtslokals": Der Sjöldsaal solle im Schulgebäude ebenerdig, mit Zugang zum Freien und möglichst getrennt vom Lehrbetrieb liegen, um Störungen zu vermeiden, oder in unmittelbarer Nähe zur Schule. Mit Bezug zur Aufstellung der Hobelbänke und den Arbeitsabläufen: „Die beste Grundrissform sei im allgemeinen die eines Rechtecks." Für jeden Schülerarbeitsplatz schlägt er 2,75 m^2 vor, die Breites der Werkstatt solle 5,2 bis 6 m, die Höhe „darf nicht weniger als 3,5 m betragen". Großer Wert wird auf eine funktionelle, natürliche Belichtung durch große Fenster gelegt. Diese sollten deckenhoch angebracht werden und etwa 1,05 m über dem Boden beginnen. Für die Beleuchtung an dunklen Tagen oder in den Abendstunden schlägt er die Installation von „Hängelampen" vor[35]. Decken und Wandflächen sollten mit Brettern verkleidet sein. Da die Werkstatt in der unterrichtsfreien Zeit abgeschlossen ist, muss das Werkzeug nicht in Schränken aufbewahrt werden, sondern kann auf „einfachen Wandbrettern" (Werkzeugtafeln) untergebracht werden. Die Werkzeuge sollten „in Gruppen gesondert und mit fortlaufenden Nummern versehen werden, damit jeder Schüler die in Gebrauch zu nehmenden und die ihm zukommenden Werkzeuge leicht aufzufinden vermag"[36] (siehe Abb. 16/5, Seite 321). Für die Aufbewahrung der für den Sjöld so wichtigen Vorlagenmodelle[37] und die noch nicht vollendeten Arbeiten schlägt Salomon einen geeigneten Raum in unmittelbarer Nähe vor, Rohmaterial findet Platz auf Stellagen oder an einem überdeckten Lagerplatz.

SALOMONS pädagogischer Ansatz fußt auf einer ontogenetischen Deutung des kindlichen Betätigungstriebes. Das Tun sei ein wichtiger Weg zur Erkenntnis.

---

32 Slöjd (schwed.) bedeutet ganz allgemein die nicht professionelle handwerkliche Herstellung von Gütern/Gebrauchsgegenständen für den Hausgebrauch, früher meist in Heimarbeit „heimslöjd". Wenn hier die Rede vom Slöjd ist, ist der „pädagogische" Slöjd gemeint, der die handwerkliche Tätigkeit als Erziehungsidee in den skandinavischen Schulen (insbesondere in Schweden) betrieb.

33 Abgedruckt in: Blätter für Knaben-Handarbeit 1900, S. 12-15 und 134-138

34 Salomon 1883, S. 50ff.

35 Salomon, a.a.O., S. 52

36 Salomon, ebenda

37 „Die Modellserie, welche wir [...] unserem Handfertigkeits-Unterricht zu Grunde gelegt haben, besteht aus hundert Nummern. Dieselben umfassen kleinere, in Schule und Haus, Feld und Hof praktisch verwertbare Gegenstände aus dem Gebiet der Sjöldtischlerei, des Löffelschnitzens, der Drechslerei und der Bildschneidekunst und sind so geordnet, daß keine dieser Arbeitsweisen eine begrenzte Stelle einnimmt, sondern daß sie sämtlich in buntem Wechsel, nur bezüglich der Schwierigkeit progressiv, aufeinander folgen." Salomon, a.a.O., S. 61

16/5 Holzhandfertigkeitsunterricht in Schweden, ca. 1914. Die Abbildung zeigt eine Schulwerkstatt für Holzbearbeitung[38]. Die Schüler arbeiten an Hobelbänken und fertigen einen Schemel nach Modell und Plan in handwerklicher Technik (das Modell befindet sich im Vordergrund auf dem Stuhl neben dem Lehrerpult, die dazu gehörige technische Zeichnung ist an besonderen Halterungen an jeder Hobelbank festgemacht). Für jeden Schüler steht eine Hobelbank zur Verfügung. Der hier abgebildete Werkraum ist speziell für die im Sjöld bevorzugte Holzarbeit ausgestattet. Das Gemeinschaftswerkzeug ist an den vertäfelten Wänden untergebracht, im Hintergrund ist ein Werkzeug- und Materialschrank zu sehen. Die großen, hoch angebrachten Fenster lassen das volle Tageslicht herein, ausreichend viele, in der Höhe verstellbare Beleuchtungskörper sorgen im Bedarfsfall für eine gute Zusatzbeleuchtung. Man beachte, dass an jeder Hobelbank ein Handfeger hängt, was darauf hinweist, dass jeder Schüler für die Sauberkeit an seinem Arbeitsplatz verantwortlich ist. Der Boden ist nicht als Dielen- sondern als spezieller Werkstattboden ausgeführt. Die Schüler scheinen recht selbstständig zu arbeiten und haben, jeder für sich, ganz unterschiedliche Teile des Schemels in Arbeit. Der Lehrer steht sozusagen in Habachtstellung, um helfend einzugreifen zu können bzw. beobachtet den Fortgang der Arbeit im Hintergrund. Im Vordergrund das erhöhte Lehrerpult mit hohem Stuhl, von wo aus ebenfalls die Aufsicht geführt werden kann. Wir sehen die Phase, wo die Schüler nach ausreichender Instruktion die Arbeit anhand einer Zeichnung schrittweise fertigstellen. Das Modell scheint nicht mehr von Belang zu sein, da es durch die Stuhllehne halb verdeckt ist.

Berühmt wurde SALOMON durch sein Lehrerseminar in Nääs (Schweden), das zur Pilgerstätte vieler Arbeitspädagogen aus dem In- und Ausland wurde. Sein Unterricht zeigt bereits wichtige Prinzipien, die in der Folgezeit für den praktisch-handwerklichen Unterricht Bedeutung gewannen. So beschränkt er die Gruppenstärke auf 16 Schüler, um jedem die erforderliche individuelle Unterweisung zu ermöglichen, stuft er seine Aufgaben vom Leichten zum Schweren, vom Einfachen zum Zusammengesetzten, ist aber auch bereit, dieses Prinzip umzukehren, wenn es für die Kinder angemessener erscheint. Sein Sjöld-Lehrgang beginnt mit Schülern vom 12. Lebensjahr an und ist streng strukturiert und methodisch durchdacht. Dabei legt er seinen Unterweisungen Modellreihen zugrunde, an denen die Schüler über die Anschauung die Zusammenhänge und Konstruktionen erlernen, Zeichnungen sind erst für ältere Schüler vorgesehen. Das Produkt und seine Fertigung erhalten den Rang eines Unterrichtsmediums. Besonderen Wert legt er darauf, dass ausgebildete Lehrer „mit pädagogischem Takt unterrichten“[39] und nicht Handwerker den Unterricht erteilen.

[38] Für die Metallarbeit gab es ebenfalls speziell ausgestattete Werkstätten.

[39] Blätter für Knaben-Handarbeit 1900, S. 135

Ein weiterer wichtiger Vertreter des Sjölds war der Däne AKSEL MIKKELSEN, der den schwedischen Sjöld bei Salomon in Nääs studiert hatte. Er modifizierte den schwedischen Sjöld, indem er, als Voraussetzung für die Anfertigung von Gegenständen, den Werkzeuggebrauch im Kollektiv üben lies, wobei er als Methode das Arbeiten nach Takt einführte. Bemerkenswerter ist jedoch, dass MIKKELSEN eine Organisationsform entwickelte, die es erlaubte, den Arbeitsunterricht klassenweise zu erteilen, sodass dieser bereits ab 1885 in Dänemark an Volks- und Realschulen eingeführt werden konnte. Darüber hinaus führte MIKKELSEN sogenannte Kolonnenhobelbänke ein (Abb. 16/6), wie sie auch heute noch in speziellen Schulwerkstätten[40] anzutreffen sind. (siehe Abb. 16/7).

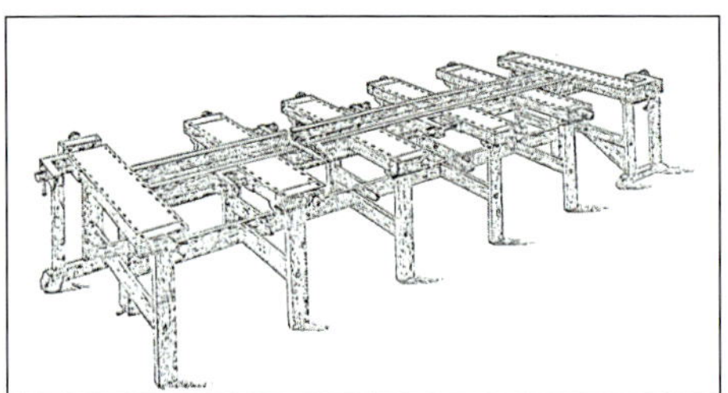

16/6 Kolonnenwerkbank nach Mikkelsen. Kolonnenwerkbank für etwa 12 Schüler. Gut zu erkennen die zwei Spannzangen an der Stirnseite und seitlich plane Werkbankplatte mit Löchern für Bankhaken, an den Enden der Werkbankeinheit jeweils durchlaufende, größere Werkbänke. Die Schüler haben nur beschränkten Platz zwischen den Werkbänken, jedoch jeder für sich einen definierten Arbeitsplatz. Der verbindende Mittelteil dient zur Werkzeug- und Materialablage.

16/7 Moderne Kolonnenwerkbank (Lervad). Das Prinzip ist durchgehalten worden, insbesondere die Anordnung und Ausführung der Spannzangen und Bankhakenaufnahmen, lediglich die Unterkonstruktion wurde verändert.

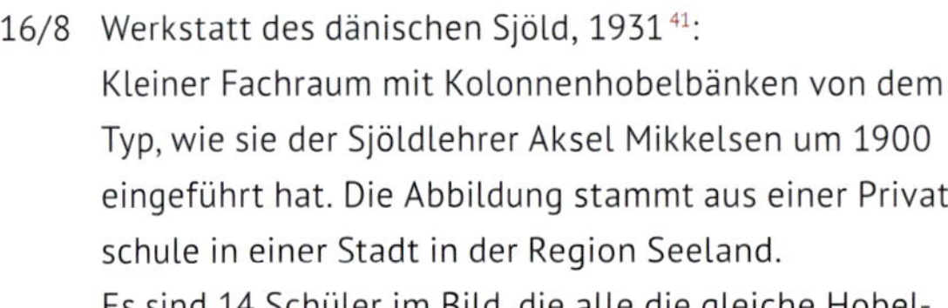

16/8 Werkstatt des dänischen Sjöld, 1931[41]: Kleiner Fachraum mit Kolonnenhobelbänken von dem Typ, wie sie der Sjöldlehrer Aksel Mikkelsen um 1900 eingeführt hat. Die Abbildung stammt aus einer Privatschule in einer Stadt in der Region Seeland. Es sind 14 Schüler im Bild, die alle die gleiche Hobelarbeit mit dem gleichen Schlichthobel durchführen. Die klassenweise Unterweisung macht den Unterschied zum schwedischen Sjöld aus. Die Aufnahme erscheint in ihrer statuarischen Wiedergabe des Geschehens gestellt, der tatsächliche Arbeitsgang wird hier nicht wiedergegeben. Dieser Holzfachraum ist eher spartanisch ausgestattet. Zentrales und wichtigstes Möbel ist die Kolonnenhobelbank. Auf der Werkbankplatte sind die Aufnahmen für Bankhaken zu erkennen. Mit zwei Reihen Bankhaken war die Werkbank für Rechts- und Linkshänder geeignet. Im Hintergrund sind Werkzeuge untergebracht, die aber aufgrund der schlechten Fotoqualität nicht vollständig zu identifizieren sind. Der Raum erhält sein Hauptlicht durch das große Halbrundfenster, Beleuchtungskörper sind hier nicht zu sehen. Wie zu dieser Zeit häufig, besteht der Bodenbelag aus (vermutlich) geölten Dielen.

[40] Heute noch vertrieben von dem dänischen Fachraumausstatter Lervad.

[41] Originalbildunterschrift: Lille sløjdsal med kolonnehøvlebænke af den type, som sløjdskolemanden Aksel Mikkelsen indførte omkr. 1900. Med to rækker duphuller var de velegnede til både højre- og venstrehåndede. Høvlebænkene står tæt; der var ikke megen plads til den enkelte elev. Billedet er fra en privatskole i en større provinsby på Sjælland, Danmark.

16.6 Knabenhandarbeitsunterricht[42] nach der „Leipziger Methode" (WOLDEMAR GÖTZE)

WOLDEMAR GÖTZE setzt innerhalb der Arbeitsschule-Bewegung neue Akzente, indem er einerseits den Ansatz der Arbeitserziehung von **HEUSINGER** (praktische Tätigkeit als Grundprinzip seiner Erziehungstheorie) weiterentwickelt und sich andererseits konzeptionell von den skandinavischen Vorbildern (schwedischer Sjöld und dänischer Hausfleißbewegung[43]) abgrenzt.[44]

Da GÖTZE nicht nur Funktionär und Förderer der Idee des Knabenhandfertigkeitsunterrichts ist, sondern auch Pädagoge und Schulpraktiker, sind seine Hinweise zur Anlage und Ausstattung der Schülerwerkstätten von besonderem Interesse.[45] Eine Illustration aus ‚Die Gartenlaube' aus dem Jahr 1883 (Abb. 16/9) veranschaulicht recht gut die Situation in einer Werkstatt für den Knabenhandfertigkeitsunterricht[46].

16/9 Werkstatt für Handfertigkeitsunterricht um 1893. Wie sehen eine helle, von Tageslicht durchflutete Holzwerkstatt. Die Werkbänke sind normale Hobelbänke, die aber für die Schüler etwas niedriger ausgeführt sind. Mit ihren Schürzen sehen die Schüler wie kleine Lehrlinge aus. Dass es sich um eine Schülerwerkstatt handelt, sieht man auch an der installierten Wandtafel mit der schematischen Darstellung der Arbeitsaufgabe. Rechts und links davon Werkzeug- und Materialschränke. Ins Bild gerückt sind auch die Werkzeuge, die für die Herstellung der Zinkung erforderlich sind, Gestellsäge, Stemmeisen und Knüpfel (in der Hand eines Schülers). Da lediglich 11 Schülern den Raum bevölkern, steht reichlich Arbeitsplatz zur Verfügung.

[42] In seinem ‚Katechismus des Knabenhandarbeitsunterrichts' verwendet Götze folgende Begriffe für ein und dieselbe Sache: Knabenhandarbeitsunterricht, Handfertigkeitsunterricht, Arbeitsunterricht, Arbeitserziehung, Knabenhandarbeit, erziehliche Knabenhandarbeit, erziehliche Handarbeit, Handarbeitsunterricht. Vgl. hierzu Götze 1892: Katechismus.

[43] Der dänische Sjöld fußte auf der Hausfleißbewegung, die intendierte, die ländliche Bevölkerung in Zeiten geringer, jahreszeitlich bedingter Arbeit von schädlichem Müßiggang und Wirtshausbesuch abzuhalten, aber auch um der ländlichen Bevölkerung eine zusätzliche Erwerbquelle zu erschließen, indem sie das Heimhandwerk und die Heimindustrie wieder belebte. Insofern griff der Sjöld auch die Produkte auf, die in bäuerlicher Heimarbeit (meist nützlich Gegenstände aus Holz) entstanden. Der schwedische Sjöld war in die Schule integriert und folgte mehr pädagogischen Zielen (siehe oben).

[44] „Von vornherein hatten wir in Leipzig den Hauptwert auf die erzieherische Seite gelegt und von gewerblichen Zwecken durchaus abgesehen. Wir scheuten uns, den dänischen Hausfleißbestrebungen in unseren ganz anders gearteten Verhältnissen mechanisch nachzuahmen, ... weil es uns bedenklich erschien, industrielle und pädagogische Bestrebungen mit einander zu vermischen." Götze a.a.O., S. 68

[45] a.a.O., S. 188-197

[46] In: Die Gartenlaube 1883, S. 297. Den Hinweis auf Abbildung und Text verdanke ich freundlicherweise Herrn Prof. Dr. W. Schmayl.

> Die zu dieser Abbildung gehörige Beschreibung lautet auszugsweise: „... man sieht (den Jungen, d.V.) die Freude an der einfachen Handarbeit so deutlich an, und mit gespannter Aufmerksamkeit lauschen die sechs im Vordergrund auf die Erklärungen des Lehrers, der ihnen die Geheimnisse des „Zinkens" erklärt. Es ist ein Blick in eine der Schülerwerkstätten, wie sie das letzte Jahrzehnt in verschiedenen Städten Deutschlands hat entstehen lassen. Dem rührigen ‚Verein für Knabenhandarbeit', welcher die Anregung dafür gab, schwebt das Ziel vor, der Jugend neben der geistigen Arbeit eine gesunde Erholung zu bieten, den Sinn für das Praktische zu wecken, durch harmonische Ausbildung von Hand und Auge der Einseitigkeit vorzubeugen. [...] In den meisten dieser Schülerwerkstätten werden mehrere Fächer, wie z. B. Papparbeiten, Tischlerei, Kerbschnitzerei, leichte Metallarbeiten, betrieben; hie und da reichen die Mittel oder die Lehrkräfte nur für ein einziges Fach aus, und da entspricht denn die Arbeit an der Hobelbank durch ihre Vielseitigkeit und gleichmäßige Inanspruchnahme von Muskelkraft und Denkvermögen am meisten dem gesteckten Ziel. Denn immer handelt es sich ja nur um den Erziehungszweck, nicht darum, Handwerker auszubilden. [...] Das Zusammenarbeiten von frischen Jungen aus allen Ständen und aus verschiedenen Lehranstalten weckt Kameradschaftlichkeit; die saubere Arbeit des barfüßigen Volksschülers gilt soviel als die des Kindes ‚aus guter Familie', das im Hintergrunde mit der Säge sich abmüht."

Fortschrittlich erscheinen GÖTZES Überlegungen hinsichtlich schülergerechter, an die „Kinderhand" angepasste Werkzeuge: „Diese Frage ist zunächst mit Rücksicht auf die Größe der Hand unbedingt zu bejahen." Denn, so fährt er fort: „die folgt schon aus der Idee des Werkzeugs selbst, denn im Grunde ist dasselbe ja nichts weiter als eine künstliche Fortentwicklung der Hand zu bestimmten Zwecken ..."[47] Die Forderung nach ‚kindgerechtem' Werkzeug darf aber nach Götze nicht dazu führen, „... daß die Werkzeuge zu bloßem leichten Spielgerät herabsinken dürften; nein, der rechte Knabe will sich anstrengen, auch ihm bringt ernste Bethätigung seiner Kraft Freude, nur soll solche ernste, zum Ziel führende Arbeit durch das Werkzeug ermöglicht, nicht verhindert werden."[48] Hinsichtlich der Qualität der Werkzeuge stellte Götze hohe Ansprüche. „Das Beste ist auch hier für die Jugend gerade gut genug."

GÖTZE lehnt es ab, sich hinsichtlich der Werkzeugauswahl am jeweiligen Handwerk zu orientieren, sondern fordert aus pädagogischen und didaktischen Gründen eine Auswahl nicht nur nach Größe und Schwere, sondern auch nach der Art zu treffen, die vom „Handwerksgebrauche abweichen" (solle). Die hierzu gegebene Begründung verweist auf den Allgemeinbildungsanspruch des Knabenhandarbeitsunterricht: „Wir wollen ja auch keineswegs das Handwerk, wie es ist, in den Erziehungsunterricht hineinpflanzen, sondern allgemein den Knaben in die Welt der menschlichen Arbeit einführen."[49]

Er, aber auch andere Vertreter des Deutschen Vereins für Knabenhandarbeit entwickeln Vorschläge für die Umrüstung des Klassenzimmers für den praktischen Klassenzimmerunterricht und für Holz-/Metallwerkstätten. Nicht stark schmutzende Arbeiten (Papp-, Papier-, Schnitzarbeiten) könnten in normalen Unterrichtsräumen stattfinden, soweit diese ausreichend ausgeleuchtet und Unterbringungsmöglichkeiten für die Werkzeuge geschaffen werden. Da zu damaliger Zeit die Klassenräume meist mit Schulbänken ausgestattet waren, stellt er Vorschläge aus der Praxis vor, diese mit Arbeitsplatten („Arbeitstafeln") und passenden Unterkonstruktionen so umzurüsten, dass Arbeitstische entstehen (Abb. 16/10, S. 325).

[47] Götze, a.a.O., S. 189

[48] ebenda

[49] a.a.O., S. 190

Aus guten Gründen favorisiert GÖTZE aber eigene Werkstatträume, insbesondere auch, weil die im Knabenhandarbeitsunterricht betriebenen Hobelbank- und Metallarbeiten dies erfordern. Diese in der Schule unterzubringen, sieht er zu seiner Zeit noch zu Recht als illusorisch an. Der Einrichtung einer Mehrzweckwerkstatt steht er ebenfalls skeptisch gegenüber. Die von ihm favorisierte Lösung waren „für jedes Arbeitsfach eigens eingerichtete, mit gutem Werkzeug wohlversehene Werkstätten“, die außerhalb der Schule betrieben werden und von engagierten Knaben-Handarbeitslehrern betrieben wurden und deren Besuch freiwillig war. Dennoch erfreuten sie sich eines starken Zulaufs und einer gut organisierten Lehrerschaft[50]. Einen entsprechendes, vorzeigenswertes Beispiel einer „Werkstatt für Hobelarbeit“ stellt GÖTZE vor[51] (Abb. 16/11 a) und b).

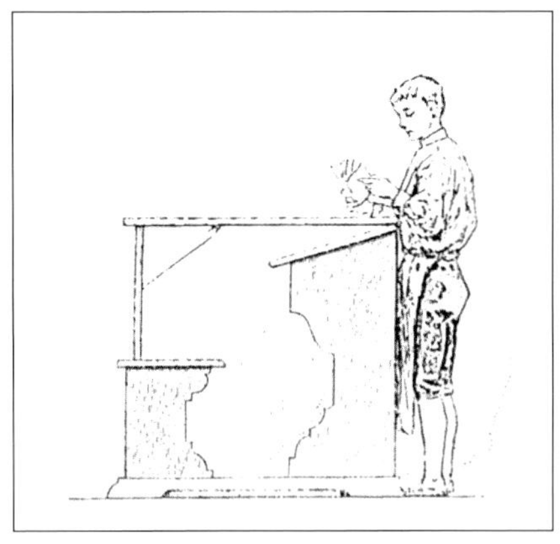

16/10 Knabenhandarbeitsunterricht, Umrüstung einer Schulbank zum Arbeitstisch

Das Problem des Einzel- oder Klassenunterricht

GÖTZE erweist sich als Vertreter des Klassenunterrichts, wobei er die Vorzüge des Einzelunterrichts aber mitberücksichtigt (zuerst eine klassenweise Einweisung, Theoriephase, Vorstellung der Werkarbeit usw.), dann eigenständige Auseinandersetzung der Schüler mit der Problemstellung und ggf. Hilfestellung durch

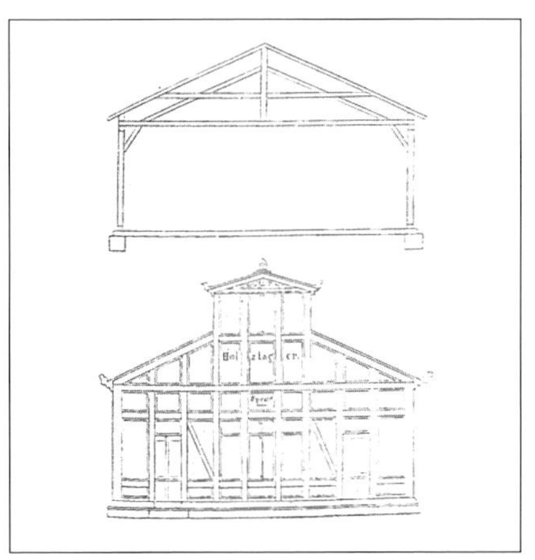

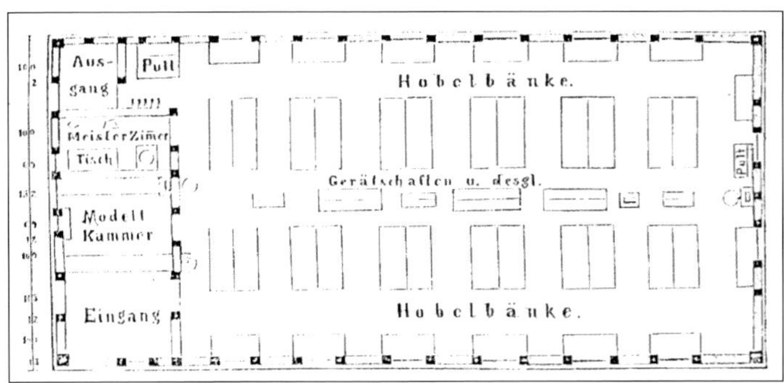

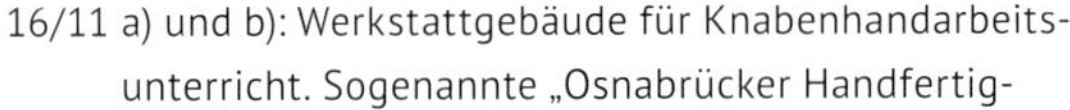

16/11 a) und b): Werkstattgebäude für Knabenhandarbeitsunterricht. Sogenannte „Osnabrücker Handfertigkeitshalle“ von 180 m^2 Fläche und bestückt mit (!) 38 Hobelbänken, künstlicher (Petroleum-) beleuchtung. Die Werkzeuge sind an zentraler Stelle in der Mitte des Raumes an Gestellen untergebracht. Die Halle stiftete ein Mäzen um 1890

[50] 1881 Konstituierung des deutschen Zentralkomitees für Handfertigkeitsunterricht und Hausfleiß; 1882 erster Kongress für Handfertigkeitsunterricht in Leipzig; ab 1880 Halbjahreskurse der Leipziger Schülerwerkstatt für ansässige und auswärtige Lehrer; ab 1884 Kongresse an wechselnden Orten in Deutschland; 1886 Gründung des ‚Deutschen Vereins für Knabenhandarbeit‘ auf dem Stuttgarter Kongress und Gründung der Lehrerbildungsanstalt zu Leipzig; Herausgabe einer Monatszeitschrift ‚Blätter für Knabenhandarbeit‘ als Organ des Vereins. Zahlreiche Städte, Vereine und Einzelpersonen werden Mitglieder und Förderer der „erziehlichen Knabenhandarbeit“.

[51] a.a.O., S. 195 f.

den Lehrer. Klassenunterricht erfordert auch eine Gliederung der Werkstatt in eine Theorie-/Instruktions- und eine Arbeitszone. Bei der Befürwortung des Klassenunterrichts schlagen auch ökonomische Gründe zu Buche, da man, so die Auffassung Götzes, imstande sei, eine größere Schülerzahl gleichzeitig zu fördern. Der Einzelunterricht, wie ihn GÖTZE vom schwedischen Sjöld kennt, mit bis max. 15 Schüler, und wobei der Lehrer sich jedem einzelnen Schüler widmen kann, lehnt er ab, weil er in dieser Form Unterrichts eine zu starke Nähe zur Lehrlingsausbildung sieht, wenn er auch das Eingehen auf die Individualität des Schülers gutheißt.

Götze vertritt auch die Auffassung, dass der Knabenhandarbeitsunterricht entsprechend positive Auswirkungen auf die häusliche Handarbeit haben soll. Sein Vorschlag für die Ausführung eines Werkzeugschranks (Abb. 16/12) bringt dies zum Ausdruck.

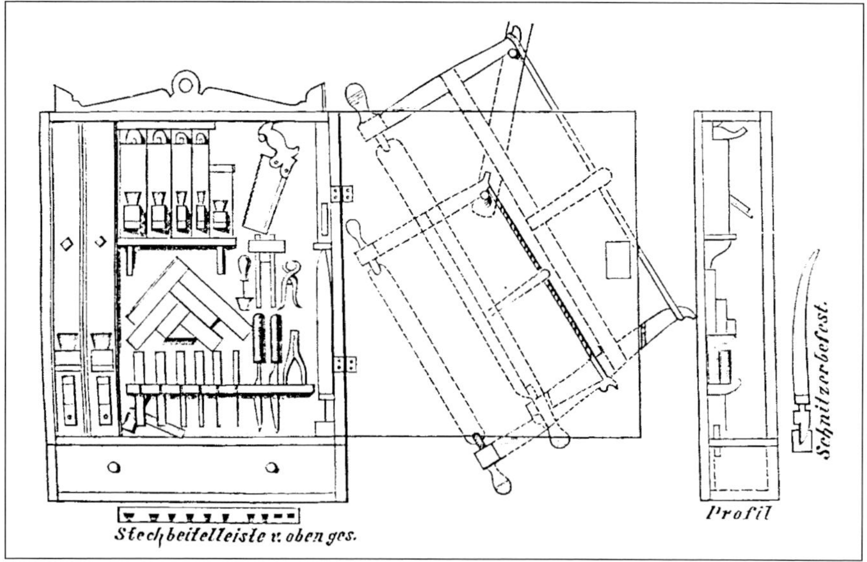

16/12 Knabenhandarbeitsunterricht, Werkzeugschrank in der Hobelbankwerkstatt.
Dieser und andere Werkzeugschränke sind eine Zwischenlösung zwischen vom Handwerk inspirierte Werkzeugschränke und solche, die in der privaten Werkstatt zu finden sind. Was die Werkzeuge im Einzelnen betrifft: „Um die praktische Beschäftigung des Knaben in das häusliche Leben zu übertragen, ist es wünschenswert, daß sich jeder Schüler das notwendige Werkzeug, das ihm immer zur Hand sein muss, selbst anschaffe. Geschieht dies, so vermindern sich zugleich die Kosten für die Einrichtung der Werkstatt.“[52]

Zu den Hobelbänken lesen wir: „Die größten Anschaffungskosten für die Hobelbankarbeit verursacht die Hobelbank selbst, man hat deswegen versucht, die Einrichtung der Werkstätte so zu verändern, daß die Bänke zu einem ganzen System mit einem gemeinsamen Untergestell zusammengeordnet werden.“[53] Diesem Konstruktionsprinzip folgt die ‚LOOFsche Hobelbank‘, eine Variante der MIKKELschen Kolonnenhobelbank, wie sie um 1900 in Werkstätten für Knabenhandarbeit anzutreffen war (Abb. 16/13, S. 327).

[52] Götze, a.a.O., S. 152, hier mit Bezug zur sogenannten Papparbeit. Götze bezieht die Selbstversorgung mit ordentlichen Werkzeugen jedoch auch auf andere Bereiche der Knabenhandarbeit und somit auch auf die handwerkliche Hausarbeit.

[53] Götze, a.a.O., S. 141. G. sieht den Nutzen solcher Hobelbanksysteme jedoch eher kritisch.

16/13 Knabenhandarbeits-Unterricht um 1900, Schulwerkstatt in Hildesheim (Arbeitsraum für Holzarbeit und Schulhandfertigkeit) mit „Loofschen“ Werkbänken.
Abgebildet ist eine vollständige Schülerwerkstatt, die bereits den Charakter einer Mehrzweckwerkstatt hat. An der Fensterseite befindet sich eine durchgehende Reihenwerkbank, ausgestattet mit Schraubstöcken für Metallarbeiten, auf der Werkbank sind Bunsenbrenner zu sehen, vermutlich zum Ausglühen von Metall. Die Loofsche Hobelbank ist eine um 90° gedrehte Mikkelsche Kolonnenhobelbank, wodurch den an ihr arbeitenden Schülern mehr Bewegungsraum einräumt wurde. Sie sind als Gruppenhobelbänke für jeweils sechs Schüler ausgeführt. An den Wänden befinden sich reich ausgestattete Werkzeugtafeln, hinten an der Wand eine fußbetriebene Drechselbank. Die Werkstatt ist durch die großen Fenster sehr licht und gut ausgeleuchtet, eine Reihe gasbetriebener Beleuchtungskörper ist als Zusatzbeleuchtung installiert. Die gut erkennbare Abnutzung der Hobelbänke lässt auf einen regen Gebrauch schließen. Ihre lineare Anordnung erlaubt eine gute Aufsicht durch den Lehrer.

Der besondere Verdienst GÖTZES liegt aber in der Entwicklung sogenannter ‚Leipziger Normallehrgänge‘, der ‚Leipziger Methode‘, bei denen ein weiteres Mal deutlich wird, dass er einen streng pädagogischen Ansatz verfolgt und trotz der handwerklichen Ausrichtung seines Arbeitsunterrichts sich nicht am zünftigen Handwerk orientiert. Sein Ansatz ist ein allgemeinbildender, der an „den allgemeinen Elementen der menschlicher Arbeit“ orientiert ist. Die Normallehrgänge sind materialspezifisch gegliedert[54] und didaktisch sorgfältig strukturiert und an dem jeweiligen Leistungsniveau der Schüler hierarchisch aufgebaut. Sie folgen dem Prinzip Anschauen – Denken – Anwenden. In der ersten Phase wird das zu erarbeitende Modell durch den Lehrer vorgestellt und in allen seinen fertigungstechnischen Aspekten erläutert. In der zweiten Phase werden weitere Aspekte des Unterrichtsgegenstandes im Unterrichtsgespräch erläutert und reflektiert. Die dritte Phase ist die eigentliche praktische Phase, unterbrochen durch weitere Erläuterungen und Probehandlungen. Darauf folgt jeweils die individuelle Problemerarbeitung und -lösung.[55]

Der allgemeinbildende Ansatz in GÖTZES „erziehlichen Arbeitsunterricht“ ist positiv hervorzuheben. Die landesweite Durchsetzung der ‚Leipziger Methode‘ in selbstständigen Schülerwerkstätten erforderte ein hohes Maß an persönlichem Engagement und Überzeugungskraft. Die Nähe zum Handwerk ist trotz seiner anderslautenden Aussagen jedoch sowohl in der materialspezifischen Ausrichtung als auch in der Art und Weise des Einsatzes der Handwerkzeuge nicht zu leugnen. Die inzwischen entwickelte Industrie und Technik findet in seinem Unterricht noch keinen Niederschlag. Die „allgemeinen Elemente der menschlichen Arbeit“ bleiben nur auf einen Sektor, das Handwerk, beschränkt. Ein vertieftes Eingehen auf die gefertigten Gegenstände und deren

[54] Pappe, Paper; Holz (Schnitzen, Hobelbankarbeit); Metall und plastische Materialien.
[55] Vgl. hierzu Wilkening 1970, S. 81

inhaltliches Umfeld erfolgt gleichermaßen nicht, da sie in erster Linie als Medien für den formalbildenden Arbeitsunterricht dienen.

In der Folgezeit verstärken sich Bemühungen, den Arbeitsunterricht als Unterrichtsprinzip in die Volksschule einzuführen, was diesen dann in den Dienst anderer Fächer[56] stellte, für deren Fachinhalte Anschauungsmittel gefertigt wurden. Diese Art Handfertigkeitsunterricht (hier als „Geschicklichkeitsunterricht" bezeichnet) treffen wir nach der Jahrhundertwende exemplarisch an der Hamburger Helene-Lange-Schule, einer reinen Mädchenschule an, in der auf Initiative eines Lehrers Werkunterricht für Mädchen eingeführt wurde[57].

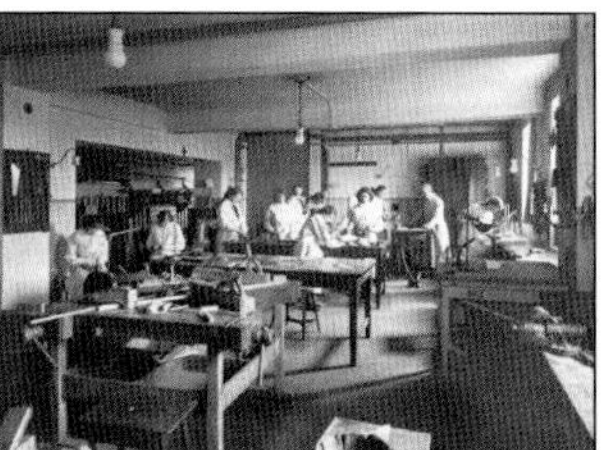

16/14 Werkstattraum für den ‚Geschicklichkeitsunterricht' für Schülerinnen der Helene-Lange-Schule, Hamburg 1910/11.
Der dazu gehörende Text lautet: „Herr Dr. Dannmeyer hielt für die Schülerinnen einen fakultativen Kursus im Geschicklichkeitsunterricht in den Kellerräumen mit großer Vollständigkeit eingerichteten Werkstätte ab. Der Unterricht, der einmal wöchentlich ... sich an den Schulunterricht anschließt, steht vollkommen im Dienste und im geistigen Zusammenhang mit den an der Schule betriebenen Lehrfächern, vor allem der Physik, der Mathematik und der Geschichte. An Papparbeiten wurden Modelle von Anschauungskörpern für den mathematischen Unterricht und kulturhistorische Modelle nach den Teubnerschen Modellierbögen[58] zur Anschauung der Geschichte angefertigt, während an den Hobelbänken und den Tischen für Eisenarbeit einfache Apparate für den physikalischen Unterricht hergestellt wurden." (Aus dem Bericht über das Schuljahr 1910/1911). Es handelt sich hierbei um einen fakultativen Werkunterricht für Mädchen als Arbeitsunterricht im inhaltlichen Zusammenhang mit einzelnen Fächern. Die Bezeichnung „Geschicklichkeitsunterricht", die auf die Schulung der Handgeschicklichkeit abzielt, ist neu. Auf dem Tisch sind stereometrische Körper für den Mathematikunterricht und ein Architekturmodell für den Geographieunterricht zu erkennen. Linksseitig an den Fenstern vorne eine Reihenwerkbank mit Schraubstöcken. Im hinteren Raumbereich stehen Hobelbänke. Sehr funktional wirken auch die Tische im Vordergrund mit durchgehenden planen Tischplatten für Papp- und Zeichenarbeiten. Obwohl es sich um Kellerräume handelt, sind diese licht und haben hohe Decken. An den Wänden sind allerlei Aufnahmen für Werkzeuge und Vorrichtungen, sowie ein durchgehendes Ablagebord angebracht. Eine Stativtafel fehlt ebenfalls nicht. Sitzgelegenheiten sind keine abgebildet, es ist zu vermuten, dass durchgehend im Stehen gearbeitet wurde. Insgesamt macht diese „Werkstätte" einen funktionalen, geräumigen und sehr modernen Eindruck.

[56] u.a. Erdkunde, Naturkunde, Geschichtsunterricht und Kulturkunde.

[57] Nach Helene Lange benannte Schulen erwiesen sich bereits damals als besonders fortschrittlich, indem sie im Sinne ihrer Namenspatronin sich für die Emanzipation der Frauen und gleiche Bildungschancen einsetzten.

[58] Es handelt sich hierbei um einseitig bedruckte Karton-Ausschneidebögen, mit denen dreidimensionale ‚naturgetreue' Modelle erstellt werden konnten, z. B. kulturhistorisch bedeutsame Bauwerke aus verschiedenen Epochen.

Für einen „Werkunterricht", der die „(planmäßige) Betätigung der Handfertigkeit während und zur unmittelbaren Unterstützung des (Sach-)Unterrichts" ermöglicht, tritt OSKAR SEINIG[59] ein. Dieser Unterricht findet „massenunterrichtlich" in den Klassenzimmern statt und bedient sich leicht zu bearbeitender Materialien mit einfachen Fertigungstechniken (Zeichnen, Formen, Papier- und Papparbeiten, Schnitzen). Für aufwendigere Arbeiten, die einer Werkstatt bedürfen, wählt er die Bezeichnung „Werkstättenunterricht", den er wegen der damaligen nur außerschulischen Ausübung und der gegebenen Freiwilligkeit eher kritisch sieht, da nur ein kleiner Teil der Schülerschaft erreicht werde. Daher rührt seine strikte Forderung nach einem Werkunterricht als Prinzip oder als Methode, der allen Schülern zugute kommt und sich in den Schulbetrieb „organisch" einfügt und Objekte entstehen lässt, die als Veranschaulichungsmittel „den Unterricht unmittelbar unterstützen"[60].

Die sächliche Ausstattung für seinen Werkunterricht als Prinzip oder Methode konzentriert sich bei SEINIG auf einen „Arbeitskasten", der die für die Klassenzimmertechniken erforderlichen Grundwerkzeuge und Materialen enthält. Dieser wird in einer Einschiebevorrichtung unter der Schulbank verwahrt, die dann zugleich ‚Werkbank' ist (Abb. 16/15). Die so geschaffenen Arbeitsmöglichkeiten sind daher eher beschränkt, finden aber auch in anderen Fächern (z. B. Physik: „physikalischer Arbeitsunterricht") Anwendung.

16/15 Werkunterricht in einer Unterklasse um 1910. Unter den vorderen Bänken sieht man die Blechführungen der Arbeitskästen. Der Arbeitskasten befindet sich auf der Bankplatte links. Dahinter eine zur Demonstration schräg gestellte Schulbank mit eingeschobenem Arbeitskasten, hinten rechts entnimmt ein Schüler den Arbeitskasten gerade von unter der Bank. Man kann sich leicht vorstellen, dass aufgrund der räumlichen Enge bei bis zu 50 Schülern pro Unterstufenklasse, die Arbeitsmöglichkeiten und Themenstellungen recht eingeschränkt waren.

Im „Ratgeber zur Einführung der erziehlichen Knabenhandarbeit" von 1902, herausgegeben vom ‚Deutschen Verein für Knabenhandarbeit', finden sich weitere Vorschläge zur Installation des Werkstattbetriebs im Klassenzimmer. Ein Vorschlag für die notwendige „Anpassung und Umgestaltung der Schultische", lautet wie folgt: „Bei der Umwandlung eines Schulzimmers in einen Werkstattraum werden die Schulbänke, welche nicht benutzt werden, an einer Wand zusammengerückt, während die anderen Bänke, welche in Arbeitstische verwandelt werden sollen, in solche Entfernungen auseinandergerückt werden, daß die Schüler nach Aufklappen des Sitzbrettes bequem vor der Arbeitsplatte stehen können. Letzte kann dann durch ein starkes Brett gewonnen werden, welches auf der schrägen Tischplatte, mittels auf der unteren Seite angebrachten schräg verlaufenden Querleisten, horizontal aufliegt und durch Seitenleisten und Keile festgehalten wird.

59 Seinig 1920, S. 7
60 a.a.O., S. 5

Diese Arbeitsplatte eignet sich unmittelbar für Papp-, Kerbschnitt- und Metallarbeiten, kann aber auch durch die Anbringung fester und beweglicher Zangen und Bankeisen für Hobelarbeiten brauchbar gemacht werden.“[61] Auch der Anpassung von Werkbank und Werkzeug an den körperlichen Entwicklungsstand der Schüler wird bereits Beachtung geschenkt: „Als Grundsatz muss hierbei festgehalten werden, daß in Berücksichtigung der Schüler die **Arbeitsplatten** der passiven Werkzeuge in Höhenabständen anzubringen sind, welche den Größen der Schüler entsprechen und die **Handgriffe** der aktiven Werkzeuge in Formen, welche sich den Größenverhältnissen seiner einzelnen Handteile möglichst anschließen.“[62]

Zusammenfasend kann man feststellen, dass der Versuch, den fachlichen Werkunterricht im Unterricht der Volksschule zu verankern, nicht gelingt. Stattdessen wählen einige Werkpädagogen den Weg des Werkunterrichts als Prinzip, indem sie die Werktätigkeit in den Dienst der Sachfächer stellen. Dabei legen sie Wert darauf, dass alle Schüler in den Genuss werktätigen Unterrichts kommen, was mithilfe sogenannter ‚Klassenzimmertechniken‘ erreicht werden sollte. In der praktischen Betätigung im Unterricht wird ein wichtiges Moment der Erkenntnisgewinnung und der Veranschaulichung gesehen. Er dient der „verstandesmäßigen Erziehung“[63] und vermittelt „Erkenntnis des Funktionell-Schönen“[64]. Der Werkunterricht als Prinzip oder Methode führte folgerichtig zu einer „Vereinfachung von Werkzeug und Technik“[65] und verhinderte schließlich die Herausbildung fachlich autonomer, strukturierter Aufgabenstellungen. Der propagierte erkenntnistheoretische Gewinn durch die Handbetätigung ist zumindest zweifelhaft.

16.7 Werkstattunterricht bei BARTH und NIEDERLEY

BARTH und NIEDERLEY vertreten ein Konzept der Werktätigkeit als „Werkstattunterricht“, den sie einerseits pädagogisch, als auch allgemein-didaktisch, lernpsychologisch und erkenntnistheoretisch begründen. Der Werkstattunterricht wird als notwendige Ergänzung der an der Schule vertretenen Fächer propagiert und in den Dienst bestimmter Fächer gestellt: „... aber der Werkstattunterricht wird sich mehr an diejenigen Disziplinen anschließen, welche die Interessen der Erkenntnis zu fördern haben, in denen also das empirische, spekulative und ästhetische Interesse vorzugsweise zur Pflege gelangen. Es sind dies die Disziplinen Kulturgeschichte, Geographie, Naturwissenschaft, Technologie und Mathematik...“[66]. Die Realisation eines eigenständigen Werkunterrichts in der allgemeinbildenden Schule halten auch sie für wenig wahrscheinlich. Kein Zweifel lassen sie daran, dass die Schulwerkstatt Bestandteil der Schule zu sein hat.

Mit Bezug auf den Anschauungsunterricht ihrer Zeit zeigen sie auf, dass das bloße Vorzeigen eines Gegenstandes zur Erkenntnisgewinnung und auch seine zeichnerisches Nachempfinden nur zu unvollständigem Wissen um denselben führt und erst durch ein praktisches, körperliches Nachschaffen der Gegenstand in seiner Totalität vervollständigt erfasst werden kann. Die Autoren treten mit Nachdruck dafür ein, dass der Werkstattunterricht für alles Schularten obligatorisch werden soll, zudem äußern sie sich ausführlich zur Notwendigkeit einer allgemeinen vorberuflichen

61 Deutscher Verein für Knabenhandarbeit 1902 (Ratgeber), S. 78
62 ebenda, S. 80
63 Seinig a.a.O., S. 7
64 a.a.O., S. 8
65 ebenda
66 Barth/Niederley 1882, S. 19

Orientierung: „Solche Fertigkeiten (gemeint sind hier ‚die Anfänge der verschiedenen Berufsgattungen' d. V.), in Verbindung mit dem für die verschiedenen Industriezweige erforderlichen Lehren der Physik, der Technologie, der technischen Chemie, der Tier-, Pflanzen- und Steinkunde, bietet nur die Schulwerkstatt …"[67]. Und wenige Seiten später wird der hohe Anspruch formuliert, dass die Schulwerkstatt einen handwerklich- und industriell-praktischen Vorbereitungsunterricht leisten könne, was einer späteren Berufsausbildung nur zugute kommen könne.[68]

Hinsichtlich der Schulwerkstatt, in der der entsprechende technische Arbeitsunterricht stattfinden soll, ihrer Anlage und Ausstattung (einschließlich Werkzeuge und Material) machen BARTH und NIEDERLEY sehr konkrete Angaben. Die Einrichtung der Schulwerkstatt im Klassenzimmer oder Zeichensaal halten sie nur in Ausnahmefällen und in den unteren Klassen für geboten. Stattdessen plädieren sie für ein Werkraumsystem, bestehend aus einer Mehrzweckwerkstatt für alle Arbeiten ohne die Holzbearbeitung, die in einem angrenzenden Raum stattfinden sollte (Abb. 16/16).

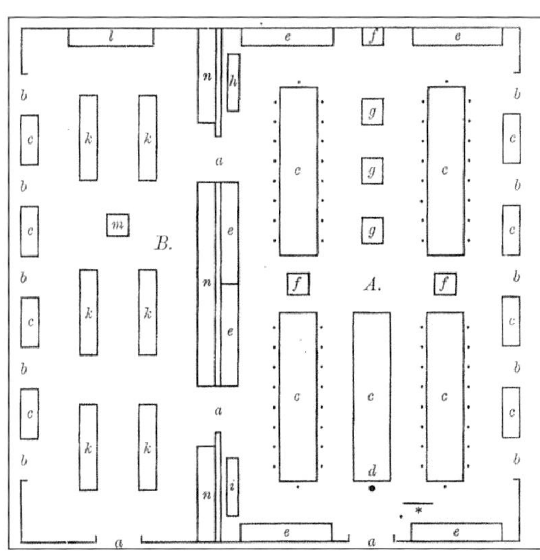

16/16 Schematische Darstellung der Schulwerkstatt nach BARTH/NIEDERLEY[69].

Mehrzweckwerkstatt A: a) Türen, b) Fenster, c) große und kleine Werktische[70], d) erhöhter Lehrerplatz, e) Schränke, f) Leimgefäß, g) Schraubstöcke, h) Waschbecken, i) Kasten für Abfälle *), verstellbare Tafel.

Holzwerkstatt B: a) Türen, b) Fenster, k) Hobelbänke, l) Drehbank, m) Schleifstein, n) Schränke.

Die Autoren gehen von Schülergruppen von 30 bis 40 Schülern aus, was durchaus der damaligen Gruppengröße in der Volksschule entspricht, die ein pädagogisch und im Werkstattunterricht ausgebildeter Lehrer unterrichten soll. Gruppenunterricht, die Einrichtung von Schülerdiensten, strenge Disziplin und Lehrerzentriertheit sollen ein erfolgversprechendes Arbeiten in der Schulwerkstatt bei derartigen Schülerzahlen möglich machen.[71]

Aber auch hinsichtlich der sächlichen Voraussetzungen werden Hinweise gegeben: So sollte jedem Schüler eine Arbeitsfläche von mindestens 1 m^2 zur Verfügung stehen, die Arbeitsplätze sollten nummeriert und entsprechend nummeriertes Werkzeug den Arbeitsplätzen zugeordnet sein, für das wiederum feste Ablageplätze vorgesehen sein sollen. Zwischen den Werktischen soll ausreichend Platz gegeben sein, sodass ein störungsfreies Durchkommen gewährleistet ist. Der Werktisch, wo sich der Lehrerplatz befindet, dient der Ablage des auszugebenden Materials. Der großzügig bemessene Schrankraum e) und n) dient mehreren Funktionen: Unterbringung aller Art Material, besonderer Werkzeuge und Vorrichtungen, angefangener Arbeiten, der Werkzeugkästen der Schüler sowie der Schürzen und Arbeitsblusen. Da zu dieser Zeit der Leim noch im Wasserbad erwärmt

[67] ebenda, S. 28

[68] Hier kommen Überlegungen aus früheren Zeiten zu einem industriös gebildeten Menschen zum Tragen, dessen verinnerlichten industriösen Arbeits- und Lebenstugenden zu aktiver und reflektierter Berufsausübung und Lebensgestaltung führen.

[69] Entnommen aus a.a.O, S. 59

[70] Barth/Niederley sprechen von „Werktafeln", auf festen Gestellen aufliegende Holztafeln aus Weichholz.

[71] Zur Gestaltung des Unterrichts und zur Methodik des Schulwerkstatt-Unterrichts vergleiche bei Barth/Niederley a.a.O., S. 43-56.

werden muss, ist auf den mit f) gekennzeichneten kleinen Tischen jeweils eine Wärmequelle und das Wasserbad installiert. Die Tische sind mit einer Blechabdeckung versehen. Sitzgelegenheiten sind nicht vorgesehen. Die Schüler arbeiten im Stehen.
Der Raum B mit den Hobelbänken verfügt über weniger Arbeitsplätze. Hobelarbeiten mit dafür extra angeschafften Stoßladen sind auch im Raum A möglich. Die für die Holzarbeiten benötigten Werkzeuge werden auf Werkzeugbretter an den Fenstern untergebracht.

BARTH und NIEDERLEYs Überlegungen zum Werkstattunterricht stehen unzweifelhaft unter dem Primat der Pädagogik und weisen Züge eines originären technischen Werkunterrichts auf. Neu ist, dass der Blick auf die Technologie, hier im Doppelsinn von Fertigungs- und Gegenstandstechnik gemeint, und auch auf Gewerbe und Industrie gelenkt wird, also direkt Bezug auf die den Schüler betreffende Lebenswirklichkeit. Diese Lebenswirklichkeit wird nun nicht etwa den Naturwissenschaften unterstellt, sondern der Kulturgeschichte zugeordnet, was einen komplexen, wenn auch auf die Geschichte fixierten Blick auf die Technik vermuten lässt. Die betreffenden Ausführungen zum „kulturgeschichtlichen Werkstattunterricht" belaufen sich auf die Anstrengungen des Menschen, durch die Technologie seine Lebensverhältnisse zu gestalten. Als Handlungsfelder nennen die Autoren: Nahrung, Wohnung, Kleidung, Energie, Waffen, Handel, Transportmittel und Infrastruktur sowie die Zeitmessung[72]. Wichtig ist die ausdrückliche Wahrnehmung einer durch Technologie und Industrie (neben dem Handwerk) geprägten Lebensumgebung, wenngleich einschränkend gesagt werden muss, dass dies in den Themenvorschlägen für den Werkstattunterricht nur marginal in Erscheinung tritt. Das Inverbindungssetzen des Werkstattunterrichts mit der Kulturgeschichte und der dadurch gegebene veränderte Blick auf die Technik als ein Ergebnis der Kultur des Menschens stellt für den Werkunterricht der damaligen Zeit ein echtes Novum dar.

16.8 Fachlicher Arbeitsunterricht bei GEORG KERSCHENSTEINER

Dem Münchener Stadtschulrat und königlich-bayrischen Schulkommissär gebührt hinsichtlich der Fortentwicklung des Arbeitsschulgedankens und bezüglich der Einführung eines fachlichen Arbeitsunterrichts an Münchener Volksschulen besondere Beachtung.[73] Dabei war er selbst kein praktizierender Arbeitsschulpädagoge, wohl aber ein Schulreformer mit nachhaltiger Wirkung über Bayern hinaus. Die Praxis überließ er wissenschaftlich ausgebildeten Lehrern und Handwerkern mit pädagogischer Zusatzausbildung als technische Lehrer.[74]

Aufgrund ausgeprägter Vorbehalte, was die Übertragung der traditionellen Lernschule auf die Volksschule betraf, und der Erfahrungen, die ihm der Knabenhandfertigkeitsunterricht bot, entwickelte er ein eigenständiges Arbeitsschulkonzept, dessen Fokus auf der „Selbsttätigkeit" des Schülers lag, nun aber ganz anders als bei den bekannten Vorbildern des Handfertigkeitsunterrichts. „Der Sinn der Arbeitsschule ist, mit einem Minimum an Wissensstoff ein Maximum an Fertigkeiten, Fähigkeiten und Arbeitsfreude im Dienste staatbürgerlicher Gesinnung auszulösen"[75]. Der werkschaffenden Selbsttätigkeit stellt er das Prinzip der „Selbstprüfung" zur Seite, verstanden in einem

[72] So lautet der Untertitel der „Schulwerkstatt" auch zutreffend auf die Technik verweisend „Ein Leitfaden zur Einführung der technischen Arbeiten in die Schule".

[73] Daneben sah er den Arbeitsunterricht als Prinzip, als wichtige Ergänzung des fachlichen Arbeitsunterrichts: „Arbeitsunterricht als Prinzip und Arbeitsunterricht als Fach gehören zusammen wie Griff und Klinge des Messers". Kerschensteiner 1912/1959, S. 47.

[74] Vgl. hierzu Kerschensteiner 1912/1959, S. 64ff.

[75] a.a.O., S. 65

doppelten Sinn: Prüfung des Werkes in allen seinen Phasen seiner Entstehung anhand objektiver, vorgegebener Kriterien und Prüfung seiner selbst, im Hinblick auf die eigene „sachliche Einstellung" und Haltung. Sachliches Handeln bedeutet für KERSCHENSTEINER, sich ganz „den in der Struktur der Sache selbst liegenden Anforderungen"[76] (zu unterwerfen), und so zu einer sittlichen Einstellung zu gelangen. Sittlichkeit und Versittlichung spielen bei Kerschensteiner eine zentrale Rolle. Als Aufgabe der Volksschule sieht er als Erstes „die Berufsbildung oder doch deren Vorbereitung", als Zweites „die Versittlichung der Berufsbildung" und als Drittes: „die Versittlichung des Gemeinwesens, innerhalb dessen der Beruf auszuüben ist."[77] „Letzten Endes ist alle Sachlichkeit auch Sittlichkeit. Denn was heißt Sittlichkeit anderes, als den unbedingt geltenden Wert immer über den bedingt geltenden Wert setzen, und was meint Sachlichkeit anderes, als einen Zweck ohne Rücksicht auf subjektive Neigungen, Begierden, Wünsche im Interesse eines unbedingt geltenden Wertes zur vollendeten Verwirklichung bringen?"[78]

Hinter den Begriffen der Selbsttätigkeit, Selbstprüfung und Sachlichkeit steht die Vorstellung, dass nicht die Erziehung zur Individualität das Ziel des Arbeitsunterrichts sein kann, sondern das eigentliche Ziel muss die Erziehung eines dem Gemeinwesen durch gemeinschaftliche Gesinnung verbundenen Staatsbürger sein[79], der seine künftige Berufsrolle mit eben jener sachlichen, die eigene Subjektivität hintanstellenden Einstellung ausfüllt.

Fragt man nun, wie KERSCHENSTEINER die drei tragenden Säulen seines theoretischen Konzepts in die Praxis der Arbeitsschule übertrug, wird erst einmal augenfällig, dass sein fachlicher Arbeitsunterricht sich eng an das traditionelle Handwerk anlehnte, wobei es ihm aber nicht darum ging, in die Arbeitsweisen bestimmter Berufe einzuführen, sondern „in die Gestaltung der Organe, die für die Ausbildung des Berufs notwendig sind, in die Gewöhnung an ehrliche Arbeitsmethoden, an immer größere Sorgfalt, Gründlichkeit, Umsicht und in der Erweckung der rechten Arbeitsfreunde."[80] Die praktische Arbeit in den Klassen 1 bis 4 beschränkte er auf Holzarbeiten. In der 8. Klasse kommt noch ein Metallehrgang dazu[81]. Die Konzentration auf diese zwei Materialien mit ihren spezifischen Bearbeitungsherausforderungen bietet seiner Ansicht nach am besten die Gewähr, zu einer sachlichen Arbeitshaltung zu führen. Um den Prinzipien der Sachlichkeit und Selbstprüfung gerecht zu werden, wird auf größtmögliche Sorgfalt, Genauigkeit und Gründlichkeit bei der Ausführung der Arbeitsaufgabe Wert gelegt, wobei fortwährendes Messen, Prüfen und Vergleichen mit dem vorgegebenen Modell die Selbstprüfung ermöglicht. In den durchaus als rigide erscheinenden Anforderungen, denen der Schüler sich zu unterwerfen hat und der damit gegebenen Unterstellung unter den Zwang der Sache bei Zurückstellung eigener individueller

[76] Schlagenhauf 1997, S. 372

[77] Kerschensteiner a.a.O., S. 16

[78] Kerschensteiner „Arbeitsschule" 1965, S. 47

[79] Dies formuliert er bereits in der ersten Auflage seiner „Arbeitsschule" von 1912: „Der Sinn der Arbeitsschule ist, mit einem Minimum an Wissenschaft ein Maximum an Fertigkeiten, Fähigkeiten und Arbeitsfreude im Dienste staatsbürgerlicher Gesinnung auszulösen"

[80] Weitere individuelle und soziale Arbeitstugenden, die bei K. eine Rolle spielen sind: Gewissenhaftigkeit, Fleiß, Ausdauer, Sauberkeit, Wille zur Vollendung, Gemeinsinn, Hilfsbereitschaft (Kerschensteiner 1912, S. 23).

[81] Aus den Stundentafeln des Arbeitsschulversuchs von 1910-14 geht hervor, dass der Arbeitsunterricht in Volksschulen für Jungen und Mädchen der Klassen 1 bis 4 gleichermaßen erteilt wurde. Teilweise gab es geschlechtsspezifische Differenzierungen hinsichtlich der Themenstellung. Die Mädchen wurden zusätzlich in „weiblichen Handarbeiten" (Stricken, Sticken, Nähen) unterrichtet. Vergl. hierzu Kerschensteiner 1964, Anhang S. 113 ff. K. erfährt, das „von allen Mädchen in ganz hervorragendem Maße geteilte Interesse an der Holzbearbeitung und den Arbeitsprodukten, die sich aus dieser Beschäftigung ergeben." und „Knaben wie Mädchen zeigen für die einfachen Aufgaben der Holzbearbeitung die gleiche Begeisterung, doch stellt sich immer deutlicher die bessere Begabung der Knaben hierzu heraus, sobald es sich um die Auffassung von Konstruktionselementen handelt." (a.a.O., S. 148 f.)

Interessen und Wünsche, sieht KERSCHENSTEINER den besten Weg, der bei einem erfolgreichen Beschreiten letztendlich zu der angestrebten Versittlichung führt.

Große Bedeutung misst er schließlich der Arbeit in Arbeitsgemeinschaften zu. Die Arbeitsgemeinschaft bildet den Ort für die besondere Charakterbildung, wo der Schüler ein konkretes Bewusstsein für Verantwortung entwickeln und anschaulich erleben kann, „wie seine Leistungen sowohl für ihn von Bedeutung sind, als auch für die Qualität der ganzen Gruppe", die im Kleinen und stellvertretend das Phänomen der Versittlichung des Gemeinwesens steht.

Die von ihm angebotenen Holz- und Metalllehrgänge sind exakt durchgeplant und nach Schwierigkeitsgraden, orientiert an der altersgemäßen Leistungsfähigkeit der Schüler, gestuft. Der Arbeitsunterricht findet in eigens dafür ausgestatteten Schulwerkstätten statt (Abb. 16/17).

16/17 Werkstatt für fachlichen Arbeitsunterricht nach Kerschensteiner, München 1929.
Eine mit allem Nötigen ausgestattete Holzwerkstatt, die an eine Ausbildungswerkstatt des Handwerks erinnert. Jeder Schüler hat seine eigene Hobelbank als Arbeitsplatz, an den Wänden finden sich flache Werkzeugschränke mit einem jeweils zu einem Schüler/Hobelbank zugeordneten Werkzeugsatz. Er entspricht dem Standardwerkzeugsatz eines Schreiners/Tischlers. Unter den Werkzeugschränken hängen Gestellsägen. Ein Schüler entnimmt gerade seine' Raubank. Vorne rechts die Wandtafel mit einer Werkskizze, links davor der Lehrerarbeitsplatz mit einem Stuhl. Sonst finden sich keine Sitzgelegenheiten im Raum. Die Schüler sind fleißig bei der Arbeit, es wird viel gemessen und überprüft. Gefertigt wird allem Anschein nach kein Werkstück/Gegenstand, sondern ganz im Sinne von Kerschensteiners handwerklicher Arbeitsschulerziehung werden Arbeitsmuster, hier Vierkantleisten, nach genauen Vorgaben gehobelt.

Bezüglich der Werkzeugausstattung für die unteren Klassen hat KERSCHENSTEINER recht genaue Vorstellungen: Parallelschraubstock aus Eisen, Gehrungsschneidlade mit Anschlag, Einstreichsäge mit Messingrücken, kleine halbrunde Raspel, kleine halbrunde Schlichtfeile, kleine rechteckige Schlichtfeile, Hammer (100 g), kleine Beißzange, kleine Flachzange, kleiner Nagelbohrer, prismatischer Maßstab (30 cm), Bleistift (in Klassensätzen für 25 Schüler). Dazu führt er noch Gemeinschaftswerkzeug wie Schraubzwingen und Bohrwerkzeuge auf.

Während in den Klassen 1 bis 4 der Volksschul-Unterstufe die fertigungstechnischen Übungen noch an gebrauchstüchtige Gebrauchsgegenstände[82] gebunden sind, werden in der 8. Klasse nur mehr Probestücke gefertigt, an denen der richtige Werkzeuggebrauch und die handwerkliche Fertigungsweise geübt werden. Dementsprechend erweitert sich auch der Katalog der Werkzeuge. Grundlage und Ausgang dieser Arbeitsübungen sind genaue, vermaßte Werkzeichnungen und Probestücke, die genauestens umgesetzt werden müssen und dem Schüler als Mittel der Selbstprüfung dienen.

KERSCHENSTEINER hat mit seiner Bildungsinitiative den Arbeitsunterricht in seiner „Arbeitsschule" als geschlossenes Unterrichtsfach der allgemeinbildenden (Volks-)schule hoffähig gemacht und die Werktätigkeit neben den etablierten Fächern im Fächerkanon verankert. Er definierte die Aufgabe der Volksschule als Vorbereitung für spätere Berufstätigkeit neu, wodurch der Begriff der Allgemeinbildung eine realistische Weiterung erfuhr.

KERSCHENSTEINERS Konzept der Arbeitsschule, das die Anbahnung einer sachlichen, die eigene Individualität unbeachtet lassende Arbeitshaltung, das Unterwerfen unter den Zwang der Sache und die Erziehung zur Sittlichkeit und Staatsbürgerlichkeit zum Ziel hatte, ist nicht ohne Kritik geblieben.

Seine strikte Orientierung am traditionellen Handwerk zu einer Zeit bereits fortgeschrittener Industrialisierung und Mechanisierung und somit veränderter Produktionsverhältnisse hat ihm den Vorwurf einer anachronistischen, affirmativen Bildungsidee eingebracht. Hiermit steht der Reformpädagoge KERSCHENSTEINER im Opposition zu anderen reformpädagogischen Vertretern, die sich der Welt der Technik, Maschinisierung und modernen industriellen Produktion durchaus aufgeschlossen zeigen (DEWEY, KILPATRICK, BLONSKIJ, u. a.). Die überstarke Gewichtung formalbildender Elemente in seinen bildungstheoretischen Überlegungen, wie die Betonung der Vervollkommnung der Handgeschicklichkeit bei gleichzeitiger Vernachlässigung einer geistigen Durchdringung der produktiven Prozesse und der aus ihnen entstandenen Produkte durch die Schüler, machen KERSCHENSTEINER und seine Konzept der Arbeitsschule aus heutiger Sicht zusätzlich angreifbar. Fakt ist aber auch, dass er mit seinem Beitrag einen entscheidenden Schritt zum dann 1921 eingeführten ‚Arbeitsunterricht' in das allgemeinbildende Schulwesen getan hat.[83]

Die Missachtung kindlicher Neigungen und Wünsche, das Ausschalten jeglicher Gestaltungsoffenheit im Werkprozess provozierte nicht nur die Kritik seiner Zeitgenossen, sondern rief in der Folgezeit auch alternative, an den Bedürfnissen und Entwicklungslagen der Kinder inspirierte neue reformpädagogische Ansätze schulischer Werktätigkeit hervor.

16.9 Reformpädagogischer Arbeits-/Werkunterricht zur Zeit der Weimarer Republik

Nachdem der verlorene Erste Weltkrieg das bisherige gesellschaftliche System in seinen Grundfesten erschüttert hatte und sich das Kaiserreich nunmehr als Republik neu konstituierte, setzten auch in der öffentlichen Bildung auf breiter Front Reformen ein. Diese erfassten auch die ‚werktätige Erziehung', die nunmehr ihre Verankerung im allgemeinen Schulwesen der Weimarer Republik unter der Bezeichnung „Arbeitsunterricht" fand.

[82] z. B. in Klasse 1 Baukasten; Klasse 2 Waschkreuz; Klasse 3 Raupenkasten, Schleusenmodell; Klasse 4 Starenhaus

[83] Verfassung des Deutschen Reiches: Artikel 148: „Staatsbürgerkunde und Arbeitsunterricht sind Lehrfächer der Schule".

Wenn hier von **der** Reformpädagogik die Rede ist, haben wir es nicht mit einer einheitlichen, sondern mit einer sehr facettenreichen pädagogischen Bewegung zu tun, deren Blütezeit ungefähr den Zeitraum des ersten Drittels des 20. Jahrhundert umfasst und deren Ausgangspunkte kulturkritische, soziologische, psychologische, pädagogische und anthropogische Ansätze waren.[84]

Die Reformpädagogik-Bewegung ist nicht im luftleeren Raum entstanden, sondern fußte auf reformatorische Ansätze des gesamten 19. Jahrhunderts und ist auch eine nicht nur auf das Deutsche Reich beschränkte, sondern eine internationale Erscheinung. Diese reformpädagogischen Initiativen brachten eine Vielzahl unterschiedlicher Ansätze und Konzepte hervor[85], die sich vormals neben dem allgemeinen Schulwesen etablierten, jedoch in der Folgezeit in die Gesellschaft und die allgemeinbildende Schule ausstrahlten. Im Kontext unseres Themas sind einerseits eine stärkere Diesseitigkeit[86], religiöse Distanz und Lebenswirklichkeit (was auch die Berücksichtigung der modernen industriellen Wirklichkeit mit einschloss) erkennbar, anderseits ein Rückbezug auf eine als ursprünglich und wahrhaftig verstandene Handwerklichkeit und Ästhetik des Volkstümlichen. Allen gemeinsam ist eine gewisse Tendenz zum Positivistischen, das „Hin zu den Sachen“[87], wobei die „pragmatische Theorie von der Priorität des Handelns“ hier eine wichtige Rolle spielt.[88]

Die sich in dieser Zeit fortentwickelnde Erziehungswissenschaft zusammen mit der pädagogischen Psychologie spielen eine bedeutende Rolle, indem sie als eine neue Zielrichtung die „Pädagogik vom Kind“ her propagieren.[89]

Die Kritik der Reformpädagogen artikulierte sich an der seinerzeit offensichtlich nicht mehr vorhandenen Übereinstimmung zwischen den vorfindlichen Lebensverhältnissen, der gesellschaftlichen Lebenswirklichkeit und dem Bildungssystem mit seinen überkommenen Inhalten und Methoden. „Die pädagogische Aktivierung und soziale Mobilisierung erweisen sich als die umgreifenden Ziele der Reformpädagogik. Sie sind nicht Selbstzweck, vielmehr pädagogisches Mittel zur Bildung eines geistig aufgeschlossenen und urteilsfähigen Menschen, der soziale und politische Verantwortung mit dem Willen zur Fortbildung verbindet.“[90]

84 Röhrs 1980, S. 298

85 Beispiele: Schulgartenbewegung, Erlebnispädagogik (Jugendbewegung), Pestalozzipädagogik, Kunsterziehungsbewegung, Landerziehungsheimbewegung, Arbeitsschulidee, Produktionsschule, Konzept des „Learning by Doing“, Schulgemeindebewegung, Freinet-Pädagogik, Konzepte des Projektlernens, Schulfarmbewegung, Jena-Plan-Schule, Waldorfpädagogik, Montessori-Pädagogik.

86 „Die reformpädagogische Diesseitigkeit ist daher mehr als das Vertrauen auf den „Homme machine“ oder auf die weltregelnde Kraft der rationalen Planung und vielschichtiger als der Glaube an die Dämonie der Umwelt - sie ist auch Freude an de Fähigkeit der ingeniösen Mitgestaltung der Welt [...] Das war ein pädagogisch notwendiger Schritt, denn die Technik ist seit den letzten Jahrzehnten des vorigen Jahrhunderts (gemeint ist das 19. Jh., d. V.) ein unlösbarer Bestand unseres Lebens und nicht mehr das unheimliche ganz Andere. Daher bedurfte es dringend der geistigen Bewußtmachung und Einordnung“ (Röhrs, a.a.O., S. 301).

87 a.a. O., S. 301

88 a.a. O., S. 302

89 „Genauer besehen ist es die Psychologie gewesen, die die ersten Wegmarken der Reform unter dem Motto der Kind- und Entwicklungsgemäßheit, der Eigengesetzlichkeit des Kindes- und Jugendalters, der Einmaligkeit der erzieherischen Verhältnisse mit seinen Rückwirkungen auf die Art der jugendlichen Entwicklungen gesetzt hat.“ (Röhrs, a.a.O., S. 299). Infolgedessen wird der Blick auf das Kind der Ausgangspunkt aller Erziehungs- und Bildungsmaßnahmen. Die physische und psychische Entwicklung des Kindes, die als ein autonomer Prozess mit eigenen Phasen gesehen wird, bestimmt das pädagogische Einwirken des Erziehers. Es wird davon ausgegangen, dass im Kind bereits alles angelegt sei, das durch möglichst sparsame pädagogisches Einwirkung zum Wachsen gebracht wird. Betont wird die Individualität eines jeden Kindes, dessen geistig-körperliche Entwicklung weder automatisch noch identisch verläuft. Ziel aller reformpädagogisch ausgerichteten Erziehung ist die Förderung geistiger Regsamkeit, Spontaneität, Eigenständigkeit im Handeln und des Schöpferischen, zu dem jeder Mensch, so die Annahme, befähigt sei.

90 Röhrs, a.a.O., S. 300

Bezüglich der Intentionen und der inhaltlichen wie methodischen Ausgestaltung des sogenannten ‚Arbeitsunterrichts' gingen die Auffassungen stark auseinander. Was schließlich hinsichtlich der inhaltlichen und methodischen Ausgestaltung zu ganz verschiedenen Spielarten des Arbeitsunterrichts führte: Vom Knabenhandarbeitsunterricht traditioneller Prägung (nun allerdings in der Schule angekommen) über Werkunterricht[91] mit eigenem fertigungstechnischem Repertoire (Werktechniken, Klassenzimmertechniken) bis hin zu einer auf die industrielle Berufswelt abgestimmten Berufs- und Arbeitskunde.

Eine sehr starke Bewegung stellte, in bewusster Abgrenzung zu KERSCHENSTEINERS Arbeitsunterricht, jene Spielart des Werkunterrichts dar, der von den spontanen Schaffenskräften des Kindes ausging. Dabei folgte der Aufbau und die Durchführung des Werkunterrichts den ausgemachten Entwicklungsphasen des Kindes und der Annahme, dass die bereits im Kind angelegten Schaffenskräfte, erkennbar im natürlichen Betätigungstrieb und im Spielbedürfnis des Kindes, durch pädagogisches Einwirken bewahrt und entfaltet werden. Die sich diesbezüglich bildende Werkpädagogik fußte auf der Idee der Pädagogik „vom Kinde her".[92]

Was die sächliche Grundlegung der Werkstätten des damaligen Werkunterrichts betrifft, so wurden die bisherigen Werkstattkonzepte in die öffentlichen Schulen übertragen, soweit die schwierigen ökonomischen Verhältnisse der Nachkriegszeit dieses zuließen. In den reformpädagogisch ausgerichteten Schulen in freier Trägerschaft treffen wir sehr bald auf gut ausgestattete, nach Art der Materialbearbeitung unterschiedene Werkstätten[93] (Abb. 16/18, S. 338).

Als ein Beispiel für die Zielrichtung des neuen reformpädagogischen Verständnisse von kindlicher Werktätigkeit soll hier der Hamburger Volksschullehrer HEINRICH PRALLE dienen, der Aufgabenstellungen entwickelte, die seiner Überzeugung nach der Vorstellungswelt des Kindes entsprachen und dessen Lebenshorizont entnommen waren und solchermaßen mit dem kindlichen Denken und Fühlen im Einklang standen. Dafür stellt er folgende Kriterien auf:

1. Die Aufgaben sollen ganzheitliche, aus der Vorstellungs- und Erlebniswelt entlehnte Ganzheiten aus dem Lebensumfeld der Kinder darstellen.
2. Die Vermittlung der Fertigungstechniken soll in unmittelbarem Zusammenhang mit diesen Aufgaben stehen. Sie sollen sich nicht an denen des Handwerks orientieren.
3. „Volks- und Bauernkunst", in denen Pralle eine dem Kind entsprechende Kulturstufe erkennt, ergeben ein unverbildetes Leitbild und Anregungsreservoir für Aufgabenstellungen.

---

91 Unter dem Stichwort „Werkerziehung" schreibt L. Pallat und definiert eine seinerzeit recht gängige Vorstellung von Werkunterricht: „Rein sprachlich genommen kann ‚Werkunterricht' nicht anderes bezeichnen als Unterricht in Werkarbeit (Werktätigkeit, Werkschaffen), also Unterricht im Arbeiten an einem Werk, im Hervorbringen eines Werkes – am liebsten möchte man sagen: Unterricht im ‚Werken'. Das Werk aber, das wir im Auge haben, wenn wir von Werkunterricht als einem Teil des Schulunterrichts sprechen, kann nach den Umständen, die zur Aufnahme des Wortes ‚Werkunterricht' in den Sprachgebrauch der Schule geführt haben, nur ein Werk der Hand sein, und zwar ein Werk, das in körperlicher Form zu einem bestimmten Zweck gestaltet wird. [...] Das Wort ‚körperlich' unterscheidet diese Art der Handarbeit von der flächenhaft gestaltenden, dem Zeichnen, dem Malen und der Graphik. ‚Gestaltend' nennen wir die Werkarbeit, weil es sich bei ihr nach unserer heutigen Auffassung nicht um das bloße Erlernen von Techniken handelt, sondern um das Hervorbringen von Gegenständen, bei dem der Schüler möglichst aus Eigenem schaffen soll. Das Wort ‚zweckbestimmt' trennt die Werkarbeit von dem freien, künstlerischen Schaffen in plastischer Form." Nohl/Pallat 1930, S. 429.

92 Die Pädagogik „vom Kinde her" ist charakteristisch für die reformpädagogischen Bewegungen vor und nach dem Zweiten Weltkrieg und somit nicht allein auf die Zeit der Weimarer Republik zu beziehen. In der Regel wird Bezug auf Comenius, Rousseau, Pestalozzi, aber auch auf Kerschensteiner genommen, soweit es um werktätige Erziehung im Unterricht geht.

93 Die Werkstätten gehörten in der Regel zum pädagogischen Konzept der reformpädagogisch ausgerichteten Schulen in freier Trägerschaft.

16/18 Koedukativer Werkunterricht in der Waldorfschule Uhlandshöhe, Stuttgart, 20er-Jahre. Der Unterricht steht im Dienst einer ganzheitlichen Erziehung (Denken, Fühlen, Wollen), bei der der Werkunterricht, der Garten-, Kunst- und Eurythmieunterricht eine wichtige Rolle (handwerklich-praktisch-künstlerisch) spielen. Zu sehen ist eine mit Hobelbänken ausgestattete Holzwerkstatt, an denen Schüler und Schülerinnen an unterschiedlichen Aufgaben selbstständig arbeiten. Ein Erzieher ist sicher mit Absicht nicht ins Bild gesetzt. Das Ganze strahlt eine entspannte Arbeitsatmosphäre aus. Es herrscht keine drangvolle Enge, wie man es an den staatlichen Schulen aus früherer Zeit kennengelernt hat. Vor den Fenstern eine durchgehende Reihenwerkbank, an der hinteren Wand erkennt man Werkzeugschränke. Maschinen sind nicht zu sehen. Neben der Holzarbeit werden noch Metall- und Modellierarbeiten (Ton) und Steinhauarbeiten durchgeführt, die in eigens dafür ausgestatteten Werkstätten stattfinden.

4. Bei der Realisierung wird von Materialfreizügigkeit ausgegangen.
5. Der Spontanität des Kindes wird breiter Raum gegeben. Weitergefasste Anregungen in Form von Erzählungen, Erlebnissen und festlichen Ereignissen dienen als Ausgangspunkte, aus denen der Schüler seine eigene Themenstellung gewinnt.

Als ein weiterer Protagonist ist der aus dem Umkreis von PETER PETERSEN und seiner Jenaer Universitätsschule kommende ARNO FÖRTSCH[94] zu nennen. Auch er begreift „den Menschen als spontan sich entfaltendes Wesen“ und geht von den natürlichen, im Kinde angelegten Schaffenskräften aus. Er versucht die Hypothese der spontanen kindlichen Schaffenskräfte durch pädagogische Tatsachenforschung zu belegen und so deren gezielte Förderung auf eine wissenschaftlich begründete Basis zu stellen.

Um dem Vorwurf sinnentleertem Einüben von Fertigungstechniken zu entgehen, stellt FÖRTSCH ganz im Sinn von P. PETERSEN[95] alle seine werkpädagogischen Aktivitäten in den größeren Zusammenhang des Schullebens, was heißt, dass die erlernten Fertigkeiten sehr bald immer auch zur Anwendung kommen, sei es für schulische Aufgaben (Feste, Theater usw.) oder auch in den ‚offenen‘ Schulwerkstätten, die den Schülern nachmittags zur Verfügung stehen (Abb. 16/19).

[94] Förtsch war Mitarbeiter von P. Petersen an der Jenaer Universitätsschule (Jenaplan-Schule). Seine Vorschläge zur Methodik des Werkunterrichts beruhen in der Hauptsache auf der dort betriebenen pädagogischen und entwicklungspsychologischen empirischen Forschung. Hierzu erschien 1933 seine Schrift „Freies Werkschaffen und Gestaltungstypen“.

[95] Peter Petersen wendete sich von der vorherrschenden geisteswissenschaftlichen Pädagogik ab und betrieb, wie er es nannte, pädagogische Tatsachenforschung. Er verband empirische und hermeneutische Forschungsverfahren. An der Universität Jena entwickelte er den sogenannten Jena-Plan und betrieb eine der Universität angegliederte Schule als Übungsschule, die sich dann zur international bekannt gewordene Jenaplan-Schule fortentwickelte. Seine große Leistung bestand darin, dass er verschiedene reformpädagogische Strömungen auf dem Hintergrund einer eigenständig entwickelten, erfahrungswissenschaftlich orientierten Erziehungswissenschaft miteinander verschmolz. Für seine Reformschule schloss er an alle wichtigen Elemente der pädagogischen Bewegung an: Er kam von den Vorstellungen und Hoffnungen der Jugendbewegung, hatte die Landerziehungsheim- und Kunsterzieherbewegung in sich aufgenommen und war mit allen Aspekten der Arbeitsschulbewegung ebenso vertraut wie mit der internationalen Reformdiskussion seiner Zeit (Blankertz 1982, S. 291).

16/19 Werkunterricht in der Jenaplan-Schule (20er Jahre
Die Abbildung zeigt den Werkraum nun nicht mehr ausgestattet wir eine Holzwerkstatt mit Hobelbänken, sondern mit funktionsneutralen, durchgehenden Werktischen. Große Fenster sorgen für genügend Tageslicht, eine Beleuchtung ist nicht zu erkennen. Eine Werkzeugtafel im Hintergrund nimmt das Werkzeug auf, umlaufende Ablagen über der umlaufenden Vertäfelung dienen zur Ablage von Materialien und Vorrichtungen. Der Unterricht erfolgt koedukativ, die Arbeiten sind individuell gestaltete Werkaufgaben, keine Nachbauten anhand von Modellen. Die sich abzeichnende Innovation ist die hier erstmals erkennbare Multifunktionalität der Werkstatt, sodass unterschiedliche Aufgaben mit Materialien gleichzeitig bearbeitet werden können.
Auch diese Aufnahme ist natürlich gestellt, wie man an der Handhabung des Drillbohrers durch den Jungen links vorne und des Hammers des Jungen in der Mitte ablesen kann. Der Lehrer hält sich im wahrsten Sinne des Wortes im Hintergrund, was nicht nur der Fotografie, sondern auch dem Verständnis seiner Aufgabe als Assistent der Schüler zu verstehen ist.

Die Pädagogik „vom Kinde her" und die bei PRALLE und FÖRTSCH vorgenommene Fokussierung auf die spontanen Schaffenskräfte des Kindes laufen bei genauerer Betrachtung Gefahr, Erziehung und Bildung zu sehr in die Sphäre des Subjektiven zu verschieben und so eine schulische Bildung, die eigentlich an der Dialektik subjektiver Bedürfnisse und objektiver, außerhalb des Schullebens liegender Anforderungen orientiert sein sollte, auf die Gegebenheiten des Schullebens zu verkürzen.

Infolge der ökonomisch schwierigen Nachkriegszeit, der Inflation und der Weltwirtschaftskrise in den zwanziger Jahren geht es mit dem Ausbau der Schulwerkstätten in den allgemeinbildenden Schulen nur schleppend voran. Vieles muss improvisiert werden, dem Einfallsreichtum der Werklehrer sind keine Grenzen gesetzt. Mit der Einführung eines allgemeinen Arbeits-/Werkunterrichts wurden die Probleme nicht kleiner, denn es fehlte allenthalben an ausgebildeten Werklehrern und geeigneten Schulwerkstätten[96] (Abb. 16/20 und 16/21, S. 340).

Einen ganz anderen, ebenfalls reformpädagogisch geprägten Zugang stellen GROSS und HILDEBRAND in ihren „Geschmacksbildenden Werkstattübungen" vor, so der Titel ihres Buches[97]. Geschmacksbildung als Aufgabe des Werkunterrichts bzw. „Arbeitsunterrichts" (mit Bezug auf die höheren Lehranstalten) wird hier nicht etwa als die „künstlerische Seite" des Werkunterrichts verstanden, sondern der werkmäßige Umgang mit „bildsamen Material" soll den „Sinn für ehrliche Arbeit" im Kind wecken. „Letzten Endes ist der gute Geschmack das Zeichen guter Gesinnung."[98]

96 Der Hamburger Werklehrer Alwin Tornieporth beschreibt beispielhaft die damalige Situation: „Besonders fehlte es an einem geeigneten Raum sowie an Werkzeugen, Geräten und Werkmaterial. Die Beschaffung war anfangs sehr schwierig, es war die Zeit der Inflation in den zwanziger Jahren. Die wenigen Mittel, die für den Werkunterricht vorhanden waren, zerrannen unter der Hand. In der Elternschaft wurden überzählige Werkzeuge gesammelt. Der Elternrat kaufte gebrauchte hinzu, und er setzte diese nach Möglichkeit wieder instand. Hobelbänke erbettelte ich mir aus dem Volksheim Marschnerstraße, wo alte, sehr verbrauchte Slöjd-Bänke unbenutzt standen. Als Raum fand sich schließlich ein Lehrmittelzimmer, das allerdings als Durchgang zu anderen Räumen benutzt werden musste". (Tornieporth 1964)

97 Gross/Hildebrand 1929

98 a.a.O., S. 2

16/20 Improvisierte Schulwerkstatt im Keller der Hamburger Volkschule Borgesch.
Die in der obigen Fußnote von A. Tornieporth beschriebene Werkraumsituation konnte in etwa wie hier dargestellt ausgesehen haben. Not macht erfinderisch. Der Raum lässt aufgrund seiner wohnlichen Wandgestaltung auf eine vorher andere Nutzung schließen. Die Einrichtungsgegenstände sind ausrangierte Tische, die erkennbaren Maschinen (Bohr- und Schleifmaschinen) sind sehr beengt auf einem improvisierten Maschinentisch untergebracht. Lediglich die Beleuchtungskörper sind zu den Arbeitsplätzen passend angeordnet worden. Die nicht sehr gut erhaltene Fotografie lässt nicht erkennen, ob die Schüler an den Maschinen Schutzbrillen tragen. Dennoch ist der hier gezeigte „Maschinenpark" recht beachtlich für die damalige Zeit.

16/21 Werkraum einer Hamburger Schule Mitte der 20er-Jahre.
Die uneinheitliche Einrichtung lässt auf eine Universalwerkstatt schließen. Was aber genauso gut Folge der gegebenen Notlage der damaligen Zeit sein kann. Das Geld für die Einrichtung von Werkstätten oder gar Schulneubauten fehlt schlicht. In der Folgezeit dann verstärkt sich eher der Trend zu materialsortierten Werkräumen (Holz, Metall, Papier/Pappe).
Auf einer Reihenwerkbank an den Fenstern sind Maschinen zu sehen (Bohr-und Tellerschleifmaschine). Im Hintergrund befinden sich Werkzeug- und Materialschränke (für das Foto teilweise geöffnet). Eine Wandtafel dient der Instruktion der Klasse. Der Raum ist relativ niedrig, möglicherweise handelt es sich um ein Untergeschoss. Die Hobelbänke wechseln sich mit Arbeitstischen ab. Die hier abgebildete Unterrichtsphase zeigt Schüler, die sich selbst organisieren. Die Schüler arbeiten vermutlich an unterschiedlichen Aufgabenstellungen, wobei sie unterschiedliche Arbeitsphasen demonstrieren. Einige Schüler sind über Baupläne vertieft, andere bereits beim Fertigungsprozess. Der Werklehrer im Hintergrund fungiert als Berater und Assistent. Auch hier sind die wandseitig angebrachten Werkzeugschränke geöffnet. Die Möblierung lässt eine sehr freie und aufgelockerte Sitzordnung zu. Klar ist der Bereich zu erkennen, der der theoretischen Einweisung dient, im Hintergrund mit Tafel und angehefteten Plänen.

Wichtiger als die sicher hinterfragenswürdigen Überlegungen der Autoren zur „praktischen Geschmackskultur" erscheinen die grundsätzlichen Einschätzungen des Werkunterrichts als „ein Stück allgemeiner Schularbeit", die streng an den Belangen des Kindes auszurichten sei[99], wobei der Werkunterrichts nicht „... lediglich kurzweiliges Spiel bleibt oder zur oberflächlichen Beschäftigung ausartet. Wohl liegt ein hoher Wert in den Entdeckungen und Erfindungen, die das Kind erlebt, wenn es nach Art eines Robinsons mit dem Leben ringt. Aber ebenso wichtig wie das Auffinden und Anwenden der Urform jeglicher Werkarbeit ist auch die Bekanntschaft mit der neuzeitlichen Technik"[100].

Die Autoren verstehen ihr Buch, das zahlreiche Arbeitsbeispiele aus den für den Werkunterricht der damaligen Zeit charakteristischen Materialien vorstellt, ebenso wie ausführliche Beschreibungen von Arbeitstechniken, als Anregungslektüre und Grundlagenwerk für Lehrer zur eigenen schöpferischen Tätigkeit. Dabei wird nicht versäumt, auch Aussagen zur Werkstätten und zum benötigten Werkzeug zu machen. Angestrebt wird eine Werkstatt, die „keinen Fremdkörper im Schulorganismus bildet"[101] und in enger Verbindung mit „dem Zeichensaal und dem Physikzimmer" steht. Der Zusammenhang Werkstatt und Zeichensaal wird als geradezu natürlich angesehen (Abb. 16/22 a) und b), (Seite 342).

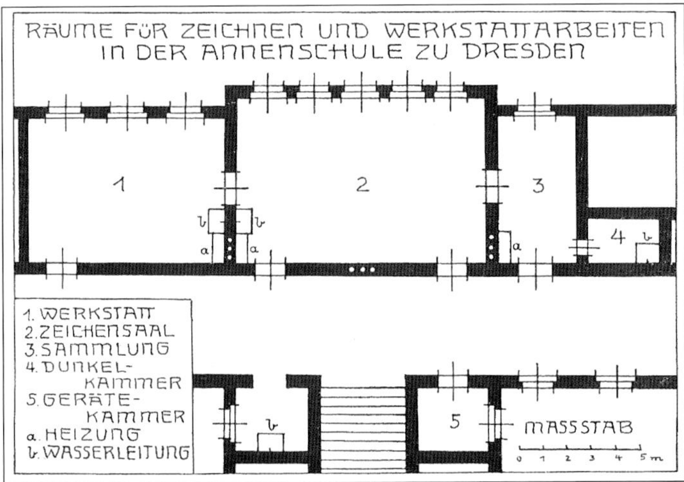

16/22 a) Fachraumverbund mit Werkstatt der Annenschule, Dresden, zweite Hälfte zwanziger Jahre. Bei der Annenschule handelte es sich um eine „höhere Lehranstalt". In der hier abgebildeten Werkstatt in der „gleichzeitig die verschiedensten Techniken getrieben werden", wurde schon zu Zeiten des Knabenhandfertigkeitsunterricht Werkunterricht betrieben. Die hier wiedergegebene Anordnung bestand so von Anfang an. Alle Räumen stehen miteinander in Verbindung, und Werkstatt und Zeichensaal sollen wohl meist zusammen genutzt werden. Die Werkstatt hat etwa 60 m^2, der Zeichensaal etwa 80 m^2 und der Sammlungsraum ungefähr 20 m^2. Indirekt geben die Autoren zu, dass die Werkstatt etwas beengt ausfällt, wenn man ihre Ausstattung in dem folgen den Plan anschaut, geben aber zu bedenken, dass man es ja mit Schülern einer höheren Lehranstalt zu tun habe. Die Werkstatt ist die „persönliche Schöpfung der unterrichtenden Lehrer".

99 Gross/Hildebrand a.a.O., S. 21
100 a.a.O., S. 23
101 a.a.O., S. 55

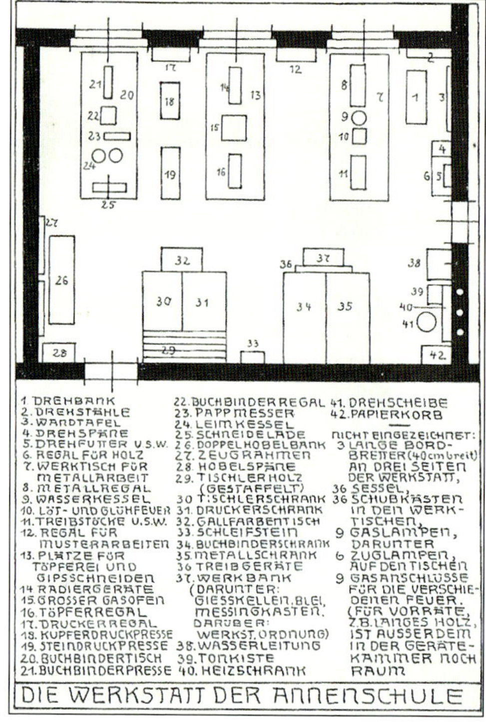

16/22 b) Werkstatt der Annenschule.
Was auf den ersten Blick deutlich wird, dass wir es hier mit einem frühen Beispiel einer Mehrzweck- oder Universalwerkstatt zu tun haben. Folgende Arbeiten sind aufgrund des Ausstattungsschemas möglich: Holz- und Metallarbeiten, Tonarbeiten, graphische Drucktechniken, Buchbinden, Papier- und Papparbeiten. Dazu sind diverse Aufbewahrungsmöglichkeiten für Materialien und Werkzeuge vorgesehen, Kästen für Späne und Abfälle, Löt- und Glühplätze, Leimkocher usw. Eine solche Mehrzweckwerkstatt funktioniert nur, wenn die Schüler sehr unterschiedlich beschäftigt sind und wie hier Ausweichmöglichkeiten in den Zeichensaal haben. Die Autoren sehen diese Werkstatt im Verbund nicht etwa als „mustergültig" an, sondern als Möglichkeit, eine Werkstatt bedürfnisgerecht zu gestalten.

Gegen Ende der zwanziger Jahre, als es wirtschaftlich wieder bergauf geht, werden endlich wieder Schulen gebaut. So auch die Schule Langenfort, die 1927 bis 1929 nach Plänen von FRITZ SCHUMACHER in Hamburg errichtet wurde. Es werden neue, an reformpädagogischen Kriterien ausgerichtete Schulgebäudekonzepte entwickelte. In Hamburg plante er an die 30 Schulen neu.[102]

Werkunterricht an den Volksschulen entwickelte sich, wenn auch zögerlich, zu einem koedukativen Unterricht. Die Mädchen werden nicht mehr grundsätzlich vom Werkunterricht ausgeschlossen (Abb. 16/24), erhalten aber zusätzlich noch Handarbeitsunterricht, der den Jungen eher selten zuteil wird. Eine gewisse Vorreiterstellung haben diesbezüglich die Schulen in freier Trägerschaft übernommen, wo Koedukation grundsätzlich zum pädagogischen Konzept zählte.

[102] Fritz Schumacher gehörte zu den wegweisenden Architekten und Städteplanern in der Zeit der Weimarer Republik in Hamburg, der allerdings nicht im Mainstream der architektonischen Internationale mitschwamm, sondern ein sehr eigenständiges, eher an traditionellen Bauformen orientiertes Werk hinterließ. Er war Mitbegründer des Deutschen Werkbundes. Modern waren die Neuinterpretation der norddeutschen Backsteinarchitektur, seine Raumkonzepte und städtebaulichen Planungen, die den gewandelten gesellschaftlichen und ökonomischen Bedingungen seiner Zeit Rechnung trugen. Seine Schulbauten waren vom Gedanken der Erneuerung und reformpädagogischen Ideen einer allseitigen, harmonischen Erziehung getragen. Der „Werkarbeit" als Erziehungsfach weist er besondere Bedeutung als ein Fach des Form- und Erkenntnisunterrichts zu. Der „handwerkliche Unterricht" soll in der neuen Schule eine starke Bedeutung erhalten" (Schumacher 1920, S. 11). Die Ausbildung und Installation von Werk- und anderen Fachräumen sieht er als kulturelle Notwendigkeit, als „geeignete räumliche Instrumente" (Schumacher 1949, S. 106), die erst die Voraussetzung schaffen, die angestrebte allseitige Erziehung zu gewährleisten. Wie wichtig ihm die Erneuerung des Schule war, zeigt ein Auszug aus seinem Aufsatz „Der Baumeister als Erzieher" (a.a.O.). Trotz der Auflage sparsamsten Mitteleinsatzes bei der Schule „Ahrensburger Straße" in Hamburg vermochte er die seiner Meinung nach unverzichtbaren Räumlichkeiten für eine reformierte, lebendige Schule zu schaffen: „Aber ich hatte als unbekannter Verbündeter für die weitergehenden Forderungen der Lehrerschaft meinen Entwurf bereits heimlich so eingerichtet, das ich im massiv konstruierten Dach und im gut belichteten Untergeschoß weitgehend helfen konnte, und so wurden der Schule noch während des Baus ein Singsaal, eine Nähstube, vier Übungsräume für Naturwissenschaft und drei Räume für Werkunterricht, ferner Schulbibliothek, Sammlungsraum, Dunkelkammer und Treibhaus wie durch Zauberspruch hinzugewonnen" (Schumacher 1949, S. 103).

16/23 Werkraum in der Volkschule Langenfort, 1929, Hamburg, Architekt Fritz Schumacher. Man erkennt einen von natürlichem Licht gut belichteten Werkraum, der erst einmal ob seines Platzangebots sehr positiv auffällt. Zu Viererwerkbänken gruppierte Hobelbänke sind die dominierenden Werkmöbel. An den Wänden finden sich flache Werkzeug-Hängeschräke für die Gemeinschaftswerkzeuge, darunter Aufnahmen für weitere Werkzeuge. Unter den großzügigen Fenstern befindet sich eine durchgehende Reihenwerkbank. Über den Viererwerkbänken befinden sich Vorrichtungen zur Unterbringung von Schraubzwingen. Der Werkstattboden ist mit Fischgrät-Parkett ausgelegt. Das Ganze macht einen nunmehr professionell-pädagogischen und architektonisch durchdachten, auf Funktionalität und Ästhetik ausgerichteten Eindruck, die provisorische Anmutung früherer Werkstätten ist nicht mehr gegeben. Etwas befremdlich erscheinen die Vorhänge in einer Schulwerkstatt.

16/24 Werkunterricht für Mädchen, Schule an der Humboldtstraße, Hamburg, um 1930. Wir sehen einen Ausschnitt eines Werkraums für Holz (daneben existierten meist noch auch Werkräume für Metall- und Nadelarbeit[104]).

16.10 Werkunterricht in der Zeit des Nationalsozialismus

Bald nach der Machtergreifung 1933 wird das allgemeinbildende Schulwesen im Deutschen Reich gleichgeschaltet und im nationalsozialistischem Sinne zentral neu geordnet. Die zahlreichen, von reformpädagogischen Intentionen geleiteten Initiativen und Schulversuche in der Zeit der Weimarer Republik finden alsbald ihr staatlich verordnetes Ende. So heißt es nunmehr für die 8-jährige Volksschule, sie habe alle Kräfte der Jugend für den Dienst an Volk und Staat zu entwickeln und

[103] Im Gegensatz zum Werkunterricht war die Nadelarbeit, heute würden wir vom textilen Werken sprechen, schon lange fester Bestandteil des regulären Schulunterrichts für Mädchen. Dafür waren als Räumlichkeiten meist das Klassenzimmer vorgesehen, es gab aber auch ein Etat für Material und Werkzeug und weiteren Ausstattungen.

nutzbar zu machen.[104] Das Bildungswesen fokussiert sich von nun an auf Begriffe wie Volk und Volksgemeinschaft, Heimat und Bodenständigkeit, Lebensnähe und Lebenswirklichkeit[105]. „Die Aufgabe der deutschen Schule ist es, gemeinsam mit anderen nationalsozialistischen Erziehungsmächten (z. B. Deutsches Jungvolk (DJ), Hitlerjugend (HJ), Reichsarbeitsdienst (RA), Jungmädel (JM) Bund Deutscher Mädel (BDM), d. V.) mit den ihr gemäßen Mitteln die Jugend unseres Volkes zu körperlich, geistig und seelisch gesunden und starken deutschen Männern und Frauen zu erziehen, die, in Heimat und Volkstum fest verwurzelt, ein jeder an seiner Stelle zum vollen Einsatz für Führer und Volk bereit sind."[106] Die Volksschule habe daher die „dankbare Aufgabe und verantwortungsvolle Pflicht [...] den Grund zum gemeinsamen Leben in der Volksgemeinschaft zu legen."[107]

Der Werkunterricht bleibt vorerst weitgehend unbehelligt. Im Verlauf der Jahre erfolgt aber auch hier seine Vereinnahme im Verbund mit der Naturlehre, zum Zweck der Unterstützung staatlicher Aufbauwuchsinitiativen für Luftfahrt und Marine. Durch den massiv betriebenen Aufbau von Luftwaffe und Marine entstand das Problem, ausreichend Personal und Nachwuchskräfte zu gewinnen, was sich dann im Verlauf des Krieges noch dramatisch verstärkte. Es war demnach für das Regime nur folgerichtig, die Schuljugend aller Schularten für diese Bereiche bereits in der Schule zu interessieren und Begeisterung für einen Eintritt in den Dienst der Luftwaffe oder Marine zu wecken. In entsprechenden Erlassen[108] wird „... auf die Bedeutung und Wichtigkeit der Pflege und der Förderung des Luftfahrtgedankens in den Schulen und Hochschulen zwecks Sicherstellung des Nachwuchses für alle auf dem Gebiet des noch neuen Flugwesens wissenschaftlich, technisch, praktisch und fliegerisch tätigen Kreisen hingewiesen." Mit Bezug auf das allgemeine Schulwesen heißt es: „In den Mittelschulen ist für eine enge Verbindung zwischen dem Flugmodellbau im Werkunterricht und den flugphysikalischen Erörterungen im Naturlehreunterricht [...] Sorge zu tragen..."[109]. Der Flugmodellbau wird gewissermaßen zum Unterrichtsprinzip in den Schulen des Dritten Reichs, mit besonderem Schwerpunkt in den Fächern Werkunterricht, Zeichenunterricht und Naturlehre. Unter „Allgemeines" heißt es: „Flugmodellbau, konstruktives Zeichnen und Modellflug sind in allen Volksschulen im 6. und 7. Schuljahr und in den diesem Alter entsprechenden Klassen der Mittel- und Höheren Schulen im Rahmen des Zeichen(Kunst-) unterrichts zu betreiben. In Schulen mit Werkunterricht ist der Flugmodellbau in den Mittelpunkt des Unterrichts zu stellen."[110]. Im Folgenden dieses Erlasses werden diese Ziele mit detaillierten Angaben zur praktischen Durchführung bis hin zur sächlichen Ausstattung der Schulwerkstatt und geeigneter Literatur und Zeitschriften geregelt.

Zu den Werkräumen heißt es: „Es ist anzustreben, daß der Flugmodellbau in besonderen Werkräumen durchgeführt wird."[111] Da nicht alle Schulen über besondere Werkräume verfügten, gab es die Auflage, in Zeichensäle oder gar in Klassenzimmer auszuweichen oder Bezirkswerkstätten zu bilden (Abb. 16/25, S. 345).

[104] Die Richtlinien über Erziehung und Unterricht in den Volksschulen. Zitiert nach Kluger 1940, S. 105.

[105] Letzterer bezieht sich selbstverständlich auf die im Nationalsozialismus gewollte Lebenswirklichkeit.

[106] ebenda, S. 108

[107] ebenda, S. 109

[108] Erlass vom 17.11.1934 RU III Nr. 10.1 und K I b 8700/30 vom damals zuständigen Reichsminister Bernhard Rust.

[109] Amtsblatt des RMfWEuV (3/1940), S. 85. An den Volksschulen fand der Flugmodellbau in den Klassen 6 und 7 statt. Vergl. hierzu folgenden Absatz.

[110] ebenda, S. 90

[111] ebenda, S. 91

16/25 Flugmodellbau unterm Hitlerbild im Klassenzimmer.
Der Flugmodellbau der Jungen folgte ideologisch-politischen Zielen. Vor allem technisches Interesse sollte er wecken. Die große Faszination, die die neue Luftwaffe ausübte, wurde in den Schulen systematisch gefördert. Die Förderung der Fliegerei (zivil wie militärisch) hatte ihre Wurzeln bereits in der Weimarer Republik, was die Nationalsozialisten nach der Machtergreifung nur fortführten und im Sinne ihrer Zwecke verstärkten. Schon kurze Zeit später wurden Luftsportarbeitsgemeinschaften in den Schulen eingerichtet, die sich großer Beliebtheit insbesondere in den höheren Schulen erfreuten. Neben den Arbeitsgemeinschaften wurden auch von der Hitlerjugend, dem Nationalsozialistischen Fliegerkorps und der Luftwaffe Werk- und Segelflugkurse angeboten. Das Klassenzimmer wurde zur Modellbauwerkstatt umfunktioniert.

Die Lehrerfortbildung geschah in Bezirkswerkstätten an Schulen (Abb. 16/26). Das Nationalsozialistische Fliegerkorps (NSFK) hatte laut Erlass auch die Lehreraus- und -fortbildung durchzuführen. „Die Ausbildung von Lehrern im Flugmodellbau erfolgt in Lehrgängen auf Flugmodellbauschulen des NSFK und des Reichserziehungsministeriums."[112] Inhalte und Art und Weise der Durchführung der „Normallehrgänge" für Flugmodellbau werden minutiös geregelt.

16/26 Lehrfortbildung in Flugmodellbau.
Zu sehen ist eine großräumige, gut von Tageslicht erhellte Werkstatt, die für den Flugmodellbau hergerichtet wurde. Hierfür sind die Hobelbänke zusammengestellt und teilweise großflächig abgedeckt. Die Tragflächen werden auf Brettunterlagen montiert. Unter der Decke befinden sich Gestelle zur Aufnahme von Modellen in Arbeit. Im Vordergrund das Spantenwerk einer Tragfläche, weiter hinten das noch unbespannte Modell eines Motorflugzeugs. Die Berufskleidung des Werklehrers dieser Zeit ist ein weißer oder grauer Kittel.

Der Werkunterricht zur Zeit des Nationalsozialismus unterscheidet sich nach Inhalt und Methode nicht grundlegend von dem in der Zeit der Weimarer Republik. Außer der zur „Pflege und Förderung des Luftfahrtgedankens" und der Nachwuchsgewinnung für Luftwaffe und Marine forciert betriebene Flug- und Schiffsmodellbau kann als eigentliche Veränderung im Werkunterricht betrachtet werden, was aber für dessen sächliche Ausgestaltung keine bedeutenden Veränderungen mit sich brachte. Lediglich einige zusätzliche Spezialwerkzeuge

[112] ebenda, S. 92

zur Bearbeitung von Balsaholz wurden in der amtlichen Werkzeugliste aufgeführt. Damit aber möglichst an vielen Schulen aller Schularten der Flugmodellbau erfolgen konnte, kam es seitens des zuständigen Reichsministers im zitierten Amtsblatt zu folgender Ankündigung: „Die Fachuntergruppe Werkzeugindustrie der Fachgruppe Eisen-, Stahlwaren und Werkzeuge, Remscheid, hat die für die Erstellung des Unterrichts notwendigen Werkzeuge in einem von mir genehmigten Werkzeugschrank untergebracht. Dieser wird den Schulträgern und Schulen zur Beschaffung empfohlen; Preis 150,– RM[113]. Bezug erfolgt über den Fachhandel."[114] Dass diese Anschaffungen wie beabsichtigt flächendeckend umgesetzt werden konnten, muss vor dem Hintergrund der in den folgenden Jahren zunehmenden Kriegslasten und der damit verbundenen Mangelwirtschaft bezweifelt werden.

16.11 Wiederbelebung reformpädagogischer Ansätze nach 1945

16.11.1 Werken im Rahmen musischer Erziehung

Der totale Zusammenbruch infolge des verlorenen Zweiten Weltkrieges, der allseits empfundene Verlust tragender, humaner Werte, die zwangsweise Einbindung des Einzelnen in die Volksgemeinschaft und die Militarisierung der Gesellschaft, schließlich das Elend der Nachkriegszeit, alles das drängte zu einem Neuanfang, der sich vom Materiellen, der formierten Gesellschaft und der als zerstörerisch erlebten industriellen Zivilisation abwandte. Die in ihrem Inneren verwundeten Menschen suchten nach Heilung im Geistig-Sinnlichen. Für eine Spielart des Werkunterrichts bedeutete das eine Hinwendung zum sogenannten ‚Musisch-Schöpferischen'. Das Bildungssystem besinnt sich daher auf die reformpädagogischen Grundsätze der Vorkriegszeit, wobei kulturkritische, antitechnische und antirationale sowie individualistische Momente besondere Hervorhebung erfuhren. Es gilt das Primat der schöpferischen Handwerklichkeit und der spontanen Gestaltungskraft des Kindes im Werkunterricht. Die technische Realität findet lediglich in starker Verkürzung in ihren Repräsentanten Plastik/Skulptur, Architektur und Gebrauchsgegenstand als Objekte ästhetischer Werkbetrachtung Eingang in den Unterricht. Die Schule erhält die Funktion eines Schonraums abseits der gesellschaftlichen Realität. Der Werkunterricht richtete sich weiterhin handwerklich aus, und findet zur Form einer musisch-ästhetischen, materialorientierten Werktätigkeit („formendes Werken") als teilautonomes, nunmehr der Kunsterziehung als Schwesterfach verbundenes Fach[115]. Die Vermittlung normierter, technologischen Fertigkeiten rückt in den Hintergrund, diese werden „im Nebenher" erworben und teilweise im Sinn freier schöpferischer Materialbehandlung gänzlich in Frage gestellt.[116] Das musische Werken ist hauptsächlich auf den weiterführenden Schulen, dem Gymnasium und der Realschule anzutreffen.

Vor dem Hintergrund einer umfassenden Mobilisierung der seelischen und schöpferischen Kräfte im Menschen bestimmt die „musischen Erziehung" als Prinzip auch weitere Unterrichtsfächer[117], wo die seelischen und geistigen Kräfte des Kindes und Jugendlichen in Entsprechung ihres

[113] Entspricht laut Statistischem Bundesamt etwa 555 Euro.

[114] ebenda, S. 92

[115] Weismantel/Hilker 1949, S. 43

[116] Karl Klöckner, der den Begriff des „formenden Werken" prägte, stellt in Bezug auf die auszubildende Handfertigkeit fest: „Selbstverständlich bedarf es zum Formenden Werken auch einer geschickten Hand, aber die bloße Handfertigkeit ist nicht das Ziel, die Arbeitstechniken werden ‚nebenher' an der Lösung von den Entwicklungsstufen angepassten Aufgaben miterworben." (Klöckner 1949, in Weismantel/Hilker 1950, S. 170).

[117] Im Sinne der musischen Erziehung wirken insbesondere die Fächer Kunst mit Werken, Musik, Sport.

organischen Wachstums gleichermaßen gepflegt und entfaltet werden. Jedwede schöpferische schulische Praxis wird diesem „musischen Prinzip" untergeordnet. Im Kunst- und Werkunterricht folgt man hierbei einem sogenannten „psycho-genetischen Grundgesetz", das von der Prämisse ausgeht, dass Kinder und Jugendliche in ihrer Entwicklung die Stufen der Kulturentwicklung durchleben, was in der Konsequenz eine „entwicklungsgetreue Erziehung" (D. KUNZE) nach sich zieht. Von besonderer Bedeutung ist dabei „die formende Kraft des Tiefenbewusstseins der Seele", das, so die Annahme, jede Form schöpferischen Gestaltens vor einem rein „materialistischen Außenabklatsch der Welt" bewahrt. Die Inhalte des musischen Werkens werden entsprechend von subjektiven Kriterien, wie dem angenommenen seelisch-geistigen Entwicklungsstand des Kindes, aber auch von jahreszeitlichen und/oder auf die Gestaltung von Festtagen abzielenden Gegebenheiten wie auch von Vorbildern bestimmt, die sich auf die Kulturstufen der Menschheitsentwicklung berufen. Im musischen Formschaffen geben diese als wahr und ursprünglich empfundenen Zeugnisse früher Kulturen gern Anlass zum Nachschaffen.

16.11.2 Rückbesinnung auf die Bauhaus-Vorlehre

Eine weitere Variante des formal-gestalterischen Werkens versteht sich in der Tradition der Bauhaus-Gedankens und hier insbesondere bezogen auf den Ausschnitt der Bauhaus-Vorlehre, der sich mit grundlegenden und systematischen Studien zur ästhetischen Wirkung der bildnerischen Materialien und ihren Anordnungen in Fläche und Raum beschäftigte. Zudem beruft sie sich auf die in der Vorkriegszeit starke Kunsterzieherbewegung, von der im Sinne einer musisch-bildnerischen Erziehung starke Impulse für das formende, freischaffende Werken ausgingen. Als Protagonist ist ERNST RÖTTGER mit seiner Publikationsreihe „Spiel mit den bildnerischen Mitteln"[118] zu nennen. Im Gegensatz jedoch zur eigentlichen Bauhauslehre stellen wir eine bei ihm und auch seinen Mitautoren starke Distanz zur technisch-industriellen Wirklichkeit und zur veränderten gesellschaftlichen Realität fest. Hier und auch in der Betonung der Förderung der individuellen Schöpferkräfte durch gestalterisches Tun kommt es zu Verschränkungen mit der Idee der musischen Erziehung, sodass die Grenzen zwischen beiden Richtungen fließend erscheinen. Allerdings unterscheidet sich RÖTTGER von der gänzlich individualistisch ausgerichteten Gestaltung des musisch-bildnerischen Werkens insofern, als er das Spiel mit den bildnerischen Mitteln und Elementen als ein „ordnendes Spiel" konzipiert. Bezogen auf den zivilisationskritischen Ansatz, der auch das Unvermögen des Menschen zu echtem Spiel im technischen Zeitalter behauptet, kann man von einem sich hier andeutenden konstruierten Gegensatz von *homo ludens* und *homo faber* sprechen.

Die Ausblendung der gesellschaftlichen und technischen Realität wird zum Kern der Kritik gegenüber der musisch-bildnerischen Werkerziehung. Die objektiven Anforderungen, wie sie die vom Menschen gemachte technisch-industrielle Kultur darstellt, werden in kultur- und zivilisationskritischer Absicht außen vor gelassen. Das Interesse von Kindern und Jugendlichen an technischen Sachverhalten und an technischen Funktionszusammenhängen und technisch-gestaltendem Konstruieren bleibt unbeachtet, ganz abgesehen von einer mehrdimensionalen und mehrperspektivischen Behandlung technischer Artefakte, ihrer dezidierten Zweckhaftigkeit und der weltgestaltenden Wirkung der Technik als Ganzes.

[118] Die umfangreich bebilderte Buchreihe, die mehrere Auflagen bis in die 1980er-Jahre hinein erfuhr und in mehrere Sprachen übersetzt wurde, wurde von Ernst Röttger wie auch anderen (zum Teil Mit-)Autoren wie Heinz Ullrich, Dieter Klante, Rolf Hartung, Alfred Sagner verantwortet. Zu folgenden Materialstudien und bildnerischen Elementen wurden Bände veröffentlicht: Papier, Wellpappe, Holz, Metall, Textile Materialien (Textiles Werken) und Keramik sowie die Bände zum „Spiel mit den bildnerischen Elementen": Punkt und Linie, Die Fläche und Die Farbe.

Um zum Kern der Thematik dieses Buches zurückzukehren, dem Fachraum des Werk- bzw. Technikunterrichts, ist auf die Publikation von ERHARD RICHTER/KARL REHRMANN[119] zu verweisen, die 1961 ein Lehrbuch mit dem Titel ‚Werken und Schule' vorlegten, das vom bildungstheoretischen Ansatz eine Mittlerstellung zwischen musischem Werken und dem RÖTTGERschen „Spiel mit den bildnerischen Mitteln" einnahm. In diesem stark auf die schulische Praxis bezogenen Buch finden wir ausführliche Hinweise als technischen Anhang zum Werkraum und seiner Einrichtung. Hierbei gehen die Autoren von einem „Mehrzweck-Werkraum" aus, den sie einerseits für kleinere Schulen, anderseits aber bereits aufgrund des sich abzeichnenden Trends eines veränderten Werkunterrichts auch in größeren Schulen mit mehr Raumbedarf empfehlen. Nur bei sehr günstigen Raumverhältnissen sehen sie die Möglichkeit der Einrichtung von Spezialwerkstätten, insbesondere für die Arbeit mit Ton und Papierwerkstoffen.[120] Besonderes Augenmerk widmen sie zwei Haupteinrichtungsgegenständen, den Arbeitstischen und den Schränken für die Unterbringung der Werkzeuge.

Die Arbeitstische (Abb. 16/27) sind nunmehr Werkbänke mit einer mindestens 50 mm starken Werkbankplatte. Als Spannhilfe dienen Parallelschraubstöcke, Schubladen sind für Einspanneinrichtungen, Schleifpapier, Schleifkloben u. Ä. vorgesehen, nicht aber für die Unterbringung von Werkzeugen, wovon ausdrücklich abgeraten wird.

16/27 Werkbank nach Richter/Rehrmann 1961.
Die Werkbank ist für drei Schüler ausgelegt, entsprechend drei Parallelschraubstöcke auf beiden Seiten verteilt. Für jeden Arbeitsplatz ist eine Schublade vorgesehen. Diese Werktische können in Reihe oder einzeln aufgestellt werden. Das zurückgesetzte Fußbrett dient zur Stabilisierung des Tischgestells, nicht als Ablage. Der Schüler auf der Rückseite des Tisches hat sicher Probleme, im Sitzen seine Füße unterzubringen, wenn es sie nicht auf das Fußbrett stellt. RICHTER/REHRMANN gehen dabei von einer Gruppengröße von maximal 20 Schülern aus.

Die Arbeitstische werden durch eine oder zwei (kleinere) Hobelbänke ergänzt, um sperriges Material zwischen deren Zangen und Bankhakensystem einspannen zu können.

Die Unterbringung der Werkzeuge wird nun ebenfalls von allem Provisorischen befreit, weil sich inzwischen Firmen für die Fachraumausstattung etabliert haben, die in Zusammenarbeit mit

[119] Richter/ Rehrmann 1961, S. 191-200
[120] Ebenda, S. 196

Werklehrern zunehmend beginnen, Spezialmöbel zu entwickeln und auf den Markt zu bringen. Ein gutes Beispiel ist das hier abgebildete Schranksystem für die Unterbringung der Gemeinschafts- und Spezialwerkzeuge (Abb. 16/28).

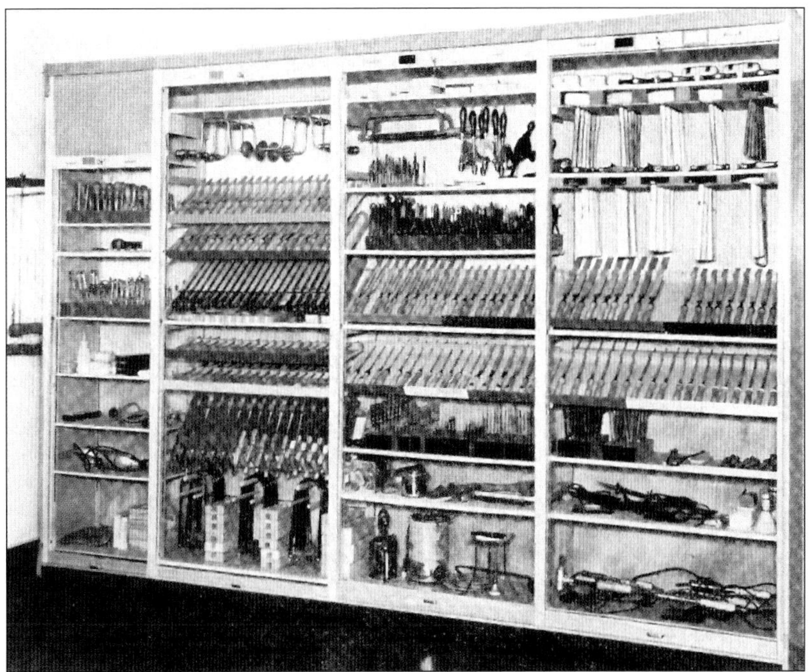

16/28 Werkzeugschränke nach Richter/Rehrmann 1961.
Es handelt sich hierbei um ein Anbausystem mit der Möglichkeit, Schränke je nach Raumsituation mit unterschiedlicher Breite zu einer geschlossenen Schrankwand zu kombinieren. Die Schränke verfügen über Rollladentüren, die platzsparend sind und die, etwa im Gegensatz zu Drehtüren, einen ungehinderten Zugang zu den Werkzeuge ermöglichen. Die Werkzeuge werden hier nach Werkstoffgruppen gesondert untergebracht und entweder auf Schrägablagen oder in Blöcken (rechter Schrank) aufbewahrt. Beide Systeme ermöglichen eine gute Kontrolle, die Bereitstellung erfolgt jedoch im Blocksystem bekanntlich weniger aufwendig, es sei denn, die Schüler bzw. die Werkzeugdienste entnehmen selbstständig nach Anweisung „ihr" Werkzeug und legen es auch wieder zurück.

RICHTER/REHRMANN beschreiben auch die Möglichkeiten eines Werkunterricht im Klassenzimmer und geben Hinweise für eine zweckmäßige Zusatzausstattung wie mobile Arbeitsplatten und Werkzeuge, nennen aber auch die zwangsläufig gegebenen Einschränkungen (keine Einspannmöglichkeiten) und betrachten ihre Vorschläge eher als Not- und Übergangslösung. So empfehlen sie die Anschaffung von Schülergrundwerkzeugen, die dann in Blöcken von nicht mehr als jeweils 6 Werkzeugen (wegen der einfacheren Transportierbarkeit durch Schüler) aufbewahrt werden sollten Abb. 16/29, S. 350).

Für die Gestaltung der Fachräume und Werkstätten an Volksschulen ergeben sich in der Nachkriegszeit keine spezifischen Auswirkungen. Die Schulen und Werkstätten, die den Krieg überdauerten, wurden zwangsläufig weitergenutzt. Mit Neuausstattungen oder gar Schulneubauten war erst wieder in der Folgezeit im Zuge der zunehmenden wirtschaftlichen Gesundung (Stichwort Wirtschaftswunder) ab Mitte der 50er-Jahre zu rechnen (Abb. 16/30).

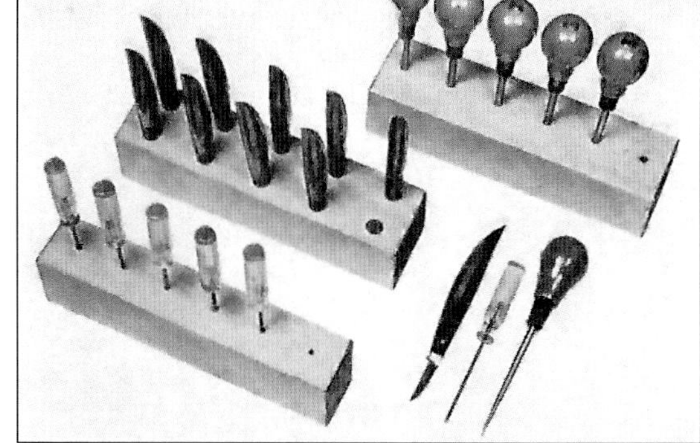

16/29 6er-Block zur besseren Transportierbarkeit durch Schüler

16/30 Werkunterricht in einer 6. Volksschulklasse in Hamburg, 1955.
Ein traditioneller Holzwerkraum mit relativ beengten Verhältnissen. Die raumgreifenden Werkzeugschränke engen den Bewegungsspielraum der Schüler ein, das Material wird eher chaotisch gelagert. Ein Materialraum scheint nicht vorhanden zu sein. Dieser Schnappschuss zeigt eine Gruppe Schüler, die recht unbekümmert vor sich „hinwerkeln".

16.11.3 Werkunterricht im Rahmen Volkstümlicher Bildung

Durchaus auch mit Wurzeln in der Reformpädagogik der Vorkriegszeit, aber deutlich abgehoben vom musisch-gestalterischen Werken, sind die Vertreter einer volksschuleigenen, ‚Volkstümlichen Bildung'[121] zu sehen. Die Volkstümliche Bildung wurde von vielen Volksschullehrern als schultypspezifische Bildungsvariante angesehen, die sich von der wissenschaftlich orientierten, intellektuellen Bildung der höheren, weiterführenden Schulen deutlich unterscheiden sollte. Seitens ihrer Protagonisten[122] wurde ein Bildungsverständnis zugrunde gelegt, das den „Eigengeist der Volksschule" betonte[123] und welches von einem „schlichten, einfachen und auf Praxis ausgerichteten Menschen" ausging, der als praktisch-hantierender, heimatverwurzelter Mensch eine situationsverbundene, konkrete und lebensnahe Bildung erhalten sollte.[124]

121 Der pädagogische Topos „Volkstümliche Bildung" hat eine lange und schillernde Geschichte im deutschen Geistes - und Bildungswesen und steht im engen Kontakt zur Volksschulbildung im Sinne einer spezifischen Bildung für die Mehrheit des Volkes. Zur schulpädagogischen Reife entwickelte sie Richard Seyfert zu einer volksschuleigenen Bildungskonzeption, die auch das heutige Verständnis der Volkstümlichen Bildung prägte. Tiefere Einsichten in das Auf und Ab der Begrifflichkeit liefern u. a. Glöckel (1964) und Keppler-Schrimpf (2005).

122 Richard Seyfert, Eduard Spranger, Carl Schietzel, Herbert Freudenthal, Karl Stöcker, Karl Stieger und Helga Keppler-Schrimpf

123 Dieser „Eigengeist der Volksschule" diente zugleich zu ihrer Rechtfertigung und zur Verfechtung des dreigliedrigen Schulsystems (Vgl. Böhm 1994, S. 724).

124 Eine komprimierte und informative Beschreibung des Syfertschen Ansatzes eine Volkstümlichen Bildung findet sich bei Vogel 1962: Seyfert, 1921 „Sendschreiben an das deutsche Volk, daß es seine Volksschule nicht zerschlagen soll." (Nachdruck. Worms)

Der auf die Volksschule bezogene Ansatz der ‚Volkstümliche Bildung' stammt aus den 1930er-Jahren und findet eine Wiederaufnahme in der Bundesrepublik Deutschland in der Zeit nach dem Zweiten Weltkrieg bis in die 1960er Jahre hinein. Für sie charakteristisch waren anschauliches Denken und handwerklich-praktische Vorgehensweisen, sowie situationsgebundene und phänomenologische Betrachtungsweisen, die sich von einer wissenschaftsbasierten Stoffvermittlung deutlich unterschieden. Sie verstand sich als „Instanz neben der Wissenschaft", nicht etwa unterhalb von ihr, sondern aus ihr hervorgegangen und didaktisch umgeformt[125]. Kennzeichen hierfür war auch der Ersatz der wissenschaftlichen Fachsystematiken einzelner Fächer durch sogenannte „Kunden"[126], die den Stoff allgemeinverständlich und auf die konkrete Lebens- und Arbeitswelt des werktätigen Volks bezogen vermitteln sollten. Die dergestalt angestrebte volkstümliche Bildung wird schließlich auch als eine Bildung verstanden, die „... ihn (den Volksschüler, d. V.) nach allen Seiten und in allen Kräften anspricht und fördert und ihn in seiner jetzigen und künftigen Umwelt lebenstüchtig und heimisch macht."[127]

Da die volkstümliche Bildung vorrangig konkrete Erscheinungen und Sachverhalte der die Schüler umgebenden Welt thematisiert, sieht sie ihre Aufgabe primär in der Vermittlung einer materialen Bildung, deren Gegenstände in der Sach- und Naturkunde meist eine Nähe zur technischen Welt aufweisen. So ist sie indirekt an der Förderung der Idee einer allgemeinen technischen Bildung beteiligt ist.

Die Werktätigkeit wird zum Unterrichtsprinzip erhoben, was beispielsweise nach CARL SCHIETZEL, einer der Vertreter einer volkstümlichen Sachkunde, bedeutete, dass die Inhalte in Projekten und „im Horizont des Gebrauchs" erarbeiten werden. „Das natürliche Erfassen der Umwelt durch Beobachten, Sammeln, Ordnen, Probieren und Herstellen bestimmt die Unterrichtsmethode. Als Arbeitsraum für den sachkundlichen Unterricht wird darum nicht das chemische oder physikalische Laboratorium, sondern die Werkstatt gefordert, in der der Schüler probierend tätig sein kann."[128]

Die Kritik an der volkstümlichen Bildung wurde und wird in vielfältiger und differenzierter Weise vorgetragen[129]. Eine Kernaussage besagte, dass mit einer solchermaßen situationsgebundenen, Lebensnähe suggerierenden Bildung und mit dem daraus resultierenden volkstümlichen Denken den komplexen Anforderungen der Zeit, mit ihren neuen und im stetigen Wandel begriffenen sozioökonomischen, soziotechnischen und politischen Strukturen keineswegs gerecht werden könne. Sie wurde als spezifische, antintellektuelle und von praktischem Umgang geprägte ‚Volksschulbildung' etabliert und schreibe bildungstheoretische Vorstellungen fort, die den Volksschüler als theoretisch nur beschränkt bildungsfähig einstufen und die Volksschule als Standesschule der Arbeiter und Handwerker wiederbeleben.

HANS GÖCKEL[130] unterzieht die volkstümliche Bildung einer Fundamentalkritik, indem er sowohl die bildungstheoretischen als auch die sozialpsychologischen Grundlagen (eine Art Ständeerziehung mit einem zweifelhaften Begriff des Volkstümlichen) hinterfragt, ihr jedoch im Hinblick auf die praktische (Volks-)Schularbeit richtungsgebenden Charakter bescheinigt. Gewichtige Kritik

[125] Mann 1928, zitiert nach Freudenthal 1957, S. 124.

[126] Neben der Sachkunde, Heimatkunde, Erdkunde, Natur- und Menschenkunde, Naturlehre (als technisch-physikalisch-chemische Bildung für den einfachen Menschen), Gemeinschaft- und Sozialkunde.

[127] Stöcker 1957, S. 110

[128] Wilkening 1970, S. 163 ff.

[129] Siehe hierzu z. B. Glöckel 1964, Kruditzki 1962, Ziegler 1964.

[130] Glöckel 1964

erfahren die geistesgeschichtlichen Voraussetzungen, die im nebulösen, uneinheitlich gebrauchten Begriff des Volkstums gründen, das als wesentliche Quelle der Bildung angesehen wird[131]. Die Gesellschaft wird weiterhin als eine ständisch organisierte verstanden, daher auch das Beharren auf der Volksschule, als Schule des größten Standes. Ein solches Gesellschaftsverständnis steht im krassen Gegensatz zu einer vertikal durchlässigen, demokratisch und egalitär aufgebauten Gesellschaft, wie sie sich in der Nachkriegszeit herauszubilden begann. Dennoch ist in der verfolgten Absicht, die Schule und insbesondere die Volksschule vor überforderndem Intellektualismus und zu früher Abstraktion zu bewahren sowie den praktisch-handelnden Erkenntnistrieb ihrer Klientel zum Prinzip des Unterrichts und der „Kunden" zu machen, nachvollziehbar.

Ein Gutes hatte jedoch die Ausformung der Sachkunde im Rahmen der volkstümlichen Bildung, dass sie den Blick verstärkt auf die Technik und den von ihr betroffenen Wirklichkeitsbereich lenkte, was durch die Aufnahme entsprechender Inhalte in Lehrpläne zum Ausdruck kam.

16.13 Übergangstendenzen zum Technikunterricht

16.13.1 Technische Elementarerziehung

Unter dem Titel „Stoff und Form, Leitfaden einer technischen Elementarerziehung" stellt MARTHA ENGELBERT 1954 erstmals ein Konzept einer technischen Elementarerziehung in einer Zeit vor, in der die praktische Werktätigkeit in der Volksschule noch vom Vorkriegs-Werkunterricht, der volkstümlichen Bildungsidee oder Formen musisch-gestaltender Werktätigkeit geprägt ist. Mit ausdrücklichem Bezug zu KERSCHENSTEINER entwickelt ENGELBERT, mit der Perspektive auf die spätere Berufstätigkeit der Schüler in einer durch Technik geprägten Lebens- und Berufswelt, das Konzept einer praktisch ausgerichteten, technischen Elementarerziehung. Folgt man ihren Überlegungen, so geht es um eine Art Morphologie der technischen Konstruktionen und Funktionen, die anhand praktisch-handwerklicher Übungen veranschaulicht werden.

Für unser Thema ist nun vor allem interessant, dass die Autorin das Problem einer adäquaten Ausstattung als eine wesentliche Voraussetzung des Gelingens der Technischen Elementarerziehung anspricht und auch mit konkreten Vorschlägen dazu aufwartet. Große Bedeutung misst sie der inhaltlichen wie räumlichen Verknüpfung von praktischer und theoretischer Arbeit zu. Ein Sachverhalt, der für den zeitgemäßen Technikunterricht inzwischen selbstverständlich geworden ist. Denn, so Engelbert, „Es zeigte sich aber bald, daß in allen Schuljahren ständig Aufgaben auftauchten, bei denen ein Werkstoff in die Hand genommen werden sollte oder muss. Die Klassenzimmerversuche mit Wachs, Papier und Draht ließen dann erkennen, daß das am Stoff arbeitende Kind in der Schule ständig neben dem Schreib- und Leseplatz einen Werkplatz braucht. Es wurde auch klar, daß diese Arbeitsplätze nicht voneinander getrennt sein dürfen."[132] Das Ergebnis dieser Erfahrungen war dann ein sogenannter „Kinder-Werkplatz" (Abb.: 16/31 und Abb. 16/32, S. 353), der den Schülern in unterschiedlichen Fächern die Möglichkeit eröffnen sollte, „das geistig-planende und das werkgestaltende Tun einheitlich – ohne räumliche und zeitliche Trennung – zu vollziehen".[133]

[131] „Bildung ist nur möglich auf der Grundlage des Volkstums", Seyfert 1930, S. 137.

[132] Engelbert 1954, S. 85

[133] a.a.O.

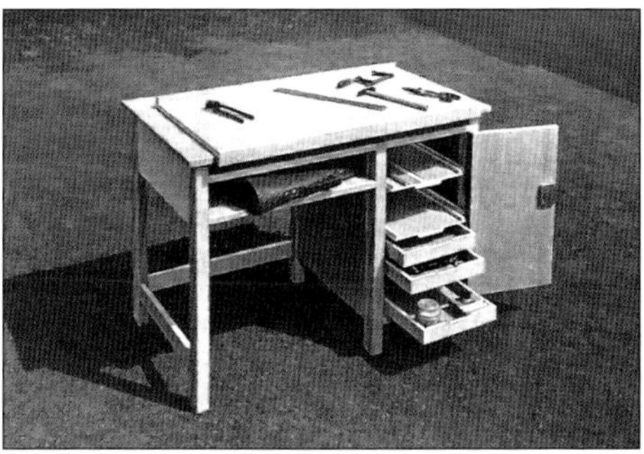

16/31 Martha Engelbert: Frankfurter[134] Kinder-Werkplatz für Technische Elementarerziehung um 1954. Der Kinderwerkplatz ermöglicht Werken im Klassenzimmer. Der Einzelarbeitsplatz ist mit einer unter die Tischplatte einschiebbaren Arbeitsplatte ausgestattet, die bei Bedarf aufgelegt werden kann. Der Unterschrank ist für die Unterbringung von Werk- und Schulmaterial, insbesondere von Arbeitsmedien für die technische Elementarerziehung vorgesehen. Engelbrechts Möblierungsvorschlag unterscheidet sich von früheren Versuchen, den Werkunterricht mangels geeigneter Werkräume ins Klassenzimmer zu verlegen. Ihr Ansatz ist, dass zur Werkarbeit auch eine theoretische Erschließung des Gegenstandes gehört, sodass Theorie und Praxis nicht räumlich voneinander getrennt werden dürfen. Dazu entwickelt sie dieses neuartige Schul-Kombinationsmöbel.

Ergänzend hierzu schreibt sie, bedarf es aber noch zusätzliche Unterbringungsmöglichkeiten von Werkzeugen im Klassenzimmer, fahrbarer „Anfahrtische" für Material und Medien, sowie eines kleinen Nebenraums als Lager. Größere Holz- und Metallarbeiten in der Oberstufe der damaligen Volksschule bedürfen jedoch weiterhin eines eigens dafür ausgestatteten Werkraums, während die technische Elementarerziehung im Klassenzimmer stattfinden kann.

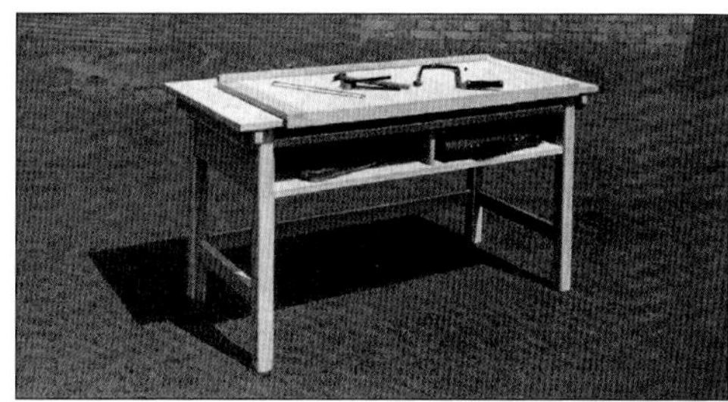

16/32 Martha Engelbert: Frankfurter Kinder-Werkplatz für zwei Schüler um 1954

16.13.2 Einbezug technischer Realität

Im Bezug auf einen zeitgemäßen Schulunterricht war schon seit Längerem ein latentes Unbehagen hinsichtlich der Ausblendung einer realistischen Auseinandersetzung mit der vorfindlichen Wirklichkeit, insbesondere mit der von Rationalität, Ökonomie und Technik geprägten Welt. Vor allem der Bereich schöpferischen technischen Gestaltens und die technischen Kultur, in der sich ja auch die Schule eingebettet befand, erfuhren keinen angemessenen Widerhall im Unterrichtsgeschehen.

134 Die Ortsangabe geht auf den Ort der Entwicklung der speziellen Schulmöbel für die technische Elementarerziehung zurück, der Hochschule für Internationale Pädagogische Forschung zu Frankfurt. Hier widmete man sich auch der Frage der notwendigen Erweiterung und Vervollständigung der allgemeinen Schulbildung um manuelle und technische Fähigkeiten. Zitat: „Wie sind überzeugt, das dies [Gemeint ist aus Sicht des Autors eine unvollständige und daher nicht allgemein zu nennende Schulbildung, die den Anforderungen der modernen Zeit nicht mehr gerecht wird. d. V.] für die sogenannten „manuellen" und „technischen" Fähigkeiten in weitem Umfang zutrifft. Der Umgang mit Stoffen und Formen der modernen Technik, mit Materialien, mit denen die Technik arbeitet, mit den Denkformen, die sie verwendet, und den Gedanken, die in den Erzeugnissen des Handwerks, des Gewerbes und der Industrie verwirklicht sind, kommen die Schüler in den weitaus meisten unserer allgemeinbildenden Schulen viel zu wenig in Berührung. Die Schulen werden noch immer allzu sehr von Wort und Schrift, Buch und Bild, Lesen, Hören und Sprechen beherrscht." Engelbert (1954), Geleitwort E. Hylla, S. 7

Gleich welcher Ausrichtung lehnte die ‚werktätige Erziehung'[135] eine rationale Vertiefung und Theoretisierung ihres Gegenstandes ab und popagierte vor allem die Konzentration auf das praktische Tun – aus ganz unterschiedlichen Beweggründen – als Spezifikum dieses Faches. „...immer wieder fühlten sich Werklehrer nur dem praktischen Handeln verpflichtet und argumentierten gegen jede Art von Theoriebezug; nicht selten wurde nur für die Schulung von Fertigkeiten plädiert und gegen alle formalen Qualitäten des Objekts gestritten; oder umgekehrt nur die Pflege schöpferischer Kräfte gewünscht und gegen jede Forderung handwerklicher Arbeit polemisiert."[136]

Dass Forderungen nach einer angemessenen Theoretisierung im Werkunterricht unter gleichzeitiger Hinwendung zur technischen und gesellschaftlichen Realität war jedoch nicht erst in der zweiten Hälfte des zwanzigsten Jahrhundert aufgekommen und somit nicht im bildungstheoretisch luftleeren Raum entstanden. Dafür seien zwei Zeitzeugen aufgerufen, die bereits zitierten HERRMANN SCHERER und LUDWIG PALLAT. SCHERER sah bereits im Jahr 1902 die Notwendigkeit einer technischen Bildung für die Volksschule, die dort neben der geistigen und sittlichen Bildung ihren Platz haben sollte: „Will die Volksschule als mitbestimmender Faktor des Kulturlebens nicht verlieren, ja will sie dieselbe erst in vollem Maße erringen, so muss sie der Wandlung der Verhältnisse und den Forderungen der Zeit in vollem Maße Rechnung tragen; sie muß [...] neben der geistigen und sittlichen Bildung auch die technische voll und ganz zu ihrem Rechte kommen lassen."[137] PALLAT merkte 1930 mit Blick auf den Werkunterricht an: „Der Junge, der sich heute nicht mehr mit Dampfmaschinen und Wasserrädern, sondern für Automobile, Motorräder, Flugzeuge, Rundfunkapparate interessiert und über ihre Verwendung besser Bescheid weiß als mancher Erwachsene, verlangt eine regelrecht ausgestattete Werkstatt und fachkundige Unterweisung."[138]

Die Frage nach einem allgemeinen Bildungswert einer elementaren Technik beantwortet MARTHA ENGELBERT folgendermaßen positiv: „Die technisch-elementaren Grundlagen gehören ganz einheitlich jeder Erziehung innerhalb der Menschenbildung an. [...] Nun deutet der Ausdruck Technische Elementarerziehung darauf hin, daß es sich bis zum 14. Lebensjahr um ganz elementare – viele Einzeltechniken vorgelagerte – Fähigkeiten handeln soll, um eine allgemeine Vertrautheit im Umgang mit realen Stoffen der Natur und den einfachsten technischen Formen und Werkzeugen. [...] Manche technische Aufgaben gehören in einen besonderen Werkraum und in besondere Unterrichtsstunden."[139]

Die neuen Aufgabenstellungen, die in der Folgezeit dem Werkunterricht zufallen sollten, erforderten die Abkehr von schwerpunktmäßig für die Holzbearbeitung ausgerüsteten Schulwerkstätten zu mehr universell nutzbaren Fachräumen. Diese Auffassung begann sich anfangs aber sehr zögerlich durchzusetzen, insbesondere auch, weil sich noch bis etwa Ende der 50er-Jahre, Anfang der 60er-Jahre die Situation im Altbestand der Schulen für den Bereich der Fachräume meist noch eher ungünstig darstellte, und vor allem auch die Mittel für Neubauten begrenzt waren.

Es fehlt oftmals an geeigneten Räumen und Einrichtungen. Den Initiativen der Fachlehrer sind teilweise durch das vorhandene Raumangebot[140] enge Grenzen gesetzt. Es ist keine Seltenheit,

[135] Hier als Sammelbegriff für die vielfältigen Benennungen schulischer werktätiger Praxis in den vergangenen Jahrhunderten.

[136] Otto 1967, S. 20

[137] Scherer 1902, S. 44

[138] Nohl/Pallat 1930, S. 436

[139] Engelbert a.a.O, S. 20ff.

[140] Es ist keine Seltenheit, dass der Werkunterricht in ehemaligen, hergerichteten Kohlenkellern der Schule untergebracht wurde.

dass der Werkunterricht in ehemaligen, hergerichteten Kohlenkellern der Schule abgehalten werden musste (Abb. 16/33).

16/33 Alter Schulkeller zum Werkraum. Da bleibt dem Werklehrer viel zu tun!

Dass der nunmehr technisch ausgerichtete Werkunterricht bei diesen ungünstigen Verhältnissen oft nur im Klassenzimmer stattfinden konnte, war nicht etwa eine seltene Ausnahme (Abb. 16/34) sondern ebenfalls den Nachkriegsverhältnissen geschuldet.

Im Zuge der Neuausrichtung des Werkunterrichts ergibt sich geradezu zwingend, die Anlage und Ausstattung der Fachräume neu zu durchdenken und Vorschläge zu entwickeln, was in auch in mehreren Publikationen ihren Niederschlag findet[141]. In der Folge treffen wir auf weitere Vorschläge für neue Werkbänke und Werkzeug-Unterbringungsmöglichkeiten, eine Tendenz, die kontinuierlich voranschreitet und sich bis heute, nunmehr bezogen auf den Technikunterricht, verstärkt hat. Aufnahme finden solche Vorschläge bei Lehrmittelfirmen und Fachraumausstatter, was letztendlich zu der erfreulichen heutigen Professionalisierung der Fachraumausstattungen führte.

16/34 (Technischer) Werkunterricht im Klassenzimmer, ca. 1952.
Die Schüler fertigen Fachwerkkonstruktionen aus Papierwinkeln, was auf den vorhandenen Schultischen gut machbar ist. Für gröbere Arbeiten müssen die Schultische abgedeckt werden, Spannvorrichtungen sind praktisch nicht vorhanden oder nur mit größerem Aufwand zu leisten. Auch stark schmutzende Arbeiten werden tunlichst vermieden. Der (technische) Werkunterricht im Klassenzimmer kann nur ein Kompromiss sein.

Viele Überlegungen von Werkpädagogen widmeten sich der Gestaltung der Werkbank, die jetzt zu einem möglichst vielfältig zu nutzenden Arbeitsmöbel weiterentwickelt wird.

Neu gebaute Werkräume, die ab Mitte/Ende der 1950er-Jahre wieder verstärkt erstellt werden, werden allerdings meist noch nach traditionellen Vorbildern als werkstofforientierte Werkstätten für Holz, Metall, Keramik oder Papier/ Pappe ausgeführt[142].

141 siehe Fußnoten 146 und 147

142 Siehe z. B. Neufert, E. 1959, S. 226. Es werden lediglich eine Papp- und eine Holzwerkstatt vorgeschlagen. Letztere mit einem eigens ausgewiesenen zentralen „Leimofen" zum Erhitzen des damals gebräuchliche Knochenleims. Inzwischen ist das Werk bei der 41. Auflage (2016) angekommen. Die werkstoffbezogene Raumzuordnung ist beibehalten. Siehe ebendort S. 367, zu den Flächenbedarfen S. 370. In dieser neuen Auflage heißt es immer noch zum ‚Technischen Unterricht': „Werkräume sollen so angeordnet sein, dass der Unterricht in den anderen Räumen nicht durch Arbeitslärm beeinträchtigt wird. Den Werkbereich entsprechend den verschiedenen Techniken (Holz, Papier, Metall, Kunststoff) gliedern und möglichst im Erdgeschoss anordnen." Der einzige Fortschritt hinsichtlich der Gestaltung der ‚Werkräume' besteht in der Aufnahme des Werkstoffs Kunststoff und auf dem verzicht des Bereichs Keramik.

Zunehmend, jedoch anfangs aus einer gegebenen räumlichen Not geboren, später dann als fachdidaktisch begründete Forderung vertreten, beginnt sich eine für eine universellere Nutzung auslegte Anlage der Werkräume als Mehrzweck- oder Universalwerkstatt durchzusetzen. So macht **GEORG STEGER**[143] schon früh auch prinzipielle Angaben für die Anlage eines Werkraums für bis zu 36 Schüler bei einer Gesamtfläche von jeweils 58,5 m², die allerdings aus heutiger Sicht lediglich aus fachhistorischer Sicht noch interessant sind (Abb. 16/35).

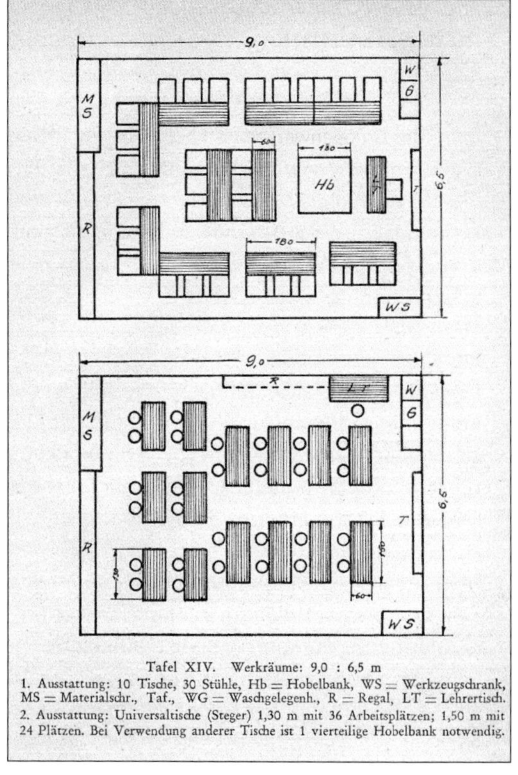

16/35 Vorschlag Steger für die Anlage von Werkräumen, frühe 1950er-Jahre.
Trotz der bescheidenen Raummaße von 58,5 m² und der offensichtlichen Enge an den Universalwerkbänken, die den damaligen Klassengrößen von bis zu 36 Schülern geschuldet werden mussten, ist nunmehr die obligatorische Hobelbank als Schülerarbeitsplatz nahezu aus dem Werkraum verbannt und durch spezielle Universaltische (hier: „System Steger", Abb. 16/36) ersetzt. Der oben abgebildete Werkraum ist mit normalen Arbeitstischen ausgestattet, daher hält es Steger für geboten, noch eine Vierer-Hobelbank für Spannarbeiten aufzustellen. Die hufeisenförmige Anordnung der Arbeitstische mit einem Tischblock in der Mitte ist als funktionelle Alternative zur frontalunterrichtlichen Aufstellung der Werkbänke im unteren Beispiel zu sehen. Ein Werkzeug-, ein Materialschrank, ein Regal, ein Lehrertisch und eine Waschstelle vervollständigen dieses Schema. Der untere Werkraum ist nur mit „Universaltischen" ausgestattet, was die Aufstellung einer Hobelbank überflüssig macht.

16/36 Werkraum mit Universaltischen „System Steger"[144], frühe 1950er-Jahre.
Der nach damaliger Vorstellung für die gängigen „Werktechniken" und für Experimente vollständig ausgestattete Werkraum befremdet etwas ob seiner wohnlichen Accessoires (Vorhänge). Auch die Beleuchtungskörper einschließlich der Scherenlampen als Einzellichtquellen kämen heute nicht mehr zum Einsatz. Die „Nasszone" hat nur erst bescheidene

143 Steger 1952, S. 143
144 ebenda, Tafel XVI unten

Maße, der vor der Wandtafel postierte Lehrertisch mit Gasanschluss behindert den Zugang zum Informationsbereich.
Die Universalarbeitstische bestehen aus einen kräftigen Holzgestell, einer 1500 mm langen und 600 mm breiten Massivholzplatte aus gedämpften Rotbuchenholz, zwei Schubladen zur Aufnahme des Gruppenwerkzeugs für zwei Schüler. Das Gemeinschaftswerkzeugs wird gesondert auf Tabletts in einen Werkzeugschrank untergebracht. Auf der Rückseite der Arbeitsplatte befinden sich eine Hobelbankzwinge, Bankhakenlöcher und ein verschiebbares Gegenlager für Spannarbeiten. Unterhalb der Werkzeugschubladen ist ein Ablagebrett für die Schultaschen angebracht.

Ein weiterer Vorschlag findet sich bei OTTO MEHRGARDT, die sogenannte „Göttinger Werkbank“[146] (Abb. 16/38 und Abb. 16/39, S. 358), die multifunktional ausgelegt ist, indem sie Werkbank mit Spannvorrichtungen, Werkzeugaufbewahrungssystem und Unterbringungsmöglichkeiten für Schülerarbeiten in sich vereint.

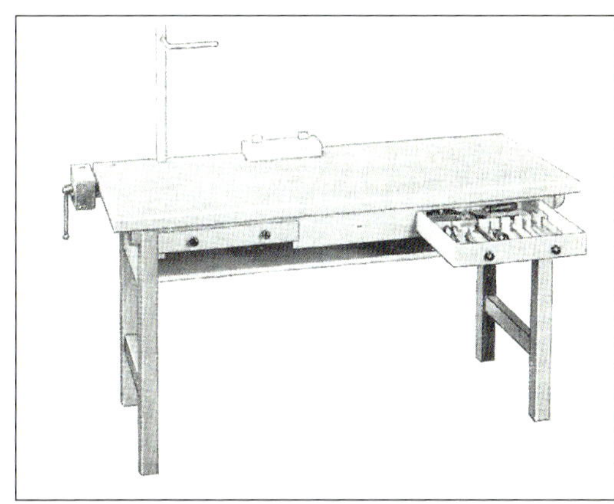

16/37 Universalwerkbank „System Steger“, Fa. Hiessinger[145], frühe 1950er-Jahre

Die Gestaltung der Werkbank ermöglicht eine sehr ökonomische Nutzung des vorhanden Raums und fördert die Selbstständigkeit, Selbstorganisation und Eigenverantwortung der Schüler. Die Werkzeugunterbringung ist übersichtlich und kann leicht auf Vollständigkeit überprüft werden.

16/38 Göttinger Werkbank „System Mehrgardt“, 1960er-Jahre.
Die besteht aus einem Werktisch mit 5 cm starker Vollholz-Buchenplatte und geschlossenen Seiten. Vorder- und Rückseite sind unterschiedlich gestaltet. Die Vorderseite nimmt die gängigen Schülerwerkzeuge auf, die Rückseite besteht aus Fächern für Schülerarbeiten. Der Werkzeugbestand ist für eine Gruppe von zwei bis vier Schülern ausgelegt, ebenso die Gemeinschaftswerkzeuge, die bei Bedarf unter den Schülern ausgetauscht werden müssen. Pro Werkbank arbeiten immer nur zwei Schüler. Die Werkzeugsilhouetten sind auf die Werkzeugtafel in Kontrastfarbe aufschabloniert (hier: rot), die Werkzeuge selbst werden davor aufgehängt. Die Zuordnung der Werkzeuge erfolgt durch Farbmarkierungen, die für jede Gruppe unterschiedlich gewählt wurde. Auf eine Zwinge wird bei der Göttinger Werkbank verzichtet, für Einspannarbeiten sind zwei hier über Eck fest montierte Schraubstöcke vorgesehen.

145 ebenda, Werbeanhang
146 Mehrgardt etwa 1964, Die Werkaufgabe 75

Das vorgegebene Werkzeugprogramm ist aber starr und lässt keine Erweiterung oder Umstellung zu, es sei denn, man ergänzt es z. B. durch ein Blocksystem. Aufgrund ihres relativen hohen Gewichts ist diese Werkbank für wechselnde Anordnungen zur Gestaltung bestimmter unterrichtlicher Situationen mit wechselnden Sozial- und Erarbeitungsformen weniger geeignet. Sicher ein Grund dafür, dass sich heute andere Werkbanklösungen bei gleichzeitiger Trennung der Werkzeug- und Werkstückunterbringung durchgesetzt haben.

16/39 Göttinger Werkbank „System Mehrgardt", Mehrzweckwerkstatt, frühe 1960er-Jahre. Wir sehen die ‚Göttinger Werkbank' in Benutzung. Die Schüler arbeiten hier an einer figürlich-gestalterischen Aufgabe, wie es in dieser Zeit in der Schule durchaus noch üblich war. Jedoch ist Mehrgardt auch ein wichtiger Wegbereiter des modernen technischen Werkunterrichts, was in zahlreichen Veröffentlichungen, insb. in dem Periodikum ‚Die Werkaufgabe', die er von 1958 bis Mitte der 1960er-Jahre herausgegeben hat, zum Ausdruck kommt. Im Vordergrund ist die Werkzeugtafel mit den aufgemalten Werkzeugumrissen gut erkennbar.

In der Praxis hatte sich diese Werkbank trotz fehlender Höhenverstellung ganz gut bewährt. Als problematisch haben sich allerdings die offenen Fächer auf der Rückseite erwiesen, die gern als Anlage für alles mögliche Allerlei zweckentfremdet wurden, was dazu führte, diese mit verschließbaren Türen zu versehen und einzelnen Schülern zuzuweisen, die dann ihre Materialen, angefangenen Werkstücke usw. dort unterbringen konnten.

MEHRGARDT hat sich auch ausführliche Gedanken zur Neugestaltung des Werkbereichs gemacht.[147] Sein Vorschlag ergibt ein umfangreiches Fachraumsystem, das als Zentrum aus einer Mehrzweckwerkstatt besteht, der je einen Fachraum für Fein- und Grobarbeiten, ein Vorratsraum für Materialien aller Art und ein Raum zur Unterbringung von Schülerarbeiten zugeordnet ist (Abb. 16/40, S. 359). Dieses Raumschema, ergänzt heutzutage um Maschinenraum und Vorbereitungsraum, wird in der Folgezeit immer wieder aufgegriffen, modifiziert und präzisiert. Die inhaltlichen Berührungspunkte zum später folgenden technischen Werkunterricht sind evident. Die aufgeführten

[147] Vergl. hierzu Mehrgardt : Die Werkaufgabe 75 und 87

Inhaltsbereiche, Gestaltungsweisen, Materialien und Fertigungsverfahren rechtfertigen die Forderung nach einer Mehrzweckwerkstatt.

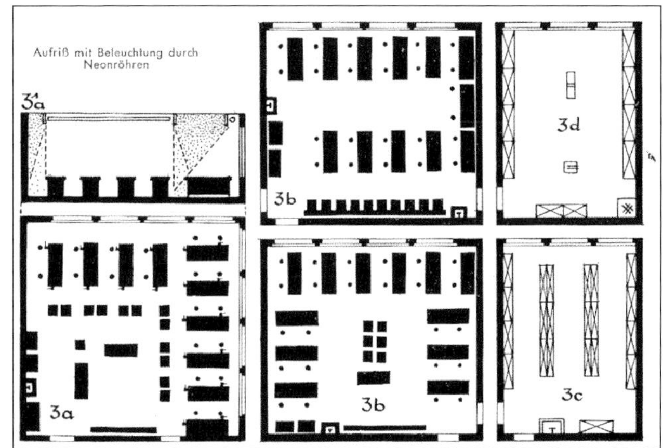

16/40 Fachraumsystem nach O. Mehrgardt, ca. 1964.
Das Fachraumsystem besteht aus der „Mehrzweckwerkstatt" (3a), dem Grobarbeitsraum (3b, unten), dem Feinarbeitsraum (3b, oben), dem Aufbewahrungsraum (3c) und dem Raum für Vorräte (3d).
An Maschinenausstattung schlägt Mehrgardt Bohr- und Schleifmaschine für die Schüler vor, im Vorratsraum finden dann außerhalb der Zugriffsmöglichkeit der Schüler auch noch eine Bandsäge, eventuell auch eine Kreis- und Hobelmaschine zur Materialzurichtung, sowie der Brennofen für Tonarbeiten.
Das gesamte Raumsystem ist für 20 (Mehrzweckwerkstatt) beziehungsweise 24 Schüler (Fein- und Grobarbeitsraum) ausgelegt. Die Gesamtquadratmeterzahl beträgt 321 m^2, wovon 81 m^2 auf die Mehrzweckwerkstatt, je 70 m^2 auf den Grob- und den Feinarbeitsraum und jeweils 50 m^2 auf Vorrats- und Aufbewahrungsraum entfallen. Dieses insgesamt sehr großzügige Raumprogramm ist unabhängig vom Schultyp konzipiert, sofern Werkunterricht in der vorgestellten Ausprägung angeboten wird. In der Grundschule kann sich Mehrgardt auch einen Werkunterricht im Klassenzimmer vorstellen, zu dem er auch entsprechende Vorschläge entwickelt hat.

Während sich an den Gymnasien der Werkunterricht als Schwesterfach der Kunsterziehung endgültig etablierte, entwickelte sich der Werkunterricht an den Volksschulen und auch an den Realschulen immer mehr zu einem technischen Werkunterricht, der in der Erschließung technischer Realität ihren Gegenstand sah. Mit diesem Paradigmenwechsel von der Kunst zur Technik, vom Werkunterricht zum technischen Werken und schließlich Technikunterricht, ging auch eine paradigmatische Neuausrichtung der Fachräume einher: von der auf nur wenige ‚klassische Werkmaterialien' begrenzten, werkstoffzentrierten Werkstatt zum technik- und technologiezentrierten Mehrzweckfachraum. Dass es diesbezüglich noch Übergangsphasen gab, zeigt die Abb. 16/41.

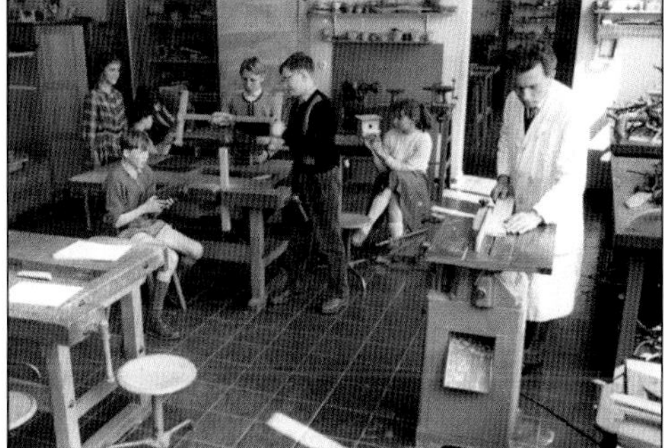

16/41 Holzwerkraum an der Gesamtschule Jugenheim bei Seeheim (Schuldorf an der Bergstraße), 1958.
Ein bereits mit Schülerhobelbänken ausgestatteter Werkraum, wie sie von den damaligen Werkraumausstattern angeboten werden. Der Unterricht wird koedukativ erteilt. Die Kreissäge im Werkraum (hier noch kombiniert mit einer Dickenhobelmaschine), wäre heute nicht mehr zulässig.

148 ebenda, S. 2 f.

Als weitere Holzbearbeitungsmaschine ist im Hintergrund eine Holzdrehmaschine (Drechselbank) zu sehen. Im Gegensatz zu Schulwerkstätten früherer Zeit sind nun auch Sitzgelegenheiten im Werkraum vorhanden, was eine Abkehr vom am Handwerk orientierten Holzwerkraum bedeutet. Neben der Drechselbank ein Durchgang zu einem weiteren Werkraum, möglicherweise schwerpunktmäßig für die Metallbearbeitung. Statt Hobelbänke sehen wir robuste Werktische mit kräftigen, massiven Tischplatten. Die um die Hobelbank versammelten Schüler befinden sich für das Foto eher in einer Statistenrolle als dass sie in einem echten Werkprozess stehen.

16.13.3 Auf dem Weg zu einem modernen Fachraumsystem

Was die Entwicklung des Technikunterrichts betrifft, sind hierfür als Marksteine der Fachentwicklung die sogenannten Werkpädagogischen Kongresse I bis V zwischen 1965 und 1975 zu nennen[149]. Als Ergebnis dieser für den Technikunterricht so wichtigen Findungsphase zeichnete sich das Konzept eines auf einem mehrdimensionalem Technikverständnis fußender allgemeinbildender Technikunterricht ab, der in der Folgezeit weiter an fachdidaktischer Kontur gewinnen sollte, so zum Beispiel durch: Verständnis der allgemeinen technischen Bildung als wichtige Komponente allgemeiner Bildung, Betonung des Prinzips der Mehrperspektivität, Loslösung vom fachspezifisch-ingenieurwissenschaftlichen und auf bestimmte Gegenstandsbereiche bezogenes Fachverständnis hin zu lebensbedeutsamen Handlungs- und Problemfeldern, in denen die Technik eine wichtige Rolle spielt und denen die Bedeutung von kategorialen Inhaltsbereichen zugestanden wird, Entwicklung eines differenzierten, technikinspirierten Methodensystems, Aufnahme neuer, technikbezogener Medien und schließlich auch, auf den Technikunterricht abgestimmte Fachraumkonzepte und Ausstattungsvorschläge. Während sich diesbezüglich anfangs eingesessene kommerzielle Werkstatteinrichter und Werkzeugzeughersteller der Ausstattung der Schulen annehmen[150], bilden sich in der Folgezeit Spezialfirmen heraus, die vorrangig schulbezogene Fachraumaustattungen anbieten und diese auch bedarfsweise weiterentwickeln[151]. Damit ist in der zweiten Hälfte des 20. Jahrhunderts ein Trend gesetzt worden, die Ausstattung von Schulen mit kompletten Fachraumausstattungen (und nicht nur für Technikfachräume) der privaten Wirtschaft zu überantworten. Dieses Verfahren, das staatliche Stellen entlastet, indem keine zentralen Forschungs- und Entwicklungsinstitute für Schulmedien aller Art betrieben werden müssen, folgt einerseits den wirtschaftlichen Prinzipien einer auf Konkurrenz basierenden Marktwirtschaft, was es andererseits den Entscheidern, in aller Regel den Schulträgern, Lehrerinnen und Lehrern vor Ort nur dann möglich macht, die auf ihre Situation passende Wahl zu treffen, wenn sie selbst über entsprechende Fachkompetenzen verfügen, um die inzwischen reichhaltigen und differenzierten Angebote beurteilen und auswählen zu können.

Eingedenk dieser Situation veröffentlichen ERWIN ROTH und AUGUST STEIDLE 1968 eine umfassende Publikation unter dem Titel „Der Werkraum – Planung und Einrichtung“, die erste ausführliche und vor allem fachdidaktisch fundierte Darstellung. Sie kann für die Übergangszeit vom Werkunterricht zum technischen Werken als wegweisend angesehen werden. Von zentraler Bedeutung ist die Ausweisung eines „Universalwerkraums“, der den bis dahin üblichen, materialspezifisch ausgerichteten „Werkraum“ als Werkstatt ablöst und diesen mit Maschinen- und Materialraum,

149 Eine auch heute noch lesenswerte Zusammenstellung dieser Entwicklungsphase findet sich bei Roth (1976): Studienhilfe Technikunterricht, S. 50-76.

150 z. B. Firmen wie Ott (Ulmia), Hiessinger, Esslinger & Abt, Laupheimer oder Brasch.

151 siehe Anhang „Fachraumausstatter“

Feinarbeitswerkraum, Tonwerkraum und Werkhof zu einem abgestimmten Raumsystem verbindet (Abb. 16/42).

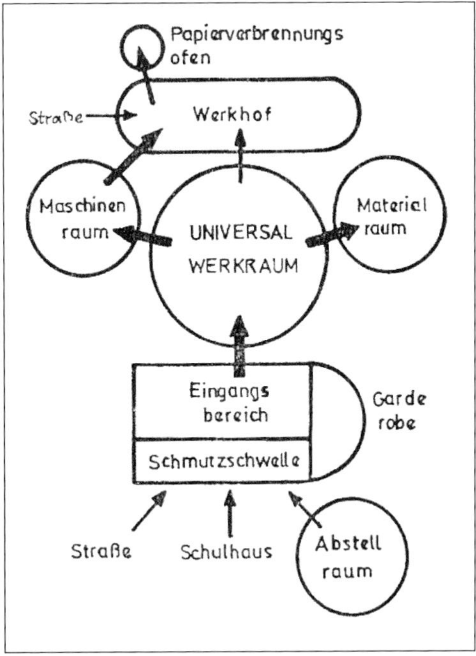

16/42 Schema eines Werkraumbereichs nach Roth/Steidle 1968.
„Das Schema zeigt die Beziehungen zwischen Räumen des Werkbereichs einer zweizügigen Realschule. Einzelräume sind durch Kreise gekennzeichnet, Verkehrsweg durch Pfeile dargestellt, deren Strichbreite die Wichtigkeit der Verbindung wiedergibt." Erstmals wird hier ein separater Maschineraum für den Werkunterricht vorgeschlagen. Für größere Schulen wird ein zweiter Universalwerkraum vorgeschlagen, der auch als „Feinarbeitswerkraum" genutzt werden könnte. Ein „Tonwerkraum" einschließlich Brennzone ist ebenfalls noch zusätzlich vorgesehen.

ROTH/STEIDLE behalten bezeichnenderweise den traditionellen und eingebürgerten Begriff des Werkraums noch bei, weil sich zurzeit der Veröffentlichung ihres Buches die Fachbezeichnung „Technik" beziehungsweise „Technikunterricht" noch nicht durchgesetzt hatte, allenfalls sprach man von technischem Werken oder Werkunterricht mit technischen Inhalten.

Auch hinsichtlich der inneren Organisation des Universalwerkraums (Abb. 16/43, S. 362) treffen wir nun auf Vorschläge, die den erweiterten methodischen Anforderungen und den folgerichtig auch veränderten unterrichtlichen Sozialformen folgen. Besonderes Augenmerk ist hierbei der „Diskussionszone" im Verbund mit „Instruktionsflächen" zu widmen, die den Wandel von einer vordringlich manuellen Werktätigkeit zu einem zusätzlich problematisierenden, analysierenden und reflexiv-diskursiven Unterricht verdeutlicht. Die mit der Diskussionszone verbundenen Instruktionsflächen bestehen in den 60er-Jahren noch aus einer einfachen Wandtafel für Anschriebe und Kreidezeichnungen und aus einer Stecktafel, in Fortsetzung der Wandtafel. Zusätzlich wird noch ein „Stellbord" vor den Tafeln empfohlen, auf dem die Objekte platziert werden können, die Gegenstand der Besprechung sind.

Die Publikation von ROTH/STEIDLE ist nicht nur die erste, die sich des Themas aus neuer Fachperspektive annimmt, sondern sie erfasst in einer gebotenen Ausführlichkeit auch fast alle Aspekte, die für einen in damaliger Zeit modernen Werkunterricht mit technischem Inhalt von Belang sind. Alle nachfolgenden Veröffentlichungen zum Thema basieren auf dieser Autoren und setzen lediglich bestimmte Akzente neu bzw. vertiefen Einzelaspekte[152].

[152] Bezüglich der Autoren und Themen siehe Literaturverzeichnis unter „Technikunterricht" und „Ausstattungen".

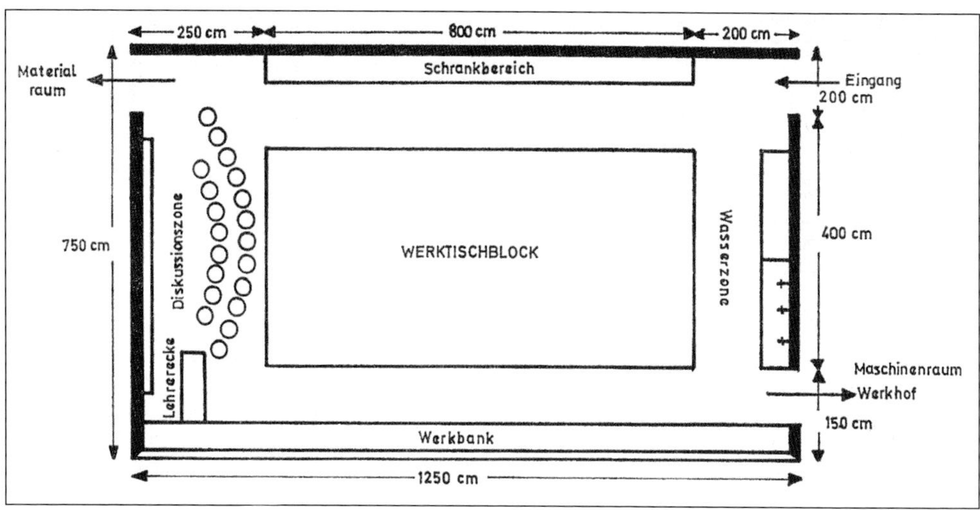

16/43 Schema eines Universalwerkraums nach Roth/Steidle, 1968.
Das Schema zeigt schon typische Merkmale eines heutigen Universalfachraums für den Technikunterricht. Der sogenannte Werktischblock ist als Zone zu verstehen, in der 10 Werkbänke in frontaler Ausrichtung mit Licht von links aufgestellt sind. Wichtig ist die Diskussionszone, die einen inhaltlichen Wandel signalisiert. Hier sollen nicht nur Arbeitsanweisungen gegeben, sondern den mehrdimensionalen inhaltlichen Anforderungen der Themenstellungen gemäß problematisiert und diskutiert werden. Die angenommene Größe des Universalwerkraums mit gut 90 m² ist auch noch für heute zutreffend.

16.13.4 Exkurs: Polytechnische Bildung und Polytechnischer Unterricht in der DDR

Während sich in der Bundesrepublik erst in den 60er-Jahren die Erkenntnis durchsetzte, dass die allgemeinbildende Schule sich den neuen gesellschaftlichen, soziotechnischen und sozioökonomischen Herausforderungen gegenüber öffnen müsse, hatte man im zweiten deutschen Staat, der DDR, mit Einführung des polytechnischen Unterrichts als Teil einer umfassenden polytechnischen Bildung, bereits frühzeitig[153] eigene Vorstellungen entwickelt und Maßnahmen zur Einführung einer sogenannten „polytechnischen Bildung" und Einführung in das (sozialistische) Produktionsgeschehen getroffen. Trotz kalten Krieges und ideologischen Engstirnigkeiten kam es vereinzelt zum Austausch in Sachen technischer Bildung zwischen den beiden Teilstaaten, denn objektiv gesehen gab es durchaus Berührungspunkte aufgrund ähnlicher fachinhaltlicher Intentionen. So entstand ein fachlicher Transfer von Ost nach West, von dem der Technikunterricht in seiner Anfangszeit profitierte, insbesondere, weil didaktisch aufbereitete, fachwissenschaftlich fundierte Werke und Lehrbücher auf westdeutscher Seite noch nicht vorlagen.

Nach dem Fach „Polytechnik" folgte die Einführung von Werk- und Schulgartenunterricht (Klassen 1 bis 6) und ab 1958 der Polytechnische Unterricht, der als Teil eines Verbundes unterschiedlicher

[153] 1951 werden mit der Einführung des allgemeinbildenden Unterrichtsfachs „Polytechnik" die ersten Weichen gestellt. Vgl. hierzu Hüttner 2017, S. 79.

Einzelfächer für die Klassenstufen 7 bis 10 bzw. 12 definiert werden kann.[154] Werkunterricht (Abb. 16/44) gab es für alle Schüler von Klasse 1 bis 6.

16/44 Werkunterricht in einem „Polytechnischen Zentrum“, Halle 1979.
Die im Bild erkennbare Ausstattung besteht im Großen und Ganzen aus Hobelbänken und Werktischen, die relativ eng gestellt sind und frontal auf die Tafel mit Projektionsfläche und Overhead-Projektor („Lichtschreibprojektor“) ausgerichtet. Die Schülerinnen[156] erarbeiten ein Getriebemodell anhand eines genormten Getriebebaukastens (Polykon 01, Abb. 16/45), wie er in allen DDR-Schulen für den Werkunterricht in Gebrauch war. Der Fachraum war multifunktional ausgelegt, er ließ sowohl handwerkliches Produzieren nützlicher Gegenstände aus verschiedenen Materialien (Werken) zu, als auch die Lösung von Konstruktionsaufgaben mit technischen Baukästen und theoretisches Arbeiten (ESP). In den flachen Holzkästen befinden sich die Konstruktionselemente zur Getriebelehre, die ordentlich abgelegten Mäppchen und schriftlichen Unterlagen deuten auf eine vorausgegangene oder noch folgende Phase theoretischer Vertiefung hin. Die Schülerinnen erarbeiten mit ihrer Lehrerin die Theorie einer Getriebeaufgabe. Die Theorie und Instruktionszone drängt sich um den Lehrertisch.

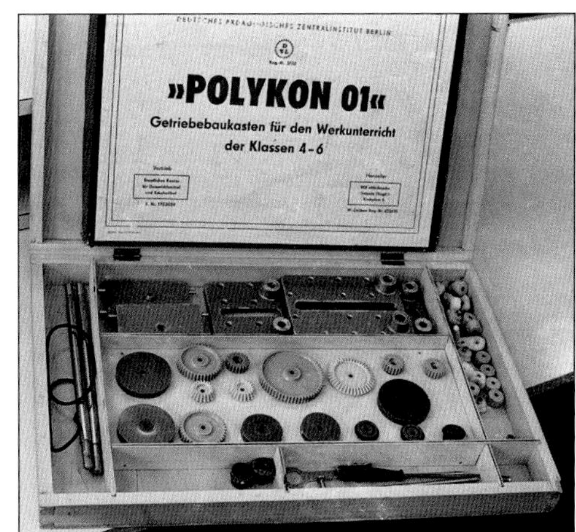

16/45 Getriebebaukasten POLYKON 01 für den Werkunterricht der Klassen 4 bis 6

154 Vgl. a.a.O., S. 79ff.

155 In der Regel wurde in der DDR koedukativ unterrichtet, wenn Schülergruppen getrennt wurden, wie im Werken konnte es auch mal reine Mädchen-/Jungengruppen geben.

Die Einführung des Polytechnischen Unterrichts erfolgte als ein politischer Willensakt. Für seine inhaltliche Ausgestaltung wie alle weiteren unterrichtsrelevanten Maßnahmen bestanden eigene zentrale Institutionen[156], was einer länderbezogenen Zersplitterung des Bildungsgeschehens wie in der föderalen Bundesrepublik zwar entgegenwirkte, dafür allerdings auch eine gleichgeschaltete, gewollt parteiisch geprägte Allgemeinbildung zur Folge hatte.

Die Arbeiten der „Akademie der Pädagogischen Wissenschaften" und die Forschungen an den Pädagogischen Hochschulen der DDR legten die pädagogischen, fachdidaktischen, fachwissenschaftlichen und nicht zuletzt ideologischen Fundamente (in Fortschreibung von Parteitagsbeschlüssen) für den Unterricht in der Schule. Dies bezieht sich auch auf Veröffentlichungen zu den Fachräumen des Polytechnischen Unterrichts[157], aus der die folgenden Abbildungen entnommen wurden.

Für den Werkunterricht der Klassen 1 bis 6[158], bei dem die Werkstoffbearbeitung (hpts. Pappe, Kunstleder, Holz, Metall, Kunststoff) und das Arbeiten mit technischen Baukästen im Zentrum stand, finden sich bei WEIß detaillierte Vorschläge für unterschiedliche räumliche Gestaltungen, wovon hier zwei zur Vorstellung kommen sollen (Abb. 16/46 und 16/47).

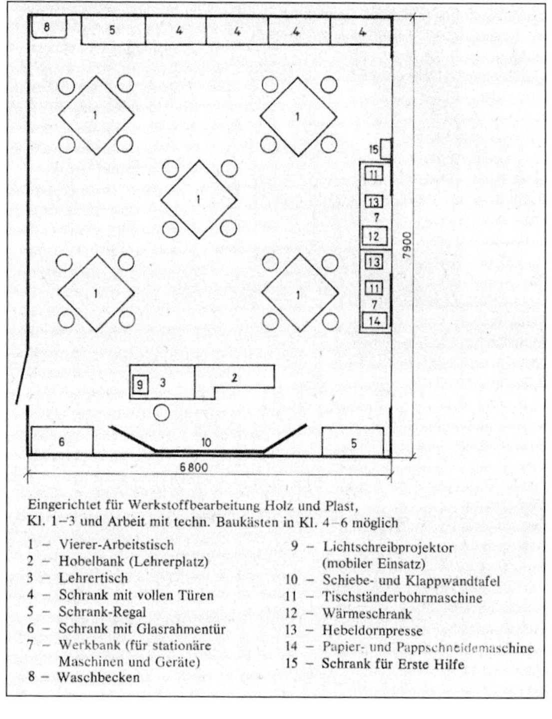

16/46 Schema 1, Fachunterrichtsraum Werken, POS[160], DDR 1974.
Dargestellt ist ein Fachraum von knapp 54 m² Größe, ausgestattet mit Viererwerkbänken. Neben dem Lehrertisch befindet sich eine Hobelbank, an der üblicherweise bestimmte Arbeitsschritte demonstriert werden. Tafel und Projektionsfläche sind obligatorisch. Die Ausstattung ist so ausgelegt, dass unterschiedliche praktische Arbeiten („von der abfall- und schmutzreichen Fertigungsarbeit bis zum saubersten Schreiben und Zeichnen") ermöglicht werden. Der Wechsel von theoretischer und praktischer Arbeit ist didaktisches Prinzip: *„Der Werkunterricht geht von dem Grundsatz aus, praktische Arbeiten eng mit theoretisch orientiertem Arbeiten zu verbinden, die Schüler systematisch an selbständige und kollektive Arbeit zu gewöhnen und sie zu befähigen, nützliche Arbeit zu verbringen"*[161]

[156] Anfangs durch das „Deutsche Pädagogische Zentralinstitut Berlin" später durch die „Akademie der Pädagogischen Wissenschaften der DDR".

[157] Weiß 1974, S. 169-220

[158] Als weitere Autoren werden genannt: R. Voß unter Mitarbeit von G. Aberle, O. Pelz und H. Hoffmann.

[159] POS (polytechnische Oberschule), sie war der in der DDR grundlegende Schultyp, den alle Schüler bis zur Klasse 10 besuchten (Kl. 1-4 Unterstufe, 5-10 Oberstufe). Danach schloss i.d.R. eine Berufsausbildung oder der Besuch einer Fachschule an. Der POS-Abschluss ist dem hiesigen Realschulabschluss (Mittlere Reife) vergleichbar. Besonders begabte Schüler konnten dann noch auf die EOS (erweiterte Oberschule) wechseln, die die Klassenstufen 11 und 12 umfasste und zum Abitur führte.

[160] a.a.O., S. 170

Besondere Aufmerksamkeit wird dem Arbeitsplatz des Lehrers gewidmet, wobei auch zugleich auf erwünschte Organisations- und Sozialformen hingewiesen wird:
„Der komplexe Charakter der Methoden und Organisationsformen im Werkunterricht wird durch folgende Hauptformen geprägt:
Die Demonstration am Arbeitstisch des Lehrers, wobei die Schüler in entsprechender Entfernung stehend beobachten. Diese Form wird bei der Vermittlung neuer Arbeitsformen und der Handhabung von Werkzeugen angewandt.
Die Demonstration auf dem Lehrertisch (oder Ansatztisch), wobei die Schüler von ihrem Platz aus sitzend beobachten. Diese Form kann bei allen Vorführungen von Modellen und auch Experimenten angewandt werden, ...
Demonstrationen an der Vorderwand; auch hier bleiben die Schüler auf ihren Plätzen." [161]

Zu Arbeitsplatz des Schülers heißt es u. a.:
„Um die kollektive Arbeit der Schüler in Brigaden zu erleichtern, um jeweils für eine Schülergruppe bestimmte Werkzeuge rationell zu nutzen und auch um Raum zu sparen, empfiehlt es sich, die vom staatlichen Kontor für Unterrichtsmittel und Schulmöbel angebotenen Werkbänke zu verwenden." [162]

Eine von mehreren Werkraumvarianten stellt die folgende Abb. 16/47 dar:

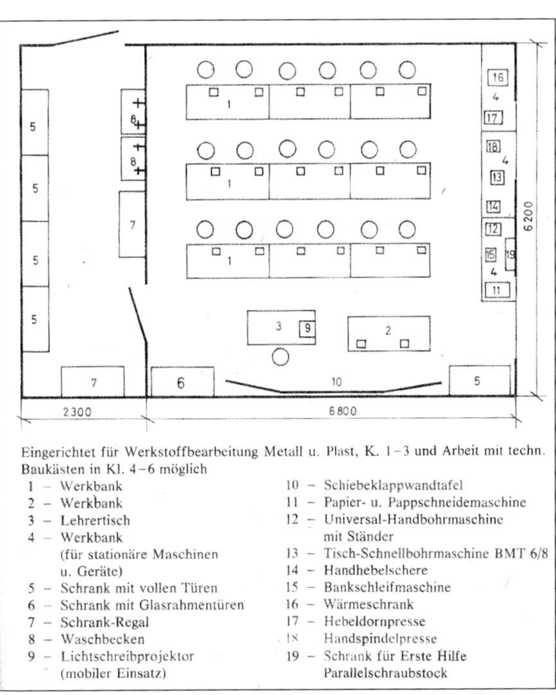

16/47 Schema 2, Fachunterrichtsraum Werken, POS, DDR 1974.
Der Unterschied dieses rund 56,2 m² großen, für Metall- und Kunststoffbearbeitung sowie für die Arbeit mit technischen Baukästen ausgelegter Werkbereichs zum Schema 1 oben ist der angeschlossene Neben- bzw. Vorbereitungsraum, wodurch der eigentliche Werkraum nur noch rund 42 m² ausmacht. Weiter sticht die strenge Frontalausrichtung der Werkbänke ins Auge, was auf eine in ihren Bewegungsmöglichkeiten eingeschränkte, disziplinierte Schülerschaft hindeutet, was wiederum mit heutigen Auffassung einer gewissen Bewegungsfreiheit in Phasen praktischen Arbeitens nicht in Einklang steht. Grundsätzlich ist aber das Schema eines Mehrzweckfachraums zu erkennen, einschließlich einer für Schüler geeigneten Maschinenausstattung. Insgesamt bieten beide Vorschläge relativ beengte Verhältnisse bei 20 Schülern.

[161] ebenda

[162] a.a.O., S. 171. Alle relevanten Ausstattungsgegenstände fanden sich in der Sortimentsliste 1973, Teil 2, Unterrichtsmittel. Staatliches Kontor für Unterrichtsmittel und Schulmöbel. Leipzig.

Der Unterricht ESP[163] ab Klasse 7 bis 10 erforderte andere Fachunterrichtsräume[164], in denen „Lernen und Arbeiten", „Erkenntnisgewinnung und Erkenntnisanwendung", aktive geistige und praktische Tätigkeiten in Verbindung stehen. „Das erfordert pädagogisch-technisch optimal gestaltete Schülerarbeitsplätze für die Durchführung ausgewählter technischer Experimente und Laborübungen einzurichten."[165] Hierfür muss man wissen, dass der Unterricht ESP stark naturwissenschaftlich unterfüttert war, und seine Unterrichtsmedien weitgehend als Bausätze und vorstrukturiertes Experimentiermaterial vorgegeben wurden. Somit erhielten die Fachunterrichtsräume mehr Labor- als Werkstattcharakter. Die Schülerarbeitsplätze (Abb. 16/48), so vorhanden, waren als multifunktional Spezialmöbel gestaltet, wobei auch wieder auf möglichst ökonomische Raumnutzung geachtet wurde.

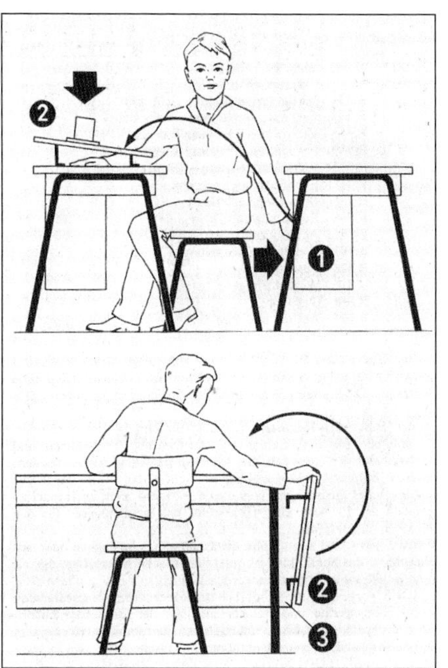

16/48 Schülerarbeitsplatz für ESP-Unterricht, POS, DDR 1974.
Zu jedem Schülerarbeitsplatz gehörte eine seitlich angehängte gelochte Steckplatte (2), auf die standardisierte Bauelemente und Modelle für die Mechanische Technologie aufgesteckt werden können. Die Modelle, Experimentiermaterialien sowie „Schülerübungsgeräte" finden Platz in einem Einhängeschrank (1,3) unter dem Arbeitstisch hinter dem Schüler. Die Abb. zeigt die gewünschte Handhabung.

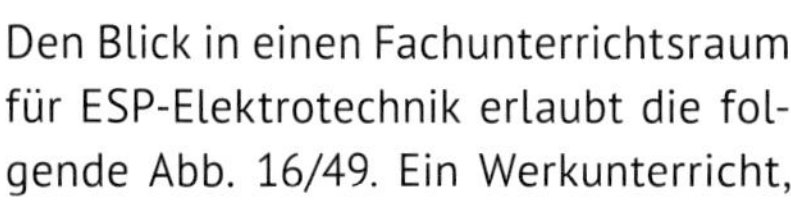

Den Blick in einen Fachunterrichtsraum für ESP-Elektrotechnik erlaubt die folgende Abb. 16/49. Ein Werkunterricht,

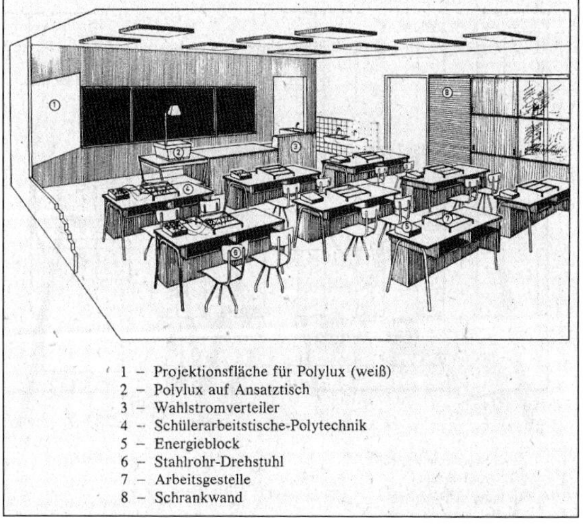

16/49 Fachunterrichtsraum ESP-Elektrotechnik (Ausschnitt), POS, DDR 1974.
Der für etwa 20 Schüler ausgelegte Raum hat die Anmutung eines Lernstudios. Die Schüler arbeiten an Experimentier-Stecktafeln, die über eine Zentralstromversorgung („Wahlstromverteiler") versorgt werden. Wie schon bei den oben vorgestellten Schülerarbeitstischen sind auch hier Unterbringungsmöglichkeiten unter den Tischen vorgesehen. Die Schüler arbeiten in Zweiergruppen.

163 ESP: Einführung in die sozialistische Produktion:
Hierbei ging es um Mechanische Technologie, Maschinenkunde und Elektrotechnik, später auch Elektronik.

164 Als Autoren sind hier zu nennen: R. Müller und H. Plischke.

165 a.a.O., S.193

der das technische Gestalten in den Mittelpunkt stellt, ist aufgrund der didaktischen und sächlichen Gegebenheiten nicht mehr angesagt, stattdessen werden Schaltungen mithilfe elektrischen und/oder elektronischen Bauteilen aufgebaut, durchgemessen, dimensionieret usw. Die Verwendung von originalen elektrischen Bauelementen und ihre Verschaltung ist nicht vorgesehen.

Im Rahmen des Polytechnischen Unterrichts gab es in den Klassen 7 bis 10 dann noch die Fächer „Technisches Zeichnen" (Klasse 7 bis 8), und „Produktive Arbeit", wobei die einzelnen Fächer unterschiedliche Stundenanteile aufwiesen. Während es für den Werkunterricht schuleigene Werkstätten gab (siehe oben), fand der praktische Unterricht „Produktive Arbeit" in ausgewählten Produktionsbetrieben oder sogenannten polytechnischen Zentren statt, die eigens für diesen Unterricht geschaffen und personell wie sächlich von den Betrieben ausgestattet wurden.

„Gemäß Lehrplan für die Produktive Arbeit (PA) sollten die Schüler einfache Montage und Komplettierungsarbeiten an realen Konsumgütern durchführen. Die konkreten Arbeitsaufgaben wurden in Abhängigkeit von der konkreten Situation vor Ort zwischen Schule und Betrieb ausgewählt. Es handelte sich meist um kleinere Artefakte, die im Rahmen der Konsumgüterproduktion gefertigt und offiziell im Handel verkauft wurden. Jeder Betrieb war verpflichtet, Konsumgüter herzustellen."[166]

Daneben arbeiteten die Schüler auch in der örtlichen Produktion. Ihre Einblicke in die „sozialistische Produktion" waren stark von den jeweiligen in der Umgebung der Schule befindlichen industriellen oder agrarischen Arbeitsplätzen abhängig (Abb. 16/50).

16/50 Produktive Arbeit im Rahmen des Polytechnischen Unterrichts, 1989.
Schüler im Fach Produktive Arbeit in einem sogenannten volkseigenen Betrieb (VEB) bei der Demontage und Montage der Transportbänder für Rübenkopflader. Was die Schüler bei der produktiven Arbeit antrafen, waren durchaus realistische Arbeitsplatzsituationen, in denen sie auch Arbeit unter Realbedingungen zu leisten hatten. Die Betriebe stellten Arbeitskleidung und Fachpersonal, das die Schüler anleitete und die Arbeitsergebnisse überprüfte. Es war erklärte Absicht, die Schüler in möglichst realen Arbeitssituationen mit den arbeitstechnischen wie auch sozialen Bedingungen der Arbeitswelt zu konfrontieren. So sollten der Industrie-, der Handwerks- und der Agrarbetrieb als Lernorte neben der Schule fungieren und der Schulterschluss mit der werktätigen produzierenden Bevölkerung (Arbeiter und Bauern) hergestellt werden.

Das technische Zeichen war als eigenständiger Unterricht ausgerichtet, in dem die Schüler normgerechte Zeichnungen lesen und anfertigen lernten. Er fand meist im Klassenraum statt und stand nur indirekt mit dem Unterricht ESP in Verbindung (Lesen von technischen Konstruktionszeichnungen, Schaltplänen usw.).

[166] Hüttner a. a. O., S. 84f.

16.13.5 Exkurs: Einführung der Arbeitslehre und ihre Fachräume

Ein bedeutsamer, bildungsadministrativer Akt erfolgte 1964 aufgrund der Empfehlungen des Deutschen Ausschuss für das Erziehungs- und Bildungswesen (DA) mit der Neugliederung des allgemeinen Bildungswesens, die die Einführung eines Faches Arbeitslehre als eine Form der Hinführung zur Arbeits-, Berufs- und Wirtschaftswelt in der neu konstituierten Hauptschule (vormals Volksschuloberstufe) zur Folge hatte. Dabei kam dem Werkunterricht eine gewichtige Stellung zu. Bezogen auf die zwei didaktischen Kerne Arbeit und Beruf (der DA bezeichnet lediglich den Beruf als „Didaktisches Zentrum") bekommt der Werkunterricht, nunmehr als technischer Werkunterricht, drei Aufgabenbereiche zugewiesen: (1) „In freiem, kunsterzieherischem Gestalten Handgeschick und stoffliche Sensibilität herauszubilden", (2) „von den elementaren Gesetzmäßigkeiten des handwerklichen Arbeitens[167] mit einer zunehmenden Verlagerung vom Spielerischen der ersten Stufe auf das Technisch-Zweckbestimmte überzugehen" und schließlich (3) „den Schüler mit der arbeitsteiligen, rational geplanten maschinellen Produktionsweise der Industrie"[168] vertraut zu machen. Die im Hinblick auf die Arbeitslehre formulierten Reformschritte waren eher vage und in sich nicht widerspruchsfrei. Diese folgten anfangs einem eher manualistischen-handwerklichen Werkunterrichtsmodell und legten im Folgenden der Fokus auf den Beruf und eine Einführung in die von Technik und in die von ihr geprägten Berufswelt. Es wurde schnell deutlich, dass die am musisch-gestalterischen Werkunterrichtsmodell orientierte erste Stufe nicht als Vorstufe zur Erschließung der Technik taugte. Zudem war die Arbeitslehre nur für die neu geschaffene Hauptschule vorgesehen, gewissermaßen als ihr neues didaktisches Zentrum, und wurde bis heute nicht auf alle weiterführenden Schulen übertragen, was ihr einen reaktionären Anstrich als ein Faches für einen bestimmten Stand gab („Blaujackenfach").

Durch die unterschiedlich curricularen Umsetzungen in den Bundesländern, was zur Herausbildung unterschiedlicher struktureller Ansätze mit unterschiedlichen inhaltlichen Reichweiten (Technisches Werken/Technik und Arbeitslehre/Arbeit-Wirtschaft-Technik) führte, kam es recht bald zu uneinheitlichen Entwicklungen von mehr oder weniger technikdidaktisch oder arbeitslehredidaktisch dominierten Ansätzen in den Bundesländern.

Die starke Bezugnahme auf die Arbeits- und Wirtschaftswelt mit ihren didaktischen Kategorien der Arbeit und des Berufs schloss die Technik in der Gesamtheit ihrer Erscheinungsformen und als einen Wirklichkeitsbereich eigenständiger didaktischer Wertigkeit zwangsläufig aus; zudem bezweifelte man aus der Perspektive der Technikdidaktik die Tragfähigkeit der Arbeit als allgemeinbildende didaktische Kategorie und sprach ihr die Tauglichkeit für die Vermittlung der Technik als Ganzes aus. Umgekehrt bezweifelten die Vertreter der Arbeitslehre, dass man ein hinlängliches Verständnis der Technik vermitteln könne, ohne sie in den Kontext von Arbeit und Wirtschaft zu stellen, welcher als Begründung für die Existenz und Fortentwicklung der Technik aufgeführt wurde.

Für die Entwicklung von Fachraumsystemen mit Bezug zur Arbeitslehre muss noch ein weiterer Aspekt berücksichtig werden: die Entwicklung zur Gesamtschule (ab 1967) als Alternative zum dreigliedrigen Schulsystem und die damit verbundenen Neugründungen und der Neubau von Gesamtschulen. In ihnen wurden oftmals sehr großzügig zugeschnittene und ausgestattete

[167] Deutscher Ausschuss (DA) 1964, S. 42

[168] ebenda

Fachraumsysteme für die Arbeitslehre installiert, die vor dem Hintergrund der ‚Hinführung zur Arbeits-, Berufs- und Wirtschaftswelt' Produktionswerkstätten für Holz-, Kunststoff- und Metallbearbeitung, Mehrzweckfachräume, Werkstätten und Kochstudios für den Hauswirtschaftsunterricht, Computerräume sowie Sammlungs- und Nebenräume zusammenfassten. Das Beispiel der Gesamtschule Kikweg (heute Dieter-Forte-Gesamtschule) in Düsseldorf zeigt einen derartigen komplexen Werkstatttrakt (Abb. 16/51) aus dem Jahr 1976, wobei hier auf die Darstellung des räumlich angeschlossen zu denkenden Trakts für die Hauswirtschaft verzichtet wird.

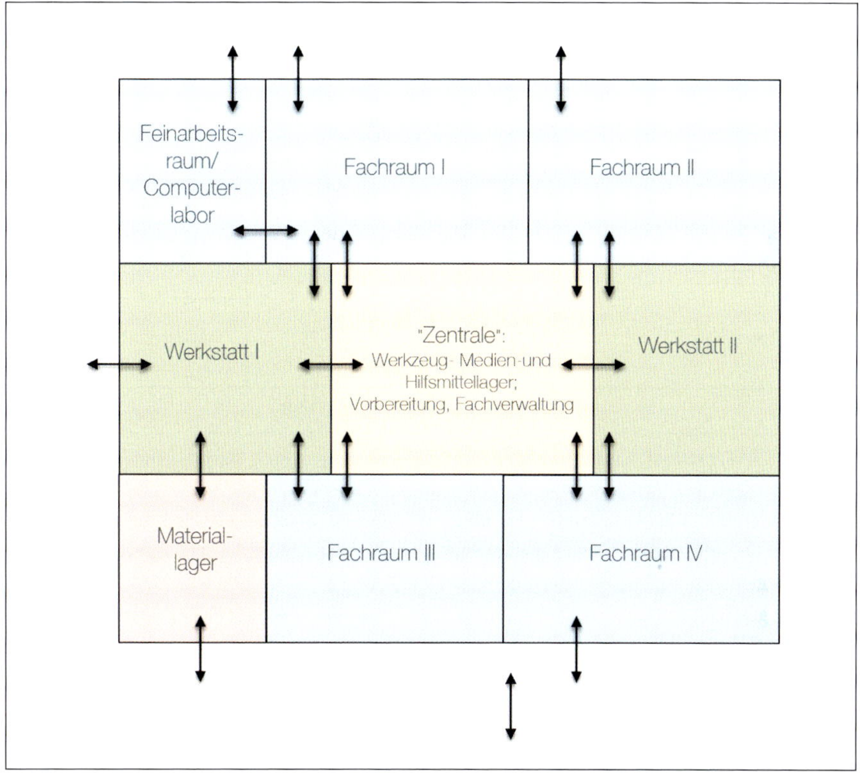

16/51 Werkstattkomplex Gesamtschule Kikweg, Düsseldorf (heute Dieter-Forte-Gesamtschule) auf dem Stand 1976 bis 1999.
Der Gesamtkomplex umfasst annähernd 620 m². Die Werkstätten sind um eine Zentrale (91 m²) gruppiert, über das die Medien, Werkzeug und ein Teil der Materialausgabe für alle Werkräume erfolgt. In dieses Zentrum ist ein Aufenthaltsbereich für die Fachlehrer intergiert. Rechter Hand schließt sich der Maschinenraum Metall (53 m²), linker Hand der Maschinenraum Holz (50 m²) mit Materiallager (48 m²) mit Verbindung nach draußen an. Die jeweils für 20 Schüler ausgelegten Universalwerkstätten (84 m² und 79 m²) mit Standardwerkbänken bestückt, über die Stromschienen für Stromampeln installiert sind. Jeder Werkraum verfügt über einen großzügig dimensionierten, integrierten Theorie-, Instruktions- und Feinarbeitsbereich. Die an den Metall- bzw. Holzmaschinenraum anschließenden Räume haben direkten Zugang zu den Maschinenräumen, ebenso zur Zentrale. In der linken oberen Ecke des Plans ist bereits ein Computerraum vorgesehen, eine für diese Zeit sehr vorausschauende Entscheidung, wenn auch in heutiger Zeit die räumliche Organisation eines Computerraums für den Technikunterricht anders auszusehen hätte.

In ähnlicher Form entstanden in Berlin Ende der 60er-Jahre „Integrierte Gesamtschulen" als Bildungszentren mit angeschlossenen Kultur- und Bildungseinrichtungen, die in ebenfalls sehr großzügiger Weise räumlich, apparativ und personell ausgestattete Fachbereiche für die Arbeitslehre vorhielten (Abb. 16/52).

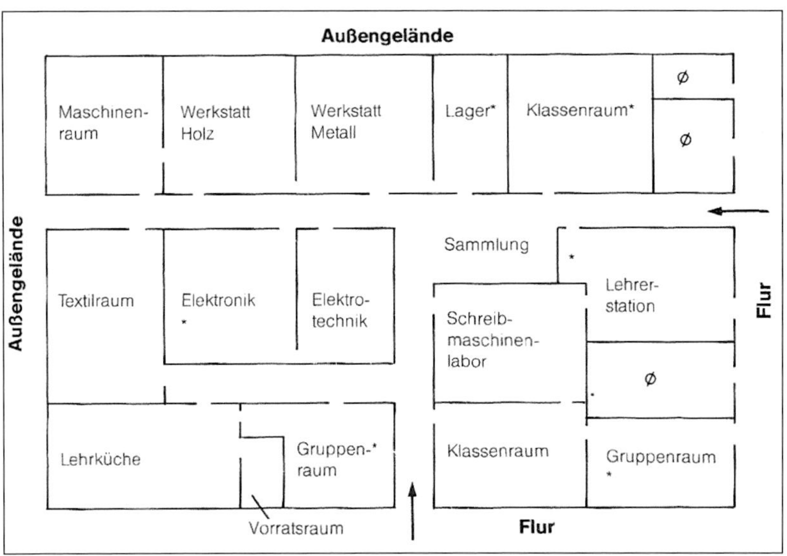

16/52 Raumplan Fachbereich Arbeitslehre (Bertold-Brecht-Oberschule, Berlin, 1984).
Das Raumprogramm umfasst gemäß der damaligen Berliner Arbeitslehre Werkstätten, einen extra Maschinenraum, Labore, die Lehrküche, Gruppen- und Klassenräume, sowie Nebenräume. Die Lehrerstation ist eigentlich als räumlicher Kern des Fachraumsystems zu denken, gerät hier aber in eine Randlage. Die zugeordneten Klassenräume sind für den Pflichtbereich der Arbeitslehre vorgesehen, der im Klassenverband von bis zu 30 Schülern erteilt wurde und mit Ausnahme des Schreibmaschinenunterrichts keine speziellen Werkstatträume bedurfte.[170]

Der Fachbereich Arbeitslehre ist mit Werkstätten (Holz, Metall, Elektrotechnik, Elektronik, Textil), Maschinenraum, Schreibmaschinenlabor, Lagerräumen und Lehrküche, Gruppenräumen und Lehrerstation als ein zusammenhängendes Raumsystem ausgeführt. Die Lehrerstation ist insofern ein Novum, als hier ein Konzept der Dezentralisierung realisiert wurde, wodurch das Lehrerkollegium räumlich an die Peripherie des Fachraumbereichs gerückt wurde.

Eine weitere Neuerung war die Einstellung von nicht-pädagogischen Lehrkräften („Handwerksmeister an Gesamtschulen") als Leiter der Werkstätten, die somit nicht nur eine fachmännische Betreuung erhielten, sondern auch praktische Assistenz unter der Verantwortung der Lehrer leisteten. Ausschlaggebend für diese Situation war einerseits die Bildung von schulischen Großeinheiten wie die Gesamtschule, andererseits aber auch das Konzept der Berliner Arbeitslehre, das eine ausgeprägte, immer auch maschinenunterstützte Werkstattpraxis der Schüler vorsieht, was eine entsprechende Unterstützung durch Fachpersonal erforderlich machte.[170]

[169] Vgl. Grammel 1984, S. 23 , Anmerkung 2

[170] Hinsichtlich der sicherheitsrelevanten Aspekte der Schülerarbeit an Werkzeugmaschinen ist Berlin einen eigenen Weg gegangen, der es den Schülern ermöglicht, an Maschinen unter Aufsicht zu arbeiten. Siehe hierzu auch Kapitel 12 Stationäre Maschinen, 12.2 Maschinennutzung im Technikunterricht.

Das hier vorliegende Arbeitslehre-Fachwerkstätten-Modell konkurriert mit dem Fachraumsystem des Technikunterrichts, das vordergründig auf Mehrzweckräume setzt, wobei Letzteres sich aus der inhaltlichen Mehrperspektivität, die die Arbeitslehre nicht gleichermaßen konsequent verfolgt, herleiten lässt. Beide Fachraumkonzepte stellen Extrempositionen dar, die allerdings nur selten in Reinkultur zur Ausführung kamen. Daher finden sich in der Regel räumliche Mischformen. Ein reines Fachwerkstätten-Konzept genügt ebenso wenig den komplexen Anforderungen des Arbeitslehreunterrichts wie die ausschließliche Bereitstellung von gleichartig ausgestatteten Mehrzweckräumen.

Das Land Hessen führte ebenfalls ein neues Fach ein, das unter Polytechnik/Arbeitslehre firmiert[171] und bei dem stark auf eine zu reflektierende Arbeitspraxis gesetzt wird. Hinsichtlich der Fachräume, für die das Hessische Institut für Bildungsplanung und Schulentwicklung (HIBS) 1982 eine eigene Broschüre[172] herausgab, wird „Mobilität, Variabilität und Mehrfachnutzung" verlangt, was einerseits den einfachen Wechsel von Theorie- zu Praxisphasen ermöglichen, anderseits die ganze Breite arbeitsweltbezogener Unterrichtsverfahren[173] umsetzbar machen sollte. Das sehr umfangreiche und anspruchsvolle Raumprogramm umfasst eine Vielzahl von Fachräumen für die Bereiche Fertigung (einschließlich textiler Fertigung), Versorgung, Verwaltung, „Polytechnisches Labor" (Mehrzweckraum), „Polytechnischen Außenbereich" sowie zusätzliche Räume („Repro- und Fotolabor", „Druckerei", „Projektraum" und „Lehrerstützpunkt"). Das „Polytechnische Labor" ist als ein multifunktionaler Raum für technologische und arbeitsorganisatorische Versuche konzipiert und somit von verschiedenen Lerngruppen zu nutzen. Die Fertigungsbereiche sind Produktionswerkstätten mit angeschlossenen Maschinenräumen, die alle gängigen Werkstoffbearbeitungen und Produktentwicklungen ermöglichen und auch den bisherigen Bereich der Hauswirtschaft („Fertigung III/Versorgung") mit einschließen. Die „Funktionale Raumzuordnung" eines solchen Polytechnik/Arbeitslehre-Bereichs zeigt die folgende Abbildung 16/53. Eine gewisse Nähe zu den Berliner Vorschlägen ist unverkennbar.

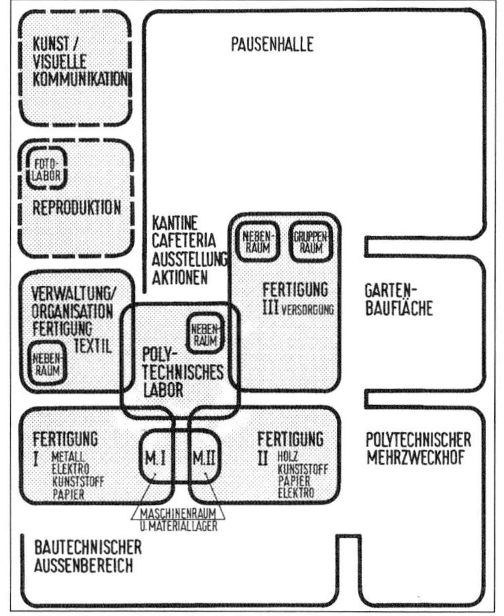

16/53 Funktionale Raumzuordnung der Fachräume für Polytechnik/Arbeitslehre.
Das Funktionsschema und die idealtypische Raumanordnung zeigen das „Polytechnische Labor" im Zentrum und eine räumliche Nähe zur Versorgungsabteilung mit der Kantine und Cafeteria. Es sollen nicht nur Prozesse der Nahrungszubereitung des privaten Haushalts, sondern auch professionelle Arbeitsvorgänge in einer Großküche praktiziert werden. Der Bereich der Verwaltung ist als Lernbüro vorgesehen, beinhaltet aber auch das textile Werken, was durch eine entspre-

171 Vgl. Verordnung des Hessischen Kultusministers 1976.

172 Siehe hierzu: Hessisches Institut für Bildungsplanung und Schulentwicklung (HIBS)/1982.

173 Als da genannt werden: Planen, Entwickeln, Konstruieren, Produzieren, Versorgen, Verwalten, Vermarkten, Experimentieren, Informationen festhalten und verarbeiten.

chende Raumausstattung ermöglicht wird. Der „Polytechnische Außenbereich" ist für alle Arbeiten unter freiem Himmel vorgesehen und besteht aus einem Bauhof für Bauarbeiten, eine Werkhalle (!) für Montage-, Demontage-, Reparaturarbeiten usw., auch an eine Gärtnerei und einen Freizeitbereich ist gedacht. Dieses üppige, idealtypische Raumprogramm ist eigentlich nur im Zuge von Schulneubauten zu realisieren gewesen. Für eine (damals) additive Gesamtschule mit Hauptschul-, Realschul- und gymnasialen Klassen sowie einer Förderstufe werden hierfür 845 m² Raumbedarf angenommen.

Die ebenfalls idealtypisch zu verstehende, zugehörige Raumanordnung zeigt Abbildung 16/54:

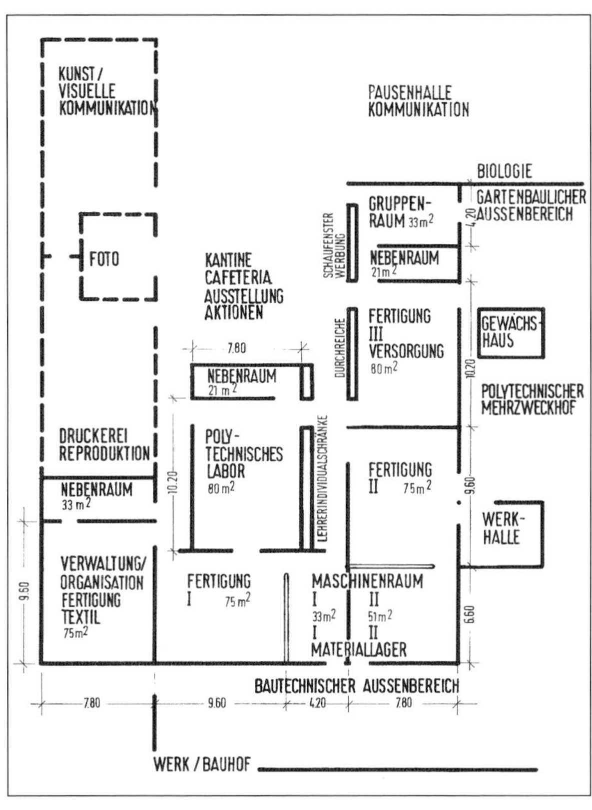

16/54 Beispiel einer idealtypischen Raumanordnung für den Fachraumbereich Polytechnik/Arbeitslehre. Analog zum Funktionsschema liegt auch hier das „Polytechnische Labor" im Zentrum. Die Verbindung von dem „Gastronomie-Bereich" und der „Fertigung III" wird durch die Verbindung über eine „Durchreiche" (Theke) verdeutlicht. Die „Fertigung II" hat einen direkten Zugang zum „Polytechnischen Mehrzweckhof", ansonsten gibt es über die Maschinenräume und die „Fertigung III" sowie den Gruppenraum oben Zugänge nach draußen. Nebenräume, in denen Material, Bauteile, Informationsmedien usw. untergebracht werden können, sind reichlich berücksichtigt. Die Bereiche für die ‚graphischen Techniken' sind auch für die „Kunst/visuelle Kommunikation" gedacht. Der Bereich der elektronischen Medien und elektronischen Bürotechnik ist, da zu dieser Zeit in den Schulen noch kaum berücksichtigt, hier folgerichtig auch noch nicht ausgewiesen. Hinzuweisen ist auf die Raumgrößen, die für Schülergruppen von 16 Schülern vorgesehen sind. Sie entsprechen weitgehend den heutigen Forderungen.

Aufschlussreich ist der Blick auf eine Werkstatt (Fertigung I, hier vorgesehen für Metall, Elektro, Kunststoff, Papier und Glas) mit angeschlossenem Maschinenraum (Abb. 16/55, S. 373). Der Plan zeigt eine Multifunktionswerkstatt mit dem Schwerpunkt Metallbearbeitung, der nach Hauptfunktionszonen zweigeteilt ist: Eine Zone für die praktische Arbeit an Werkbänken und Zugängen zu Werkzeugen und eine Theoriezone mit Tafel, Projektions- und Pinnwand, sowie Gruppentische, an denen auch praktisch gearbeitet werden kann – ein sehr zeitgemäßes Konzept auch für einen Technikfachraum. Eine Tischbohrmaschine und eine Kniehebelstanze sind aus dem eigentlichen praktischen Arbeitsbereich herausgenommen.

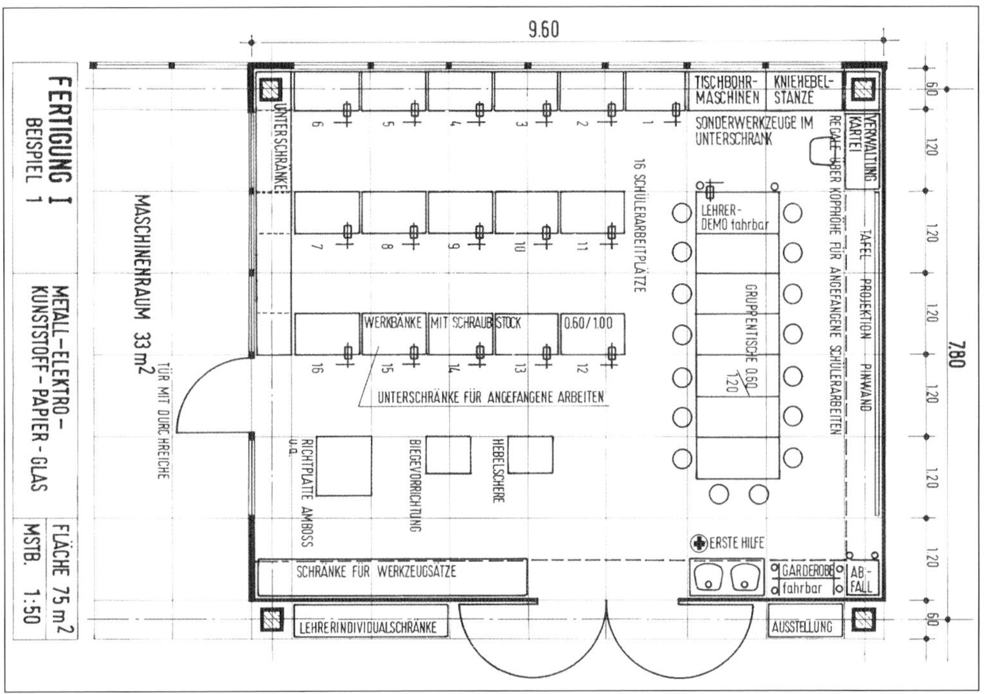

16/55 Grundriss eines Werkstatt-Fachraums für Polytechnik/Arbeitslehre.
Die angestrebte Verbindung von Theorie und Praxis wird durch das hier vorgenommene Raumnutzungskonzept offensichtlich. Es umfasst die Möglichkeit der Planung und Durchführung, der Arbeit und ihre Reflexion am selben Ort. Angestrebt ist auch, der Arbeit in der Werkstatt den schulischen Charakter zu nehmen und stattdessen mehr einen betrieblichen zu vermitteln. Ob das durch das Raumkonzept gelang, sei dahingestellt. Der hier dargestellte Werkstatt-Fachraum ist allerdings nicht vollkommen multifunktional, da nicht alle Arbeiten hier durchgeführt werden sollen. Es ist daher eine Trennung von groben und feinen, Schmutz erzeugenden und weniger schmutzenden Arbeiten vorgesehen, wofür ein zweiter Werkstatt-Fachraum mit dazugehörendem Maschinenraum eingeplant ist (siehe Raumanordnung, Abb. 16/54).

16.13.6 Vom „Technischen Werken" zum Technikunterricht

Aus einer gewissen Distanz heraus zu den Arbeitslehre-Empfehlungen des Deutschen Ausschusses konkretisieren sich in den Jahren nach 1964 Vorstellungen zu einem eigenständigen allgemeinbildenden Technikunterricht, der sich im Horizont eines mehrdimensionalen und mehrperspektivischen Technikverständnisses als ein handlungs- und problemorientierter Unterricht über Technik konstituiert. Die Positionen eines an Werktätigkeit, am Handwerk und Kunstgewerbe orientierten Werkunterricht werden ebenso aufgegeben, wie eine alleinige Orientierung an exemplarischen fachspezifischen Techniksachverhalten und Konstruktionsprinzipien. Stattdessen rücken „individuell und gesellschaftlich bedeutsame technische Handlungs- und Problemfelder" als Inhaltsfelder[174] in den Blick, in denen der Mensch unter Zuhilfenahme von natürlichen und synthetisierten Stoffen, Energie und Informationen sowie technikspezifischen Denkprozessen und Methoden

[174] Zuerst 1979 vorgeschlagen von Sachs als: Arbeit und Produktion, Bauen und Wohnen, Versorgung und Entsorgung, Transport und Verkehr, Information und Kommunikation, Sachs 1979b, S. 72.

Technik entwickelt und mit ihr interagiert. Nicht mehr ausschließlich die Konzeption, Konstruktion und Fertigung von Sachtechnik ist nun Aufgabe des Unterrichts, sondern auch die Kenntnisvermittlung über und die (durchaus auch kritische) Bewertung von Technik spielen eine große Rolle. Dabei wird Technik nicht nur als Mittel zur Daseinserleichterung, sondern auch als Mittel der individuellen und gesellschaftlichen Daseinsgestaltung gesehen. Das hierfür erforderliche Handeln wird als ein interessengeleitetes, bestimmten Zwecken unterworfenes Handeln, als ein Handeln im Zielkonflikt widerstrebender Interessen gesehen, das unter Berücksichtigung der gegebenen Umstände immer nur zu bestmöglichen Lösungen führt, somit nie eine optimale, alternativlose Lösung darstellt. Jede gefundene technische Lösung lässt grundsätzlich immer auch Lösungsvarianten zu. Jeder technische Gegenstand und jeder technische Prozess trägt von Anbeginn immer auch den Keim seiner Optimierung oder seines Ersatzes durch neue Technik in sich.

Diese hier aufgeführten Aspekte kommen auch in den vier „Zielperspektiven"[175] (Mehrperspektivität) des Technikunterrichts zum Ausdruck, die gewissermaßen als zusätzliches Strukturraster die Problem- und Handlungsfeldern überlagern. Diese sind: die Handlungsperspektive, die Kenntnis- und Strukturperspektive, die Bedeutungs- und Bewertungsperspektive und die Perspektive der vorberuflichen Orientierung.[176] Alternativ hierzu hat W. SCHMAYL drei „Erkenntnisperspektiven" formuliert, wobei auch er neben den technischen Artefakten das menschliche Handeln für ihre Hervorbringung und deren Gebrauch in den Fokus seiner Überlegungen rückt, aber zu einer von BURKHARD SACHS abweichenden Einteilung kommt. Diese benennt er als Sachperspektive, human-soziale Perspektive und als Sinn- und Wertperspektive.[177]

Die neue Konzeption des Technikunterrichts zog logischerweise auch Konsequenzen für eine Neugestaltung der Fachräume nach sich. Erste ausführliche Darlegungen auf der Basis einer fachdidaktisch abgesicherten Argumentation legten B. SACHS und W. SCHMAYL vor[178]. Während SACHS sein Fachraumsystem auf den „Universaltechnikraum" gründet „Das Zentrum des Fachraumsystems für den Technikunterricht ist daher der wirklich universell nutzbare Universalraum bzw. mehrere Universalräume"[179], argumentiert SACHS zutreffend, dass eine Aufteilung nach Werkstoffbereichen (Ton, Holz, Metall, Kunststoff) und die Orientierung am traditionellen Handwerk den Intentionen des Technikunterrichts ebenso wenig gerecht würden, wie eine Trennung der Räume nach fachwissenschaftlichen oder berufsfeldbezogenen Kriterien (Maschinentechnik, Elektrotechnik, Montage/Demontage usw.). Gegen diese Unterteilung sprächen nicht nur grundsätzliche technikdidaktische Bedenken, sondern auch finanzielle, schulorganisatorische und unterrichtspraktische Gründe, die eine möglichst hohe Belegung erforderten. Die Abbildung (16/56, S. 375) zeigt das Schema eines entsprechenden Fachraumsystems.

WINFRIED SCHMAYL folgt 1983 mit einer ebenfalls vertieften Auseinandersetzung mit dem Fachraumsystem des Technikunterrichts als „Ort technischen Handelns"[180]. Auch er stellt seinen konkreten Vorschläge für die Anlage und Ausstattung der Technikfachräume eine ausführliche didaktische Grundlegung voran und behandelt alle das Fachraumsystem betreffenden relevanten Themen und Gegenstände. Sein Raumschema unterscheidet sich insofern von dem von SACHS,

[175] Vgl. Sachs 1979b, S. 67

[176] Vgl. Sachs 1979b, S. 73

[177] Ausführliche und aktuelle Darstellung findet sich hierzu in Schmayl 2010, S. 183 ff.

[178] Siehe diesbezüglich Sachs 1979a/1980 und Schmayl 1983a+b.

[179] Sachs 1979a, S. 41

[180] Vgl. Schmayl 1983a, S. 10-14

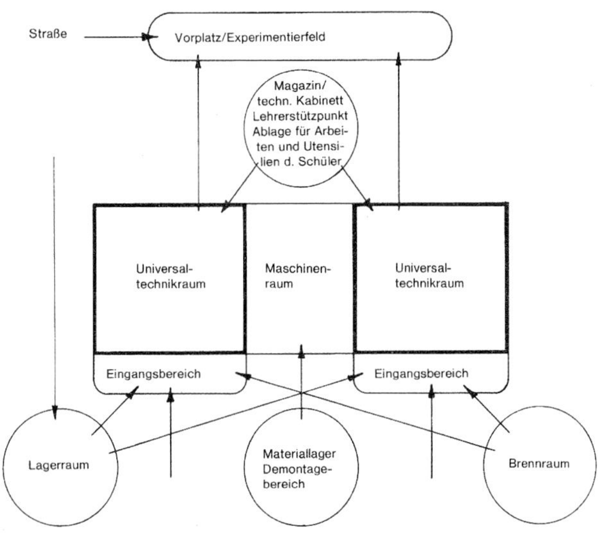

16/56 B. Sachs: Funktionsschema für ein Fachraumsystem für den Technikunterricht für eine 3- und mehrzügige Schule. Für zwei Universaltechnikräume ist ein gemeinsamer Maschinenraum vorgesehen. Die eingekreisten Nebenräume können auch mehrere Räume umfassen. Pfeile kennzeichnen Zugänge, die auch über Flure denkbar sind. Wichtig ist das Raumprogramm das als Neuerung ein Magazin/Technisches Kabinett, Lehrerstützpunkt/ Vorbereitungsraum und Lagerräume umfasst. Ein Demontagebereich für schmutzige ölige Arbeiten ist in das Materiallager ausgegliedert, auch ein Vorplatz (Werkhof) als Experimentierfeld ist bereits berücksichtigt. Die Art der Fachräume, ihre räumliche Organisation und Innengliederung des Universaltechnikraums folgt im Wesentlichen den bereits von Roth/Steidle vorgeschlagenem Schema[182], nun aber auf einen allgemeinbildenden Technikunterricht bezogen.

indem er den zwei „Mehrzweckarbeitsräumen“ unterschiedliche Arbeitsformen zuordnet: Feinarbeit und Grobarbeit, wobei ersterer für die Materialbearbeitung von Papier, Karton, Pappe, Leder usw., für Elektrotechnik, Elektronik und Modellarbeiten mit technischen Baukästen und feine Demontagearbeiten prädestiniert ist, der andere für die Untersuchung und Bearbeitung von Holz, Kunststoff und Metall. Für stark schmutzende Arbeiten wie das Arbeiten mit Ton, keramischen Gießmassen, Beton usw., für schutzerzeugende Demontagearbeiten, z. B. an Motoren (bei Sachs zusammen mit Materiallager) favorisiert SCHMAYL, sofern möglich, einen zusätzlichen „Schmutzarbeitsraum“[182]. In der überarbeiteten und erweiterten Fassung seines Buches von 1995 ergänzt er das Schema um einen (externen) Computerraum[183]. In seiner Fachdidaktik von 2010 taucht das Fachraumthema dann wieder auf, wobei der „Mehrzweckraum“ nun die zeitgenössische Bezeichnung „Technikfachraum“ erhält[184]. Das hier abgebildete Raumschema von 1995 sieht wie folgt aus (Abb. 16/57, S. 376).

Die folgenden Abbildungen (16/58 a) und b), S. 376) zeigen einen „Fachraum für Feinarbeiten“ und einen „Mehrzweckraum für Grobarbeiten“, wie sie an der Universität Hamburg in den 1970er- und 1980er-Jahren zum Zweck der Lehrerbildung eingerichtet wurden. Dabei waren die Initiatoren bestrebt, nicht nur eine fachliche Fortbildung zu ermöglichen, sondern auch die neuen Raumkonzepte für den damals noch jungen Technikunterricht vorzustellen und auf Praktikabilität zu überprüfen.

[181] Siehe Roth/Steidle 1968, S. 43 f.
[182] Vgl. Schmayl 1983b, S. 5
[183] Vgl. Schmayl/Wilkening 1995, S. 188
[184] Vgl. Schmayl 2010, S. 257

16/57 W. Schmayl: Fachraumsystem des Technikunterrichts, 1995.
Das abgebildete Raumschema zeigt einen klaren Aufbau und nimmt Überlegungen vorweg, wie sie auch in der vorliegenden Publikation vorgestellt werden und zu damaliger Zeit, 1983, bereits im Rahmen der Lehrerfortbildung am Erziehungswissenschaftlichen Institut der Universität Hamburg, Abteilung Fachdidaktik Technik, unter Rücksichtnahme auf die gegebenen Räumlichkeiten, entwickelt wurden.

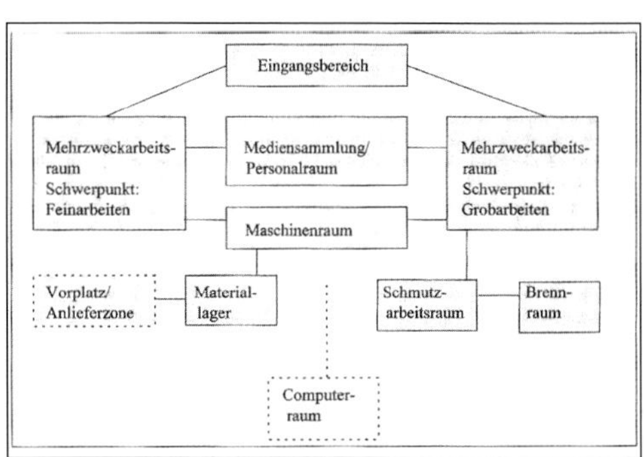

16/58 a) Fachraum für Feinarbeiten der Fachdidaktik Technik im Fachbereich Erziehungswissenschaft der Universität Hamburg.
Die Einrichtung unterscheidet sich bis auf die Arbeitstische mit großen Arbeitsplatten nicht wesentlich von einem geräumigen Klassenzimmer. Schränke zur Unterbringung von Werkzeugen und Medien muss man sich dazudenken. Die Anordnung der Tische ermöglicht Gruppenarbeit, von einer strengen Frontalität wird Abstand genommen. Stromversorgungsampeln über den Tischen weisen auf einen Ort praktischen Handelns hin. Der Theorie- und Instruktionsbereich entspricht seiner Ausstattung nach (Pylonentafel, OH-Projektor mit Projektionswand, fahrbare Tafel) dem damaligen Stand der Visualisierungstechnik.

b) Mehrzweckraum für Grobarbeiten der Fachdidaktik Technik im Fachbereich Erziehungswissenschaft der Universität Hamburg.
Den eigentlichen Arbeitsbereich bilden Viererwerkbänke, an denen Schraubstöcke mit Schraubstockliften montiert sind. Eine Reihenwerkbank mit Werkzeugunterschränken und fest montierten Kleinmaschinen (Tischbohrmaschine, Dekupiersäge) nimmt die Fensterseite ein. Besonders augenfällig ist die Werkzeugtafel, auf der vielbenutztes Grundwerkzeug untergebracht ist. Weniger häufig Gebrauchtes wurde anderweitig (z. B. in Blöcken oder Tragen) untergebracht. Die Werkzeugtafel mag sich in der Lehrerbildung bewährt haben, für die Schule erweist sich das Blocksystem und die Unterbringung in Schränken als angemessener.

Ergänzt wurden die Fachräume durch einen Maschinenraum sowie Lagermöglichkeiten.

Schlussbemerkung

An dieser Stelle endet der Rückblick auf den Werdegang der Werkstätten und Fachräume, die sich heute schließlich zu einem System von Technikfachräumen entwickelt haben. Dieses aufzuzeigen, war Gegenstand der vorangegangenen Kapitel. Die Genese der technischen Fachräume, ihre Gestalt und Ausstattung ist logischerweise keine eigenständige Entwicklung, sondern aufs Engste und untrennbar mit der Idee einer werktätigen Bildung als Element der allgemeinen Bildung und Erziehung verbunden. Eine wünschenswerte, in der vorzufindenden schulischen Realität leider vielerorts noch unvollendete Gestalt der Fachräume, wurde in den vorausgehenden Kapiteln detailliert beschrieben und im Einzelnen begründet.

Trotz sehr unterschiedlicher anthropologischer, soziologischer und bildungstheoretisch begründeter Vorstellungen und dadurch zwangsläufig voneinander abweichender Bildungskonzepte, gingen nahezu alle der hier vorgestellten konkreten Ausformungen eines pädagogisch angeleiteten, praktischen Tuns davon aus, dass solcherlei Tun ein Urhumanum, ein dem Menschen innewohnender Tätigkeits- und Gestaltungstrieb sei, der den Entwicklungsprozess des Kindes und Jugendlichen unverzichtbar und schulisch genutzt und veredelt werden müsse und so notwendigerweise zur Vervollständigung einer allgemeinen Bildung gehöre. In diesem Bildungselement wurde und wird bis heute ein besonderer Nutzen für die Enkulturation und Sozialisation von Kindern und Jugendlichen gesehen. Waren die ersten systematischen Ansätze kindlicher Werktätigkeit noch von sozialpflegerischen und sozioökonomischen Intentionen bestimmt (Industrie- und Arbeitsschulen), die streckenweise die Grenze zur Kinderarbeit überschritten, folgten wenig später, ausgehend von der Einsicht, dass durch das Wahrnehmen und Fruchtbarmachen des kindlichen Tätigkeitstriebes, ein wesentlicher, ergänzender Beitrag zur seinerzeit präferierten kognitiven und affektiven Bildung geleistet werden konnte. Dieses Verständnis einer ganzheitlichen Erziehung und Bildung war schließlich der Antriebsmotor für einen praktisch-gestaltenden Unterricht in seinen verschiedenen Spielarten und inhaltlichen Ausrichtungen, wie wir sie durch das gesamte 19. und 20. Jahrhundert bis heute nachverfolgen können. Dabei bildeten die sächlichen Voraussetzungen, die für diesen Unterricht erforderlich waren – die hierfür eigens zu schaffenden Ausstattungen, Werkstätten und speziellen Unterrichtsräume – nicht nur eine wichtige materielle Voraussetzung für das praktische Tätigwerden, sondern in ihnen spiegelte sich auch das jeweilige pädagogische Programm und die diesem zugrundeliegenden jeweiligen didaktischen Positionen.

Bildungs- und auch schulgeschichtlich interessant ist, welchen zähen Kampfes es bedurfte, eine pragmatische Bildung, die auf das praktische Tun des Menschen und seine technische Kultur ausgerichtet ist und diese auch reflektiert, zu institutionalisieren und als weitere Säule allgemeiner Bildung (neben den bestehenden geistigen, affektiven und physischen) zu etablieren. Wir müssen uns jedoch eingestehen, dass das bis heute noch nicht in befriedigendem Umfang, will sagen auf der Basis aller Schularten und -stufen, gelungen ist.

Ein gewichtiger Grund dafür mag sein, dass eine solche, an tätiger Praxis orientierte Bildungskomponente im Verständnis vieler praktizierender Pädagogen und Bildungsentscheider noch immer als wesensfremd für die allgemeinbildende Schule angesehen wird. Bis in die 50er-Jahre des letzten Jahrhunderts (sieht man einmal von der Arbeitsschule Kerschensteiners und ähnlich gearteter Ansätze im Ausland ab) war der „Werkunterricht", trotz allen Variantenreichtums, doch im Wesentlichen anthropologisch-ontogenetisch begründet und auf zweckfreies, die ästhetischen Gestaltungskräfte des Kindes förderndes Tun angelegt sowie stark formal bildend und kompensatorisch ausgerichtet. Die gegebene Distanz zur Alltagswelt, zur Alltagskultur und zur Alltagstechnik konnte so beibehalten werden, mit teilweise bis heute nachwirkenden Folgen.

Seit nunmehr der zweiten Hälfte des 20. Jahrhunderts ließ sich jedoch ein Wandel beobachten, der die vorfindliche, außerschulische Realität stärker in den Fokus rückte, wobei bildungstheoretische wie auch gesellschaftliche und volkswirtschaftliche Argumente diese Entwicklung förderten.

Ein Blick auf die Entwicklung der fachbezogenen, schulischen Werkstätten und Fachräume zeigt, dass diese erst gegen Ende des 19. Jahrhunderts in Deutschland einsetzte. Die ersten konkreten Maßnahmen auf dem Weg zur Etablierung von Schulwerkstätten waren bildungs- wie geistesgeschichtlich in erster Linie anthropologischen und ontogenetischen Überzeugungen, später (d. h. erst im frühen 20. Jahrhundert) entwicklungspsychologischen Erkenntnissen geschuldet. Abgesehen von den Industrie- und frühen Arbeitsschulen, wurde nun versucht, mit einfachen Mitteln, sogenannten Klassenzimmertechniken, die das praktische Tun im Klassenzimmer möglich machten, einfaches Werkschaffen, ästhetische Erziehung und sittliche Einstellungen in einem pädagogischen Prozess zu vermitteln. Von Vorbildern für ein noch zu entwickelndes Fachraumkonzept kann an dieser Stelle noch nicht die Rede sein.

Erst mit dem Aufkommen des skandinavischem Sjöld und der Knabenhandfertigkeits-Bewegung in der zweiten Hälfte des 19. Jahrhunderts treffen wir auf erste Konkretisierungen von Werk- und Arbeitsstätten, die sich inhaltlich, am Vorbild der ‚Hausfleißbewegung' (Dänemark, Schweden) und des Handwerks orientierten und erstmals auch schülerbezogene Werkstätten mit entsprechenden Ausstattungen zur Verfügung stellten. Während die skandinavischen Vertreter einer bildungsrelevanten Werktätigkeit bald schon Schulwerkstätten einrichten konnten und ihre bildungstheoretischen Vorstellungen fachdidaktisch wie pädagogisch abzusichern vermochten, vor allem aber auch die sächlichen Voraussetzungen für die Schulwerkstätten schaffen konnten, verhielten sich die Knabenhandfertigkeits-Bewegung wie auch die betreffende Lehrerschaft in Deutschland eher abwartend bis ablehnend. Es entstanden aber auch hier schülergerechte Werkstätten, allerdings noch außerhalb der Schule, und man bemühte sich auch erfolgreich um eine theoretische Fundierung nebst Lehreraus- und -weiterbildung, was zu einer durchaus positiven und breiten Resonanz im Reich führte. Dennoch lief auch dieser frühe Ansatz in erster Linie auf eine formale, auf Freiwilligkeit angelegte und von handwerkwerklichem Schaffensgeist inspirierte Tätigkeit hinaus. Keine Aufnahme fand die Wahrnehmung der technisch-industriellen Alltagskultur. Die strikte Ausrichtung am Handwerk und den von dort inspirierten Tätigkeiten, Arbeitsregeln und Werkstücken, erschien auch schon damals anachronistisch ein Vorwurf, den einige Jahre später sich auch Kerschensteiner hat gefallen lassen müssen, wenn auch seine Arbeitsschule als reale Konkretion im allgemeinbildenden Schulwesen Münchens etabliert werden konnte.

Die sich seit der späten Kaiserzeit langsam in ihrem Erscheinungsbild ausformenden Schülerwerkstätten haben sich dann, durch die Weimarer Republik, die den Werkunterricht als Arbeitsunterricht per Verfassungsverankerung an die Schulen brachte, über die Zeit des Nationalsozialismus bis in die späte Nachkriegszeit erhalten, wobei der unterrichtliche Fokus auf der Produktion von Werkstücken in handwerklicher Fertigungstechnik lag. Die hierfür erforderlichen Werkstätten erfuhren ihre Ausformung nunmehr als „Werkräume" mit offensichtlichem ausstattungsmäßigen Schwerpunkt auf die handwerkliche Holzbearbeitung.

Es gab aber auch Ausnahmen, Werkpädagogen die sich dafür einsetzten, den Inhaltskanon des Werkunterrichts zugunsten einer stärkeren Berücksichtigung der technischen Wirklichkeit zu verändern, was eine Abkehr von den strikt handwerklich ausgerichteten Holz-Produktionsstätten zu Fachräumen eines neuen Typus zur Folge gehabt hätte. Aber es blieben vorerst nur Ausnahmen, die zum Teil auch aus ideologischen Gründen ausgebremst wurden.

Unter der Ägide der Reformpädagogik in den Zeiten der Weimarer Republik stand das praktische, angeleitete und gestaltende Handeln als wichtiger Bestandteil allgemeiner Bildung nun nicht mehr infrage, und sein Ort war nun ganz selbstverständlich die Schule (Schulwerkstätten). Es blieb der Gegenstand dieses praktischen Handelns auf Handlungsfelder beschränkt, die abseits des großen, kulturell bedeutsamen Gestaltungsbereichs des Menschen, seiner von ihm geschaffenen Technik, lagen. Abgesehen von der mit durchschaubarer Absicht verordneten Einführung des Flugzeug- und Schiffsmodellbaus änderte sich diesbezüglich auch nichts während des Dritten Reiches und verstärkte sich nochmals in der Nachkriegszeit auf der Basis musischer und volkstümlicher Bildungstheorien bis in die 60er-Jahre des letzten Jahrhunderts. Für die Schulwerkstätten hatten diese Entwicklungen keine Konsequenzen. Es blieb bei den eingeführten, in der Hauptsache auf die Bearbeitung von Werkstoffen wie Holz, Metall, Papier und Pappe ausgelegten Werkstätten.

Der Paradigmenwechsel setzte dann in den 60er-Jahren ein mit der inhaltlichen Neuausrichtung des traditionellen Werkunterrichts zu einem nunmehr technisch geprägten Unterricht, der auf die offensichtlichen gesellschaftlichen und ökonomischen Veränderungen reagierte und die notwendigen inhaltlichen Umstellungen und Neuvermessungen erforderte. Der neu ausgerichtete „Technische Werkunterricht" fand sich mit dem allgemein einsetzenden Öffnungsprozess der allgemeinbildenden Schule hin zur außerschulischen Wirklichkeit im Einklang. Mit Bezug auf den Werkunterricht war das nun der Wirklichkeitsbereich Technik, andere wie Wirtschaft und Arbeit fanden ebenfalls Eingang in die Schule. Damit gerieten zwangsläufig auch die Werkräume alter Prägung in den Blick, die sich für das neue Themenfeld als nicht mehr geeignet erwiesen, auch deswegen, weil die Hinwendung zu technischen Inhalten nicht bedeutete, dass ab nun über die Technik lediglich geredet werden sollte, sondern sie auch in konkreten, technikorientierten Handlungsprozessen praktiziert, erarbeitet, erfahren und hinterfragt werden sollte. Ein neuer Typus von Fachräumen war vonnöten – der universelle Technikfachraum bot sich als fachliches Zentrum an. Mit dem vollzogenen Paradigmenwechsel einher gingen eine fortschreitende Didaktisierung des Faches und eine Professionalisierung des Komplexes der Fachräume zu einem Fachraumsystem.

Der allgemeinbildende Technikunterricht verfügt heute über eine in ihren Grundstrukturen gefestigte, wissenschaftlich fundierte Fachdidaktik, was nicht heißen soll, dass diesbezüglich nichts mehr zu tun sei. Im Gegenteil, es bedarf noch reichlich weiterer Tiefenbohrungen sowie zusätzlicher Feinarbeit. Und es bedarf weiteren, kontinuierlichen Nachdenkens über die gewonnenen Positionen hinaus, nicht um der pädagogischen Moden halber, sondern zur Schärfung und der Weiterentwicklung des fachdidaktischen Profils.

Es wäre zu wünschen, dass der Technikunterricht und somit die technische Bildung künftig noch breiter im allgemeinbildenden Schulwesen etabliert wird, und dass die in diesem Buch beschriebenen sächlichen Voraussetzungen zur Anwendung kommen. Unsere Kinder hätten es verdient, unser Gemeinwesen ebenfalls.

17 Anhänge

Anhang I
Druckschriften der Unfallkassen (DGUV) und der Berufsgenossenschaften (BGV, VBG) zur Unfallverhütung und zum Gesundheitsschutz in Schule und Technikunterricht.

Vorbemerkung

In Sicherheitsfragen sollte ein Techniklehrer nicht naiv sein und nicht allein seinem Instinkt folgen. Auch hier gilt, Information ist wichtig. Diese bietet der gesetzliche Unfallversicherer des öffentlichen Dienstes, dessen Aufgaben bereits weiter vorn beschrieben wurden. Im Zuge seiner Präventionsaufgaben gibt er ein umfangreiches Werk von Einzelschriften heraus, das laufend aktualisiert und erweitert wird. Vieles ist nur für den beruflichen Bereich von Belang, manches aber auch spezielle, für die allgemeinbildenden Schulen erarbeitet. Eine Aufstellung der Schriften, die für den Technikunterricht unmittelbar oder auch nur indirekt relevant sind, findet sich unten.

Ab dem 1. Mai 2014 gilt eine neue Systematik für die Druckschriften infolge der Fusion von gesetzlichen Unfallversicherungsträgern und den Berufsgenossenschaften. Zudem ist das Schriftenwerk bereinigt worden, wodurch eine größere Anzahl von Regeln, Technischen Regeln, Informationen, Vorschriften und Grundsätzen ersatzlos gestrichen wurde. Die neuen Bezeichnungen und Streichungen finden sich in einer „Transferliste DGUV-Regelwerk“, die im Internet aufgerufen werden kann (http://www.hfuknord.de/hfuk-wAssets/docs/service-und-downloads/download-praevention/UVVen/DGUV-Transferliste.pdf).

Die bisherige Vielzahl von Bezeichnungen wurde auf nur noch vier Kategorien reduziert (DGUV-Vorschrift, DGUV-Regel, DGUV-Information und DGUV-Grundsatz). Neu geordnet wurde auch das numerische Zuordnungssystem, das nunmehr in der Regel aus einer sechsstelligen Kennzahl besteht (Ausnahme Unfallverhütungsvorschriften, die nur aus einer ein- oder zweistelligen Zahl bestehen). Die hier aufgeführten Druckschriften der DGUV zur Sicherheit und zum Gesundheitsschutz können kostenlos als PDF-Datei unter www.dguv.de heruntergeladen oder auch bei der jeweiligen Unfallkasse der Länder bestellt werden; Schriften mit BGV- bzw. VBG-Nummer sind kostenpflichtig beim CARL HEYMANNS Verlag KG, Luxemburger Straße 449, 50939 Köln zu erhalten.

Vorschriften

Unfallverhütungsvorschrift „Elektrische Anlagen und Betriebsmittel“ (DGUV Vorschrift 4),
aktualisierte 2005 Fassung vom Januar 1997 (bisher GUV-V A3)

„Unfallverhütungsvorschrift Schulen“ (DGUV Vorschrift 81),
gültig ab 1. April 2004 (bisher GUV-V S1)
insbesondere § 21–§ 27 Fachräume für den naturwissenschaftlichen Unterricht,
Werk-/Technikunterricht und vergleichbar ausgestattete Räume – zusätzliche Anforderungen
§ 27 Unbefugte Benutzung von Maschinen und Geräten

Regeln

„Schleifen, Bürsten und Polieren von Aluminium" (DGUV Regel 109-001)
Stand Februar 2008 (bisher BGR 109)

„Benutzung von Gehörschutz" (DGUV Regel 112-194)
aktualisierte Fassung vom Januar 2015 (bisher BGR/GUV-R 194)

„Benutzung von Augen- und Gesichtsschutz" (DGUV Regel 112-992)
Stand Juli 2002 (bisher GUV-R 192; vorherig GUV 20.13)

„Unterricht in Schulen mit gefährlichen Stoffen" (DGUV Regel 113-018)
Stand August 2010 (bisher BG/GUV-SR 2003)

„Stoffliste zur Regel „Unterricht in Schulen mit gefährlichen Stoffen" (DGUV Regel 113-019)
aktualisierte Fassung vom November 2010 (bisher BG/GUV-SR 2004)

„Benutzung von Augen und Gesichtsschutz" (DGUV Regel 112-992)
aktualisierte Fassung vom Februar 2006 (bisher BGR/GUV-R 192)

Informationen

„Erste-Hilfe-Schränke (Aufkleber)" (DGUV Information 202-004)
Stand Januar 2004 (bisher BGI/GUV-I 8580)

„Beurteilungen von Gefährdungen und Belastungen an Lehrerarbeitsplätzen"
(DGUV 202-006)
Stand 2001 (bisher BGI/GUV-I 8767)

„Sicher und fit am PC in der Schule. Mindestanforderungen an Bildschirmarbeitsplätzen in Fachräumen für Informatik" (DGUV Information 202-014)
Stand Juni 2002 (bisher GUV 20.48)

„Richtig sitzen in der Schule. Mindestanforderungen an Tische und Stühle in allgemeinbildenden Schulen" (DGUV Information 202-016)
aktualisierte Fassung vom Oktober 2008 (bisher GUV-SI 8011)

„Sichere Schultafel" (DGUV Information 202-021)
Stand Juni 2007 (bisher GUV-SI 8016)

„Das gehört zu einem verkehrssicheren Fahrrad" (Plakat) (GUV Information 202-025)
Stand Januar 2017 (bisher GUV-SI 8021)

„Schriften und Medien zur Sicherheitsförderung in Kindertageseinrichtungen, Schulen und Hochschulen" (DGUV Information 202-029) (Regelwerk des Bundesverbandes der Unfallkassen)
Stand August 2008 (bisher GUV-SI 8026)

„Gesetzlicher Unfallversicherungsschutz für Schülerinnen und Schüler"
(DGUV Information 202-032)
aktualisierte Fassung von April 2006 (bisher GUV-SI 8030)

„Sicher durch das Betriebspraktikum. Informationen für Lehrkräfte an allgemeinbildenden Schulen" (DGUV Information 202-034)
Stand Mai 2004 (bisher GUV-SI 8034)

„Papier. Ein Handbuch für Lehrkräfte „ (DGUV Information 202-036)
Stand April 2005 (bisher GUV-SI 8036)

„Metall. Ein Handbuch für Lehrkräfte" (DGUV Information 202-037)
Stand Dezember 2011 (bisher GUV-SI 8037)

„Kunststoff. Ein Handbuch für Lehrkräfte" (DGUV Information 202-038)
Stand Mai 2004 (bisher GUV-SI 8039)

„Sicher experimentieren mit elektrischer Energie in Schulen.
Grundlagen – Gefährdungsbeurteilung – Experimentieren" (DGUV Information 202-039)
Stand September 2012 (bisher BG-SI/GUV-SI 8040)

„Holz. Ein Handbuch für Lehrkräfte" (DGUV Information 202-040)
Stand Januar 2006 (bisher GUV-SI 8041)

„Holzstaub im Unterricht allgemeinbildender Schulen" (DGUV Information 202-041)
Stand Mai 2003 (bisher GUV-SI 8041-2)

„Sicherheit in der Schule. Aufgaben der Schulleiterinnen und Schulleiter, Sicherheitsbeauftragten und Lehrkräfte." (DGUV Information 202-058)
Stand Juli 2003 (bisher GUV-SI 8064)

„Erste Hilfe in Schulen" (DGUV Information 202-059)
Stand Juni 2008) (bisher GUV.SI 8065)

„Empfehlungen der Kultusministerkonferenz vom 09. September 1999 in der Fassung vom 28. März 2003"; Naturwissenschaften/Technik/Arbeitslehre/Hauswirtschaft/Kunst (Sicherheitsrichtlinien im Unterricht ‚RISU')" (DGUV Information 202-060)
(bisher GUV-SI 8070)

„Sicheres Bohren" (DGUV Information 202-068)
Stand Juni 2007 (bisher GUV-SI 8078)

„Die Werkraumordnung" (DGUV Information 202-071)
Stand Juni 2007 (bisher GUV-SI 8081)

„Sicheres Sägen" (DGUV Information 202-075)
Stand Juni 2008 (bisher GUV-ST 8085)

„Sicheres Löten" (DGUV Information 202-076)
Stand Juni 2008 (bisher GUV-SI 8086)

„Sicheres Schleifen" (DGUV Information 202-077)
Stand Juni 2009 (bisher BG-SI/GUV-SI 8087)

„Betriebsanweisung Holzstaub" (DGUV Information 202-078)
Stand Juni 2009 (bisher BG/GUV.SI 8088)

„Sicheres Arbeiten mit Metall" (Plakat DIN A2) (DGUV Information 202-082)
Stand August 2011 (bisher BG/GUV-SI 8096)

„Klassen(n)-Räume für Schulen. Empfehlungen für gesundheits- und lernfördernde Klassenzimmer" (DGUV 202-090)
Stand Januar 2012 (bisher BG/GUV-SI 8094)

„Handbetriebene Schneidgeräte" (DGUV Information 203-011)
Stand Februar 2011 (bisher BGI 721)

„Erste Hilfe" (Plakat DIN A2) (DGUV Information 204-001)
Stand April 2011 (bisher BG-SI/GUV-SI 510-1)

„Anleitung zur Ersten Hilfe" (DGUV Information 204-006)
Stand Mai 2011 (bisher BGI/GUV-SI 503)

„Verbandbuch" (DGUV Information 204-020)
Stand Dezember 2015 (bisher BGI/GUV-I 511-1)

„Notruf 112" (DGUV Information 204-032)
Stand März 2017 (bisher GUV-I 8578)

„Lichtbogenschweißen" (DGUV Information 209-010)
Stand März 2017 (bisher BGI 553)

„Industriestaubsauger und Entstauber" (GUV Information 209-084)
Stand Februar 2017

„Gehörschutz" (DGUV Information 212-024)
Stand März 2011 (bisher BGI/GUV-I 5024)

„Gefahrenstoffe in Werkstätten" (DGUV Information 213-033) Februar 2017
Stand Februar 2012 (bisher BGI/GUV-SI 8625)

„Natürliche und künstliche Beleuchtung an Arbeitsstätten (DGUV Information 215-210)
Stand September 2016

„Keramik. Ein Handbuch für Lehrkräfte" (DGUV Information 313-041)
Stand Juni 2005 (bisher GUV-SI 8036)

Anhang II Sicherheitszeichen

An Orten, an denen Gefahren auftreten können, werden oft Warnhinweise in Form von Sicherheitszeichen angebracht. Das gilt selbstverständlich auch für Schulgebäude und dort in besonderem Maße für die Fachunterrichtsräume. Dabei sind diese Sicherheitszeichen nach bestimmten Kategorien geordnet in Verbotszeichen (Kreisscheibe mit Diagonalbalken, rot) Gebotszeichen (Kreisscheibe, blau), Warnzeichen (gleichseitiges Dreieck, gelb), Rettungszeichen (Quadrat oder Rechteck, grün) und Brandschutzzeichen (Quadrat, rot). Viele Sicherheitszeichen sind inzwischen europaweit genormt (DIN EN ISO 7010) und sind in den Technischen Regeln für Arbeitsstätten ASR A1.3 detailliert beschrieben und abgebildet. Daneben gibt es noch einige nicht normierte Zeichen, wie z. B. das Zeichen „Stopp den Unfall".

Für einen sicheren Aufenthalt in den Fachräumen des Technikunterrichts sind folgende Sicherheitszeichen von Belang (Abbildungen siehe unten):

Verbots- und Warnzeichen:

- Maschinenraum: Zutritt für Unbefugte verboten
- Maschinenraum: Sicherheitsmarkierungen am Boden
- Fachraumbereich insgesamt: Laufen verboten
- Fachraumbereich: Essen verboten (nicht genormt)

Gebotszeichen:

- Fachraum/Maschinenraum: Augenschutz benutzen
- Fachraum/Maschinenraum: Haarschutz benutzen (nicht genormt)
- Maschinenraum: Gehörschutz benutzen
- Fachraum: Hände waschen

Warnzeichen:

- Fachraum/Lager: Warnung vor giftigen Stoffen
- Fachraum/Lager: Warnung vor feuergefährlichen Stoffen
- Fachraum/Maschinenraum: Warnung vor spitzem Gegenstand
- Fachraum/Maschinenraum: Bodenmarkierung

Rettungszeichen:

- Fachräume: Fluchtweg/Notausgang
- Fachraum/Vorbereitungsraum: Erste Hilfe
- Fachräume/Vorbereitungsraum: Nottelefon
- Fachräume: Notausstieg

Brandschutzzeichen:

- Fachräume: Feuerlöschgerät
- Fachraum: Brandmelder
- Fachraum: Richtungspfeil
- Fachräume: Löschdecke (nicht genormt)

Allgemeines Verbotszeichen

Zutritt für Unbefugte verboten

Laufen verboten

Essen und Trinken verboten

Allgemeines Gebotszeichen

Augenschutz benutzen

Gehörschutz benutzen

Hände waschen

Allgemeines Warnzeichen

Warnung vor giftigen Stoffen

Warnung vor feuergefährlichen Stoffen

Warnung vor spitzem Gegenstand

Notausgang links

Erste Hilfe

Notruftelefon

Notausstieg

Feuerlöschgerät

Brandmelder

Richtungspfeil, gerade

Feuerlöschdecke

Sicherheitsmarkierung von Gefahrenstellen

Anhang III
„Wer liefert was?“

Die folgende Auflistung erhebt keinen Anspruch auf Vollständigkeit. Aufgeführt sind alle im Text aufgeführten Ausstatter und Marken und deren „Homepages“. Auf diesen kann man sich einen guten Überblick über das jeweilige Angebot an für das Fachraumsystem geeigneten Ausstattungen machen. Meist findet sich dazu auch noch ein Händlernachweis.

Viele Beschaffungen lassen sich auch über das lokale und regionale Händlernetz durchführen, worauf hier aus naheliegenden Gründen nicht eingegangen werden kann.

1. Fachraumausstatter

Die hier aufgeführten Fachraumausstatter sind sogenannte Vollsortimenter, das heißt, dass sie in der Lage sind, die komplette Ausstattung für das Fachraumsystem zu liefern. Zudem beraten sie und machen Planungsvorschläge, die sich an der ortsspezifischen Raumsituation orientieren.

Conen. Objekt- und Schuleinrichtungen (A) . . . . (www.schulmoebel-conen.at)
Christiani. Technisches Institut für Aus- und Weiterbildung . . . . (www.christiani.de)
Famos. Die Werkraum-Dienstleister. . . . . (www.famos-gmbh.de)
LPE Technik GmbH . . . . (www.technik-lpeshop.de)
Mayr Schulmöbel GmbH (A). . . . . (www.mayrschukmoebel.at)
OPO Oeschger (CH) . . . . (www.opo.ch)
P.A.U.L. GmbH. . . . . (www.paulgmbh.de)
weba Schulausstattungen GmbH . . . . (www.weba-tuwas.de)
WPO Objekt- und Fachraumeinrichtungen GmbH. . . . . (www. wpo-wetec.de)

2. Werkbänke, Betriebseinrichtungen

ANKE Werkbänke . . . . (www.-werkbaenke.com)
Hahn+Kolb Werkzeuge GmbH . . . . (www.hahn-kolb.de)
Hoffmann-Group . . . . (www.hoffmann-group.de)

3. Werkzeuge

Bessey Tool (Spannwerkzeuge). . . . . (www.bessey.de)
Brüder Mannesmann (Montagewerkzeuge) . . . . (www.br-mannesmann.de)
Ceramica (Keramikbedarf) . . . . (www. ceramicashop.de)
Conrad (Elektro-/Elektronikwerkzeuge) . . . . (www.conrad.de)
Dick (Holzbearbeitungswerkzeuge) . . . . (www.dick-gmbh.de)
Dünnemann (Spannwerkzeuge) . . . . (www.klemmsia.de)
Ersa (Lötwerkzeuge) . . . . (www.ersa.de)
Famag (Bohrwerkzeuge). . . . . (www.famag.com)
Gedore (Montagewerkzeuge) . . . . (www.gedore.de)
Gerstäcker (Keramikbedarf). . . . . (www.gerstaecker.de)
Hahn+Kolb (Metallbearbeitungswerkzeuge) . . . . (www.hahn-kolb.de)
Hoffmann-Gruppe (Werkzeuge aller Art) . . . . (www.hoffmann.gruppe.de)

Jäger, Carl (Keramikbedarf) .... (www.shop.carl-jaeger.de)
Kirschen (Holzbearbeitungswerkzeuge) .... (www.kirschen.de)
Knipex (Zangen)... (www.knipex.de)
Opitec (Werkzeuge aller Art).. (www.opitec.de)
Ulmia (Holzbearbeitungswerkzeuge)....................................... (www.ulmia.de)
Wolbring, Hans (Keramikbedarf).................................. (www.keramikbedarf.de)

4. Werkzeug- und Kleinteileordnung

Conrad (Kleinteilmagazine) .... (www.conrad.de)
Famos (Werkzeugblöcke, Kleinteilemagazine, Sichtlagerkästen,
Sortimentkästen, Kennzeichnungen) .... (www.famos-gmbh.de)
Hahn+Kolb (Kleinteilemagazine, Sichtlagerkästen,
Schubladeneinrichtungen) .... (www.hahn-kolb.de)
Hoffmann-Group (Kleinteilemagazine, Sichtlagerkästen,
Schubladeneinrichtungen) .... (www.hoffmann.group.de)
Pressel (Lagersichtboxen u. Kleinteilmagazine aus Pappe, Regale) .... (www.pressel.com)
Opitec (Werkzeugblöcke, Kleinteilmagazine, Sortimentkästen)................. (www.opitec.de)
weba (Werkzeugblöcke, Kleinteilemagazine, Sichtlagerkästen,
Sortimentkästen, Kennzeichnungen) .... (www.weba-tuwas.de)
WPO (Werkzeugblöcke, Kleinteilemagazine, Sichtlagerkästen,
Sortimentkästen, Kennzeichnungen) .... (www. wpo-wetec.de)

5. Elektrowerkzeuge, mobile Entstauber

Al-Ko (Industriestaubsauger, Entstauber)..................................... (www.al-ko.de)
AEG-Powertools (Handmaschinen)............................... (www.aeg.powertools.eu)
Black&Decker (Handmaschinen)................................. (www.blackanddecker.de)
Bosch (Handmaschinen)... (www.bosch-pt.com)
Einhell (Handmaschinen) .... (www.einhell.de)
Esta (mobile Entstauber) .... (www.esta.com)
Fein (Handmaschinen) .... (www.fein.com)
Ferm (Deltaschleifer) .... (www.ferm24.de)
Festo (Handmaschinen, Absaugungen) .... (www.festool.de)
Hahn+Kolb (Handmaschinen, Absaugungen) .... (www.hahn-kolb.de)
Holzkraft (mobile Entstauber)................................ (www.holzkraft-maschinen.de)
Kress (Handmaschinen, Absaugungen) .... (www.kress-elektrik.de)
Mafell (Handmaschinen, Absaugungen) .... (www.mafell.de)
Makita (Handmaschinen, Absaugungen).................................... (www.makita.de)
Mannesmann (Heißluftpistole) .... (www.br-mannesmann.de)
Metabo (Handmaschinen, Absaugungen) .... (www.metabo.com/de/de
Nilfisk (Industriestaubsauger, Entstauber) .... (www.nilfisk.com)
Starmix (Absaugungen) .... (www.starmix.de)
Steinel (Heißklebepistolen, Heißluftgebläse) .... (www.steinel.de)
UHU (Heißklebepistole) .... (www.uhu.com)

6. Stationäre Maschinen

Al-Ko (stationäre Absaugungen) . . . . . (www.al-ko.de)
Alzmetall (Bohrmaschinen) . . . . . (www.alzmetall.com)
Berg&Schmid (Metallkreissägen, Kappsägen) . . . . . (www.bergundschmid.de)
Bernardo (Holz- und Metallbearbeitungsmaschinen) (A) . . . . . (www.bernardo.at)
Ceramica (Keramikbrennöfen) . . . . . (www. ceramicashop.de)
CR Clarke (Thermoformmaschinen) (GB) . . . . . (www.crclarke.co.uk)
Dahle (Papier- und Werkstoffschneidemaschinen) . . . . . (www.dahle.de)
Einhell (Holzbearbeitungsmaschinen, Schweißtechnik) . . . . . (www.einhell.de)
Elmag (Metallkreissägen) (A) . . . . . (www.elmag.at)
Emco (Drehmaschinen, CNC-Maschinen) . . . . . (www.emco-word.com)
Epple (Metallschleifmaschinen) . . . . . (www.epple.com)
Esta (stationäre Absaugungen) . . . . . (www.esta.com)
Felder (Holzbearbeitungsmaschinen) . . . . . (www.felder-gruppe.de)
Flott (Bohrmaschinen, Schleifmaschinen) . . . . . (www.flott.de)
Hahn+Kolb (Metallbearbeitungsmaschinen) . . . . . (www.hahn-kolb.de)
Holzkraft (Holzbearbeitungsmaschinen) . . . . . (www.holzkraft-maschinen.de)
Holzmann (Holz- und Metallbearbeitungsmaschinen) (A) . . . . . (www.holzmann-maschinen.at)
Hema (Bandsägemaschinen) . . . . . (www.hema-saegen.de)
Hegner (Dekupiersägen, Tellerschleifmaschinen, Holzdrehbänke) . . . . . (www.hegner-gmbh.com)
Holzkraft (Holzbearbeitungsmaschinen) . . . . . (www.holzkraft-maschinen.de)
Ideal (Papier- und Werkstoffschneidemaschinen) . . . . . (www.ideal.de)
Isel (CNC-Maschinen) . . . . . (www.isel.com/de)
Jet (Holz- und Metallbearbeitungsmaschinen) . . . . . (www.top-maschinen.de)
Max (Koordinatentischsysteme, Fräsen, Drucken, Scannen) . . . . . (www.max-computer.de)
Maxion (Bohrmaschinen) . . . . . (www.maxion.de)
Nabertherm (Keramikbrennöfen) . . . . . (www.nabertherm.de)
Metabo (Bandsägen, Kappsägen, Allessauger) . . . . . (www.metabo.de)
Optimum (Bohrmaschinen, Schleifmaschinen, Drehmaschinen) . . . (www.optimum-maschinen.de)
Record-Power (Bandsägemaschinen, Bandschleifmaschinen) (GB) . . . . . (www.recordpower.co.uk)
Rohde (Keramikbrennöfen) . . . . . (www.rohde-online.net)
Scheppach (Holzbearbeitungsmaschinen) . . . . . (www.scheppach.com)
Schönwolff (Thermoformmaschinen) . . . . . (www.schoenwolff.de)
Stürmer (Holz- und Metallbearbeitungsmaschinen) . . . . . (www.stuermer-maschinen.de)
Technik-LPE (3-D-Drucker) . . . . . (www.technik-lpeshop.de)
Thermoconcept (Kammeröfen) . . . . . (www.thermoconcept.com)
Wabeco (Metalldrehmaschinen) . . . . . (www.wabeco-remscheid.de)

7. Mobile Kleinmaschinen

Christiani (CNC-Schmelzscheidemaschine) . . . . . (www.christiani.de)
Schweißkraft (Schweißtechnik) . . . . . (www.schweisskraft.de)
Schneider (Kompressoren) . . . . . (www.schneider-airsysteme.de)
Schweißkraft (Schweißtechnik) . . . . . (www.schweisskraft.de)
Fellowes (Papierschneidemaschinen, Laminiergeräte) . . . . . (www.fellowes.com)
GBC (Laminiergeräte) . . . . . (www.gbceurope.com)

Güde (Kompressoren, Schweißtechnik) . . . . (www.guede.com)
Jäckle (Schweißtechnik) . . . . (www.jaeckle-sst.de)
Leitz (Laminiergeräte). . . . . (www.leitz.com)
Rehm (Schweißtechnik) . . . . (www.rehm-online.de)
Schweißkraft (Schweißtechnik) . . . . (www.schweisskraft.de)
Schneider (Kompressoren). . . . . (www.schneider-airsysteme.de)

8. Elektrotechnik/Elektronik

Basetech (Labornetzgeräte). . . . . (www.voelkner.de)
Conrad (Elektrowerkzeuge, Labornetzgeräte) . . . . (www.conrad.de)
ELV (Lötstationen, Löttechnik) . . . . (www.elv.de)
Knipex (Elektrowerkzeuge, Zangen) . . . . (www.knipex.de)
Kurtz Ersa (Lötstationen, Löttechnik) . . . . (www.kurtzersa.de)
Voelkner (Elektrowerkzeuge, Labornetzteile) . . . . (www.voelkner.de)
Voltcraft (Labornetzgeräte). . . . . (www.conrad.de)
Weller (Lötstationen, Löttechnik). . . . . (www.weller.de)

Siehe hierzu auch unter „Fachraumausstatter“

9. Technische Konstruktionsbaukästen

fischertechnik® school. . . . . (www.technik.lpeshop.de)
HEWA . . . . (www.hewa-apolda.de)
LEGO® Education. . . . . (www.schule-trifft-technik.de)
UMT® . . . . (www.hnn-didaktik.de)

Siehe hierzu auch unter „Fachraumausstatter“

10. Modelle/Unterrichtsmedien

Conrad (Modelle, elektronische Bausätze Lernsoftware) . . . . (www.conrad.de)
Technik-LPE (Modelle, Bausätze, Schaubilder). . . . . (www.technik.lpeshop.de)
Traudl Riess (Bausätze, Modelle, technische Baukästen). . . . . (www.traudl-riess.de)

11. Sicherheitsmedien

Flott (Schutzvorrichtungen für Holzbearbeitungsmaschinen) . . . . (www.flott.de)
Hahn+Kolb (Schutzmedien aller Art) . . . . (www.hahnundkolb.de)
Hema (Schutzvorrichtungen für Holzbearbeitungsmaschinen) . . . . (www.hema-saegen.de)
Hoffmann-Group (Schutzmedien aller Art). . . . . (www.hoffmann-group.com)

Siehe hierzu auch unter „Fachraumausstatter“

18 Literaturverzeichnis

Alt, R. (1948): Die Industrieschulen. Ein Beitrag zur Geschichte der Volksschule. Berlin

Alt, R. (1970): Zur Geschichte der Arbeitserziehung in Deutschland. Teil 1. Von den Anfängen bis 1900. Berlin

Althoff, G. (1979): Die elektrische Ständerbohrmaschine. Funktionsprinzip und Handhabung. In: tu. Heft 11, S. 20-26

Ausschuss für Arbeitsstätten (2013): Technische Regeln für Arbeitsstätten. ASR. A1 5/1,2. Fußböden

Autorenkollektiv (Leitung H. Weiß) (1974): Fachunterricht. Unterrichtsmittel. Fachunterrichtsräume. Berlin, Verlag Volk und Wissen

BAGUV (Hrsg.) (1975): (Bundesarbeitsgemeinschaft der Unfallversicherungsträger der öffentlichen Hand) Richtlinien, Bau und Ausrüstung von Schulen. (GUV SR 2001)

BAGUV (Hrsg.) (1987): Richtlinien für Schulen – Bau und Ausrüstung. Ausgabe Januar 1987 (GUV 16.3)

BAGUV (Hrsg.) (2001): Unfallverhütungsvorschrift. Schulen mit Durchführungsanweisungen vom Mai 2002. (Muster) (GUV-V S1)

BAGUV (Hrsg.) (1994, aktualisierte Fassung von 2003): Merkblatt für Fußböden in Arbeitsräumen und Arbeitsbereichen mit Rutschgefahr. München (GUV-R 181 vormals GUV 26.18)

BAGUV (Hrsg.) (1996): Sicherheit im Unterricht. Lernbereich Kunststoff. München. (GUV-SI 8039 vormals GUV 57.1.30.4)

BAGUV (Hrsg.) (1996): Sicherheit im Unterricht. Lernbereich Metall. München. (GUV-SI 8038 vormals GUV 57.1.30.3)

BAGUV (Hrsg.) (1996): Sicherheit im Unterricht. Lernbereich Papier. München. (GUV-SI 8037 vormals GUV 57.1.30.2)

BAGUV (Hrsg.) (1997): Holzbearbeitungsmaschinen. Handhabung und sicheres Arbeiten. o.O. (GUV 57.1.4-1)

BAGUV (Hrsg.) (1997): Sicherheit im Unterricht. Lernbereich Elektrotechnik, Elektronik. München. (GUV-SI 8040 vormals GUV 57.1.30.5)

BAGUV (Hrsg.) (1998a): Erste Hilfe Material. München (GUV-I 512)

BAGUV (Hrsg.) (o.J.): Sicherheit im Technikunterricht. Ein Handbuch für Lehrkräfte. München. (GUV-SI 8036-8043 vormals GUV 57.1.30)

BAGUV (Hrsg.) (1998b): Holz. Ein Handbuch für Lehrkräfte. München. (GUV-SI 8041 vormals GUV 57.1.30.6)

BAGUV (Hrsg.) (1999): Richtig sitzen in der Schule. Mindestanforderungen an Tische und Stühle in allgemeinbildenden Schulen. Aktualisierte Fassung von 2008. München. (GUV-SI 8011)

BAGUV (Hrsg.) (2003a): Erste Hilfe in Schulen. München. (GUV-I 8540)

BAGUV (Hrsg.) (2003b): Sicherheit im Unterricht. Holzstaub im Unterricht allgemeinbildender Schulen. München (GUV-SI 8041-2)

BAGUV (Hrsg.) (2005): Sicherheit im Unterricht. Keramik. Ein Handbuch für Lehrkräfte. München. (GUV-SI 8036 vormals GUV 57.1.30.1)

BAGUV (Hrsg.) (1998, aktualisierte Fassung von 2006): GUV Informationen. Sicherheit im Unterricht. Holz. ein Handbuch für Lehrer. München. (GUV-SI 8041)

Barth, E./Niederley, W. (1882): Die Schulwerkstatt. Ein Leitfaden zur Einführung der technischen Arbeiten in der Schule. Bielefeld, Leipzig

Behre, G.W.; Börner, M.; Schmayl, W. (1996): Fachraumausstattung für den Technikunterricht in der Grundschule. In: tu 79, S. 36-41

Benjes, H./ Welschehold, E./ Zuschlag, F. (2008): Fertigen, Konstruieren und Steuern im Technikunterricht. Lehrerhandbuch für die Arbeit mit dem Halbzeugsystem UMT. Eberbach

Berliner Musterrichtlinie über bauaufsichtliche Anforderungen an Schulen (Muster-Schulbau-Richtlinie - MSchulbauR) 1. Fassung April 2009

Berger, W. (1960): Schulbau von heute für morgen. Göttingen, Berlin, Frankfurt am Main

Berufsgenossenschaft Holz und Metall (Hrsg.) (2016): Holzbearbeitungsmaschinen. TSM/M. Handhabung und sicheres Arbeiten. Mainz

Bienhaus, W.(1981): Werkzeugausstattung für den Technikunterricht. In: tu 19, S. 36-40

Bienhaus, W. (1983, 1984, 1985): Maschinen- und Elektrowerkzeuge für den Technikunterricht. In: tu 30, 31, 32, 33, 34 und 35

Bienhaus, W. (1985): Einführung in die Fachräume. Hinweise zur Sicherheitserziehung. In: Die Werkstunde 256. Frankfurt am Main

Bienhaus, W. (2001): Das Fachraumsystem des Technikunterrichts – Ort theoretischen und praktischen Lernens. In: Deutsche Gesellschaft für Technische Bildung (Hrsg.): Praxis und Theorie in der Technischen Bildung. 4. Tagung der DGTB in Wilhelmshaven vom 14.-16.09.2000. Villingen-Schwenningen

Bienhaus, W. (2006): Der universelle Maschinenraum. – Lernort für Schüler oder Hobbywerkstatt für Lehrer? In: Unterricht Arbeit + Technik. Heft 30, S. 19-22

Bienhaus, W.: Internetveröffentlichungen der Forschungsstelle Fachräume technische Bildung (fftb), aufrufbar unter: http://technik.ph-karlsruhe.de/fftb/

Biester, W., e. a. (1992): Empfehlungen für den Technikunterricht. Fachräume. Ausstattung. Finanzierung. (Manuskript, VDI). Düsseldorf

Biester, W. (Hrsg.) (1996): Praktisches Lernen und technische Bildung in der Grundschule. Bestandsaufnahme und Ausstattungsempfehlung. o.O.

Birgfeld, H. (2010): Kleine Fibel Arbeitsschutz an Schulen. 8. Aufl. BoD. Norderstedt

Blätter für Knaben-Handarbeit. Organ des Deutschen Vereins für Knaben-Handarbeit. 14. Jg. 1900

Blankertz, H. (1969): Bildung im Zeitalter der großen Industrie. Pädagogik, Schule und Berufsbildung im 19. Jahrhundert. Hannover, Berlin, Darmstadt, Dortmund

Blankertz, H. (1982): Geschichte der Pädagogik. Von der Aufklärung bis zur Gegenwart. Wetzlar

Blankertz, H. (1982/92): Die Geschichte der Pädagogik. Von der Aufklärung bis zur Gegenwart. Wetzlar

Blasche, B. H. (1800-1802): Werkstätte der Kinder. Ein Handbuch für Eltern und Erzieher zu zweckmäßiger Beschäftigung ihrer Kinder und Zöglinge. Teil 1(1800), Teil 2 (1801), Teil 3 und 4 (1802). Gotha

Bleher, W. u. a. (1999): Umwelt: technik 7-10, Ausgabe B. Stuttgart Düsseldorf Leipzig

Böhm, W. (1975): Neues Werken in der Grundschule. Ansbach

Böhm, W. (1994): Wörterbuch der Pädagogik. 14., überarbeitete Auflage. Stuttgart

Braun, Frank (2003): Vielfalt braucht Ordnung – Ordnung braucht System. In: tu 108, S. 39

Brühlmeier, A. (1995): Pestalozzis Erziehungslehre. (Internetveröffentlichung, verfügbar unter: www.bruehlmeier.info, 12. 10. 2016)

Bund Deutscher Kunsterzieher (1965): Hinweise zur Einrichtung und Ausstattung von Fachräumen für den Kunst- und Werkunterricht. In: BDK Mitteilungen 2-3

Burkard, F. (1998): Werkzeugordnungssysteme im Fachraum des Technikunterrichts. In tu 90, S. 32-38

Deichmann, S. (2003): Sicherheitserziehung: Spielerisches Erlernen der Werkraumordnung. In: Die Technikstunde Nr. 141. Dietzenbach

Deutscher Ausschuss (DA) für das Bildungs- und Erziehungswesen. Empfehlungen und Gutachten Folge 7/8 (1964): Empfehlungen zum Aufbau der Hauptschule. Stuttgart

Deutscher Verein für Knabenhandarbeit (Hrsg.) (1902): Ratgeber zur Einführung der erziehlichen Knabenhandarbeit. Leipzig

DGUV (2002) (Hrsg.) (2001): DGUV Vorschrift 81. Unfallverhütungsvorschrift Schulen (Muster) mit Durchführungsanweisungen vom Juni 2002. Berlin. (GUV-V S1)

DGUV (Hrsg.) (2007): Information Prüfung ortsveränderlicher elektrischer Betriebsmittel. Praxistipps für Betriebe. Aktualisierte Fassung von 2009. Berlin. (BGI/DGUV-I 8524)

DIN 51130 (1992): Prüfung von Bodenbelägen. Bestimmung der rutschhemmenden Eigenschaften. Arbeitsräume und Arbeitsbereiche mit erhöhter Rutschgefahr – Schiefe Ebene. Berlin

Dinter, Horst (1980): Didaktik des Technikunterrichts. München

Dold, W. (1992): Lötwerkzeugkasten. In: tu 65, S, 41-43

Dold, W. (1999a): Werkzeugordnung in der Praxis. In: tu 91, S. 42-44

Dold, W. (1999b): Werkstückeordnung und Heftführung. In: tu 94, S. 26-31

Dold, W. (2000) Materialordnung im Technikraum. In: tu 97, S. 11 ff.

Dold, W. (2008): Ordnung durch Farbe. Werkzeugordnung. Materialverwaltung. Werkstückaufbewahrung. Heftführung. In: Die Technikstunde Nr. 197. Dietzenbach

Domhan, E. (1885): Überlegungen zum Problemfeld „Unfallverhütung“. In: tu Heft 36, S. 45-48

Dörrhöfer, W. (1933): Die Geschichte des Deutschen Vereins für werktätige Erziehung in den ersten 50 Jahren seines Bestehens. Ein Beitrag zur Geschichte der Arbeitsschulbewegung in Deutschland. Diss., Greifswald

E-DIN 51 131 (1998): Prüfung von Bodenbelägen. Bestimmung der rutschhemmenden Eigenschaften. Verfahren zur Bestimmung der Gleitreibungskoeffizienten. Berlin

Eckel J./Sturm R. (2008): Technisches Werken 1/2, GS-Multimedia Verlag, Wien

Eckert, T./ Pfundstein, B. (1991): Sanierung und Neugestaltung von Technikräumen einer Realschule. In: tu 61, S. 38-45

Eckert, T. (1998): Werkzeugsymbole als Unterstützung des Werkzeugordnungssystems. In: tu 49, S. 15-30 und tu 50, S. 33-38

Engelbert, M.: (1954): Stoff und Form. Leitfaden der Technischen Elementarerziehung, hrsg. v. d. Hochschule für Internationale Pädagogische Forschung in Frankfurt a. Main. Frankfurt am Main, Berlin

Esterl, D. (2006): Die erste Waldorfschule Stuttgart-Uhlandshöhe. 1909-2004. Daten – Dokumente – Bilder. Stuttgart

Fast, L./Seifert, H. (Hrsg.) (1997): Technische Bildung. Geschichte, Probleme, Perspektiven. Weinheim

Fast, L./ Schulz, M. (1998): Ursachenstammbaum – Sicherheitserziehung im Technikunterricht. In: tu Heft 87

Fiederling, W. (1992): Sicherer Umgang mit der Tischbohrmaschine. In: Die Technikstunde Nr. 2. Dietzenbach

Förtsch, A. (1933): Freies Werkschaffen und Gestaltungstypen. Weimar

Freie und Hansestadt Hamburg. Behörde für Schule und Berufsbildung (2011) (Hrsg.): Musterflächenplan für allgemeinbildende Schulen in Hamburg. Hamburg

Freudenthal, H. (1957): Volkstümliche Bildung. Begriff und Gestalt. München

Glaser, G. (1992): Sicheres Arbeiten an Maschinen – Tischbohrmaschine. In: Die Technikstunde Nr. 1. Dietzenbach

Glöckel, H. (1964): Volkstümliche Bildung? Versuch einer Klärung. Ein Beitrag zum Selbstverständnis der Volksschule. Weinheim

Götze, W. (1892): Katechismus des Knabenhandarbeitsunterrichts. Ein Handbuch des erziehlichen Arbeitsunterrichts. Leipzig

Gottschalk, F./Gürtler, H (1959): Handbuch der Unfallverhütung. Stuttgart, Düsseldorf

Grammel, D. (1979): Schüler an Maschinen und die Unfallverhütungsvorschriften. In: didaktik. arbeit, technik, wirtschaft. Heft 3, S. 209-223

Grammel, D. (1984): Fachräume für Arbeitslehre. Einrichtung, Bestandswahrung, Sicherheitseinrichtungen. In: arbeiten + lernen/Die Arbeitslehre. Nr. 35, S. 20-23

Gross, P./Hildebrand, F. (1929): Geschmacksbildende Werkstattübungen. Zweite, völlig umgearbeitete Auflage. Leipzig

Hartmann, E., e. a. (Hrsg.) (2008): Technik und Bildung in Deutschland. Technik in den Lehrplänen allgemeinbildender Schulen. Eine Dokumentation und Analyse. VDI-Report 38. Düsseldorf

Helling, K., e. a. (2006): Umwelt Technik 1. Stuttgart Leipzig

Helling, K., e. a. (2008): Umwelt Technik. kompakt. Stuttgart Leipzig

Helling, K., e. a. (2008): Umwelt Technik 2. Stuttgart Leipzig

Hendricks, W./Reuel, G (1984): Fachräume für Arbeitslehre – Anspruch und Wirklichkeit. In: arbeiten + lernen/Die Arbeitslehre 35, S. 6-11

Henseler, K./Höpken, G. (1975): Methodik des Technikunterrichts. Ravensburg

Henzler, S. (Hrsg.) (1999): Mensch. Technik. Umwelt. Klassen 5 + 6, 4. durchgesehene Aufl. Hamburg

Henzler, S./ Leins, K. (Hrsg.) (1991): Mensch. Technik. Umwelt. Klassen 7 + 8 Hamburg

Henzler, S./ Leins, K. (Hrsg.) (1999): Mensch. Technik. Umwelt. Klassen 9 + 10. Hamburg

Henzler, S./ Leins, K. (Hrsg.) (2010): Technik 1 an allgemeinbildenden Schulen, Hamburg

Herrmann, U. (1983) (Hrsg.): Materialien zum Göttingischen Magazin für Industrie und Armenpflege. Paedagogica. Quellenschriften zur Industrieschulbewegung. Bd. V/7. Vaduz

Hessische Institut für Bildungsplanung und Schulentwicklung – HIBS (Hrsg.) (1982): Materialien zum Unterricht, Sekundarstufe I, Heft 34: Fachräume für Polytechnik/Arbeitslehre. Wiesbaden

Heusinger, J. H. G. (1797): Über die Benutzung des bei Kindern so thätigen Triebes, beschäftigt zu seyn. 1. Aufl. Gotha

Heusinger, J. H. G. (1802): Über die Benutzung des bei Kindern so thätigen Triebes, beschäftigt zu seyn. 3. Aufl. Reutlingen

Hillebrecht, W. (1968) (Bearbeiter): Friedrich Emanuel Niethammer: Philantropinismus – Humanismus. Texte zur Schulreform. Weinheim Berlin Basel

Hörner, H./Kaufmann, F (1972): Statische Probleme bei Brücken, Türmen und Kränen. Lehrhandbuch. Tumlingen

Holz-Berufsgenossenschaft (Hrsg.) (2009): DGUV Information 209-044 Holzstaub Gesundheitsschutz. Köln. (bisher: BGI 739-1)

Hüttner, A. (2005): Technik unterrichten – Methoden und Unterrichtsverfahren im Technikunterricht. Haan-Gruiten

Hüttner, A. (2017): Polytechnische Bildung als historisches Bildungskonzept – partiell recycelbar im Sinn einer perspektivischen Technikbildung?. In: Bienhaus, W./ Wiesmüller, C. (2017): 20 Jahre DGTB. Technische Bildung gestern heute morgen. 18. Tagung der DGTB in Freiburg i. Br. 2016, S. 76-99. Offenbach am Main

Institut für Qualitätsentwicklung an Schulen/ Unfallkasse Schleswig-Holstein (Hrsg.) (2004): Empfehlungen zur Sicherheit im Technikunterricht (GUV-SI 8955 SH). Verfasser H. Schlüter. Kronshagen, Kiel

Jaroszewski, F. (Leiter des Autorenkollektivs) (1961): Werkunterricht. Methodisches Handbuch für Lehrer. Berlin (Ost)

Kaiser, F.J./Kaminski, H. (Hrsg.) (1981): Wirtschaft. Handwörterbuch zur Arbeits- und Wirtschaftslehre. Stichwort ‚Raumausstattung'. Bad Heilbrunn

Kaiser, F.J./Kaminski, H. (1994): Methodik des Ökonomieunterrichts. Bad Heilbrunn

Kaul, W. (1973): Handbuch der Kunst- und Werkerziehung, Band II/3. Werkunterricht und Technik. Zweite, überarbeitete Auflage, hrsg. von Gunter Otto. Berlin

Keh, H. (1969): Der Werkunterricht. Handbuch der Realschulpädagogik, hrsg. von Schröder, E. & Keeser, G. Hannover

Keppler-Schrimpf, H. (2005): „Bildung ist nur möglich auf der Grundlage des Volkstums." Eine Untersuchung zu Richard Seyferts volkstümlicher Bildungstheorie als volksschuleigene Bildungskonzeption. Münster

Kerschensteiner, G. (1912): Begriff der Arbeitsschule. 13. unveränderte Aufl. 1959. München

Kerschensteiner, G. (1965): Begriff der Arbeitsschule. (herausgegeben von Josef Dolch) 16. unveränderte Aufl. München

Klafki, W. (1994): Neue Studien zur Bildungstheorie und Didaktik. Zeitgemäße Allgemeinbildung und kritisch-konstruktive Didaktik. 4. Aufl. Weinheim und Basel

Kledzik, U.-J. (1974) (Hrsg.): Gesamtschule auf dem Weg zur Regelschule. Bildungszentren in Berlin. Entscheidungen, Festlegungen, Hinweise. Hannover

Kledzik, U. J./Reuel, G. (1982): Unfallschutz und Sicherheitserziehung als Aufgaben des Arbeitslehre-Unterrichts in Berlin. In. arbeiten + lernen/die Arbeitslehre. Nr. 21, S. 2-6

Kliemt, G./ Diekershoff, K. H. (1978) Lernprozess Sicherheit: Ein Beitrag zur Didaktik der Sicherheitserziehung. Herausgegeben vom Bundesverband der Unfallversicherungsträger der öffentlichen Hand. München

Klöckner, K. (1957): Handbuch der Kunst- und Werkerziehung. Werken und Plastisches Gestalten. 3. Auflage 1968. Berlin

Klöckner, K. (1969): Handbuch der Kunst- und Werkerziehung, Band II/1. Werken und Plastisches Gestalten. Mit Beiträgen von Grete Meyer-Ehlers, Otto Mehrgardt und Wilhelm Peters. 3. Auflage, hrsg. von Gunter Otto. Berlin

Kluger, A. (Hrsg.) (1940): Die Deutsche Volksschule im Großdeutschen Reich. Handbuch der Gesetze, Verordnungen und Richtlinien für Erziehung und Unterricht nebst den einschlägigen Bestimmungen über Hitler-Jugend und Nationalpolitische Erziehungsanstalten. In: Apel, H. J. und Klöcker, M. (Hrsg.) (2000): Die Volksschule im NS-Staat. Köln, Weimar, Wien

Kohr, G. (1978): Werkbereich für eine vierzügige Realschule In: tu 9, S. 42-48

Korn, E. e. a. (1970): Fachunterrichtsräume für den Werkunterricht. Berlin

Krämer, J. (1963): Erziehung als Antwort auf die soziale Frage. Ratingen bei Düsseldorf

Kruditzki (1962): Die Kategorie des Volkstümlichen – eine Erkenntnisgrenze gegenüber politischen, gesellschaftlichen und wirtschaftlichen Strukturen? In: Die Deutsche Schule. Heft 3

Kultusministerium Baden-Württemberg (Hrsg.) (1999): Richtlinien für die Gewährung von Zuschüssen zur Förderung des Schulhausbaus kommunaler Schulträger (Schulbauförderrichtlinien – SchBauFR). IN: Kultus und Unterricht vom 6. April 1999

Kultusministerkonferenz (KMK) (Hrsg.) (2016): Richtlinien zur Sicherheit im Unterricht (RiSU). Empfehlung der Kultusministerkonferenz (Stand 26.02.2016)

Landesinstitut für Erziehung und Unterricht Baden-Württemberg (1997): Einrichtungs- und Ausstattungsempfehlungen für eine Gesamtausstattung des Faches Technik, Stuttgart.

Landesinstitut für Erziehung und Unterricht Stuttgart zus. m. Badischer Gemeindeunfallversicherungsverband & Württembergischer Gemeindeunfallversicherungsverband (Hrsg.) (1991): Sicherheitserziehung/Unfallverhütung. Handreichungen: Grundlegung und Unterrichtsbeispiele für die Schularten. Stuttgart

Landesinstitut für Schulentwicklung (Hrsg.) (2010): Umgang mit Maschinen/Vorschriften und Regelungen. Stuttgart

Landesunfallkasse Freie und Hansestadt Hamburg (Hrsg.) (2000): Zapusek, P. & Selchert, P. (Zusammenstellung): Einsatz von Maschinen und Geräten im Unterricht. Ein Leitfaden für Lehrkräfte der Klassen 5-10 der allgemeinbildenden Schulen in Hamburg. GUV 33.10. Hamburg

Lehberger, R. (1997): Das Fotoarchiv des Hamburger Schulmuseums zur Dokumentation der Reformpädagogik im Hamburg der Weimarer Republik. In: Schmitt, H., Link, J.-W., Tosch, F. (Hrsg.): Bilder als Quellen der Erziehungsgeschichte. Bad Heilbrunn

Lippmann, R. (1973): Fachraumplanung. In: twu Heft 1, S. 21-26

Lippmann, R. (1973): Technischer Bereich – Planung und Einrichtung von Fachräumen für Werken/ Polytechnische Bildung. Kaiserslautern

Lippmann, R. (1973): Unfallverhütungsvorschriften für Schulen. In: twu Heft 3, S. 47-49

Lutzeier, G. (1976): Unfallverhütung und Sicherheitserziehung im Technikunterricht. In: Fachgruppe Werkdidaktik (Hrsg.): Technische Bildung als Integration von allgemeiner und beruflicher Bildung. Dokumentation zum 5. Werkpädagogischen Kongress Nürnberg 1975. Band 3. Berlin 1976. S. 109-128

Mai, H. M. (2004): Sicherheitserziehung im Technikunterricht als Beitrag zu einer umfassenden Sicherheitserziehung in der Schule. Unveröffentlichte Wissenschaftliche Hausarbeit. Pädagogische Hochschule Karlsruhe

Marggraf, R.: Sicherheitserziehung im Technikunterricht. In: tu 20/1981, S. 5-6

Marquardt, W. (1975): Geschichte und Strukturanalyse der Industrieschule: Arbeitserziehung, Industrieunterricht, Kinderarbeit in niederen Schulen (ca. 1770-1850/70). Diss. Hannover

Mayr, Johann (1965): Werkraumeinrichtung für unsere Schulen. In: Erziehung und Unterricht. Heft 5

Meditz, Karl (1961): Der Werkraum, seine Einrichtung und sein Werkzeug. In: Die Scholle. Nr. 6

Mehrgardt, O. (o.J.): Einrichtung einer Werkstatt. In: Die Werkaufgabe Nr. 75. Wolfenbüttel

Mehrgardt, O. (o.J.): Einrichtung für das Werken im Klassenzimmer. In: Die Werkaufgabe Nr. 87. Wolfenbüttel

Mehrgardt, O. (1966): Die Werkstatteinrichtung im modernen Werkunterricht. In: Bauen + Wohnen. Heft 4

Ministerium für Bildung und Frauen Schleswig-Holstein (Hrsg.) (2005): Neufassung der Richtlinie für die Gewährung von Zuwendungen für Schulbaumaßnahmen an öffentlichen Schulen (Schulbauförderrichtlinie). Runderlass, veröffentlicht im Amtsblatt Schl.-H. 2005, S. 538

Ministerium für Kultus, Jugend und Sport Baden-Württemberg (Hrsg.) (2013): Empfehlungen für einen zeitgemäßen Schulhausbau in Baden-Württemberg. Grundlagen für eine Überarbeitung der Schulbauförderrichtlinien. Bearbeitung buerosschneidermeyer und Dr. Otto Seydel, Institut für Schulentwicklung. Stuttgart, Überlingen

Montag Stiftung Urbane Räume/Jugend und Gesellschaft (Hrsg.) (2011a): Vergleich ausgewählter Richtlinien zum Schulbau (Kurzfassung), Heft 1 zur Reihe „Rahmen und Richtlinien für einen leistungsfähigen Schulbau in Deutschland. Bonn

Montag Stiftung Urbane Räume (2011b): Regionale Werkstattgespräche zu Schulbaurichtlinien in Deutschland (Kurzfassung), Heft 2 zur Reihe „Rahmen und Richtlinien für einen leistungsfähigen Schulbau in Deutschland. Bonn

Montag Stiftung Jugend und Gesellschaft & Montag Stiftung Urbane Räume (Hrsg.) (2012a): Schulen planen und bauen. Grundlagen und Prozesse. 2. durchgesehene Auflage. Berlin

Montag Stiftung Jugend und Gesellschaft & Montag Stiftung Urbane Räume (Hrsg.) (2012b): Regionale Werkstattgespräche zu Schulbaurichtlinien in Deutschland (Kurzfassung). Bonn, Berlin

Montag Stiftung Urbane Räume (Auftraggeber) (2012c): Referenzrahmen für einen leistungsfähigen Schulbau in Deutschland. Kurzexpertise zum Themenfeld Typologien und räumliche Organisationsmodelle. Verfasser: Meyer, U. M./ Schneider, J. Köln, Bonn

Montag Stiftung Jugend und Gesellschaft; Montag Stiftung Urbane Räume; Bund Deutscher Architekten (BDA); Verband Bildung und Erziehung (VBE) (Hrsg.) (2013): Leitlinien für leistungsfähige Schulbauten in Deutschland. Bonn, Berlin

Neufert, E. (1959): Bauentwurfslehre. Grundlagen, Normen und Vorschriften über Anlage, Bau, Gestaltung, Raumbedarf, Raumbeziehungen für Gebäude, Räume, Einrichtungen und Geräte mit dem Menschen als Maß und Ziel. 20. Auflage. Berlin

Neufert, E./Kister, J. (2016): Bauentwurfslehre. Grundlagen, Normen und Vorschriften über Anlage, Bau, Gestaltung, Raumbedarf, Raumbeziehungen für Gebäude, Räume, Einrichtungen und Geräte mit dem Menschen als Maß und Ziel. 41., überarbeitete und aktualisierte Auflage. Wiesbaden

Niedersächsisches Kultusministerium (Hrsg.) (2015): Arbeitsschutz und Gesundheitsmanagement in Schulen und Studienseminaren, abrufbar unter: www.aug-nds.de/?id=740 (17.7.2017)

Nohl, H./Pallat, L. (Hrsg.) (1930): Handbuch der Pädagogik. Bd. 3., Langensalza Berlin Leipzig. Faksimile-Druck 1981. Weinheim Basel

Otto, G. (1967): Über die didaktische Problematik eines zeitgerechten Werkunterrichts. In: Handbuch der Kunst- und Werkerziehung. Band II/3. Autor Willi Kaul: Werkunterricht und Technik. Zweite, überarbeitete Auflage. Berlin

Paulinyi, A. (1989): Industrielle Revolution. Vom Ursprung der modernen Technik. Reinbek bei Hamburg

Pfeiffer, W. e. a. (1974): Unterrichtsbeispiele zur technischen Bildung im 5. und 6. Schuljahr. Tumlingen

Pösche, H. (1880): Die Grundgesetze der Reform einer Volksschulerziehung. In: Rheinische Blätter. Bd. 54. Frankfurt

Prescher, K. (1970): Der Werkraum für technisches Werken. In: Westermanns Pädagogische Beiträge. Heft 4, S. 196-198

Pyschik, J./Wulfers, W. (1984): Eigener Herd ist Goldes wert oder ... Fachraumnutzung, Fachraumplanung und Ausstattungskonzepte in ihrer Bedeutung für den Arbeitslehreunterricht. In: arbeiten + lernen/Die Arbeitslehre. Nr. 35, S. 12-16

Rehrmann, K. (1964): Der Werkunterricht. Hannover

Reichmann, J. (1964): Unterricht im polytechnischen Kabinett. Berlin

Reichsministerium für Wissenschaft, Erziehung und Volksbildung (Hrsg.) (1940): Pflege der Luftfahrt in den Schulen und Hochschulen. Vom 30. Dezember 1939. In: Deutsche Wissenschaft, Erziehung und Volksbildung. Amtsblatt des Reichsministers für Wissenschaft, Erziehung und Volksbildung und die Unterrichtsverwaltung der Länder, Heft 3

Richter, E. (o. J.): Der Werkraum und seine bauliche Anlage. In.: Hiessinger-Post Nr. 1-2. Fa. Hiessinger, Nürnberg

Richter, E./Rehrmann, K.(1961): Werken und Schule. Pädagogische Bücherei Band 25, hrsg. von Otto Haase. Hannover

Robinsohn, S. B. (1969): Bildungsreform als Revision des Curriculums. Berlin

Röhrs, H. (1980): Die Reformpädagogik als internationale Bewegung. Bd. 1. Hannover

Rössger, K. (1927): Der Weg der Arbeitsschule. Historisch-kritischer Versuch. Leipzig

Rombach, K. (1965): Unfallverhütung im Werkunterricht. In: Die Schulwarte. Heft 11 und 12. Stuttgart

Ropohl, G. (1999): Eine Systemtheorie der Technik: Zur Grundlegung der allgemeinen Technologie. 2. Auflage. München, Wien

Ropohl, G. (2009): Allgemeine Technologie. Eine Systemtheorie der Technik. 3. überarbeitete Auflage. Karlsruhe

Roth, E./A. Steidle (1968): Der Werkraum – Planung und Einrichtung. Stuttgart

Roth, E. (1976): Studienhilfe Technikunterricht. Ravensburg

Roth, E. (1978): Forschungsvorhaben Medien für den Sachunterricht/Technik im Primarbereich. Abschlussbericht (unveröffentlichtes Maschinenmanuskript)

Sachs, B./Fies, H. (1977): Baukästen im Technikunterricht. Grundlagen und Beispiele. Ravensburg

Sachs. B. (1979a und 1980): Anlage und Ausstattung von Fachräumen für den Technikunterricht. Teil 1 und 2. In: Lehrmittel aktuell. Heft 6/79, S. 36-46 und Heft 1/80, S. 30-36

Sachs, B. (1979b): Skizzen und Anmerkungen zur Didaktik eines mehrperspektivischen Technikunterrichts. In: DIFF. Deutsches Institut für Fernstudien an der Universität Tübingen. Fernstudiengang Arbeitslehre. Studienbrief zum Fachgebiet Technik. Technik – Ansätze für eine Didaktik des Lernbereichs Technik. Tübingen, S. 41-80

Sachs, B. (1981): Legitimation und Strukturen von Technikunterricht. In: Traebert, W. E. (Hrsg.): Technik als Schulfach, Bd.4. Düsseldorf

Sachs. B. (1984): Anlage und Ausstattung von Fachräumen für den Technikunterricht. In: arbeiten + lernen/Die Arbeitslehre. Heft 35, S. 24-26 und 51-52

Sachs, B. (1985): Anlage und Ausstattung von Fachräumen für den Technikunterricht. Teil I und II. In: magazin für technik und unterricht. Heft 0/85. S. 5-12 und Heft 1/85, S. 15-38

B. Sachs (1990): Zur Problematik des Arbeitsbegriffs bei der Begründung und Konkretisierung technischer Bildung. In: tu. Heft 58, S. 8-14

Sächsisches Staatsministerium für Kultus (Hrsg.) (2012): Förderrichtlinie (Förderrichtlinie SchulInfra - FöriSIF)

Salomon, O. (1883): Theorie des pädagogischen Sjöld. In: Blätter für Knabe-Handarbeit (1900). Leipzig

Schädel, D./Schädel, G. (2013): Reform der Großstadtkultur. Das Lebenswerk Fritz Schumachers (1869-1947). Dokumentation zur gleichnamigen Ausstellung 2013 im Kunsthaus Hamburg. Hamburg

Scherer, H. (1902): Der Werkunterricht in seiner soziologischen und physiologisch-pädagogischen Begründung. In: Ziegler, T./Zichen, T. (Hrsg.): Sammlung von Abhandlungen aus dem Gebiete der Pädagogischen Psychologie und Physiologie. Berlin

Schietzel, C. (1960): Technik und Natur. Theorie und Praxis einer Sachkunde. Braunschweig

Schietzel, C./Kalipke, H. (1968): Technik, Natur und exakte Wissenschaften. Teil 1: Die Theorie. Braunschweig

Schischkoff, G. (Hrsg.) (1960): Philosophisches Wörterbuch. 15., durchgesehene und ergänzte Auflage. Stuttgart

Schlagenhauf, W. (1997): Historische Entwicklungslinien des Verhältnisses von Realschule und Technischer Bildung. Diss., Freiburger Beitrage zur Erziehungswissenschaft und Fachdidaktik. Herausgegeben von Manfred Pelz und Martin Rauch. Bd. 4. Frankfurt am Main, Berlin, Bern, New York, Paris, Wien

Schlagenhauf, W. (2009): Inhalte technischer Bildung. Überlegungen zu ihrer Herkunft, Legitimation und Systematik. In: Deutsche Gesellschaft für Technische Bildung (Hrsg.): Inhaltsfelder und Themen zeitgemäßen Technikunterrichts. 11. Tagung der DGTB in Karlsruhe. Offenbach am Main

Schlagenhauf, W. (2015): Alltagstechnik als Gegenstand des Technikunterrichts. In: W. Bienhaus/C. Wiesmüller (Hrsg.): Technik: Wirklichkeitsbereich und Bildungsgegenstand. 17. Tagung der DGTB in Ingolstadt 2015. Offenbach am Main

Schliepperskötter, B. (1981): Vorrichtung zur Aufbewahrung von Mess- und Werkzeugen. In: tu 20, S. 25-25

Schlüter, H. (2002): Sicherheit im Technikunterricht. In: tu Heft 103, S. 22-26

Schlüter, Heinz (2004): Empfehlungen zur Sicherheit im Technikunterricht. Herausgegeben von Unfallkasse Schleswig-Holstein. Kiel

Schmayl, W. (1983a): Zum Fachraum eines mehrperspektivischen Technikunterrichts. Didaktische Bestimmung, Rahmenbedingungen, Unterricht im Fachraum. In: tu 28, S. 10-14

Schmayl, W. (1983b): Zum Fachraum eines mehrperspektivischen Technikunterrichts. 2. Planungsbereiche. In: tu 29, S. 5-8

Schmayl, W. (1984): Fachraumplanung. In: Wilkening, F./Schmayl, W.: Technikunterricht. Bad Heilbrunn, S. 156-170

Schmayl, W. (1995): Fachraumplanung. In: Schmayl/Wilkening: Technikunterricht. 2. Aufl. Bad Heilbrunn, S. 181-187

Schmayl, W. (2010): Didaktik allgemeinbildenden Technikunterrichts. Baltmannsweiler, S. 246-263

Schmidt, R. (1961): Volksschule und Volksschulbau: von den Anfängen des niederen Schulwesens bis zur Gegenwart. Diss. Universität Mainz, Philosophische Fakultät. Mainz

Schnellbächer, J. (2000): Sicheres Arbeiten mit Werkzeugen und Maschinen im Technikunterricht. In: Die Technikstunde Nr. 102. Dietzenbach

Schray, H./Goreth, S. (2016): Interaktive Whiteboards für den Technikunterricht – eine Orientierungshilfe über eine vielfältige Angebotslandschaft. In: tu 162, S. S. 38-47

Schray, H./Goreth, S. (2017): Nutzungsbeispiele von interaktiven Whiteboards im Technikunterricht der Sekundarstufe und deren lerntheoretische Umgebung. In: tu 163, S. 18-23

Schumacher, F. (1920): Kulturpolitik. Neue Streifzüge eines Architekten. Jena

Schumacher F. (1949): Selbstgespräche, Erinnerungen und Betrachtungen. Hamburg

Schwander, I. (1995): Ordnungssysteme für den Technikunterricht. In: tu 75, S. 25-37

Seinig, O. (1920): Die Redende Hand. Wegweiser zur Einführung des Werkunterrichts und der Klassenzimmertechniken in Volksschule und Lehrerbildungsstätte, sowie anderen höheren Lehranstalten für Knaben und Mädchen. Sechste und siebte Auflage. Leipzig

Seitz, O. (o. J.): Jenaplan-Pädagogik. Die Universitätsschule in Jena (1923-1950) (Internetveröffentlichung)

Sekretariat der Kultusministerkonferenz (Hrsg.) (Stand 2008, veröffentlicht 2010): Arbeitshilfen zum Schulbau. Teil 1, 2 und 3

Seyfert, R. (1921): Sendschreiben an das deutsche Volk, daß es seine Volksschule nicht zerschlagen soll. Nachdruck 1962. Worms

Seyfert, R. (1930): Allgemeine praktische Bildungslehre. In: Bd. 2 der Reihe Bäumler, A./ Seyfert, R./Vogelhuber, O.: Handbuch der deutschen Lehrerbildung. München, Berlin

Sextro, P. (1785): Über die Bildung der Jugend zur Industrie. Ein Fragment. Göttingen

Solomon, O.(1883): Handfertigkeitsunterricht und Volksschule. Bericht über die Theorie und Praxis des Arbeitsunterrichts in Schweden. (Übersetzt von Gärtig). Leipzig

Stadt Köln. Der Oberbürgermeister. Dezernat für Bildung, Jugend und Sport. Integrierte Jugendhilfe- und Schulentwicklungsplanung (Hrsg.) (2009): Schulbaurichtlinie Stadt Köln. Köln

Steger, G. (1952): Grundlegung des Werkunterrichts. Ansbach

Stöcker, K. (1957): Volksschuleigene Bildungsarbeit. Theorie und Praxis einer volkstümlichen Bildung. München

Technische Regel für Gefahrstoffe (TRGS) (2013): Lagerung von Gefahrstoffen in ortsbeweglichen Behältern. (TRGS 510)

Tobias, W. (1974): Technischer Werkunterricht und Medien. Neuwied/Berlin

Tornieporth, A. (1964): Begleittext zur „Bildersammlung aus vier Jahrzehnten Werkunterricht", Hamburg (Privatsammlung, unveröffentlicht)

Tuchel, K. (1967): Herausforderung der Technik. Gesellschaftliche Voraussetzungen und Wirkungen der technischen Entwicklung. Bremen

Ullrich, H./Klante, D. (1973): Technik im Unterricht der Primarstufe. Didaktische Grundlegung. Unterrichtsmodelle. Unterrichtsmaterialien. Ravensburg

Unfallkasse Nordrhein-Westfalen (Hrsg.) (2008): Sichere Schule. Technik. Düsseldorf

Verordnung des Hessischen Kulturministers vom 20.07.1976. In: Amtsblatt 1976, Nr. 7, S. 391

Vogel, R. (1962): Dr. Richard Seyfert der Theoretiker und Praktiker der „Volkstümlichen Bildung". In: Sendschreiben an das deutsche Volk, daß es seine Volksschule nicht zerschlagen soll. Nachdruck 1962. Worms

Vollmer, Werner (1984): Sicherheitserziehung und Unfallverhütung als Gegenstand des Technikunterrichts. Frankfurt am Main

Vollmers, C. (1976): Werkzeuge und Geräte. In: Schietzel, C. (Hrsg.): Lernbereich Technik. Braunschweig

Vollmers, C. (Hrsg.) (1979): Unterrichtsbeispiele zur technischen Bildung in der Sekundarstufe I, Tumlingen

Wagemann, L. G. (Hrsg.) (1789-1793): Göttingisches Magazin für Industrie und Armenpflege, Band I-III, Göttingen

Wagner, O. (1961): Die Montagewerkstatt. In: Blumenthal, A. e. a.: Handbuch für Lehrer. Band 2: Die Praxis der Unterrichtsgestaltung, S. 40-42

Weismantel, L./Hilker, F. (Hrsg.) (1949): Musische Erziehung. Vorträge, Berichte und Ergebnisse des Kunstpädagogischen Kongresses in Fulda 1949. Stuttgart

Weiß, H. (1974): Fachunterricht. Unterrichtsmittel. Fachunterrichtsräume. Berlin

Wessels, B. (1969): Die Werkerziehung. Bad Heilbrunn

Wiederrecht, H. e. a. (1970): Unterricht mit Lernbaukästen. Berichte – Erfahrungen – Vorschläge. Braunschweig

Wilkening, F. (1970): Technische Bildung im Technikunterricht. Weinheim, Berlin, Basel

Wilkening, F. (1974): Lehr- und Lernmittel im Technikunterricht. In: Westermanns Pädagogische Beiträge. Heft 2, S. 63-72

Wilkening, F. (1977): Unterrichtsverfahren im Lernbereich Arbeit und Technik. Ravensburg

Ziegler, H.-W. (1957): Volkstümliche Bildung? In: Die Deutsche Schule, Heft 56. Weinheim

Zeitschriften/Periodika

a+l/Technik. Friedrich Verlag. Seelze
Die Arbeitslehre. Zeitschrift für die Didaktik der technisch-ökonomisch-wirtschaftlichen Aufgaben der Schule. Klett Verlag. Stuttgart
Die Deutsche Schule. Weinheim
Die Gartenlaube. Verlag Ernst Keil. Leipzig
Unterricht. Arbeit + Technik. Friedrich und Klett Verlag. Seelze
Die Technikstunde. ALS Verlag. Dietzenbach
Die Werkaufgabe. Kallmeyer Verlag. Wolfenbüttel
Die Werkstunde. ALS Verlag. Dietzenbach
Forum technische Bildung. Beispiele für den Technikunterricht. Vieweg Verlags-GmbH. Braunschweig, Wiesbaden
Rheinische Blätter. Diesterweg. Frankfurt
tu. Zeitschrift für Technik im Unterricht. Neckar Verlag. Villingen-Schwetzingen
twu. Technik und Wirtschaft im Unterricht. Otto Maier Verlag. Ravensburg

19 Abbildungsnachweis

05/1-05/7, 16/51: eigene Grafik
06/52, 09/8,10/6, 11/2, 11/3, 11/4, 12/1, 15/14: Fotos vom Autor
06/1, 06/2, 06/4, 06/6b, 06/7a, 06/7b, 06/9a, 06/10, 06/12, 06/14, 06/15, 06/16, 06/17, 06/20, 06/21, 06/23b, 06/31, 06/32 06/35, 06/36, 06/37, 06/38, 06/39a, 06/40, 06/41, 06/43, 06/44, 06/46, 06/48, 06/50, 06/5106/54, 06/57; 08/1, 08/2, 08/3a, 08/3b, 08/3c, 08/4, 08/5a, 08/5b, 08/7, 08/8, 08/9 08/11b, 08/13a, 08/13b, 08/14a, 08/14b; 10/4, 10/5, 10/8, 10/9a, 10/9b, 10/10a; 13/1, 13/2,13/3; 15/1a, 15/3b, 15/4, 15/5, 15/6, 15/8, 15/9, 15/10a, 15/10b, 15/11: Weba
06/3, 06/8, 06/13, 06/19, 06/25, 06/26, 06/27a, 06/27b, 06/33, 06/49, 06/53, 08/6a, 08/6b; 10/10b, 10/11;15/1b, 15/2a, 15/2b,15/3a: WPO
06/5, 06/6a, 06/9b, 06/11, 06/18a, 06/18b, 06/22, 06/23a, 06/28, 06/29a, 06/29b, 06/30, 06/39b, 06/42, 06/45, 06/47, 06/55, 06/56, 06/58; 08/10; 10/1, 10/2, 10/3; 13/4: Famos
06/24; 08/11a;15/13: P.A.U.L
12/2, 12/3; 13/6a, 13/6b: Wikipedia
09/4a, 09/4b, 09/5: HEWA
09/2: LEGO® Education Katalog 2016, weiterführende Schulen, S. 31
09/3: ebenda, S. 60
09/6: HNN-Didaktik: https://www.hnn-didaktik.de/img/c/162-category_gc-default.jpg
09/7: ebenda: https://www.hnn-didaktik.de/img/c/167-category_gc-default.jpg
06/34: Heuer (Internet)
08/12: Gedore: https://www.werkzeughandel-roeder.de/Media/Default/Thumbs/0003/0003367-gedore-werkzeugtafel-mit-sortiment-1450-1400-gzm-600.jpg
09/1: Katalog fischertechik®
10/7a: Privatarchiv W. Dold
10/7b: Pressel: Internetkatalog
10/9c: Böhm/Weba
11/1: Niedersächsisches Kultusministerium (http://www.aug-nds.de/?id=740)
12/4: TÜV-Süd: https://www.tuev-sued.de/uploads/images/1464705344813622620073/gs-b-3d_340x148.jpg
12/5: DGUV: http://www.dguv.de/medien/dguv-test-medien/_pdf_zip_doc_ppt/dguv_test_info/10_dguv_test_info.pdf, S. 1
12/6: ebenda, S. 2
12/7: VDE: https://www.vde.com/image/829522/accordion/194/122/11/vde-zeichen.png
13/5: Heinze: https://media1.heinze.de/media/61829/images/18728101px600x338.jpg
13/6c: https//www.electrosuisse.ch
13/6d: https://www.skw.at
13/6e: https://www.nemko.com
15/12: Bosch/Weba
16/1: http://78.media.tumblr.com/tumblr_lvd1fuHM621r1dcs8o1_1280.jpg
16/2: http://www.bbf.dipf.de/cgi-opac/bil.pl?t_direct=x&f_IDN=b0079966hild
16/3: L. G. Wagemann (Hrsg.) (1789-93), S. 237
16/4: Schmidt, Rudolf: Volksschule und Volksschulbau: Von den Anfängen des niederen Schulwesens bis in die Gegenwart. Mainz 1961, Diss.
16/5: http://www.bbf.dipf.de/cgi-opac/bil.pl?t_direct=x&f_IDN=b0082701hild

16/6: W. Götze (1892), S. 142
16/7: Katalog Technik LPE (2010), S. 13
16/8: Wikipedia: File: Sloejdsal 1931-2.jpg
16/9: Die Gartenlaube 1893, S. 297
16/10: W. Götze (1892), S. 191
16/11a und 16/11b: ebenda S. 195 und 196
16/12: ebenda, S. 145
16/13: Blätter für Knaben-Handarbeit. XIV. Jg., Nr. 10. Oktober 1900
16/14a: Schularchiv Helene-Lange-Gymnasium, Hamburg
16/14b: ebenda
16/15: O. Seinig (1921), S. 50
16/16: Barth/Niederley (1882), S. 59
16/17: Unterricht Arbeit + Lernen, Heft 30/2006, S. 49
16/18: www.waldorfschule-uhlandshoehe.de
16/19: O. Seitz: Jenaplan-Pädagogik (o. J.): http://jenaplan.de/wp-content/uploads/2014/12/Uni3.jpg
16/20: Fotoarchiv Hamburger Schulmuseum
16/21: W. Schmayl, tu 45 (1987), S. 4
16/22a und 16/22b: Groß/Hildebrand (1929), S. 56
16/23: Schädel/ Schädel (Hrsg.) (2013), S. 169
16/24: Privatarchiv Prof. Dr. D. Plickat, Braunschweig
16/25: Westfälisches Schulmuseum, Dortmund
16/26: W. Schmayl, tu 45 (1987), S. 9
16/27: Richter/Rehrmann (1961), S. 195
16/28: ebenda, S. 197
16/29: ebenda, S. 194
16/30: Privatarchiv Prof. W. Bienhaus, Weingarten
16/31a: M. Engelbert (1954), S. 88
16/32b: ebenda, S. 89
16/33: Privatarchiv Dr. L. Fast, Heidelberg
16/34: G. Steger (1952), Tafel XV oben
16/35: G. Steger (1952), S. 143
16/36: ebenda, Tafel XVI unten
16/37: ebenda, Werbeanhang
16/38: Privatarchiv Dr. L. Fast, Heidelberg
16/39: O. Mehrgardt (ca. 1964): Die Werkaufgabe Nr. 75, S. 1
16/40: ebenda, S. 2
16/41: Bundesarchiv, B 145 Bild-F005512-0025 / Foto Dr. Gerhard Ilgner, 1958
16/42: Roth/Steidle (1968), S. 25
16/43: ebenda, S. 44
16/44, 16/45: Privatarchiv Prof. Dr. E. Hartmann, Halle
16/46: H. Weiß (1974), S.186
16/47: ebenda, S. 187
16/48: ebenda, S. 218
16/49: ebenda, S. 220
16/50: Bundesarchiv, Bild 183-1989-0403-018 / Foto Gabriele Senft, 1989
16/52: arbeiten + lernen. Die Arbeitslehre (1984): 6. Jg., Heft 35, S. 20

16/53: Hessisches Institut für Bildungsplanung und Schulentwicklung (HIBS) (1982). Materialien zum Unterricht, Sekundarstufe I – Heft 34. Polytechnik – Arbeitslehre 5, S. 13

16/54: ebenda, S. 14

16/55: ebenda, S. 29

16/56: B. Sachs (1979) Lehrmittel aktuell. Heft 6/1979, S. 41

16/57: Schmayl/Wilkening (1995), S. 188

16/58a und 16/58b: W. Schmayl (1983), tu 29, S. 7

20 Sachwortverzeichnis

21 Personenverzeichnis